剖析根源、深研历史
普及数学、传播思想

贺李文林先生八十华诞

袁亚湘 二〇二二年三月

中国科学院数学与系统科学研究院研究员、
中国科学技术协会副主席袁亚湘院士题词

李文林教

▲ 李文林教授与他的老师吴文俊院士一起访问日本京都大学期间的合影
（2006，日本京都）

▲ 李文林与李约瑟、鲁桂珍博士在一起（1983，英国剑桥东亚科学史图书馆）

▲ 李文林教授在第四届全国数学史年会上当选为全国数学史学会理事长,图为第四届常务理事合影。右起:李兆华,刘钝,王渝生,李文林,李迪,郭书春,张奠宙,王青建(1994,北京香山)

▲ 李文林教授在武汉数学史国际会议上致开幕词(1998,华中师范大学)

▲ 首届全国数学史与数学教育会议（2005，西北大学）

◀ 吴文俊数学与天文丝路基金学术委员会扩大会议合影。前排右起：李文林，吴文俊，阿米尔，李迪；后排右起：纪志刚，冯立昇，刘钝，杜瑞芝，郭世荣（2003，北京新疆饭店）

▶ 中国数学会数学史分会第4、5、6、7、8、9、10届理事长合影。左起：纪志刚，曲安京，李文林，郭书春，郭世荣，徐泽林（2019，上海交通大学）

▶ 李文林教授与王元院士在一起（最后一次合影，摄于2020年王元90岁生日，北京）

◀ 李文林教授与杨乐院士在国际数学联盟（IMU）会员国会议上合影（1998，德国德累斯顿）

▲ 陈省身先生会见李国伟等数学家（右起:李文林，王梓坤，徐利治，胡国定，陈省身，周元燊夫人，周元燊，陈省身夫人，李国伟，李国伟夫人，李兆华）（1996，南开大学谊园宾馆）

▶ 应韩国数学会邀请访韩期间与李大潜院士（右二）访问参观板门店朝鲜战争停战谈判处（右三为时任韩国数学会会长张健洙)(1997,韩国）

◀ 纪念欧拉诞生300周年暨《几何原本》中译400周年数学史国际学术研讨会部分代表合影。左起:汤强、李铁安、李文林、宋乃庆、刘应明、张健、邓明立（2007，四川师范大学）

▶ 李文林教授出席第一届国际中国科技史会议。右起：李迪、李文林、林力娜（Karine Chemla）、沈康身、白尚恕、马若安（Jean-Claude Martzloff）、薄树人（1982，比利时鲁汶）

◀ 首次会见美国加州大学圣地亚哥分校程贞一教授夫妇（1988，北京琉璃厂孔膳堂）

▶ 首次会见美国数学史家道本周（J.W. Dauben）教授。左起：梁宗巨，道本周，李文林，王渝生，郭书春（1988，北京）

◀ 柏林科学院院士Knobloch教授与夫人K. Reich教授在柏林中餐馆宴请李文林夫妇（2009，德国柏林）

▲ 李文林教授访问法兰西学院汉学研究所期间与马若安(Jean-Claude Martzloff) 博士合影 (1995，法国巴黎)

▲ 与荷兰数学史家H.Bos教授在颐和园 (1993，北京)

◀ 与日本著名科学史家中山茂(中)、吉田忠（左）在一起（1982，比利时鲁汶）

▲ 李文林教授应印度数学史学会邀请做首届 Kishorilal 讲座报告 On the Algorithmic Spirit of Ancient Chinese and Indian Mathematics –With Some Reflections on Main Lines of Mathematical Development 前接受讲座证书与奖金（中为时任印度数学史学会秘书长，右为美籍印度数学家 Shanka 教授）（2004，印度印多尔）

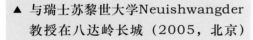

▲ 与瑞士苏黎世大学Neuishwangder教授在八达岭长城（2005，北京）

◀ 李文林教授在意大利参加学术会议期间答记者问（右为英文翻译）（1997，意大利特尔尼）

◀ 会见日本著名数学史家佐佐木力教授。右起：李文林，吴文俊，佐佐木力，徐泽林（2004，北京）

◀ 李文林教授在纪念关孝和逝世300周年国际学术会议组织委员会成员晚宴上（2008，日本东京）

◀ 纪念吴文俊诞生100周年国际会议期间会见韩国数学史家（左起：韩国数学史学会会长金英郁、纪志刚、李文林、韩国数学史学会前会长洪性士）（2019，上海交通大学）

◀ 李文林教授访问内蒙古师范大学时与李迪教授在一起（1993，呼和浩特）

◀ 第二届数学史与数学教育会议期间李文林与张奠宙（中）、胡作玄（左）合影（2007，河北师范大学）

◀ 中国科学院数学研究所从1987年起接待了20多名数学史访问学者。李文林、袁向东（中）与1995年访问学者王青建教授留影（1995，北京）

◀ 李文林教授在西
北大学首届自然
科学史博士学位
论文答辩会上
(1994，西安)

◀ 李文林教授主持
中国科学院自然
科学史研究所博
士学位论文答辩
后留影（1999，
北京）

◀ 李文林教授主持
上海交通大学博
士学位论文答辩
后师生合影(2003，
上海）

◀ 李文林教授主持
内蒙古师范大学
科技史博士点首
届博士学位论文
答辩后与部分师
生合影（2010，
呼和浩特）

▶ 李文林教授主持
西南大学博士学
位论文答辩后师
生合影（2011，
重庆）

▲ 李文林教授主持天津师范大学研究生答辩期间与部分师生在杨柳青
合影（2004，天津）

◀ 李文林教授主持
辽宁师范大学研
究生答辩会合影
（1997，大连）

◀ 李文林教授在会议上
与河北师范大学数学
史点部分师生合影
（2007，成都）

◀ 李文林教授访问印度
印多尔大学时与印度
大学生在一起（2004，
印度）

▲ 与部分学生合影（2005，西北大学）

▲ 70寿诞庆祝会上与部分学生合影（2012，西安）

▶ 教育部中小学教材审定委员会数学组委员合影。前排左起：田万海，郭维亮与夫人，刘冬，顾泠沅；后排左起：马明，丁尔陞，钟善基，张孝达，李文林，刘西垣（1995，青岛）

◀ 2002－2017年，李文林教授被指定为教育部中学数学教材审查组组长，图为在教育部中学数学教材审查会上。（2013，北京）

▶ 李文林教授给中学生讲数学之美（2017，北京教育学院朝阳分院附属学校）

▲ 主持中国数学会数学传播委员会工作（扩大）会议。前排左起：张文岭，胡作玄，李文林，龚升，史树中，孟实华（湖南教育出版社）；后排左2赵生久（陕西科技出版社），左4王青建，左5张肇炽，左6叶中豪（上海教育出版社）（2000，北京）

▲ 李文林教授应邀参加第五届全国数学科普论坛。右起：盛万成，李文林，李尚志，翟起滨，王卿文（2017，上海）

▲ 李文林教授与夫人匡裕玫在都江堰宝瓶口（2007，成都）

▲ 李文林教授全家福（2016，北京）

▲ 在剑桥国王学院前留影（1982，英国）

▲ 在马克思墓前留影（1983，英国伦敦）

◄ 在埃及金字塔与狮身人面像前留影（2017，埃及）

▲ 在格廷根大学高斯、韦伯纪念像前
　　留影（2009，德国）

▲ 登上玉龙雪山（2013，云南）

▶ 在雅典帕特农
　　神庙前(2009，
　　希腊)

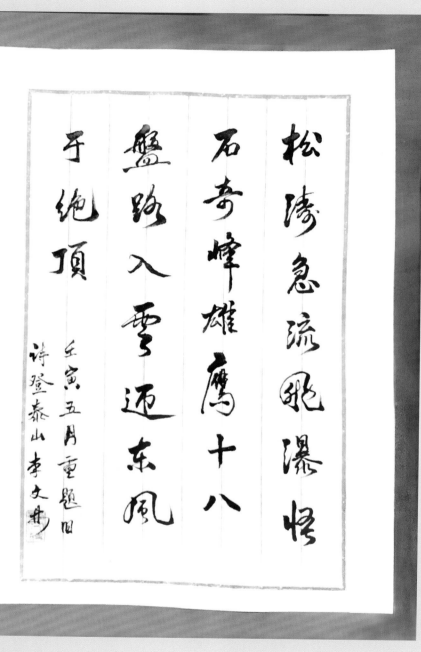

▲ 1965年8月李文林毕业于中国科学技术大学，曾与同班同学一行7人同游泰山，登日观峰于拱北石处合唱科大校歌《永恒的东风》。图为李文林80岁时手书当年所赋之诗"登泰山"："松涛急流飞瀑，怪石奇峰雄鹰。十八盘路入云，迎东风于绝顶。"

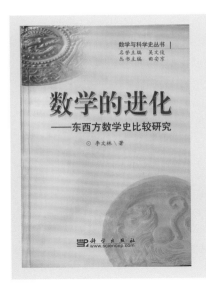

◀《数学的进化》（科学出版社，2005年）

▶《数学珍宝》（科学出版社，2003年）

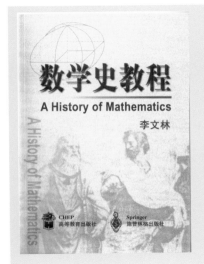

◀《数学史教程》初版（高等教育出版社，2000年）

▶《数学史概论》第二版（高等教育出版社，2002年）

◀《数学史概论》第三版（高等教育出版社，2011年）

▶《数学史概论》第四版（高等教育出版社，2021年）

◀ 《数学史概论》繁体字版（九章出版社，2003年）

▶ 《文明之光》（山东教育出版社，2005年）

◀ 《丝绸之路数学名著译丛》（科学出版社，2008年，2016年）

◀ 《数学家思想文库》（大连理工大学出版社，2020年）

数学·历史·教育

——三维视角下的数学史

纪志刚　徐泽林　主编

大连理工大学出版社

Dalian University of Technology Press

图书在版编目(CIP)数据

数学·历史·教育：三维视角下的数学史 / 纪志刚，
徐泽林主编. -- 大连：大连理工大学出版社，2022.5(2022.10 重印)
ISBN 978-7-5685-3815-2

Ⅰ.①数… Ⅱ.①纪… ②徐… Ⅲ.①数学史 Ⅳ.
①O11

中国版本图书馆 CIP 数据核字(2022)第 072252 号

SHUXUE·LISHI·JIAOYU

大连理工大学出版社出版
地址：大连市软件园路 80 号　邮政编码：116023
电话：0411-84708842　邮购：0411-84708943　传真：0411-84701466
E-mail：dutp@dutp.cn　URL：http://dutp.dlut.edu.cn
辽宁星海彩色印刷有限公司印刷　　　大连理工大学出版社发行

幅面尺寸：185mm×260mm　　插页：12　印张：30　字数：689 千字
2022 年 5 月第 1 版　　　　　　　2022 年 10 月第 2 次印刷

责任编辑：刘新彦　王　伟　　　　　　　　责任校对：婕　琳
封面设计：冀贵收

ISBN 978-7-5685-3815-2　　　　　　　　定　价：248.00 元

数学·历史·教育
——三维视角下的数学史
编写委员会

主编 纪志刚　徐泽林

委员 曲安京　王荣彬　郭世荣　邓明立　李铁安

前　言

　　2005 年 5 月在西北大学举办的第一届全国数学史与数学教育会议的开幕式上,我国著名数学史家李文林先生提出了数学史的"三重目的",即为历史而历史,为数学而历史,为教育而历史。多年来,对数学史文化价值的这一论述,已在学界产生了共鸣。2022 年 5 月,将迎来李文林先生的八十华诞。作为李老师的学生,教诲泽被,拳拳铭心。弟子们商定,由早先毕业的弟子组成编辑委员会,编辑出版一部数学史学术论文集,以志庆贺。2021 年 8 月,筹备组向李老师的学生以及与之相知相交的学界友人发出了约稿函,很快就得到了他们的积极回应。在确定文集书名时,我们想到李老师的关于数学史的"三重目的"论述。经过筹备组的认真商讨,确定文集名为《数学·历史·教育——三维视角下的数学史》。这不仅体现了李文林老师的学术思想,也反映了最近时期我国数学史学术研究的现状。文集的 35 篇文章分成四个部分,即第一编"为历史而历史",有 12 篇论文,主要涉及中国数学史和中外数学交流史;第二编"为数学而历史",有 11 篇论文,主要涉及西方近现代数学史;第三编"为教育而历史",有 8 篇论文,探讨了数学史与数学教育的结合与实践;附编中有与李老师交往的回忆,有为李老师《数学史概论》撰写的书评,还有对李老师的访谈。

　　李文林先生于 1942 年 5 月 30 日出生于江苏常州,中学就读于江苏省常州高级中学,1960 年考入中国科学技术大学数学系。当时的中国科学技术大学有着很好的学习环境,华罗庚、关肇直、吴文俊、吴新谋等著名数学家亲自给本科生授课。李先生这届学生的微积分与微分几何由吴文俊先生亲自讲授,这也孕育了李先生与吴文俊先生半个多世纪的师生情谊。1965 年,李先生从中国科学技术大学数学系毕业后被分配到中国科学院数学研究所从事研究工作,但随之而来的"文化大革命"使他失去了潜心钻研理论数学的最佳时机。不过,历史也为他打开了另一扇门,那就是数学史。

　　在中国科学技术大学系统的学习奠定了他扎实的数学专业基础和素养,"文化大革命"结束后他选择了近现代数学史作为主要研究方向。1981 年 3 月,李先生负笈英伦,在剑桥大学开启了他的数学史征程。剑河流淌的岁月,还在向世人诉说牛顿曾在这里创造奇迹,三一学院雷恩图书馆(Rren Library)珍藏的牛顿读书笔记,使李先生敏锐地意识到牛顿创建微积分的思想根源在于"算法",而非"几何演绎",这种认识为他日后撰写《算法、演绎倾向与数学史的分期》这篇著名论文埋下了伏笔。剑桥的学术积累给了李先生做"数学史研究的底气",作为国内近现代数学史研究的主要开拓者,李先生对笛卡儿几何学与微积分创建的思想根源进行了剖析,揭示了近代数学发端的算法根源,结合他早期对中国古代算法的研究,构建了他的算法、演绎倾向交替影响和繁荣世界数学发展的数学史观;李先生利用中国科学院数学研究所的现代数学学科优势,在现代数学史研究领域不断开拓,在希尔伯特数学问题、数学学派与数学社会史、东西方数学交流史、中国现代数学史等方面进行了深入研究并取得了一系列成果,为中国的近现代数学史研究奠定了基础,改变了国内数学史界过去以中国传统数学史研究为主的局面。

李先生不是封闭在书斋的学者,他一直关心数学史的应用,念兹在兹的是如何把数学史研究成果转化为数学史教育和普及。1998年开始,李先生就走进北京大学、清华大学、中国科学院大学和中国科学技术大学等著名大学,为大学生和研究生讲授数学史课程。为此,他根据自己的研究成果和学术观点在授课讲义的基础上编写了《数学史教程》,这是一部不同于西方学者撰写的世界数学通史。2000年8月《数学史教程》正式出版,2002年8月对其进行修订并更名为《数学史概论》再版,2011年2月和2021年7月,先后对《数学史概论》做了增订,出版了第三版和第四版,后两版被列为"十二五"普通高等教育本科国家级规划教材。如何在一部仅有40余万字的篇幅里,以最大的空间和时间跨度,描绘出世界数学历史发展的宏伟图景,李先生提出了十八字编史方略:"勾画基本特征、描述主要趋势、例举典型成果",并确定了一条贯穿始终的思想主线,即算法倾向与演绎倾向交替繁荣,形成数学发展的两大主流,对数学整体而言,二者互补,不可或缺。这也是李先生40余年的学术积淀所形成的对世界数学发展史的总体认识。吴文俊先生在第二版的"阅后感"里对此给予了高度评价,称之为"精辟的历史观",赞许《数学史概论》"将是一部传世之作"。

李文林先生对改革开放后中国数学史事业的贡献还表现在其卓越的组织能力。1994年8月,在第四次全国数学史学术年会上李先生当选为数学史学会理事长,在其领导下制订了学会的章程,明确规定了学会性质、任务、组织原则等,使学会活动有章可依,通过登记法人资格、登记管理会籍、编印《数学史通讯》、组织学术会议等制度建设,为数学史学会的发展奠定了组织基础,使数学史学会成为国内学术界较为活跃的二级学会之一。李先生以其国际视野和影响力促进了中国数学史的国际化,在中国科学院数学研究所和中国数学会争取数学界对数学史事业的支持,对国内各高校数学史学科点的建设方面发挥了重要作用,特别对西北大学博士学位授权点倾注了极大的心血。他先后在西北大学、中国科学院数学研究所等单位指导过的博士生就有37人之多,他们已成为中国数学史事业的中坚力量。

2002年李先生再次当选为全国数学史学会理事长(第六届),正是在此任期上,李先生大力推动数学史与数学教育的融合,一个标志性的成果是2005年5月数学史学会和西北大学联合召开了首届全国数学史与数学教育会议。正是在这次会议的开幕式上,李先生提出了著名的数学史的"三重目的",著名数学教育家张奠宙(1933—2018)先生在其回忆录中对这次会议评述道:"'第一届全国数学史与数学教育会议'在并非师范院校的西北大学召开,会议非常成功。这说明,数学史和数学教育的结合终于提到日程上来了。"会议的成功使大家受到鼓舞。会议期间商定,全国数学史与数学教育会议将作为全国数学史学会的系列会议,每两年举办一次。2019年5月,在上海交通大学举行了第10届中国数学会数学史分会学术年会暨第8届数学史与数学教育会议,与会代表高达250余人。全国数学史与数学教育会议的定期举办,促进了数学史与数学教育的融合发展。近二十年中国数学史的研究历程表明,李老师的这一观点获得了学界的高度认同,在引领广大数学史与数学教育科研工作者的科研实践方面发挥了积极作用。

　　李先生不仅是数学史研究"三重目的"的倡导者,也是"三重目的"的践行者。他的数学史研究旨在为现代数学思想的形成正本清源,探索数学家思想精神及其与社会文化的关系,而且身体力行,一方面走进大学讲授数学史课程,一方面参与教育部组织的对中小学数学教材审定工作,努力推进数学史、数学文化与数学教育的融合。

　　李文林先生是我国数学史学界德高望重的学者,为改革开放以来我国数学史学科的发展做出了杰出贡献。他的学术经历几乎可以说是20世纪70年代以来中国数学史事业发展历程的缩影。王元院士特别称赞李文林老师是"我国近现代数学史研究的先驱和领军人物之一"。"桃李不言,下自成蹊,文质彬彬,德昭杏林。"今天,我们为李先生八十诞辰献上这部文集,是一份感恩,更是一种历史传承的责任。

　　编委会对为本文集提供大作的学者同仁致以最深挚的感谢!特别是文集编辑进入最后阶段,袁亚湘院士欣然为本文集题词,周向宇院士特意赐稿,编委会深表感激。我们同时要感谢李文林先生,他积极配合完成了繁杂的"访谈"和成果编目,并提供了珍贵照片和信件,使本部文集具有"珍藏"价值和意义。大连理工大学出版社以其敏锐的学术眼光认识到此文集的价值和意义,对本文集的出版给以大力支持。这里一并致以诚挚的谢意!

编委会

2022 年 5 月 5 日

目　录

第三编　为教育而历史

附　编

附　录

第一编　为历史而历史

中国古代数学的贡献

周向宇

摘　要：本文将阐释与揭示中国古代数学对华夏文明的贡献，除了对物质文明的贡献，特别是对国学、语言、文化等的影响与贡献；中华文化对数学的推崇与影响、中华经典中的数学；中国古代数学成就及其对现代数学的影响与贡献。

关键词：筹算与国学；勾股定理的商高证明；《愚公移山》的数学；墨子的半分法；阿拉伯代数的源泉问题

毛主席曾说："许多马克思列宁主义的学者也是言必称希腊，对于自己的祖宗，则对不住，忘记了。"[1]

习近平总书记说："文化自信是一个国家、一个民族发展中最基本、最深沉、最持久的力量"；（2020 年 9 月 8 日，在全国抗击新冠肺炎疫情表彰大会上的讲话。）"坚定文化自信，是事关国运兴衰、事关文化安全、事关民族精神独立性的大问题；""坚定文化自信，离不开对中华民族历史的认知和运用。"（2016 年 11 月 30 日，在中国文联十大、中国作协九大开幕式上的讲话。）

华罗庚先生说过，中华民族是擅长数学的民族。华先生对中国数学史有深刻见地。

学习与研究数学，应该重视数学概念和思想的来龙去脉、源与流，强调数学精神和数学文化，学贯中西、博古通今，注重从中西、古今的角度思考问题。

1. 算筹记数

1.1　计数与运算问题

我们先从自然数谈起。人类在数学上的发展，首先源于对自然数的认知。自然数作为基数与序数反映了——对应、顺序、大小等思想。在远古时期，人们需要用各种办法来计数狩猎的收获。在远古中国，我们结绳计数，而在其他文明，也有垒石计数的（微积分 calculus 一词的前词根原意就是卵石之意，引申为垒石计数、计算术）。再到后来，人们采

基金项目：国家自然科学基金资助项目（11688101，12288201）。

作者简介：周向宇，1965 年生，中国科学院数学与系统科学研究院研究员，中科院院士，俄国国家科学博士，发展中国家科学院院士。全国政协委员。

用书契(书写符号)来计数、表示数目,正如《周易·系辞下》所说:"上古结绳而治,后世圣人易之以书契。"我认为,人类所碰到的最早、最重大的数学问题,便是记数问题及其运算问题:如何用少量、简洁的符号来表示所有的数,以及如何对它们进行运算?

1.2　十进位值制思想

中国在十进位值制上作出了突出的贡献。十进制、十进位值制的出现,和生产力的发展、人口的增长、生活与劳动的需要等是密切相关的:捕获的猎物增多了,人口也增加了,用结绳或垒石来计数,已经不适应于生产力发展的需求,所以才逐步发展出了十进制、十进位值制。在商代的甲骨文中,出现了叁万多的大数,这里除了有符号表示一至九外,还有符号来表示十、百、千、万这些数。到了周朝,十进位值制思想得到发展,建立了以筹记数的方法,除了有数字(表示数目一至九的符号,零用空位、后来发展为用〇表示),关键是还引进了数位(数字的位置),表示十、百、千、万等符号可以省略了,通过数字的不同位置来表达它们的含义,这样符号更少、更简洁了。到了春秋战国时期,十进位值制在中国已经非常普遍。"筹"和"算"经常出现在东周时期的许多文献里,如《仪礼》《老子》《孙子》《荀子》《管子》,而且"数"作为主要学习内容是西周六艺"礼、乐、射、御、书、数"教育之一,这在《礼记·内则》有记载。

古代中国通过用"筹"来记数引进十进位值制。比如《墨子·经下》说:"一少于二而多于五",即"一"在个位数时小于"二",但在十位数时却大于"五";《墨子·经说下》提到:"一:五有一焉;一有五焉;十,二焉",说的就是位值制。虽然秦朝焚书坑儒——刘徽给《九章算术》作注时指出,秦朝焚毁了很多书籍,导致各类经书残缺不全("往者暴秦焚书,经术散坏"),这也是他写《九章算术注》的一个因素,但公元四、五世纪的《孙子算经》仍把算筹记数的方式表达地非常明确:"凡算之法,先识其位,一从十横,百立千僵,千十相望,万百相当。"也就是说,记数的方法,首先要判断数字的位置,个位用纵式,十位是横式,百位又用纵式,千位又是横式,就这样纵横相间地用算筹来记数。用纵式和横式符号来表示自然数 1 至 9 的方式可参见图 1。以 2014 的算筹记法为例:从右往左,个位用纵式的 4,十位用横式的 1,百位是零使用空位,千位又用横式的 2,见图 1。这显然是十进位值制思想,是对上述计数问题的一个回答。

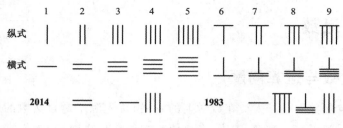

图 1　算筹记数

1.3　十进位值制的评述

关于"十进位值制",拉普拉斯曾评价道:"从印度人那里,我们学到了用 10 个字母来表示所有数的聪明办法,这个聪明办法,除了赋予给每个符号以一绝对的值以外,还赋予了一个位置的值,这是一种既精致又重要的想法。这种想法看起来如此简单,而正因为如此简单,我们往往并未能足够认识它的功绩。但是,正由于这一方法的无比简单,以及这一方法对所有计算的无比方便,使得我们的算术系统在所有有用的创造中成为第一流的。至于创造这种方法是多么困难,则只要看看下面的事实就不难理解。这个事实是:这一发明甚至逃过了阿基米德与阿波罗尼斯的天才,而他们是古代两位最伟大的人物。"[2]

《普林斯顿数学指南》中条目"十进位值制"(decimal place value system)[3]指出印度人大约在公元五世纪使用十进位值制,然而成书于公元四世纪的《孙子算经》就已经很明确地阐明了十进位值制。更遑论"筹""算"已广泛见于先秦经典,而"筹""算"的首要目的就是计数。后来注意到,吴文俊先生其实更早就意识到了这个问题,他说十进位值制思想最早的创立者应将拉普拉斯说的"印度人"改为"中国人"。[4]吴先生对中国数学史有重要贡献。

国际上也开始逐渐地承认[6],是中国最早创立了十进位值制,并且在公元前几个世纪,也就是在印度采用位置记数法的很久之前,就已开始使用,是当时最先进的记数系统。

现今沿用印度-阿拉伯数字的记数系统,思想和方法与中国古代十进位值制是一样的,但符号更简洁,表述更方便,进一步回答了上面提到的人类遇到的最古老的记数问题。这里印度-阿拉伯数字作出了贡献。现今十进位值制记数系统在欧洲进而在全球普及离不开 Stevin、Napier、Vieta 等人的贡献。可见,数学思想的简要表述对数学发展也是十分重要的。

1.4　中国古代数学

《汉书·律历志》明确地提到了我国古代数学的诸多方面:推历、生律、制器、规圆、矩方、权重、衡平、准绳、嘉量,探赜索隐、钩深致远。其中,"赜"的意思是深奥、幽深、玄妙、精妙,"探赜索隐、钩深致远"阐明了科学研究的真谛,把科学研究的对象、内容与方式以及目标与意义都讲清楚了。作科学研究就是探赜索隐、钩深致远。另外,这里提到的规矩、权衡、准绳、嘉量都属于数学,包括数学的测量工具及其用途,比如规是画圆的工具,矩是画方的工具,准绳是量平、画直线的工具,权衡是量轻重的工具。另外还有钩,做曲线用。

筹算也是我国古代数学的一个重要组成部分。所谓的"筹"(有时又称"策""筹策""算筹"),是指用竹、木、铁、玉、兽骨、象牙等各种材质制成的小棍。另外,还有用于盛(chéng)装它们的算筹袋和算子筒。在做筹算时,将算筹从算袋中取出,放在桌上、炕上或地上等进行摆弄、运算。

2. 中国古代数学与国学

所谓国学,应该是以先秦诸子百家学说为根基的中国传统思想、文化、学术体系。国学涉及范围广泛,包括哲学、文学、政治、经济、军事、历史、地理、医学、建筑、书画、音乐等等,且涉及各个时代。

事实上,中国文化对数学的严谨、严格、严密,准确、精确、客观,非常推崇。《淮南子·主术训》说:孔丘、墨翟修先圣之术,通六艺之论。国学的奠基者们都精通六艺、通晓筹算,他们将各自的人文思想用数学命题来进行阐释,反映了人文精神与数学精神的交融,体现了中国文化从根基上对数学的尊崇。

2.1　古代数学之用

史书记载:伏羲女娲持规矩;大禹:左準绳,右规矩,载四时;奚仲:造车之父,利用规矩、准绳造马车。

"勾三股四弦五"在大禹时期就已经知道了。《史记·夏本纪》记载大禹治水的情形:"左准绳,右规矩,载四时,以开九州,通九道,陂九泽,度九山。"《淮南子·修务训》也说:"无规矩,虽奚仲不能以定方圆;无准绳,虽鲁班不能以定曲直。"奚仲发明了轮子,是中国的造车之父。如果没有了规矩,即便是奚仲也确定不了方圆;如果没有了准绳,哪怕是鲁班也确定不了直线。这说明,我国古代很早就使用准绳和规矩这些基本的数学工具,并做出重大应用。

2.2　古代数学源远流长

周文王演周易;周武王建周朝,周公(儒学奠基人)制礼乐。数学教育属六艺(礼、乐、射、御、书、数)之一,据史料记载,至晚始于西周。西周造车技术高超,车辆制造业发达,而造车相当依赖数学。刘徽在为《九章算术》作注时说:"按周公制礼而有九数,九数之流,则《九章》是矣。"甲骨文中,已有规、矩等字。这些都说明,我国古代数学源远流长。

2.3　周公与商高

《周髀算经》记载周公向商高请教天文测量的有关知识:"夫天不可阶而升,地不可得尺寸而度,请问数安从出?"商高告诉他,关键在于用"矩"。周公感叹:"大哉言数!请问用矩之道。"商高则进一步解释,通过不同的摆放方式,矩可以实现多种不同的用途:"平矩以正绳,偃矩以望高,覆矩以测深,卧矩以知远,环矩以为圆,合矩以为方。"周公称赞说:"善哉!"

《管子·七法》里记载了很多管子与数学相关的内容。管仲所说的七法是指:"则、象、法、化、决塞、心术、计数"。其中,"计数"包括刚柔、轻重、大小、实虚、远近、多少,这些问题都与数学相关。管仲认为,想要办成大事,不可不通晓数学:"不明于计数,而欲举大事,犹无舟楫而欲经于水险也。举事必成,不知计数不可。"此外,管仲把尺寸、绳墨、规矩、衡石、斗斛、角量称为"法",这些也是数学。管仲说:"不明于法,而欲治民一众,犹左书而右息之。"在管仲治理国家时,数学起了重要作用。

由上述可见,从伏羲女娲到大禹,从文王、武王到周公、管子,从中国文化的根基上看,中国的统治者对数学是十分欣赏、重视的。

2.4　孟子的人文思想与数学

《孟子·离娄上》说:"离娄之明,公输子之巧,不以规矩,不能成方圆;……尧舜之道,不以仁政,不能平治天下。"事实上,"不以规矩不能成方圆"是一个数学命题(现在已成为人们常用的格言警句),孟子以此阐述它的核心人文思想"仁"。目前人们常说"规规矩矩做人做事",反映了数学的影响。

中国文化看重"圆方",向有"天圆地方"之说。方圆都是轴对称图形,又是中心对称图形。中国古代发明了画圆与方的规与矩。

《孟子·离娄上》还说:"规矩,方圆之至也;圣人,人伦之至也。"这里,孟子把数学命题和他的人文思想交融为一体,在他的著作中还能找到许多其他类似的比较、阐述。以下仅举几例:

《孟子·离娄上》:"圣人既竭目力焉,继之以规矩准绳,以为方圆平直,不可胜用也;……既竭心思焉,继之以不忍人之政,而仁覆天下矣。"

《孟子·梁惠王上》:"权,然后知轻重;度,然后知长短。物皆然,心为甚。"

《孟子·告子上》:"羿之教之射,必志于彀,学者亦必志于彀;大匠诲人,必以规矩,学者亦必以规矩。"

《孟子·尽心上》:公孙丑曰:"道则高矣美矣,宜若登天然,似不可及也。何不使彼为可几及,而日孳孳也。"孟子曰:"大匠不为拙工改废绳墨,羿不为拙射变其彀率,君子引而不发,跃如也,中道而立,能者从之。"

《孟子·尽心下》:"梓匠轮舆,能与人规矩,不能使人巧。"

这些都需要对数学有准确的认识,才能更好地理解其意。

2.5　墨子的人文思想与数学

墨子是一位百科式科学家。《墨子·经上》说:"圜,一中同长也。"圆就是有一个中心到边距离等长的图形。圆可以用规来实现,所谓"圜,规写交也"(用规写画的终点与始点相交合的封闭轨迹)。"方,柱隅四权(讙)也"(方形即四边四角相等的平面四边形。柱:边。隅:角。权:均衡、平衡、平均,这里意味着相等。另外《考工记》中,"九和之弓,角与干权"的"权"也是此意),"方,矩见交也"(用矩尺画出相交的封闭图形),方可以用矩来实现,这是墨子的公理化定义。"有穷""无穷"是墨家的常用术语。他给出了力的定义,认为力是使物体运动变化的原因;认识到了重力、杠杆原理;还做了世界上第一个小孔成像的实验,证明光沿直线传播。

《墨子·法仪》还说:"百工为方以矩,为圆以规,直以绳,衡以水,正以县。无巧工不巧工,皆以此五者为法。"无论是巧匠还是一般工匠,都要遵从相同的客观准则,说明墨子已经认识到了数学的客观性,以此强调法度的重要性。

墨子的核心人文思想是"天志"(天的意志)。《墨子·天志上》说:"我有天志,譬若轮人之有规,匠人之有矩,轮匠执其规矩,以度天下之方圆。曰:中者是也,不中者非也。"墨子把以规矩定方圆,比喻为判断是非,显然他对数学的精确和严谨是十分推崇的。后文《墨子·天志中》还说:"是故子墨子之有天志,辟人无以异乎轮人之有规、匠人之有矩也。"墨子把天志思想和数学命题联系对应起来。"中吾规者谓之圆,不中吾规者谓之不圆,……中吾矩者谓之方,不中吾矩者谓之不方。"判别圆和方的规则都很明确,这些思想方法都来自数学。

2.6　荀子的人文思想与数学

荀子的一个核心人文思想就是"礼"。《荀子·王霸》说:"礼之所以正国也,譬之,犹衡之于轻重也,犹绳墨之于曲直也,犹规矩之于方圆也,既错之而人莫之能诬也。"这充分反映了荀子对数学的推崇。

《荀子·礼论》说:"故绳墨诚陈矣,则不可欺以曲直;衡诚县矣,则不可欺以轻重;规矩诚设矣,则不可欺以方圆;君子审于礼,则不可欺以诈伪。"

我们知道,有了绳墨就不可欺以曲直,有了衡(秤)就不可欺以轻重,有了规矩就不可欺以方圆,这些都是数学道理。荀子以此来说明"礼"的重要性。

同样地,《荀子·礼论》接着说:"君子审于礼,则不可欺以诈伪。故绳者,直之至;衡者,平之至;规矩者,方圆之至;礼者,人道之极也。"荀子从绳、衡、规矩这些数学知识,引申到他的核心人文思想"礼"。只有对数学的"之至"理解透彻了,才能透彻理解其人文的"之极"。

2.7　管子的人文思想与数学

管仲治理国家时应用了数学,他的人文思想也是用数学语言来表征的。《管子·法法》说:"规矩者,方圆之正也,虽有巧目利手,不如拙规矩之正方圆也……,故虽有明智高行,倍法而治,是废规矩而正方圆也。"这里,管仲用数学语言来阐释背法而治的后果。

《管子·形势解》:"奚仲之为车器也,方圜曲直皆中规矩钩绳,故机旋相得,用之牢利,成器坚固。明主,犹奚仲也,言辞动作,皆中术数,故众理相当,上下相亲。巧者,奚仲之所以为器也,主之所以为治也。"

"以规矩为方圜则成,以尺寸量长短则得,以法数治民则安。"

《管子·七臣七主》:"法律政令者,吏民规矩绳墨也。夫矩不正,不可以求方;绳不信,不可求直。"

2.8　韩非子的人文思想与数学

韩非子也是法家的代表人物,他十分推崇"法术",他也借用规矩、尺寸等数学语言来阐述"法",他的数学思想和人文思想是交融在一起的。

《史记·老子韩非列传》:"韩子引绳墨,切事情,明是非。"

《韩非子·用人》:"释法术而任心治,尧不能正一国;去规矩而妄意度,奚仲不能成一轮;废尺寸而差短长,王尔不能半中。使中主守法术,拙匠守规矩尺寸,则万不失矣。"

《韩非子·饰邪》:"夫悬衡而知平,设规而知圆,万全之道也。……释规而任巧,释法而任智,惑乱之道也。"

2.9　法律与数学

唐代吴兢的《贞观政要·公平》提到:"法,国之权衡也,时之准绳也。"《淮南子·主术训》说:"法者,天下之度量,而人主之准绳也。"目前我国的法徽、人民法院院徽含有权衡;时至今日,我们仍说"以法律为准绳",可见古代数学的影响。度量、权衡、准绳都是数学,被用于法律。反映了中国文化对数学严谨、规范、精确的推崇。

2.10　先贤们的数学观

先贤们为什么重视数学?先贤们显然希望自己的学说无论在哪里用、在什么时候用、谁来用,都有一致性,不会因地、因时、因人而异,能反映客观性、普适性。而数学的一个重要特点就是客观性与普适性,数学命题具长期生命力,其正确性不会因时因地因人而改变。这也是为什么先贤们建立的学说直到今天仍有强大的生命力。这反映出中国文化对数学思想、方法、能力的看重。

2.11　筹算与语言

　　筹算对中国语言有很重要的影响。我认为，像运筹帷幄、技高一筹、略胜一筹、一筹莫展等成语，都源自于筹算。运字特征：运的对象从一处到了另一处，发生了位移。筹算的过程是把算筹从袋中取出、移到桌上进行运算，这正是运筹。"运筹帷幄"，字面意思是说在军帐里进行筹算，进而引申为在战斗中进行谋划、策划。在我看来，"技高一筹"、"高出一筹"和"略胜一筹"的本意，也并不是比较两人的筹码多少，而是比较两人的筹算能力，你会把筹摆弄在正确的位置上，也就是你的筹算能力更强，你就"技高一筹"、"高出一筹"或"略胜一筹"。"展"字特征：展的对象展前没看见、展后看见了。算筹本是放在袋中的，没看见，做筹算时需把算筹取出，摆在桌上演算，就能看见了，所以做筹算就是一个展筹的过程。"一筹莫展"是说，做筹算时连算袋里一根筹都拿不出来摆在正确的位置，说明完全不会做，比喻一点办法都想不出，一点计策也施展不了。

　　此外还有很多与算筹有关的词语，例如统筹、筹款、筹办、筹备、筹措、筹划、筹集、筹建、筹借、筹码、筹谋、筹拍、筹商、筹资、筹组等等。简简单单、随随便便的办理不能称为筹办，筹办得要是有谋划、有思考、动了脑筋的办理。

　　数学对中国语言的影响还有很多例子。比如建筑工匠，尤其是泥木工需要使用数学工具，离开了"准绳"便无法工作，所以"准绳"后来被引申为必须遵守的法规。

　　如今的许多词语都与数学中的准绳有关，例如，准则、准确、准时、准保、标准、水准、准点、准信、准数、对准、瞄准、保准、放之四海而皆准、绳正、绳之以法、绳墨之言、绳愆纠谬。

　　再比如常规、规则、规范、规定、萧规曹随、循规蹈矩、上策、献策、策划、策反、策应、策动、束手无策、出谋划策、权衡、权度、衡量、衡定（评定）等词语，也都源自于数学中的规、矩、策、权、衡等。

2.12　《周易》中的数学

　　《周易》记载："上古结绳而治，后世圣人易之以书契。"从结绳计数到符号记数，《周易》可谓是二进制的滥觞，书中显现了对称和对偶的思想。比如阴和阳。上述提到的"探赜索隐，钩深致远"也是出自《周易》。《周易》对中国哲学的发展起到了重要的作用，是一部具有科学思想的深刻巨著。

2.13　老子的人文思想与数学

　　老子的《道德经》说"负阴抱阳"，这其实蕴含了深刻的数学原理，用现代的数学语言来说就是：阴和阳两个元素构成一个有限群，运算不必只作用于数上。另外，将"阴阳"换成"负正"，这句话即蕴含了"负负得正"的思想。所以说，中国古代文化发现了第一个有限群（Z_2）。

　　老子在《道德经》中说："道生一，一生二，二生三，三生万物。"此外他又说："善数不用筹策。"上面已提到我国用筹策和十进位值制来记数。老子显然深入思考了记数问题，不用筹策，即不用十进位值制。结合这两句话来看，其实可以看出老子认为三进位值制也可计数，也是"善数"。所以，我认为，老子是三进位值制的创立者。事实上，三进制对中国的传统文化有很大影响,比如祭祀时供奉三碗米饭、点三根香、洒三杯酒,还有三鞠躬。"三"已经代表了万物,代表了祭祀者的所有哀思和缅怀。此外还有军事上的"三三制"等。目前朋友圈时兴点赞,有些人点 4 个、5 个乃至一串大拇指,我以为不如按老子的思想点三个,以此代表完全赞同。

3. 中国古代数学的成就

3.1 代数思想

中国古代很早就有了零的思想,比如在筹算中用空位表示零。零不仅指各个数位上的零(用空位表示,后用圆圈〇),也包括运算结果中的零。中国古代很早就引进了负数,在《九章算术》里就很明确地引进了负数、加法的逆运算减法及其运算规则(交换律、结合律)、乘法的分配律、乘法的逆运算及分数及其运算律,这是数学发展中的一个里程碑。所以说,中国古代数学最早认识、发现、引进了第一个无限群、环、域(整数群、整数环、有理数域);另外还引进了矩阵(matrix),发现了消元法(Gaussian elimination),解决了线性方程组求解问题(Cramer's Rule for system of linear equations)。

《九章算术》是一部十分重要的数学著作,总结了战国、秦、汉时期的数学成就,西汉的张苍、耿寿昌等曾经做过增补和整理,后来刘徽给它作了注解。虽然最后成书于东汉前期(公元一世纪左右),但许多内容显然早已存在于先秦。这从刘徽为《九章算术》作的注就可看出。负元(逆元)、逆运算及其运算规律的引进使得运算变得方便灵活,完满解决了运算问题,为抽象代数的产生奠定了基础。对其意义与价值,套用拉普拉斯关于十进位值制的话来评价是不过分的。

3.2 天元术

中国古代数学用算筹计算圆周率,开平方根、立方根和更高次的根,对多项式方程进行数值求解。此外,中国古代数学还引进了未知量"天元",国家自然科学基金有一个"数学天元基金",就是为了纪念中国古代引进了变量、未知量、待定量。"宋元四杰"李冶、秦九韶、杨辉、朱世杰建立、整理和发展了天元术,而到了朱世杰时期已经发展成为了天、地、人、物四个变元。

在宋元四杰时期(大约为 13、14 世纪),中国数学的发展达到了一个高峰,比如十进分数。比如秦九韶的大衍求一术(1247 年),这个结果被称为中国剩余定理(高斯后来重新发现)。又比如高次方程的数值解法,也是秦九韶基于很多古代数学家的贡献发展总结而来的。西方在 19 世纪重新发现这个方法,并称为霍纳方法(Horner's scheme),在苏联编撰的《数学百科全书》的相应条目"Horner's scheme"里,明确地指出霍纳方法其实就是秦九韶的方法。

3.3 极限思想

再来谈谈中国古代的极限思想。《庄子·天下》有句惠子名言:"一尺之棰,日取其半,万世不竭。"第一天取木棰长度的 1/2,第二天取 1/4,到了第 n 天取 $1/2^n$,万世都不会穷尽。写成式子,即

$$1 = \frac{1}{2} + \frac{1}{2^2} + \cdots + \frac{1}{2^n} + \cdots,$$

后面必然需要省略号"…"。

另外《墨子·经下》有句话的意思是说,一条线段从中点分为两半,取其一半再破成两半,仍取一半继续分割,直到不可分割时就只剩一个点。《墨子·经下》:"非半弗斲,则不动,说在端。"这里,斲(zhuó)(注:有的书也用斫)意指:用刀斧砍。《经说下》曰:"非斲半,进前取也。前则中无为半,犹端也。前后取,则端中也。斲必半,毋与非半,不可斲也。"墨子的半分法体现了(事实上等价于)区间套原理。半分法可以用来证明数学分析里的几个重要、被认为有难度的定理。比如证明致密性定理、聚点定理、有限覆盖定理,还有连续函数的零点存在定理、Henstock-Kurzweil 积分中的基础——Cousin 引理[对闭区间 $[a,b]$ 上的任一正函数 δ,总存在闭区间的 δ-细度分划(δ-fine Perron partition)](HK 积分仅对黎曼积分做些许改动,就蕴含了勒贝格积分),其实用的都是墨子的半分法。

另外,惠子的取半、墨子的半分及王尔的半中说明古人应该很早就会用尺规平分线段。

刘徽和祖冲之的"割圆术"也蕴含了极限的思想。祖率(密率)

$$\pi \approx 355/113$$

是非常巧妙的。祖冲之和他的儿子祖暅编写了《缀术》,这本书是唐朝算学科最难的课本。祖暅原理"幂势既同,则积不容异",就是说:如果两个立方体的所有等高的横截面积全都相等,则它们的体积必相同(这里"既"是"全、都"之意)。这在微积分里被西方称为卡瓦列里(Cavalieri)原理。祖暅用其原理求出"牟合方盖"的体积,进而得出球体积,解决了刘徽遗留问题。

《缀术》代表了当时数学的最高水平,但"学官莫能究其深奥,是故废而不理",这本书最终失传了,这是十分遗憾的事情。在我看来,《缀术》蕴含极限思想,光从书名来看,"缀"就有连续的含义。

明朝数学家王文素及其《算学宝鉴》对数学有重要贡献,比如对于 17 世纪微积分创立时期出现的导数,王文素在 16 世纪已发现并使用。

上述成就当然是基础数学的成就,只是中国古代数学的一小部分。

4.《愚公移山》新解

下面谈谈《愚公移山》这个经典寓言故事里包含的数学思想。

我们过去读《愚公移山》的时候都知道这个故事诠释了不怕困难、迎难而上、坚韧不拔、坚持不懈、持之以恒的精神与思想,当然这是最基本的含义。

4.1　愚公与协商精神

除此之外,我认为愚公事实上是开协商之先河。我在全国政协小组发言时,委员们也非常赞同,认为这是一个新解。愚公在移山前,组织大家协商讨论,并不搞一言堂,而是"聚室而谋";也不搞形式主义,"其妻献疑",还采纳了妻子的合理建议。所以《愚公移山》生动诠释了有事好商量、众人的事众人商量、不搞形式主义、真协商、协商于决策之前、决策基于科学等协商精神。

4.2 愚公的数学思想

智叟嘲笑愚公不自量力,愚公则回答说:"虽我之死,有子存焉,子又生孙,孙又生子,子又有子,子又有孙,子子孙孙,无穷匮也,而山不加增,何苦而不平?"愚公的回答其实蕴含了深刻的数学思想,前半部分定义了自然数,并且认识到了自然数的加法及其运算规律,有穷与无穷、常量与变量的辩证关系;后半部分则是阿基米德原理。所以说,愚公的移山决策不是主观决策,而是基于数学原理的。

4.3 愚公子孙模型

愚公回答的前半部分,定义了自然数及其加法,也认识到了自然数的无穷性。我们来构建自然数的愚公子孙模型。愚公子孙的辈分集与自然数集构成了一一对应(对辈分集可自然引进加法与减法),并且这个对应保持代数运算。这里的辈分集是愚公子孙的等价类所构成的集合,愚公的两个后代称为等价,当且仅当这两个后代是同一辈分。假设愚公本人对应于0,其子辈对应于1,其孙辈对应于

$$1+1=2。$$

依次类推,可以定义自然数的后继数:设愚公某后辈对应于 n,则该后辈的子辈对应于 $n+1$。往后数辈分得加法,往前溯辈分得减法。

我们用愚公子孙模型来表述加法交换律。1+2对应于子辈之孙辈,即曾孙辈,而2+1对应于孙辈之子辈,也是曾孙辈,所以

$$1+2=2+1。$$

一般地,愚公 X 世孙之 Y 世孙,也是愚公 Y 世孙之 X 世孙,这样就得到交换律 $X+Y=Y+X$。用愚公子孙模型也可以阐释加法结合律。考虑1+1+1三个数相加,前两者相加可得2+1,后两者相加则得1+2。已经证明1+2=2+1,故

$$(1+1)+1=1+(1+1)。$$

这就是结合律。

习知,19世纪末皮亚诺提出(5条)皮亚诺公理来构造自然数的算术系统。在我看来,愚公子孙模型更加简洁、生动和自然,只需两个公理:

(1)存在始祖愚公。

(2)愚公家族血脉流淌,即:愚公家族的任一辈(代)均有子辈。

这个模型反映了自然数作为基数与序数的特点。这个模型蕴含归纳公理,反映了数学归纳法原理,一个关于愚公家族的命题对世世代代(所有辈分)都成立,只需:(1)命题对愚公成立;(2)若命题对愚公家族某代成立,则对其子辈也成立。比如愚公家族世世代代爱劳动,只需知道,(1)愚公爱劳动;(2)若愚公家族某一辈爱劳动,则其子辈也爱劳动。

4.4 愚公原理

愚公说:"子子孙孙,无穷匮也,而山不加增,何苦而不平?"假设太行、王屋二山的土石方量为 b,假设愚公家族每一代能挖的土石方量至少为 a。b 非常大,但山不加增,所以 b 是一个常数。a 可能非常小,但它总大于0,一代人能挖 a,n 代人就能挖 na。因为子子孙

孙无穷匮，n 是变数，可以趋于无穷大。"何苦而不平"是说，总可以找到自然数 n，使得

$$na > b。$$

这个结果在教科书里通常被称为阿基米德原理。可见，愚公的思想是深刻的。

4.5　愚公数学思想的扩充

有趣的是，愚公子孙模型还可以扩展为祖孙模型。愚公祖孙的辈分集与整数集构成了一一对应，并且保持代数运算；负数是有意义的，小的数可以减大的数。如何定义负整数和减法呢？愚公对应于 0，他的父辈对应于 -1，他的祖父（父辈之父辈）则对应于 $-1-1=-2$。如果愚公的某祖辈对应于 $-n$，则该祖辈之父辈对应于 $-n-1$，这样就可以定义减法。中国古代数学很早就认识并使用负数，而西方长期不承认负数、认为小数不可以减大数。愚公的孙子的曾祖是愚公之父，对应于 $2-3=-1$，这就是小数减大数，有鲜活的意义。愚公的曾祖的孙子也是愚公之父，对应于 $-3+2=-1$，因此交换律仍然成立。结合律的证明同理。

4.6　《愚公移山》的浪漫主义

愚公的坚持不懈感天动地，感动上天。愚公受上天助力，移山成功。小时候读到这时，觉得这是不是迷信。后来做数学，思考数学问题，费时长久，还是未能攻破，但依然久久为功、坚持不懈，到某时不知何故却豁然开朗，灵感出现，终攻破难题，真是天助也。常言道"天道酬勤"也许就是在诠释这种现象吧。

4.7　愚公开辟克难学

我认为，愚公开启了计量克难学。记愚公家族到第 n 代的克难量为 $f(n)$，则有愚公克难公式：

$$f(n) = na。$$

《愚公移山》有现实意义。

例子 1　学前儿童面对中学、大学学习内容，犹如愚公碰到大山一样，困难当然很大。可是只要学生在小学、初中、高中各个阶段，每学年、每学期都按部就班完成学习任务，坚持不懈，就能完成学业。

例子 2　实现 GDP 大幅增长的长期宏伟目标，看起来困难很大，但只要我们不怕困难，迎难而上，按部就班完成每年计划、五年规划，坚持不懈，就能实现目标。

愚公克难公式是线性的。愚公的感天动地，可以认为他得到非线性量的帮助，所以这时有：$f(n)=na+f_1(n)$，这里 $f_1(n)$ 是非线性量或突变量。这反映出量变到质变的道理、突变发生的现象。

有时困难量不是常量，这时情况复杂。记困难函数为面临的困难量、克难函数为克服困难的力量，它们涉及的变量、因素多。战略上藐视困难：相当于说，困难函数 $g(t)$ 相比于克难函数 $f(t)$ 是无穷小量，可写成 $g(t)=o(f(t))$，即困难函数与克难函数之比趋于零。为了做到这，就需在战术上重视困难，比如采取措施使困难函数成有界函数，让克难函数成单增无界函数。

5. 勾股定理与割补术

5.1 《周髀算经》中的勾股定理

下面来谈谈勾股定理。《周髀算经》中说:"若求邪至日者,以日下为勾,日高为股,勾股各自乘,并而开方除之,得邪至日。"[5]这里的"邪至日"是指"弦"。这句话是说,"勾"的平方加"股"的平方再开方就得到"弦"。我们将很明显地看到中国古代的数学思想已经把数和形统一起来、把几何与代数交融起来。

5.2 商高的勾股定理证明

《周髀算经》开篇描述了周公与商高的对话,其中有这样一句:"既方之,外半其一矩,环而共盘,得成三四五。"我认为这句话其实给出了勾股定理的严格证明。

直角三角形的短边称为"勾"、长边称为"股"、斜边称为"弦"。"既"是全、都的意思,所谓"既方之",就是以勾、股、弦为边,都作一个正方形[见图2(a)和(b)]。

接着在"股方"中构造一个勾股矩形,而"外半其一矩"是指沿着对角线将矩形分为两半(《周髀算经》中的"折矩"),取外面那个勾股形[见图2(b)]。

再将所取的勾股形环绕起来,形成刚才以弦为边作成的方形盘,这就是"环而共盘"[见图2(c)]。习知,这个图是2002年国际数学家大会(ICM 2002)的会标。方盘的面积就是"弦方"。

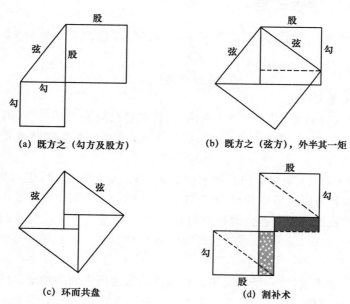

(a) 既方之 (勾方及股方)

(b) 既方之 (弦方),外半其一矩

(c) 环而共盘

(d) 割补术

图 2　勾股定理的商高证明

显然,"弦方"由四个勾股三角形和中间的小正方形(勾股之差自相乘,称为中黄实)构成[见图2(c)]。

把中黄实的右边("股方"右下角)着浅黑色的矩形割补到中黄实的下边("勾方"的右侧)着点阵黑色的矩形[见图 2(d)]。图 2 中各步只画关键图形部分。

一割一补,割前补后面积不变。割前是"勾方"加"股方",补后是中黄实加上四个勾股三角形(《周髀算经》中的"积矩"),即"勾方"加"股方"就等于中黄实(小正方形)的面积加上四个勾股三角形的面积;这一割补法顺带给出了完全平方差公式(勾股之差自相乘与两倍勾股积的和等于勾方加股方)。而"弦方"由中黄实加上四个勾股形构成,从而"勾方"加"股方"等于"弦方"。

这就是商高对勾股定理的简洁美妙的证明。所以说,商高开定理证明之先河。想想勾股定理的欧几里得证明,也是"既方之",不过"弦方"是朝外、不与"勾方"和"股方"相交。

5.3　勾股定理的商高证明(续)

证明"既方之,外半其一矩,环而共盘,得成三四五"中的"环而共盘"之另一诠释如下。前两句用图是一样的。"外半其一矩"反映《周髀算经》中的"折矩"想法。这里"环而共盘"是将外取的半矩(勾股三角形)环绕弦方而共成一个"柱隅四杈"的大正方形盘,见图 3 左图。显然,大正方形(边长为勾与股之和的方形)面积为"勾方"与"股方"之和加上虚线标识的两个勾股矩形(四个勾股三角形)的面积(《周髀算经》中的"积矩"),见图 3 右图,这顺带给出了完全平方和公式(勾股之和自相乘等于勾方、股方与两倍勾股积的和),而大正方形由弦方加上四个勾股三角形构成,所以弦方等于"勾方"与"股方"之和。这个证明反映了《周髀算经》中的折矩-积矩的思想与方法。

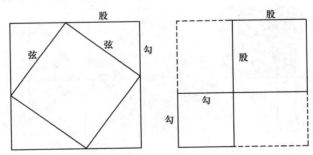

图 3　勾股定理的商高证明(续表)

5.4　周朝的数学

综上所述,周朝在中国古代数学史上起重要作用,应浓墨重彩;中国古代著名数学家应上溯至商高。虽然《周髀算经》对商高着墨不多,但从其用矩之道、勾股定理之证明等可足以推断当时数学形成了丰富系统的包括几何(圆、方、矩、三角形等)、代数的数学知识体系,并创造了融合代数与几何思想、数形结合的思想,开启了定理证明之先河。

5.5　数学中的"既"

这里,对"既方之"的理解很重要、很关键。我认为,"既"在这里是全、都的意思。数学中有这样的例子,如祖暅原理"幂势既同,则积不容异",上面已解释了,这里的"既"是全、都的意思;另外如既约分数。我认为,"既约分数"事实上是指(分子与分母的公因数)全都约掉的分数,"既"也是全、都的意思。

5.6 经典文献中的"既"

事实上,在左丘明著的经典文献《左传·僖公二十二年》"子鱼论战"篇章中(宋人既成列,楚人未既济。司马曰:"彼众我寡,及其未既济也,请击之。"公曰:"不可。"既济而未成列,又以告。公曰:"未可。"既陈而后击之,宋师败绩。公伤股,门官歼焉),出现的"既"就是全、都的意思,特别是"未既济"中的"既"("济"是渡河之意),"未既济"即"尚未全都过河"之意。有的"既"可引申为"已经"之意,如"既成列""既济""既陈"中的"既"。

另外,《考工记》中,"三材既具,巧者和之"的"既"也是全、都的意思。

5.7 商高证明的丰富内涵

商高证明图有丰富内涵,这里仅举一例。利用割补术或出入相补原理,我们把"勾方"与"股方"之和与"弦方"作比较。我们把"股方"中多出的勾股三角形割补到"弦方"中,又把"股方"中多出的小直角三角形割下,和"勾方"中多出的直角梯形补到一起,构成另一个勾股三角形(见图 4)。这时,"弦方"仍然缺少一个四边形。因为直角三角形 x 和 x' 是全等的,直角梯形 y 和 y' 也是全等的,容易看出这个灰色四边形的面积 $x+y$ 恰好是一个勾股三角形的面积 $x+y'$ 或 $x'+y$。所以"勾方"加"股方"所多出的一个勾股三角形,正好填补了"弦方"的空缺。

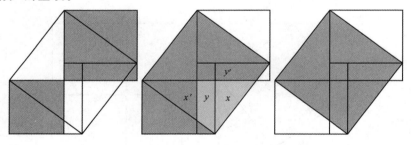

图 4 割补术

5.8 中科院数学院的院徽

中国科学院数学与系统科学研究院的院徽就是商高证明的第三步"环而共盘"的两个解释的叠加图(见图 5)。十多年前,我应邀到中学母校作演讲,题目是"数学之魅力"。我讲到了证明图[图 2(c)]。按我当时的理解,设直角三角形的勾长是 a,股长是 b,弦长是 c,那么中间的小正方形的面积等于 $(b-a)^2$。弦方由中间的小正方形与四个勾股形构成,弦方的面积为 c^2,而小正方形的面积再加上四个勾股三角形的面积等于:

$$(b-a)^2+4\times\frac{1}{2}ab=a^2+b^2,$$

即得勾股定理。

后来我发现自己的认识不足,推理方向弄反了。事实上正如上面所述,商高已经利用

他的弦图先(顺带)证明了

$$(b-a)^2=b^2-2ab+a^2,$$

再推导出勾股定理。

5.9　勾股定理的赵爽证明

在《周髀算经》之后还有很多勾股定理的证明,比如东汉时期的赵爽。

如商高图一样,赵爽的《周髀算经》注也可从多个角度给出勾股定理的证明。我们作一条延长线,容易看出图 5 右图中灰色区域的面积就是 a^2+b^2。小正方形的面积 $(b-a)^2$,显然等于 a^2+b^2 再减去四个勾股三角形的面积 $2ab$。所以利用这个图形也可证明平方差公式。将左下和右下的两个直角三角形割补到弦方的上部,即可知灰色区域的面积也等于 c^2。所以

$$a^2+b^2=c^2,$$

这也给出了勾股定理的一个简单证明。这里也出现了"合并同类项"和"割补术"的思想,比如四个勾股三角形的面积都是 $\frac{1}{2}ab$,属于同类项,可将它们合并为 $2ab$。

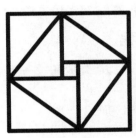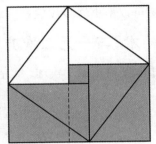

图 5　中科院数学院的院徽与赵爽证明

赵爽发现许多关于勾股弦关系的公式并用割补术(出入相补方法)作了证明,事实上给出了二次方程的根式解。

5.10　勾股定理的刘徽证明

再来看看刘徽的证明。他也是"既方之":分别以勾、股、弦为边作一个正方形(见图 6)。然后比较"勾方"、"股方"和"弦方"的公共部分:"股方"("青方")多出的两个三角形可以补入"弦方","勾方"("朱方")多出的三角形也可以补入"弦方",即大、小"青出"分别补在大、小"青入","朱出"补在"朱入"。可以看出赵爽和刘徽的证明都蕴含了深刻的代数思想。刘徽的"出入相补,各从其类"实涵"移项、集项"之代数思想。

5.11　割补术与花拉子米的代数

代数 algebra 一词源自花拉子米所著的 Hisab al-jabr wa'l-muqabalah 的书名《还原与对消计算概要》(移项和集项的科学)。书名中的 al-jabr 一词(英译 algebra)的本意是"还原",即"移项",而 wa'l-muqabalah 意为"对消",即"合并同类项"(集项),这是两种基

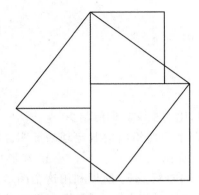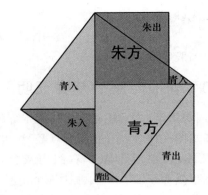

图 6　刘徽的青朱出入图

本的代数运算。书的内容是解一元二次方程。

　　我国古代从商高证明勾股定理开始的割补术完全蕴含了这两种基本的代数运算。移项是说 $A-a=B$ 等价于 $A=B+a$，从 A 中割去 a 得到 B，等价于在 B 中补上 a 得到 A，割前是 A，补后是 $B+a$，割前补后面积不变，这是割补术的基本思想。前面提到，商高的"折矩"与"积矩"及刘徽的出入相补原理、"各从其类"事实上包含了合并同类项的思想。

　　从赵爽的证明图可以推出许多代数式。事实上，很多代数式也都有类似的几何推导。

5.12　"割补术"与一元二次方程

　　中国古代数学事实上给出了二次项：勾方、股方、勾股积。一元二次方程可主要分为如下三类：

$$x^2+c=bx \quad (x^2+45=14x),$$
$$x^2+bx=c \quad (x^2+10x=39),$$
$$x^2=bx+c \quad (x^2=2x+15), \ b,c>0$$

用"割补法"及"半分法"即可求解这些方程。

　　不失一般性，比如求解 $x^2+45=14x$（见图 7）。作长为 14、宽为 x 的矩形，内含边长为 x 的正方形（左侧）以及剩余的面积为 45 的矩形（右侧）。分 $x>7$ 和 $x<7$ 两种情况，不妨考虑 $x>7$ 的情况。首先用"半分法"沿着大矩形的上下边半分并将两分点连成直线，分为左右两个同大小的矩形。然后在右半矩形截取一个边长为 7、面积为 $7\times7=49$ 的正方形。把右侧矩形的下底部割补到其左邻上方（见图中箭头），因右侧矩形的面积是 45，由割补术，得灰色图形面积为 45。边长为 7 的正方形由灰色图形加上边长为 $x-7$ 的小正方形构成，故

$$49=45+(x-7)^2,$$

由此求出 $x-7=2$，即 $x=9$。

　　又比如用"割补术"求解 $x^2+10x=39$（见图 8）。先作一个边长为 x 的正方形，在它的右边作一个长为 10、高为 x 的矩形，两者的总面积是 39。利用"半分法"将矩形沿对称轴半分，将右边的一半割下来补在正方形之下（见图中箭头）。这样形成的灰色图形面积仍为 39，加上边长为 5 的方形便构成边长是 $x+5$ 的大正方形，所以

$$(x+5)^2=39+5\times5=64。$$

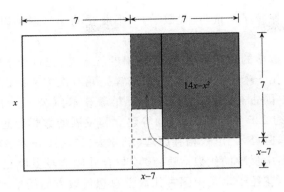

图 7　解方程 $x^2+45=14x$

由此求出 $x+5=8$，即 $x=3$。

再比如求解 $x^2=2x+15$（见图 9）。由割补术（见图中箭头），灰色面积为 15，可得 $(x-1)^2=15+1$，从而 $x=5$。

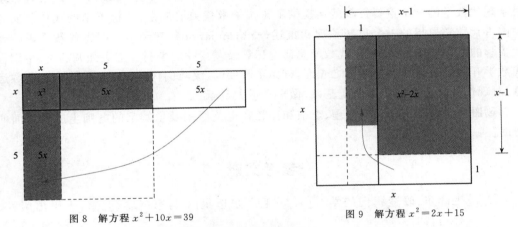

图 8　解方程 $x^2+10x=39$　　　　　图 9　解方程 $x^2=2x+15$

上述割补术事实上给出了解二次方程的配方法。

从以上例子可以看出，中国古代的"割补术"、出入相补原理、半分法等完全可以解决一元二次方程。半分法古人早已熟知，如王尔半中、惠子"日取其半"、墨子"非半弗斫"等说明古人会用圆规平分线段。我相信，花拉子米的《代数学》也是基于这样的办法来求解一元二次方程的。

6. 代数的源泉

6.1　阿拉伯代数的源泉问题

Boyer 在他的《数学史》[6]中称花拉子米（约 780—约 850）是"代数之父"，但所有的数学分支都不是突然冒出来的，自然要问阿拉伯代数的灵感究竟来自何方？Boyer 在书中试着给出了几个"答案"，但他自己认为都不怎么靠谱。我们不妨把这个问题称作是"花拉子米代数之源泉问题"。在吴文俊先生主编的《世界著名数学家传记》[7]关于花拉子米的文章中也提到："关于花拉子米撰写《代数学》一书所受的学术影响以及资料来源等问题，至今尚未搞清。"

　　基于对我国古代数学的学习与思考，我给出的答案是：花拉子米的代数源自中国古代数学思想与方法。花拉子米的《代数学》主要是解一元二次方程。由上述讨论，一元二次方程完全可以利用中国古代商高（西周初）、《九章算术》（公元一世纪左右）、赵爽（约182—250年）、刘徽（约225年—约295年）等建立和发展的数学思想包括数形结合思想、几何与代数交融思想、割补术、出入相补原理、半分法、二项式分类（勾方、股方、勾股积）等来解决；《代数学》书名中反映的代数运算：移项与合并同类项其实已由割补术、出入相补原理所蕴涵。应该说，花拉子米是中国古代数学思想代数方面的整理者、解释者。

6.2　与现代数学的关系

　　现代数学发展的基础通常被认为有两大支柱：几何和代数[8]。在西方，几何通常被认为是古希腊的几何，而代数通常被认为是阿拉伯代数（即花拉子米代数）。中国古代数学对于现代数学的一个重要贡献就是提供了花拉子米代数的源泉，花拉子米的代数其实是中国古代数学思想的一个重新整理和重述（reformulation），起到了中国古代数学影响现代数学的桥梁作用。简言之，代数学是研究运算及其规律的学科。应该强调的是，中国古代数学开启了几何和代数融合之先河，创始了方便的、灵巧的代数思想、代数方法、代数运算，对现代数学发展打下了坚实基础，做出了重大贡献。

致谢　感谢李俐在报告整理、李植和徐旺在电脑绘图及生僻字的电脑生成等方面的帮助。

参考文献

[1]　毛泽东.改造我们的学习[A]//毛泽东选集[C]：第三卷，北京：人民出版社，1991：797.

[2]　CAJORI F. A History of Mathematical Notations[M]. Dover Publications, Inc. New York，1993：70

[3]　GOWERS T. The Princeton Companion to Mathematics[M]. Princeton University Press，2008.

[4]　吴文俊.对中国传统数学的再认识[J].百科知识，1980年第7、8期.

[5]　程贞一，闻人军.周髀算经译注[M].上海：上海古籍出版社，2012.

[6]　卡尔·博耶（Carl B. Boyer）著，尤塔·梅兹巴赫（Uta C. Merzbach）修订.数学史（修订版）[M].北京：中央编译出版社，2012.

[7]　吴文俊.世界著名数学家传记.花拉子米[M].北京：科学出版社，1995.

[8]　李文林.数学史概论[M].北京：高等教育出版社，2000.

[9]　华罗庚，苏步青.中国大百科全书，数学卷[M].北京：中国大百科全书出版社，1992.

[10]　周易、老子、墨子、列子、庄子、孟子、荀子、管子、韩非子、左传、淮南子、贞观政要，中华经典名著全本全注全译丛书.北京：中华书局，2010—2019.

关于中国古典数学认识刍议 *

郭书春

摘　要：中国古典数学是中国古代最为发达的基础学科之一，可是实际上我们只知道它的几个段和点。西汉至元中叶的大部分数学著作亡佚，无法探知重要数学家的关系，不知道许多数学成就比如开方法、线性方程组解法、一次同余方程组解法、天元术、高阶等差数列求和和招差术等在世界数学史上占有重要地位的若干成就的来龙去脉。遵循吴文俊古证复原三原则，通过这些残存的段和点，运用科学的方法，考察其发展脉络，是中国数学史工作者的任务。

关键词：中国古典数学；吴文俊；古证复原三原则

记不得什么时候了，在与北京师范大学著名数学教授、数学系原主任严士健先生聊天时，我对他说，对中国古代数学，我们实际上只知道几个点，我们数学史工作者的任务是将"点"串联成"线"，成为数学史。2009 年 5 月 22—25 日，在北京师范大学召开的第三届数学史与数学教育国际研讨会上，严先生在致辞中谈到了我的上述看法，表示赞同。十几年来，这种想法一直萦绕于心，却没有时间整理。今借第 26 届国际科学史大会中国数学史组召开之际，将这种看法阐述如下，以就教于方家。

1. 值得注意的几个现象

中国古典数学的成就，特别是其最辉煌的时期，即从公元前 2—3 世纪至 14 世纪初的成就，日渐得到国内外有识之士和公正学者的认可。但是，对中国古典数学，有几个现象值得我们注意。

1.1　西汉至元中叶的大部分数学著作亡佚

自先秦到清末现存的数学著作到底有多少，没有精确统计过，有人说是二千余部，有

---

* 本文是 2021 年 7 月第 26 届国际科学史大会（布拉格）中国数学史课题组（在线会议）上的报告。原题为"关于中国古典数学，我们只知道几个点"，现遵从本文集主编的建议改为现题。

作者简介：郭书春，1941 年生，中国科学院自然科学史研究所研究员，研究方向为中国数学史。发表论文百余篇，著汇校《九章算术》《汇校〈九章算术〉》增补版、《九章算术新校》《古代世界数学泰斗刘徽》《九章算术译注》、中法双语评注本《九章算术》[与法国 K. Chemla（林力娜）合作]《郭书春数学史自选集》等 20 余部著作，主编《中国科学技术典籍通汇·数学卷》《李俨钱宝琮科学史全集》（合作）、《中国科学技术史·数学卷》《中华大典·数学典》等 10 余部著作，多次获国内外大奖。现主持国家社会科学基金重大项目"刘徽李淳风贾宪杨辉注《九章算术》研究与英译"。

人说是一千余部。但是无论如何,它们绝大多数产生于明末至清末。产生于明末以前的仅存三四十部,而成就最大、最辉煌的西汉初至元中叶,只有《周髀算经》(赵爽注)、张苍与耿寿昌先后编纂的《九章算术》(刘徽注、李淳风等注释)、徐岳的《数术记遗》(甄鸾注)、刘徽的《海岛算经》(李淳风等注释)、《孙子算经》、张丘建的《张丘建算经》(刘孝孙细草)、甄鸾的《五曹算经》、甄鸾的《五经算术》、王孝通的《缉古算经》、赝本《夏侯阳算经》《算学源流》、秦九韶的《数书九章》、李冶的《测圆海镜》、李冶的《益古演段》、杨辉的《详解九章算法》(存约三分之二,包括贾宪的《黄帝九章算经细草》)、杨辉的《乘除通变本末》、杨辉的《田亩比类乘除捷法》、杨辉的《续古摘奇算法》(后三者常合称为《杨辉算法》)、朱世杰的《算学启蒙》、朱世杰的《四元玉鉴》等 20 部传世[1]。

当然,这绝不意味着自西汉至元中叶就只出现了这 20 部数学著作。二十四史中的艺文志、经籍志列出的数学著作,大部分失传了。中国古典数学的著述大体分为两类,一类是《九章算术》那样的综合性著作,一类是为《九章算术》作注[2]。我们看看这两类著作的存亡情况。

(1)综合性著作大部分亡佚

除前面提到的尚传世的数学著作外,自西汉至元中叶见于史籍的综合性数学著作还有:《许商算术》《杜忠算术》(有学者认为这是两种注解《九章算术》的著作)、张衡的《算罔论》(或《张衡算》)、董泉的《三等数》、夏侯阳的《夏侯阳算经》(原本)、祖冲之父子的《缀术》(一作《缀述》)、甄鸾的《甄鸾算术》《谢察微算经》、贾宪的《算法敩古集》、刘益的《议古根源》、蒋周的《益古集》、韩公廉的《九章勾股验测浑仪书》、蒋舜元的《应用算法》、夏翰(一作翱)的《新重演议海岛算经》《证古算法》《明古算法》《辨古算法》(疑即杨辉所引之《辨古通源》)《明源算法》《金科算法》《曹唐算法》《通微集》《通机集》《钤释》等,以及唐中叶以后关于乘除捷算法的著作,如僧一行撰僧黄栖岩注的《心机算术括》、鲁靖的《新集五曹时要术》、陈从运的《得一算经》、陈从运的《三问田算术》、江本的《三位乘除一位算法》、龙受益的《算法》、龙受益的《求一算术化零歌》、龙受益的《新易一法算范九例要诀》、龙受益的《六问算法》(以上龙受益的 4 部著作可能有重复)、杨锴的《明微算经》、李绍谷的《求一指蒙算术玄要》、程柔的《五曹算经求一法》、徐仁美的《增成玄一算经》、王守忠的《求一术歌》《明算指掌》《法算机要赋》《增成玄一算经》、任弘济的《一位算法问答》《算法秘诀》《五曹乘除见一捷例算法》《求一算法》《算术玄要》《解注求一化零歌》《法算口诀》《三元化零歌》等,关于珠算的早期著作如《盘珠集》《走盘集》等,关于天元术早期的著作如李文一的《照胆》、石信道的《钤经》、刘汝谐的《如积释锁》、元裕的《如积释锁细草》《东平算经》《复轨》和彭泽彦才的著作等,关于二元术、三元术的著作如李德载的《两仪群英集臻》、刘大鑑的《乾坤括囊》等,都失传了。

(2)关于《九章算术》的大量注释今仅存刘徽、李淳风等、李籍、贾宪、杨辉等的工作

注释《九章算术》的著作是中国古代数学著述的主要形式之一,是中国古代数学著作的重要部分。可是,大部分亡佚,现今仅存三国魏刘徽注、唐李淳风等注释、唐李籍《九章算术音义》、北宋贾宪《黄帝九章算经细草》、南宋杨辉《详解九章算法》五种,后二种亦约有

三分之一不传。历代史籍记载的注疏《九章算术》的著述,如尹咸、刘歆、马续、刘洪、郑玄、徐岳、阚泽等关于《九章算术》的工作,以及祖冲之的《九章算术注》、李遵义的《九章算术疏》、杨淑的《九章算术》注、张峻的《九章推图经法》、甄鸾的《九章算术》注释、甄鸾的《海岛算经》注释、刘祐的《九章杂算文》、宋泉之的《九章术疏》、李淳风注的《九章算经要略》等,以及北朝殷绍、法穆、释昙影、成公兴、赵𣆶、高允、张缵等,南朝顾越、何承天、皮延宗、庾诜、庾曼倩等,隋刘焯、刘炫等关于《九章算术》的著作等,都已不存。

不言而喻,亡佚的数学著作要比现存的要多得多。

1.2　我们无法探知重要数学家的师承关系及相互关系

从西汉至元中叶,除东汉末年大天文学家、数学家刘洪及其弟子徐岳、郑玄及再传弟子阚泽等,北宋大数学家、天文学家楚衍及其弟子贾宪、朱吉等之外,其他大数学家,如张苍、耿寿昌、赵爽、刘徽、祖冲之父子等,以及13世纪四大数学家秦九韶、李冶、杨辉、朱世杰等,我们都找不到他们的师生传承关系。

即使刘洪及其弟子,楚衍及其弟子,我们也不知道刘洪、楚衍的数学著作。1247—1303年这57年间,秦九韶、李冶、杨辉、朱世杰四大数学家撰著了十部数学名著,但是没有发现他们交往的任何资料,甚至都没有互相提及过。李冶《测圆海镜》《益古演段》是现存最早使用天元术的两部著作,他的《敬斋古今黈》记载了天元术早期发展的几条史料,但除了《益古演段》的前身是祖颐为朱世杰《四元玉鉴》所作《后序》中谈到的《益古》之外,没有谈到祖颐提到的其他数学家和数学著作。同样,祖颐历数为天元术的产生和发展做出贡献的数学家和数学著作,其中竟然没有李冶。这是自然的,因为李冶既不是天元术的发明者,也不是天元术初创时期的数学家。有人把李冶说成是天元术的发明者,实在是无稽之谈。

这说明,在经济繁荣、科学技术相当发达的两宋和元初,产生了许多大数学家和重要的数学著作,真是群星灿烂。而我们现在能看到的几位数学家和他们的十几部数学著作,只是因为某种原因躲过了天灾人祸而幸存下来的。它们反映了宋元时期某些重大成就,但一方面这些成就未必是其作者所首创的,另一方面,它们是宋元时期重要的数学著作,但未必是成就最大的数学著作,其作者是重要的数学家,但未必是最为杰出的数学家。

1.3　我们不知道许多重大或重要成就的来龙去脉

对中国古典数学的许多重大或重要成就,我们不知道其来龙去脉。

(1) 前《九章算术》时代的数学成就,我们知道的很少

中国从公元前21世纪夏朝建立进入文明社会,到西汉张苍、耿寿昌编定《九章算术》,即所谓"前《九章算术》时代",长达2000年左右。从先秦文史典籍所反映出的蛛丝马迹可以看出,当时的数学已经发展到相当的程度。可是在春秋时代以前,我们现在只知道人们创造了画圆的工具"规"、画方的工具"矩",以及当时最方便的计算工具算筹、最方便最先

进的十进位值制记数法。此外,《周髀算经》篇首的商高答周公问提出"数之法出于圆方,圆出于方,方出于矩,矩出于九九八十一"[3]①、"勾广三、股修四、径隅五"这一人们最先认识的勾股形,并且说"环而共盘,得成三、四、五",以及方圆之法:"万物周事而圆方用焉,大匠造制而规矩设焉。或毁方而为圆,或破圆而为方。方中为圆者谓之圆方,圆中为方者谓之方圆。"商高还提出"用矩之道",含有正绳、测高、望远、测深等4种方法。

《周髀算经》记载,生活于公元前5世纪前后的陈子认为数学方法能"知日之高大,光之所照,一日所行,远近之数,人所望见,四极之穷,列星之宿,天地之广袤",数学知识具有"类以合类"的特点,数学的"道术"即数学方法"言约而用博",学习数学要能"通类",做到"类以合类","问一类而以万事达"。这显然是当时已经存在的丰富而深刻的数学知识的总结,当然也规范了后来中国古典数学著作的特点与风格。陈子还阐述了用比例与勾股定理测望日之远近、大小的方法。其中实际上应用了今有术和开方术。

《周髀算经》这些成就的来龙去脉,我们一无所知。

《墨经》中有某些数学知识和精辟的数学命题,如"圜,一中同长也"[4],堪与欧几里得关于圆的定义相媲美。这些内容是墨家的首创还是录自已有的数学著述,不得而知。

众所周知,中国传统思想有重文轻理的特点,但是近年北京大学收藏的秦简《算书》中陈起答鲁久次问篇中有强烈的重数思想。陈起说:如果"读语、计数弗能并爨",应该"舍语而爨数,数可语殹,语不可数殹","天下之物,无不用数者"[5]。这是说,一个人如果没有时间同时透彻地理解文史与数学这两门学科,那就先舍弃文史而专攻数学。因为数学学好了,文史自然就通晓了。但是文史学好了,对数学可能仍然不理解。天下的万事万物,没有不用到数学的。这当然有一定道理。这种思想,远远超过《管子》的重数思想[6][7],也比后来的《孙子算经·序》[8]的论述深刻。在现存史料中,可以说是前无古人,后无来者。

(2)《九章算术》的某些重大成就好像是突然冒出来的

我们一直对没有先秦的数学著作传世感到遗憾。20世纪80年代初,湖北荆州出土了汉简《算数书》,此后岳麓书院、北京大学、清华大学、湖北又出土或收藏了《数》《算书》、大九九表、《算术》等战国秦汉数学简牍。学术界公认,它们大都反映了秦及先秦的内容。但是,除了大九九表之外,基本上没有超出《九章算术》的内容,而且没有《九章算术》最重大的成就开方术和线性方程组解法、损益术、正负数加减法则等知识。《周髀算经》陈子答荣方问提到用勾股定理和开方术求人到太阳的距离,但没有开方程序,仅说"开方除之",可见这已是当时数学界的共识。如果说开方术在陈子之前的发展情况,再到《九章算术》,其发展情况尽管不太清楚,但毕竟有踪可寻。那么《九章算术》的最高成就方程术即线性方程组解法、列方程的方法即损益术以及方程术消元必须用到的正负数加减法则即正负术,都是已经很成熟、很规范的法则,在现有数学著作,包括秦汉数学简牍在内,却没有任何痕迹,好像是突然冒出来的。

(3)宋元筹算高潮时期的许多成就的发展过程也莫名其妙

---

①本文凡引《周髀算经》均据此,恕不再注。

宋元筹算高潮时期的几个重大成就,在现存数学著作中也找不到其发展过程。试举几例:

①秦九韶的大衍总数术　南宋秦九韶《数书九章》(1247)大衍类的大衍总数术是相当完整的一次同余方程组解法,现代数学大师欧拉(Euler,1707—1783)、高斯(Gauss,1777—1855)才达到或超过他的水平[9],然而在《数书九章》之前,只有七八百年前的《孙子算经》"物不知数"问涉及这个问题。这是一个很简单的数字游戏题目,现今小学数学教科书都有此类的趣味题。自古民间也流传"秦王暗点兵""韩信点兵""鬼谷算"等称呼,秦王、韩信、鬼谷子等都是战国秦汉人物,此时是否有同余方程组解法,不得而知。一般认为,历法制定中计算上元积年要用到同余方程组解法,然而正如秦九韶所说:"历家虽用,用而不知。"而在数学上,从简单的物不知数问到秦九韶的大衍总数术,几乎是一步登天,其间的发展我们却一无所知。

②秦九韶以勾股差率列出 10 次方程　秦九韶《数书九章》卷八"遥度圆城"[如图 1(a)所示]问给出了一个 10 次方程,是该书中次数最高的方程。这个问题是:

问:有圆城不知周径,四门中开。北外三里有乔木,出南门便折东行九里,乃见木。欲知城周、径各几何。

术曰:以勾股差率求之。一为从隅。五因北外里,为从七廉。置北里幂,八因,为从五廉。以北里幂为正率,以东行幂为负率;二率差,四因,乘北里为益从三廉。倍负率,乘五廉,为益上廉。以北里乘上廉,为实。开玲珑九乘方,得数。自乘,为径。以三因径,得周。

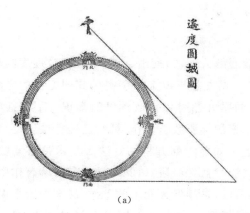
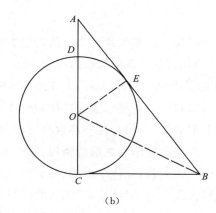

(a)　　　　　　　　　　　　　(b)

图 1　遥度圆城

如图 1(b)所示,设圆城之心为 O,南门为 C,北门为 D,北外之木为 A,东行见木处为 B,AB 与圆城切于 E。已知 AD,BC,分别记为 k,l。求城径,记为 x^2,则术文给出 10 次方程:

$$x^{10}+5kx^8+8k^2x^6-4(l^2-k^2)kx^4-16l^2k^2x^2-16l^2k^3=0 \tag{1}$$

秦九韶以 x^2 为城径,显然是有意提高方程的次数。清中叶四库馆臣指责秦九韶"未得其要"[10]，而钱宝琮将其作为周密指责秦九韶"性喜奢好大"的例证，并说不知"差率"二字做何解释，从而把它列为不可理解的高次方程[11]。其实，"以勾股差率求之"正是解决这个问题的钥匙。

为了明白什么是"句股差率"，得从《九章算术》勾股章"户高多于广"问说起。刘徽认为，这是一个已知勾股差和弦，求勾、股的问题。赵爽、刘徽将《九章算术》术文简化为：

$$a = \frac{1}{2}\sqrt{2c^2 - (b-a)^2} - \frac{1}{2}(b-a)$$

$$b = \frac{1}{2}\sqrt{2c^2 - (b-a)^2} + \frac{1}{2}(b-a)$$

只要令

$$c : (b-a) = p : q$$

其中 q 是勾股差率，p 是弦率，那么勾、股、弦三率为

$$a = \frac{1}{2}\sqrt{2p^2 - q^2} - q$$

$$b = \frac{1}{2}\sqrt{2p^2 - q^2} + q \tag{2}$$

$$c = p$$

这是与勾股数通解公式

$$a = \frac{1}{2}(m^2 - n^2)$$

$$b = mn$$

$$c = \frac{1}{2}(m^2 + n^2)$$

等价的用勾股差率和弦率表示的勾股数的另一个通解公式[12]。

实际上，秦九韶用勾股差率表示的勾股数通解公式（2）列出了《数书九章》"遥度圆城"问的 10 次方程[13]，所以说"以勾股差率求之"。秦九韶仅以 7 个字提示其列方程的方法，可见以"勾股差率"表示的公式（2）在 13 世纪的秦九韶时代是数学界的常识。不言而喻，在秦九韶之前，必定存在一部含有勾股差率内容的重要数学著作，可惜已经亡佚。

③天元术在李冶之前的情况，我们基本上不知道　列方程的方法天元术是宋元数学的一项重大成就，元代李冶的《测圆海镜》（1248）、《益古演段》（1259）是现存数学著作中最早使用天元术的，以致造成《测圆海镜》《益古演段》是阐发天元术的著作，甚至李冶是天元术的创造者等误解。实际上李冶时代天元术尽管仍在改进，但当时已经是成熟的方法，而天元术初创与发展过程中的数学著作全部亡佚，以致天元术在李冶之前创立和发展的情况，除了李冶、祖颐等提到的片段之外，我们基本上不知道。

④朱世杰《四元玉鉴》中的高阶等差数列求和公式是作为已有的常识使用的　高阶等差数列求和也是宋元数学重大成就之一。高阶等差级数求和发轫于北宋大科学家沈括（1031—1095）的《梦溪笔谈》卷十八《技艺》中的"隙积术"。南宋杨辉在《详解九章算法》商

功章以各种垛积比类《九章算术》的刍童、方亭、方锥、堑堵、鳖臑等多面体，给出了这些垛积的求和公式。这些都是二阶等差级数求和问题。

元朱世杰在《四元玉鉴》中使用了三角垛的系列公式：

$$\sum_{r=1}^{n} \frac{1}{p!} r(r+1)(r+2)\cdots(r+p-1) = \frac{1}{(p+1)!} n(n+1)(n+2)\cdots(n+p)$$

列出了 3,4,5,6 次方程。当 $p=2,3,4,5$ 时，分别称为茭草落一形垛（三角垛）、撒星形垛（三角落一形垛）、撒星更落一形垛、三角撒星更落一形垛，显然形成了一种系统。其问题的格式都是"今有茭草**束，欲令**形埵之。问：底子几何？""术曰：立天元一为**底子，如积求之。"然后分别给出了 3,4,5,6 次方程各项的系数[14]。

朱世杰还使用了四角垛系列公式

$$\sum_{r=1}^{n} \frac{1}{p!} r(r+1)(r+2)\cdots(r+p-2)(2r+p-2)$$
$$= \frac{1}{(p+1)!} n(n+1)(n+2)\cdots(n+p-1)(2n+p-2)$$

列出了 3,4 次方程。当 $P=2,3$ 时，分别称为四角垛、四角落一形垛，也形成了一种系统。

朱世杰又使用岚峰形段的前 n 项和的公式：

$$\sum_{r=1}^{n} \frac{1}{p!} r(r+1)(r+2)\cdots(r+p-1)r$$
$$= \frac{1}{(p+2)!} n(n+1)(n+2)\cdots(n+p)[(p+1)n+1]$$

列出了 3,4 次方程。当 $p=1,2,3,\cdots$ 时，分别称为四角垛、岚峰形垛、三角岚峰形垛或岚峰更落一形垛，等等。

值得注意的是，朱世杰在使用这些垛积术公式列出方程时，并没有推导，而是作为常识直接引用的。不言而喻，朱世杰不是这些公式的首创者。创造和阐发这些公式的著作今亦不传。

2. 初探数学著作失传原因

数学著作失传的原因，不外是天灾人祸。天灾是人力难以避免的。这里仅就人祸方面指出几点。

一是统治者的扼杀，这是造成数学典籍失传的重要原因。最典型的就是秦始皇的焚书。刘徽《九章算术序》在谈到《九章算术》在先秦的发展及在秦朝的遭遇时说："周公制礼而有九数，九数之流，则《九章》是矣。往者暴秦焚书，经术散坏。"这就是说，在先秦，"九数"就已经发展为某种形态的《九章算术》，因秦始皇焚书而散坏。幸亏西汉著名数学家张苍、耿寿昌先后删补，我们才能读到《九章算术》。当然，其他数学著作也散失殆尽。

二是战乱，这是造成数学典籍亡佚的最重要的原因。这里说的"战乱"主要有两类。一类是内乱，这里包括统治集团内部各派系之间的兵戎相见和农民起义，往往造成大量典籍包括数学典籍的破坏、散失。先秦典籍的散亡,除了秦始皇的焚书坑儒之外,秦末战乱,特别是楚霸王的烧杀掳掠也起了极坏的作用。清朝太平军对藏于南三阁的《四库全书》的焚毁,也是这种情况。另一类是外患。比如北方少数民族政权入侵中原。这种入侵,促进了民族融合,总的说来提高了中华民族的素质。但是他们在汉化之前对汉文典籍往往不重视。北宋秘书省在元丰七年(1084年)刊刻了《周髀算经》《九章算术》等汉唐算经,这是世界上首次刻印数学著作。可是契丹、金政权经常入侵中原,特别是1127年金攻占北宋首都汴京,他们抢掠了大量粮食、丝绸和手工业产品及供统治者把玩的珍宝,甚至连大量奇特的太湖石都抢运到金中都即现今的北京。但是对汉文典籍却兴趣不大,以致北宋新著的数学典籍没有一部完整地保存下来,元丰七年的秘书省刻本也大都被毁。13世纪初南宋天算学家鲍澣之好不容易搜求到《周髀算经》《九章算术》《孙子算经》《张丘建算经》《五曹算经》《缉古算经》、赝本《夏侯阳算经》的元丰秘书省刻本的孤本及《数术记遗》的一个抄本,予以刊刻,是为世界上现存最早的印刷本数学著作。八国联军和英法军队对北京地区所藏《永乐大典》和《四库全书》的破坏,也属于这种情形。

三是后人读不懂前人内容高深的著作,这也是导致数学著作失传的一个重要原因。最典型的就是祖冲之《缀术》的亡佚。唐李淳风所撰《隋书·律历志》称它内容高深,是"算氏之最","学官莫能究其深奥,是故废而不理"[15]。我们认为,这是《缀术》失传的根本原因。《宋史·楚衍》说楚衍通《缀术》[16]。这常被人们作为《缀术》在宋初仍存世的证据。可是元丰七年刻十部算经时已经找不到《缀术》,博学多才的沈括将南齐祖暅之误为北齐祖亘,可见他亦未见到过此书。如果楚衍精通《缀术》,那么《缀术》是在楚衍之后不到半个世纪内亡佚的。楚衍和他的学生贾宪、朱吉的数学造诣都很高,数学已经度过了隋唐的衰落而复兴。而且这时的北宋尤其是汴京周围没有动乱,11世纪上叶还存在的重要数学著作,不会在下叶便无影无踪。《宋史》中的这句话是不必当真的。实际上,隋唐的数学水平远低于魏晋南北朝时期。王孝通指责祖冲之《缀术》"全错不通"[17]。笔者在纪念祖冲之逝世1500周年国际学术讨论会(河北涞水,2000.10)上的报告"是'《缀术》全错不通'还是王孝通'莫能究其深奥'?"认为,这不会是《缀术》"全错不通",而是王孝通看不懂《缀术》[18]。李淳风等《九章算术注释》多次指责刘徽注,事实证明,所有这些地方,错误的不是刘徽,而是李淳风等[19]。王孝通、李淳风等是隋唐数学大家,尚且如此,遑论其他!可见隋唐数学水平之低下!尽管唐有《缀术》在算学馆需修四年的规定[20],还是明算科的考试科目[21],但这是政府文件中的,实际上不会实施。试想,学官"莫能究其深奥",怎么可能给学生讲呢!总之,我们认为,《缀术》是唐朝学官看不懂被废而不理,大约在安史之乱期间被完全毁坏。

我们现在能读到的南宋秦九韶的《数书九章》,元李冶的《测圆海镜》《益古演段》,朱世杰的《算学启蒙》《四元玉鉴》等5部重要数学著作虽大都在成书时即刊刻,但因其重大成就,如增乘开方方法、大衍总数术、天元术和四元术等,在传统数学落后的明朝没有人能看懂,其命运亦多舛,有的几乎失传,成为孤本,有的在国内已不存,它们都是在清中叶古典数学复兴之时,或从民间搜集到孤本进行刊刻,如《数书九章》《测圆海镜》《四元玉鉴》等,或是从朝鲜等地重新引入的,如《算学启蒙》。

四是图书涉事人员的盗窃,也是不可忽视的原因。清中叶编纂《四库全书》时,工作人员盗书是众所周知的,他们为此都穿了特制的衣服。因为这个原因,《永乐大典》在清末被外国侵略者大规模盗取和焚毁之前,实际上已被内鬼盗走了不少。《永乐大典》1408 年在南京编成。其中摘录了《周髀算经》《九章算术》《海岛算经》《孙子算经》《五经算术》《缉古算经》、赝本《夏侯阳算经》等七部汉唐数学典籍和南宋秦九韶的《数学九章》(《数书九章》的另一名称)等。1421 年永乐迁都北京。但是后来北京和南京都不再有这些书,它们是在南京编完《永乐大典》后即被盗,还是运至北京的路上被盗,不得而知。

当然,就数学内部而言,有的著作太完整,它以前的著作被人认为没有保存的必要而失传。如战国至秦汉,因《九章算术》太完整,也是先秦数学著作全部亡佚的重要原因。

3. 遵循吴文俊的古证复原三原则将"点"串联成"线"

数学史工作者的一个重要任务就是将现存的这些"点"科学地串联成"线",成为数学史。

原始文献是我们将这些"点"串联成"线",成为数学史的基础,因此,必须准确地概括、理解现有的原始文献。无可讳言,对原始文献采取轻率的态度,在数学史活动中屡见不鲜,即使是数学史大家甚至学科奠基人也不能幸免。

首先是背离原始文献。刘徽求圆周率近似值的程序中,对直径 2 尺的圆,求出 314 寸^2 作为圆面积的近似值。然后"以半径一尺除圆幂,倍所得,六尺二寸八分,即周数",这是将其代入刘徽刚刚用极限思想和无穷小分割方法证明了的圆面积公式 $S=\frac{1}{2}Lr$,反求出圆周长 $L=\frac{2S}{r}=\frac{2\times314\,寸^2}{10\,寸}=6$ 尺 2 寸 8 分。将圆周长与圆径相约,便得到 $\pi=\frac{6\,尺\,2\,寸\,8\,分}{2\,尺}=\frac{157}{50}$[22]。可是,20 世纪 70 年代以前,几乎所有谈圆周率的著述都说刘徽将圆面积近似值代入圆面积公式 $S=\pi r^2$,因此"$100\pi=314$,或 $\pi=\frac{157}{50}$"[23]。这不仅不符合刘徽求圆周率的程序,而且还会把刘徽置于他从未犯过的循环推理错误的境地。实际上,此时刘徽还没有证明与 $S=\pi r^2$ 对应的《九章算术》的圆面积公式 $S=\frac{3}{4}d^2$(圆周率取 $\pi=3$),恰恰相反,刘徽用自己求出的圆周率近似值 $\pi=\frac{157}{50}$ 修正了这个公式。

其次,因原始文献的记载与自己的观点相左,便对不误的古文做错改或曲解。刘徽《九章算术序》说:"徽幼习《九章》,长再详览。观阴阳之割裂,总算术之根源,探赜之暇,遂悟其意。是以敢竭顽鲁,采其所见,为之作注。"这表明,刘徽注含有两种内容,一是"采其所见"者,即其前人(包括《九章算术》的历代编纂者)的数学贡献。一是"悟其意"者,即刘徽自己的数学创造。实际上,钱宝琮、严敦杰先生也都认为刘徽注中有前人的工作。有的学者认为刘徽注中所反映的全是刘徽的思想,不承认其中有前人的工作。比如戴震等人发现《九章算术》同一条术文的刘徽注中有不同的思路时,便将第二种思路改为李淳风等注释。有的学者认为出入相补原理是刘徽的"首创",忘记刘徽之前的赵爽也懂得出入相补原理;甚至将刘徽自述的"采其所见"用现代汉语翻译为"就提出自己的见解",显然是曲解。

再次,因原始文献与自己的看法相左,便对原文进行删节。关于天元术的产生,元祖颐在《四元玉鉴后序》中说:"平阳蒋周撰《益古》,博陆李文一撰《照胆》,鹿泉石信道撰《铃经》,平水刘汝谐撰《如积释锁》,绛人元裕细草之,后人始知有天元也。"有人因为错误地将李冶看成天元术的创造者,不是改变自己的看法以切合古文,而是在引用这段文字时故意删去"后人始知有天元也"这8个字。

还有,是曲解古人的写作意图。比如李冶为什么写《测圆海镜》,200多年来一直存在误解。清阮元(1764—1849)重刻《测圆海镜细草》序云:"《测圆海镜》何为而作也?所以发挥立天元一之术也。"[24]20世纪的中国数学史著述受此影响,多将《测圆海镜》说成是一部研究天元术的著作,而《益古演段》是一部普及天元术的著作。诚然,由于《测圆海镜》和《益古演段》是现存使用天元术的最早的两部著作,人们重视它们关于天元术的内容并借此认识天元术,是完全正确的。但是,说它们是李冶为天元术而写的,则不符合历史事实。事实上,李冶关于这两部书的自序中没有一个字谈到天元术。王德渊的《敬斋先生测圆海镜后序》、砚坚的《益古演段序》,也都没有一个字谈到天元术。可见它们都不是为阐发天元术而写的。《测圆海镜》是阐释由《九章算术》的勾股容圆发展起来的"洞渊九容"的著作,《益古演段》是阐发《益古集》的田亩问题的著作,都不是以阐述天元术为目的的著作。天元术只是李冶在这两部著作中使用的当时已臻于成熟的主要数学方法。

更有甚者,有人杜撰古代并不存在的术语。比如,天元术中的天元式本来是指含有"天元"的多项式或单项式,而不是指开方式。许多数学史著述说开方式也称为天元式,有人甚至杜撰出"天元开方式"这种古代数学著作中并没有的术语,说"'天元开方式'就是一元高次方程",当然是不恰当的。一般说来,在天元术中,经过"如积相消",得出的开方式不再标以"太"字或"元"字。

显然,对已有的原始文献如此不尊重,是无法作为将"点"串联成"线"的基础的。

如何将现存的原始文献这些"点"科学地串联成"线",拾遗补阙,是数学史工作者的任务之一,大概也是最艰巨的任务。前面所讲的笔者使用由《九章算术》勾股章户高多于广问导出的由弦率和勾股差率构成的勾股数组通解公式解读秦九韶《数书九章》"邀度圆城"问的10次方程中的"以勾股差率求之",就是拾遗补阙的一次尝试。

刘徽《海岛算经》阐发了重差术的基本方法,可惜阐述其造术的自注已不存。李淳风等注释只是给出了术文的细草,没有术文的造术。清中叶李潢、沈钦裴,近人李俨、钱宝琮等对《海岛算经》诸问术文的造术都做了有益的工作。数学泰斗吴文俊先生也探讨了《海岛算经》的造术,并提出了著名的古证复原三原则:

原则之一,证明应符合当时本地区数学发展的实际情况,而不能套用现代的或其他地区的数学成果与方法。

原则之二,证明应有史实史料上的依据,不能凭空臆造。

原则之三,证明应自然地导致所求证的结果或公式,而不应为了达到结果以致出现不合情理的人为雕琢痕迹[25]。

这三原则是吴先生对中国数学史研究经验教训的总结,也指导了那以后中国数学史的研究,更是今后中国数学史研究将"点"串联成"线",成为数学史的指南。

参考文献

[1] 郭书春.中国科学技术典籍通汇·数学卷(第 1 册)[M].郑州:大象出版社,2015.

[2] 郭书春.我国古代数学名著《九章算术》[N].科技日报,1987-10-7.

[3] 周髀算经[M]//郭书春,刘钝点校.算经十书.繁体字修订本.台北:九章出版社,2000.

[4] 墨子.二十二子.上海:上海古籍出版社,1985.

[5] 韩巍.北大秦简《鲁久次问数于陈起》初读[J].北京大学学报(哲学社会科学版),2015(2).

[6] 周瀚光.先秦数学与诸子哲学[M].上海:上海古籍出版社,1994.

[7] 郭书春.《管子》与中国古代数学——《考工记》时代的中国数学之一[M]//郭书春数学史自选集:下册.济南:山东科学技术出版社,2018.

[8] 孙子算经·序[M]//郭书春,刘钝点校.算经十书.繁体字修订本.台北:九章出版社,2001.

[9] LIBBRECHT U. Chinese Mathematics in the Thirteeth Century,The Shu-shu-chiu-chang of Chin Chiu-shao[M]. Cambridge,Massachustts and London,England,the M. I. T. Press,1973.

[10] 数学九章:清四库全书本[M].台湾商务印书馆影印四库全书文渊阁本,第797 册,1986.

[11] 钱宝琮.秦九韶《数书九章》研究[M]//钱宝琮,等.宋元数学史论文集.北京:科学出版社,1966.

[12] 郭书春.《九章算术》中的整数勾股形研究[M]//郭书春数学史自选集:上册.济南:山东科学技术出版社,2018.

[13] 郭书春.学习《数书九章》札记二则[M]//郭书春数学史自选集:下册.济南:山东科学技术出版社,2018.

[14] 郭书春.中国科学技术史·数学卷[M].北京:科学出版社,2010.

[15] 魏征,等.隋书[M].北京:中华书局,1973.

[16]　脱脱,等.宋史[M].北京:中华书局,1977.

[17]　王孝通.缉古算经[M]//郭书春,刘钝点校.算经十书.繁体字修订本.台北:九章出版社,2001.

[18]　郭书春.是"《缀术》全错不通"还是王孝通"莫能究其深奥"?[M]//郭书春数学史自选集:下册.济南:山东科学技术出版社,2018.

[19]　郭书春.古代世界数学泰斗刘徽(再修订本)[M]//济南:山东科学技术出版社,2013.

[20]　元宗御.唐六典,卷二十一.广雅书局本.

[21]　元宗御.唐六典,卷四.广雅书局本.

[22]　郭书春.刘徽的面积理论[M]//郭书春数学史自选集:上册.济南:山东科学技术出版社,2018.

[23]　钱宝琮.中国数学史[M].北京:科学出版社,1964.

[24]　李冶.测圆海镜:清知不足斋丛书本(影印本)[M]//郭书春.中国科学技术典籍通汇·数学卷:第1册.郑州:大象出版社,2015.

[25]　吴文俊.《海岛算经》古证探源[M]//吴文俊.吴文俊论数学机械化.济南:山东教育出版社,1995.

从范例到范式

——关于中国数学史的编史学问题

冯立昇

摘　要：本文引入美国科学史家库恩（Thomas S. Kuhn）提出的范例和范式的概念，对中国数学史学科的编史学问题进行了探讨。认为中国数学史的研究在中国经历了三个阶段，反映了研究范式的形成和演变过程。第一个阶段以清代阮元等人的《畴人传》及其续编工作为代表，经历了从范例性工作拓展为范式雏形的过程，属于中国传统学术思想主导下的学术史研究工作，力图说明传统数学的优越性和合理性，目的是复兴或弘扬传统算法，是传统学术工作的延伸。第二个阶段以李俨、钱宝琮的工作为代表，以西方数学作为参照标准，采用现代数学的方法论证，解释传统数学，发掘其中重要的数学成果。他们继承了传统史学和文献学的方法，通过实证研究发现了大量新史料并提出了新见解，完成了许多范例性研究工作，形成了起主导作用的研究范式，奠定了中国数学史学科的基础，使其发展为一门成熟的现代学科。第三个阶段以吴文俊等人的研究为代表，在继承第二阶段研究方法的同时，采用一种能够容纳中西和古今数学、更为普适性的参照标准，以复原中国传统数学固有的思维方式、思想方法和揭示其特色为目标，力图客观地评价中国传统数学的成果，在编史思想方法上完成了研究范式的转换，研究工作进一步深化了对传统数学的认识。

关键词：中国数学史；范例；范式；编史学；学科史

　　中国传统数学是中国古代科学中最重要的分支之一，它是中国古代形成体系的四大传统学科之一，其历史源远流长，文献典籍资源与数学成果相当丰富。在中国，中国数学史也是中国科学技术史中起步最早、发展最为成熟的领域。中国数学史的专门研究肇始于 18 世纪末期，到了 20 世纪得到长足发展。经过几代数学史家的不懈努力，对中国数学史已经理出头绪，成果至为丰硕，不仅勾勒出了中国数学发展的脉络，而且揭示出了中国传统的基本特征和固有特色。

　　对于中国数学史的研究来说，进行必要的编史学考察，通过历史的总结和反思，可以获得对中国数学史研究及其学科历史与现状的进一步理解，并在此基础上对其未来的发展方向有所把握。本文试图将中国数学史研究与学科发展放到长时间段内进行考察和归纳，并尝试性地对其中的一些基础性问题做进一步的探讨。

　　作者简介：冯立昇，1962 年生，清华大学科学技术史暨古文献研究所教授，研究方向为中国数学史、日本数学史、中国机械史。主要研究成果有《中国古代测量学史》《中日数学关系史》等。

1. 引　言

美国著名科学史家托马斯・库恩(Thomas S. Kuhn,1922—1996)于1962年在其经典著作《科学革命的结构》中提出了科学革命意义下的范式(paradigm)概念。库恩认为,科学发展到成熟的常规科学过程中,虽然可能存在多种竞争性范式,总有一种范式长期起着主导作用,并形成越来越多的具有解释力的范例。但当主导范式不能解释的"异例"(反常现象)不断出现且积累到一定程度时,科学界会有人寻求更具解释力和说服力的新理论,进而形成新的研究范式,此时科学革命就发生了。科学革命将导致旧范式全部或部分被一个与其势不两立的新范式取代。而科学革命的实质就是新范式取代旧范式的过程,即范式的转移(或范式的转换,Paradigm shift)。《科学革命的结构》出版之后,范式概念被不同领域的学者借用,包括社会科学和人文科学,在学术界成为一个具有更普遍意义的概念,但这一概念也受到更多的质疑。

库恩认为"范式是一个成熟的科学共同体在某段时间内所认可的研究方法、问题领域和解题标准的源头活水。因此,接受新范式,常常需要重新定义相应的科学"。[1]88 一门成熟的规范学科具有自己的范式,范式可由一人或多人创立,由学术共同体成员共同发展或变革。他在1969年为《科学革命的结构》第二版写的"后记"中,对颇有争论的范式概念做了澄清式的讨论,并对其与共同体的关系做了说明。库恩指出:在该书中,"范式"一词的使用,有两种不同的含义。[2]175 "一方面,它代表着一个特定共同体的成员所共有的信念、价值、技术等构成的整体。另一方面,它指谓着那个整体的一种元素,即具体的谜题解答,把它们作为模型或范例,可以取代明确的规则作为常规科学中其谜难题解答的基础。"[1]157 库恩强调,"范式"的第二种意义在哲学上尤为深刻。不同的研究范式意味着不同的研究传统。库恩所谓的常规科学,是指那些建立在已有重要科学成就基础上的研究。这些科学成就,在一定时期内为科学共同体所认可,并构成其更进一步实践活动的基础。常规科学的实践活动是解答谜题,而这些谜题实际上是由范式所规定的。主导范式吸引了一批坚定的拥护者从事解谜活动。认同一种研究范式意味着需要放弃其他竞争性范式。

在这篇"后记"中,库恩还讨论了范式的成分。他首先强调要有"学科基质"(或译"学科母体",disciplinary matrix)这一概念,认为这个概念更符合范式的准确含义。他指出:"在范式能摆脱其眼下的含义之前,为避免混淆我宁愿用另一个词。这个词我建议用:'学科基质'(disciplinary matrix)。用'学科'一词是因为它指称一个专门学科的工作人员所共有的财产;用'基质'一词是因为它由各种各样的有序元素组成,每个元素都需要进一步界定。所有或大部分我在原书中当作范式、范式的一部分或具有范式性的团体的承诺对象,都是学科基质的组成成分,并因而形成一个整体而共同起作用。我也不会在这儿开出一张详尽的基质成分的清单,但是观察一个学科基质的主要成分类别,可以澄清我现在的进路的性质。"[1]163-164

学科基质中包括哪些主要的成分?库恩指出,一种是"符号化概括(symbolic generalization)",学术共同体成员对这些理论性概括要么赞成要么反对,进行讨论,目的在于促进学科发展。一种是其形而上学的内容(metaphysical paradigms 或 the metaphysical parts of paradigms),属于共同信念,但不是指那些大而无当的信念,如相信宇宙是无限的信念,而是关于相信某种特定的模型,相信具有某种启发性类比关系,即比较具体的偏爱或允许的类比和比喻,等等。再就是价值观或共有价值(values 或 shared values),但库恩认为,共有价值在指导科学家做出理论竞争选择等方面作用有限。第四种成分,即一个学科共同体所共有的实践范例(shared exemplars),按照库恩的论证和例举,这些共有的范例就是科学实践的过程和要素,如实验室的训练、教科书的规训、仪器的使用。它们是典型问题的解决方式和经验总结。库恩还在"后记"中专门辟出一小节来讨论"作为共有范例的范式(Paradigms as Shared Exemplars)"。[2]187-190

笔者认为,范式概念对于历史领域中的学科史不一定完全适用,如历史研究存在范式的转换问题,但这种转换未必一定发生"史学革命"。尽管如此,范式概念对于探讨中国数学史的编史学问题仍有重要的启发意义,有助于深化我们对中国数学史学科形成和发展的认识。

借用范例和范式的概念,加以适当的变通并重新界定其适用范围,用来说明中国数学史的范式形成与转换问题,是颇具解释力的。范式是由一组实践范例组成的,一项有新意的编史工作或相关研究工作,如果被其他学术同行认可并产生示范作用,便可认为形成了一个典型范例。而这样的范例作为样板得到更多同行学者效仿不断产生新的范例,便可能形成起主导作用的研究范式,对学术共同体和学科的形成或发展产生重要影响。范式形成后会在相当长的时期发挥主导作用,新的范式的形成会削弱旧的范式的作用,但未必会取代旧的范式。在历史类学科中,范式的转换会形成新的范式,但旧的范式在一定条件下仍可获得拓展。范式转换与范式拓展并存是常态,是学科发展的通常模式。下面我们结合中国数学史的具体情况和实例进行分析和讨论。

2. 数学史研究在中国的发端:乾嘉学派与晚清数学家的研究范例

从文献学角度看,清代中期乾嘉学派已对传统算学典籍文献进行了许多发掘与整理工作。乾嘉学派的宗旨是"兴复古学、昌明中法",其工作的目的是复兴和发展传统算学,严格来说属于传统算学研究。但中国数学史的专门研究,却发端于乾嘉学派学者的工作。数学史研究工作的肇始与早期发展,可以追溯到清代中后期阮元等人编写《畴人传》(图1),以及后人的续编工作。18世纪末到19世纪末先后完成了如下一些系列论著:

(1)乾嘉学派代表人物阮元在李锐和周治平帮助下完成的《畴人传》四十六卷(1799),收入275位嘉庆以前的中国天算家的传记,附西方科技人物传记41篇。书中引用资料主要来自《二十四史》和天文、数学著作的序、跋,以及各种文集。每篇传记之后都有评论。

(2)罗士琳的《续畴人传》六卷(1840),卷数是阮元《畴人传》的延续,该书补充了阮元等遗漏的和阮元以后的"畴人"44人的传记。

(3)华世芳所撰《近代畴人著述记》(1884),共计收33人的传记。

(4)诸可宝的《畴人传三编》七卷(1886),共收入125人的传记。

图1　《畴人传》书影(中为阮元画像)

(5)黄钟骏的《畴人传四编》十二卷(1898),仿前人成例,续补283人的传记,另有西方数学、天文人物157人的传记[3]1-4。

阮元(1764—1849)创例的《畴人传》是以人物为纲纪,内容涉及历代天文、算学家的学术活动、成果和学术思想,并且对天文、算学人物及其成果给出评价,本传的史实部分和反映编者观点的传论部分是被严格区分开来处理的。因此《畴人传》及其续编应当视为数学史的早期著作。这一点已得到许多中外科学史家和数学史家的认同。

中国科学家叶企孙在1917年发表的《中国算学史略》一文中就指出"中国算学史,自阮文达《畴人传》始有专书。前呼此者,其发达之迹,隐见于历代史志及算书序言中。乃嘱元和学生李锐集成四十六卷,始上古至清嘉庆,末四卷则西洋畴人传也。"[4]

数学史家李俨称:"吾国旧无算学史。阮元《畴人传》略具其雏形,可为史之一部而不足以概全体。"[5]

数学史家钱宝琮也指出:"《畴人传》搜集了各个时期天文学、数学的史料,表扬了专业人才的卓越成就,对于批判地接受文化遗产,推动科学研究的风气,是有积极意义的。"[6]

1923年,美国数学史家史密斯更是给予了高度评价:《畴人传》是"中国数学史的最有价值的著作。"[7]

英国科学史家李约瑟指出:"由于在过去非专业化时代数学往往只是某些个人的科学成就之一,该书可以算是中国书籍中一本最近乎科学史的著作。"[8]

《畴人传》对清末和民国初期的学术研究产生了一定的影响。在《清史稿》"列传"的分类中,除了此前二十四史原有的《儒林传》和《文苑传》之外,还仿其体例增列了《畴人传》。这是天文、算学作为专门之学在晚清学术地位获得提升的一个重要表现。《畴人传》也是民国时期学者研究数学史的最重要的参考资料。李俨曾指出"对于中国算学史的研究,则除《畴人传》一书,初无他项可供参考。"民国时期仍有学者按类似体例撰写数学史论文。以下是其中两种:

①钱宝琮,"浙江畴人著述记:自宋迄清浙江天文历法算学家的重要著作"(《国风》1936年8卷9、10合期)。

②孙延钊,"浙江省畴人别记"(《浙江省通志馆馆刊》1936年1卷1期、2期)。

但是《畴人传》及其续编都还不完全是现代意义上的数学史研究。《畴人传》遵循的仍是乾嘉学派"兴复古学、昌明中法"的宗旨。这同样也是其续编者的主要情怀。乾嘉学派的学术思想和数学观在《畴人传》和《续畴人传》中得到了充分体现和发扬光大。因此,《畴人传》及其续编属于中国传统学术思想主导下的数学史研究工作。

从编史学视角的考察可以发现,从阮元《畴人传》开始,数学的古今关系和中西数学的关系,成为中国数学史研究无法回避的核心性问题。阮元的数学编史工作是以如下两个基本观点为基础的:

①"后世造术密于前代者,盖集合古人之长而为之,非后人之知能出古人上也。"

②"西法实窃取于中国,前人论之已详。……近来工算之士,每据今人之密而追咎古人,见西术之精而薄视中法,不亦异乎?"[3]16-17

对古法的崇尚和"西学中源"说是阮元《畴人传》的立论基础,体现了中算史学者的观念和共有价值。从现在的观点看,"西学中源"显然有失客观性,不符合历史事实。但这一认识也有积极的一面,为接受西方数学和进行中西数学会通工作创造了条件。对于数学的古今关系的认识,需要根据具体问题具体分析,涉及知识的继承与创新的关系问题。阮元对数学古今关系的认识有其合理性,更有值得肯定之处。

阮元从事研究的目的是要弘扬和复兴中国传统算学。罗士琳则完全继承了阮元的数学史观,罗氏在《续畴人传》提出的看法和主张是阮元观念的自然延伸:

"彼欧罗巴自诩其法之精且密,妄谓胜于中法,究其所恃者不过三角、八线、六宗、三要与夫借根方、连比例诸法而已。其实所恃之诸法,又安能轶乎吾中土之天元、四元、缀术、大衍与夫正负开方、垛积招差诸法之上哉?吾愿世有实事求是之儒,甄明象数,诚能循是以求,进臻至理,将见斯文末坠,古法大兴,是又吾之原望焉,亦续补畴人传之素志也夫。"[3]484

由于通过清代学者的努力,明代数学家无法理解的宋元数学方法被重新揭示出来。而明清之际传入的西洋数学基本上属于初等数学的范畴,与中算之天元、四元、大衍、正负开方、垛积、招差诸法相比,传入的西法并未显示出优越性,甚至不少方面不及中算古法。因此,罗士琳对中西数学有上述认识和评价是不足为奇的。丁福保在其《算学书目提要》(1899年刊行)中对此有过精准的概括和评论:"统观阮、罗二氏之言,皆偏袒古术,抨击西法。盖当时天元、四元之术,推阐靡遗。西人借根,相形见绌,主中奴西,良有以也。"[9]

罗士琳之后,解析几何、微积分等近代数学传入中国,诸可宝编写《畴人传三编》时,面对西方代数、微积分的优势,自然无法再谈"复兴古算"的宏愿。出于传统算学难保的危机感和以防"中法失坠"的目的,诸可宝试图从中西数学可以会通的立场论述中算的合理性和中西数学的互补性。[10]诸可宝曾在伟烈亚力的传论中引用伟烈亚力《数学启蒙》序中的话作为其观点的例证:

"《启蒙》第二卷列开诸乘方又捷法,盖即我秦道古(即秦九韶)书实方廉、隅、商步益翻之旧。其自记曰:'无论若干乘方,且无论带纵不带纵,俱以一法通之,故曰捷法。此法在中土为古法①,在西土为新法②。上下数千年,东西数万里,所造之法,若合符

---

①按即秦九韶"正负开方术"。

②按即19世纪英国的Horner法。

节,信乎此心同此理同也。'所言如是,是非中西一揆之明徵乎。"[11]

《畴人传》及其续编工作,开创和形成的"评传"研究方式,成为当时学者的"共有的范例",起到了示范作用,可视为一种范式雏形。《畴人传》之后,续编中不断有新的人物和新的数学成果及资料发现,研究范例不断增加。《畴人传》及其续编工作在相当长一段时期得到了清代数学家和经学学者的认可,也反映了清代中算家与史学家的数学观念及其对数学发展的认识,在一定程度上形成了学术共同体的共有价值。

《畴人传三编》的编写体例到叙述方式与前两编都相一致,编史思想观点也有着直接的继承关系。尽管诸可宝对中西数学采用折中的态度,但著名数学家华蘅芳的学生、算学教习丁福保认为该书"搜辑颇富,于近代算家,所述尤详……其文笔亦颇雅驯。惟诸氏太重中算,殊非公论。盖今之代数微积,日辟新理,天元、四元,墨守故辙,相形之下,判若天渊。如仍执阮、罗之陈言,得毋为通人所笑。"[9]丁福保的观点代表了一种新的价值取向。

晚清数学家周达对数学发展的认识,与丁福保十分接近。周达在清末曾多次访问日本,与日本数学家有广泛的交往,并对日本数学的发展进行过专门调查。他所著《日本调查算学记》(1903年)多次论及日本传统数学和算,并与中算和西方数学进行了比较。其中对和算有很高的评价:"日本有古算焉,其程度亦颇高。其所谓点窜术、天生法者,与我邦之天元、四元绝相似。惟我邦之天元术,专以位次分。彼术则兼用记号,几近于代数矣。"但他的评价是站在近代数学的立场上做出的。周达还对日本古今数学的发展也进行了对比和分析:"日本古算,程度颇高,畴人亦盛。宽永、宝永之间,诸流竞起,各立门户,而以关流为最著。关流者,关派也,为彼国古算大家关孝和氏所创。关氏湛深觉学,超伦轶群,彼邦人士崇拜之。至有算圣之目,视我邦之崇拜梅、李,尤加甚焉。当宽、宝时代,西译未入东土。故所谓关流者,皆研究点窜圆理诸术,其深造处亦自可惊。迨至安政、庆应之间,西法东渐,始有洋算之名,与和算并行。维新以来,西算之风大启。士皆舍弃旧学,从事译籍。所谓关流和算,相形之下,顿见萧索。彼中泰斗,如冈本则录,如长泽龟之助,皆由和算而通汉算,由汉算而通西算。"[12]周达对明治维新后日本数学的近代化历程已有深刻的认识,他对于日本数学历史与发展趋势的描述,同样也反映了新的数学史观与价值取向。

丁福保和周达等学者的观点表明,到了19世纪末20世纪初,随着中算的进一步衰落,乾嘉学派及其继承者的研究范式已难以适应学术发展的需要,其编史方法虽然仍在应用,但显然已无法发挥主导作用,范式的转移成为不可避免的趋势。

《畴人传》作者及其续编者的工作虽然存在着明显缺点和不足,但他们梳理中国传统算学及其历史的成果与考证方法,对数学史研究工作的开展起到了推动作用,成为科学史学科的重要的学术遗产,为中国数学史学科的建立打下了基础。20世纪初期中国数学史的系统研究也正是以此为基础展开的。

3. 数学史研究在中国的兴起:"实证"研究范式主导下的学科构建

现代意义上的中国数学史研究,兴起于20世纪前期。李俨(1892—1963)、钱宝琮(1892—1974)和严敦杰(1917—1988)等一批杰出学者的努力开拓,使中国数学史在中国成为一个专门的研究领域。

李俨、钱宝琮与日本数学史家三上义夫(1875—1950)同为中国数学史研究领域的开创者。李、钱之前的中国数学史,虽有《畴人传》及其续编,但远未成为一门系统性的学问。不仅对中国数学发展、演变的过程与特征及其与社会背景的关系等综合性问题没有展开讨论,就是典籍文献资源的搜集和史实的考证方面的工作也远远不能满足发展一个学科史的要求。叶企孙先生早在1917年就指出了《畴人传》及其续编的局限性:"续阮氏书者有罗士琳、诸可宝、华世芳三家,罗、诸二家于体例无变,华氏则略变之。然皆以个人为主,而一时代之精神不可见。况天文、算学家,二者相杂。源流进退,反失其真。"[4]李俨先生也有类同的认识。他在1928年写的一篇数学史工作总结性的文章中指出:

> "学者虽熟读此六十万的大著,而于中算源流还是无所多得。且晚近数十年算家续著的书和新发现史料,亦将如诸、黄之定例,勉强赓编呢? 或是翻昔日的成案,而重编一本算史呢? 近十年来,有志于后说的,有李俨、钱宝琮、裘冲曼、严敦杰诸人。"[13]

有鉴于此,李、钱诸人没有再走《畴人传》的老路,而是采用新的思路和研究方法重新编写中国数学史。他们一方面开展了中算文献典籍资源的调查、发掘工作,另一方面以西方近、现代数学为参照系对中国传统数学进行整理、研究。他们的工作首先是要弄清古代数学成果的数学内涵和意义,并"翻译"为现代数学语言;之后再按数学发展的历史顺序加以排列,不以人为纲,编写中国数学史著作。

李、钱等中国学者致力中国数学史的研究,与国外学者的数学史研究工作也有直接的联系。李俨在1917年发表的《中国算学史余录》中谈到他最初从事中国数学史研究的起因:一是有感于中国传统数学"渐就沦亡";另外读了欧洲人关于中国算学的论著,"深叹国学堕亡,反为外人所拾"。他又提到,因"看过一篇日本人说述中国算学的论文"而受到了激励[13]。在他的亲笔自传中也有类似记述:"我看过一篇日本人说述中国算学的论文,我十分感动和惭愧,以为现在中国人如此不肖,本国科学(特别是算学)的成就,自己都不知道,还让他们去说,因立志同时要修治中算史。"[14]钱宝琮曾留学欧洲,1911年毕业于英国伯明翰大学。他在伯明翰读书期间就读过英国剑桥大学教授鲍尔(W. W. Rouse Ball)的《数学简史》(*A Short Account of the History of Mathematics*)一书,并因此"对数学的发展史颇感兴趣",同时也"有遗憾",因为"这本书没有讲到中国人在数学方面有任何贡献"①。鲍尔书中也涉及了中国数学,但他对中国传统数学缺乏了解,认为中国人在数学上没有多少值得称道的成就。他指出:"就我所知,古代中国人所熟悉的唯一几何定理是在某些特例(三边之比为$3:4:5$或$1:1:\sqrt{2}$)中直角三角形斜边上的正方形面积等于两条直角边上的正方形面积之和。一些可以通过半试验叠置方法证明的几何定理几乎不可能为他们所知。在算术方面,他们似乎只有利用算盘进行计算的技术以及在书写上表达结果的能力。"[15]显然,国外学者已开展的数学史工作,对李、钱开展中国数学史的研究有直接的刺激或激励作用。

实际上,此前法国数学史家蒙蒂克拉(J. E. Montucla,1725—1799)所写的《数学史》,

---

① 见钱宝琮的一份自传材料手稿,笔者收藏。

已有中国数学史的章节,但他主要从 18 世纪来华耶稣会士的著作中了解到少部分中国天文与计算方面的知识,因此只介绍了简单测量方法、勾股定理和三角计算等内容。蒙氏认为"唯有从天文学上,中国人能获得一些荣誉"。[16]早期对中国数学有了深入了解的西方学者是英国传教士、汉学家伟烈亚力(A. Wylie,1815—1887)。他于 1852 年在上海英文周报《北华捷报》上发表了著名论文《中国科学札记:数学》,首次比较全面介绍了包括《算经十书》在内的中国数学文献以及位值制、勾股术、大衍术、天元术、四元术、高次方程数值解等中国数学的重要成就和世界意义,反驳西方出版物中关于中国数学的错误说法。但与伟烈亚力不带偏见的评价不同,当时多数西方学者,受当时科学史上的"西方中心论"错误观点的影响,以及语言上的限制,对中国数学的评价很不客观。其中最具代表性的是比利时的来华传教士学者赫师慎(Pere Louis Van Hée,1873—1951)。赫师慎通晓中文,从 1911 年就开始有中算史论文发表,对西方学界有较大的影响。赫师慎对中国古代影响重要成果的原创性和独创性都予以否认,如《隋书·律历志》记载了祖冲之的圆周率 355/113,《畴人传》中引用了这一记载,但他声称:"梅修斯(指荷兰数学家 A. Anthoniszoon,1543—1620)于 1585 年求得这个值;另外,通过耶稣会士,梅修斯也为中国人所知。难道就没有可能,一些抄写者受爱国之心驱使,在这些早期著作的后来版本中插入这样的说法?"[17]由于赫氏和许多西方学者对中国古代数学成就持有偏见,缺乏深入的分析和系统的考察,对中国数学史的研究贡献不大。最早对中国数学史研究做出系统性研究和开拓性贡献的外国学者,是三上义夫等日本数学史家。他们对李、钱等中国学者有更大的影响。

三上义夫先生也早在 1905 年前后即有关于中国数学的论文发表,后来陆续有大量的有关中国数学史的论著发表,如早期在《数学世界》等杂志上发表了一系列研究中国数学史的专题文章。他还以英文撰写了第一部在西方出版的东亚数学之专著——《中日数学的发展》(*The Development of Mathematics in China and Japan*,Leipzig:Teubner,1913),该书被西方学者广泛引用。李、钱等中国学者对三上义夫等日本学者的相关研究是相当了解的。李俨所称的"日本人说述中国算学的论文",就是三上义夫的论文。李俨与三上义夫本人很早就建立了联系,他给三上义夫的第一封信写于 1914 年 8 月 17 日,信中写道:"前于《数学世界》上仰读大著,敬悉足下究心中算,深佩莫明。"[18]李、钱与三上义夫和小仓金之助(1885—1962 年)等日本数学史家也有密切的学术交往。早在 1917 年,三上义夫曾以足本《杨辉算法》寄赠李俨。对于足本《杨辉算法》,中国当时只有残本。三上义夫所著数学史论文自 1920 年起即陆续寄送李、钱二人。小仓金之助大约从 1930 年开始与他们建立了学术联系。①李俨一直非常重视中日数学交流史和日本数学史,晚年还将主要精力转向对和算史的研究,应当说与日本学者的影响不无关系。

李俨与美国数学史家史密斯(D. E. Smith,1860—1944)也很早就建立了联系。在美国哥伦比亚大学珍本与手稿本图书馆的"史密斯文库"中,仍然保存有 1915 至 1917 李俨

---

①中国科学院自然科学史研究所图书馆收藏李俨的书信中有 116 封日本学者写给李俨的日文信件,日本广岛县安芸高田市教育委员会藏有 1914 年至 1937 年间李俨写给三上义夫的 41 封信,日本早稻田大学综合图书馆藏"小仓金之助传记资料"中也有两封李俨的书信。

与史密斯的学术通信 10 余封。在自然科学史研究所李俨图书馆也藏有李俨致史密斯的信函草稿 5 通和史密斯致李俨的信札 3 通。这些通信的中心内容，是协商合作编写一部"中国数学史"并用英文发表的计划。李俨开始计划写一部分为上古、中古和近古的三卷本数学史，史密斯则考虑到只有一卷的篇幅才能找到出版商，便把合作提纲调整压缩为一卷。李俨大约于 1916 年写出了汉文稿的大部分。1917 年 2 月 28 日李俨致史密斯的信说："关于《中国数学史》的英文翻译，我和我的朋友正在做，前三部分（引论，古代，中世纪）的中文部分已完成，并已把它寄到茅以升（Thomson Mao）处，他是康乃尔大学的博士后研究生，译稿将直接寄给你。"[19] 李俨在《中国算学史余录》中也谈到此事：史密斯"复与吾共编英文《中国算学史》，以新欧美人士之目，拟即简约汉文原本，移译成文。更复益以博士历年搜求之材料。主译事者为茅君唐臣、斐君季豪、曹君觉民。最近目录初经脱稿，而全书出世尚需时日。"茅以升后来托一位朋友把译稿带给了史斯密。李俨与史密斯的合作后来没有进行下去，他的这本数学史也没有发表，但后来经过删节修改，以《中国数学源流考略》之名，于 1919、1920 年在《北京大学月报》分三期连载发表。从史密斯最后给李俨的信可知，他认为数学史英文译稿与他的设想和期望有较大差距。主要问题是其中缺少中国数学典籍中"精彩论述的准确翻译"，而史密斯希望"读者能够直接接触原始文献"；此外译稿对人物信息交代不够，且事迹的叙述不精确，人名的音译也存在问题。[20] 李俨与史密斯的合作的失败，可能对李俨的研究工作有较大影响，使他更加注重原始文献的搜集、整理和文献依据可靠性的考证。

李俨、钱宝琮开始从事中国数学史研究时，正是"欧洲中心论"在西方盛行时期，他们的工作要面对西方学者对中国传统数学的怀疑和偏见。所以，以李、钱为代表的中国学者从 20 世纪 10 年代开始开展的中国数学史研究，是以文献典籍资源的深入调查与整理研究为中心展开的。他们尽可能搜集、抢救中算古籍，有计划地开展若干重要专题研究，进行与重大问题的历史考证，完成了一系列经典的研究范例工作，形成了注重实证研究的范式，同时在中国数学教育史、中国数学思想史、中外数学交流史等方向都有出色的研究成果，通过一系列开拓性的工作构建了中国数学史的学科知识体系。

20 世纪 10 年代末至 30 年代后期，是李俨、钱宝琮进行中国数学史研究的高峰时期。统计收入《李俨钱宝琮科学史全集》的数学史论文。可以发现，到 1937 年，李俨发表 47 篇论文，多数是高质量的专题论文或新史料的披露。李俨发表的论文，经过多次修订，由他自编为《中算史论丛》（一）—（三）集，由商务印书馆出版（1928—1935 年）。李俨所著的综合性成果包括通俗著作《中国算学小史》（商务印书馆，1930）和通史性专著《中国数学大纲》上册（商务印书馆于 1931 年）、《中国算学史》（商务印书馆，1937 年）。它们都是按时代先后顺序编写的中国数学史著作。其中《中国算学史》一书，流传颇广，影响较大。此书很快被译成日文出版（东京生活社，1940 年），译者为岛本一男、薮内清。

李俨在 1937 年发表的"怎样研究中国算学史？"一文，还对中国数学的编史观念和方法做了专门阐述：

"中国算学在世界有千余年之历史，中国国民对于中国算学之历史自要深切详知。此种研究结果，足以证明中华民族对于算数，实具有素养，自可进而研究近代科学，不复自外，更进而期望以中华民族文化贡献于全世界。19 世纪以来，国外算学史，作者如林，学校亦研习算学史，盖欲学者深开先启后之源，日求所以精进之道。吾国维新以前，学者困于科举，维新以后，旁徨歧路，无所适从。今则欲求自强，应研治科学，已为国中论定问题，而自然科学及应用科学，实均以算学为首要，我国国民宜深知研究中算，实为刻不容缓之事。日本维新之时，众弃一切旧学，但进至现在，则中小学教员及多数学者仍有深治'和算'之愿，该国'历算书复刻刊行会'及'古典数学书院'已翻印日文旧算书多种，以供应用。即在中国现时亦已经有数十种中算书，及数部中算史书，可备观览，而中算史中尚待研究之问题，尚不在少数，则略述研究中算及中算史之方法，亦当为学者所乐闻也。"[21]

　　他是从国际视野理解和认识中国数学史研究的意义和价值的。对于数学史的研究方法，李俨概括为四个步骤：

　　"第一，勤治西算。现在研治西算比较数十年前容易，高中、初中学生，如于算学功课勤于治理便是一种良好的基础，即未在校者，从事此道亦非难事，所谓天下无难事，只怕心不专。有了此项志愿，欲于算学有所贡献，必要再读算学史，以便知道古今算学进化之历程，其中何种已经发现，何种尚待研讨。

　　"第二，阅读书籍。阅读为精进之源，所治一事，必博读群书，则理势宜然。但世界典籍汗牛充栋，必也分别轻重，布置先后，认定某种应精读，某种应细读，某种应检阅，某种应在某种范围内批阅，则其事自易既经读过，再别记录保存，用备研讨。今以中算史为例，其已出版之中算史及译本算学史，自宜细读，其次则于读书之时，并留心中算史事有闻必录，遇事迄记，终年累月，自多进益。

　　"第三，选定题目。阅读既富，修养充足，欲进而有所研讨，则宜选定与自己学力相近之题目。题目既经选定，则将以前读书答记所得，及访问所及，加以分类，其视为不足者再加以补充，并察看此类题目，前人已否论过其所论之程度如何，作为自己作文之参考，如题目简单，则加以并合，便成有系统之论述。

　　"第四，整理旧文。题目既经选定，或未经选定，研读之余，应以科学方法随时整理，分门别类，或用册，或用卡片，不厌求详，不求急就，一年不足，期以十年，十年不足，期以终身，为学方法，尽于是矣。"[21]

　　李俨是站在世界科学文明史的高度考察中国数学发展的，且把数学史视为"古今算学进化之历程"，即由原始的萌芽状态逐步形成古代数学，再进一步发展演变成近现代数学。他的编史学思想与《畴人传》及其续编反映的观念，有着根本性的不同。

　　钱宝琮先生从事中国数学史研究始于1919年"五四运动"时期。他在自传材料手稿中写道："1919年我在苏州当数学教员，'五四运动'以后受了胡适等提倡的'整理国故'的影响，开始搜集中国古代数学的书籍，阅读稍有心得后就写了几篇论文，在《学艺》《科学》等杂志上发表。到抗日战争时期，我已发表过十多篇数学史论文，四五篇天文学史论文。那时我认为中国科学史是中国文化史的一部分，也是世界文化史的一部分。……研究古代数学书或天文书，必须经过仔细的校勘和繁琐的考证。"他在1928年夏所写《古算考源》序中称："宝琮年二十，略知西算。任教江苏工业学校时，偶由书肆购得中国算学书数种。阅之，颇有兴趣，遂以整理中国算学史为己任，顾头绪纷繁，会通匪易。乃先就分科探讨，稍有心得，辄复著书。民国十年春成《九章问题分类考》《方程算法源流考》《百鸡术源流考》《求一术源流考》《记数法源流考》五篇。十一年复成《朱世杰垛积术广义》一篇,俱送登《学艺》杂志。"[22]

他在 1921 年一年就发表五篇高水平的数学史论文:"九章问题分类考"(《学艺》1921 年 5 月),"方程算法源流考"(《学艺》1921 年 6 月),"百鸡术源流考"(《学艺》1921 年 7 月),"求一术源流考"(《学艺》1921 年 8 月),"记数法源流考"(《学艺》1921 年 10 月),第二年又完成"朱世杰垛积术广义"(《学艺》1923 年 1 月)。他对《九章》分类问题的研究、对各种算法源流的考证都是经典的范例,至今仍有十分重要的参考价值。而对朱世杰垛积术的阐释研究,获得多个组合恒等式,并将一个卷积型组合恒等式表述为现代形式,这一成果经科学史家乔治·萨顿和李约瑟的介绍,被西方现代数学家接受,成为现代组合计数理论的一个基本公式"朱世杰-范德蒙公式(the Chu-Vandemonde formula)"的命名依据。[23]六篇论文发表后,产生了很大的影响,中华学艺社将其结集为《古算考源》一书,交由商务印书馆于 1930 年出版发行。《古算考源》很快售罄,商务馆又重新排版,于 1933 年和1935 年两度再版。

他在 20 世纪二三十年代发表的代表作品还有:

(1)中国算书中之周率研究,《科学》第 8 卷第 2 期和第 3 期(1923 年 2 月、3 月)。

(2)中西音律比较说,《学艺》第 6 卷 6 期(1924 年 12 月)。

(3)印度算学与中国算学之关系,《南开周刊》第 1 卷第 16 号(1925 年 12 月)。

(4)《九章算术》盈不足术流传欧洲考,《科学》第 12 卷第 6 期(1927 年 6 月)。

(5)周髀算经考,《科学》第 14 卷第 1 期(1929 年 9 月)。

(6)孙子算经考,《科学》第 14 卷第 2 期(1929 年 10 月)。

(7)夏侯阳算经考,《科学》第 14 卷第 3 期(1929 年 11 月)。

(8)中国古代大数纪法考,《文理》1930 年第 1 期。

(9)梅勿庵先生年谱,《国立浙江大学季刊》第 1 卷第 1 期(1932 年 1 月)。

(10)太一考,《燕京学报》1932 年第 12 期。

(11)汉均输考,《文理》1933 年第 4 期。

(12)戴震算学天文著作考,《浙江大学科学报告》第 1 卷第 1 期(1934 年 1 月)。

(13)新唐书历志校勘记,《浙江省立图书馆馆刊》1935 年第 4 卷第 6 期。

(14)唐代历家奇零分数纪法之演进,《数学杂志》1936 年第 1 卷 第 1 期。

(15)汪莱《衡斋算学》评述,《国立浙江大学科学报告》1936 年第 2 卷第 1 期。

(16)百纳本书历志校勘记,《文澜学报》1937 年第 2 卷第 1 期。

(17)浙江畴人著述记,《文澜学报》1937 年第 3 卷第 1 期(1936 年曾在《国风》上发表)。

(18)中国数学中之整数勾股形研究,《数学杂志》1937 年第 1 卷第 3 期。

(19)曾纪鸿《圆率考真图解》评述,《数学杂志》1939 年第 2 卷第 1 期。

在开展专题研究取得初步成果后,钱宝琮也开始关注综合性问题,并着手编撰中国数学史的通史著作。这一工作又与他在大学开设中国数学史课程和编写讲义是结合在一起的,起到了相辅相成的作用。他在 1927 年 4 月 29 日给李俨的信中(图 2),对综合研究与通史的重要性做了透彻的论述,对他已开展的工作也有较详细的介绍:

"乐知先生：八年前于《北大月刊》，得读大著，欣慰无已！琮之有志研究中国算学，实是足下启之。数年以来，考证古算，得有寸进，皆足下赐之。……琮十年以来，从事搜集中国算学史料，为写中国算学发展史之预备。最初以为中国算学，头绪纷挈，宜由分科研究入手。故有《方程术》、《百鸡术》、《求一术》、《计数法》、《周率研究》等篇，录登《学艺》杂志及《科学》杂志，以提倡中国算学史料之考证。继以算学全史不甚明了，则所述各科源流，支离割裂，不能免误。琮以前在《学艺》发表诸文，今日再为覆视，觉遗漏及武断处甚多。皆宜再事修正。故近年有所撰述，皆未发表。最近以科学社及南开大学理科之要求，勉将《九章算术盈不足术传入欧洲考》及《明以前中国算书中之代数术》二篇分别送出，不久当可公诸同好也。尝读东、西洋学者所述中国算学史料，遗漏太多，于世界算学之源流，往往数典忘祖。吾侪若不急起撰述，何以纠正其误！以是琮于甲子年在苏州时，即从事于编纂中国算学全史。在卢永祥、齐燮元内战期内撰成《中国算学史》十余章。乙丑秋来此间教读。理科学生有愿选读中国算学史者，琮即将旧稿略为整理，络续付油印本为讲义。每星期授一小时，本拟一年授毕全史。后以授课时间太少，不克授毕。故讲义只撰至明末，凡十八章，印就者只十六章，余两章虽已写成，而未及付印。第十七章述《宋元明算学与西域算学之关系》，其细目为两宋时印度算学之采用、波斯、亚拉伯算学略史、元明时代西域人历算学、金元算学未受亚拉伯算学之影响等。第十八章为《元明算学》。其细目为赵友钦与瞻思、珠算之发展、数码之沿革、明代历算学、写算术等。至于自明末以后之算学史，则拟分写：第十九章《明清之际西算之传入》，第二十章《中算之复兴》，第二十一章《杜德美割圆九术》，第二十二章《项名达与戴煦》，第二十三章《李善兰》，第二十四章《白芙堂丛书》，第二十五章《光绪朝算学》。现正搜集史料，暇当从事编辑也。"[1]

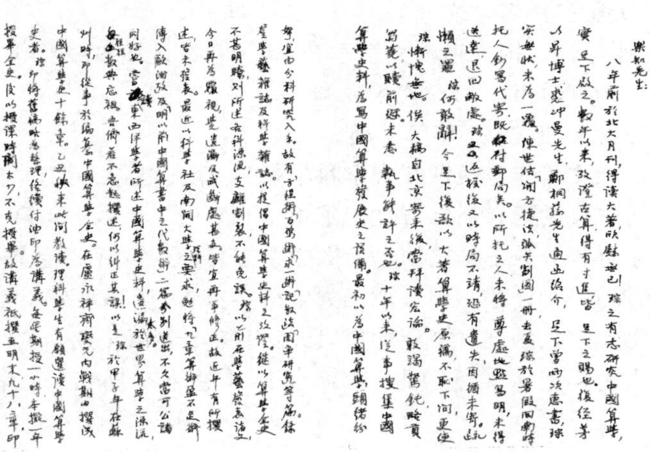

图 2　钱宝琮 1927 年 4 月 29 日致李俨先生的亲笔信

从这封信可知，早在 1924 年钱宝琮就开始"从事于编纂中国算学全史"的工作，而且在当年 9、10 月时已撰成"《中国算学史》十余章"。1925 年至 1926 年，他又在南开大学编

---

①钱宝琮致李俨信原件，现藏中国科学院自然科学史研究所李俨图书馆。

成《中国算学史》讲义,作为中国数学史课程的教材,陆续付印(油印本)。

这部南开的授课讲义后来受到地质学家丁文江的关注。钱宝琮在《钱宝琮论著目录》手稿中称"《中国算学史》仅仅写到明末西洋算法传入以前,原来是我在天津南开大学讲课时的讲义。1929 年,被老友丁文江借去作参考,他擅自交给傅斯年(我不认识)。"①丁氏研读之后,大为赞赏,将讲义交给了中央研究院历史语言研究所所长傅斯年,建议由该所正式出版,很快得到傅斯年的认可。1932 年,《中国算学史》上卷作为中央研究院历史语言研究所学术著作单刊甲种之六正式出版,商务印书馆发行。该书一出版,即引起学术界的关注,受到好评。1933 年 6 月出版的《燕京学报》第 13 期,发表了魏建猷撰写的书评,对《中国算学史》(上卷)内容和特色做了全面介绍和概括。魏建猷最后指出:"综观上述,本书在种种方面均有其独得之处,实为精心结构之作,非一般流行作品可比也。"[24]20 世纪三四十年代,该书成为在中外有广泛影响的中国数学史专著。

20 世纪 30 年代中期,李、钱二人的工作获得了数学界、史学界和教育界的高度认可。纵观李、钱的研究工作及其影响,可以看到,到全面抗战开始时的 1937 年,中国数学史家已完成许多专题与案例研究工作,不仅形成了众多有示范作用的研究范例,而且基本上搞清楚了中国数学发展的整体面貌,构筑了中国数学史学科的基本框架与知识体系,形成了成熟的研究方法和新的研究范式。就知识体系的建构来说,中国数学史已经成为一门稳定发展的学科。同时,也不断有新的学者开始从事相关研究工作。其中关于中算中的圆周率的研究,成为相当长一段时期研究的焦点,有许多学者进行了相关研究,李俨、茅以升和钱宝琮都有重要的成果,不少研究成为经典的范例。如 1936 年,严敦杰加入了数学史研究者的行列,他的第一项具有范例性的出色工作就是关于祖冲之的圆周率研究。[25]三上义夫对这一时期中国学者的数学史研究也给予高度评价,他在 1934 年发表的《中国思想・科学(数学)》一文(见岩波书店出版的東洋思潮系列『東洋思想の展開』第 3 卷)中指出,李俨、钱宝琮、张荫麟、茅以升等人才辈出,他们的研究工作旁征博引,不断开拓进取,使中国数学史的研究渐入佳境。[26]

1937 年开始,全面抗战的爆发,使数学史的研究条件变得十分艰难,中国数学史的研究进入低潮时期。抗日战争胜利后,又进入解放战争时期,研究条件依然艰苦。而李俨、钱宝琮、严敦杰等学者没有中断数学史的研究,一直为发展中国数学史学科而努力工作。但在 1938 年至 1949 年十余年时间,李、钱二人发表的论文比前十年明显减少。而在这一时期,严敦杰先生发表了 20 余篇数学史文章[27],成为当时中国数学史研究的后起之秀。

新中国成立后,中国已具备了从事职业数学史和科学史研究的条件,李、钱二人分别于 1955 年和 1956 年调入中国科学院历史研究所专门从事数学史的研究。1957 年中国科学院中国自然科学史研究室(中国科学院中国自然科学史研究所前身)成立,李、钱和严敦杰成为该室专职研究人员,钱宝琮任新创刊学术杂志《科学史集刊》主编,李俨出任研究室主任,直至逝世。他们为数学史、科学史在中国的建制化做出了贡献。同时一批年轻学子在 20 世纪五六十年代也陆续加入了中国数学史研究者的行列,除了自然科学史研究所有杜石然、何绍庚、梅荣照、郭书春加盟外,李迪、沈康身、白尚恕等一批大学教师也进入

---

① 钱宝琮自笔《钱宝琮论著目录》手稿 4 页,笔者收藏。

到数学史研究队伍。李、钱的带领或影响下,他们先后在专题、断代史方面完成了许多出色的研究工作,推进了中国数学史学科的发展,为中国的数学史研究事业的繁荣贡献了力量。

到了 50 年代,李俨又对《论丛》进行了增删和调整,重新编成《中算史论丛》1—5 集,由科学出版社出版(1954—1955)。《中算史论丛》比较集中地反映了李俨在中国数学史研究工作中的各方面成果。《中国数学大纲》上册,是商务印书馆于 1931 年出版的;1958 年,李俨又出版上册的修订本和下册(科学出版社)。专题性著作有《中算家的内插法研究》(科学出版社,1957 年)和《十三、四世纪中国民间数学》等。

钱宝琮也开始组织研究室数学史专家重新编撰通史著作《中国数学史》(钱宝琮主编),该书由钱宝琮与杜石然、梅荣照、严敦杰共同完成编写工作,1964 年由科学出版社出版。这部通史著作一直写到 1911 年,可以说是几十年来中国数学史研究的总结性工作。钱宝琮校点的《算经十书》(1963,中华书局),首先破除了对乾嘉学派代表人物戴震的迷信,改正了戴震的许多校勘错误。他对十种算经的内容及其年代的考证,绝大多数都经得起时间的考验。可以说是他数十年来校勘工作的重大成果之一。1966 年出版的《宋元数学史论文集》(钱宝琮主编,科学出版社),是中国数学史断代研究方面的突破性成果。此外,钱宝琮对数学思想史的研究也取得了重要成果。

李、钱二人用了半个多世纪的时间,为中国数学史这一学科奠定了坚实的基础,他们主导的编史实践确立中国数学史的范式,使其成为一门成熟的学科。他们的编史观念虽然与《畴人传》作者及其续编者有根本的不同,但并不是对前人工作的全盘否定,而且还有很多继承。如李俨在 1947 年写给严敦杰信的中称"《珠算の知识》及《算盘来历考》二文,未知尚有何新史料,便乞示知。日史家治史不如乾嘉诸老之严密。如采用该文,尚须多加审核。"[28]他认为当时日本学者治史严谨性存在不足,而乾嘉学派的治学方法更为严密。对于乾嘉学派的考据方法,李、钱不仅多有继承,还有进一步的发展。重视文献典籍和史料考证是李、钱二人的共同特点,文献学方法是二人的基本方法,这无疑是对乾嘉学派治学方法的继承,当然他们又有许多新的拓展和超越,特别在算法源流的考证和算理分析方面的成果远在乾嘉诸老之上。李、钱二人在编史观上,都十分注重实证。但在编史实践中,二人处理问题的方式略有差异。如果说李俨先生擅长于目录学与版本学,那么钱宝琮先生则擅长于校勘学与版本学,李俨先生偏重数学史资料的整理、史料考订,钱宝琮先生则偏重数学史实和算法源流的考证与内容分析。此外,强调采用近现代数学方法整理、验证和分析传统数学成果也是二人治学的共同特点。李俨的编史观是以史料为中心的,其特点是:以史料的发掘和整理为出发点,以信史为追求目标,尽量直接利用可信的史料构筑和阐述历史,信以传信、疑以传疑,避免在史料之外作过多的推衍。[28]李俨先生对史料文献工作重视,还表现在他本人在史学史研究、史料整理和编目工作方面的用功极勤,除了算学源流的清理和事实的考证工作外,他编有多种算学书目、研究论文目录、年表、年谱、人物生卒年表。为中国数学史研究者带来了极大的便利。[29]钱宝琮先生则多采用史料与算理分析结合的方式,常提出有启发性的看法,或推导出较为合理的结论。此外,钱宝琮重视数学思想史的研究,努力探讨影响中国数学发展的内在和外在因素,特别是社会思潮和哲学思想对数学发展的影响,开拓了新的方向,为进一步开展相关研究打下了基础。

4. 数学史研究的拓展与深化:对传统数学再认识的"复原"范式

正当中国数学史的研究被引向深入之时,"文化大革命"开始了,所有研究工作都停下来了,李、钱两位先生相继去世,20 世纪 60 年代中期至 70 年代中期中国数学史的研究也处于停顿状态。70 年代后期,中国数学史的研究得以恢复和发展。

20 世纪 70 年代是中国数学史研究的一个低谷,当数学史家们以极大热情重新投身于研究工作时,则发现中国数学史的一些富矿资源似乎都被开发过了。按传统的看法,一些重要的史料与问题,李俨、钱宝琮、严敦杰等前辈大都已解决了。最主要的数学成果已用现代数学知识做出了说明、验证和解释,并被"翻译"成了现代数学语言。大量的文献典籍和相关资料已被发掘和整理,而他们留下的某些有前景课题,如数学思想史研究又难度较大,多数人短期内无法上手。因此,研究者发现在选择研究课题时,面临一些困难。为了尽快走出低谷,需要转变固有的认识方式和改进传统的研究方法,开拓新的研究方向和领域。

在"文化大革命"已近尾声的 1975 年,吴文俊先生发表了他的第一篇数学史论文《中国古代数学对世界文化的伟大贡献》[30],通过对中西方数学发展的考察与比较分析,提出了对中国传统数学的独到见解,阐述了中国古代数学的成就及其世界意义,在当时就引起了学界的关注。此后,吴先生又发表了多篇重要的数学史论文,提出了新的数学史方法论原则和数学史观,开展了重新认识传统数学的系列研究。他的工作影响了整个中国数学史界,在 80 年代开辟了中国数学史研究的一个新阶段。

吴文俊在对中国数学史研究的现状进行了调研、分析后发现,已往的中国数学史研究中存在着一个普遍而又严重的方法论缺陷,就是不加限制地搬用现代西方数学符号与语言来理解中国或其他文明的古代数学。他认为,这种错误的研究方法乃是对中国古代数学的许多误解与谬说的根源之一。[31]10-30 吴文俊指出:"我国传统数学有它自己的体系与形式,有着它自己的发展途径与独创的思想体系,不能以西方数学的模式生搬硬套。"为此,他提出了古证、古算复原应该遵循的三项原则[32]162-180:

原则之一:证明应符合当时与本地区数学发展的实际情况,而不能套用现代的或其他地区的数学成果与方法。

原则之二:证明应有史实史料上的依据,不能凭空臆造。

原则之三:证明应自然地导致所求证的结果或公式,而不应为了达到预知结果以致出现不合情理的人为雕琢痕迹。

吴文俊将上述原则视为研究古代数学史的方法论原则,曾在不同场合多次阐述,并在 1986 年在美国召开的国际数学家大会的报告中将其提炼为两项原则[33]:

原则一:所有研究结论应该在幸存至今的原著基础上得出。

原则二:所有结论应该利用古人当时的知识、辅助工具和惯用的推理方法得出。

吴文俊对刘徽海岛公式证明的复原研究就是遵循这些原则完成的,成为中国数学史研究的典范性工作,对中国数学史的研究起到了示范作用。中国古代数学公式与定理的推导很少采用逻辑演绎形式,数学文献只记录算法程序与结果,对推导过程也很少保留。他发现利用表达面积关系的"出入相补原理"实现等量关系的推导是古代数学家普遍采用的方法,可以非常自然地导出海岛公式。他还将这一古证复原成功范例加以总结概括,使其上升到数学史方法论的高度,成为研究数学史的方法论原则。之后越来越多的数学史学者实践这"古证复原原则",用以解决不同的数学史问题,形成了一系列新的研究范例,得到了中国数学史界普遍认同,从而形成了新的数学史研究范式。

20世纪80年代中期,吴文俊对中国古代数学有了更为深刻的理解。他在一系列文章之中,多次地强调:"就内容实质而论,所谓东方数学的中国数学,具有两大特色,一是它的构造性,二是它的机械化。"[34]他提出的"古证复原原则"和对中国古代数学构造性与机械化这两大特点的概括,极大地深化了人们对中国传统数学认识。受其影响,80年代中国数学史界形成了对中国古代数学再认识的高潮。而这一时期,自然科学史研究所和大学的许多数学史学者也将研究重点转移到对《九章算术》及其刘徽注的研究,而吴文俊及时参与到了这一工作之中,与相关学者互动,引导和推动了研究工作的开展,掀起研究热潮,参加人数之多,历时之长,为中国科学史学史上所仅见。人们解决了若干过去未解决或未正确解决的重大问题,如《九章算术》编纂,《九章算术》及其刘徽注的版本与校勘,出入相补原理,刘徽《九章算术》的结构,刘徽的割圆术和极限思想,刘徽原理与体积理论,《九章算术》与刘徽关于率的理论,刘徽的逻辑方法、数学思想和数学体系,以及刘徽的籍贯、思想渊源,《九章算术》及刘徽注与时代背景,《九章算术》及其刘徽注的影响,等等,出版了10余部专著,数百篇论文。其中出入相补原理、刘徽原理是吴文俊在研究刘徽著作的基础上首次概括出来的。之前祖冲之研究是中算史的热点,忽视了刘徽在古代数学发展中的重要作用和贡献。80年代以来,对刘徽的研究非常深入和全面,促进了对中国古代数学理论体系的再认识。

这期间或稍后,仅吴文俊本人主编的中国数学史著作就有:《〈九章算术〉与刘徽》(1982)、《秦九韶与〈数书九章〉》(1987)、《刘徽研究》(1991)、《中国数学史论文集》(一)、(二)、(三)、(四)(1985—1996)等。

从编史学角度看,更重要的是通过吴文俊和众多中国学者的工作,一种新的数学史观得到了确立。吴文俊对此有过精辟概括:"世界古代数分为东、西两大流派,古代西方数学是以古希腊欧几里得《几何原本》为典范的公理化演绎体系;古代东方数学则是以我国《九章算术》及其刘徽注为代表的机械化算法体系。在世界数学发展的历史长河中,这两种体系互为消长,交替成为主流推动着这门学科不断向前进展。"[35]也就是说,古代数学发展的主流并不像以往有些西方数学史所描述的只有单一的希腊演绎模式,还有与之相平行的中国式算法体系。

长期以来,西方学术界由于受欧洲中心论的影响,对中国古代数学抱有根深蒂固的偏见。不少西方学者或不承认中国古代存在有价值的数学成就,或认为中国古代数学知识是外来的,缺乏独创性。伟烈亚力、三上义夫有关中国数学的论著在西方的流传,对于西方认识中国传统数学的价值有一定的作用。但由于早期阶段的研究深度有限,这些著述还不足以回答部分西方学者关于中国数学独立性的疑问,即中国传统数学是否是其他古代文明(具体说如古巴比伦、印度和希腊)的舶来品?稍晚开展中国数学史研究的李约瑟

(Joseph Needham,1900—1995),吸收了李俨、钱宝琮等中国学者的研究成果,用英文写成中国数学史的著作(《中国科学技术史》第 3 卷,1959 年),在西方学术界产生了更大的影响。他通过广泛深入的中西比较,对中国数学外来说进行了批驳,对中国与印度之间的数学交流也做出了客观的分析,得出了在数学上"在公元前 250 年到公元 1250 年之间,从中国传出去的东西比传入的东西要多得多"的结论。李约瑟的观点逐渐被一般公正的西方学者所接受。但对中国数学的偏见与误解至今也并没有完全消除,同时争论的焦点也转移到了所谓"主流性"问题上,一些西方学者坚持认为中国古代数学不属于所谓数学发展的主流。例如美国著名数学家兼数学史家 M·克莱因(Morris Kline,1908—1992)在1972 年出版的《古今数学思想》,是一部在西方颇有影响的数学史著作,但作者在前言中明确交代:"我忽略了几种文化,例如中国的、日本的和玛雅的文化,因为他们的工作对于数学思想的主流没有影响"。[36] 因此一些西方学者认为中国传统数学仍不足称道。而吴文俊的数学史研究,恰恰在揭示中国古代数学对世界数学主流的影响方面,做出了特殊的贡献,从而将中国数学史的研究推向了一个新阶段。[37]

　　1976 年下半年开始,即在吴文俊涉足中国数学史研究一年以后。如上所述,吴文俊从中国数学史上的研究中肯定了数学发展中与希腊式演绎数学相对的另一条主流——构造性、机械化数学的存在,这一认识与他对当时方兴未艾的计算机科学对数学必将带来深刻影响的敏锐预见结合起来,促使吴文俊毅然决定从拓扑学研究转向数学机械化研究,并且首先在几何定理证明方面取得了突破,于 1976 年至 1977 年之交,成功地提出了对某一类非平凡几何定理的机械化证明方法。

　　李文林先生指出了吴文俊的几何定理机器证明方法有三方面的历史渊源:"(1)中国古代数学中的几何代数化倾向。正如吴文俊本人在《几何定理机器证明的基本原理》一书导言中所说:'几何定理证明的机械化问题,从思维到方法,至少在宋元时代就有蛛丝马迹可寻。虽然这是极其原始的,但是,仅就著者本人而言,主要是受中国古代数学的启发'。(2)笛卡儿解析几何思想。吴文俊指出,笛卡儿《几何学》不仅为几何定理证明提供了不同于欧几里得模式(即从公理出发按逻辑规则演绎地进行,一题一证,没有通用的证明法则)的可能性,而且开创了可用计算机证明几何定理的局面。(3)希尔伯特《几何基础》。吴文俊在希尔伯特的著作中发现,希尔伯特首先指出了几何定理可以不是逐一证明,而是一类定理可以用统一的方法一起证明。在引入适当坐标后,这种统一的方法也可以算法化。吴文俊的这一发现是出人意料的,因为希尔伯特《几何基础》向来被奉为现代公理化方法的经典,能够从中找到定理证明机械化的思想借鉴,这反映了吴文俊历史考察的深度。"[37] 吴文俊在现代数学方面的研究成果也进一步证实了数学发展中存在着与希腊式演绎数学相对的另一条主流——构造性、机械化的数学,而中国传统数学正是构造性、机械化数学的早期代表。

　　吴文俊倡导的研究范式与李、钱的研究范式相比,有所不同的是,前者是以西方数学为参照系去衡量、认识传统数学的具体成果,后者则强调"要真正了解中国的传统数学,首先必须撇开西方数学的先入之见,直接依据目前我们所能掌握的我国固有数学原始资料,设法分析与复原我国古时所用的思维方式与方法,才有可能认识它的真实面目。"[38]

　　从李、钱到吴文俊,存在范式转移的问题,主要体现在观念和认识更新上,并不是说二者具有"不可通约性",两种范式仍具有很大的兼容性。吴文俊对李、钱严谨的考证方法是十分推崇的,同时他也继承和吸收了李、钱的编史思想。他指出:"西方数学的传入,一方面使中国知识阶层开阔眼界,接触到西方的学术成就,另一方面也使本已不绝如缕的传统数学几趋灭绝。清初王锡阐、梅文鼎由于对中西数学的深入理解,有批判地吸收外来文化,既传播西方数学先进的一面,又发扬了我国传统数学固有的优点,使奄奄一息的传统数学重现生机。…… 李俨、钱宝琮二老在废墟上发掘残卷,并将传统内容详做评介,使有志者有书可读,有迹可循。以我个人而言,我对传统数学的基本认识,首先得之于二老的著作。使传统数学在西算的狂风巨浪冲击之下不致从此沉沦无踪,二老之功不在王、梅二先算之下。"[39] 李、钱范式的主体框架和编史实践仍然有效,现在大量的中国数学史研究成果仍是在这一范式主导下完成的。吴文俊的范式是李、钱范式的一种转移,但也是一种补充和拓展。不同范式的并存和范式转换与范式拓展的并存是中国数学史学科发展的常态,这也是中国数学史编史学连续性的体现方式。

5. 结　语

中国数学史的研究在中国经历了三个阶段,不同阶段有着不同的编史学观念和方法,但数学的古今关系和数学的中西关系,始终是中国数学史研究的核心性问题。第一个阶段以《畴人传》及其续编工作为代表,在评价标准上采用中国古算作为参照标准,属于中国传统学术思想主导下的数学史研究工作,力图说明传统数学的优越性和合理性,目的是要复兴或弘扬传统算法。第二个阶段以李、钱的研究为代表,以西方数学的成就作为参照标准,采用现代数学的方法论证、说明、解释传统数学,同时继承了传统史学和文献学的方法,在其工作中,展示中国古代数学发现优先权问题是一项重要的内容。优先权之发现及其关注史料的整理和研究是工作的重心,实证的方法突出地得到重视。第三个阶段以吴文俊等人的研究为代表,撇开西方数学的先入之见,采用能一种够容纳中西和古今数学普适性的数学作为参照标准,以复原我国传统算法的固有的思维方式、思想方法和揭示其固有特色为目标,力图更客观地评价中国传统数学的思想、方法和成果。三个阶段的工作反映了200多年来中国数学史研究者对中国数学的认识不断得到了深化的历程。

参考文献

[1] 库恩.科学革命的结构[M].金吾伦,胡新和,译.北京:北京大学出版社,2003.

[2] KUHN T S. The Structure of Scientific Revolutions[M]. 2nd ed. Chicago, University of Chicago Press,1970.

[3] 阮元等著,冯立昇、邓亮、张俊峰校注.畴人传合编校注・导言[M].郑州:中州古籍出版社,2012.

[4] 叶企孙.中国算学史略[J].清华学报,1917,2(2):49-64.

[5] 李俨.中国算学史余录[J].科学,1917,3(2):238-241.

[6] 钱宝琮.中国数学史[M].北京:科学出版社,1964:229.

[7] SMITH D E. History of Mathematics(Vol. 1)[M]. Boston:Ginn & Compa-

ny,1923:535.

[8] 李约瑟中国科学技术史·第一卷[M].翻译小组,译.北京:科学出版社,1975:
107.

[9] 丁福保.《算学书目提要》卷下"中西算总类三"[M].无锡竢实堂刊本.1899(光绪己亥).

[10] 洪万生,欧秀娟.诸可宝与《畴人传三编》[M]//刘钝,韩琦,等.科史薪传.沈阳:辽宁教育出版社,1997:165-178.

[11] 诸可宝.畴人传三编·附录二·伟烈亚力[M]//冯立昇,邓亮,张俊峰.畴人传合编校注.郑州:中州古籍出版社,2012:593.

[12] 周达.日本调查算学记[M]//冯立昇.中华大典·数学典·数学概论分典.济南:山东教育出版社,2018:496-470.

[13] 李俨.中国算学史的工作 [J].科学,1928,13(6):785-805.

[14] 杜石然.从李俨先生的一些亲笔资料看他的生平和事业[J].中国科技史杂志,2020,41(2).

[15] BALL W W R. A Short Account of the History of Mathematics[M]. London,1888:2-3.

[16] MONTUCLA J E. Histoire des Mathematiques (Vol. I)[M]. Paris,1799:452.

[17] VAN HÉE L. The Chhou Jen Chuan of Juan Yuan[J]. Isis,1926(8):103-118.

[18] 黄荣光,刘钝.李俨致三上义夫的 41 封信[J].中国科技史杂志,2016,(1):64-91.

[19] 张奠宙.李俨与史密斯通信始末(1915—1917)[J].中国科技史料,1991,12(1):75-83.

[20] 徐义保.李俨与史密斯的通信[J].自然科学史研究,2011,30(4):472-495.

[21] 李俨.怎样研究中国算学史?[J].出版周刊,1937(新 220):1-2.

[22] 钱宝琮.古算考源序[M].上海:商务印书馆,1928:1.

[23] 罗见今.中算家的计数论[M].北京:科学出版社,2022:301-304.

[24] 魏建猷.《中国算学史》钱宝琮撰上卷一册二十一年出版[J].燕京学报,1933,(13):260-261.

[25] 严敦杰.中国算学家祖冲之及其圆周率之研究[J].学艺,1936,15(5):37-50.

[26] 冯立昇.三上义夫著作集(第 4 卷)·中国数学史·科学史解说.东京:日本评论社,2020:501-525.

[27] 郭书春.五十年来自然科学史研究所的数学史研究[J].中国科技史杂志,2007,28(4):356-365.

[28] 邹大海.略论李俨的中算史研究[J].中国科技史料,2002,23(2):149-165.

[29] 李迪.李俨是中国数学史学的开创者[J].内蒙古师范大学学报(自然科学汉文版),1994,(2):73-80.

[30] 顾今用(吴文俊).中国古代数学对世界文化的伟大贡献[J].数学学报,1975,18(1):18-23.

[31] 吴文俊.我国古代测望之学重差理论评介——兼评数学史研究中某些方法问

题[G]//科技史文集(8).上海:科学技术出版社,1982:10-30.

[32] 吴文俊.《海岛算经》古证探源[G]//吴文俊.《九章算术》与刘徽.北京:北京师范大学出版社,1982:162-180.

[33] 吴文俊.对中国传统数学的再认识(下)[J].百科知识,1987(8):43-46.

[34] 吴文俊.从《数书九章》看中国传统数学的构造性与机械化的特色[G]//秦九韶与《九章算术》.北京:北京师范大学出版社,1986:73-88.

[35] 吴文俊.吴文俊文集[M].济南:山东教育出版社,1986:前言.

[36] 克莱因.古今数学思想:第一册[M].上海:上海科学技术出版社,2002:2.

[37] 李文林.古为今用、自主创新的典范——吴文俊院士的数学史研究[J].内蒙古师范大学学报(自然科学汉文版),2009,38(5):477-490.

[38] 吴文俊.对中国传统数学的再认识(上)[J].百科知识,1987,(7):48-51.

[39] 吴文俊.纪念李俨钱宝琮诞辰100周年国际学术讨论会贺词(代序)[G]//郭书春,刘钝,等.李俨钱宝琮科学史全集:第1卷.沈阳:辽宁教育出版社,1998.

筹算、珠算与中国传统算法

郭世荣

摘　要：使用算器进行计算是中国传统数学的一大特色，算筹和算盘作为计算工具在古代数学中发挥着极为重要的作用。研究筹算与珠算在传统算法设计中的作用，对于更加深入地理解中国数学的算法设计思想及算法特点的形成颇有帮助。本文将包括以下几方面的内容：第一，概要说明筹算与珠算的基本规则与操作规程的主要特点；第二，分析若干筹算算法设计的案例；第三，在案例分析的基础上总结筹算算法设计的主要思想；第四，讨论珠算在筹算算法设计基础上对算法的进一步改进与发展；第五，研究筹算与珠算对于中国传统数学特点形成的作用与意义。

关键词：筹算；珠算；算法设计

中国古代使用算筹和算盘进行计算，形成了完整且独特的筹算和珠算使用规则与操作程序，自成体系。对于中国的筹算、珠算及中国传统数学的特点等，学界已有很多探讨，成果不胜枚举，例如李俨对中国筹算的研究，华印椿等对珠算的研究，吴文俊对中国传统数学的机械化、构造性和算法化特征的论述，都早已为学界所熟知。算筹和算盘这两种计算工具对于中国传统数学特点的形成发挥了极为重要的作用。算具与算法二者相互依存，相互配合，相互影响，从而形成中国传统算法的特色。而算法设计很好地反映了中国传统数学的推理论证和思维模式，更影响了数学文本编写。以往对于中国传统数学特点的形成与算具间的关系讨论较少，这是本文将要讨论的主要问题。

1. 筹算与珠算的规则与操作

使用算具进行计算是中国古代数学的一大特色[1]。为了阐明计算工具与算法之间的关系，有必要先扼要说明筹算与珠算的运算与操作。

我国很早就建立了一套筹算演算制度[2]，形成了筹算体系，包括算筹的规格与形制、用算筹纪数的方式、运筹方式、计算规则、算法设计、记录方式，等等。约在宋代，我国开始

作者简介：郭世荣，1959年生，内蒙古师范大学科学技术史研究院二级教授，国际科学史研究院通讯院士，研究方向为数学史、中外科技交流史、少数民族科技史。担任国际数学史委员会执行委员（2015—）、中国科技史学会副理事长（2018—）、中国珠算心算协会副会长（2018—），曾任中国数学史学会数学史分会理事长、中国科技史学会数学史专业委员会主任和少数民族科技史专业委员会主任。

有了用笔写筹式进行计算的方法[3]。明代中后期筹算基本上被珠算完全取代,明末《同文算指》等著作传入了西方笔算,但筹式符号(包括暗字码)作为数学记录符号一直被使用到清末。而朝鲜和日本的数学家直到 18 世纪仍然以筹算为主要计算工具。

筹算的纪数基础为"十进制"和"位置制",用算筹将数字按高位在左、低位在右的方式摆在筹算盘(算案)[4-5]上。为了防止相邻数位上的算筹相混,规定了"一纵十横,百立千僵,千十相望,万百相当"的摆筹方式,即每一个数字有纵横两种筹式。在实际使用时,一个数的相邻两位数字以纵横筹式区分。算筹摆放的位置很重要,在不同位置上的算筹表示不同单位上的数字。用筹无法表示数字零,就空开一位。为了减少用筹和简洁,又采用"五升制",即:1～5 用累积筹表示,6～9 用一根置于上方的筹表示 5,其余部分在下方仍用累积表示(图 1),上方代表 5 的筹和下方代表 1 的筹也纵横不同,此即《孙子算经》所言:"满六以上,五在上方。六不积算,五不单张。"古代还用赤黑二色筹或以筹的"邪正"来区分正负数,例如刘徽在注《九章算术》方程章时就讲到"正算赤,负算黑,否则以邪正为异。"在宋代的书写记录中则采用在数字的最后一个筹式符号上打一斜杠表示负数。

图 1　筹算的纵横筹式

在实际计算中,计算加法时将被加数摆在算板上,从数的高位开始逐位加上加数,当一个数位上满十时就向前一位进位。计算减法也是从减数的高位开始逐位从被减数中减去。即加减运算在一横行中进行。计算乘法时,先将实(被乘数)和法(乘数)分别置于上下二行,再将法数向左移使其末位数与实数的首位数对齐,然后用法的每一位数分别乘实首位数,并遵循"言十即过,不满自如"的规则按位将积(乘得的结果)置于中行,并将积数按数位随时相加。当全部法数都与实首位乘完后,移去实首,法退一位,再与实第二位相乘,并将积与前积相加。继续这个步骤直到实每一位都被乘完("上下相乘,至尽则已")。这是我国自古就采用的筹算乘法,但相关的记载较晚,在《孙子算经》中才有明确记叙。后来还有尾乘法,即从实的末位乘起。计算除法时,"凡除之法,与乘正异。乘得在中央,除得在上方。"兹不细述,详见《孙子算经》。因此,乘除法是需要在三行中完成的。唐代后期,有将乘法简为二行者,甚至简至一行。开方计算则根据开方次幂的高低在多行中运算。

概括地讲,筹算有以下特点:

第一,筹算通过在筹算板上摆放算筹来实现运算,根据运算需要,算筹被摆放在一行或多行上。

第二,算筹在筹算板上摆放的相对位置很重要,不同的位置代表不同的数学意义。例如,分数的整数部分及分子与分母、方程组中的不同方程及方程各未知数的系数等都是由算筹摆放的位置表示的。同时,位置也与运算过程和操作直接相关。

第三,用筹计算时,不保留中间过程,每位数字运算完即把旧数字改为新数字。

珠算是以筹算为基础发展起来的,是筹算体系的进一步扩展与发展,珠算借鉴和发展了筹算的许多东西,同时也反过来扩充和丰富了筹算体系,使筹算运算表现出了更加灵活多样的特点。至明代后期珠算体系完全形成,珠算体系包括算盘的结构形制、算盘中数的表示、算盘的拨珠方式和用指方法、珠算的口诀、书写表示、算法设计、运算技术与技巧,等等。

设计算盘时采用了筹算的"五升十进"思想。算盘中以梁上一珠表示 5,梁下一珠表示 1,并用档位决定数位,这继承了筹算表示数字的思想。同时,算盘在梁上设计了二珠,这样一个档位上最大可表示 15,后来又发展出悬珠的用法,使一个档位上可表示更大的数,这是珠算在筹算基础上的创新。宋代杨辉在筹算表示中也采用在一个筹式的上方增加代表五的筹的方法在一个数位表示大于 9 的数[1],这或许是受到珠算影响的结果。

珠算计算加减法也是一次完成,即先在算盘中拨入被加数或被减数,然后从高位开始按数位逐位加减,直到运算结束。这与筹算加减法在本质上无区别。在计算乘除法时,先在算盘上拨入法、实(明代规定法右实左),然后以实为主进行计算。乘法以法的每一位乘以实的某一位,头乘法从实首位开始,尾乘法从实末位开始,依次相乘,乘得的结果随时相加,实的任一位数乘讫即变,所谓"实动法不动"。除法则只能从高位除起,但是也有归除、商除等不同的演算方式,与筹算所不同的是直接把实变成积或商。乘除法相当于筹算的一行算法。开方则相当于把筹算的自上而下的纵向多行排列搬到算盘上横向排列。

筹算与珠算除了算具不同外,在算法和操作方面既有联系又有区别。在操作方面,筹算主要是摆筹及其规则,珠算则是拨珠、指法、口诀应用,等等。二者所遵循的数学原理基本相同。在算法上,珠算继承了筹算的几乎所有算法,同时也发展出了一批适合在算盘上运算的新算法和改进算法。其实筹算算法也在不断改进和创新中。例如,宋代杨辉与元代朱世杰等人就给出了不少新算法,这些算法同时适应筹算和珠算。这一方面反映了珠算早期发展的过程,另一方面也反映了珠算对丰富筹算的作用,二者交互影响。

筹算与珠算既有共同的地方,也有其各自的独立特点。筹算和珠算都需要通过对算具的操作来实现运算,这决定了与其相应的计算必须是可以通过操作算筹或算盘来实现,并在有限步骤内可以获得结果;用算筹摆放数和用算盘表示数都采用十进制,都对位置有严格的要求;在运算中都使用口诀,但珠算口诀更重要;在记录和图示方面,珠算继承和借用了筹算的书写表示法,特别是筹式符号,记录基本上没有太大的改变,但是增加了算盘图。二者也有一些不同点:当需要多行运算时,筹算按上下纵向行展开,珠算则只能在一行内完成,如果非得多行不可,珠算只能把多行平列在一横行中(例如开方);珠算拨珠有指法要求,从而提高了运算速度,筹算则对运筹速度无要求(虽然古人有赞扬某人运筹如飞的情况),因此,珠算有加快运算速度的要求,筹算则没有;筹算将摆筹的位置与算法紧密结合,有的算法设计充分考虑了摆筹的空间与位置的作用,而珠算则在这方面可发挥的空间较小;珠算有一些只适合于算盘上实现的特殊算法。

计算工具必须与算法相结合才能实现其运算功能,筹算和珠算演算共同要求算法要

①郭世荣.是筹算还是珠算? 对 13—15 世纪中算家的乘除算法实作的分析,第 15 届东亚科学技术史与医学史国际会议报告,待发表。

具有可操作性,即用计算工具(算筹或算盘)可实现,因此古代算法一般都包括计算的过程和演算的次第,并依此设计了相关的算法程序。中国古代数学的构造性特点与此关系极大。算筹和算盘对算法和计算过程有不同的要求,对算法设计有很大的影响。中国早期的算法与筹算紧密结合,体现筹算的特点与特色,宋元以后又出现了不少适合珠算的算法。这些算法共同构成中国古代数学的核心部分,体现了中国数学与其他文明数学的不同特征与特点。

2. 筹算算法设计案例

中国早期数学著作中的算法是通过算题体现出来的,算题包括"题""答""术",后来又增加了"草"或"细草"。其中术最为重要,术即是算法,给出解题方法。不过,并不是每题都包括术和草,有时一术统御多题,适应于解决一类问题,可称之为通术。同时也有些题的术只给出本题的具体演算,是通术的具体化,这里暂时不考虑这些术。

古代数学家一般很少说明算法是怎么设计出来的,但是通过分析算法的构造和它们所强调的重点内容可以看出其设计思路和思想。为了在下一节中阐明算法设计的思想,作为案例,这里先分析《九章算术》方田章的"平分术"和少广章的"少广术"。

例 1　平分术

"平分术曰:母互乘子,副并为平实,母相乘为法。以列数乘未并者,各自为列实。亦以列数乘法。以平实减列实,余约之,为所减。并所减,以益于少。以法命平实,各得其平。"

平分术的问题模型是:有几个分数,求出它们的平均值,并从较大的分数中减出多于平均值的部分分配给小于平均值的分数。兹以三个分数 $\frac{a_1}{b_1}$、$\frac{a_2}{b_2}$、$\frac{a_3}{b_3}$ 为例分析此术。

第一步:先在筹算板上摆出各分数 $\frac{a_1}{b_1}$、$\frac{a_2}{b_2}$、$\frac{a_3}{b_3}$,分子在左,分母在右。

第二步:"母互乘子",三分数的分子变为 $a_1 b_2 b_3, a_2 b_1 b_3, a_3 b_1 b_2$。

第三步:"副并为平实,母相乘为法",在算板上另外计算各分子相加之和作为"平实"(三分数平均值的分子):$P = a_1 b_2 b_3 + a_2 b_1 b_3 + a_3 b_1 b_2$,三分母相乘得法 $b_1 b_2 b_3$。

第四步:"以列数乘未并者"得列实:$P_1 = 3 a_1 b_2 b_3, P_2 = 3 a_2 b_1 b_3, P_3 = 3 a_3 b_1 b_2$,"亦以列数乘法"得 $3 b_1 b_2 b_3$。这里"列数"指分数的个数。

第五步:"以平实减列实,余约之"得"所减":$\frac{P_1 - P}{3 b_1 b_2 b_3}, \frac{P_2 - P}{3 b_1 b_2 b_3}, \frac{P_3 - P}{3 b_1 b_2 b_3}$(所得正数为该分数当所减,负数为该分数所不足)。

第六步:将所多分配给所少。

第七步:算出平均数:$\frac{P}{3 b_1 b_2 b_3}$。

其筹算运算过程的示意图如图 2 所示。

分子	分母	分子	分母	分子	分母	分子	分母	分子	分母
a_1	b_1	$a_1b_2b_3$	b_1	$a_1b_2b_3$	$b_1b_2b_3$	列实 P_1	$3b_1b_2b_3$	P_1-P	$3b_1b_2b_3$
a_2	b_2	$a_2b_1b_3$	b_2	$a_2b_1b_3$	$b_1b_2b_3$	列实 P_2	$3b_1b_2b_3$	P_2-P	$3b_1b_2b_3$
a_3	b_3	$a_3b_1b_2$	b_3	$a_3b_1b_2$	$b_1b_2b_3$	列实 P_3	$3b_1b_2b_3$	P_3-P	$3b_1b_2b_3$
				副算：平实 $P = a_1b_2b_3 + a_2b_1b_3 + a_3b_1b_2$		副：平实 P		副：平实 P	
第一步		第二步：母互乘子		第三步：副并为平实，母相乘为法		第四步：列数乘未并者及法		第五步：以平实减列实，余约之。第六步：以多益少。第七步：以法命平实	

图 2　平分术算法筹算示意图

例 2　少广术

"少广术曰：置全步及分母子，以最下分母遍乘诸分子及全步，各以其母除其子，置之于左。命通分者，又以分母遍乘诸分子及已通者，皆通而同之，并之为法。置所求步数，以全步积分乘之为实，实如法而一，得从步。"

此术的基本模型是：今有田，宽为 $1+\dfrac{1}{2}+\dfrac{1}{3}+\cdots+\dfrac{1}{n}$ 步，求 1 亩之田长几何。即计算：$240\div\left(1+\dfrac{1}{2}+\dfrac{1}{3}+\cdots+\dfrac{1}{n}\right)$。因为法是多个分数相加，需要通分，这是设计此术的核心。术的主干就在于给出筹算通分的过程：

第一步，置"全步"（即整数 1）和各分母、分子；

第二步，用最下分母 n 遍乘诸分子和全步，即从分母最大的分数开始通分；

第三步，"各以其母除其子，置之于左"，即把可以化为整数的分数先化为整数；

第四步，再以 $(n-1)$ 为最下分母，重复上述第二、三步；……直到各分母都乘完为止[①]。

兹以 $n=5$ 为例，列出此术所给出的运算过程如图 3 所示。

全	子	母	全	子	母	全	子	母	全	子	母	全	子	母	全	子	母	全	子	母
1			5			5			20			20			60			60		
	1	2		5	2		5	2		20	2		10	2		30	2		30	2
	1	3		5	3		5	3		20	3	20		3		60	3		20	3
	1	4		5	4		5	4		20	4		5	4		15	4		15	4
	1	5		5	5	1			4			5				12	5		12	5
置全步 1 及各分子分母			以分母 5 遍乘分子及全步			分子 5 除分母 5 得 1 置左			分母 4 遍乘全步及分子			子母相除得整数者置左			分母 3 遍乘全步及分子			子母相除得整者置左		

图 3　少广术算法筹算示意图

---

①顺便说明：《九章算术》少广术给出的模型中田宽为 $1+\dfrac{1}{2}+\dfrac{1}{3}+\cdots+\dfrac{1}{n}$，给出 $n=2,3,\cdots,12$ 的算例，但其术适用于一般分数，即不限于 $\dfrac{1}{n}$ 形，对任 $\dfrac{m}{n}$ 形都适用。前面的整数也不限于 1。

以上至第七步,全部分子都可以除尽分母变成整数,这样就完成了通分过程,即得到 $1=\dfrac{60}{60},\dfrac{1}{2}=\dfrac{30}{60},\dfrac{1}{3}=\dfrac{20}{60},\dfrac{1}{4}=\dfrac{15}{60},\dfrac{1}{5}=\dfrac{12}{60}$。同时考虑到接着要计算 $240\div\left(1+\dfrac{1}{2}+\dfrac{1}{3}+\dfrac{1}{4}\right.$ $\left.+\dfrac{1}{5}\right)$,所以直接把五个分数的分子相加(得137)作为法,而将全步积分60(即各分数的公分母)乘240作为实,"实如法而一"得:

$$240\div\left(1+\dfrac{1}{2}+\dfrac{1}{3}+\dfrac{1}{4}+\dfrac{1}{5}\right)=240\div\dfrac{137}{60}=\dfrac{240\times60}{137}=105\dfrac{15}{137}$$

3. 以筹算操作为中心的算法设计思想

平分术与少广术的设计反映了中国古代数学算法设计一个重要思想,即以筹算的操作为中心进行算法设计。其主要思想和设计重点如下:

第一,算法设计围绕筹算演算过程展开。

算法的设计以筹算的操作为中心,体现筹算的演算过程,形成筹算运算程序。以上述二例言之,如果以数学原理为中心设计算法,平分术应该说明把要平分的几个分数相加再除以分数的个数得平均数,然后求出平均数与各分数之差,再以所多的部分补所少的部分。少广术则只需说明以一亩积步240步除以各分数之和即可。但是《九章算术》没有采用这样的术文,而是把重点放在了通分的演算过程上。平分术给出了用算筹计算的过程,先将各分数通分为同分母分数,再置各分子相加,算出各分数相和后的平均数的分子,然后算出各分数分子与平均数分子之差,接着"以多益少"使各分数均等,最后通过除法运算给出平均数。少广术也是完全依据筹算的操作为中心设计的。此术所要解决的是一个分母为若干分数相加的除法问题,最终目标是算出这个除法的法和实,而算法设计的重点是各分数的通分过程。因此,这些算法的设计都以筹算运算过程为中心,指导读者通过筹算演算来解决问题。算法所给出的内容,重点在如何操作筹进行演算。

第二,算法设计包括筹算板的空间利用。

算筹在筹算板上摆放的位置是算法设计要考虑的重点因素之一。筹摆放的位置具有重要的数学意义。这表现在以下三个方面:

首先,利用筹的位置来表达这些筹所代表的数学意义。如上述二例中的分子、分母及整数部分的位置不能错,乘除法运算中的法、实、积或商的位置都是固定的;线性方程组的表示中,不同的位置代表不同未知数的系数或常数;天元式与四元式的每一个位置都被赋予了不同的数学意义,不同位置代表方程的不同次幂的系数。

其次,在设计算法程序时,同时考虑利用好位置来实现运算,如开平方、开立方和开高次方的算法都充分发挥了位置因素的作用。

再次,用与位置相关的术语和语汇来指导操作,如前二术中提到的"副置""最下分母""置左"等。筹的位置关系极为重要,是算法设计中一个必须进行设计的部分。算法设计充分利用位置关系来实现算法程序的可操作性和简洁性,体现算法的程序性。如盈不足术:"置所出率,盈、不足各居其下,令维乘所出率,并以为实。并盈、不足为法。副置所出率,以少减多,余,以除法、实,实为物价,法为人数。"不仅明确指示了"所出率""盈"及"不足"的位置关系,而且使"维乘"的意义十分清晰。

第三,算法设计指明筹算的操作过程。

在算法中包括对操作过程的设计,对每一步操作都有明确的指示,上述二例都包括这样的指令。在其他算法中也可以看到大量这样的操作指令,如开方中的"借算""步之""超(若干)等""折法而下""方一、廉二、下三退",还有"副置""副并",等等。通过操作来实现算法目标,指明操作过程,把操作过程作为算法的不可或缺的组成部分,这是算法设计的重要内容。

第四,算法设计重视用筹复杂度。

使用筹的多少和运算复杂度问题是古代算法设计所考虑的因素之一,古代数学家认为用筹少的算法是好算法。刘徽在注《九章算术》方程章最后一题时就指出要考虑用筹多寡,他批评"拙于精理"者不会变通,不考虑使用算筹的复杂度问题:"其拙于精理徒按本术者,或用算而布毡,方好烦而喜误,曾不知其非,反欲以多为贵。故其算也,莫不阇于设通而专于一端。至于此类,苟务其成,然或失之,不可谓要约。"他主张要像庖丁解牛那样灵活掌握算法:"夫数,犹刃也,易简用之则动中庖丁之理。"他"记其施用之例,著策之数",计数了"方程新术"和"其一术"用筹的数量[6]:"如此凡用七十七算""如此凡用一百二十四算也",以用筹多少来说明其方法的简易性,强调"凡九章为大事①,按法皆不尽一百算也。虽布算不多,然足以算多。"在方程章第一题的注文中也强调要避免用算筹繁而不省:"即计数矣,用算繁而不省。所以别为法,约也。"李淳风注算经十书强调"凡为术之意,约省为善"。《夏侯阳算经》也说:"夫算之法,约省为善。"例如,对于少广术,李淳风就说明"亦不宜用合分术,列数尤多,若用乘则数至繁,故别制此术,从省约。"指出了这样设计少广术就是为了避免运算繁复。

中国古代数学中在上述思想指导下设计的算法很多,仅以《九章算术》而言,与通分约分相关的约分术、合分术、减分术、课分术、平分术、大广田术、少广术、衰分术等都是以筹算操作为中心设计的。这些算法都与处理不同分母的分数有关,是古代数学的重点和难点,而通分是关键。刘徽将通分(他称之为齐同术)视为"算之纲纪",他在注合分术时写道:"然则齐同之术要矣。……乘以散之,约以聚之,齐同以通之,此其算之纲纪乎!"《张邱建算经》开首即言:"夫算学不患乘除之为难,而患通分之为难。是以序列诸分之本原,宣明约通之要法。"《夏侯阳算经》也强调:"凡除分者,全数易了,奇残难用,心意之劳,正在于此。"这应该是算法设计把操作作为重点的前提。

此外,《九章算术》中的开方术、开立方术、盈不足、方程术等术以及宋元时代发展起来的各种开高次方、大衍术、天元术、四元术、垛积术、招差术等算法的设计重点也都在说明演算过程。这些算法都要求有极精细的筹算操作过程,所以设计的重点都在如何通过操作来实现最终的演算结果。

以筹算操作为中心设计出来的算法当然是以数理原理为基础的,不过这些算法本身

---

①刘徽认为:"此麻麦与均输、少广之章重衰、积分皆为大事。"

很少讲原理,而是把算理寓于算法之中①。这并不代表古代算法都是在这种思想指导下设计的。中国古代以数学原理为中心进行算法设计是算法设计的另一大类型,这类算法重点讲述数学原理,而较少关注演算过程。仍以《九章算术》为例,求各种田形面积和各种立体的体积的算法,与分数相关的经分与乘分,与除法相关的其率术与反其率术、今有术及返衰分术,由开方术导出的开圆术和开立圆术以及勾股术等算法,都是在以数学原理为中心的思想指导下设计的。例如,刘徽就十分注重解释说明算法的数学原理,他的《九章算术》注的核心就在于为算法补充说明数学原理,李淳风注也是如此。这样,以筹算操作为中心和以数学原理为中心两种算法设计思想形成的互补,共同铸就了中国传统算法的特色。李继闵曾以"率"概念为中心梳理《九章算术》中的算法,将许多算法统归于率的演化与发展这个纲纪之下[7],阐明这些算法互相间的逻辑递进关系。他也十分强调算器在中国传统数学中的重要地位:"中国传统数学自始至终都与算器的应用密不可分。虽然世界各个民族的数学发展史上都使用不同的算器,但是很少有像中算这样对算器的明显依赖性,以致可以用'筹算'二字来代表中四古代数学。"[8]

4. 珠算对算法设计的影响

明代中后期,珠算取代筹算成为传统数学的主要计算工具,但是在珠算取代筹算之前有很长的筹算与珠算并行期。珠算不仅继承了大多数筹算算法,而且也改进和创新了不少新的算法。

在宋元时代的数学著作中可以看到筹算与珠算相互影响的影子,宋元时期大量新算法的出现应是筹算与珠算相结合的结果。大约成书于五代时期[9]的《谢察微算经》已涉及珠算术语和内容,珠算在宋代已有相当的流传。南宋数学家杨辉继承了唐代以来寻求便捷算法的思想[10]。他追求算法的多样性和简捷性,积极探讨各种便捷的乘除算法或其替代算法,强化了一些旧有算法,同时也利用归、因、损、折、倍、求一等方法对乘除数和被乘除数进行处理,设计了一批新的算法,使身外加法、身外减法、定身除等算法流行起来。其基本思想是:"制算之法,出自乘除,法首从一者,则为加为减。题式无一者,则乃折乃倍。以上加名九归,以下损名下乘。盖副乘除,羽翼算家之妙。"[11]强调"伸引变通"和灵活应用。他还设计了各种代乘、代除算法,根据不同的数字灵活选择最便捷的算法。从北宋初的"增乘法"到南宋杨辉时代的"九归新括"、归除、飞归、穿归,再到元代朱世杰《算学启蒙》中的撞归法、起一法,宋元时代给出了除法的一系列新算法[12]。在乘法方面发展出破头乘、掉尾乘、留头乘、隔位乘、身前乘、身后乘等不同的算法,这些算法都是同时适合筹算和珠算的。口诀也在宋元数学著作中逐渐流行起来。以往认为,这些都是筹算对珠算的影响,实际上,它们既是筹算算法自身发展的结果,也是筹算与珠算相互影响的结果。当时的数学著作延续了以筹算语言撰写文本的传统,所以给后人形成了它们都是筹算算法的印象。

珠算继承了很多筹算算法,有不少算法被直接搬到算盘中运算,如各种各样的乘除

---

①关于寓理于算,见参考文献[1],第12-14页。

法,有的则被改造成合适在算盘上运算,如将乘除法的法、实以及开方术的商、实、廉、隅等数都从原来的纵向排列改成在算盘上横向排列,将原来的三行或二行算法简化为一行算法,等等。珠算也使原来筹算中不太流行的方法变得更加流行和普及,如归除法、撞归法、飞归法、先十法等,发展了一批独特的算法,出现了各种"杂法",如"二字奇诀""金蝉脱壳""众九相乘"以及悬珠的使用等。珠算与心算结合紧密,为后来珠心算迅速发展奠定了基础。珠算家们编制了大量的新口诀,不仅方便流传与普及,而且促使诗词歌诀在数学著作中广为流行。元代后期以后,可以说无歌诀不成算书。

珠算算法设计的基本思想是适合在算盘上操作完成,强调操作的方便性与简捷性,如"金蝉脱壳",是乘除法的原始形态,但是其大流行则主要是因为在算盘上运算的原理十分简洁,操作时可以不加思考地进行运算。再如,明代很多著作中都有"定位"相关的内容,这是专门为珠算设计的。

5. 筹算、珠算与中国传统数学的特色

计算工具在算法设计中起了很大的作用,因此对中国数学特点的形成也发挥了很大的作用,对数学推理与数学思维以及数学文本的形成也有重要的影响。

计算工具在中国古代数学中所发挥的作用是其他数学文明无可比拟的。以筹算为中心的算法设计要求算法必须是可操作的,即在有限步内可完成,因此必须是构造性的和机械化的。在筹算算法设计中,数学家充分认识到可重复实施的算法结构的重要性,充分发挥其作用,使循环结构大显身手。从《九章算术》到清代从未间断过对这种算法结构的应用[13]。以明安图为代表的清代数学家接触到西方的无穷级数时,他们首先想到的就是用递归循环结构来表达无穷级数,使之成为研究无穷级数不可或缺的重要工具,这对清代中后期的数学研究颇有影响。循环结构是机械化和构造性算法的重要特征之一,对中国传统算法特点的形成发挥了重要作用。

筹算操作方法在古代数学推理与数学思维中也大有作为。算法本身就是数学推理与数学思维的结果。以筹算操作为中心进行算法设计,其实质就是从筹算操作的角度进行思维和推理,把算理和演算操作紧密结合在一起,而最终以操作的形式表述思维和推理的结果,这就形成了中国数学寓理于算的特点。有些推理与思维过程表面上似乎与筹算的联系不是很紧密,但是细究起来都离不开筹算的操作。古代的算术的思维与推理本身就是从筹算出发的,而代数的运算与推理也同样建基于筹算,其中有些推理又与几何相结合,这样就形成了筹算与几何相结合来解释代数的思想,演段术是这种思想的重要体现。三国时代的数学家刘徽与赵爽对许多算法的解释,以及宋元时代的数学家们对其方法的解释都包含着筹算的操作的内容。

古代数学文本的撰写也尽量使用筹算的语言,从算题到推理都以筹算操作为重点,形成了数学文本的风格。数学文本的核心部分为"术"和"草",术给出算法,而草就是筹算演算过程。在具体算题过程中,很多术文同样是直接给出演算过程。这里举《孙子算经》中二例。

今有兽六首四足,禽四首二足,上有七十六首,下有四十六足,问禽兽各几何。

答曰：八兽七禽。

术曰：倍足以减首，余半之，即兽。以四乘兽，减足，余半之，即禽。

此题术文只给出如何操作的方法，而其原理是寓于计算过程之中的："倍足"后，禽之首足数相同，而兽则首比足多二，所以"倍足以减首"所余为兽之倍，故半之得兽数。"四乘兽"数为兽之共足数，"减足"所余为禽足数，禽二足，故半之为禽数。

今有雉兔同笼，上有三十五头，下有九十四足，问雉兔各几何。

答曰：雉二十三，兔一十二。

术曰：上置三十五头，下置九十四足，半其足得四十七。以少减多，再命之。上三除下三，上五除下五。下有一除上一，下有二除上二①，即得。

又术曰：上置头，下置足。半其足，以头除足，以足除头，即得。

此题也是只给操作过程，并且给出摆放筹的上下位置（图4）和运算的口诀，而将算理隐于计算过程中。从算理上看，下位足数半之，所余为一倍雉数和二倍兔数，当然多于"上"位总头数。执行"以少减多"，即从下位减去上位总头数，下位所余为一倍兔数。"再命之"，即再"以少减多"，即上位总数头数减去下位兔数，所余为雉数。

步骤	上行	下行	运算
第1步	35	94	上头、下足
第2步	35	47	半足
第3步	35	12	以少减多
第4步	23	12	再以少减多

图4　雉兔同笼筹算示意图

古代算经十书中这样的行文方式随处可见，比比皆是。这种以筹算为中心的文本书写方式是中国传统数学著作书写的重要风格。

总之，筹算与珠算在中国传统算法设计中发挥了重要作用，具有重要意义，是研究中国数学特点的形成、数学文本的风格和数学推理等都必须考虑的内容，值得深入研究。同时，也必须指出，算具和算法是相辅相成的，是一对孪生兄弟。它们是共同成长，一起发展的，很难说哪个为主，哪个为辅。前面我们重点讨论了一个侧面，即筹算和珠算对算法设计的意义，我们不应忽视另一个侧面，即算法如何塑造了筹算。

参考文献

[1]　中外数学简史编写组. 中国数学史[M]. 济南：山东教育出版社，1987：10-11.

[2]　李俨. 筹算制度考[A]//中算史论丛：第四辑. 北京：科学出版社，1955：1-8.

[3]　李迪. 宋元时期数学形式的转变[A]//中国科学技术史论文集（一）. 呼和浩特：内蒙古人民出版社，1991：219-233.

[4]　严敦杰. 筹算算盘论[J]. 东方杂志，1945，41(5)：33-34.

[5]　李兆华. 关于算筹和筹算的几点注记[A]//李兆华. 古算今论. 天津：天津科学技

①钱宝琮校改为："上三除下四，上五除下七。下有一除上三，下有二除上五。"值得讨论。

术出版社,2000:128-135.

[6] 魏雪刚,郭世荣.《九章算术》方程章"麻麦"问刘徽注中"算"字新释及方程"旧术"新校[J].自然科学史研究,2016,35(1):10-17.

[7] 李继闵.《九章算术》与刘徽的比率理论[A]//吴文俊.《九章算术》与刘徽.北京:北京师范大学出版社,1982:228-245.

[8] 李继闵.《九章算术》导读与译注[M].西安:陕西科学技术出版社,1998:35-36.

[9] 李迪,冯立升.《谢察微算经》试探[A]//李迪.数学史研究文集:第三辑.呼和浩特:内蒙古大学出版社,1992:58-65.

[10] 梅荣照.唐中期到元末的实用算术[A]//钱宝琮.宋元数学史论文集.北京:科学出版社,1966:10-35.

[11] 杨辉.乘除通变算宝(序)[A]//郭书春.中国科学技术典籍通汇·数学卷一.郑州:河南教育出版社,1993,1047.

[12] 李培业.中国珠算简史[M].北京:中国财政经济出版社,2007:53-59.

[13] 斯日古冷,郭世荣.《九章算术》及其刘徽注中几个算法的循环结构分析[J].内蒙古师范大学学报(自然科学版),2012(3):321-324.

《新唐书·历志》所记武则天改历、改元事项

王荣彬,许微微

摘　要:根据《新唐书·历志》中一段关于武则天登基前后改历、改元的记载,比对《旧唐书·历志》相关文字,较为清晰地梳理了从弘道到圣历年间(683—700)武则天改历、改元的四件史事。并且整理出"武则天改历、改元年月详表(683—700)",据之,纠正了以往唐史纪年研究中个别错误。

关键词:武则天;改历;改元;年号;纪年;年表;《新唐书·历志》

武则天(624—705),并州文水(今山西文水县)人,中国古代著名政治家,中国历史上唯一一位女皇帝。在位期间,她发展科举,破格使用人才,促进农业生产,繁荣经济、文化,稳定边疆,取得了重大的政治成就。纵观武则天一生,从贞观十一年(637)入宫作唐太宗才人,到唐高宗永徽六年(655)封皇后,到上元元年(674)加号"天后"参理朝政,到永淳二年(683)以皇太后身份临朝称制,再到天授元年(690)正式登基称帝,其每一步跨越都展现了过人的胆识和才华。同时,其性格上的刚狠、多疑也展露无遗,这尤其表现在她登基前后所进行的一系列造势运作上,频繁改历、改元就是其中重要内容。[①]

《新唐书·历志》(以下简称新志),有这样一段记载:

> 弘道元年十二月甲寅朔,壬午晦。八月,诏二年元日用甲申,故进以癸未晦焉。永昌元年十一月,改元载初,用周正,以十二月为腊月,建寅月为一月。神功二年,司历以腊为闰,而前岁之晦,月见东方,太后诏以正月为闰十月。是岁,甲子南至,改元圣历。命瞿昙罗作《光宅历》,将用之。三年,罢作《光宅历》,复行夏时,终开元十六年。[1]

这段文字旨在介绍从弘道到圣历年间(683—700)《麟德历》的实际运用情况,短短数语,字里行间却藏着武则天即位前后频繁改历、改元的重要历史史实,其中主要包含以下四个方面:

一是"弘道元年十二月甲寅朔,壬午晦。八月,诏二年元日用甲申,故进以癸未晦焉"。弘道元年亦是唐高宗永淳二年(683),高宗于永淳二年十二月四日(公元683年12月27日)驾崩,十二月十一日中宗即位,改元弘道。按当时行用历法《麟德历》推算,弘道元年十

作者简介:王荣彬,1964年生,博士、研究员,研究方向为中国古代数学史、中国古代数理天文学史。
许微微,1983年生,硕士、中级编辑,研究方向为秦汉史。

①"历"通常分为"历法"和"历书"(也称"历日")。"改历"则有编制颁行新的"历法"以及人为改动依行用历法推步所得之"历书"两种,本文所言改历即指后者。

二月朔日为甲寅,当月应为小月(29 天),故晦为壬午。但朝廷诏令要求将"二年元日"(即弘道二年正月朔日)改用甲申,则元年十二月被人为改成大月(30 天),晦日因此被向前移一日而为癸未,故曰"进以癸未晦焉"①。

虽然这道诏令是弘道元年八月以高宗的名义下达的,但当时高宗病重,武则天掌理朝政,故此诏实武氏所为。武氏同时还将弘道二年改元为嗣圣元年(684),二月废中宗改立睿宗,再改元为文明,九月又改元光宅。

二是"永昌元年十一月,改元载初,用周正,以十二月为腊月,建寅月为一月"。此乃武则天改历中的一件大事。《唐大诏令集》卷四亦载当时武则天改元《赦》文:"以永昌元年十有一月为载初元年正月,十有二月改腊月,来年正月改为一月。"[2] 按上述记载,永昌元年(689)乃实际颁行历日非常特别的年份。此时武则天准备称帝,于当年十一月改元载初,从而永昌元年又叫载初元年。依《麟德历》推算,永昌元年当年闰九月,本来这一年应该有13 个阴历月,但武则天十一月改元时,同时下令行"周正"②,将这一年的十一月(子月)作为载初二年(690)的正月,十二月(丑月)为载初二年的腊月,然后是一月(寅月)至十月(亥月)。这样一来,永昌元年仅包含一至十月以及当年的闰九月,共 11 个阴历月,大唐的百姓就这样度过了只有 325 天的短暂一年。接下来,武则天又将载初二年改为"天授元年",于天授元年九月初九(公元 690 年 10 月 16 日)正式登基称帝,改国号为大周。大周朝行"周正"直至久视元年(700),之后"复用夏时"(即以寅月为正月)。

三是"神功二年,司历以腊为闰,而前岁之晦,月见东方,太后诏以正月为闰十月。是岁,甲子南至,改元圣历"。这又是一个人为调整历书的重要案例。司天监官员按照《麟德历》推算,神功二年(698)当为闰腊月,但太后以"前岁之晦,月见东方"为由③,下令改历书,即在神功二年前一年万岁通天二年(697)设置一个闰十月,并将这一年改元为神功,即万岁通天二年又叫神功元年。这样人为改变闰月的位置,目的是使接下来的神功二年的周正正月正好是"甲子日、朔旦、冬至",这是历法意义上的特殊节点,是节气、月序与干支日序起点相同的一个特别重要的祥瑞,于是武则天又令改元,因此神功二年也叫圣历元年。

但事实上,此改历诏中的理由是虚构的,学者用《麟德历》及现代天文学工具分别进行推算,结果当年的冬至均为壬戌日,而非诏令中的甲子日。而且《麟德历》当时行用时间还不算太长,并未与天行有差。研究证明,此实乃武则天伪造吉象,以证其受命于天。[3]

四是"命瞿昙罗作《光宅历》,将用之。三年,罢作《光宅历》,复行夏时,终开元十六年"。这是说因圣历元年恰逢甲子日、朔旦、冬至,太后命瞿昙罗(时任司天监监正,相当于太史令)作《光宅历》以应此祥瑞,但不知何故,于圣历三年(700)"罢作《光宅历》,复行夏时"。这里要注意的是,圣历三年又是一个实行历书非常特别的年份。由于复行夏时,当年(包含久视元年)既包括了周正的正月、腊月、一月至十月,还要加上夏正的十一月和十

---

①有文献可证实新志此"虚进朔一日"在当时是被实际执行了的,如《杨炯年谱》有曰"越弘道二年岁次甲申,正月甲申朔,二十六日己酉"(祝尚书,《杨炯集笺注》,北京:中华书局,2016 年,第 1219-1220 页)。

②古代通常以冬至所在的子月即夏历(后世常说的农历)的十一月为岁首,称周正或子正;以丑月即夏历的十二月为岁首,称殷正或丑正;以寅月即夏历的正月为岁首,称夏正或寅正。此即所谓的"三正"说,实际并不可信。

③出现晦日清晨月见东方现象,说明历法后天了。由于《麟德历》的回归年值为 365.2448 日,行用时间一长,历法后天即为必然。

二月。又依《麟德历》推算,当年应闰七月,所以这一年大周百姓度过了一个"共 15 个阴历月 444 日"的漫长的中国农历年。最后,《麟德历》一直行用到开元十六年(728),次年颁行《大衍历》。

以上关于武则天改历与改元事项的时间,请参见《附:武则天改历、改元年月详表(683—700)》。

《旧唐书·历志二》(以下简称旧志)对相关内容的记载则为:

> 武太后称制,诏曰:"顷者所司造历,以腊月为闰。稽考史籍,便紊旧章,遂令去岁之中,晦仍月见。重更寻讨,果差一日。履端举正,属在于兹。宜改历于惟新,革前非于既往。可以今月为闰十月,来月为正月。"是岁得甲子合朔冬至。于是改元圣历,以建子月为正,建丑为腊,建寅为一月。命太史瞿昙罗造新历。至三年,复用夏时,《光宅历》亦不行用。[4]

这段记载只包括上述新志记载史事的一半,主要是上文的第二、第四两事项,但时间记载不如新志详细、确切。一是"武太后称制"是在永淳二年(683),武则天颁此诏令则是在万岁通天二年(697)七月,此诏全文被收录在《唐大诏令集》中。二是"所司造历,以腊月为闰",是说司天台历算官员按时用《麟德历》推算的历书,当年为闰腊月。这一年是在圣历元年(698),其前一年历书出现了晦日清晨月见东方。三是"于是改元圣历,以建子月为正,建丑为腊,建寅为一月",改元圣历是 698 年的事情,而"以建子月为正,建丑为腊,建寅为一月"是 689 年的事情。四是"命太史瞿昙罗造新历。至三年,复用夏时,《光宅历》亦不行用",是说因圣历元年恰逢甲子日、朔旦、冬至,武则天命瞿昙罗编制新历《光宅历》以应吉象。但上文已经说过,对《麟德历》的指责是不实的,吉象也是伪造的。如果没有新志的记载,旧志这段文字时间混乱,是很难理清楚的。

旧志中还有这样一句话:"前史取傅仁均、李淳风、南宫说、一行四家历经,为《历志》四卷。"[5]这里所说的"前史"当指唐代吴兢等编撰、韦述删改续编的《国史》。据此可知,旧志的来历或许即是将吴、韦《国史·历志》四卷删去其中南宫说的《景龙历》①,存所余三卷。吴、韦《国史·历志》所收录的《戊寅》《麟德》《大衍》三部历法,或直接取自当时太史局所存的旧文,因历志编者或不精历算,其整理工作比较粗糙,文字错讹较多,且结构编排欠工整。不过,《国史·历志》编撰的时间仍在唐代本朝,其所依据的历法史料,虽中唐以来因战乱或有遗失,但毕竟离原历法行用年代最近,当最为可靠,故旧志还是非常值得重视的。

新志则出自宋代著名的天文历算家刘羲叟之手。刘羲叟(1018—1060),字仲庚,泽州(今山西晋城)人。著有《十三代史志》《刘氏辑历》《春秋灾异》,可惜皆不传。曾巩《刘羲叟传》称:"欧阳修使河东,荐其学术,擢试大理评事,留为《唐书》律、历、天文、五行志编修官。书成,授崇文院检讨,未谢,卒。"[6]刘羲叟编撰的新志相对于旧志确实有很多亮点。《新五代史·司天考》也是由刘羲叟编撰的,《新唐书》和《新五代史》的"历志"皆在算法术语和语言表达方面更为精炼,在历法的结构编排等方面更加优化。

在古代,历法因农业社会生产生活的需要产生,但随着古代天人感应思想深入人心,

---

① 因为《景龙历》未被颁行,正史不收录未颁行的历法是惯例。

历法却更多地为政治、皇权服务,成为皇权的象征。历代统治者常借助改元、颁布新历来强化自身统治的神圣性、正统性、稳固性。上文所述武则天登基前后改历,则是统治者以行政手段篡改历书、粗暴干预历法推步结果、甚至伪造吉象的鲜明例证。新志记述的武则天改历、改元事项,文献虽寥寥数语,但经本文爬梳整理出的相关史实及附表,对历法史和史学研究都是非常有意义的。

附　　　　　　　　　　武则天改历、改元年月详表(683—700)

年号	在位者	夏正起止月份	周正起止月份	备注
永淳二年	高宗	**正月至十二月**		十二月四日,高宗驾崩。(黑体之起止月份为当时历书实际所用者)
弘道元年	中宗	**十二月**		十二月十一日中宗即位,改元弘道。
嗣圣元年	中宗	**正月至二月**		
文明元年	睿宗	**二月至八月(闰五月)**		
光宅元年	则天后	**九月至十二月**		九月则天后临朝,改元光宅。
垂拱元年	则天后	**正月至十二月**		
垂拱二年	则天后	**正月至十二月**		
垂拱三年	则天后	**正月至十二月(闰正月)**		
垂拱四年	则天后	**正月至十二月**		
永昌元年	则天后	**正月至十月(闰九月)**		永昌元年所在中国农历年只有 11 个月 325 天。
载初元年	则天后	十一、十二月,正月至八月	**正月、腊月、一月至八月**	开始用周正。以永昌元年十一月为载初元年正月,十二月改成腊月,来年夏历正月改为一月。
天授元年	武则天	九、十月	**九、十月**	九月九日,武则天称帝。改元天授,改国号为周。
天授二年	武则天	十一、十二月,正月至十月	**正月、腊月、一月至十月**	
天授三年	武则天	十一、十二月,正月至三月	**正月、腊月、一月至三月**	
如意元年	武则天	四月至九月	**四月至九月(闰五月)**	
长寿元年	武则天	九、十月	**九、十月**	
长寿二年	武则天	十一、十二月,正月至十月	**正月、腊月、一月至十月**	
长寿三年	武则天	十一、十二月,正月至五月	**正月、腊月、一月至五月**	
延载元年	武则天	五月至十月	**五月至十月**	
延载二年	武则天	十一、十二月	**正月、腊月**	
证圣元年	武则天	正月至九月	**一月至九月(闰二月)**	
天册万岁元年	武则天	九、十月	**九、十月**	
天册万岁二年	武则天	十一月	**正月**	

（续表）

年号	在位者	夏正起止月份	周正起止月份	备注
万岁登封 元年	武则天	十二月、正月至三月	腊月、 一月至三月	
万岁通天 元年	武则天	三月至十月	三月至十月	
万岁通天 二年	武则天	十一、十二月，正月至九月	正月、腊月、 一月至九月	
神功元年	武则天	九、十月	九、 十月（闰十月）	
神功二年	武则天	十一、十二月	正月、腊月	
圣历元年	武则天	正月至十月	一月至十月	圣历元年（即神功二年）周正正月朔正好是"甲子日朔旦冬至"（改历日伪造的祥瑞）。
圣历二年	武则天	十一、十二月，正月至十月	正月、腊月、 一月至十月	
圣历三年	武则天	十一、十二月，正月至五月	正月、腊月、 一至五月	
久视元年	武则天	五月至十二月	五月至十二月 （闰七月）	久视元年十月恢复夏正。从圣历三年的正月、腊月、一月至五月，加上久视元年的六至十月（含闰七月），再加上恢复的夏正的十一月和十二月，即该中国农历年共15个月444日。

表注：通过本表，我们还发现了两个较为重要的问题：

（一）现行常用的年表工具书中，有的对本表统计期间（683—700）的年号行用时间计算有误差。如方诗铭编著的《中国历史纪年表》（上海书店出版社，2013年版）第86页的"天授"年号，无论从夏历计算还是从周历计算，都是跨越了两个正月、三个年度，年号行用时间应从"2年"改为"3年"。即使按照方氏在其《年表》前言中说明的按夏历计算方法，该表"长寿""万岁通天""圣历"等年号行用时间，也应分别从"2年""1年""2年"改为"3年""2年""3年"。而"万岁登封"年号如按照夏历计算，跨越了一个正月、两个年度，行用时间是"2年"，所以方氏《年表》中的该年号数据应改"1年"为2年。但当年实际是按照周历计算的，"万岁登封"年号行用时间倒本应该是"1年"。

（二）延载二年、天册万岁二年、神功二年等三个较特殊的年份，是确实存在的，均因其行用期间跨越了周历正月，但是如果按夏历计算，这三个年份又是不存在的。于是便有了这样的现象：对于史料中出现的这几个年份字样，一些学者一时摸不清楚缘由，便对史料记载产生了怀疑。试举两例：

（1）《文献通考》卷二九《选举考二》转载唐代《登科记》总目文，其中有"延载二年，进士二十二人"一条，中华书局点校本出校勘记曰："延载二年：按武则天延载元年十一月即改元证圣，疑此处年号有误。"[7]这条校勘记正是忽视了夏历延载元年十一月就是当时历书实行的周历延载二年正月的实情。

（2）吴玉贵先生著《突厥第二汗国汉文史料编年辑考》，对"天册万岁二年，补阙薛谦光上疏曰：臣闻戎夏不杂，自古所诫，夷狄无信，易动难安，故斥居塞外，不迁中国……"条史料作如下"备考"："此作'天册万岁二年'，《册府》五三二在'天授三年'。按，《新唐书》一一二《薛登传》明谓论钦陵、阿史德元珍、孙万荣等为边害，薛登因而上疏进谏，则当在本年五月孙万荣举兵之后，不应提前至天授三年。据《通典》一七载薛谦光曾在天授三年上疏谏选举事，《册府》或因此而误。惟证圣元年九月改元天册万岁；本年腊月朔日，即改元万岁登封；三月，改元万岁通天，本年不当称'天册万岁二年'，姑存疑。"[8]这条"备考"也恰是忽视了按夏历计算出来的天册万岁元年十一月，正是实际历书执行的武周天册万岁二年正月的历史实情。

参考文献

[1]　中华书局编辑部.历代天文律历等志汇编(第七册)[M].北京:中华书局,1976:2141.

[2]　宋敏求.唐大诏令集(卷四)[M].北京:中华书局,2008:19.

[3]　黄一农.中国史历表朔闰订正举隅——以唐《麟德历》行用时期为例[J].汉学研究,1992,10(2):279-306.

[4]　中华书局编辑部.历代天文律历等志汇编(第七册)[M].北京:中华书局,1976:2040-2041.

[5]　刘昫等.旧唐书[M].北京:中华书局,1975:1152.

[6]　曾巩撰,王瑞来校证.隆平集校证·儒学行义·刘羲叟(卷十五)[M].北京:中华书局,2012:452.

[7]　马端临撰,上海师范大学古籍研究所、华东师范大学古籍研究所点校.文献通考[M].中华书局,2011:866.

[8]　吴玉贵.《突厥第二汗国汉文史料编年辑考》下编[M].中华书局,2009:623.

吸纳与改易

——方中通《几何约》之研究

纪志刚,王　馨

摘　要:方中通的《几何约》是明末清初中国学者第一部阐述《几何原本》的著作。《几何约》对《几何原本》的公理化体系结构进行了比较大的改动,以"名目"替代"界说",将"公论""求作"划归于"说",以"论"统摄"命题",但却"述而不证"。《几何约》的这种改动,或依照方中通对《几何原本》的理解重新进行编排,或基于当时学者对几何学掌握程度做出简化。这种逻辑结构上的改动在古今中外诸多《几何原本》阐释著作中可谓绝无仅有,成为分析明末清初《几何原本》在中国接受与传播的重要案例。

关键词:《几何原本》;方中通 ;《几何约》;吸纳;改易

1607 年,意大利传教士利玛窦(Matteo Ricci,1552—1610)与明士大夫徐光启(1562—1633)合译《几何原本》,揭启了中西数学交流的开篇大幕,也引发了中国学者对"几何之学"的探索。如所周知,古希腊《几何原本》与中国《九章算术》分别代表旨趣迥异的东西方两种数学传统。《几何原本》是以定义、公设、公理为基础,以推理证明为主旨的公理化演绎体系,而中国传统数学则建立了以构造性、程序化为其特色的机械化算法体系。因此,一个完全抽象、以推理证明为主旨的公理化数学体系能否为中国学者所接受?中国学者又是如何在认识"几何之学"坎坷之途中走出自己的道路? 方中通的《几何约》为我们提供了分析明末清初《几何原本》在中国接受与传播的重要案例。

1. 方中通的《数度衍》与《几何约》

方中通(1633—1698),字位伯,晚明著名学者方以智(1611—1671)次子。方家世代传

基金项目:国家社会科学基金"汉译《几何原本》的版本整理与翻译研究",批准号:21BZS021

作者简介:纪志刚,1956 年生,上海交通大学二级教授,研究方向为中国数学史、中外数学交流史。主持国家社会科学基金重点课题、一般课题、教育部哲学社会科学基金、上海市社科基金。2014 年获得上海交通大学首届"卓越教学奖",2017 年获得上海交通大学首届"教书育人奖"。主要著作有:《西去东来:沿丝绸之路数学知识的传播与交流》(2018)、《数学的历史》(2009)、《南北朝隋唐数学》(2001)、《华蘅芳——杰出的翻译家、实践家》(2000)、《〈孙子算经〉、〈张丘建算经〉、〈夏侯阳算经〉导读》(1999)、《中国古代数理天文学探析》(第 2 作者,1994)、《数学史导引》(第 2 作者,1992)。

王馨,1992 年生,上海交通大学图书馆助理馆员,兴趣方向为中外数学交流史。

《易》，方中通自述"奉余易象本家传"[1]，可见家学渊源。方中通父、祖两代均为明朝进士，方以智明末流寓岭南，一度追随南明永历政权，投身抗清活动。受此影响，方中通"五岁就傅，九岁入都，旋遭丧乱，困顿流离，变名姓为他氏子，十四岁而后归桐。"[2]经历了动荡的童年后，方中通在家乡跟随祖父方孔炤（1590—1655）生活。他自嘲"少不更事，日趋于嬉，学废业荒。"[2]直到父亲方以智"以世外还，……始知通读初学诗。"[2]

　　方中通交游广泛，据其自述："当吾世而言历算之绝学，通得交者六人：汤子圣弘、薛子仪甫、游子子六、揭子子宣、丘子邦士与梅子定九也。"[3]方中通幼年随汤圣弘①学习，既长与薛凤祚（1599—1680）②在南京从波兰传教士穆尼阁（Nikolaus Smogulecki，1611—1656）学习西算，又从汤若望（Johann Adam Schall von Bell，1592—1666）学习历法，后研读《周髀算经》《几何原本》《同文算指》等书，将主要精力投入数学研究及著述。结识汤圣弘、游艺③、揭暄（1613—1695）④、丘邦士（1614—1679）⑤与梅文鼎（1633—1721）⑥。方中通受家学影响，将数学与《易经》相联系，于顺治十八年（公元1661年）完成《数度衍》。

　　据光绪重修《安徽通志》[4]，除《数度衍》外，方中通另著有《律衍》《音韵切衍》《篆隶辨从》《易经深浅说》《心学宗续编》及诗文集《陪集》和续集。康熙二十五年（公元1686年）方中通家中遭火，《易经深浅说》《四艺略》《揭方问答》以及《数度衍》卷首第三卷《重学解》等书稿不幸被焚。

1.1　《数度衍》概述

　　《数度衍》是方中通的重要著作，书成于顺治辛丑（1661年）。方中通《陪诗》卷3有《辛丑〈数度衍〉成》律诗一首："奉余易象本家传，笔冢堆成砚亦穿。自笑十年忘寝食，宁夸两手画方圆。收将今日东西学，编作前人内外篇。聊以娱亲消岁月，行藏未卜且由天。"[1]书成后没有立即付印，"既成，无过而闻者，置箧中忽忽三十年。"[2]直到康熙二十六年（1687年），该书才由方中通的女婿胡正宗"于粤之恩州，请得重录编次，付诸剞劂。"[5]

　　关于《数度衍》的版本，冯锦荣已有研究。[6]总体上，《数度衍》共26卷（或作23卷，首3卷；或作26卷，卷首上、下两卷、内文23卷，附录1卷）。《四库全书》文渊阁本将《几何约》由卷首移至篇末作为附录，此外除卷前序文和卷末跋文数目有出入外，各本正文内容大致相同。

　　《数度衍》（四库本）卷首为《数原》与《律衍》。该书内文第一至五卷介绍珠算、笔算、筹

---

①汤濩，字圣宏，生卒年不详。原籍吴，长居六合。与弟汤沐俱以诗名，唱和数百首。尤精天文、算法。

②薛凤祚，字仪甫，山东益都金岭镇（今山东淄博）人。少承家学，从小习算，师从魏文魁，学习中国传统天文历算。1652—1653年顺治中期，至南京从波兰传教士穆尼阁学习西方新法，著有《历学会通》60卷。

③游艺，生卒年不详，字子六，号岱峰，生活于明末清初。建阳崇化里（今书坊乡）人，宋儒游酢后裔。著有《天经或问》。

④揭暄，字子宣，号韦纶，别号半斋，明末广昌（今属江西）人。明末诸生。清顺治十六年（1659）从学于方以智，著有《揭子遗书四种》，曾为方以智《物理小识》和游艺《天经或问后集》做注释。

⑤丘维屏，字邦士，赣州府宁都人。明季避乱翠微峰，"易堂九子"之一。入清，隐逸不出，潜心著述，人称松下先生。得于泰西之书，心悟神解，亦自著有《周易剿说》。

⑥梅文鼎，字定九，号勿庵，安徽宣城人。清初天文学家、数学家、历算学家，享有"清初历算第一名家"的美誉。

算与尺算;第六至八卷首先讨论勾股、有积、有率、容方、容圆与测量等勾股问题;第九卷先介绍勾股之八测圆,后讨论方圆、弧矢较等少广内容;第十一卷至十四卷以少广为主题,依次讨论递加、外包、开平方、开立方等问题;第十五至二十二卷分别讨论方田、商功、差分、均输、盈朒、方程与粟布等问题;第二十三卷约分、通分等问题。全书最后附录一卷,题为《几何约》。

早在春秋时,《子夏易传》中便有:"泽上有水,节;君子以制数度,议德行"[7]之说,再如《周礼》所言:"正其位,掌其度数"。北大秦简《鲁久次问数于陈起》篇中,陈起更是提出"数与度交相彻"。[8]中国古代的先人们已经认识到数学包含"数"、"度"两支。明成化年间王文素(1465－1487)作《算学宝鉴》(1524)亦有数度之分,数有大数、小数,"度本于黄钟之管也⋯⋯尺寸之始,以度长短者也。"[9]在翻译《几何原本》之时,利玛窦就以"度"与"数"阐明"几何"的不同含义。如在《译几何原本引》中,利玛窦对"几何"一词做了如下阐释:

几何家者,专察物之分限者也。其分者,若截以为数,则显物几何众也;若完以为度,则指物几何大也。其数与度,或脱于物体而空论之,则数者立算法家,度者立量法家也;或二者在物体而偕物议之,则议数者如在音相济为和,而立律吕乐家,议度者如在动天迭运为时,而立天文历家也。[10]

徐光启对此也是心领神会。他认为"盖凡物有形有质,莫不资与度数故而",并在《条议历法修正岁差疏》中列举"度数旁通十事"来阐明"几何之用"。[11]

方中通有其独特的数度观。他在《数度衍》卷首提出"勾股原图说",即"九数出于勾股,勾股出于河图,故河图为数之原。"[12]234 方中通认为数字起源于河图,其中首先存在的是"3、4、5"这组最简单的勾股数。这种将数字的起源追溯至龙马负图出河的观点与程大位(1533—1606)《算法统宗》(1592)颇有相似之处。不过《数度衍》与《算法统宗》在数原问题上有着根本的不同。

方中通还进一步认为勾股是九章的源头。故《数度衍》"卷首"提出"九章皆勾股说":

环矩以为圆,合矩以为方。方数为典,以方出圆,勾股之所生也。数有可见者,有隐而不得见者,有互见者,有旁见者,其变无穷,藏于圆方。少广,圆方之所出也。方田、商功,皆少广所出。一方一圆,其间不齐,始出差分。而均输所对差分之数。盈朒者,借差求均,又差分、均输所出,而以方程济其穷。度也、量也、衡也,原于黄钟,粟布出焉。[12]236

方中通认为圆产生于方中所含的直角三角形,即"以方出圆,勾股之所生也。"而方圆产生九章,故勾股为九章的逻辑起点。由此《数度衍》将勾股置于九章之首。

方中通将代表"数"的九数与代表"度"的方圆分别同勾股相联系,同时又通过勾股串连《河图》,同书名"数度衍"相呼应。足见勾股在《数度衍》数学体系中举足轻重的地位。这种独特的数学哲学显然建立在方家易学渊源之上,并得到父亲方以智的赞赏。① 另一

---

① 继声堂藏版《数度衍》有"药地老人示",方以智肯定《数度衍》,称赞其"专精藏密,勉之勉之。"

方面,也可见《几何原本》的深刻影响。

1.2 《几何约》概述

《几何约》在《数度衍》中占有重要地位,方中通将其置于卷首之三,可见一斑。该卷是方中通对《几何原本》编写的简易版本,他在《几何约》最后写道:

> 西学莫精于象数,象数莫精于几何。余初读,三过而不解。忽秉烛玩之,竟夜而悟。明日质诸穆师,极蒙许可。凡制器尚象、开物成务,以前民用,以利出入,尽乎此矣。故约而记之于此。[12]592

该卷于 1661 年完成,相比于清初其他中算家对《几何原本》的会通工作,可谓先声夺人,开清代《几何原本》传播之先河。安国风评价"他(方中通)在晚明时期构成了传播欧氏几何的一个重要纽带。"[13]

同时代学人中,梅文鼎曾在《几何摘要凡例》中提道:"《几何原本》⋯⋯取径紫纡,行文古奥而峭险,学者畏之,多不能终卷。方位伯《几何约》又苦太略。"[14]该《凡例》出自梅文鼎《中西算学通序例》,收录于《勿庵历算书目》文渊阁本。而在《中西算学通》南京观行堂刻本《中西算学通序例》中此处提到的却是《几何要法》:"旧有《几何原本》一书,为卷甚赜,读者苦之。《崇祯历书》摘为《要法》,又颇不尽。"[14]228《中西算学通》观行堂本刊刻于康熙十九年(1680 年),[15]其时《数度衍》尚未刊刻。梅文鼎未见《几何约》书稿①,故未提及。而《中西算学通》最终改引《几何约》,可见在梅文鼎看来《几何约》能够取代《几何要法》的地位。

《几何约》原为《数度衍》卷首之三(图 1 右图),同《重学解》并列。《几何约》介绍西方几何学知识,《重学解》介绍西方力学知识。康熙二十五年,《重学解》毁于火灾,《几何约》遂单列一卷。《数度衍》被抄入《四库全书》,《几何约》则被移至《数度衍》书后作为附录。[6]

该卷首先列名目一至六,随后列度、线、角、比例四说,再列三角形、线、圆、圆内外形、比例、线面之比例六论。这部分内容在《几何原本》的基础上进行了较为细致地调整,是探寻方中通理解《几何原本》的关键。

2.《几何约》内容解析

2.1 结构重组:六"名目"、四"说"与六"论"

方中通在《几何约》中将《几何原本》"界说"部分从各卷抽出,并改称"名目",稍作删减置于最前;另从《几何原本》"界说""公论"与命题中选取部分主题一致的条目,汇总为"度

---

①《勿庵历算书目》清华大学图书馆藏清康熙刻本载《中西算学通凡例目录》小字附注中有:"位伯著《数度衍》廿五卷,余惟见《笔算》"言。该文末言友人蔡玑先取书稿付剞劂,可知作于 1680 年。因知梅文鼎此时未见到《几何约》书稿。

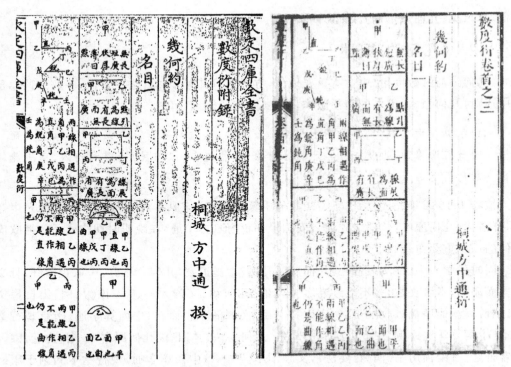

图1　左图:《数度衍》附录《几何约》,右图:《数度衍》卷首之三《几何约》

说""线说""角说""比例说"四部分列于"名目"后,但将四条"求作"尽数删去;同时将《几何原本》六卷命题归为"六论",依次命名为"论三角形""论线""论圆""论圆内外形""论比例""论线面之比例",置于四说之后,但略去了全部证明;全卷最后以一段附记结束,简单介绍了方中通对几何学的认识及学习几何学的经历。《几何约》内容基本引自《几何原本》,偶有方中通本人的见解,以"通曰"引出附在相应段落之后。《几何约》对《几何原本》逻辑结构改动较大,现以初函本《几何原本》与四库本《几何约》逐卷对照介绍如下:

表1　　　　　　　　《几何原本》卷一"界说"与《几何约》"名目一"对照表
（说明:表中空栏者,为《几何约》未录,下同）

《几何原本》卷一"界说"	《几何约》"名目一"
1.点者,无分。	1.无长短广狭厚薄者曰点。
2.线,有长无广。	2.点引为线,有长而无广。
3.线之界,是点。	
4.直线止有两端。两端之间,上下更无一点。	4.甲乙丙,直线也。甲丁丙,曲线也。
5.面者,止有长有广。	3.线长为面,有长有广。
6.面之界,是线。	
7.平面,一面平在界之内。	5.甲,平面也。乙,曲面也。
8.平面者,两直线于平面纵横相遇交接处。	6.甲乙、乙丙两线相遇不能作角,仍是直线也。
9.直线相遇作角,为直线角。	7.两线相遇作角。甲乙丙为直角,丁戊己为锐角,庚辛壬为钝角。 8.作角有三,有直、有曲、有杂。

《几何原本》卷一"界说"	《几何约》"名目一"
10.直线垂于横直线之上，若两角等，必两成直角。而直线下垂者，谓之横线之垂线。	9.甲乙线为丙丁之垂线，亦互为垂线也。
11.凡角大于直角，为钝角。 12.凡角小于直角，为锐角。 13.界者，一物之始终。 14.或在一界，或在多界之间，为形。	
15.圆者，一形于平地，居一界之间，自界至中心作直线俱等。 16.圆之中处，为圆心。	10.圆形也，外圆线为圆之界，内中点为圆心。
17.自圆之一界作一直线过中心至他界，为圆径。径分圆两平分。 18.径线与半圆之界所作形，为半圆。	11.甲乙线，为圆径，分为两半圆形。
19.在直线界中之形，为直线形。 20.在三直线界中之形，为三边形。 21.在四直线界中之形，为四边形。 22.在多直线界中之形，为多边形。五边以上俱是。	
23.三边形，三边线等，为平边三角形。	12.三边形以乙丙在下者为底，以甲乙、甲丙两边为腰。三边线俱等者，为平边三角形。
24.三边形有两边线等，为两边等三角形。或锐、或钝。	13.三边形有两边线等，为两边等三角形。
25.三边形，三边线俱不等，为三不等三角形。	14.三边形，三边线俱不等，为三不等三角形。
26.三边形，有一直角，为三边直角形。	15.三边形，有一直角，为三边直角形。
27.三边形，有一钝角，为三边钝角形。	16.三边形，有一钝角，为三边钝角形。
28.三边形，有三锐角，为三边各锐角形。	
29.四边形，四边线等而角直，为直角方形。	17.四边形，四边线等而角俱直，为直角方形。
30.直角形，其角俱是直角，其边两两相等。	18.直角形，其角俱直，两边相等。
31.斜方形，四边等，但非直角。	19.斜方形，四边等，但非直角。
32.长斜方形，其边两两相等，但非直角。	20.长斜方形，其边两相等，但非直角。已上方形四种，谓之有法四边形。
33.已上方形四种，谓之有法四边形。四种之外他方形，皆谓之无法四边形。	21.四边不等，谓之无法四边形。
34.两直线于同面行至无穷，不相离，亦不相远，而不得相遇，为平行线。	22.两直线同面行，不相离，不相遇，不相远，为平行线。
35.一形，每两边有平行线，为平行线方形。	23.一形，每两边有平行线，为平行线方形。
36.若于两对角作一直线，其直线为对角线。又于两边纵横各作一平行线，其两平行线与对角线交罗相遇，即此形分为四平行线方形。其两形有对角线者，为角线方形。其两形无对角线者，为余方形。	24.凡平行方形，于两对角作直线，名为对角线。又于两边纵横各作平行线，与对角线交罗相遇，即分此形为四平行线方形。其有对角线者，为角线方形。其无对角线者，为余方形。

《几何约》首先将"界说"改称为"名目"。除标题名称外,《几何约》在文本中同样删去含有"界"的各条目,如"线之界是点"、"面之界是线"、"界者,一物之始终"、"或在一界,或在多界之间,为形"等。

《几何约》"名目"多采用图示配文字简介厘定概念。如第四、五、七与十一等"名目"均依此法。书中仅展示不同概念的图示,区别须读者由比较得出,从而界定概念。以方中通视角而言,概念边界特征不需言明。如界定"平面",当平面与曲面的图示入眼,两者间的差别既见分晓。语言文字仅为提示之用,以确保纸面上扭曲的图形被理解为曲面而不致误解。

"名目一"没有收录半圆、直线形、各多边形以及三边各锐角形等图形的界说,但保留了三边直角形、三边钝角形的界说。

表2　　　　　　　《几何原本》卷二"界说"与《几何约》"名目二"对照表

《几何原本》卷二"界说"	《几何约》"名目二"
1.凡直角形之两边函一直角者,为直角形之矩线。	1.凡直角形之两边函一直角者,为直角形之矩线。得矩线即知直角形大小之度。
2.诸方形有对角线者,其两余方形任偕一角线方形为磬折形。	2.诸方形有对角线者,其两余方形任偕一角线方形为磬折形。

《几何原本》卷二共两条界说,《几何约》"名目二"未作改动。但方中通在"直角形之矩线"一条中特别指出"得矩线即知直角形大小之度。"这一补充的意义,详见本文第三部分"分析与评述"。

表3　　　　　　　《几何原本》卷三"界说"与《几何约》"名目三"对照表

《几何原本》卷三"界说"	《几何约》"名目三"
1.凡圆之径线等,或从心至圆界线等,为等圆。	1.凡圆之径线等,或从心至圆界线等,为等圆。
2.凡直线切圆界,过之,而不与界交,为切线。	2.凡直线切圆界,过之,而不与界交,为切线。
3.凡两圆相切,而不相交,为切圆。	3.凡两圆相切,如甲乙切外丙丁,为切圆。
4.凡圆内直线,从心下垂线,其垂线大小之度,即直线距心远近之度。	(移入"线说")
5.凡直线割圆之形,为圆分。	4.凡直线割圆为圆分。过心者为半圆分,函心为圆大分,不函心为圆小分。
6.凡圆界偕直线内角,为圆分角。	5.凡圆界偕直线内角,为圆分角。在半圆分内为半圆角,在大分内为大分角,小分内为小分角。
7.凡圆界任于一点出两直线,作一角,为负圆分角。	6.凡圆界任于一点出两直线,作角,为负圆分角。
8.若两直线之角乘圆之一分,为乘圆分角。	7.若两直线之角乘圆之一分,为乘圆分角。
	8.或直线切圆,或两圆相切于内,两圆相切于外,皆为切边角。
9.凡从圆心以两直线作角,偕圆界作三角形,为分圆形。	9.凡从圆心以两直线作角,偕圆界作三角形,为分圆形。
10.凡圆内两负圆分角相等,即所负之圆分相似。	

《几何约》"名目三"未录《几何原本》卷三界说四与界说十。方中通认为界说四"凡圆内直线,从心下垂线,其垂线大小之度,即直线距心远近之度"讨论线的性质,故将其安排在"线说"中。界说十"凡圆内两负圆分角相等,即所负之圆分相似"则不见于《几何约》当中。

表4　《几何原本》卷四"界说"与《几何约》"名目四"对照表

《几何原本》卷四"界说"	《几何约》"名目四"
1.直线形居他直线形内,而此形之各角切他形之各边,为形内切形。	1.直线形居他直线形内,而此形之各角切他形之各边,为形内切形。 直线形居他直线形外,而此形之各边切他形之各角,为形外切形。
2.一直线形居他直线形外,而此形之各边切他形之各角,为形外切形。	
3.直线形之各角切圆之界,为圆内切形。	2.直线形之各角切圆之界,为圆内切形。
4.直线形之各边切圆之界,为圆外切形。	3.直线形之各边切圆之界,为圆外切形。
5.圆之界,切直线形各边,为形内切圆。	若圆界切直线形各边,则为形内切圆。
6.圆之界,切直线形之各角,为形外切圆。	
7.直线之两界,各抵圆界,为合圆线。	4.直线两界抵圆界,为合圆线。

在"名目四"中,方中通将界说一"形内切形"与界说二"形外切形"合并在一条名目下,同样地将界说四"圆内切形"与界说五"形内切圆"合并在一条名目下。此外,"名目四"没有收录界说六"形外切圆",似为遗漏。

表5　《几何原本》卷五"界说"与《几何约》"名目五"对照表

《几何原本》卷五"界说"	《几何约》"名目五"
1.分者,几何之几何也。小能度大,以小为大之分。	1.分者,几何之几何也。小能度大,以小为大之分。
2.若小几何能度大者,则大为小之几倍。	(并入1,但以数解释。)
3.比例者,两几何以几何相比之理。	2.两几何相比为比例。两比例之理相似,为同理之比例。同理之比例有三:一数之比例、一量法之比例、一乐律之比例。此量法之比例也。量法之比例又有二:一曰连比例,相续不断,其中率与前后两率递相为比例,中率为前之后,又为后之前。一曰断比例,居中两率,一取不再用。
4.两比例之理相似,为同理之比例。	(并入2)
5.两几何,倍其身,而能相胜者,为有比例之几何。	
6.四几何,若第一与二,偕第三与四,为同理之比例,则第一第三之几倍,偕第二第四之几倍,其相视,或等,或俱为大,俱为小,恒如是。	(改入"比例说"三)
7.同理比例之几何,为相称之几何。	3.同理比例之几何,为相称之几何。
8.四几何,若第一之几倍大于第二之几倍,而第三之几倍不大于第四之几倍,则第一与二之比例,大于第三与四之比例。	
9.同理之比例,至少必三率。	
10.三几何为同理之连比例,则第一与三,为再加之比例。四几何为同理之连比例,则第一与四为三加之比例。仿此以至无穷。	(改入"比例说"四)
11.同理之几何,前与前相当,后与后相当。	(改入"比例说"五)

（续表）

《几何原本》卷五"界说"	《几何约》"名目五"
12.有属理,更前与前,更后与后。	4.有属理,更前与【前】,更后与【后】①。省曰更。此理可施于四率同类之比例。若两线、两面或两面两数等,不为同类,即不得相更。
13.有反理,取后为前,取前为后。	5.有反理,取后为前,取前为后。此理亦可施于异类之比例。
14.有合理,合前与后为一,而比其后。	6.有合理,合前后为一,而比其后。
15.有分理,取前之较,而比其后。	7.有分理,取前之较,而比其后。
16.有转理,以前为前,以前之较为后。	8.有转理,以前为前,以前之较为后。
17.有平理,彼此几何,各自三以上,相为同理之连比例,则此之第一与三,若彼之第一与三。又曰,去其中,取其首尾。	9.有平理,彼此几何,各自三以上,相为同理之连比例,则此之第一与三,若彼之第一与三。又曰,去其中,取其首尾。
18.有平理之序者,此之前与后,若彼之前与后,而此之后与他率,若彼之后与他率。	10.有平理之序者,此之前与后,若彼之前与后,而此之后与他率,若彼之后与他率。
19.有平理之错者,此数几何,彼数几何,此之前与后,若彼之前与后,而此之后与他率,若彼之他率与其前。	11.有平理之错者,此几何,彼几何,此前与后,若彼前与后,而此之后与他率,若彼之他率与其前。
增,一几何有一几何相与为比例,即此几何必有彼几何相与为比例,而两比例等。一几何有一几何相与为比例,即必有彼几何与此几何为比例,而两比例等。比例同理,省曰比例等。	12.一几何有一几何与为比例,即此几何必有彼几何与为比例,而两比例等。一几何有一几何与为比例,即必有彼几何与此几何为比例,而两比例等。比例同理,省曰比例等。

《几何约》"名目五"对《几何原本》第五卷界说做了较大改动,删去了界说二、五、六、八、九、十一,同时界说三、五、六、十、十一被列入"比例说"。第二条名目整合了界说三、界说四与界说十。

《几何原本》卷五中涉及倍数关系的各条界说,如界说五"两几何,倍其身,而能相胜者,为有比例之几何"、界说六"四几何,若第一与二,偕第三与四,为同理之比例,则第一第三之几倍,偕第二第四之几倍,其相视,或等,或俱为大,俱为小,恒如是"、界说八"四几何,若第一之几倍大于第二之几倍,而第三之几倍不大于第四之几倍,则第一与二之比例,大于第三与四之比例"、界说十"三几何为同理之连比例,则第一与三,为再加之比例。四几何为同理之连比例,则第一与四为三加之比例。仿此以至无穷"均未出现在《几何约》中。

方中通由卷五界说抽出涉及比例运算的五条列为"比例说",其中界说二在"名目"与"比例说"中两度出现。在"比例说"中,方中通写道:"通曰:右皆化整为零之法也,法详奇零"。同时《数度衍》卷二"命分法"也讨论了《几何原本》:"通曰:第一术,即几何原本之命比例法也。"

《几何原本》五卷第十二界"属理"条:"四几何,甲与乙之比例若丙与丁,今更推甲与丙若乙与丁,为属理。"意为比例内项交换,比例仍然成立。《几何约》似将"更前与前,更后与后"误为"更前与后,更后与前",疑为笔误。值得注意的是,方中通把卷六界说五"比例与比例相结"也提前至此,归入"比例说"。

---

①四库本《几何约》误为"更前与后,更后与前",依《几何原本》改正。

表 6　　　**《几何原本》卷六"界说"与《几何约》"名目六"对照表**

《几何原本》卷六"界说"	《几何约》"名目六"
1. 凡形相当之各角等，而各等角旁两线比例俱等，为相似之形。	2. 凡形相当之各角等，而各等角旁两线比例俱等，为相似之形。
2. 两形之各两边线，互为前后率，相与为比例而等，为互相视之形。	3. 两形之各两边线，互为前后率，相【与】[16]118 为比例而等，为互相视之形。
3. 理分中末线者：一线两分之，其全与大分之比例，若大分与小分之比例。	1. 理分中末线者：一线两分之，其全与大分之比例，若大分与小分之比例。 此线为用甚广，故目为神分线也。
4. 度各形之高，皆以垂线之直为度。	（改入"度说"）
5. 比例以比例相结者：以多比例之命数相乘除，而结为一比例之命数。	（改入"比例说"）
6. 平行方形不满一线，为形小于线，若形有余，线不足，为形大于线。	（改入"线说"）

　　《几何约》"名目六"将界说三"理分中末线"列为第一条，此外，由于界说四讨论图形高度，被移入"度说"，界说六讨论"比例与比例相结"，被移入"比例说"，界说六讨论线、形大小比较，被移至"线说"。

表 7　　　**《几何原本》卷一"公论"与《几何约》"度说"对照表**

《几何原本》卷一"公论"	《几何约》"度说"
1. 设有多度，彼此俱与他等，则彼与此自相等。	1. 设有多度，彼此俱与他等，则彼与此自相等。
2. 有多度等，若所加之度等，则合并之度亦等。	2. 有多度等，若所加之度等，则合并之度亦等。
3. 有多度等，若所减之度等，则所存之度亦等。	3. 有多度等，若所减之度等，则所存之度亦等。
4. 有多度不等，若所加之度等，则合并之度不等。	4. 有多度不等，若所加之度等，则合并之度不等。
5. 有多度不等，若所减之度等，则所存之度不等。	5. 有多度不等，若所减之度等，则所存之度不等。
6. 有多度俱倍于此度，则彼多度俱等。	6. 有多度俱倍于此度，则彼多度俱等。
7. 有多度俱半于此度，则彼多度亦等。	7. 有多度俱半于此度，则彼多度亦等。
8. 有二度自相合，则二度必等。以一度加一度之上。	8. 有二度自相合，则二度必等。以一度加一度之上。
9. 全大于其分。如一尺大于一寸。寸者，全尺中十分中之一分也。	9. 全大于其分。如一尺大于一寸。寸者，全尺中十分中之一分也。
10. 直角俱相等。	（移入"角说"）
11. 有二横直线，或正、或偏任加一纵线，若三线之间同方两角小于两直角，则此二横直线愈长愈相近，必至相遇。	（移入"线说"）
12. 两直线，不能为有界之形。	（移入"线说"）
13. 两直线，止能于一点相遇。	（移入"线说"）
14. 有几何度等，若所加之度各不等，则合并之差与所加之差等。	10. 有几何度等，若所加之度各不等，则合并之差与所加之差等。
15. 有几何度不等，若所加之度等，则合并所赢之度，与元所赢之度等。	11. 有几何度不等，若所加之度等，则合并所赢之度，与元所赢之度等。

（续表）

《几何原本》卷一"公论"	《几何约》"度说"
16.有几何度等,若所减之度不等,则余度所赢之度,与减去所赢之度等。	12.有几何度等,若所减之度不等,则余度所赢之度,与减去所赢之度等。
17.有几何度不等,若所减之度等,则余度所赢之度,与元所赢之度等。	13.有几何度不等,若所减之度等,则余度所赢之度,与元所赢之度等。
18.全与诸分之并等。	14.全与诸分之并等。
19.有二全度,此全倍于彼全,若此全所减之度,倍于彼全所减之度,则此较亦倍于彼较。	15.有二全度,此全倍于彼全,若此全所减之度,倍于彼全所减之度,则此较亦倍于彼较。
	16.度各形之高,皆以垂线之亘为度。(《几何原本》卷六界说四) 两形同在两平行线内,其高必等。凡度物高,以顶、底为界,以垂线为度。不论物之偏正也。盖物之定度,有一无二。自顶至底,垂线一而已,偏线无数也。(界说四之解说)

　　方中通将卷一"公论"总结为对"度"的论述,将与度无关的四条公论(10,11,12,13)改入"角说"和"线说",另加入《几何原本》卷六界说四"度各形之高,皆以垂线之亘为度",同时也将界说四的解释一并录入,合并为"度说"。

　　但方中通把四条"求作"完全删去,或许方中通认为,"过两点作一条直线""把线段延长""以已知线段为半径在已知点上作圆"等等,这些是"显然的"。

表8　　　　　　　　《几何原本》相应内容对照表与《几何约》"线说""角说"

《几何原本》	《几何约》"线说"
有二横直线,或正或偏,任加一纵线,若三线之间同方两角小于两直角,则此二横直线愈长愈相近,必至相遇。(卷一公论十一)	1.有二横直线,任加一纵线,或正或偏,若三线之间,同方两角小于两直角,则此二横直线愈长愈近,必至相遇。
两直线,不能为有界之形。(卷一公论十二)	2.两直线不能为有界之形。
两直线,止能于一点相遇。(卷一公论十三)	3.两直线止能于一点相遇。
凡圆内直线,从心下垂线,其垂线大小之度,即直线距心远近之度。(卷三界说四)	4.凡圆内直线,从心下垂线,其垂线大小之度,即直线距心远近之度。
凡一点至一直线上,惟垂线至近,其他即远。(卷三界说四论述部分)	5.凡一点至直线上,惟垂线至近,垂线之两旁渐远。
平行方形不满一线,为形小于线,若形有余,线不足,为形大于线。(卷六界说六)	6.平行方形不满一线为形小于线,若形有余,线不足,为形大于线。
《几何原本》	《几何约》"角说"
直角俱相等。(卷一公论十)	1.凡直角俱等。
(卷一命题十三)	2.直线上立垂线,则两旁皆直角。若立偏线,则一为钝角,其一必为锐角。

　　《几何约》抽取关于线的两条界说与三条公论合为"线说",又将卷一公论十与卷一命

题十三的结论作为基本原理收入"角说"。

表 9　　　　　　　《几何原本》卷五"界说"(部分)与《几何约》"比例说"对照表

《几何原本》卷五"界说"(部分)	《几何约》"比例说"
3. 比例者,两几何以几何相比之理。	1. 比例者,两几何以几何相比之理。 (以下阐述前率、后率;大合、小合)
5. 两几何,倍其身,而能相胜者,为有比例之几何。	2. 两几何,倍其身,而能相胜者,为有比例之几何。
6. 四几何,若第一与二,借第三与四,为同理之比例,则第一第三之几倍,借第二第四之几倍,其相视,或等,或俱为大,俱为小,恒如是。	3. 四几何,若第一与二,借第三与四,为同理之比例,则第一第三之几倍,借第二第四之几倍,其相视,或等,或俱为大,俱为小,恒 如是。
10. 三几何为同理之连比例,则第一与三,为再加之比例。四几何为同理之连比例,则第一与四为三加之比例。仿此以至无穷。	4. 三几何为同理之连比例,则第一与三,为再加之比例。四几何为同理之连比例,则第一与四为三加之比例。仿此以至无穷。
11. 同理之几何,前与前相当,后与后相当。	5. 同理之几何,前与前相当,后与后相当。
	6. 比例以比例相结者,以多比例之命数相乘除,而结为一比例之命数。(卷六界说五)

2.2　命题重述:以"论"统摄,删减证明,改写"解曰"

不同于对"定义""公理"和"公设"大刀阔斧的改动,《几何约》命题数量与次序完全因循《几何原本》。但是,绝大部分题目仅保留题述而无证明,少量题目以"通曰"的形式给予简短证明或补充说明。"通曰"是《几何约》脱离《几何原本》之外的另一点。全卷共有"通曰"十九条,除两条位于"比例说"外,其余均位于各篇"论"(即《几何原本》诸卷命题)当中。关于"通曰",安国风《欧几里得在中国》已有讨论,认为"方中通偏离《几何原本》之处更多是在图式上。"

现依文本顺序并所论主题,对"通曰"择其要者评述如下:

"比例说" "大合比例之以小不等"后有:"通曰:右皆化整为零之法也,法详奇零。""奇零"见《数度衍》卷三笔算下:"奇零者,不尽数也……以法命之,曰几分之几。除数为母,列上;零数为子,列下。"[12]280 此外卷二笔算上"命分法"亦有:"通曰:第一术即《几何原本》之命比例法也。"[12]279 四库馆臣在《数度衍》卷首总结:"笔算、筹算、尺算,采《同文算指》及《新法算书》。"[17] 今可见《数度衍》笔算虽多袭用《同文算指》[18],但与《几何原本》比例亦有联系。

"论三角形" 第九题(《几何原本》第一卷第九题)后附:"通曰:乙丙底作甲己垂线,亦得。"方中通在此通过将已知角构造为等腰三角形顶角,作底边垂线,进而给出求作给定角的角平分线的另一种解法。但"通曰"解法不合逻辑。安国风已注意到这一问题:"他(方中通)关于角平分线给出的另一种构造,说明他对推理结构的忽视……推理的过程是一种循环,因为,从点 A 引垂线与作角 A 的平分线等价。"[13]409

"论三角形" 第四十七题(《几何原本》第一卷第四十七题)后附:"通曰:此弦幂内有

勾股二幂也。"意在以中算解毕达哥拉斯定理。后文"论线面比例"第三十一题(《几何原本》第三卷第三十一题)有类似评注:"通曰:此勾股半幂相并与弦半幂等也。"

"论线" 第七题(《几何原本》第二卷第七题)题述为:"一直线(a),任两分之,其元线上及任用一分线(b)上两直角方形并,与元线偕任一分线矩内直角形二及分余线($a-b$)上直角方形并等。"[16]116 以代数式表示即:$a^2+b^2=(a-b)^2+2ab$。后附"通曰"图示如下:

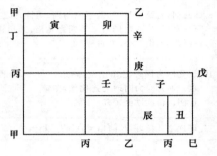

图2中"元线"为甲乙,"分线"分别为甲丙与乙丙。"元线上及任用一分线上两直角方形并",即正方形甲乙辛丁与正方形乙巳戊庚,"元线偕任一分线矩内直角形二",即 $2\times$矩形甲乙,"分余线上直角方形",即乙丙子壬。图中矩形寅与子等,矩形卯与丑等。寅与卯割补后可拼合至子与丑,命题得证。

图2 《几何约》"论线"第七题图示
(原图中文字漫漶,依原图重绘,下同)

"论线"第九题(《几何原本》第二卷第九题)题述为:"一直线($2a$),两平分之,又任两分之($a-b$、$a+b$),任分线上两直角方形并,倍大于平分半线(a)上及分内线(b)上两直角方形并。"[16]120 以代数式表示即:$2(a^2+b^2)=(a-b)^2+(a+b)^2$。后附"通曰"图示如下:

图3右中:"元线"为甲乙,平分于丙;"任分线"分别为甲丁与乙丁。"任分线上两直角方形",即正方形丁戊、乙巳,"平分半线上直角方形",即正方形丙庚,"分内线上直角方形",即正方形丁辰。如图3左:本题将图形分割为矩形子、丑、寅、卯、辰各二,由于"平分半线"及"分内线"上直角方形内外各有一个,故得证。

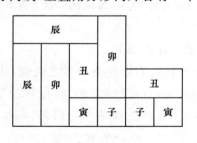
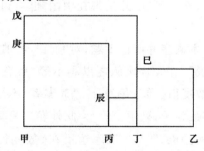

图3 《几何约》"论线"第九题图示

"论线"第十题(《几何原本》第二卷第十题)题述为:"一直线($2a$),两平分之,又任引增一线(b),共为一全线($2a+b$),其全线上及引增线上两直角方形并倍大于平分半线(a)上及分余半线偕引增线($a+b$)上两直角方形并。"以代数式表示即:$2[a^2+(a+b)^2]=b^2+(2a+b)^2$。后附"通曰"图示如下:

图4右中:"元线"为甲乙,平分于丙;"引增线"为乙丁;"全线"为甲丁。"全线上及引增线上直角方形"分别为正方形丁戊、乙巳,"平分半线上直角方形",即正方形丙庚,"平分半线上及分余半线偕引增线上两直角方形"分别为正方形甲庚、丙辛。如图4左:本题将

图形分割为矩形子、丑、寅、卯各二,由于平分半线上及分余半线偕引增线上两直角方形内外各有一个,故得证。

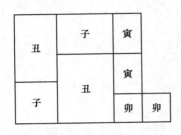 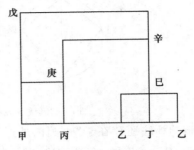

图4 《几何约》"论线"第十题图示

方中通"论线"借"通曰"为七至十四题增添新法。方氏行文务求简省文字,惟独在此处连续添加"通曰",引人注意。"通曰"中矩形依题述平铺互不重叠,这与《几何原本》证明尤为不同。如卷二第八题题述为:"一直线(a),任两分之($b,a-b$),其元线偕初分线矩内直角形四($4ab$)及分余线($a-b$)上直角方形并与元线偕初分线上直角方形等。"以代数式表示即:$(a+b)^2=(a-b)^2+4ab$。

《几何原本》证明中图形重叠(图5),以致识图不便。其后命题证明亦有乘积与方幂等数量关系未能直观表示。而方中通则指出:"元线"为甲乙,"分线"分别为甲丙与乙丙。"元线偕初分线矩内直角形四",即矩形子、丑、寅、卯,"分余线直角方形",即辰,"元线偕初分线直角方形",即甲丁所在正方形。本题证明中矩形子、丑、寅、卯与辰形成元线偕初分线直角方形等。在本题证明中利用"出入相补原理",通过平铺图形(图6)使证明明白晓畅。图6中"元线"为甲乙,"分线"分别为甲丙与乙丙。"元线偕初分线矩内直角形四",即矩形子、丑、寅、卯,"分余线上直角方形",即辰,"元线偕初分线上直角方形",即甲丁所在正方形。本题证明中矩形子、丑、寅、卯与辰平铺便形成元线偕初分线上直角方形,得证。

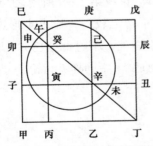 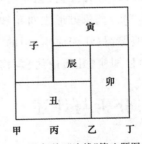

图5 《几何原本》卷二第八题图示   图6 《几何约》"论线"第八题图示

"论圆"第三十二题(《几何原本》第三卷第三十二题)后附:"通曰:割线正,则左与左等,右与右等。割线偏,则左与右等,右与左等。盖切线在外,割线在内故。"安国风认为这是一条"隐晦的评注"[16]409。

就具有公共边的切线角与割线角而言,以图7右图为例,其大小关系满足∠丙丁戊=∠乙丙戊,∠丙庚戊=∠甲丙戊,即"左与右等,右与左等"。以"通曰"观之,方中通似乎没有理解所谓"割线正,则左与左等,右与右等"仅是一个特例,见图7左图。

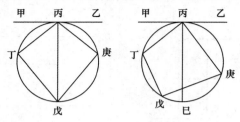

图7 《几何约》"论圆"第三十二题图示

这样隐晦的评注还存在于"论圆内外形"第一题(《几何原本》第四卷第三十二题)之后:"通曰:……凡两圆相交,毋论深浅,其一圆之半径必与合圆线等。"相交两圆的公共弦长当然要考虑相交程度,方中通认为"两圆相交,毋论深浅,其一圆之半径必与合圆线等"应为谬误。

"通曰"中的不明之处印证了方氏"三过而不解"并非夸大之词。理解《几何原本》确有难度,以致《数度衍》定稿刊刻后仍可见方中通的不解之处。更反映出《几何原本》进入中国绝非一帆风顺,在思维上当时的中国知识界经受了严峻的挑战。此时回顾"论线"中的四条"通曰",能以平实的图示简化证明或许正是穆尼阁嘉许方中通的原因。

此后"通曰"中屡有"论比例"之说,第三十四题附"通曰:比称数等者,是数等也。凡称比例等者,非数等也。数不等而比例等也。"及"论线面比例"第二十五题附"通曰:似者,形似也。等者,容等也。体势等者,非容等也。"均为分辨"数等"与"比例等"的区别。又有"论圆内外形"第二题附"通曰:凡三角形并三角为一处,必成直线。盖圆外切线自切界出两线入规内分切处为三角,并此三角必与设形三角相并等也。"以弦切角与负圆分角相等证明三角形内角和。其中依据"名目一"两直线同向不得作角指出"三角形并三角为一处,必成直线"。

除上述诸"通曰"外,《几何约》中有一处细节,即"论线第十四"所附之"又"。《几何约》在原命题后添加"又:直角方形之对角线所长于本形边之较……而求本形边"。《几何约》虽然惜墨如金,但保留《几何原本》中的"又"亦有十六处。不过此处已知"方斜较求原方"的用法在以后的杜知耕《几何论约》与梅文鼎《几何通解》中同样有讨论。

3. 结语:分析与评述

3.1 方中通对《几何原本》的改易

方中通《几何约》对《几何原本》的公理化体系结构进行了比较大的改动,这种逻辑结构上的改动在古今中外诸多《几何原本》阐释著作中可谓绝无仅有。安国风认为"《几何约》中最令人感兴趣的地方是对'基本原理'做了重新编排。"《几何约》中的改动,或依照方中通对《几何原本》的理解重新进行编排,或基于当时学者对几何学掌握程度做出简化。

比如以"名目"替代"界说",将"公论""求作"划归于"说",以"论"统摄"命题",但却"述而不证"。因此,文本结构的排布是《几何约》脱离《几何原本》的最大特点。

也要强调指出,对《几何原本》的有关概念,方中通并非逐字照录,而是适当做了增补、删减,甚至改编。如《几何原本》中"点"的定义仅有四个字"点者,无分",方中通则增补为"无长短广狭厚薄者曰点。"《几何原本》在界说八下有一段注释:"圆角三种之外又有一种,为切边角。"方中通将"切边角"单列为一条名目。或许是其认识到由"切边角"引起争论的特殊意义,他在"论圆"第16题下给出了"切边角"的"简化"解释。

《几何原本》卷二共两条界说,《几何约》"名目二"未作改动。但方中通在"直角形之矩线"一条中特别指出"得矩线即知直角形大小之度。"这一补充很有意义,《几何原本》并不考虑图形的面积度量,没有三角形、矩形、圆形等图形的面积计算,而图形的面积计算则是中国古算中的重要篇章,如《九章算术》《方田》开篇第一题就是"今有田广十五步,从十六步。问为田几何?"给出的"方田术"称:"广从步数相乘得积步。"此处广、从即"矩线",《九章》中的"直田"即《几何原本》中的"直角形",亦即今日"长方形"。然后在据此给出三角形(圭田)、梯形(箕田)等图形面积计算公式。因此,通过这条补充,可以看到方中通认识到了《几何原本》与《九章算术》的差别,抑或两种不同数学体系的特点。

3.2 方中通对"几何之学"的吸纳

《几何约》中的"通曰"已经表现出方中通"几何思想"的闪光点,但要分析方中通对"几何之学"的认识,还应考察他的《数度衍》。限于本篇主题,仅从以下两点阐明《几何原本》对《数度衍》的影响。

术语承用 《数度衍》卷六"勾股"篇有:直角方形、直角形、平行线、直角三边形、交角、三角形、内切圆、分角线;卷十"较容"篇有(与"勾股"重复不录):多边形、腰、垂线、斜角、切线、比例、等边三角形、相似、比例、合圆、半径线、平行、矩线、矩内直角形、有法形。术语"有法形"见"同周异容"第四式:"同周有法形,多边容积大于少边容积"。方中通注释称"有法形,边边相等、角角相等曰有法形"。《几何原本》卷一第三十二界称"已上方形四种,谓之有法四边形",这里所称"方形四种"指直角方形(正方形)、直角形(矩形)、斜方形(棱形)和长斜方形(平行四边形)。方中通的"有法形"仅限"等边、等角"多边形,其界定要比《几何原本》严格。

证明方法 《数度衍》中对于所需要证明的命题,方中通给出证明,并以"论曰"引出。卷十"较容"篇"同周异容"第四式的证明中用到"以平理推之","平理"之法见于《几何原本》卷五第十七界。[16]710 值得注意的是方中通在《数度衍》中使用了反证法。利玛窦、徐光启所译《几何原本》卷一第一题"论曰"(即证明)结尾,有一行注释:"凡论有两种,此以是为论者,正论也"[16]535;卷一第四题证明结尾利徐的注释称"此以非为论者,驳论也"。[16]538 "驳论"即反证法,《几何原本》反证法的引导词有"如云不然""若言不然""或谓不然",证明的结尾多用反问句,强调由反证假设推导出的结果的矛盾性。

《数度衍》卷十"变形同容"之"浑圆变直角六方形式",采用的就是"反证法",其论曰即称"若言不等"。卷十"较容"篇第一节"同容异周"之"式四":"同周有法形多边容积大于少边容积",也是用反证法,证明结尾则用"反问语气"呼应:"然则多边直线形之所容,岂不大于等周直线形之所容乎?"需要特别指出的是,卷十"变形同容"之"浑圆变直角六方形式"(图8),在反证假设"若言不等"后采用证明"大于""小于"皆导出矛盾的证明方法,如:"谓戊(图9中长方体)大于浑圆形(图8中甲乙丙球体)",经过推证得到"则戊体不大于甲乙丙可知矣。""又论曰,戊形小与甲乙丙浑圆体者",经过推证"则戊体不小于甲乙丙又可知矣。"这种反证法又称"归谬法"(reductio ad absurdum),在欧几里得《原本》中多有使用。可见,方中通对《几何原本》中证明方法的熟悉。

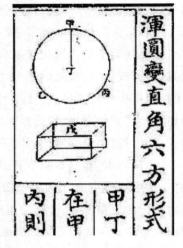

图8 《数度衍》卷十"浑圆变直角六方形式"

3.3 明清学者认识《几何原本》的曲折路径

《几何原本》的翻译揭启了中西数学交流的开篇大幕,嗣后一批与西方几何学相关的数学译著陆续问世,如《圜容较义》《测量法义》《测量全义》《大测》《比例规解》等。这些西方著作给中国数学的发展输入了新鲜血液,引发了中国学者对"几何之学"的探索,其人与书代代不乏,徐光启因其推阐古勾股法未有之义而作《勾股义》(1609),门生孙元化有《几何用法》(1608),其后李笃培《中西数学图说》(1631)、陈荩谟《度算解》(1640)等皆是。入清后又继有方中通《数度衍》(1661)、李子金《几何易简集》(1679)、杜知耕《数学钥》(1681)、《几何论约》(1700)、王锡阐《圜解》、梅文鼎《几何通解》《几何补编》(1692)、庄亨阳《几何原本举要》等。这些著作表明中国古典数学注重实用的传统发生了重大的转向。

以抽象证明、逻辑演绎为主旨的欧几里得几何学体系与崇尚实用、偏重计算的中国传统数学旨趣迥异,利玛窦对此深有意识:"为几何之学者,其人与书,信自不乏,独未睹有原本之论。"(利玛窦《译几何原本引》),利氏"遂有志翻译此书,质之当世贤人君子,"以"推明所以然之故。"在与利玛窦翻译《几何原本》的过程中,徐光启领悟到《几何原本》的真正意义在于它严格的逻辑体系,正如他在《几何原本杂议》中的论述:

> 此书有四不必:不必疑,不必揣,不必试,不必改。有四不可得:欲脱之不可得,欲驳之不可得,欲减之不可得,欲前后更置之不可得。有三至、三能:似至晦,实至明,故能以其明,明他物之至晦;似至繁,实至简,故能以其简,简他物之至繁;似至难,实至易,故能以其易,易他物之至难。"[20]77 并预言"百年之后必人人习之,即又以为习之晚也。

然而,历史的进展并未如徐光启意愿。1700年,杜知耕刊刻《几何论约》,他在序言中写道：

> 《几何原本》者,西洋欧吉里斯之书。自利氏西来,始传其学。元扈徐先生译以华
> 文,历五载三易其稿,而后成其书,题题相因,由浅入深,似晦而实显,似难而实易,为
> 人人不可不读之书,亦人人能读之书。故徐公尝言曰:百年之后必人人习之,即又以
> 为习之晚也。书成于万历丁未,至今九十余年,而习者尚寥寥无几,其故何与? 盖以
> 每题必先标大纲,继之以解,又继之以论,多者千言少者亦不下百余言;一题必绘数
> 图,一图必有数线,读者须凝精聚神,手志目顾,方明其义,精神少懈,一题未竟已不知
> 所言为何事。习者之寡不尽由此,而未必不由此也。……[21]3030

若据此审视方中通的《几何约》(1661),李子金的《几何易简集》(1679),以及杜知耕的
《几何论约》(1700),就会发现,面对着严整的公理化演绎体系,清初学者们几乎进行的是
同一项工作:“就其原文,因其次第,论可约者约之,别有可法者,以己意附之,解已尽者,节
其论,题自明者,并节其解,务简省文句,期合题意而止。”(杜知耕:《几何论约》序)

这些工作表现了清初学者们研习《几何原本》的热情,但令我们深陷沉思的问题是:他
们真正领悟到《几何原本》的理性精髓了吗?

最后引述安国风《几何原本在中国》中的一段话,或许有助于我们从另一个文化角度
认识这个问题:

> 李约瑟(J. Needham)高度评价了耶稣会士引入西方科学的重要性。在其丰碑式
> 的《中国科学技术史》(SCC)的第三卷中,他谈到西方科学的传入直接导致中国“本土
> 科学”的终结。西学东渐被称为“学术史上力图联系科学与社会的最伟大的尝试”,李
> 约瑟本人主要关心的是科学在中国的“自主发展”。利玛窦被李约瑟誉为“伟大的科
> 学家”,用李约瑟的话来说,当利玛窦进入中国后,中国科学与西方科学不久就完全地
> “融合”为“世界科学”了。另一方面,谢和耐(J. Gernet)的《中国与基督教》一书指出:
> “思维模式”的差异阻碍了相互理解,这正是基督教最终失败原因之一。根据这种观
> 点,诸如“永恒真理领域与现象世界互相分离”这种西方概念,与中国人的思维模式相
> 抵触。对西方科学而言,无论恰当与否,欧几里得《原本》常常与“永恒真理领域”联系
> 在一起。的确,马若安(J. C. Martzloff)早已揭示出中国人对欧几里得的反应远比李
> 约瑟所确信的更为复杂。在关于欧氏几何“中国式理解”的研究中,马若安指出,中国
> 数学家采用高度选择性的方式融会了欧氏几何,从某种意义上说,将其转变成了别的
> 东西。席文(N. Sivin)和艾尔曼(B. Elman)同意西方数学对中国的学术产生了深远
> 的影响,同时强调这种影响的方式与一般的预期大有不同。[13]3-4

参考文献

[1]　方中通.陪诗:卷3[M/OL]:哈佛燕京图书馆影印版. http://ctext. org/library. pl? if
　　 =gb&file=130626&page=87&remap=gb.

[2]　方中通. 与梅定九书,陪诗:卷 4[M/OL]. 哈佛燕京图书馆影印版. http://ctext. org/library. pl? if=gb&file=130628&page=34&remap=gb.

[3]　梅文鼎. 勿庵历算书目[M]. 清华大学图书馆藏清康熙刻本. 高峰校注. 长沙:湖南科学技术出版社,2014:224.

[4]　何绍基. 安徽通志,光绪重修,卷 222,中华基本古籍库.

[5]　胡正宗.《数度衍》跋[M]//方中通. 数度衍. 继声堂藏版.

[6]　冯锦荣. 方中通及其《数度衍》[J]. 论衡,1995,2(1):124-126.

[7]　卜商. 子夏易传[M]. 北京:中华书局影印本,1991.

[8]　纪志刚. 北大秦简《鲁久次问数于陈起》篇的意义分析[J]. 自然科学史研究,2015,34(2):309-311.

[9]　王文素. 算学宝鉴校注[M]. 北京:科学出版社,2008:14.

[10]　利玛窦. 译几何原本引[M]//朱维铮. 利玛窦中文著译集. 上海:复旦大学出版社,2001.

[11]　徐光启. 条议历法修正岁差疏[M]//王重民辑校. 徐光启集. 上海:上海古籍出版社,1984.

[12]　方中通. 数度衍[M]//影印文渊阁《四库全书》第 802 册. 台湾:台湾商务印书馆,1983.

[13]　安国风. 欧几里得在中国:汉译《几何原本》的源流与影响[M]. 纪志刚,郑诚,郑方磊,等,译. 南京:江苏人民出版社,2009:396.

[14]　梅文鼎. 勿庵历算书目[M]. 清华大学图书馆藏清康熙刻本. 高峰校注. 长沙:湖南科学技术出版社,2014:149。

[15]　童庆钧,冯立昇. 梅文鼎《中西算学通》探源[J]. 内蒙古师范大学学报(自然科学版),2007(3):716-720.

[16]　利玛窦口译,徐光启笔受. 几何原本[M],潘澍原,纪志刚,萨日娜等校点. 南京:凤凰出版社,2011:225.

[17]　纪昀总纂. 四库全书总目提要[M]. 石家庄:河北人民出版社,2000:2741.

[18]　才静滢. 大航海时代的中西算学交流——《同文算指》[D]. 上海:上海交通大学,2014.

[19]　王宏晨,纪志刚.《几何原本》中佩尔捷与克拉维乌斯切边角之争的重构[J]. 自然辩证法通讯,2017,39(2):10-18.

[20]　徐光启. 几何原本杂议[M]//王重民辑校. 徐光启集. 上海:上海古籍出版社,1984:77.

[21]　杜知耕. 几何论约[M]//靖玉树编勘. 中国历代算学集成(中). 济南:山东人民出版社,1994:3030.

"勾股算术"读书札记

李兆华

摘 要:"勾股算术"是中国传统几何学的主要内容,包括勾股和较术、勾股测望术与勾股测圆术三个部分。《九章算术》(约公元前 50 年)勾股卷与《周髀算经》的赵爽"勾股圆方图注"(3 世纪初)奠定了勾股算术的基础,积人积智以至晚清,遂形成理术兼具的系统知识。文中指出,刘徽《海岛算经》(263)与李淳风"斜重差术"(648—656)标志勾股测望术已经完善。吴嘉善"勾股和较比例表"(1863)使得勾股恒等式形成系统。李善兰十三率勾股形及其 169 事的等量关系(1898)与陈维祺和差关系 50 条(1889)是李冶《测圆海镜》(1248)"识别杂记"的全面简化,刘岳云"诸率差等表"与"勾股相乘等数表"(1896)为之提供了证明依据。本文试图厘清勾股算术发展概况及主要成果,并认为勾股算术中运用的证明方法及其中算史价值尚需进一步研究。

关键词:勾股和较术;勾股测望术;勾股测圆术;勾股恒等式

勾股算术是中国数学关于勾股形的理论及其应用的分支。主要内容包括勾股和较术、勾股测望术与勾股测圆术等三部分。中国古代对勾股形的认识甚早。《九章算术》(约公元前 50 年)勾股卷是当时勾股形知识的精炼总结。其内容与结构奠定了勾股算术发展的基础。积人积智以至于晚清,遂形成理术兼具的系统知识。本文择其要点以志源流之大概。

1. 勾股和较术

勾股和较术重点有二。其一,证明勾股定理与勾股恒等式。其二,求解勾股形与构造整数勾股形。记勾、股、弦分别为 $a, b, c, a < b$。勾股和较术的基本公式有:

勾股定理:

$$a^2 + b^2 = c^2 \tag{A}$$

和差关系的勾股恒等式:

$$c^2 - (b-a)^2 = 2ab \tag{B}$$

$$2c^2 - (b-a)^2 = (b+a)^2 \tag{C}$$

作者简介:李兆华,1947 年生,天津师范大学数学科学学院教授,研究方向为中国数学史。主要研究成果有:《衡斋算学校证》(西安:陕西科学技术出版社,1998),《四元玉鉴校证》(北京:科学出版社,2007),等。部分论文结集为《古算今论》(第 2 版,天津:天津科技翻译出版公司,2011)。

$$(b+a)^2-c^2=2ab \tag{D}$$

以及乘积形式的勾股恒等式,参见表1。

表1 　　　　　　　　　　　　勾股和较比例表

二句 $2a$	较较 $c-b+a$	和较 $b+a-c$	二小较 $2(c-b)$
较和 $b-a+c$	股 b	大较 $c-a$	和较 $b+a-c$
和和 $b+a+c$	小和 $c+a$	股 b	较较 $c-b+a$
二大和 $2(c+b)$	和和 $b+a+c$	较和 $b-a+c$	二句 $2a$

表1又称勾股相乘等数表,由吴嘉善(1820—1885)[1]总结前人成果编成。为阅读方便,此处加注字母表示。原表之后注明用法:凡四项呈矩形状者,对角两项乘积相等。将各式依次写出,共得36式,删去重复者得20式,整理排列如下:[2]

(1) $a(b+a+c)=(c+b)(c-b+a)$ 　　(2) $a(b-a+c)=(c+b)(b+a-c)$

(3) $a(b+a-c)=(c-b)(b-a+c)$ 　　(4) $a(c-b+a)=(c-b)(b+a+c)$

(5) $2a(c+a)=(c-b+a)(b+a+c)$ 　　(6) $2a(c-a)=(b+a-c)(b-a+c)$

(7) $b(b+a+c)=(c+a)(b-a+c)$ 　　(8) $b(b-a+c)=(c-a)(b+a+c)$

(9) $b(b+a-c)=(c-a)(c-b+a)$ 　　(10) $b(c-b+a)=(c+a)(b+a-c)$

(11) $2b(c+b)=(b-a+c)(b+a+c)$ 　　(12) $2b(c-b)=(c-b+a)(b+a-c)$

(13) $2ba=(b+a-c)(b+a+c)$ 　　(14) $2ba=(c-b+a)(b-a+c)$

(15) $(b+a+c)^2=2(c+b)(c+a)$ 　　(16) $(b-a+c)^2=2(c-a)(c+b)$

(17) $(b+a-c)^2=2(c-b)(c-a)$ 　　(18) $(c-b+a)^2=2(c-b)(c+a)$

(19) $a^2=(c-b)(c+b)$ 　　(20) $b^2=(c-a)(c+a)$

各式亦可用表1的勾股形术语表示,视问题的需要而定。此20式可分为3组,后6式、前6式、中8式分别成组以便应用。以上共24式,是勾股和较术的基础。

在《周髀算经》(约公元前100年)中,勾股定理已有明确的记载。《九章算术》勾股卷则以精炼的数学语言表述为:"勾股术曰:勾股各自乘,并,而开方除之,即弦。"勾股恒等式伴随勾股定理的应用而不断丰富。勾股定理、勾股恒等式的证明,最早的完整文献是赵爽"勾股圆方图注"(3世纪初)。主要结果为:

如图1所示,其意义是:"按:弦图又可以勾股相乘为朱实二,倍之为朱实四。以勾股之差自相乘为中黄实。加差实亦成弦实。"移补即为勾方与股方之和。即

$$c^2=4\times\frac{1}{2}ab+(b-a)^2=a^2+b^2$$

此即式(A)。又由图1,显有式(B)。

如图2所示,其意义是:"倍弦实满外大方而多黄实,黄实之多即勾股差实。以差实减之,开其余,得外大方。大方之面即勾股并也。"即

$$2c^2-(b-a)^2=(b+a)^2$$

此即式(C)。又,由图2,显有式(D)。

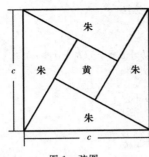

图 1　弦图一

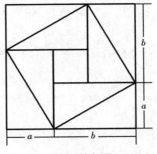

图 2　并实图

如图 3 所示,有

$$c^2 - b^2 = a^2 = \mathrm{I} + \mathrm{II} + \mathrm{III} = (c-b)(c+b)$$

即

$$a^2 = (c-b)(c+b) \tag{19}$$

如图 4 所示,将图 3 中股 b 代换为勾 a,有

$$b^2 = (c-a)(c+a) \tag{20}$$

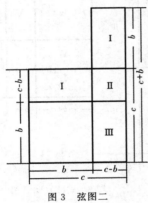

图 3　弦图二

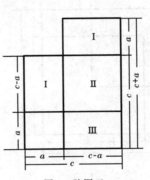

图 4　弦图三

如图 5 所示,并注意到式(A),有

$$(b+a-c)^2 = \mathrm{I} = 2 \times \mathrm{II} = 2(c-b)(c-a)$$

即

$$(b+a-c)^2 = 2(c-b)(c-a) \tag{17}$$

赵爽的证明方法,即后世所称之演段术,亦即移补图形的条段以建立等式。此法是中国数学的一种常用方法。

在上列 20 式中,除式(13)与式(14),式(15)与式(17)外,其余 16 式每 2 式可以轮换。任取其中一式保持运算符号不变,将 a 代换为 b,将 b 代换为 a,即得另一式。上述式(19)与式(20)即其一例。故此 16 式只需证明 8 式。质言之,只需证明式(13)与式(14)、式(15)与式(17)、式(1)至式(6)、式(18)、式(19)共 12 式即可。除式(17)、式(19)外,其余各式的证明,当推清代梅文鼎(1633—1721)《勾股举隅》、项名达(1789—1850)《勾股六术》(1825)为上。梅文鼎证明了式(13)、式(14)、式(15)。

由式(D),即

$$(b+a)^2-c^2=2ab$$

由图 6,得

$$(b+a)^2-c^2=Ⅰ+Ⅲ+Ⅱ=(b+a-c)(b+a+c)$$

即

$$2ba=(b+a-c)(b+a+c) \tag{13}$$

由式(B),即

$$c^2-(b-a)^2=2ab$$

由图 6,得

$$c^2-(b-a)^2=Ⅳ+Ⅵ+Ⅴ=(c-b+a)(b-a+c)$$

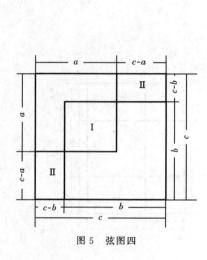

图 5　弦图四

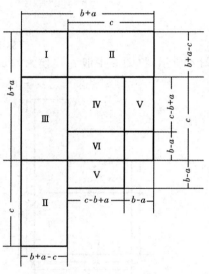

图 6　式(B)(D)合图

即

$$2ba=(c-b+a)(b-a+c) \tag{14}$$

如图 7(此图较梅氏原图稍有改动。参照项名达图,将弦置于大方边中间位置),并注意到式(A),有

$$\begin{aligned}
(b+a+c)^2 &=2×Ⅱ+2×Ⅲ+2×Ⅴ+Ⅳ+Ⅰ+Ⅵ\\
&=2×Ⅱ+2×Ⅲ+2×Ⅴ+Ⅳ+Ⅳ\\
&=2×(Ⅱ+Ⅲ+Ⅴ+Ⅳ)\\
&=2(c+b)(c+a)
\end{aligned}$$

即

$$(b+a+c)^2=2(c+b)(c+a) \tag{15}$$

项名达证明了式(1)至式(4)、式(18)。此处仅述式(18)的证明。

如图 8 所示,并注意到式(A),得

$$(c-b+a)^2=Ⅰ+2×Ⅱ+Ⅲ$$

$$= (2 \times \text{IV} + \text{III}) + 2 \times \text{II} + \text{III}$$
$$= 2(\text{II} + \text{III} + \text{IV})$$
$$= 2(c-b)(c+a)$$

即

$$(c-b+a)^2 = 2(c-b)(c+a) \tag{18}$$

式(5)、式(6)亦可用演段术证明,而所见史料均无记载。

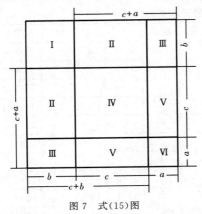
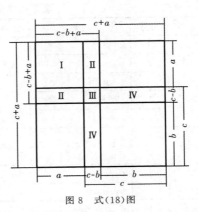

图 7　式(15)图　　　　　　　图 8　式(18)图

此外,项名达又给出一种比例证法。《勾股六术》据式(19)、式(20)运用比例性质证得式(1)至式(4)、式(7)至式(10)、式(15)至式(18)共 12 式。同法易得其余 6 式。兹以式(1)至式(4)为例说明之。

设连比例三率 $\dfrac{x}{y} = \dfrac{y}{z}$,则 $\dfrac{x}{y} = \dfrac{x \pm y}{y \pm z}$。式中±两项取同号。

由式(19), $\dfrac{c+b}{a} = \dfrac{a}{c-b}$,故 $\dfrac{c+b}{a} = \dfrac{(c+b)+a}{a+(c-b)}$。即

$$a(b+a+c) = (c+b)(c-b+a) \tag{1}$$

又, $\dfrac{c+b}{a} = \dfrac{a}{c-b}$,故 $\dfrac{c+b}{a} = \dfrac{(c+b)-a}{a-(c-b)}$。即

$$a(b-a+c) = (c+b)(b+a-c) \tag{2}$$

又, $\dfrac{c-b}{a} = \dfrac{a}{c+b}$,故 $\dfrac{c-b}{a} = \dfrac{a-(c-b)}{(c+b)-a}$。即

$$a(b+a-c) = (c-b)(b-a+c) \tag{3}$$

又, $\dfrac{c-b}{a} = \dfrac{a}{c+b}$,故 $\dfrac{c-b}{a} = \dfrac{(c-b)+a}{a+(c+b)}$。即

$$a(c-b+a) = (c-b)(b+a+c) \tag{4}$$

比例证法具有一般性,避免了演段术需要的技巧。

勾股恒等式的应用之一是求解勾股形。勾股弦和较共 13 事,任取 2 事作为已知条件,求解勾股形共有 78 种情形。《九章算术》等早期的著作已经解决了一些简单情形。宋元以至明代算书中,求解勾股形是常见的问题,但以求得一解而止。随着对方程正根个数

认识的深入,求解勾股形问题的彻底解决成为可能。受《数理精蕴》(1723)的影响,李锐(1769—1817)《勾股算术细草》(1806)、项名达《勾股六术》分别彻底解决了求解勾股形问题,包括对两答的情形的讨论。两者所用的方法分别是演段术与勾股恒等式,而后者更为简捷。兹以项名达的工作为例说明之。

项名达从 78 种情形中选定 25 种情形依算法分为 6 类作为基本类型,其余 53 种分为4 类,运用加减运算各归结为基本类型。所选 25 种基本类型及其所用勾股恒等式见表 2。

表 2　　　　　　　　　　　项名达求解勾股形基本类型

术号	题号	已知	恒等式	术号	题号	已知	恒等式
一	1	a,b	(A)	五	1	$b-a,b+a-c$	同四,1
	2	a,c			2	$b-a,b+a+c$	同四,2
	3	b,c			3	$b+a,c-b+a$	同四,3
二	1	$c,b-a$	(C)		4	$b+a,b-a+c$	同四,4
	2	$c,b+a$		六	1	$c-b,b+a+c$	(4)
三	1	$a,c-b$	(19)		2	$c-a,b+a+c$	(8)
	2	$a,c+b$			3	$c-b,b-a+c$	(3)
	3	$b,c-a$	(20)		4	$c-a,c-b+a$	(9)
	4	$b,c+a$			5	$c+b,c-b+a$	(1)
四	1	$c-a,c-b$	(17)		6	$c+a,b-a+c$	(7)
	2	$c+a,c+b$	(15)		7	$c+b,b+a-c$	(2)
	3	$c+a,c-b$	(18)		8	$c+a,b+a-c$	(10)
	4	$c-a,c+b$	(16)			——	

下面以第六术第 8 题为例说明其解法。已知 $c+a,b+a-c$,由勾股恒等式(10),设$b=x$,得

$$x[(c+a)-x]=(c+a)(b+a-c)$$

解得 $x_1=b,x_2=c-b+a$。b 与 $c-b+a$ 孰大孰小不能确定。分别取大根和小根为 b,再由已知条件,易得 a,b,c。原题之末指出,此题可以有两解满足 $a<b$ 并给出判别条件。

李锐、项名达的讨论以勾股形的 13 事为限,不包括 ab,ac,bc。例如,已知面积 $\frac{1}{2}ab$,勾弦和 $c+a$,求解勾股形三边。这一问题在《四元玉鉴》(1303)、《数理精蕴》中均已出现,然皆求得一正根而止。汪莱(1768—1813)《衡斋算学》第二册(1798)彻底解决了这一问题,是为清代中期方程论研究的起点。

勾股恒等式的另一个应用是构造整数勾股形。《九章算术》勾股卷已经提出勾股形三边比的计算问题,而后未能进一步发展。直至《数理精蕴》给出"定勾股弦无零数法",造整数勾股形问题才引起算家的兴趣,并取得一些有意义的结果。李善兰(1811—1882)《天算或问》(1867)依勾股恒等式(20)并引用两个参数给出整数勾股形的表达式。刘彝程《简易庵算稿》乙未(1895)春季试题进一步指出,由式(15)至式(20)均可造整数勾股形。例如,由式(20)给出

$$a=m^2-n^2,b=2mn,c=m^2+n^2$$

其中,m,n 是正整数,$m>n$,一奇一偶。李善兰、刘彝程的结果均缺少条件 $(m,n)=1$,故

不能保证所得为素勾股形。

对于限定条件的两勾股形造法,也有不少结果。《简易庵算稿》甲申(1884)春季试题给出"勾股较俱为一"两勾股形造法。刘彝程由式(15)和式(17),即

$$(b+a+c)^2=2(c+b)(c+a)$$

$$(b_1+a_1-c_1)^2=2(c_1-b_1)(c_1-a_1)$$

令 $c_1-a_1=c+b,c_1-b_1=c+a$,得

$$\begin{cases} c_1-a_1=c+b \\ c_1-b_1=c+a \\ b_1+a_1-c_1=b+a+c \end{cases}$$

解得

$$\begin{cases} a_1=2(b+a+c)-b \\ b_1=2(b+a+c)-a \\ c_1=2(b+a+c)+c \end{cases} \qquad (Ⅰ)$$

在式(Ⅰ)中,令小形为(3,4,5),得大形(20,21,29)。两形之勾股较均等于1。此法可得勾股较相等之两形,并不限于勾股较等于1。

沈善蒸在《造整勾股表简法》(1896)中将此法推广。由式(16)和式(17)得

$$(b-a+c)^2=2(c-a)(c+b)$$

$$(b_1+a_1-c_1)^2=2(c_1-b_1)(c_1-a_1)$$

同法求得

$$\begin{cases} a_1=2(b-a+c)-b \\ b_1=2(b-a+c)+a \\ c_1=2(b-a+c)+c \end{cases} \qquad (Ⅱ)$$

又由式(18)和式(17),得

$$(c-b+a)^2=2(c-b)(c+a)$$

$$(b_1+a_1-c_1)^2=2(c_1-b_1)(c_1-a_1)$$

同法求得

$$\begin{cases} a_1=2(c-b+a)-a \\ b_1=2(c-b+a)+b \\ c_1=2(c-b+a)+c \end{cases} \qquad (Ⅲ)$$

由式(Ⅱ)、式(Ⅲ)所得大形之勾股较与小形之勾股和相等。设小形为(3,4,5)。由式(Ⅱ)得大形(8,15,17);由式(Ⅲ)得大形(5,12,13)。此两形之勾股较均等于7,即小形之勾股和。同理,将(20,21,29),(8,15,17),(5,12,13)分别作为小形可继续进行下去。沈善蒸根据以上三式做出一个勾股数表,其前二层见表3。表3与"互质毕氏三元数之树"(B. Berggrens,1934)的差别仅在于数组中的勾与股的顺序有所不同。[3]

表3　沈善蒸勾股数表(前二层)

(3,4,5)

(5,12,13)　　(8,15,17)　　(20,21,29)

此外,造两勾股形等勾弦和、等弦和较,等勾弦较、等弦和和,等勾弦和、等勾股较,等积、等勾弦和,等等,亦有深入的讨论。

如前所述,勾股定理、勾股恒等式的证明,最早的完整文献是赵爽的"勾股圆方图注"。钱宝琮先生以诸本图与注不合,依注重绘,共得五图。重绘之图,意义明确,图注相符。本文所据即此五图。自南宋以至清代诸本《周髀算经》,"勾股圆方图注"皆附三图。除刊刻误差之外,并无不同。传本三图分别对应勾股定理的三个表达式。据此三图,移补条段,可以说明"形诡而量均,体殊而数齐"。由此可得重绘之五图。钱宝琮先生谓传本三图系"后人的杜撰",[4] 理据不足。

2. 勾股测望术

勾股测望术是运用相似勾股形比例式(或等积矩形)测量高深广远的算法。所用测量工具有表、矩、绳。勾股测望术的重点是重差术。其发展过程中,先后出现过旁要术、重差术和斜面重差术。

旁,辅助。要,音 yāo,求。旁要的意义是借助辅助点推求。公元 263 年,刘徽注《九章算术》,序谓"端旁互见",即指勾股测望的目标点与辅助点的错互奇妙。杨辉《续古摘奇算法》(1275)卷上记载旁要术的原理是:"直田之长名股,其阔名勾,于两隅角斜界一线,其名曰弦。弦之内外分二勾股。其一勾中容横,其一股中容直,二积之数皆同。以余勾除横积得积外之股,以余股除直积得积外之勾。二者相通。"如图 9 所示,矩形 OB 为勾中容横,矩形 OD 为股中容直。显然有

$$矩形\ OB = 矩形\ OD$$
$$BH \times OH = DF \times OF$$
$$DF = \frac{BH \times OH}{OF}$$
$$BH = \frac{DF \times OF}{OH}$$

《九章算术》勾股卷第 16 题以下共 8 题属于旁要的内容,皆为"一望"的情形。例如第 19 题:"今有邑方不知大小,各中开门。出北门二十步有木。出南门一十四步折而西行一千七百七十五步见木。问邑方几何。(答曰、术曰从略)。"[5] 如图 10 所示,显然有

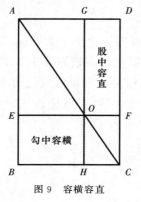

图 9 容横容直

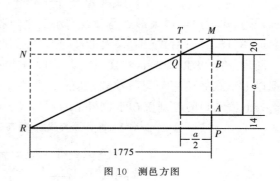

图 10 测邑方图

$$矩形\ TP = 矩形\ MN$$
$$TM \times MP = MB \times NB$$
$$\frac{a}{2}(20+a+14) = 20 \times 1\ 775$$
$$a^2 + 34a = 71\ 000$$

开得 $a=250$ 步为邑方。

　　设大地为平面，日中立南北两表测算太阳的高度，这是盖天说的数学内容。《周髀算经》所载赵爽日高图注给出日高公式的证明。如图 11 所示，设 S 为太阳所在的位置，CD，IJ 为两表，CI 为两表间距，CG，IL 为两表对应的影长。由旁要术原理，得

$$矩形\ EJ = 矩形\ JN$$
$$矩形\ ED = 矩形\ DF$$

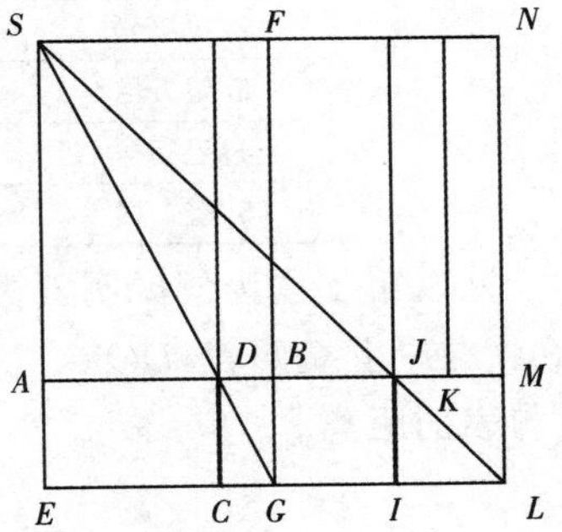

两式相减得

$$矩形\ CJ = 矩形\ KN$$

即

$$CD \times CI = KM \times MN$$

亦即

$$CD \times CI = (IL - CG) \times MN$$
$$MN = \frac{CD \times CI}{IL - CG}$$

故

$$SE = \frac{CD \times CI}{IL - CG} + CD$$

或即

$$日高 = \frac{表高 \times 表间}{影差} + 表高$$

图 11　日高图

其中，表间是两表至日下（点 E）距离之差，影差是两表影长之差。故此算法又称为重差术。因两次运用旁要术原理，可知重差术是旁要术的推广。由矩形 ED 与矩形 DF 等积，易得前表去日下的距离，即日远 EC。因大地不是平面，故太阳高度并无实际意义。而在小范围的测量中，重差术仍有实用价值。

　　刘徽（3 世纪）以勾股不失本率原理将重差术的应用由"两望"推广到"三望""四望"，著《海岛算经》。《九章算术》勾股卷第 14 题求勾股容方边。在本题注文中，刘徽给出"幂图：方在勾中，则方之两廉各自成小勾股，而其相与之势不失本率也。"参见图 12，注文说明，因 Rt$\triangle AEO$，Rt$\triangle OHB$，Rt$\triangle ACB$ 相似，故

$$\frac{AE}{EO} = \frac{OH}{HB} = \frac{AC}{CB}$$

此勾股不失本率原理与"容横容直二积相等"是等价的。

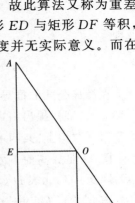

图 12　勾中容方图

《海岛算经》共 9 题。其中,两望 3 题,三望 4 题,四望 2 题。基本方法有重表、累矩、连索三种。各题简况见表 4。由表 4 可见,第 1 题用重表,第 3 题连索,第 4 题累矩,且皆为两望。此 3 题为其他各题的基础。

表 4		《海岛算经》各题简况	
题号	类型	题号	类型
1.望海岛	重表两望	6.望波口	连索三望
2.望　松	重表三望	7.望清渊	累矩四望
3.望方邑	连索两望	8.望　津	累矩三望
4.望谷深	累矩两望	9.望邑广长	累矩四望
5.望　楼	累矩三望	——	

兹以第 1 题为例说明刘徽重差术的基本方法。如图 13 所示,欲测海岛高 SE,岛远 EC。在岸上立两表,$DC=JI$ 为表高,CI 为表间,CG,IL 分别为前退行、后退行,即观测点与表的距离。

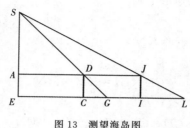

图 13　测望海岛图

由勾股形相似,显有

$$\frac{SA}{JI}=\frac{AJ}{IL},\frac{SA}{DC}=\frac{AD}{CG}$$

因 $JI=DC$,故

$$\frac{SA}{DC}=\frac{AJ}{IL}=\frac{AD}{CG}=\frac{AJ-AD}{IL-CG}=\frac{DJ}{IL-CG}$$

由此可得

$$SA=\frac{DC\times DJ}{IL-CG},SE=\frac{DC\times DJ}{IL-CG}+DC,AD=\frac{CG\times DJ}{IL-CG}$$

或即

$$岛高=\frac{表高\times表间}{退行差}+表高,\qquad 岛远=\frac{前退\times表间}{退行差}$$

在海岛公式的推导中,所立两表在同一水平面上。唐初李淳风为《周髀算经》作注(648—656)时,提出斜重差术,即在坡面上测量太阳高、远。其中包括“后高前下”“前高后下”“斜下”“斜上”共四术。兹说明前二术。[6]

图 14 是后高前下术示意图。虚线表示斜坡南低北高,S 为太阳所在的位置,南表 DC,影长 CG,北表 $D'C'$,影长 $C'G'$,表高相同。又知 $C'H$,$C'C$。求日高 SE,日远 EG。

在 $Rt\triangle C'HC$ 中,由勾 $C'H$,弦 $C'C$,可得股 CH。由 $Rt\triangle D'C'G'$,$Rt\triangle BFL$ 全等,其对应边相等。因 $Rt\triangle D'HL$,$Rt\triangle D'C'G'$ 相似,故

$$\frac{D'H}{HL}=\frac{D'C'}{C'G'}=\frac{D'H-D'C'}{HL-C'G'}=\frac{C'H}{HF}$$

$$HF=\frac{C'H\times C'G'}{D'C'}$$

"所得益股为定间":

$$CF=CH+HF$$

由此并据海岛公式,得

$$SE=\frac{DC\times CF}{C'G'-CG}+DC,\qquad EG=\frac{CG\times CF}{C'G'-CG}+CG$$

图 15 是前高后下术示意图。虚线表示斜坡南高北低,S 为太阳所在的位置,南表 DC,影长 CG,北表 $D'C'$,影长 $C'G'$,表高相同。又知 CI,$C'C$。求日高 SE,日远 EG。

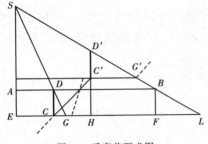
图 14　后高前下术图

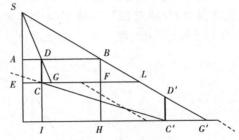
图 15　前高后下术图

在 Rt$\triangle CIC'$ 中,由勾 CI,弦 $C'C$,可得股 IC'。由 Rt$\triangle D'C'G'$,Rt$\triangle BFL$ 全等,其对应边相等。因 Rt$\triangle BHG'$,Rt$\triangle D'C'G'$ 相似,故

$$\frac{BH}{HG'}=\frac{D'C'}{C'G'}=\frac{BH-D'C'}{HG'-C'G'}=\frac{FH}{HC'}$$

$$HC'=\frac{FH\times C'G'}{D'C'}$$

"以所得减股为定间":

$$CF=IC'-HC'$$

由此并据海岛公式,得前高的 SE,EG 表达式与后高的表达式相同。

以上两术可统一表为

$$日高=\frac{表高\times 定间}{影差}+表高,\qquad 日远=\frac{前影\times 定间}{影差}+前影$$

其中,定间:后高,股加所得;前高,股减所得。求定间的意义是,将两表的斜面表间变换为水平表间。李淳风求日远需加前影长,相当于从观测点起算,与赵爽、刘徽不同。

此后,勾股测望术仍有发展。例如,秦九韶《数书九章》(1247)有"测望类"9 题,朱世杰《四元玉鉴》有"勾股测望"8 题。除重差问题外,两者均包含测圆问题,且运用方程获解。依《测圆海镜》术语,前者第 5 题,有底勾、明股求圆径。后者第 2 题,有更勾、明股求圆径。两题均可用不高于四次的方程求解。秦九韶给出的方程为十次。其立术之由,迄今存疑。

明末,西方测量术传入中国。及《几何原本》前六卷(1607)译竣,徐光启(1562—

1633)、利玛窦(Matteo Ricci,1552—1610)合译《测量法义》一卷。稍后,徐光启著《测量异同》一卷。是书选取吴敬《九章详注比类算法大全》(1450)卷九勾股的 6 题及算法,与《测量法义》相应内容做出比较。所得结论是:"其法略同,其义全缺,学者不能识其所由。"此后,因西方测量知识、仪器的不断传入,兼以自身应用范围的限制,勾股测望术未能进一步发展。

3. 勾股测圆术:"九容"

勾股容圆指"圆城图式"(参见图 18)中圆与勾股形的位置关系。需要解决的问题是,已知勾股形的 2 事求解圆径。这类问题及其算法通常称之为勾股测圆术。其发展经历了由"勾股容圆"、"九容"至"十三容"的过程。

《九章算术》勾股卷最早记载了勾中容方与勾中容圆问题及其算法。两题的图形如图 16、图 17 所示。记勾股形的三边分别为 a,b,c,$a<b$,方边 l,圆径 d,术文给出

$$l = \frac{ab}{b+a}, \qquad d = \frac{2ab}{b+a+c}$$

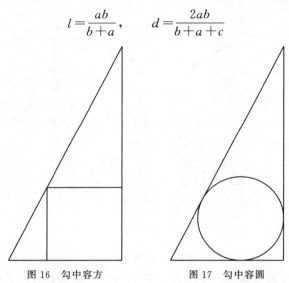

图 16　勾中容方　　　　　图 17　勾中容圆

刘徽《九章算术》注文就此两式分别给出严谨的证明,并给出如下两个公式

$$d = b+a-c, \qquad d = \sqrt{2(c-b)(c-a)}$$

前式可由圆径公式的证明过程推论得出。在"今有户不知高广"一题的注文中,刘徽已经证得勾股恒等式

$$(b+a-c)^2 = 2(c-b)(c-a)$$

故易得后式。

宋元时期,勾股测圆术得到进一步的发展。李冶(1192—1279)《测圆海镜》十二卷(1248)为其代表作。自序谓"老大以来,得洞渊九容之说,日夕玩绎。……于是乎又为衍之,遂累一百七十问。"[7]可见,《测圆海镜》是一部论述九容的著作。该书的主要内容包括圆城图式、识别杂记与卷二的 10 个容圆公式、已知 2 事求解圆径(主要运用天元术建立方程)等三部分。第三部分已臻完善,而前两部分尚有明显的不足。循至晚清,李善兰等算

家确定了十三率勾股形,"九容"发展为"十三容",勾股测圆术的内容随之形成系统。兹将李善兰等增删的圆城图式绘如图 18,并将十三率勾股形的名称等一并列为表 5,由此容易说明其中的"九容"。

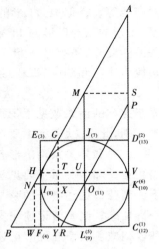

图 18　圆城图式
（线段 PR 为李善兰等补）

在图 18 中,线段 PR 为李善兰等添加,李冶原图无之。各直角顶点字母右侧的数字与表 5 相应。原图共有 16 个勾股形。下高 Rt△MUH,上平 Rt△GXN、虚 Rt△GTH 各有全等形 Rt△ASM、Rt△NWB、Rt△HEG。又,黄广 Rt△AVH、黄长 Rt△GYB 各有边长减半形 Rt△ASM、Rt△NWB。将 Rt△MUH 及 Rt△AVH 等 5 个勾股形删去,共得 11 个勾股形。除去上高 Rt△ASM、下平 Rt△NWB 外,其余 9 个勾股形分别与圆相容。此 9 种情形即"九容"。参见表 5 序号 1～8,序号 11。在圆城图式中,李善兰等添加过圆心且与通弦平行的线段 PR,将上高 Rt△ASM、下平 Rt△NWB 分别平移至 Rt△PKO、Rt△OLR,增加合 Rt△PCR、断 Rt△PDQ,共得 13 个勾股形。此即十三率勾股形,均与圆相容。《测圆海镜》所论不及合断二形。

表 5　　　　　　　　　十三率勾股形与圆的位置关系

序号	勾股形	位置关系	序号	勾股形	位置关系
1	通 ACB	勾股容圆	8	更 HIN	股外容圆半
2	大差 ADG	勾外容圆	9	平 OLR	股弦上容圆
3	虚 HEG	弦外容圆	10	高 PKO	勾弦上容圆
4	小差 HFB	股外容圆	11	极 MON	勾股上容圆
5	底 MLB	股上容圆	12	合 PCR	弦上容圆
6	边 AKN	勾上容圆	13	断 PDQ	弦上勾外容圆
7	明 MJG	勾外容圆半	—	—	—

识别杂记是勾股测圆术基本理论的总结,包括诸杂名目、五和五较、诸弦、大小差、诸差、诸率互见、四位相套、拾遗共 8 节。此外,卷二还有 10 个容圆公式。拾遗是诸弦、诸差、诸率互见三节的补充条目。五和五较节末亦有本节的补充条目。若将补充条目移至相应的位置,又删去黄广形、黄长形有关的条目,可知勾股测圆术的基本理论包括等量关系、和差关系、圆径诸公式等三项。兹分别简述如下。

（一）等量关系主要见于五和五较节。依识别杂记所述较为完整的 11 形,每形 11 事计,共 121 事。其中有 2 事相等或为倍半的情形。若所给 2 事相等或为倍半,则不能据以求得圆径。若作等量代换,则需确知 2 事相等或为倍半。此 121 事,必先厘清其等量关系,而后方可付诸应用。以 11 个勾股形的和和（三事和）为例并写成等式形式有

大差和和＝通较和　　　虚和和＝通和较

小差和和＝通较较　　　底和和＝通小和

边和和＝通大和　　　　明和和＝通大较

更和和＝通小较　　　　平和和＝通勾

高和和＝通股　　　　　极和和＝通弦

通和和等于自身,可以省略。以上各式说明,11 个勾股形的和和与通勾股形的 11 事一一

对应相等。类似地,11 形的较和与大差形的 11 事,11 形的和较与虚形的 11 事,等等,以至 11 形的弦与极形的 11 事,均可整理为同样的对应关系。此类关系可以称为基本等量关系。此外,还有另一类等量关系。例如,上列大差和和(三事和)条下,原文记有"又为二边股",小差和和(三事和)条下,原文记有"又为二底勾",即

$$大差和和＝二边股 \quad 小差和和＝二底勾$$

属于此类的诸式散见于识别杂记各节。经晚清算家整理之后,归结为 20 式。为了与前一类区别,此 20 式称为主要等量关系。参见下文。

(二)和差关系谓诸形各事的加减运算等式。据此可用已知数和天元表示建立方程所需之量。和差关系主要见于诸弦、大小差、诸差、诸率互见、四位相套等 5 节。各节要点如下。诸弦节记述诸形的弦与另形的一事加减。大小差节记述大差小差二形各事与另形的一事加减。诸差节记述明更二形各事加减,边底二和较(二黄)、大差小差二和较及高平二和较相减。诸率互见节记述边底二形各事与另形一事加减,明更二形各事与半虚和较(半虚黄)加减。四位相套节记述高平二形各事分别与明更二形各事对应加减。

第 3 节的"诸差"指各形的大较(大差)与小较(小差)。各形的大较、小较分别等于明形各事、更形各事。故其和差即为明更二形各事之加减。虚形的大和小和之差、勾股之差等于大较小较之差,较和较较之差等于倍大较小较之差。虚形各事等于各形之和较,虚大较小较之差等于明和较减更和较。故边底二和较之差、大差小差二和较之差及高平二和较之差归入诸差节。角差、旁差等术语均为明更各事加减结果的简称,故亦归入本节。见表 6。

以下选择几个简单的例子并改写为等式形式。

诸弦节:

$$通弦＝通勾＋大差股＝通股＋小差勾 \quad 通弦－极弦＝高弦＋平弦$$
$$虚弦＝明勾＋更股 \quad 虚弦＋极弦＝极和＝(高弦＋平弦)$$

大小差节:

(1)大差弦＋圆径＝通股＋虚勾 小差弦＋圆径＝通勾＋虚股

诸差节:

(2)明弦－高较＝虚勾 更弦＋平较＝虚股

诸率互见节:

(3)边弦－底股＝极弦－半径 底弦－边勾＝极弦－半径

(4)明和＋半虚黄＝高股 更和＋半虚黄＝平勾

四位相套节:

(5)高弦＋更弦＝极弦 明弦＋平弦＝极弦

(6)高弦－更弦＝极差＋虚弦 明弦－平弦＝极差－虚弦

诸弦节两例显示,弦可用勾、股表出,又可用高弦、平弦、极弦表出。其他各节每例均有两个等式。可以证明,两个等式具有轮换性。质言之,任取其中一个等式,经简单的代换可得另一等式或只差一个负号(等号两端同乘以－1)。具有轮换性的条目是和差关系的重点。

(三)圆径诸公式见于卷二与诸杂名目节。包括九容公式、半段径幂公式与半径幂公

式。《测圆海镜》约有半数的题目用以建立方程。这部分内容比较完整。

依表 5 的序号,列于卷二的九容公式是

$$(1)\text{径}=\frac{2\text{通勾}\times\text{通股}}{\text{通和和}} \qquad (2)\text{径}=\frac{2\text{大差勾}\times\text{大差股}}{\text{大差较和}}$$

$$(3)\text{径}=\frac{2\text{虚勾}\times\text{虚股}}{\text{虚和较}} \qquad (4)\text{径}=\frac{2\text{小差勾}\times\text{小差股}}{\text{小差较较}}$$

$$(5)\text{径}=\frac{2\text{底勾}\times\text{底股}}{\text{底小和}} \qquad (6)\text{径}=\frac{2\text{边勾}\times\text{边股}}{\text{边大和}}$$

$$(7)\text{径}=\frac{2\text{明勾}\times\text{明股}}{\text{明大较}} \qquad (8)\text{径}=\frac{2\text{更勾}\times\text{更股}}{\text{更小较}}$$

$$(11)\text{径}=\frac{2\text{极勾}\times\text{极股}}{\text{极弦}}$$

卷二还有一个"弦上容圆"公式。在圆城图式中,过圆心任作直线截得勾股,圆径等于"勾、股相乘倍之为实,勾股和为法。"晚清刘岳云(1849－1917)认为此式不当在九容之内。其理由是,"其用数既不同,而图式亦无此线。"在《测圆海镜》中,此式凡两见,实为勾中容方公式,方边为半径。李善兰另有所见,而理由不足。[8]

诸杂名目节的半段径幂、半径幂公式是

$$\frac{1}{2}\text{径}^2=\text{小差勾}\times\text{大差股}=\text{小差股}\times\text{大差勾}$$

$$\frac{1}{2}\text{径}^2=\text{虚勾}\times\text{通股}=\text{虚股}\times\text{通勾}$$

$$\text{半径}^2=\text{更股}\times\text{边股} \quad \text{半径}^2=\text{明勾}\times\text{底勾} \quad \text{半径}^2=\text{高股}\times\text{平勾}$$

$$\text{半径}^2=\text{明小和}\times\text{更大和}=\text{明大和}\times\text{更小和}$$

以上 6 式统称圆径幂公式。此外,虚和和、小差较和、通和较、大差较较均等于圆径,散见于五和五较节。高勾、平股均等于半径是当然条件。

《测圆海镜》四库馆按谓"识别杂记约五百条"。由此约数即可见其内容之丰富。且通篇结构基本清楚,每节重点亦可寻绎。而合断二形条目阙如以及前后重复、个别条目错误等亦系明显的不足。

已知 2 事求解圆径是勾股测圆术的重要内容。《测圆海镜》170 问(个别题目有重复),主要运用天元术建立方程求圆径。天元术即设未知元建立方程的算法。在现传史料中,天元术的内容以《测圆海镜》的记载为最早。兹以卷七第 2 题第 3 法为例说明其算法之大意。

有明股＝135,更勾＝16,求圆径。

参见图 18。记明股＝α,更勾＝β。立天元一为半径,即半径＝x,得极股＝半径＋明股＝$x+\alpha$,极勾＝半径＋更勾＝$x+\beta$,底股＝2 半径＋明股＝$2x+\alpha$。

由明、极二形相似,得

$$\text{明勾}=\frac{\text{明股}\times\text{极勾}}{\text{极股}}=\frac{\alpha(x+\beta)}{x+\alpha}$$

由底、极二形相似,得

$$\text{底勾}=\frac{\text{底股}\times\text{极勾}}{\text{极股}}=\frac{(2x+\alpha)(x+\beta)}{x+\alpha}$$

由半径幂公式,得

$$半径^2 = 明勾 \times 底勾 = \frac{\alpha(2x+\alpha)(x+\beta)^2}{(x+\alpha)^2}$$

又,半径$^2 = x^2$,于是

$$x^2 = \frac{\alpha(2x+\alpha)(x+\beta)^2}{(x+\alpha)^2}$$

$$-x^4 + 4\alpha\beta x^2 + 2\alpha\beta(\alpha+\beta)x + \alpha^2\beta^2 = 0$$

将$\alpha = 135, \beta = 16$代入,得

$$-x^4 + 8\,640x^2 + 652\,320x + 4\,665\,600 = 0$$

开得$x = 120$,即径$= 240$。

依据已知条件和所立天元,运用圆径诸公式立术,又据相似勾股形比例式表出立术所需各项,由此得方程,这是《测圆海镜》求解圆径的基本方法。建立方程需要运用识别杂记的条目。与识别杂记条目总数相较,付诸运用的条目为数不多,但文字表述与运用比较简练,亦有个别条目不见于识别杂记。可以推测,识别杂记与卷二的10个容圆公式当属李冶继承的"洞渊九容之说",不似李冶的新作。

4. 勾股测圆术:"十三容"

晚清,勾股测圆术的内容形成系统。其中,李善兰、刘岳云、陈维祺、王季同(1875—1948)均有深刻的成果面世。

李善兰《九容图表》(1898)将圆城图式予以增删,确定为十三率勾股形。参见图18。合断二形即为李善兰所命名。在此基础上,又将识别杂记的五和五较节内容予以增删并编为十三率勾股形等量表。传本《九容图表》所载此表有文字脱误及省略不当。兹据校补及整理的结果介绍如下。[9]因全表占幅过大,故基本等量关系只列出一部分,见表6。主要等量关系另列于表6之后。

表6　　　　　　　　　　　　　十三率勾股形基本等量表

十三事 等量 三事和	1. 和和 $(b+a+c)$	2. 较和 $(b-a+c)$	3. 和较 $(b+a-c)$	4. 较较 $(c-b+a)$	……	12. 和 $(b+a)$	13. 较 $(b-a)$	十三事 等量 勾股形
1. 通 $(b+a+c)$	——	大差和和	虚和和	小差和和	……	合和和	断和和	通 (ACB)
2. 大差 $(b-a+c)$	通较和	——	虚较和	小差较和	……	合较和	断较和	大差 (ADG)
3. 虚 $(b+a-c)$	通和较	大差和较	——	小差和较	……	合和较	断和较	虚 (HEG)
4. 小差 $(c-b+a)$	通较较	大差较较	虚较较	——	……	合较较	断较较	小差 (HFB)
……	……	……	……	……	……	……	……	……
12. 合 $(b+a)$	通和	大差和	虚和	小差和	……	——	断和	合 (PCR)
13. 断 $(b-a)$	通较	大差较	虚较	小差较	……	合较	——	断 (PDQ)

注:虚和和,小差较和,通和较,大差较较均等于圆径。高勾,平股均等于半径。

20 个主要等量关系是：

(1)平和和＝边较较

(2)平较和＝边和较

(3)平和较＝罖较和

(4)平较较＝罖和和

(5)二平小和＝小差和和

(6)二平大较＝虚较和

(7)高和和＝底较和

(8)高较和＝明和和

(9)高和较＝明较较

(10)高较较＝底和较

(11)二高大和＝大差和和

(12)二高小较＝小差和较

(13)二高勾＝虚和和

(14)二高勾＝小差较和

(15)通和和＝二边小和

(16)大差较和＝二明大和

(17)虚和较＝二罖大较

(18)小差较较＝二罖小和

(19)平勾＝罖大和

(20)高股＝明小和

在表 6 中，a，b，c 表示通勾股形三边，$a<b$。十三率勾股形顺序依表 5，其三事和（和和）与通形的 13 事一一对应相等。由表 6 可知，十三率勾股形共 169 事。左上至右下对角线上共 13 事，每格内标注短线，表示该事无等量（自身相等）。此 13 事称为本形定率。例如，通形的定率是和和，大差形的定率是较和。对角线下方共 78 事，每事的等量写在相应的格内。例如，大差和和等于通较和，虚和和等于通和较。对角下方 78 事共得 78 个基本等量关系。对角线上方的 78 个基本等量关系与下方的 78 个一一对应相同。表 6 对角线下方 78 事各有等量 1 事，而其中的 20 事（即 20 个主要等量关系等号右端的 20 事）还有另 1 事等量。此 20 个称为主要等量关系以示区别。此 20 个可分为 3 组。后 6 个分布在表 6 左上至右下对角线上，前 6 个分布在平勾股形一行（第 9 行，表 6 略）上，中 8 个分布在高勾股形一行（第 10 行，表 6 略）上。

由此可知，表 6 对角线上及对角线下方共 13＋78＝91 事，减去其中的 20 事（即 20 个主要等量关系等号右端的 20 事），得独立的 71 事。再减去等于半径的高勾，共余 70 事。此 70 事无彼此相等、倍半及等于半径者，任取其中的 2 事作为已知条件可得圆径。

刘岳云《测圆海镜通释》(1896)亦将圆城图式予以增删，确定为十三率勾股形。新增高平和、高平较二形，并说明李善兰的合形、断形"即余之高平和、高平较"。在此基础上，将识别杂记的有关内容"分别条理，为立数表。"并将勾股测圆术的理论概括为"比例之理，相等之数"，且用以求解圆径。"比例"即相似勾股形比例式，"等数"即十三率勾股形 169 事的等量关系和勾股恒等式(20 个)。在所立各表中，诸率差等表和勾股相乘等数表最为重要。

诸率等差表，删去其中的黄广形、黄长形，见表 7。该表揭示出圆城图式的结构。表 7 左半的意义是，通形由底形与高形构成。高形由虚形与明形构成。底形由小差形与高形构成（亦由平形与极形构成）。小差形由罖形与虚形构成。平形由罖形与虚形构成。对照图 18，显然正确。再由右半的意义，可知罖形、虚形、明形可以作为基本的 3 形表示其他 10 形：

表 7　诸率差等表

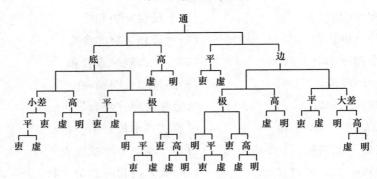

$$平=更+虚\qquad 高\ =虚+明\qquad 小差=2更+虚$$

$$极=更+虚+明\qquad 大差=虚+2明\qquad 底\ =2更+2虚+明$$

$$边=更+2虚+2明\qquad 通\ =2更+3虚+2明$$

此外

$$合=高+平=更+2虚+明\quad 断=高-平=明-更$$

由

$$\begin{cases}更+虚=平\\ 虚+明=高\\ 更+虚+明=极\end{cases}\ 得\ \begin{cases}更=极-高\\ 虚=高+平-极\\ 明=极-平\end{cases}$$

故又可用极形、高形、平形表示其他 10 形：

$$通\ =高+平+极\qquad 大差=高-平+极\qquad 虚=高+平-极$$

$$小差=极-高+平\qquad 底\ =极+平\qquad\qquad 边=极+高$$

$$明\ =极-平\qquad\qquad 更\ =极-高\qquad\qquad 合=高+平$$

$$断\ =高-平$$

以上 10 式对勾、股、弦均成立。例如，

$$通勾=高勾+平勾+极勾$$

$$通股=高股+平股+极股$$

$$通弦=高弦+平弦+极弦$$

由识别杂记又可知，极形、高形、平形的勾、股、弦之间的关系：

$$极弦=高股+平勾$$

$$高弦=极股$$

$$平弦=极勾$$

$$高勾=平股$$

在圆城图式中,李善兰还添加了过通弦切点的半径。如图 19 所示,作半径 $O\zeta$,以上 4 式显然成立。由以上"极高平 14 式"可得十三率勾股形 169 事的全部等量关系。其中,

$$极弦＝高股＋平勾$$

仅用于 20 个主要等量关系推导。据此可以造出十三率勾股形等量表。由极高平的关系可以导出

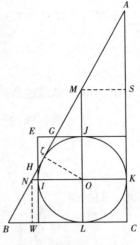

图 19　极高平的关系

$$明勾＝G\zeta \quad 叀股＝H\zeta \quad 边股＝A\zeta \quad 底勾＝B\zeta$$

以上 4 式即今之切线等长定理。此 4 式为常用辅助关系,可以减少代换,使运算简化。

勾股相乘等数表,内容同表 1,给出乘积形式的 20 个勾股恒等式。将表 1 的各式用勾股形术语依次写出,共 36 式,删去重复者得 20 式。此 20 式与 20 个主要等量关系一一对应,可互相变换。以此为据,将 20 个勾股恒等式依次排列如下:

(1)勾×和和＝大和×较较　　(2)勾×较和＝大和×和较

(3)勾×和较＝小较×较和　　(4)勾×较较＝小较×和和

(5)二勾×小和＝较较×和和　(6)二勾×大较＝和较×较和

(7)股×和和＝小和×较和　　(8)股×较和＝大和×和较

(9)股×和较＝大较×较较　　(10)股×较较＝小和×和较

(11)二股×大和＝较和×和和　(12)二股×小较＝较较×和较

(13)二股×勾＝和较×和和　　(14)二股×勾＝较较×较和

(15)和和^2＝二大和×小和　(16)较和^2＝二大较×大和

(17)和较^2＝二小较×大较　(18)较较^2＝二小较×小和

(19)勾^2＝小较×大和　　　　(20)股^2＝大较×小和

此 20 式可分为 3 组。后 6 式、前 6 式、中 8 式分别成组,与 20 个主要等量关系的分组相同。以上 20 式对十三率勾股形的任一形均成立。在圆径公式的证明以及方程的建立中具有重要应用。

由勾股恒等式,并注意到虚和和、小差较和、通和较、大差较较均等于圆径,高勾、平股均等于半径,再运用等量代换即可求得圆径诸公式。兹以十三率勾股形圆径公式为例说明之。

由勾股恒等式(13)

$$二股×勾＝和较×和和$$

又,通和较、虚和和均等于圆径,任取其一,此取通和较。

在通形中,有

$$2 通股×通勾＝通和较×通和和,$$

即

$$径＝\frac{2 通勾×通股}{通和和}$$

在大差形中,有

2 大差股×大差勾＝大差和较×大差和和$\xrightarrow{\text{代换}}$大差和较×通较和$\xrightarrow{\text{比例}}$大差较和×通和较

即

$$径 = \frac{2\,大差勾 \times 大差股}{大差较和}$$

依表 5 的顺序继续进行,直至在断形中,有

2 断股×断勾＝断和较×断和和$\xrightarrow{\text{代换}}$断和较×通较＝断较×通和较,

即

$$径 = \frac{2\,断勾 \times 断股}{断较}$$

由此可归纳得

$$径 = \frac{2\,勾 \times 股}{本形定率}$$

此即十三率勾股形的圆径公式。各式的等量代换及本形定率参见表 6。由勾股恒等式(14),又,大差较较、小差较和均等于圆径,任取其一,可得同样的结果。同法得圆径幂公式,唯勾股恒等式从后 6 式中选取。

从独立的 70 事中任取 2 事作为已知条件求解圆径,所取的 2 事或在或不在同一率勾股形中。当在同一率勾股形时,解此勾股形,而后运用该率勾股形的圆径公式即可。当不在同一率勾股形时,若满足圆径幂公式的条件,开平方即可;若否,立天元建立方程求圆径。

《测圆海镜通释》卷四新增通弦类 20 题。其建立方程的基本方法是,以相似勾股形比例式立术,依据等量代换和勾股恒等式,用已知数和天元半径表出立术所需各量,由此得方程。这一方法是"比例之理,相等之数"的具体应用,其特点是不依赖圆径诸公式,侧重"等数"的运用。

《中西算学大成》(1889)卷四十一载陈维祺关于《测圆海镜》的研究心得。其中,突出的工作有两点。一是识别杂记中的和差关系的简化。二是引入泛积概念并给出泛积表、较数表。陈维祺就诸弦等 5 节的和差关系作出选择、整理和补充,若不计黄广形与黄长形 4 条,重复 3 条,共有 50 条。此 50 条旨在给出十三率勾股形主要的和差关系。以下编号列出,顺序稍有调整,术语依表 6 并改为等式。编号的意义同上文第三节(二)所示。

诸弦:(10 条)

通弦＝边股＋底勾	虚弦＝更股＋明勾
边弦＝边股＋平勾	底弦＝底勾＋高股
大差弦＝边股－明勾	小差弦＝底勾－更股
明弦＝高股－明勾	更弦＝平勾－更股
合弦＝底股＋更勾＝明股＋边勾	断弦＝底股－边勾＝明股－更勾

边形与底形:(8 条)

(1)通股－边弦＝平较＝边勾－底勾

　　底弦－通勾＝高较＝边股－底股

(2)边弦－通勾＝边较

　　通股－底弦＝底较

(3)边弦－底股＝断较＋半径＝极弦－半径

　　底弦－边勾＝断较＋半径＝极弦－半径

(4)边股＋通勾＝底大和

　　底勾＋通股＝边小和

高形与平形：(6条)

(5)通股－高弦＝边股－明股＝底股－更股

　　通勾－平弦＝底勾－更勾＝边勾－明勾①

(6)高弦＋平和和＝高小和＋平小和

　　平弦＋高和和＝高大和＋平大和

(7)大差股－高弦＝高较＝高弦－小差股＝明股－更股＝明和－虚弦

　　平弦－小差勾＝平较＝大差勾－平弦＝明勾－更勾＝虚弦－更和

大差形与小差形：(8条)

(8)大差弦＋圆径＝通股＋虚勾

　　小差弦＋圆径＝通勾＋虚股

(9)大差弦－半径＝边大较

　　小差弦－半径＝底小较

(10)大差弦－圆径＝大差较

　　　圆径－小差弦＝小差较

(11)大差弦－明和＝高弦－虚大较

　　　小差弦－更和＝平弦－虚小较

明形与更形：(18条)

(12)明勾＋更勾＝平大较＋平小较

　　　明股＋更股＝高大较＋高小较

(13)明弦＋更弦＝极大较＋极小较

(14)明和较＋更和较＝虚大较＋虚小较

(15)明和＋更和＝合大较＋合小较

(16)明较＋更较＝断大较＋断小较

(17)明大较＋明小较＝明大较＋更大较　　　明大较－明小较＝明较

　　　更大较＋更小较＝明小较＋更小较　　　更大较－更小较＝更较

(18)明弦＋更和较＝高大较＋高小较　　　明弦－更和较＝高较＋虚和较

　　　明和较＋更弦＝平大较＋平小较　　　明和较－更弦＝平较－虚和较

(19)更勾＋半虚和较＝更弦　　　　　　　更弦＋半虚和较＝平勾－更和较

　　　明股＋半虚和较＝明弦　　　　　　　明弦＋半虚和较＝高股－明和较

(20)更股＋半虚和较＝虚勾　　　　　　　更股－半虚和较＝更和较

　　　明勾＋半虚和较＝虚股　　　　　　　明勾－半虚和较＝明和较

---

①第5例、第7例及第9例的个别错漏已经校正。限于篇幅,校正细节及理由从略。本例两条的原文皆需校补。原文的出处在《测圆海镜》识别杂记诸弦节。参考文献[10]指出后条原文的出处缺"底勾内减更勾"六字。

(21)半径＋半虚和较＝虚和

(22)半径－半虚和较＝虚弦

(23)明和＋半虚和较＝高股

　　　恵和＋半虚和较＝平勾

由极高平 14 式可以证明以上 50 条成立。除诸弦 10 条外,其余 40 条分为 23 例。第 19 例以下各条的证明,引用主要等量关系(17),即虚和较＝二恵大较＝二明小较,比较简单。

因十三率勾股形均相似,且各形的和和与通形的 13 事一一对应相等,故由通形的勾、股、弦即可求得十三率勾股形 169 事。设通形的第 i 事为 p_i,和和为 p_1,第 j 率勾股形的第 i 事为 p_{ji},和和为 p_j。则

$$p_{ji} = \frac{p_j p_i}{p_1}$$

$i,j=1,2,\cdots,13$。陈维祺称 $p_j p_i$ 是 p_{ji} 的泛积。显然,若 2 事的泛积相等,则 2 事必相等。反之亦然。仍记通形的三边分别为 $a,b,c,a<b$,如法求得 169 事的泛积。仿照李善兰十三率勾股形等量表列为表格,可得泛积表。表后列有 20 个主要等量关系的泛积表达式(顺序有所不同):

(1) $a(b+a+c)=(c+b)(c-b+a)$ 　　(2) $a(b-a+c)=(c+b)(b+a-c)$

(3) $a(b+a-c)=(c-b)(b-a+c)$ 　　(4) $a(c-b+a)=(c-b)(b+a+c)$

(5) $2a(c+a)=(c-b+a)(b+a+c)$ 　　(6) $2a(c-a)=(b+a-c)(b-a+c)$

(7) $b(b+a+c)=(c+a)(b-a+c)$ 　　(8) $b(b-a+c)=(c-a)(b+a+c)$

(9) $b(b+a-c)=(c-a)(c-b+a)$ 　　(10) $b(c-b+a)=(c+a)(b+a-c)$

(11) $2b(c+b)=(b-a+c)(b+a+c)$ 　　(12) $2b(c-b)=(c-b+a)(b+a-c)$

(13) $2ba=(b+a-c)(b+a+c)$ 　　(14) $2ba=(c-b+a)(b-a+c)$

(15) $(b+a+c)^2=2(c+b)(c+a)$ 　　(16) $(b-a+c)^2=2(c-a)(c+b)$

(17) $(b+a-c)^2=2(c-b)(c-a)$ 　　(18) $(c-b+a)^2=2(c-b)(c+a)$

(19) $a^2=(c-b)(c+b)$ 　　(20) $b^2=(c-a)(c+a)$

此 20 式与表 1 的 20 个勾股恒等式的字母表达式相同,亦即表 6 的 20 个主要等量关系的字母表达式。由此可知,在勾股算术中,表 1 的每个字母表达式,既是一个勾股恒等式,又是一个主要等量关系的泛积表达式。例如,式(19),在任一勾股形中,勾的平方等于小较乘大和;在通勾股形中,平勾等于恵大和或边小较。又如,式(20),股的平方等于大较乘小和;高股等于明小和或底大较。在图 18 中添加过通弦切点的半径 $o\zeta$,可见其几何意义。

为便于加减运算,将泛积表各事由乘积展为和差形式,是为校数表。由此可知,169 事的泛积可用"校数"甲、乙、地、天、人表为

$$p_1 p_{ji} = \alpha ca + \beta cb + \gamma ab + \delta b^2 + \varepsilon a^2$$
$$= \alpha\ \text{甲} + \beta\ \text{乙} + \gamma\ \text{地} + \delta\ \text{天} + \varepsilon\ \text{人}$$

其中,$\alpha,\beta,\gamma,\delta,\varepsilon$ 的取值范围是 $0,\pm1,\pm2,i,j=1,2,\cdots,13$。$ca,cb,ab,bb,aa$ 分别是极勾、极股、半径、高股、平勾等 5 事的泛积。陈维祺采用当时通用的汉译代数符号,使得勾股测圆术常见命题的证明简便许多。泛积表又是圆城图式设数的公式。如设勾股数

(8,15,17)，代入泛积表可得《测圆海镜》"今问正数"。又设勾股数(7,24,25)，可得李锐新设第三率。而校数表则成为测圆问题公式解法的直接来源。

运用泛积概念容易说明和差关系的轮换性。兹以上述边形与底形第 2 例的两条、第 4 例的两条为例说明之。

第 2 例及其泛积式分别为

边弦－通勾＝边较　　$(c+b)c-(b+a+c)a=(c+b)(b-a)$

通股－底弦＝底较　　$(b+a+c)b-(c+a)c=(c+a)(b-a)$

在泛积式中，前式保持运算符号不变，将 a 代换为 b，将 b 代换为 a，所得等式两边同乘以 (-1)，得后式。后式亦同。

第 4 例及其泛积式分别为

边股＋通勾＝底大和　　$(c+b)b+(b+a+c)a=(c+a)(c+b)$

底勾＋通股＝边小和　　$(c+a)a+(b+a+c)b=(c+b)(c+a)$

在泛积式中，前式保持运算符号不变，将 a 代换为 b，将 b 代换为 a，即得后式。后式亦同。

在 23 例中，仅明形与更形的第 13 例至第 16 例、第 21 例、第 22 例不具轮换性，其他各例的两条均具轮换性。

王季同《九容公式》(1898)将陈维祺的"校数"予以删减，给出测圆问题的公式解法。[11]王季同指出，5 事之中，只需平勾、高股即可表示 169 事的任一事。如图 19，在极形中，设平勾＝x，高股＝y，则半径＝$\sqrt{xy}$，极勾＝$\sqrt{xy+x^2}$，极股＝$\sqrt{xy+y^2}$。于是，校数式简化为

$$p_{ji}=\alpha\sqrt{xy+x^2}+\beta\sqrt{xy+y^2}+\gamma\sqrt{xy}+\delta y+\varepsilon x$$

若已知二事 $p_{ji}=A_1$，$p_{qg}=A_2$，属于独立的 70 事，则

$$\begin{cases}A_1=\alpha_1\sqrt{xy+x^2}+\beta_1\sqrt{xy+y^2}+\gamma_1\sqrt{xy}+\delta_1 y+\varepsilon_1 x\\A_2=\alpha_2\sqrt{xy+x^2}+\beta_2\sqrt{xy+y^2}+\gamma_2\sqrt{xy}+\delta_2 y+\varepsilon_2 x\end{cases}$$

以 A_1 乘后式，A_2 乘前式，消去 A_1A_2，令 $t=\dfrac{y}{x}$，整理，两端平方，可得

$$(H^2-J^2)t^2+2(GH-IJ)t\sqrt{t}+(G^2+H^2-I^2-2JK)t+2(GH-IK)\sqrt{t}+(G^2-K^2)=0$$

其中，$G=\alpha_1 A_2-\alpha_2 A_1$，$H=\beta_1 A_2-\beta_2 A_1$，$I=\gamma_1 A_2-\gamma_2 A_1$，$J=\delta_1 A_2-\delta_2 A_1$，$K=\varepsilon_1 A_2-\varepsilon_2 A_1$。令 $t=s^2$，得关于 s 的四次方程，解得 s 即得 t。

又从前式右端提取 $\sqrt{xy}=R$，整理，可得

$$R=\frac{A_1\sqrt{t}}{(\alpha_1+\beta_1\sqrt{t})\sqrt{1+t}+\gamma_1\sqrt{t}+\delta_1 t+\varepsilon_1}$$

将 t 值代入，即得圆半径 R。

《九容公式》原文的四次方程解法稍嫌麻烦。为了消去 $\sqrt{t}$，将含 $\sqrt{t}$ 的两项移项，再次平方，得关于 t 的四次方程。所得方程系数比较复杂。参考文献[11]改写为泛积式，未免周折。引用 $t=s^2$，或直接解关于 $\sqrt{t}$ 的四次方程即可。

自容方、容圆至九容以至十三容，勾股测圆术的内容逐步形成系统。理解《测圆海镜》

的主要困难在于卷一的识别杂记。李善兰十三率勾股形等量表与陈维祺的 50 条是识别杂记(不计诸杂名目)的全面简化。刘岳云的诸率差等表与勾股相乘等数表(亦即吴嘉善勾股和较比例表)为之提供了证明依据。由此,这一主要困难基本解决。王季同的公式解法说明,勾股测圆问题可用不高于四次的方程获解。

参考文献

[1] 高红成.吴嘉善与洋务教育革新[J].中国科技史杂志,2007,28(1):20-33.

[2] 李兆华.清代算家的勾股恒等式证明与应用述略[J].自然科学史研究,2020,39(3):269-287.

[3] 赖昱维.勾股数迭代公式之研究与发展[J].数学传播,2014,38(3):65-74.

[4] 钱宝琮.中国数学史[M].北京:科学出版社,1981:57.

[5] 郭书春.九章算术译注[M].修订本.上海:上海古籍出版社,2020:446-447.

[6] 刘钝.关于李淳风斜面重差术的几个问题[J].自然科学史研究,1993,12(2):101-111.

[7] 李冶.测圆海镜.自序.同文馆集珍本.光绪二年(1876).

[8] 李兆华.刘岳云《测圆海镜通释》补证与解读[J].自然科学史研究,2019,38(1):1-25.

[9] 李兆华.李善兰《九容图表》校正与解读[J].自然科学史研究,2014,33(1):44-63.

[10] 林力娜.李冶《测圆海镜》的结构及其对数学知识的表述[M].郭世荣,译.//李迪.数学史研究文集:第五辑.呼和浩特:内蒙古大学出版社,1993:130-131.

[11] 钱宝琮.有关《测圆海镜》的几个问题[M]//李俨钱宝琮科学史全集:第9卷.沈阳:辽宁教育出版社,1998:701-711.

中世纪伊斯兰数学中的双假设法研究

郭园园

摘　要：双假设法是古代数学中的一种重要算法，在多个古代文明反复出现。本文基于阿拉伯文数学文献的解读，对 9—15 世纪七位伊斯兰数学家代表作中的相关内容进行了解读和分析。这对剖析中世纪伊斯兰数学中双假设法的演化脉络以及进一步研究该算法的跨文明比较传播均有重要意义。

关键词：双假设法；双试错法；天秤法；伊斯兰数学

双假设法在古代中国、古印度、中世纪伊斯兰和文艺复兴前后的欧洲数学文献中均多次出现，这足以体现出该算法在古代数学史上的重要地位。双假设法是一种求解线性关系问题精确解或非线性问题近似解的一般性算法，利用现代数学语言解读，相当于求解线性方程：$ax+b=c$，首先对所求数 x 进行任意两次赋值，不妨分别设 x_1 为 x_2。此时方程左侧会分别得到两个值：(ax_1+b) 和 (ax_2+b)，它们与原方程右侧 c 的差值分别为：(ax_1+b-c) 和 (ax_2+b-c)，此时原方程的解通过如下公式求得：

$$x=\frac{x_1 \cdot (ax_2+b-c)-x_2 \cdot (ax_1+b-c)}{(ax_2+b-c)-(ax_1+b-c)}。$$

目前已有一些基于世界史视角的关于双假设法的研究[1]83-111，但是关于中世纪伊斯兰数学中的相关研究还有继续深入的可能。本文先后对七位中世纪伊斯兰数学家著作中的双假设法进行解读和分析，他们分别是寇斯塔·伊本·鲁伽（قسطا ابن لوقا，Qusṭā ibn Lūqā，820—912）、萨马瓦尔（السموأل，al-Samaw'al，约 1130—1180）、法雷西（الفارس，al-Farisi，1267—1319）、阿尔·卡西（الكاشي，al-Kāshī，约 1380—1429）、伊本·班纳（ابن البناء，ibn al-Bannā，1256—1321）、卡拉萨蒂（القلصادي，al-Qalaṣādī，1412—1486）和易卜拉辛·乌玛维（إبراهيم الأموي，Ibrāhīm al-Umawī，约 1400—1489）。其中前四位学者将上面的差值称为"试错"，故将此算法称为"双试错法"（حساب الخطأين，Hisāb al-Khaṭa'ayn）；后三位学者在运算过程中借助了类似"天秤"的图示，故将其称为"天秤法"（العمل بالكفات，the Method of the Scales）。

作者简介：郭园园，1981 年生，中国科学院自然科学史研究所副研究员，研究方向为伊斯兰数学史，主要研究成果有：《阿尔·卡西代数学研究》（上海：上海交通大学出版社，2017），《代数溯源——花拉子密〈代数学〉研究》（北京：科学出版社，2020）。

1. 中世纪东阿拉伯地区"双试错法"研究

伊斯兰数学指的是 8—15 世纪在中东、中亚、北非以及西班牙等地的伊斯兰国家里，以阿拉伯文为主要文字写成的数学著作所代表的数学。伊斯兰数学的兴衰基本上与中世纪阿拉伯帝国的兴衰伴生在一起。阿拉伯帝国（632—1258）是中世纪时地处阿拉伯半岛的阿拉伯人所建立的伊斯兰帝国，唐代以来的中国史书均称之为大食，而西欧则习惯将其称作萨拉森帝国。阿拉伯帝国历经 626 年，主要有四大哈里发时期（632—661）和倭马亚王朝（661—750）、阿拔斯王朝（750—1258）两个世袭王朝。阿拔斯王朝建立后最初的 80 余年（750—833），特别是哈伦·拉希德（786—809 年在位）和马蒙（813—833 年在位）执政时期，是阿拉伯帝国的极盛时代。此时的穆斯林学者们以翻译和学习印度、希腊的数学经典为主，随后在消化、吸收这些著作的基础上进行独立的数学研究。1258 年，阿拔斯首都巴格达被蒙古的西征统帅旭烈兀攻陷，阿拉伯帝国灭亡。虽然哈里发王朝覆灭，但是阿拉伯语在很长一段时间内仍然是这一地区的科学语言，故一直到 15 世纪，这一地区学者的著作仍被归为中世纪伊斯兰数学。

1.1　寇斯塔·伊本·鲁伽和萨马瓦尔著作中"双试错法"

据史料记载，9 世纪数学家阿布·卡米尔（ابو كامل，Abū Kāmil，约 850—约 930）曾经写过一本名为《双试错法》（كتاب الخطأين，Kitāb al-Khaṭa'ayn，the Book of the Two Errors）的书。9 世纪末的寇斯塔·伊本·鲁伽则是第一位给出其几何证明的数学家。[1]98

12 世纪的数学家萨马瓦尔出生于巴格达，在他 13 岁的时候便认真学习印度算数和天文算表，18 岁时便读完了几乎所有当时可以找到的数学书。其中凯拉吉（al-Karajī，953—1029）的著作对他影响最大。经过研读之后，萨玛瓦尔对其著作中的部分内容并不满意并开始着手完善它们。在他年仅 18 岁的时候，萨玛瓦尔完成了他的代数学著作《光辉代数》（الباهر في الجبر，al-Bahir fi'l-jabr，The Brilliant in Algebra）[2]。此书的重要性不仅在于它本身所包含的数学理论，还在于它保留了目前遗失的凯拉吉数学著作中的重要内容。《光辉代数》共四卷，分别是：第一卷，整式间的乘、除、开方运算；第二卷，求未知量；第三卷，无理量；第四卷，问题分类。萨马瓦尔在第二卷第 5 章中论述了"双试错法"，他首先转述了鲁伽的算法及证明，随后对其进行了补充并给出了自己的两种证明。《光辉代数》第二卷包含五章，标题如下：

第二卷：求未知量

第 1 章：还原与对消；

第 2 章：六道还原（与对消）问题①；

第 3 章：其他类型的还原与对消问题（例如可以化为上一章 6 类方程的高次方程问题）；

---

①花拉子米在《代数学》中所给的 6 种基本一元二次方程的求解方法。

第 4 章:有助于求解未知数性质的证明(其中包括算术三角形、数列求和及平面图形的性质等内容);

第 5 章:双试错法。

由上不难看出,萨马瓦尔将"双试错法"视为求解未知数的一种独立算法,从章节顺序和篇幅来看,其地位不及还原与对消算法。《光辉代数》一书主要以算法证明为主,并未给出相关的例题。接下来看萨马瓦尔转述鲁伽的"双试错法":

> 任意取两个不同的数字,随后检验此时的结果,将其所得结果超出原结果的部分称为试错。这两个试错或者均大于,或者均小于,或者一个大于另一个小于原结果。对于两个试错均大于或者均小于的情况将二者相减,取剩余的差作为除数;如果一个试错大于而另一个试错小于原结果,则将二者相加所得的和作为除数。接下来将第一个数的试错乘以第二个数,第二个数的试错乘以第一个数,随后按照前面计算两个试错的方法将较大数减去较小数或者将二者相加。接下来将所得的和或者差除以前面相应的除数,所得即为所求问题的准确答案。[2]151

接下来萨马瓦尔转引了鲁伽对此算法的几何证明,他利用图 1 分别证明了两个试错同时大于,或者同时小于,或者一个大于另一个小于原题所得结果的三种情况,此处仅以两试错同时小于为例进行说明。

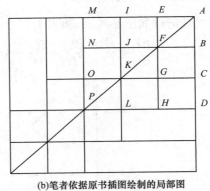

(a)原书插图   (b)笔者依据原书插图绘制的局部图

图 1 《光辉代数》中伊本·鲁伽证明"双试错法"图示[2]153

设所求数为 AD,其对应的结果为 DP,其中角 D 为直角,连接 AP。任取两个均小于 AD 的数 AB、AC,分别过点 B、C 作 AD 的垂线交 AP 于点 F、K,则有 $\dfrac{AD}{DP}=\dfrac{AC}{CK}=$ $\dfrac{AB}{BF}$。此时 AB 对应的结果为 BF;AC 对应的结果为 CK,随后补全矩形 DM,并分别过点 F、K 作 AD 的平行线 EH、IL。此时第一个数字 AB 已知,其对应结果 BF 已知,其与所求数对应结果 DP 之间的试错,即 NF 已知;同理第二个数字 AC 及其对应试错 KO 已知。将第一个试错 NF 乘以第二个数字 AC 得到矩形 MG,类似地第二个试错乘以第一个数字得到矩形 MJ,二者相减得到矩尺形 $EGOJI$;由《原本》I.43 得到矩形 OJ 等于矩形 LG,故前面矩尺形等于矩形 EL;其宽度 LH 等于两个试错之差,故相除后得到矩形

EL 的另一边 EH,即 AD,此为所求。对于两个试错的另两种情形同理。萨马瓦尔认为上述证明过程中设两数 AB、AC,其对应结果恰为直角三角形的另外两条直角边 BF、CK,这个步骤不够完善,故接下来萨马瓦尔证明了对于任意成比例的四条线段均可以构成两个相似直角三角形的对应直角边。

随后萨马瓦尔给出了"双试错法"的另一种证明。在给出其证明之前,他首先重述了《光辉代数》第二卷第 4 章第 1 节中所证明过的一个命题,相当于:如果任意一条线段或者一个数字分成三份($a+b+c$),则将原线段乘以分割后的中间一段的乘积加上剩余两段中的一条 a 与另一条 c 的乘积之和,等于将中间一段分别与两旁线段之和的乘积,即 $(a+b+c)b+ac=(a+b)(b+c)$。接下来萨马瓦尔给出此命题的一个等价命题,即任意三条不等的线段或者数字,将最大的数($a+b+c$)乘以中间($b+c$)与最小 c 差的乘积,加上最小的数字 c 乘以最大的($a+b+c$)与中间数($b+c$)差值的乘积,等于中间的数($b+c$)乘以最大的($a+b+c$)与最小数 c 之间的差值。随后萨马瓦尔在上述命题的基础上,给出了第一种证明的引理:

> 如果将第一个数比上第二个数等于第三个数比上第四个数;第二个数比上第五个数等于第四个数比上第六个数,则有第一个数与第二个数的和乘以第四个数与第六个数的和,等于第一个数加上第二个数再加上第五个数的和乘以第四个数,加上第一个数乘以第六个数的乘积。[2]160

所求证问题如图 2 所示,相当于:

$$\frac{AB}{BC}=\frac{DE}{EG},\frac{BC}{CH}=\frac{EG}{GI}\rightarrow AC \cdot EI=AH \cdot EG+AB \cdot GI.$$

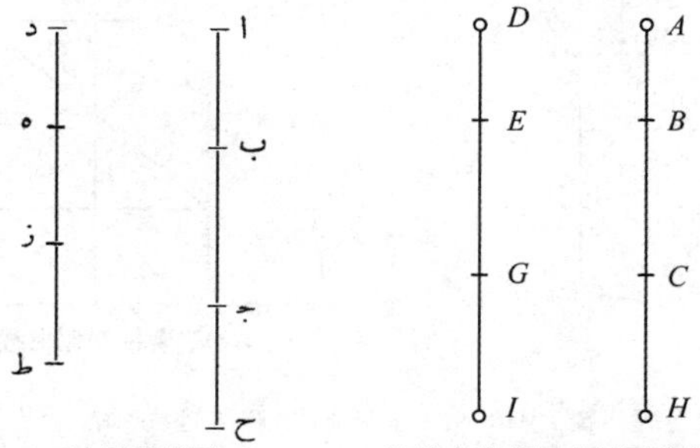

(a)原书插图   (b)笔者依据原书插图绘制的图形

图 2 《光辉代数》中萨马瓦尔证明"双试错法"引理图示[2]161

萨马瓦尔采用的是从所求式两侧向中间证明的思路。

左侧:$AC \cdot EI=AC \cdot EG+AC \cdot GI=AC \cdot EG+AB \cdot GI+BC \cdot GI$

因为

$$\frac{BC}{CH}=\frac{EG}{GI}$$

所以

$$BC \cdot GI=CH \cdot EG$$

所以左侧:$\qquad AC \cdot EI=AC \cdot EG+AB \cdot GI+CH \cdot EG$

右侧:$AH \cdot EG+AB \cdot GI=AB \cdot EG+BC \cdot EG+CH \cdot EG+AB \cdot GI$

$$=AC \cdot EG + AB \cdot GI + CH \cdot EG$$

故原证成立。

接下来萨马瓦尔利用同一幅图示证明了"双试错法"的三种情况,如图 3 所示:

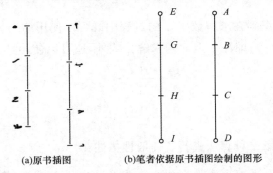

(a)原书插图　　　　(b)笔者依据原书插图绘制的图形

图 3　《光辉代数》中萨马瓦尔证明"双试错法"图示[2]161

首先设三个数字分别为 AD、BD、CD,其对应的结果分别为 EI、GI、HI。不妨设 BD 为所求数,其中 $AD>BD$,$CD<BD$。第一个数 AD 乘以第二试错 GH,加上第二个数字 CD 与第一试错 EG 的乘积,将所得之和除以两个试错之和,即 EH,相当于:$\dfrac{AD \cdot GH + CD \cdot EG}{EH}$,由前面引理可得其等于 BD,即为所求,剩余两种情况同理。

将萨马瓦尔的上述证明方法与伊本·鲁伽的方法相比较,有两个明显的变化:

第一,出于证明的完整性,萨马瓦尔强调了可以使用"双试错法"求解问题需满足的条件,即所求数、两个假设值和其分别对应的结果之间是成比例的。这点从萨马瓦尔对于伊本·鲁伽证明的补充,以及萨马瓦尔上述证明的已知条件中均可见。第二,萨马瓦尔的上述证明过程从形式上直接进行数量间关系的证明,不再采用伊本·鲁伽平面图形面积割补的方法;从证明过程上看,萨马瓦尔对于两个"试错"的三种不同的"正负"情况均划归到引理中证明,达到了简化过程的目的。

最后萨马瓦尔从上面所述满足的条件和证明过程的本质入手进行了算法的推导,进而得到另一种形式的求解公式。相当于:若求数字 a,需要两个不等的已知数字 b、c,这些数字对应的结果分别为 d、e、f,且有 $\dfrac{a}{b}=\dfrac{d}{e}$,$\dfrac{b}{c}=\dfrac{e}{f}$。算法的推导过程如下:

(1) $\left.\begin{array}{l} \dfrac{a}{b}=\dfrac{d}{e} \\[2mm] \dfrac{b}{c}=\dfrac{e}{f} \end{array}\right\}$ $\xrightarrow{\text{比例的传递性}}$ $\dfrac{a}{c}=\dfrac{d}{f}$;

(2) $\dfrac{a}{b}=\dfrac{d}{e}$ $\xrightarrow{\text{合比性质}}$ $\dfrac{a-b}{b}=\dfrac{d-e}{e}$ $\xrightarrow{\text{交换内项}}$ $\dfrac{a-b}{d-e}=\dfrac{b}{e}$;

(3) $\dfrac{b}{c}=\dfrac{e}{f}$ $\xrightarrow{\text{合比性质}}$ $\dfrac{b-c}{b}=\dfrac{e-f}{e}$ $\xrightarrow{\text{交换内项}}$ $\dfrac{b-c}{e-f}=\dfrac{b}{e}$;

由(2)、(3)得到:

$$\frac{a-b}{d-e}=\frac{b-c}{e-f}\left(=\frac{b}{e}\right) \rightarrow \begin{cases} a=b+\dfrac{(b-c)(d-e)}{e-f}, & (a>b) \\[3mm] a=b-\dfrac{(b-c)(e-d)}{e-f}, & (a<b) \end{cases}$$

萨马瓦尔已经意识到在求解数字 a 的过程中既可以使用第一试错($|d-e|$),也可以使用第二试错($|d-f|$),即除了上面的求解公式外,还可以使用:

$$\begin{cases} a=c+\dfrac{(b-c)(d-f)}{e-f}, & (a>c) \\[3mm] a=c-\dfrac{(b-c)(d-f)}{e-f}, & (a<c) \end{cases}$$

最后萨马瓦尔对第二种算法进行了一般性描述:

> 很明显我们得到了将两个数字的差值乘以其中一个试错,将所得除以两个数字对应结果的差值。如果前面所乘的结果的对应试错较小,则将前面所得的商加上此结果的对应数字;如果所对应的试错较大,则从其中将其减去,此时所得的和或者差,即为所求数。[2]163

以上便是《光辉代数》中关于"双试错法"的全部内容,虽然书中并没有给出相关例题,但是从以上所述内容来看,萨马瓦尔首先全文转引鲁伽的证法,并对其"不足"之处进行补充;随后利用大量的篇幅给出另一种证法以及新算法的推导。可见"双试错法"在当时求解未知数过程中的重要性。

1.2　法雷西著作中的"双试错法"

法雷西(الفارس,al-Fārisi,1267—1319)在数学和光学领域均做出了重要的贡献,其著作《法则》(*Asas al-qawa'ld fi usul al-fawa'ld*,*The Base of the Rules in the Principles of Uses*)同样载有关于"双试错法"的内容。[3]

法雷西的这本著作共五卷。第一卷为算术,第二卷关于销售问题,第三卷关于平面和立体图形的计算问题,最后两卷为代数学的相关内容。第四卷标题为"还原与对消",共18章,前15章相当于算术化代数内容,即今天的多项式理论;16章为数列求和;17章为六道还原与对消问题(源于花拉子米《代数学》中六种基本类型一元二次方程);18章为"双试错法"。第五卷包括两章,第1章为47道求解未知数的例题,其中涉及还原与对消、"双试错法"等方法的应用,第2章为遗产继承问题。由此可知法雷西与萨马瓦尔相同,均是将"双试错法"视为一种与还原与对消算法相同的求解未知数的独立算法。但是与《光辉代数》不同,法雷西在此书第五卷中给出了大量的例题并多次使用"双试错法"。

法雷西在第四卷第18章描述了与伊本·鲁伽类似的"双试错法"算法表述,并附有与萨马瓦尔类似的证明,但并未涉及萨马瓦尔所推导出的第二类算法公式。首先来看法雷西所述的"双试错法",原文如下:

> 利用它("双试错法")可以解决许多问题,算法是首先假设答案,即所问的物为任

意数字,并将其按照题中的条件计算。若恰好满足所得(所设数)即为所求。若存在试错,则记住它;随后再设另一个数并进行运算,相应会得到另一个试错。分别将第一假设值乘以第二试错,随后将第二假设值乘以第一试错,且分别记住它们。若两个试错均为大于或者均小于,则将记住两个数的差除以两个试错的差,所得即为答案。若其中一个试错大于,而另一个试错小于,则用记住的两个数之和除以两个试错之和,所得即为答案。[3]526

接下来法雷西给出了上述"双试错法"的证明,首先针对两试错同时大于、同时小于、一个大于一个小于三种情况分别给出了三条引理,随后对每一种情况加以证明,下面我们以两试错一个大于一个小于为例加以说明,如图 4 所示:

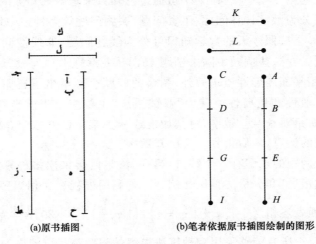

(a)原书插图   (b)笔者依据原书插图绘制的图形

图 4　《法则》中法雷西证明"双试错法"图示[3]526

引理相当于:设两个数 AE、CG,此外有四个成比例的数字:BE、EH、DG、GI。将 BE 从 AE 中减去,剩余 AB,称为第一剩余值;将 AE 加上 EH 得到 AH,称为第一所得值。类似地在 CG 中减去 BE 的对应值 DG,得到 CD 称为第二剩余值;CG 加上 EH 的对应值,即 GI,得到 CI 称为第二所得值。第一剩余值乘以第二所得值与第二个数 CG 之差,即 GI,所得的积为 K;第一所得值 AH 乘以第二个数 CG 与第二剩余值之差,即 DG,得到 L。有 K、L 之和除以前面提到的两个差值 DG、GI 之和,即 DT,所得结果为 AE,其证明过程相当于:

$$K = AB \cdot GI$$
$$L = AH \cdot DG = AB \cdot DG + BE \cdot DG + EH \cdot DG$$
$$K + L = AB \cdot DG + BE \cdot DG + EH \cdot DG + AB \cdot GI$$
$$AE \cdot DI = AB \cdot DG + BE \cdot DG + BE \cdot GI + AB \cdot GI \longrightarrow K + L = AE \cdot DI$$
$$EH \cdot DG = BE \cdot GI$$

随后法雷西给出了两试错一个大于一个小于时"双试错法"公式的证明,相当于:设所求数为 AE,已知 CG;设第一个数为 AH,则得到已知数为 CI;设第二个数为 AB,则得到

已知数为 CD。有 AE 与第一所设值 AH 之差 EH 比上其与第二所设值 AB 之差 BE 等于第一试错 GI 比上第二试错 DG。由前面的引理可得 AB 与 GI 的乘积加上 AH 与 DG 的乘积之和除以两个试错之和，即 DT，得到 AE 即为所求。剩余两种情形的证明类似。

最后法雷西指出：如果两个所设值与所求值间差值的比不等于两个对应试错之比，则不能利用"双试错法"求解。这相当于法雷西明确给出了能够利用"双试错法"求解题目需满足的条件，此条件与萨马瓦尔所给条件等价。

以上便是第四卷第 18 节的内容，不难发现无论是利用"双试错法"求解问题需满足的条件，还是"双试错法"公式证明过程，法雷西都继承了自萨马瓦尔以来的早期伊斯兰数学传统。接下来看第五卷第 1 章中的相关例题。

法雷西在第五卷第 1 章中安排了 47 道通过已知数来求解未知数的例题，如果按照问题的表述形式可以分为数字计算问题、工资问题、买物问题等多种在中世纪伊斯兰数学著作中常见的问题；如果按照今天的数学知识可分为线性问题、非线性问题、多元定解问题和不定分析等问题。在这些例题中除去例题 45（与《九章算术》"勾股章"中"引葭赴岸"问题相似）是直接利用平面图形性质求解外，剩余的问题全部给出了还原与对消算法，由此可见这种算法的一般性和重要性。其中"双试错法"主要应用于前半部分的数字计算问题，这种问题的形式是要求某一数字，将其加上或减去某一已知数字，随后将所得结果进行加减乘除等形式的运算，最后得到一个已知数字。

对于这一部分例题的求解有三个特点：第一，法雷西会采用多种算法，这主要包括还原与对消法、"双试错法"和分析法。例如例题 3 若利用方程表述相当于：$2(2x-1)+1=10$，例题 4 利用方程表述相当于：$\left[x+\left(\dfrac{x}{2}+4\right)\right]\left(1+\dfrac{1}{2}\right)+4=20$ 等等给出了多种算法求解；法雷西并不是对于所有能够采用多种算法求解的问题都尽可能多的给出所有算法，但至少包括还原与对消算法；第二、在利用多种算法求解时，法雷西会比较不同算法的优劣，例如例题 12：将数字 10 分为两部分，其中一部分是另一部分的四倍，书中给出了上述三种方法，最后法雷西指出本题可以使用"双试错法"，但是其不是最优的方法；第三、法雷西对于不能使用"双试错法"求解的问题都给出了明确的说明，甚至包含长篇幅且重复性的证明。例如例题 5，其方程表述为：$\left(x-\dfrac{x}{6}\right)\cdot\dfrac{x}{6}=x$，这是第一道无法利用"双试错法"求出精确解的问题，法雷西指出：

> 我知道本题中的所求数不能利用"双试错法"来求解，这是由于如果所求数可以利用它来求解必须满足第一个所设值与所求数之差比上另一个所设值与其之差等于第一试错比上第二试错，但是这在本题中却不成立。这是由于若设所求数为 A，第一个所设值为 B，第二个为 C；A 对应的已知数为 D，B 对应的已知数为 E，C 对应的已知数为 G；B 对应的试错为 H，C 对应的试错为 I。我们将 A、B、C 中每一个数的六分之一乘以其六分之五，得到的结果分别为 D、E、G，即六分之五倍的六分之一倍的平方。[3]535

书中图示如图 5(a) 所示。

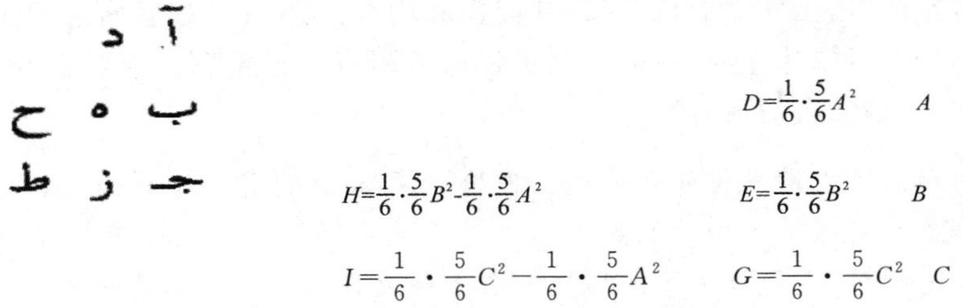
آ د
ب ه ح
ج ز ط
$D=\frac{1}{6}\cdot\frac{5}{6}A^2$ A
$H=\frac{1}{6}\cdot\frac{5}{6}B^2-\frac{1}{6}\cdot\frac{5}{6}A^2$
$E=\frac{1}{6}\cdot\frac{5}{6}B^2$ B
$I=\frac{1}{6}\cdot\frac{5}{6}C^2-\frac{1}{6}\cdot\frac{5}{6}A^2$
$G=\frac{1}{6}\cdot\frac{5}{6}C^2$ C

(a)原书插图　　(b)笔者依据原书插图绘制的图形

图 5 《法则》第五卷第 1 章例题 5 图示[3]535

接下来书中的证明相当于：

$$\left.\begin{aligned}&\frac{D}{A^2}=\frac{E}{B^2}\rightarrow\frac{D}{E}=\frac{A^2}{B^2}\rightarrow\frac{(D-E=)H}{A^2-B^2}=\frac{D}{A^2}\\&\text{同理}\frac{E}{G}=\frac{B^2}{C^2}\text{，同理}\frac{I}{A^2-C^2}=\frac{D}{A^2}\end{aligned}\right\}\rightarrow\frac{H}{A^2-B^2}=\frac{I}{A^2-C^2}\rightarrow$$

$$\rightarrow\frac{I}{H}=\frac{A^2-B^2}{A^2-C^2}\neq\frac{A-B}{A-C}$$

故原证成立。

后面例题 10，其方程表述相当于：$x\cdot 4x=25$ 法雷西给出了与例题 5 类似地完整证明，指出其不能利用“双试错法”求解；例题 11，其方程表述相当于：$\frac{x^2}{3}=x$，法雷西指出其不能利用“双试错法”求解，证法同前；例题 18 相当于二元线性定解问题，法雷西指出不能利用“双试错法”求解；例题 22、23 同样为非线性问题，法雷西指出其不能利用“双试错法”求解。正是由于法雷西对于“双试错法”使用局限性的论述，使得整个例题章节的后半部分中有多道可以使用此算法进行求解的例题也没有提及它，这体现出“双试错法”在求解未知数问题中地位的下降。

1.3　阿尔·卡西著作中的“双试错法”

阿尔·卡西约 1380 年生于卡尚（Kāshān，位于今伊朗），1429 年 6 月 22 日卒于撒马尔罕（Samarkand，位于今乌兹别克斯坦），数学家，天文学家。《算术之钥》（مفتاح الحساب，*Miftāḥ al-ḥisāb*，*The Key of Arithmetic*）成书成于 1427 年 3 月 2 日，这是卡西著作中篇幅最大的一本，它几乎涵盖了当时全部的初等数学知识，堪称一部初等数学大全。它除了满足一般学生的需求外，对于从事实际工作的读者，如天文学家、测量员、建筑师、商人等也有帮助。《算术之钥》共五卷，前三卷是有关算术的内容，第四卷关于几何学，第五卷关于代数学。第五卷标题为：通过还原与对消及“双试错法”等求解未知数，共分为四章：第 1 章、还原与对消算法，包括 10 节，主要讲述算术化代数内容；第 2 章、“双试错法”；第 3 章、求解未知数过程中可能涉及的 50 种运算性质，包括数列、比例等相关算法；第 4 章、40 道例题。

显而易见，卡西与早期萨马瓦尔、法雷西对于“双试错法”作用的认识相同，即它可以作为一种通过已知数求解未知数的独立算法，但是其地位不高于还原与对消算法。《算术之钥》中"双试错法"虽然独立成章,但是其篇幅和内容同还原与对消算法相比较,显得极为简短,仅是对"双试错法"进行一般的算法描述并附有一道例题。卡西在开头部分对此方法所解决问题的特点进行描述:

> 这类问题的形式满足将未知数进行种种运算,最终得到一个已知数,例如将其减半或者加倍或者对减半加倍后的数值加上或者减去某数。又或是乘以某个已知数,但不能乘以未知数,即问题中不能出现一个未知数与另一个未知数的乘积;或是将一个未知数除以另一个未知数,或是求其平方根或是立方运算,类似于此类问题均不能用此法求解。[4]202

通过上面的描述可知卡西一方面固定了可以使用"双试错法"求解问题的形式,另一方面他已经意识到了其仅适用于"线性关系"问题。随后阿尔·卡西描述了"双试错法":

> 首先将未知数假设为任意数值,并按照问题中步骤求得一个结果,如果此数值恰好等于原题中的已知数,则此假设值即为所求;如若不然,则求出此结果与已知数值之间的差值,将其命名为"第一试错"。随后将未知数假设为另一个数,并按照问题中的步骤求得第二个结果,如果此数值恰好等于原题中的已知数,则此假设值即为所求;如若不然,则求出此结果与已知数值之间的差值,将其命名为"第二试错"。随后利用这两个假设值,用第一次假设的数乘以第二试错,同时用第二假设值乘以第一试错,如果两个试错均大于已知数或者均小于已知数,则将两次乘积的差值除以两个差值的差,其结果即为所求未知数的值。若一个大于另一个小于,则将两个乘积之和除以两个试错之和,所得即为所求。[4]202

紧接着书中所给例题相当于求解线性方程: $2(3x+10)+10=90$,首先设未知数为5,得到第一试错为30,类似地假设未知数为7,得到第二试错为18;随后将第一次所设数5乘以第二试错等于90,第二次所设数7乘以第一试错30等于210;由于两次试错均小于已知数,将前面的结果相减得到120,将其除以两次试错之差,即12,得到10,此即为所求。以上便是《算术之钥》第五卷第2章的全部内容。之外,在《算术之钥》第五卷第4章40道例题的开头部分还有少许关于此算法的论述,卡西指出:

> 通过已知数来求解未知数的方法是多种多样的,要么首先假设所求量为物,随后通过还原与对消算法进行求解;要么不需要设未知数,通过前面的方法①,(例如)利用比例的性质,其中包括"双试错法"。[4]225

第4章中的40道例题,仅有例题1同时使用了还原与对消(即建立方程求解)、"双试错法"和分析综合三种方法求解,剩余的题目中再没有使用"双试错法"。与之形成鲜明对比的是还原与对消算法,卡西不仅利用大量的篇幅在第五卷第1章中进行论述,在第4章40道例题中除去两道几何问题是直接利用几何性质求解外,剩余问题全部给出了相应的还原与对消算法。事实上也仅有例题1是线性关系问题,剩余的例题为非线性关系问题、

---

①此处"前面的方法"指的是第五卷第2章"双试错法"以及第3章中所论述的在求解未知数过程中可能利用到的数列、比例等50种基本运算法则。

多元方程组问题或者是不定分析问题等。此外在《算术之钥》的剩余章节再没有出现过"双试错法"的相关内容,以上便是《算术之钥》中"双试错法"的全部内容。尽管其内容简短,但是从其作为求解未知数过程中独立章节的地位、固定而明确的题目类型、不加证明的算法阐述、极为有限的应用范围以及与其他算法的优劣对比,这些都在暗示在《算术之钥》之前伊斯兰数学中的"双试错算"就已经历了一个演化的过程。

1.4　小　结

从以上萨马瓦尔、法雷西和卡西著作中的"双试错法"及相关内容来看,虽然没有证据表明三者之间的直接联系,但是可以判断它们之间具有逻辑上的传承关系:

首先,在算术化代数早期的萨马瓦尔所著的《光辉代数》一书中,他对于"代数学"的理解是通过已知数来求解未知数,首选方法为还原与对消算法,并给出了大量有关算术化代数的论述;随后给出了包括"双试错法"在内的若干其他算法,在这点上前面三位伊斯兰数学家的认识相同;

其次,三本著作中对于"双试错法"原始语言的表述基本相同;此外在《光辉代数》一书中虽然没有相关的例题,但是萨马瓦尔给出可利用"双试错法"求解问题应满足的条件,及"双试错法"的证明方法与法雷西书中的相关内容基本相同;在卡西《算术之钥》中虽没有"双试错法"的证明,但是其关于适用于这种算法问题的形式、在相关例题中对于多种求解未知数方法优劣的比较、"双试错法"应用的局限性等方面的论述都与法雷西著作中的相关内容相同;

最后,从三本著作中不难发现"双试错法"的一个明显的变化规律——此算法在求解未知数过程中的地位在逐渐降低。萨马瓦尔在其《光辉代数》不仅原文转述了伊本·鲁伽的"双试错法"及其证明,还对其进行了补充并添加了自己的证明与新算法公式的推导,这些足以体现当时"双试错法"的重要性;法雷西在其书中指出"双试错法"可以解决大部分问题。在例题部分法雷西会比较不同算法的优劣,且几乎所有的例题均给出了还原与对消算法,而对于非线性问题、多元方程组、不定分析问题,法雷西则明确指出它们不能利用"双试错法"求解,并在部分例题上反复进行了证明。这些表明法雷西已经意识到"双试错法"在求解未知数过程中的局限性,因此在例题章节的后半部分,对即使可以利用"双试错法"进行求解的问题也没有再次提及这种算法;在卡西的《算术之钥》中,"双试错法"几乎到了无足轻重的地位。而造成这种变化的原因,笔者认为一方面是由于随着算术化代数的发展而使得还原与对消算法作为求解未知数问题的一般化算法的地位在增强;另一方面由于大量出现的非线性问题、多元问题、不定分析问题,使得"双试错法"的应用更为有限,所以其地位与数列、比例等基本算法相同,而这种渐变的趋势恰好说明三者已经构成了一个有机的整体。

2. 中世纪西阿拉伯地区"天秤法"研究

这一时期除了中亚和西亚的伊斯兰政权以外,在伊比利亚半岛与北非也出现了多个伊斯兰政权。在阿布·阿拔斯(750—754年在位)对倭马亚家族的屠杀中,有一名幸存者阿卜杜勒・拉赫曼(即日后的埃米尔阿卜杜勒・拉赫曼一世,756—788 年在位)逃至西班牙地区,并于公元 756 年在那里建立了后倭马亚王朝(公元 756—1236,中国史书称为"白衣大食")。该政权在阿拉伯帝国的倭马亚王朝崩溃之后长期以科尔多瓦为中心,统治伊比利亚半岛广大地区,成为欧洲最重要的伊斯兰教政权。11 世纪科尔多瓦的哈里发政权衰微后,格拉纳达的地位逐渐抬升,1238 年起奈斯尔王朝统治格拉纳达,直至 1492 年覆灭。

阿拉伯人把从埃及直到大西洋沿岸的北非称为马格里布(意为西方),这里的土著居民大都是柏柏尔人(即摩尔人),他们从事游牧或定居的农业生活。阿拉伯人进入后,柏柏尔人大都皈依伊斯兰教,但以什叶派和军事民主派(即哈瓦利吉派)较为流行。北非先后建立了几个较大的伊斯兰教政权,分别是埃及的法蒂玛王朝(909—1171,973 年迁都开罗,中国史书称为"绿衣大食")、1171 年萨拉丁建立的阿尤布王朝(12—13 世纪)和马木路克王朝(1250—1517)。阿拉伯帝国解体后,柏柏尔人先后建立一些小的伊斯兰教国家或王朝。但由于各地的利益不同和教派的对立,国家政治不稳定,王朝更迭频繁。最后形成三个较大的国家,即哈夫斯王朝(以突尼斯为中心,1228—1574)、马林王朝(以摩洛哥为中心,1213—1554)和阿卜德・瓦德王朝(以阿尔及利亚为中心,1235—1554),这三个王朝各存在 300 余年,分别奠定了现代突尼斯、摩洛哥和阿尔及利亚的疆域和国家基础。由于政权的对峙,此时以伊比利亚半岛、北非为代表的西阿拉伯地区的数学文明同东阿拉伯地区的数学文明相比出现了明显的分化。

2.1 伊本・班纳著作中的"天秤法"

伊本・班纳(Ibn al-Bannā)1256 年 12 月 29 日生于摩洛哥马拉喀什(Marrakesh),1321 年卒于马拉喀什,他的一生基本上是在摩洛哥度过的。此时恰逢马林王朝(Marin Dynasty,1244—1465)迅速崛起阶段,1248 年马林王朝攻占非斯城(Fez)并且定都于此,此时国内学风盛行,非斯成为北非学术中心。早年的伊本・班纳受过良好的数学教育,后来在非斯大学教授数学课程,包含算术、代数和几何等多个领域。班纳留有多本数学著作,但是他并没有明确这些内容的来源,单从内容可知他继承了更早期的伊斯兰数学传统。

《算术运算概要》[5] (تلخيص أعمال الحساب, *Talkhīṣ a'māl al-Hisāb*, *Summary of Arithmetical Operations*)是班纳主要作品之一。全书共两卷,第一卷是关于算术的内容,例如伊本・班纳给出了计算平方根的一个近似公式,假如我们需要计算(a^2+r)的平方根,若$r \leqslant a$,则$\sqrt{a^2+r} \approx a + \dfrac{r}{2a}$;若$r > a$,为得到更好的近似值,则$\sqrt{a^2+r} \approx a + \dfrac{r}{2a+1}$;第二卷共两章,第 1 章的标题为比例,第 2 章的标题为还原与对消。其中班纳在第二卷第 1 章比例部分中对双假设法有完整论述。原文如下:

天秤法是一种几何的方法,你需要如下画出一架天秤:

首先你将已知的数字写在穹顶处,在其中一个盘中取任意数字,然后按照题中的加、减等算法进行运算,将(所得结果)与穹顶处的数字比较。若恰好相等,则盘中的

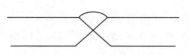

图 6

数字即为所求。若所得不是,且所得大于(已知数)则将试错写在盘上,若小于则写在盘下。随后在另一个盘中取与前面不同的数,按照前面的方法运算。将每一个盘中的试错乘以另一个盘中的数。然后观察,若两个试错均大于或均小于,则将两个数中较小数从较大数中减去,即将两个乘积中较小的从较大的中减去。将两个乘积之差除以两个试错之差。若其中一个大于,而另一个小于,则将两个乘积之和除以两个试错之和。[5]70

班纳与前几位学者所给"双试错法"最大的不同是,他需要借助一架"天秤",然后将需要进行运算的几个数字写在特定的位置上直观表现出来,但双假设法算法的本质与前几位学者无异。虽然我们不清楚这种借助几何图示方法的来源,但是班纳在对于算法描述时词汇的使用、语句的表述与前几位学者基本相同,尤其是他延续了"试错"一词的使用,故笔者认为班纳继承了早期的东伊斯兰数学传统。除此之外,班纳还描述了一种单设法:

你也可以在第二个盘中取第一次的数,或是另一个数,将所得其倍数与穹顶处的数相比。将其乘以第一个盘中的数,并将第一个试错乘以第二个盘中的数。若第一次的试错小于,则将两个乘积相加;若大于,则将二者相减,将所得除以第二个盘中数的倍数,所得即为所求。[5]71

该算法相当于设方程 $ax=b$,$x=\dfrac{x'(ax')+(b-ax')x'}{ax'}$ 或 $\dfrac{x'(ax'')+(b-ax')x''}{ax''}$。显然这是一种前面没有出现过的算法,除此之外再无其他相关内容。

2.2　卡拉萨蒂著作中的"天秤法"

进入到 15 世纪,随着安达卢西亚大片疆域的丧失,西阿拉伯地区的数学贡献虽然有所削弱,但是并未停止,卡拉萨蒂(al-Qalasadi,1412—1486)就是这一时期的代表人物。卡拉萨蒂 1412 年生于今西班牙巴扎(Bastah),1486 年卒于今突尼斯贝雅(Béja)。他起初在巴扎学习法律、《古兰经》和科学,随后由于战争的影响迁至格拉纳达(Granada)继续学习哲学、科学和穆斯林法律,后又迁至北非并在那里学习数学,最终返回格拉纳达。尽管此时的格拉纳达正持续遭受天主教国家阿拉贡(Aragon)和卡斯蒂利亚(Castile)的攻击,但卡拉萨蒂仍然坚持教学和研究,他最重要的作品也是在此期间完成的。下面将要介绍卡拉萨蒂对伊本·班纳《算术运算概要》的评注《科学字母揭秘》(كشف الأسرار عن علم حروف الغبار,*Kasf al-asrār 'an 'ilm Ḥurūf al-gubār*)[6],该书中卡拉萨蒂在数学符号化方面做出了一定贡献,书中对于未知数的一次幂、平方和三次幂在等式里标记为单词 šai'(意为"物",相当于所求的未知量)、māl(意为"平方")和 ka'b(意为"立方")的首字母,并利用这些符号的组合表示代数式。由于该书是对班纳著作的评注,所以两本书章节安排相同,且均包含"天秤法"的内容,原文如下:

第二节 天秤法:将已知数写在穹顶上方,在每一个盘中写出一个任意数,(按照题意)计算其倍数,并且与穹顶上方数字比较。若此倍数等于穹顶上方数字,则盘中数字即为所求。若不等于,则需要继续运算。例题:有一数,其三分之一加上其四分之一等于十四。在盘中取数字二十四(其倍数等于十四,故此数即为所求)。若其不等于(穹顶上方数字),且各部分之和比穹顶处数字大,则将二者差值写在盘的上方;若其倍数小,则将二者之差写在盘下方。随后将每一个盘中数字乘以另一个(差值),将较小的乘积从较大的乘积中减去,并记住剩余的差。随后将较小的差值从较大的差值中取出,用前面记住的数除以此差值,所得即为所求。

例题:有一数,将其三分之一加上其四分之一,得到二十一,将二十一写在穹顶处。其中一个盘中取十二,另一个盘中取二十四,如图所示:

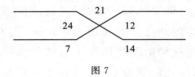

图 7

随后将十二的倍数与穹顶处数字相比,得到二者差值为十四,将其写在盘下方;随后按照相同的方式处理另一个盘(中数),得到差值为七,写在第二个盘下。接下来将第一个盘的差值,即十四乘以第二个盘中数得到三百三十六,记住它;将第二个盘的差值乘以第一个盘中数得到八十四,将其从前面记住的数种减去,剩余二百五十二,将其除以七,即(除以)第一个盘(的差值)与第二个盘中数(的差值)之差,得到三十六,此即为所求。[6]89-90

接下来卡拉萨蒂又给出了一道类似的两次试错均为小于情形的简单例题,这些便是其书中关于"天秤法"的全部内容。在内容形式上,卡拉萨蒂的著作比班纳的著作要简单很多,其中缺少单假设法的介绍,甚至没有两个试错三种不同正负情形的介绍。然而最大的变化是在论述过程中将"试错"(خطأ)一词换成了"差值"(فضل)。

2.3 易卜拉辛·乌玛维著作中的"天秤法"

易卜拉辛·乌玛维(إبراهيم الأموي,Ibrāhīm al-Umawī)约 1400 年生于今西班牙安达卢西亚,1489 年可能卒于叙利亚大马士革。乌玛维现存两本数学著作,其中较为重要并且也是下文将要介绍的是《算术法则与运算过程》[7](Marāsim al-Intisāb fī ‘Ilm al-Ḥisāb,On Arithmetical Rules and Procedures)。作者在书中首先介绍了基本的加法、乘法等算术方法,随后讨论了"天秤法"内容。在讨论"天秤法"时,乌玛维首先讲解了单假设法:

天秤法(需要借助)几何图形,首先画一架平衡的天秤,将已知数写在穹顶处,在盘中写出一个任意数,将所设数字(按题意)进行加法或减法运算,将所得和或者差写在盘下,将其与已知数相比。若二者相等,则盘中数即为所求未知数;若大于它,将二者之差写在盘上方;若小于它,将其写在下方。随后将此差值和前面所得数分别乘以盘中数。若差值为负(即位于盘下方),将两个(乘积)结果之和除以已知数的对应结果;若其为正,将二者之差除以它,所得即为所求。

不难发现,乌玛维上述有关单假设法的论述与伊本·班纳书中介绍的内容基本相同,相当于当求解方程 $ax=b$ 时,有 $x=\dfrac{x'(ax')+(b-ax')x'}{ax'}$。接下来乌玛维讨论了双假设的情形:

> 若需要两个盘进行运算,将每个盘中对应差值分别乘以另一个盘中数,若两个差值均为负或者均为正,则从(差之中)较大数中取出较小(差值),并从(前面乘积)结果中的较大数中减去较小的(乘积),把两个余数相除。若二者不同,则将两个(乘积)结果相加之和除以两个差值之和,所得结果即为所求。若两个差值均为正,则所求未知数均小于两个盘中数;若两个差值均为负,则所求未知数均大于两个盘中数;若两个差值不同,则所求未知数位于二者之间。在运算过程中的算图如下所示:

图 8

> 例题,有一数,将其二分之一加上其三分之一等于五,此数等于六;若此和等于二十,则此数等于二十四;若此和等于十,则此数等于十二,此即为所求。

2.4 小 结

通过对伊本·班纳、卡拉萨蒂和乌玛维三人代表作中"天秤法"的解读,不难发现前两者具有明显的师承关系,同时乌玛维书中有关单假设和双假设的论述与伊本·班纳书中内容表现了较大的相似性。笔者认为上述三人对"天秤法"的认识基本代表了 13—15 世纪北非和伊比利亚地区伊斯兰数学家们对双假设法的理解。

3. 结 语

双假设法最早于公元 9 世纪出现在伊斯兰世界,笔者认为这是一种外来算法。一直到 15 世纪在多本伊斯兰数学文献中出现了关于该算法的大篇幅的论述,这足以体现伊斯兰数学家对于该算法的重视程度。

由上文可知,萨马瓦尔等六位 12—15 世纪的伊斯兰数学家们关于双假设法的论述基本延续了 9 世纪以来的伊斯兰数学传统。由于政治、军事的对峙使得东、西阿拉伯地区的数学出现了明显的分化,双假设法同样也是如此。在东阿拉伯地区的萨马瓦尔、法雷西和阿尔·卡西的代表作中,三人将该算法称为"双试错法",将该算法视为求解未知数问题的一种一般性算法。他们在理论上证明该算法的合理性和局限性,表现了东阿拉伯地区较高的数学理论水平。同时由于该地区数学文明发展较快,随着非线性问题、不定分析等复杂问题的出现使得该算法使用范围越来越小。与之形成鲜明对比的是西阿拉伯地区的伊本·班纳、卡拉萨蒂和乌玛维三位数学家的著作中将该算法称为"天秤法",他们并不像东阿拉伯地区的数学家们过多注重算法的"证明",而是更加注重算法的"应用",在计算过程中引入更加直观的"天秤"图案和更加便捷的单假设法。

参考文献

[1] CHABERT J L. A History of Algorithms:From the Pebble to the Microchip [M]. Springer,1999.

[2] AHMD S, RASHED R. Al-Samaw'al:Al-Bahir en Algebra[M]. Damascus: Damascus University, 1972.

[3] MAWALDI M. Kamal al-Din al-Farisi: Asas al-qawa'ld fi usul al-fawa'ld (The Base of the Rules in the Principles of Uses)[M]. Cairo: The Institute of Arabic Manuscripts, 1994.

[4] AL-DEMERDASH A S, AL-CHEIKH M H. Jamshid al-Kāshī: Miftah al-Hisab (Key to Arithmetic)[M]. Cairo: Dār al-kātib al-arabī, 1967.

[5] SOUISSI M. Ibn al-Bannā': Talkhīṣ a'māl al-hisāb[M]. Tunis: Université de Tunis, 1969.

[6] SOUISSI M. Qalaṣādī: Kasf al-asrār 'an 'ilm hurūf al-gubār[M]. Tunis: Université de Tunis, 1988.

[7] AHAMAD S S. Yaish ibn Ibrahim al-Umawi: On Arithmetical Rules and Procedures[M]. Aleppo : University of Aleppo Institute for the History of Arabic Science, 1981.

"《决疑数学》卷首·总引"新译与注释

王幼军

摘　要：英国数学家、精算师托马斯·伽罗威(Thomas Galloway,1796—1851)为《大英百科全书》撰写的长文"概率"(Probability)是19世纪一部颇具代表性的概率论作品[①]，该文于1880年以傅兰雅(John Fryer,1839—1928)口译、华蘅芳(1833—1902)笔述的形式翻译为中文版的《决疑数学》[②]，这是传入我国的第一部概率论著作。该著作由"引言"(即《决疑数学》中的"卷首·总引")和十个主题部分(即《决疑数学》中的卷一至卷十)组成。开篇的"引言"简明扼要地概述了19世纪前半叶对概率论这门学科的本质和应用价值的理解，并较为全面地介绍了概率论的发展历史和当时英国的概率现状，以及该著作的编撰目标和方式特点。本文是对"引言"部分的重新翻译，并对其涉及的所有人物、事件和部分相关术语进行了注释，此项工作旨在为进一步探讨和认识古典概率论的历史、深入研究《决疑数学》的文本内容、清末时期人们如何理解概率这一全新的数学思想以及如何将之中国化等问题提供一个基本的参照背景。

关键词：托马斯·伽罗威；概率论；《决疑数学》；"总引"；新译与注释

概率论是数学科学中一个广泛而又非常重要的分支,其宗旨是将人们相信或希望任何偶然事件(发生)的理由或赞同未必正确的任何断言的理由简化为计算。试想一下,人类科学的整个大厦只不过是一些命题的集合,除了几条不言自明的真理,比如几何学的公理,其他的只不过是具有或大或小的可能性的命题,这门演算能够使我们准确地了解存在于每种情形中的可能性程度,就此而论,其重要性就不言而喻了。

一个事件或是可能的(probable)或是不可能的,人对之进行判断的理由有两个不同的来源:一是决定其发生的原因或情况的先验知识;二是当原因不明时,对已发生的相同

作者简介：王幼军,1965年生,上海师范大学哲学与法政学院哲学系教授,研究方向为西方数学史暨古典概率论与统计学史、概率统计的哲学思想研究。主要研究成果有《拉普拉斯概率理论的历史研究》《拉普拉斯的概率哲学思想阐释》《古典概率经典文献汇编》等。

①托马斯·伽罗威的"Probability"一文在19世纪至少有三个完全相同的版本:独立成册的版本(1839)[1]、《大英百科全书》第7版(1842)[2]和《大英百科全书》第8版(1859)中的载文[3],19世纪后期,时任江南制造局翻译馆主要译员的傅兰雅所用的翻译底本是当时最新的《大英百科全书》第8版中的刊文。

②本人对《决疑数学》的关注始于在上海交通大学攻读博士学位期间,至今我所参考的《决疑数学》复印本仍是当年李文林先生热心给予的,李老师也是我博士学位论文的答辩主席,几年后博士论文的出版也承蒙先生在百忙中写序。在学术道路上,能够得到李老师这样德高望重的学术大家的关心与鼓励实乃幸运至极,对此我感念不已、铭记于心,值此李老师八十寿辰之际,谨以此文向先生致敬、致谢!

情况或明显相似情况的经验。举例而言,假设将一百个白球和五十个黑球放在一个瓮中,一个人蒙上眼睛从中摸出一个球,对于了解瓮中情况的人来说,摸到白色的球就有一个确定的概率。就球被摸到的难易情况而言,假如所有的球都处于完全相同的情况下,摸到每一个球的机会(chance)与摸到任何其他球的机会是相同的,由于每一个黑球都与两个白球相对应,因此摸到第一种颜色(白色)球的两个机会对应着摸到第二种颜色(黑球)球的一个机会。我们得出的结论是,摸到白球这种事件的可能性是相反事件即摸到黑球的可能性的两倍。在这种情况下,我们对瓮中情况的了解使我们能够判断摸到的可能结果。然而,假设在摸球之前,我们对于瓮中的情况一无所知,但经过大量的试验(为了使每次试验的情况都是相同的,在每次试验之后,将摸到的球放回去)之后,人们观察到,摸到白球的次数通常是摸到黑球次数的两倍,我们就可以假定瓮中的白球(数目)为黑球(数目)的两倍。因此,(每次)摸到白球的机会是摸到黑球的机会的两倍,这个假设随着观察实例数量的增加而增强。在这种情况下,经验弥补了先验知识的匮乏,并提供了一种测量未来试验结果的概率(probability)的方法。[①]

如果先验地知晓一个事件可能发生的所有方式,那么有利于该事件(发生)的机会数与存在的机会总数之比总是确定的,不过这种情况是相当罕见的。事实上,这门演算所应用的此类问题中大部分都与彩票和博弈游戏有关,人们认为对这些问题进行分析所得到的结果本身没有什么重要的价值,虽然如此,但它们却常常为一些更加重要的呈现出类似组合的问题提供启发。的确,数学理论有助于对道德方面的思考,即使在赌博的条件是平等的情况下,从数学上也可以证明赌博的毁灭性趋势;但不幸的是,那些沉迷于这种恶习的人很少能够理解这种论证的力量。将分析应用于机会游戏的主要好处是它促使了这门演算的扩展和改进。

对一些事件之概率的计算,如果其发生的机会不是先验已知的,而是从经验中推断出来的,那么,对这些事件概率的计算是建立在自然法则具有恒定性的假设之上的,当考察大量的情况时,根据恒定的未知原因而发生的事件总是遵循这些法则,且以相同的顺序重复发生。在物理世界和道德世界的各种现象中,令人惊异至极的是,可以观察到同类事件的反复发生具有显而易见的稳定性,男女出生的比例提供了一个值得注意的例子。如果我们只考虑少量的出生数,这种事件的结果(生男生女)是最不确定的。但如果进行大量的考察,比如一个国家在一年时段里的情况,生男和生女的比例几乎是不变的,近乎于21比20。

人的平均寿命提供了另一个为人熟知的例子。寿命的不确定性、体质的差异以及人所面临的各种各样的意外是众所周知的,但人们发现,如果进行足够大量的调查,生活在同一国家的大量个体的平均寿命(每年)总是非常接近的,以至于基于这种认识的风险投资在所有的商业投机中具有最小的不确定性。人们在各种统计调查的结果中都注意到类似的恒定性,例如,一年里所犯同类罪行的数目、无罪判决的数目与(总的)审判数目之比、火灾的数目、某一特定贸易的船只损失的数目、邮局收到的信件的数目、公立医院收治的

---

①本段提到的术语:"可能的"(probable)、"机会"(chance)和"概率"(probability),是古典概率论中三个重要的基本概念,这三个概念的定义详见该著作第一部分的前三节(即《决疑数学》卷一中的第一、二、三款)。

病人的数目。在任何情况下,在给定时间内的数目都是在很窄的范围内波动的,随着观察的拓展,会越来越接近固定的平均值。

这种对于固定比的恒定逼近在类似事件中一再发生已被所有的经验所证明,这使得我们能够把概率演算应用于许多与我们的社会和政治体制有关的最有意义的问题上,求解一系列即将发生之事件的平均结果,其精确度不亚于它们的机会是确定的和先验的(情况),就像掷骰子得到给定点的概率一样,不论所考查现象的性质是什么,无论其属于事物的自然秩序还是道德秩序,只要从经验中得出了所需的数据,这种演算同样是适用的。

数学概率理论的基础是由帕斯卡①和费马②大约在 17 世纪中叶奠定的。在一些与机会有关的问题中,以下是向帕斯卡提出的问题:"两位赌徒开始赌博,约定的条件是先赢三局者将成为赌注的赢家。如果第一位赢了两局,第二位赢了一局,此时他们都同意中断赌博,并按照各自获胜的概率来分配赌注,每人应该得到多少份额?"③帕斯卡解决了这个问题,但采用了一种只适用于特定情况的方法,他向费马转述了这个问题,费马则采用了直接的、一般的组合方法,并给出了一个适用于有任意位玩家的解。然而,他的推理起初在帕斯卡看来并不令人满意,于是这两位杰出的几何学家就这一问题进行了通信,这些通信保存在他们各自的全集中,这使得我们能够对那段数学的历史有所了解。④

大约在同一时期,惠更斯⑤撰写了他的《赌博中的演算》。该书于 1658 年首次发表在范舒藤的《几何练习》中⑥,这是出版的第一部关于机会学说的系统论述,它对帕斯卡和费马所解决的各种问题进行了分析,最后提出了五个新问题。这些问题的解决方法,虽然现今看来甚是简单,但当时却遭遇了相当大的困难。事实上,半个世纪之后,蒙特莫特⑦才首次对其中的两个问题进行了分析。1692 年,惠更斯的著述被翻译成英文出版,题为《论机会的法则》,其中还附加了关于法老赌博游戏(Pharaon)中庄家优势的评论,由莫特编辑,人们认为也是由他撰写的,当时莫特为英国皇家学会的秘书。⑧

詹姆斯·伯努利⑨似乎是第一位认识到概率理论可以应用于一些比将赌注和赌徒期望规则化更为重要之目标的人。他首先认识到,异常的和不规则的现象,无论在道德世界

---

①布莱斯·帕斯卡(Blaise Pascal,1623—1662),法国数学家、物理学家、思想家。

②皮埃尔·费马(Pierre de Fermat,1601—1665),法国数学家。

③此处提及的是赌博中的点问题(Problem of Points),这是法国贵族德·梅勒(Chevalier de Méré,1607—1684)于 1654 年向帕斯卡提出的两个赌博问题之一,帕斯卡和费马关于这个问题进行了多次通信讨论,现在学界通常将他们对该问题的解决作为数学概率论肇始的标志。

④*Œuvres de Blaise Pascal*,tome IV. Paris,1819;*Opera Petri de Fermat*,Toloste,1679.——原文注。

⑤克里斯蒂安·惠更斯(Christiaan Huygens,1629—1695),荷兰数学家、物理学家、天文学家和发明家。

⑥此处原文表述有误:惠更斯的《赌博中的演算》(*De Ratiociniis in Ludo Aleae*)最初发表于 1657 年出版的范舒藤(Franciscus van Schooten,1615—1660)的《数学练习》(*Exercitationum Mathematicarum*)中。

⑦皮埃尔·雷蒙·德·蒙特莫特(Pierre Rémond de Montmort,1678—1719),法国数学家,1715 年被选为英国皇家学会院士,1716 年成为法国科学院院士。

⑧本杰明·莫特(Benjamin Motte,1693—1738),英国的出版商。此处原文表述有误:惠更斯的《赌博中的演算》(*De ratiociniis in ludo aleae*)的最早英文译本是由约翰·阿布兹诺特(John Arbuthnot,1667—1735)翻译的,当时共出版了四次,第一版于 1692 年出版,最后一版在阿布兹诺特去世三年后出版。每一版都是由本杰明·莫特出版印刷的,英文版书名为《论机会的法则》(*The Laws of Chance*)。另外,本杰明·莫特也并非英国皇家学会的秘书。

⑨雅各布·伯努利(James Bernoulli,也被称为 Jacob or Jacques,1655—1705)是伯努利家族中众多杰出的数学家之一。

还是在自然世界中,如果仔细地观察它们,尤其进行大量的观察,都会呈现出某种连续的稳定性,这使得这些现象的发生可以用数值来估计。《猜测的艺术》①出版于作者去世七年之后的 1713 年,其中包含了一些关于组合和无穷级数的有趣问题,最引人注目的结果是一个关于事件无限重复发生的定理,可以说该定理成为这个理论所有高等应用的基础。该定理(的大意)是:如果针对某一事件进行一系列的试验,该事件在每次试验中要么发生要么失败(不发生),那么,随着试验次数的增加,它发生的次数与试验总次数之比与它在一次单独试验中发生的先验概率相等的概率就会越来越大。试验的次数可以进行到足以给出一个概率,使其尽可能接近于我们所希望的确定性,以至于它出现的次数与试验次数之比与表示其先验概率的分数之差将小于任何指定的数。伯努利声称,他用了二十年的时间潜心于这个重要定理的思考。

在从伯努利的去世(1705 年)到《猜测的艺术》的出版(1713 年)这段时间里,蒙特莫特出版了《机会游戏分析》一书。该书第一版于 1708 年出版。第二版于 1713 年出版,第二版增加了约翰和尼古劳斯·伯努利的几封信,其篇幅和内容得以相当大地扩展和丰富②。这部作品具有很高的价值,但由于它主要局限于考察机会游戏的前提条件,其中的许多内容现在已被遗忘,故其许多原有的旨趣也不复存在了。

大约在同一时期,德莫弗③开始把注意力转向概率问题。在其漫长的一生中,他在这个领域的努力一直没有间断,对一般理论的发展和一些极有趣味的应用的开拓做出了极大的贡献。德莫弗关于这个领域的第一个出版物是用拉丁文写的论文《论机会的测量》④,发表在 1711 年的皇家学会会刊上。他的《机会的学说》第一版出版于 1716 年⑤,第二版出版于 1738 年。第三版是价值最大的一版,出版于 1756 年,其中包括《论终身年金》(Treatise on Annuities on Lives)。该著作包含了大量与机会有关的问题,并以清晰且不失优雅的方式解决了这些问题;但最值得注意的是这里首次提出的循环级数理论,在这类问题的研究中具有重要的用途,它实际上相当于现代微积分中用于常系数有限差分方程的积分方法。在德莫弗所获得的独特结果中,最重要的理论之一是对上述的詹姆斯·伯努利定理的扩展。由伯努利定理可以推出,如果给定一个概率,那么一个事件发生的次数与试验的总次数之比,会在给定的界限内趋近于事件发生的先验概率,这些界限会随着试验次数的增加而越来越窄;但是,为了使这个定理完备,有必要赋予概率一个数值,即在未来的大量试验中,发生的次数将落在所指定的界限内。为此,我们必须求出自然数 1、2、

---

①Jakob Bernoulli. *Ars conjectandi*, opus posthumum. *Accedit Tractatus de seriebus infinitis*, *et epistola gallicé scripta de ludo pilae reticularis*, Basel: Thurneysen Brothers, 1713.

②蒙特莫特的《机会游戏分析》第二版较之第一版包含了许多新的材料,特别是附加了作者与伯努利家族的尼古劳斯、约翰之间的通信,第二版(共有 416 页)的篇幅是第一版(共有 189 页)的两倍多,具体信息是:Pierre Rémond Montmort. *Essay d'analyse sur les jeux de hazard*, 2nd ed., Paris: Quillau, 1713.

③亚伯拉罕·德莫弗(Abraham De Moivre, 1667—1754),法裔英国数学家。

④Abraham de Moivre. De Mensura Sortis, Seu, De Probabilitate Eventuum in Ludis a Casu Fortuito Pendentibus. In: *Philosophical Transactions*. Nr. 329, 1711, p. 213-264.

⑤此处原文表述有误,《机会的学说》第一版出版于 1718 年,参见:Abraham De Moivre. *The Doctrine of Chances*: or, *A Method for Calculating the Probability of Events in Play*, London:1st ed.,1718;2nd ed., 1738;3rd ed., 1756.

3、4……直至试验次数的乘积；即使试验的次数不是很大，用直接相乘的方式进行操作，是非常繁琐的，当试验次数非常大时，比如 1 万次，这是人力难以胜任的。不过，斯特灵[①]发现了一个公式，通过这个公式，可以通过对一个级数的前几项的求和来求得乘积的近似值，这个级数的收敛速度随着试验次数的增加而增加。借助这个公式，德莫弗得以求出所讨论的概率，从而赋予了伯努利定理一个实际的价值。

　　概率理论的（研究）对象和重要应用已经通过上述著作而为人所知，这一学科一直被认为是数学推测中最为奇特且有趣的分支之一，因此它或多或少地受到了几乎每一位杰出数学家的关注。各种各样与之有关的问题，尤其是与彩票有关的问题，散布在约翰和尼古劳斯·伯努利（John Bernoulli 和 Nicolas Bernoulli）、欧拉（Euler）、兰伯特（Lambert）、贝格林（Beguelin）等人在巴黎（科学院）院刊和柏林（科学院）院刊（尤其是后者）各卷发表的论文中。达朗贝尔[②]在他的几卷《数学文集》[③]中同样论述了这个理论。但值得注意的是，在某些情况下，该理论的基本法则竟然被这样一位如此富有独创性和深刻性的作者误解了。在圣彼得堡（科学院）院刊的（第五卷）中刊有一篇丹尼尔·伯努利的有趣论文，是关于赌博参与者之期望的相对价值的，即当考虑到个人的财富差异时，他们基于或有收益（contingent benefits）而投入的赌注总和，在许多情况下，这是必须考虑的因素，因为显而易见的是，一笔钱对一个人的价值，不仅取决于钱的绝对数量，还取决于这个人所拥有的财富。[④]　基于这一原则，伯努利建立了一个道德期望理论，该理论可应用于日常生活中的许多重要事情。1763 年和 1764 年皇家学会的《哲学会刊》（Philosophical Transactions）中刊载了贝叶斯先生的两篇论文，论文后面附有普赖斯博士的补充内容，这两篇论文之所以值得关注是因其首次正确地确立了这样一些法则：一个事件的发生取决于某些原因，而当原因的存在和影响仅凭经验推定时，求这个事件发生的概率所依据的法则[⑤]。贝叶斯提出并解决的问题是：对一个事件进行一系列的试验，以确定现有的假设，即衡量其概率

　　①詹姆斯·斯特灵（James Stirling，1692—1770），苏格兰数学家。

　　②达朗贝尔（Jean Baptiste Le Rond d'Alembert，1717—1783），法国数学家和哲学家，他写了大量关于概率论主题的文章，但总体而言，他对当时的概率论是持批判和质疑的观点。

　　③达朗贝尔的《数学文集》（*Opuscules mathématiques ou Mémoires sur différens sujets de géométrie*，*de méchanique*，*d'optique*，*d'astronomie*；Tome 1—Tome 8 / par M. d'Alembert）出版于 1761—1780 年，共八卷，包含了达朗贝尔关于各种数学论题（包括几何、概率、力学、光学和天文学等）的论文。

　　④此处提及的是著名的"圣彼得堡悖论"（St. Petersburg paradox），这个名字得自于丹尼尔·伯努利（Daniel Bernoulli；1700—1782）发表于《圣彼得堡帝国科学院评论》（*Commentary of The Imperial Academy of Science of Saint Petersburg*）上的一篇论文（Daniel Bernoulli. Specimen theoriae novae de mensura sortis. *Commentarii Academiae Scientiarum Imperialis Petropolitanae*，1730—1731，5，175-192.）。该问题最初是丹尼尔的堂兄尼古劳斯·伯努利（1687—1759）在 1713 年 9 月 9 日写给皮埃尔·德·蒙特莫特的信中提出的。

　　⑤托马斯·贝叶斯（Thomas Bayes，约 1701—1761），英国数学家、哲学家和长老会牧师，贝叶斯定理即是因他的名字而命名。贝叶斯生前并未发表相关的文章，在他去世后，他的笔记由理查德·普莱斯整理发表。理查德·普赖斯（Richard Price，1723—1791），威尔士的道德哲学家，牧师，数学家和政治改革家。此处所说的贝叶斯的两篇论文是指：[1] Thomas Bayes. An Essay towards Solving a Problem in the Doctrine of Chances. By the late Rev. Mr. Bayes，F. R. S. communicated by Mr. Price，in a letter to John Canton，*Transactions Philosophiques*，53 (1763)，370-418. [2] Thomas Bayes. A Demonstration of the Second Rule in the Essay towards the Solution of a Problem in the Doctrine of Chances，published in the *Philosophical Transactions*，Vol. LIII. Communicated by the Rev. Mr. Richard Price，in a Letter to Mr. John Canton，*Transactions Philosophiques*，54 (1764)，296-325.

的分数落在给定的限度内。

概率论最早的应用之一是通过对死亡率的观察来求出人的平均寿命,并确定取决于寿命持续或中断的年金利率的值。在荷兰,这一特殊的应用似乎是由荷兰的赫德①和著名的大议长德维特②首先想到的,或者说他们至少是最早试图将之付诸实践的。不过,第一张死亡表,其中附有单纯根据寿命而制定的相应年金值的表格,却是由哈雷博士③编制的,并发表在 1693 年的《哲学会刊》上,关于这个学科分支的历史,可以参考书中的两篇文章:年金和死亡率④。然而,我们注意到,虽然英国的作者们明确地讨论了这个问题,但他们几乎毫无例外地都将自己局限于解释年金表的计算方法方面,并根据这些方法来确定基于寿命偶然性的年金总值。这一经济学的分支从一般概率论中所得到的助益,决不局限于对这些基本问题的思考,提高表格的置信度所必需的观测数量、可以安全地承担风险的程度、不同观测组的比较权重,以及在未来若干情况下可能与过去观测的平均结果相偏离的限度等,都是极其重要的问题,都在这门演算的范畴之内。事实上,这些问题用别的方法也不可能得到正确的评估。

孔多塞侯爵⑤曾在《方法论百科全书》⑥中的许多文章里讨论过概率论在法学、陪审团裁决和法庭判决中的应用,尤其是在《论多数票决之概率分析的应用》(巴黎,1785)中⑦,这是一部极具独创性的著作,其中包含了大量对于人类极其重要主题的有趣论述。显然,詹姆斯·伯努利在《猜测的艺术》中意欲将法学(jurisprudence)视为概率论的一个分支,但由于他的早逝,这项计划并未完成。他的侄子尼古劳斯·伯努利⑧撰写了关于该主题的一篇论文,于 1711 年发表在莱比锡的《博学通报》(Acts)⑨中,其想要解决的最重要的问题是:陪审团应该包含的陪审员数目、在裁决中达成一致意见所需的多数,旨在使被告不被误判的概率达到最大;另一方面,也是为了给予社会以最大的保障,使其利益不会受到损害,通过设置很多条件让罪犯难以逃脱。这一重要问题在泊松的一部著作中得到了更加深入的阐述,其中采用了比孔多塞时代更好的数据所产生的数值结果,我们马上就

---

①约翰·赫德(Johannes Hudde,1628—1704),荷兰数学家,1672—1703 年任阿姆斯特丹市市长,荷兰东印度公司总督。

②约翰·德维特(Johan de Witt,1625—1672),荷兰数学家,也是 17 世纪中期荷兰的政治家,荷兰共和国的重要政治人物。

③爱德蒙·哈雷(Edmond Halley,1656—1742),英国天文学家、地球物理学家、数学家、气象学家和物理学家。

④此处指《大英百科全书》第八版中的两篇文章:Annuities,in *Encyclopædia Britannica*,Vol III,220-256,1853;Mortality,in *Encyclopædia Britannica*,Vol. VII,531-562,1854.

⑤孔多塞(Marie-Jean-Antoine-Nicolas-Caritat,Marquis de Condorcet,1743—1794),也被称为尼古拉·德·孔多塞(Nicolas de Condorcet),法国启蒙运动时期的数学家、政治家和哲学家。

⑥《方法论百科全书》(Encyclopédie Méthodique)是法国出版商查理·约瑟夫·潘寇克(Charles-Joseph Panckoucke)等人在 1782—1832 年出版的一套百科全书,主要是对狄德罗、达朗贝尔主编的《百科全书》的改进和扩展。

⑦Marquis de Condorcet. Essai sur l'application de l'analyse à la probabilité des décisions rendues à la pluralité des voix,Imprimerie Royale. Paris. 1785.

⑧尼古劳斯·伯努利(Nikolaus Bernoulli I,1687—1759),雅各布·伯努利的弟弟尼古拉·伯努利的儿子,数学家,其研究的主题有曲线、微分方程和概率论,圣彼得堡悖论的提出者。

⑨1709 年,年仅 22 岁的尼古劳斯·伯努利在巴塞尔大学获得法学博士学位,其博士论文的题目为 *De usu artis conjectandi in jure*,意为"论猜测的艺术在法律中的应用",1711 年《博学通报》(*Acta Eruditorum*)刊发了该文 12 页的概要。

要谈到这些。

应用概率论的另一个道德主题,且与前一个主题相关联的,是对证词证据的鉴定。显而易见,对于这类问题,演算必须几乎是完全建立在假设数据的基础上的。证人的诚实性几乎是不能通过直接实验而证明的,由于构成证词主体的事实通常伴随着复杂的环境,以及人类易受到其激情、轻信或无知的影响,同样地,也无法从大量已被断定为真或为假的陈述的比较中推导出平均值,故数值结果只能通过一些假设才能得到,因此必须将其视为仅仅是具有可能性的近似值。由此而获得的相关数据的各种组合的知识,在指导我们对复杂案件进行判断时,以及当我们不得不对相互矛盾的证词做出决定时,会提供重要的帮助。从一连串精确和系统的推理中得出的近似结论,总比从其他来源中得出的华而不实的论点更为可取。

概率分析在自然哲学的许多研究中都具有显著的优势,尤其在评价观测的平均误差方面。由于感官和仪器的不完善,物理量值只能在一定的精确限度内进行测量;如果在某些领域中,最后的精确度是必不可少的,比如在实践天文学中,只有通过大量的测量,对之进行相互比较,并根据这门演算所指出的方法进行组合,我们才能得到观测结果所能给出的最接近真实值的近似值。拉格朗日①在1773年的《都灵学刊》(Turin Memoirs)中将观测的平均误差当作概率问题来处理②,但这个理论的原理扩展和最重要的结果却归功于拉普拉斯。将众多的条件方程组合起来的方法现在被普遍采用,这就是所称的最小二乘法。拉普拉斯证明了这种方法在最终的方程中具有最小的可能误差。勒让德③在1806年出版的《彗星轨道测定的新方法》的附录中提到了这一点④。然而,高斯发现了一种类似的方法,或者更确切地说,是同样的方法(因为它们在原则上是相同的),在勒让德的工作出现之前,他已经使用好几年了。

拉普拉斯⑤的伟大著作《概率的分析理论》⑥于1812年首次出版,这是抽象科学有史以来最杰出的著作之一,其中讨论了这门演算的原理,及其所需要的特殊的分析方法,以及它所提出的最有趣味和最困难的问题,在这里以一种比以往任何作者对这个主题的处理都要普遍得多的方式进行了讨论;因此可以说,这部著作已将这一理论带入了一个全新的境界。

令人遗憾的是,这位杰出的作者在使这部作品被一般的数学读者易于理解方面几乎没有花费什么功夫。它包含了大部分在不同时期提交给科学院的独立论文,编排上也没有考虑对称和顺序,其中有许多重复的内容,这样只会使学习者感到困惑;由于缺乏解释,再加上分析之微妙,以及这个主题所固有的复杂性,要掌握这些论证的力量常常是一项极

---

①约瑟夫·拉格朗日(Joseph-Louis Lagrange,1736—1813),意大利裔法国数学家和天文学家。

②Lagrange J L. Mémoire sur l'utilité de la méthode de prendre le milieu entre les résultats de plusieurs observations. Miscellanea Taurinensia,5,1770-1773,167-232.

③阿德里安-马里·勒让德(Adrien-Marie Legendre,1752—1833),法国数学家。

④此处指 Legendre A M(1805). *Nouvelles méthodes pour la détermination des orbites des comètes*. Courcier, Paris. 该著作于1806年和1820年再版,其中增加了一些附录。

⑤皮埃尔-西蒙·拉普拉斯(Pierre-Simon, Marquis de Laplace,1749—1827),法国数学家和天文学家。

⑥Laplace P. S. de. *Théorie Analytique des Probabilités*. Paris:Courcier, 1st. ed. 1812;2nd. ed. 1814;3rd. ed. 1820.

其痛苦而又艰巨的任务。然而,尽管存在这些缺点,它却是数学天才最杰出的创造之一,其中对这门演算(系统)的扩展、已经获得的一些结果、以及对涉及人类最为关切的一些重要问题的宏大的哲学意味的处理,无论考虑到哪一方面,都令人钦佩不已。

在拉普拉斯的《概率的分析理论》之后,迄今出现的最重要的概率论著作是泊松①的《关于判决概率的研究》(巴黎,1837 年出版)②。如果单从标题看,可以推断这部著作只是关于该理论中一个有趣且单一的主题的应用,但(实际上)其大部分都是发展和论证一般的原理,以及讨论在不同应用中出现的主要问题。全书包括五个部分,只在最后一部分才考察了题目所表示的特殊主题。在将这一理论应用于法庭的判决时,孔多塞和拉普拉斯由于缺乏权威的数据而无法获得积极有效的结果;但是,法国政府出版的《刑事司法管理汇总》(Comptes Généraux de l'Administration de la Justice Criminelle)提供了收集的大量事实,从中可以获得所需要的数据,这引起泊松对这一主题的重新考察,他的极有趣味的调查结果在这本书中都呈现了出来。泊松在 1827 年和 1832 年的《天文年刊》(Connaissance des Tems)的附卷中已给出了观测的平均误差理论。③

拉普拉斯和泊松的上述两部著作展现的是概率论中比较高深的研究部分。对该理论的原理进行非常清晰的阐述,并对该理论的用途和应用做出许多有趣的评论,是由拉克鲁瓦④在他那本颇有价值的小书《概率论基本原理》(巴黎,1822 年)⑤中给出的。

自德莫弗时代以来,英国关于一般概率理论的论著为数不多,也没有出现重要的著述,只有寥寥几个例外。辛普森⑥的《机会的本质和法则》(1740 年)⑦包含了相当多的例子,在对这些问题的解决中,作者展示了他一贯的敏锐性和独创性,但由于这些例子完全属于机会是先验已知的一类,它们没有给出该理论最有意义的应用思想。多德森的《数学知识库》⑧选取了大量同类型的问题。卢伯克先生⑨在《实用知识库藏》⑩中给出了一个更加全面的哲学的视角,尽管只是一个关于该学科的初步视角。到目前为止,最有价值的英

①西蒙·丹尼斯·泊松(Baron Siméon Denis Poisson,1781—1840),法国数学家、工程师和物理学家。

②Poisson S D. Recherches sur la probabilité des jugements en matières criminelles et matière civile. Bachelier, Paris. 1837.

③Poisson S D. Suite du Mémoire sur la probabilité du résultat moyen des observations, inséré dans la Connaissance des Tems de l'année 1827. *Connaissance Tems*. 1832.

④西尔韦斯特·弗朗索瓦·拉克鲁瓦(Sylvestre François Lacroix,1765—1843),法国数学家。

⑤Lacroix S F. Traité élémentaire du calcul des probabilités. Paris, Bachelier imprimeur, 1st ed. 1816; 2nd, 1822; 3rd, 1833; 4th ed. 1864.

⑥托马斯·辛普森(Thomas Simpson,1710—1761),英国数学家,统计学家。

⑦Thomas Simpson. The Nature and Laws of Chance. Printed by Edward Cave, at St. John's Gate. 1740.

⑧詹姆斯·多德森(James Dodson,约 1705—1757),英国数学家和精算师,曾师从著名的数学家亚伯拉罕·德莫弗。他以《数学知识库》(*Mathematical Repository*)为书名出版了系列数学问题集,第一卷出版于 1748 年,第二卷出版于 1753 年。这两卷包含通过代数方法可解决的各种"分析问题"。第三卷于 1755 年出版,专门讨论精算问题的解法。

⑨约翰·威廉·卢伯克(John William Lubbock,1803—1865),英国银行家、律师、数学家和天文学家。

⑩Lubbock. J W, Drinkwater-Bethune J E. *On Probability*. Baldwin and Cradock, London. 1830.

语著作是德·摩根教授①所著的《大都会百科全书》(1837年)中的一篇长文②,在这部才华横溢的作品中,德·摩根先生以最一般的方式处理了这一主题,并在有限的篇幅里涵盖了拉普拉斯大作的实质内容。

　　由于本文的篇幅所限,这一科学分支包含了如此多错综复杂的研究主题,要想对此给出一个全面完整的论述是不可能的,这需要借助现代数学的一些极其抽象和深奥的理论。在这一理论的更加高级的应用中,要对出现的许多问题进行分析,以使其清晰易懂,就需要一定程度的拓展和一系列与这套(百科)全书的计划和范围完全不相符的数学公式。因此,我们要求自己所能做的一切是,尽可能简明扼要地解释这个理论的一般原则,并给出一个框架,说明如何将这些法则应用于拉普拉斯和泊松研究过的一些比较重要的问题。我们将选取一些例子来说明该数学理论之最重要结果的性质,以及具有最普遍应用的独特的分析方法。

参考文献

[1]　GALLOWAY T. A Treatise on Probability：Forming the Article under that Head in the seventh Edition of The Encyclopædia Britannica[M]. Edinburgh：Adam and Charles Black,1839.

[2]　GALLOWAY T. Probability[A]//Encyclopædia Britannica, or Dictionary of Arts, Sciences, and General Literature, Seventh edition, volume 18, 1842, 591-639.

[3]　GALLOWAY T. Probability[A]//Encyclopædia Britannica, or Dictionary of Arts, Sciences, and General Literature, Eighth edition, volume 18, 1859, 588-636.

[4]　伽罗威.决凝数学[M].傅兰雅口译,华蘅芳笔述.上海飞鸿阁石印,1897(光绪丁酉年)

---

　　①奥古斯都·德·摩根(Augustus De Morgan,1806—1871),英国数学家及逻辑学家。

　　②1836年至1837年,德·摩根为《大都会百科全书》写了一篇题为"概率论"的长文。这是一综合性的著作,是自德莫弗的《机会的学说》以来关于数学概率及其应用的最详尽的英语著作。该书借鉴了卢伯克等人的很多工作,第一次以英语读者易于理解的形式介绍了拉普拉斯概率理论的许多结果。Augustus De Morgan. *A Treatise on the Theory of Probabilities*, W. Clowes and Sons, London. 1837. (Reprinted in the *Encyclopedia Metropolitana*; or *Universal Dictionary of Knowledge*. E. Smedley, ed.,Volume II, B. Fellowes et al., London, 1845)

《决疑数学》理论探析

——以卷一为中心

徐传胜

摘　要:《决疑数学》标志着西方概率文化传入中国之肇始。在研读光绪丁酉年上海飞鸿阁石印本《决疑数学》及翻译底本英国数学家伽罗威著述基础上,对《决疑数学》卷一展开理论探赜。卷一主要内容为概率论基础知识,诠释了随机事件若干基本性质,并通过随机模型给出古典概型公式、概率乘法公式和概率加法公式。通过对卷一的理论探讨,从历史逻辑、概率观点和辩证思维角度,分析《决疑数学》的逻辑结构、概率思想、意义旨归和中西文化碰撞点,展现中西概率文化的深邃性和普适性,并对一些概率模型进行了重构和拓展,以期再现这部中西概率文化融合之作的历史记忆。

关键词:《决疑数学》;华蘅芳;概率论

清末数学家华蘅芳(1833—1902)和英国传教士傅兰雅(John Fryer,1839—1928)于1880年合译的概率论著作《决疑数学》[1],标志着西方概率文化传入中国之肇始。目前相关研究仅有严敦杰(1917—1988)、郭世荣、王幼军等学者所做初步探究[2-7]。自2010年始,笔者开始研读光绪丁酉年上海飞鸿阁石印本《决疑数学》及翻译底本英国数学家伽罗威(Thomas Galoway,1796—1851)相关著述[8-10]。《决疑数学》隶属初等概率论,涵盖了现行本科阶段相关基本内容,其翻译虽未臻完美,但原著一些概率思想通过译者独具匠心的表述,则令人仰止。试从历史逻辑、概率逻辑和辩证逻辑视角,探析卷一的逻辑结构、概率思想、意义旨归和中西文化碰撞点,并对一些概率模型进行了拓展,以期再现中国概率文化这一历史节点的闪光记忆。

1. 卷一结构层次和主要内容

卷一标题为论决疑数之例,内容分为1~10款,每款又分若干自然段,共35个自然

作者简介:徐传胜,1962年生,临沂大学数学与统计学院教授,研究方向为近现代概率思想史。山东省高校黄大年式教师团队带头人,山东省高校十大师德标兵,山东省高等教育教学名师。2012年获山东省社会科学优秀成果二等奖,2014年获山东省高等教育教学成果一等奖(省最高奖)。在《自然辩证法研究》《自然辩证法通讯》《科学技术哲学研究》《自然科学史研究》《中国科技史杂志》等国内外学术刊物发表论文136篇,出版学术专著3部,教材9部。曾赴韩国、俄罗斯、印度参加国际学术会议,并作大会报告。

段,计有 4031 字,平均每款 403 字。其中第四款字数最少,仅 177 字,而第九款字数最多,有 1 139 字,两者相差 962 字,后者为前者的 6.435 倍。出现频率最多的术语为"决疑率",竟高达 90 次,位于第二的"原事"只有 10 次,而"决疑数"为 8 次。

卷一为概率论基础知识,主要讲解概率基本概念、性质、公式和法则,诠释了决疑数、决疑率、原事(基本事件)、样本空间、互斥事件、互斥事件组、相反之事(对立事件)、相关之事、不相关之事(相互独立事件)、丛事(复合事件)等概念,介绍了随机事件若干性质,诸如两对立事件概率之和为 1,必然事件的概率为 1,不可能事件的概率为 0,任意随机事件的概率取值必在 0～1 之间等。

卷一核心内容是通过古典概率模型讲解、推导和应用概率三大基本公式,即古典概型计算公式、概率乘法公式和概率加法公式。从知识内容来看,前两款介绍随机事件及其概率概念;第三、四款给出了拉普拉斯(Pierre-Simon Laplace,1749—1827)古典概型公式及应用;第五、六款阐述随机事件性质;第七、八款在介绍复合事件基础上,给出概率乘法公式;最后两款则主要是概率加法公式的推导和应用。从篇幅上来看,第七、八、九款占59.16%,故其为本卷重点内容。

表 1　《决疑数学》卷一基本内容结构数据表(小标题由本文作者确定)

款序	自然段数	字数	主要内容	所占比例
第一款	1	132	随机性意义	3.27%
第二款	4	380	机会不定性	9.42%
第三款	4	359	古典概型计算	8.91%
第四款	2	177	样本空间之析	4.39%
第五款	3	195	对立事件性质	4.84%
第六款	2	231	互斥事件组	5.73%
第七款	6	632	概率乘法公式	15.68%
第八款	7	617	两个概率模型	15.31%
第九款	17	1139	概率加法公式	28.26%
第十款	3	169	相互独立事件组	4.19%
合　计	35	4031	卷一主要内容	100%

《决疑数学》选取的随机模型与现行教材大多一致。卷一主要概率模型有:随机取球、投掷骰子和随机取数。其中随机取球应用最多,从一瓶中装有两种颜色的球,逐步推广到一瓶中装有多种颜色的球和多个瓶中装有两种颜色之球。掷骰子则是从两颗一次推广到掷一颗骰子 m 次。并在本卷最后指明,相互独立事件组所组复合事件概率不受其元组事件的同时发生或相继发生之影响。

2.卷一内容阐释和理论探索

2.1　随机性意义

现实世界充满了不确定性,充斥着随机现象。认识和了解随机现象,掌握不确定性知识和处理随机性的技能,就掌握了分析随机性规律的有力工具,就掌握了与风险和平共处的人生秘诀。如《决疑数学》卷首云,"凡天下无一定之事,可先考其相关之各故,而用算学推其分数之大小,以知其有否,此事之决疑数若何,或其事未必确实而心中疑信未定,则用决疑数可以自安其心。"[1]①

前两款较详细刻画了随机现象,讲述了术语"可能性"(probable)在现实生活的两点表现。即粗略估计未知事件在"的确"与"非的确"何者为大,将来事情发生可能性大小。前者是讲随机事件发生的可能性,后者则是对将来事件的预测。惟其所差之多少尚不在此意之内。虽然人们已或多或少认识到了随机性的存在,但试图准确列举随机事件各种有利情形或不利情形,则并未考虑也不知如何计算。这就点明了概率论的研究主题。

华蘅芳把"probability"翻译为"决疑数"或者"决疑率",两者是相通的。对于术语"机会"(chance)所蕴含"不定"之意义,华蘅芳竟应用了10个"不定"来表述。从概率理论到社会实践,每个"不定"都阐述的恰如其分。

第二款第一自然段的两个"不定",均系随机事件随机性。"若以自己之意见,观将来之任一事其能有与否之分数相等,则可云事之有否不定"。这是主观意义下的概率,可凭借自己实践经验直观性猜想来判断将来事情发生与否。而对于由多个原因导致的结果,因无一法能重于他法,则可云此事能以此法有之,亦能以他法有之,俱为不定。

为诠释所述观点,第二自然段则以盲人瓶中取球为例,再次阐述"不定"之意。惟因不拘何色都能有之,所以所取之球不定为何色。从此可见,"不定"二字之意为心中不知从何者能定其事如何也。这既表明了概率的主观性,又说明了未知世界探索的难以确定性。无因难以求果,茫茫不知何故就不知道会发生何事。概率论的"主观性"和"客观性"之差别昭然若揭。

第三自然段的6个"不定",可谓环环相扣、妙语连珠,逐步揭开了概率论的神秘面纱。若预知瓶内之球其数若干,各数若干,各色之数若干而言,不定取何色之球,则其"不定"二字之意与前所谓"不定"者不同。其主要差异,就是诠释主观概率和客观概率之别。盖前所谓不定者因其缘故未知,此所谓不定者其缘故已知也。即前者不知任何事情之任何原因,故而就难以给出判断。而后者已知可能导致事情发生的一切原因,但至于是哪种情形会发生难以判定。随后举例,瓶中有白球9个、黑球1个,虽不定能取得白球,惟因已知其源,则能言取其白球其事虽不能全定,但略有几分可定此分数谓之决疑数。

10个"不定"皆是准备铺垫工作,最后点明主题:凡事之决疑数,其大小悉从能令此事为有为无之缘故、何者为大何者为小而出。即决疑数源于随机事件是否发生,发生的可能性多大,进而刻画出概率论就是对随机事件规律的数量化描述。这与现行高中课本概率论定义几乎一致。

2.2 古典概型计算公式

与现行大学概率论教材不同,《决疑数学》首先给出了古典概型求法,然后再给出样本空间的确定方法。第三款讲述已知样本空间条件下的古典概率求法,第四款则在未知样本空间情况下,来考察随机事件的概率求法。

---

① 本文中仿体字皆出自上海飞鸿阁石印本《决疑数学》,不再一一注明。

所讨论基本事件具有有限性和等概性。而有一法或数法比其余各法更易有者,则必将各法各以其易有、难有之比例数乘之,其乘得之各数,每数为能有其事,而不同之一法。

举例说明之,若某随机事件是由两种可能情形导致,其第一种情形发生比第二种情形多 1 倍,则可把第一种情形看作 2 个基本事件,如此该样本空间就有 3 个基本事件。可用掷骰子模型说明,掷一颗均匀骰子,求其出现"6"点或"奇数点"的概率。因出现"奇数点"情形为出现"6"点的 3 倍,则该样本空间含有 6 个样本点。

所给古典概型计算公式为:任一事之决疑率为能有此事之法,与能有与否之法之比例。即随机事件概率为其有利情形数与基本事件总数之比。此乃拉普拉斯所创建。仅用"有""否"两个字就概括出来"有利情形"与"不利情形",实乃汉文之妙。

随后以瓶中取球模型加以说明。瓶中十球,九白一黑,则其能有之法为十。即基本事件总数为 10,而取得黑球只有 1 种可能性,故得黑球概率为 1/10,而得白球概率为 9/10。

推而广之,据比例特性知:从瓶内之球无论添若干倍(惟其所添之球必与原有之二数同比例),其得任一色者之决疑率必同。并以瓶中装有白球 45 个、黑球 5 个为例来说明。其所给取得黑球和白球概率表达式为

$$\frac{五〇}{五} = \frac{一〇}{一} \qquad \frac{五〇}{四五} = \frac{一〇}{九}$$

需要注意的是,文中分数表达式是分母在上,分子在下,且数码也非印度—阿拉伯数码。但数码表示是位值制,四十五简记为四五。(而《孙子算经》卷中第一题:今有一十八分之一十二。问约之得几何?术曰:置十八分在下,一十二分在上。还有《张丘建算经》序:上实有余为分子,下法从而为分母。二书都明确了分母在下,分子在上。故可推测,分母在上,分子在下,是李之藻(1565—1630)编译《同文算指》给出的表示方法。)

2.3　概率基本性质

概率的基本性质主要是在卷一的第四、五、六款给出。

2.3.1　分数还是实数?

文中首先明确,任意随机事件概率均为取值于 0～1 之间的一个分数。即不可大至一,不可小至 0,而必在此两者之间之数也。这里强调"分数"概念是受古典概型计算公式之影响,实质上这有些偏颇,概率可以是 0～1 之间的任意数。

2.3.2　对立事件

彼此相反之两事为两对立事件,文中定义为"两事内必有之事,而不能两事并有者是也"。而其概率特性提供了一个计算概率的简洁方法。

凡相反之两事,其两个决疑率之和必等于一,即为一定之数,因不能为有此或有彼也。两随机事件不能同时发生,但又必有一个发生。最为典型模型就是掷一枚硬币,"正""反"两面不能同时向上,但又必有一面向上。鉴于该性质的重要性,文中给出公式表达,并推广之。

设"甲""乙"为两个对立事件的概率,则有

$$\frac{甲 \perp 乙}{甲} \perp \frac{甲 \perp 乙}{乙} = 一$$

随后又给出一般情形,用现代概率符号表示为:假设随机事件 E 的概率为 p,其对立事件 F 的概率为 q,则有

$$p = 1 - q$$

并指出,此公式于推算决疑率之时大有用处。

对于大写字母,华蘅芳则是再在左侧加个口字。令甲为能得哦之各法,乙为能得呢之各法(即为不得哦之各法),则能得哦之各法,其决疑率为

$$\frac{甲 \perp 乙}{甲}$$

能得呢之各法,其决疑率为

$$\frac{甲 \perp 乙}{乙}$$

独特加减号源于晚清数学家李善兰(1811—1882),其在《代微积拾级》中使用中国古代数学符号 $\perp$、$\top$ 分别表示 $+$、$-$ 运算符号(参见钱宝琮《中国数学史》第 325 页)。

现代概率符号表达式则较为简洁。假设随机事件 E、F 互为对立事件,且事件 E 有利场合数为 a,事件 F 有利场合数为 b,则其概率分别为

$$\frac{a}{a+b} \text{和} \frac{b}{a+b}$$

2.3.3 互斥事件组

对立事件概念有着一定的局限性,每试一次止能得两事内之任一事呢或呢,而不能外此两者更有他事。将其推而广之,惟天下之事往往有哦、呢、哞……各件,且其概率亦不一定相等。

以瓶中取球为例,如瓶内盛多种颜色之球,其色之数等于所能有各不同之事之数,则瓶中有能成哦事之球甲个、能成呢事之球乙个、能成哞事之球丙个(其余依此类推)。即瓶中有多种颜色的球,且每球只有 1 种颜色。其中能够导致随机事件哦者之颜色球甲个、随机事件呢事之球乙个、随机事件成哞事之球丙个,依此类推。若令"子"为瓶内球数,则有

$$甲 \perp 乙 \perp 丙 \perp 丁 \perp \cdots = 子$$

从瓶中任取 1 球,必为其内某颜色球,即一个球不可能有两种颜色,所以随机事件哦、呢、哞、哞……,不可能同时发生,故其决疑率,依公式之例当为

$$\frac{子}{甲}, \frac{子}{乙}, \frac{子}{丙}, \frac{子}{丁}, \cdots\cdots,$$

因随机事件哦、呢、哞、哞……,当且仅当发生一个,其和为必然事件,故其概率之和为 1。此即现行教材互斥事件组定义:若随机事件 $A_1, A_2, A_3, \cdots\cdots$,满足

$$\sum_{i=1}^{\infty} A_i = E$$

且对任意 $i \neq j$,皆有 $A_i A_j = \varnothing$。

两对立事件一定互斥,但互斥事件不一定对立。对立事件是非此即彼,而互斥事件不局限于两个结果,因而可能出现非此亦非彼现象。

2.4　概率乘法公式

从特殊推广到一般模型，这是《决疑数学》常用演绎、归纳逻辑方式。概率乘法公式是概率论的重要公式，文中采用了三次推广手段。

2.4.1　复合事件及其概率

随机事件的复合运算主要是其和（并）、积（交）和对立。文中虽未指明，但所给基本事件均为相互独立事件，因而就有多个相互独立事件乘积（同时发生）的概率等于其概率之积。凡丛事之决疑率等于各原事之决疑率相乘之积。以"丛事"来表示复合事件甚简。

例：有呷、叺两瓶，前者盛甲个白球和乙个黑球；后者盛甲′个白球和乙′个黑球。现分别从中各取一球，试求其均为白球的概率。

因分别从两瓶中取球需要两个步骤，故组合成为复合事件。而"从呷瓶取得白球"和"从叺瓶取得白球"是相互独立的随机事件。

令
$$甲 \perp 乙 = 丙, 甲' \perp 乙' = 丙'$$

则基本事件总数为丙丙′，即呷瓶内之球与叺瓶内之球两两不同之排列法。而所求之丛事者，必为呷瓶与叺瓶内各能取出白球之各法，所以必等于甲甲′。

由古典概型公式，则取得两个白球的概率为
$$\frac{丙丙'}{甲甲'}$$

2.4.2　两个事件乘法公式

为推导乘法公式，文中给出上述题目的另一种解题思路。前者是从整体思路求解，后者是分别求两瓶中取得白球概率。令巳代从呷瓶取白球之决疑率，巳′代从乙瓶取白球之决疑率，则有
$$巳 = \frac{丙}{甲}, 巳' = \frac{丙'}{甲'}$$

所以
$$\frac{丙丙'}{甲甲'} = 巳巳'$$

此即两个相互独立事件，其乘积（交）的概率等于概率之积。用现代符号表示为
$$P(AB) = P(A)P(B)$$

2.4.3　乘法公式一般形式

随后将两个事件之积拓展到可列个随机事件之积。

令巳等于哦事之决疑率，巳′等于他事哦′之决疑率，巳″等于第三种事哦″之决疑率，……，则其哦哦′哦″……，各事能同有之决疑率为巳巳′巳″……，所以凡数件不相关之原事，所合成之丛事其决疑率，必为各原事之决疑率相乘之积。

"不相关之原事"，即相互独立事件组 $A_1, A_2, A_3, \cdots$，"各事能同有"则为可列个事件同时发生，其复合事件概率满足

$$P\left(\prod_{i=1}^{\infty} A_i\right) = \prod_{i=1}^{\infty} P(A_i)$$

2.4.4　乘法公式之应用

可列个相互独立事件组可推广到所对应对立事件所组成的事件组。

其各原事哦、哦′、哦″、……，不能有之决疑率，或内有数件能有，数件不能有之丛决疑率亦依同法求之。并就三个相互独立事件组加以说明。

兹惟记其其各式如下：假如有三件原事，而其决疑率为巳、巳′、巳″。令

$$午 = 一丅巳，午′ = 一丅巳′，午″ = 一丅巳″$$

即若随机试验基本事件为 A,B,C 有

$$P(A) = p, P(B) = p', P(C) = p''$$

而其对立事件 $\overline{A}, \overline{B}, \overline{C}$ 的概率分别记为

$$P(\overline{A}) = 1 - p = q, P(\overline{B}) = 1 - p' = q', P(\overline{C}) = 1 - p'' = q''$$

则巳午′午″为丛事中有其哦，而无其哦′与哦″之决疑率，即为

$$P(A\overline{B}\overline{C}) = pq'q'',$$

又巳巳′巳″为兼有其三事之决疑率，一丅巳巳′巳″为无其三事之决疑率。即随机事件

ABC 三个事件皆发生概率为

$$P(ABC) = pp'p''$$

ABC 的对立事件则是三个事件不同时发生，其概率记为

$$P(\overline{ABC}) = 1 - pp'p''$$

而复合事件 $\overline{A}B\overline{C}$ 的概率为 $qp'q''$。记为

$$P(\overline{A}B\overline{C}) = qp'q''$$

同理，ABC 都不发生，即 $\overline{A}\ \overline{B}\ \overline{C}$ 均发生，其概率为

$$P(\overline{A}\ \overline{B}\ \overline{C}) = qq'q''$$

随机事件 $\overline{A}\ \overline{B}\ \overline{C}$ 的对立事件则为事件 A、B、C 至少有一个发生，即三个事件之和（并），其概率为

$$P(\overline{\overline{A}\ \overline{B}\ \overline{C}}) = P(A + B + C) = 1 - qq'q''$$

其述云：又午午′午″为三事不有之决疑率，一丅午午′午″为三事不全无之决疑率，即至

少必有其一事之决疑率。显然，"不全无"就是"至少必有其一"。

其中，三个事件的对立事件译为"三事不有"，真是言简意赅。

需要说明，在第七款最后自然段几乎都是先给出概率值，再指明其为某复合事件的概率。从数学意义上来讲，这是不严密的，因等于这个概率值的随机事件不是唯一的。

2.5　典型概率模型讨论

文中通过投掷骰子、随机取数等概率模型，来描述和确定相关随机试验、样本空间和基本事件等抽象概念，给出古典概型公式、概率乘法公式和对立事件性质等实际应用。

2.5.1 投掷骰子

例 1 求将骰子两颗并掷一次,能得两么在上之决疑率。

因骰子各有六面,则每颗有六个得点之法,其一颗能得一点在上之决疑率为 $\frac{六}{一}$,即

$$已 = \frac{六}{一}$$

其又一颗能得一点在上之决疑率为

$$已' = \frac{六}{一}$$

所以其丛事之决疑率(即两颗皆得一点之决疑率)为

$$已已' = \frac{六}{一} \times \frac{六}{一} = \frac{三六}{一}$$

即投掷两个骰子皆为 1 点向上概率为 1/36,应用了两个相互独立事件乘法公式。

巧妙的是,文中又转而求其对立事件概率。任掷一次而不见有两么在上之决疑率,依第五款之例为

$$一 丁 \frac{三六}{一} = \frac{三六}{三五}$$

即

$$1 - \frac{1}{36} = \frac{35}{36}$$

显然,任掷一次而不得两么与得两么其决疑数之比为,三五与一之比。

可作如下讨论。掷 1 颗均匀骰子有 6 种等可能结果,则掷 2 颗骰子有 $6 \times 6 = 36$ 种等可能结果。而出现 (1,1) 仅为 1 种情形(图 1),故其概率为 1/36,余下 35 种皆是"不得两么"者。

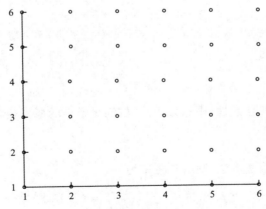

图 1 掷两颗骰子之样本点

类似地,能得双 6 的概率亦是 1/36。除 6 种点数相同情形外,余 30 种情形是"两颗骰子点数不同"或"一颗骰子点数大于另一颗点数",其概率为 30/36=5/6。同时注意掷两颗骰子,其点数之和在 2~12 之间(表 2),得 2、4、6、8、10、12 点的概率分别为 1/36、

3/36、5/36、5/36、3/36、1/36,而得 3、5、7、9、11 点的概率分别为 2/36、4/36、6/36、4/36、2/36。易见,获得 7 点的概率最大,为 $1/6$[11]。

点数之和	1	2	3	4	5	6
1	2	3	4	5	6	7
2	3	4	5	6	7	8
3	4	5	6	7	8	9
4	5	6	7	8	9	10
5	6	7	8	9	10	11
6	7	8	9	10	11	12

表 2　　　　　　　　　　掷两颗骰子点数之和

2.5.2　随机取数

例 2　任取两数各有七位(即如于对数表中任取两数是也),而欲求第一数之每位与第二数之每位比较,得第一数之各位不小于第二数相当之各位,其决疑率如何。

分析:考虑任取两个 7 位数的样本空间,即样本点集合。因两数之每一位各可为从〇至九各数中之任一数,而第一数之每位能与第二数相当之位有不同之排列,共得每位有一百个不同之排列法。由于不排除最高位为 0,且 7 个数字的取法相互独立,则得样本点总数为 100^7。

再考虑所求随机事件包含样本点个数,文中应用的是列举法。第一数之任一位若为〇,则其一百个排列之法内,只有一法为能合于本题者(即第二数相当之位亦为〇是也)。若第一数之任一位为一,则有两法可合于本题(即第二数相当之位或为〇或为一是也)。若第一数之任一位为二,则有三法可合于本题(即第二数相当之位为〇或一或二是也)。依此法得,其全合题之法其数为

$$一⊥二⊥三⊥四⊥五⊥六⊥七⊥八⊥九⊥一〇=五五$$

即

$$1+2+3+4+5+6+7+8+9+10=55$$

则每位之一百个排列法中,有五十五法能合于本题。可得,第一数任一位之数不小于第二数相当之位其决疑率为

$$p=\frac{55}{100}$$

根据其讨论数字位数的任意性,则有第 1—7 位满足条件的概率相等,即

$$p=p'=p''=\cdots=\frac{55}{100}$$

再根据复合事件概率乘法求法,则所求概率为

$$p\times p'\times p''\times\cdots=\left(\frac{55}{100}\right)^7=0.015\ 224\ 3$$

文中特指明此数介于 $1/66\sim1/65$。

2.6　概率加法公式

概率加法公式为概率论基本公式之一,在卷一第九款给出。从其讨论内容来看,这里

所述概率加法公式实质上是全概率公式。这也是《决疑数学》与现行概率论教材的差别，未在基础知识章节给出全概率公式和贝叶斯公式。

2.6.1　概率加法公式

概率加法公式：如有一事能从数个不同之法而得之，其各法彼此不相关者，则其事能有之决疑率，为各法之决疑率之和。

可诠释为：互斥事件和的概率等于其概率之和。

文中举例道，即如共有卯个瓶呷一、呷二、呷三、……、呷卯，各瓶中所盛之球其色不外乎黑白两种，其总数为丙一、丙二、丙三、……、丙卯，而各瓶所盛白球之数为甲一、甲二、甲三、……、甲卯。令其事哦为从任一瓶中取白球一个。则此事中有卯个不同之法各能有之，其决疑数俱相等（因不拘从何瓶取球皆是一样难易也）。

简言之，设有 n 个瓶 $A_1, A_2, \cdots\cdots, A_n$，分别装有黑白两色球 $c_1, c_2, \cdots\cdots, c_n$，而白球数分别为 $a_1, a_2, \cdots\cdots, a_n$。随机事件 E 为从 n 个瓶中任选 1 瓶，并从中任取 1 球为白球。因未指定瓶，故取任一瓶的概率皆等于 $1/n$，则得白球就有 n 个方法。

若从第一瓶呷一而取球，其决疑率为 $\dfrac{\text{卯}}{\text{一}}$，而在此瓶中取得白球，其决疑率为 $\dfrac{\text{丙}_一}{\text{甲}_一}$，所以依第七款之例，从呷一瓶能取得白球，其决疑率当为

$$\frac{\text{卯}}{\text{一}} \times \frac{\text{丙}_二}{\text{甲}_一}$$

又依同理，从呷二瓶取得白球，其决疑率为

$$\frac{\text{卯}}{\text{一}} \times \frac{\text{丙}_二}{\text{甲}_二}$$

从呷三取得白球，其决疑率为

$$\frac{\text{卯}}{\text{一}} \times \frac{\text{丙}_三}{\text{甲}_三}$$

其余各瓶以此类推。所以如将哦事之全决疑率以已明之，则从本题可知

$$\text{已} = \frac{\text{卯}}{\text{一}}\left(\frac{\text{丙}_一}{\text{甲}_一} \perp \frac{\text{丙}_二}{\text{甲}_二} \perp \frac{\text{丙}_三}{\text{甲}_三} \perp \cdots \perp \frac{\text{丙}_卯}{\text{甲}_卯}\right)$$

即

$$P(E) = \frac{1}{n}\left(\frac{a_1}{c_1} + \frac{a_2}{c_2} + \frac{a_3}{c_3} + \cdots + \frac{a_n}{c_n}\right)$$

其中应用了古典概型公式和概率乘法公式，并轻松给出概率加法公式。整个阐释过程以随机取球模型叙述，通俗易懂，且引人入胜。

2.6.2　概率加法公式的证明

概率加法公式的证明思路为：在保持黑白球比例不变的前提下，设想各瓶装有相同数目的球。再假设把所有球装在同一个瓶中，其黑白球之比仍然不变。

证此理可将其分数

$$\frac{\text{丙}_一}{\text{甲}_一}, \frac{\text{丙}_二}{\text{甲}_二}, \cdots\cdots,$$

化为同母之分数。而令各同母之分数为

$$\frac{氐}{角_-},\frac{氐}{角_=},\frac{氐}{角_≡},\cdots\cdots,\frac{氐}{角_卯}$$

即

$$\frac{\alpha_1}{\gamma},\frac{\alpha_2}{\gamma},\frac{\alpha_3}{\gamma},\cdots\cdots,\frac{\alpha_n}{\gamma}$$

再设想将呷_、呷_=、呷_≡、……、呷_卯诸瓶各以另瓶代之,其另瓶各盛有同数氐球,第一瓶中有角_白球,第二瓶中有角_=白球(其余类推),则可知从各另瓶内得白球其决疑率,与从前瓶得白球其决疑率无异。

假设 $A_1,A_2,\cdots\cdots,A_n$ 用另外 n 个瓶子来代替,其中皆装有 γ 个相同数目的球,而白球数分别为 $\alpha_1,\alpha_2,\cdots\cdots,\alpha_n$。这里需保持原黑白球之比,以确保其所得白球的概率不变。

惟从另瓶内得白球其决疑率,若将其诸瓶之(卯氐)球合置于一瓶其决疑率不改。纵使将所有瓶中的 $n\gamma$ 个球,都装入一个瓶中,其概率仍然相同。因球在一处,心中亦可设想其分为各堆,而每堆之球数、球色之比,与分盛在各瓶内无异。惟因每堆之球数同,则任从何堆取球,其各堆之决疑率相等。

因此,考虑这个问题有两个不同视角,即球平均分装于不同瓶和同一个瓶中。

前者计算过程为

$$P(E)=\frac{1}{n}\left(\frac{\alpha_1}{\gamma}+\frac{\alpha_2}{\gamma}+\frac{\alpha_3}{\gamma}+\cdots+\frac{\alpha_n}{\gamma}\right)=\frac{1}{n\gamma}(\alpha_1+\alpha_2+\alpha_3+\cdots+\alpha_n)$$

后者计算过程为

$$巳=\frac{卯氐}{一}(角_-⊥角_=⊥角_≡⊥\cdots⊥角_卯_-)$$

惟从其合盛一瓶而取白球之决疑率,为其各瓶内所盛之球白色、黑色之和之比。即

$$P(E)=\frac{1}{n\gamma}(\alpha_1+\alpha_2+\alpha_3+\cdots+\alpha_n)$$

所以可见,从合盛之一瓶取白球之决疑率,必同于从分盛同数之球之各瓶取白球之决疑率。故两个视角其概率计算结果是相同的。

又可将

$$\frac{氐}{角_-},\frac{氐}{角_=},\cdots\cdots,$$

以

$$\frac{丙_-}{甲_-},\frac{丙_=}{甲_=},\cdots\cdots,$$

代还之,即得其取白球之决疑率为

$$巳=\frac{卯}{一}\left(\frac{丙_-}{甲_-}⊥\frac{丙_=}{甲_=}⊥\frac{丙_≡}{甲_≡}⊥\cdots⊥\frac{丙_卯}{甲_卯}\right)$$

所谓概率加法公式证明,不是严密的数学逻辑证明,仅是对两个随机试验观察结果之概率诠释而已。其中对于随机试验的三个特性,即重复性、可知性和不确定性进行了一定展示;对概率的三要素,即样本空间、样本点和集合对应亦给予了通俗讨论。

2.6.3　概率加法公式的应用

为说明概率加法公式的广泛应用,特给一道例题来诠释之。

例 3　有呷、叺、唡三瓶,呷瓶内盛白球二黑球一,叺瓶内盛白球三黑球二,唡瓶内盛白球四黑球三。求令不知各瓶所盛球数与色之人,任选一瓶于其内任取一球,而得白色之决疑率。

简单起见,现把呷、叺、唡三瓶改记为甲、乙、丙三个瓶子。即甲瓶装有白球 2 个、黑球 1 个,乙瓶装有白球 3 个、黑球 2 个,丙瓶装有白球 4 个、黑球 3 个。从中任选一瓶并于瓶内任取 1 球,求得白球概率。

从 3 个瓶中任选一个,则选择甲瓶的概率为 1/3。因甲瓶共装有 3 个球,而其中 2 个是白球,故从甲瓶取得白球的概率为 2/3。所以得其丛事之决疑率为

$$\frac{1}{3} \times \frac{2}{3} = \frac{2}{9} = p_1$$

同理,选择乙瓶的概率为 1/3,而从乙瓶取得白球的概率为 3/5,其概率为

$$\frac{1}{3} \times \frac{3}{5} = \frac{1}{5} = p_2$$

同理,选择丙瓶的概率为 1/3,而从丙瓶取得白球的概率为 4/7,其概率为

$$\frac{1}{3} \times \frac{4}{7} = \frac{4}{21} = p_3$$

综上,从 3 瓶任选 1 个,并从中任取 1 球得白球的概率为

$$巳 = \frac{九}{二} \perp \frac{五}{一} \perp \frac{二一}{四} = \frac{三一五}{一九三}$$

即

$$P = p_1 + p_2 + p_3 = \frac{2}{9} + \frac{1}{5} + \frac{4}{21} = \frac{193}{315}$$

随后讨论道,若将甲、乙、丙 3 瓶中的球全放入 1 个瓶中,则共有 15 个球,其中白球有 9 个,故取得白球概率为 9/15。并注意到,

$$\frac{9}{15} = \frac{189}{315} < \frac{193}{315}$$

可见其球分盛于三瓶与合盛于一瓶,其同事之决疑率不同。

正如第二部分所证,若是各瓶盛有球数相同,则合盛 1 瓶后其概率相等。假设甲、乙、丙 3 瓶内均有 5 个球,其中甲瓶装有白球 2 个、黑球 3 个,乙瓶装有白球 3 个、黑球 2 个,丙瓶装有白球 4 个、黑球 1 个。从中任选一瓶并于瓶内任取 1 球,求得白球概率。

所求概率为

$$p_1 = \frac{1}{3} \times \frac{2}{5} + \frac{1}{3} \times \frac{3}{5} + \frac{1}{3} \times \frac{4}{5} = \frac{9}{15} = \frac{3}{5}$$

而当把所有球装入同一瓶中后,则瓶内球数为 15 个,其中白球数为 9 个。根据古典概型计算公式,得白球概率为

$$p_2 = \frac{9}{15} = \frac{3}{5}$$

显然

$$p_1 = p_2 = \frac{3}{5}$$

2.7 随机事件的独立性

随机事件独立性彰显着概率特性,第十款介绍了相关性质,其主要概率观是:若复合事件是由若干相互独立事件组成,则不论样本点同时发生还是相继发生,其概率皆相等。

求丛事决疑率之法,无论其各原事为同时而有,或次第而有者,俱可用之。若其各原事彼此绝不相关,则定其丛事之决疑率与时候亦不相关。

一般地,复合随机事件样本点是同时发生还是相继发生,其概率是不相等的。但若样本点相互独立,则其概率相等。这就给出了两种求复合事件概率的途径。

文中两个"不相关"含义不同,前者系"样本点相互独立",后者为复合事件概率不受时间影响。英文为:the chances which determine the compound event are not influenced in any way by the intervention of time.

即如其丛事为,将寅颗骰子欲掷成若干点,求其得与不得之决疑率。则以寅颗骰子同时齐掷,或用一颗骰子掷至寅次者无异。

现以掷 3 颗骰子验证之。掷 3 颗骰子,其点数之和为 3~18 的整数,有 16 种可能情形。若以点数和作为样本点,因其概率不同,计算有点复杂。若考虑将 1 颗骰子掷 3 次,计算却较容易。惟求丛事之决疑率,每以各原事为次第而有者,则推算更易。所以求丛事之决疑率,其各种排列法,必依有次序之法论之,为更易也。

因掷 1 颗骰子有 6 种等可能情形,掷 3 次则有 $6 \times 6 \times 6 = 216$ 种等可能情形。出现 10 点须数字组合 262、235、334、442、451 和 631 出现其一,其排列数分别为:3、6、3、3、6、6,共有 27 种情形,由古典概型公式得,掷 3 颗骰子出现 10 点的概率为 27/216=1/8。

进一步讨论,掷 3 颗骰子无重复点数为 $6 \times 5 \times 4 = 120$ 种情形,有 2 颗同为 $6 \times 5 \times 3 = 90$ 种,全同为 6 种,共 216 种情形。点数之和为 3~18,可组成 108 种排列(表3),而点数和为 11~18 的情形与之对称,亦有 108 种排列。易知出现 10、11 点的概率最大,出现 3、18 点的概率最小。

表3			掷 3 颗骰子,其点数和为 3~10 之概率				
点数和	3	4	5	6	7	8	9	10
组合数	1	1	2	3	4	5	6	6
排列数	1	3	6	10	15	21	25	27
概率值	1/216	3/216	6/216	10/216	15/216	21/216	25/216	27/216

需要注意的是,对立事件是两随机事件不能同时发生,且其中一个必发生。相互独立事件是指其概率互不影响,其可以同时发生。独立性和互斥性是随机事件组的两个特性。若随机事件相互独立,则有概率乘法公式成立,即积的概率等于概率之积。若随机事件互斥,则有概率加法公式成立,即和的概率等于概率之和。互斥事件组是两两互斥,但相互独立却不是两两独立,需要所有可能事件积的组合概率等于其概率之积。

3. 余　论

华蘅芳云，"算学古拙今巧，古疏今密"[14]。鉴于当时半封建社会制度和科学发展状态，华蘅芳以其对概率论的深入探索，融合中西方概率文化色彩，开创性地翻译了《决疑数学》，将西方概率文化引入了我国，实为中国近代概率论研究第一人。

华蘅芳未以"天朝上国"自居，但秉承中华优秀传统文化，字里行间皆展示着汉语之细致入微、灵动变幻和跌宕音韵。此书中所论之决疑数与决疑率为算学之数与率。"算学"是中国古代数学之称，"数与率"则是中国古代数学之精华，表明《决疑数学》是中西数学文化的有机融合。从一些概率术语之译可窥华蘅芳之苦心，如 probable、chance 和 mathematical probability，分别译为"的确""非的确"和"决疑率"等。而"原事""丛事""不全无""三事不有""各事能同有"等，实谓精雕细琢。

尽管在翻译过程中，华蘅芳未曾引进印度-阿拉伯数码，也未把分子和分母表示颠倒过来。他将 26 个英文字母分别对应中国的天干、地支和天地人物，而将古希腊字母分别对应中国的 28 星宿。对于大写字母也有绝招，即在相应汉字左上方添加口，如呷、呢乙、呢丙等。如此会使得一些概率式子，看起来有些复杂怪异。然而这符合当时中国国情，承载着算学千年文化传统。

参考文献

[1] 华蘅芳，傅兰雅. 决疑数学[M]. 上海：飞鸿阁石印本，1897（光绪丁酉年）.

[2] 严敦杰. 跋《决疑数学》十卷[M]//. 明清数学史论文集. 南京：江苏教育出版社，1990：421-444.

[3] 郭世荣. 西方传入我国的第一部概率论专著——《决疑数学》[J]. 中国科技史料，1989，10（2）：88-96.

[4] 王幼军. 《决疑数学》——一部拉普拉斯概率论风格的著作[J]. 自然科学史研究，2006，25（2）：159-169.

[5] 许卫，郭世荣. 《决疑数学》中的保险与年金计算问题[J]. 西北大学学报，2010，40（5）：923-928.

[6] 吴文俊，李兆华. 中国数学史大系：第八卷[M]. 北京：北京师范大学出版社，2000，159-165.

[7] 徐传胜. 从博弈问题到方法论学科[M]. 北京：科学出版社，2010：290-293.

[8] GALLOWAY T. Probability[A]//Encyclopaedia Britannica[M]. Vol. XVIII, 8th ed. Edinburgh：Adam and Charles Black，1859：588-636.

[9] GALLOWAY T. A Treatise on Probability[M]. Edinburgh：Adam and Charles Black，1839.

[10] GALLOWAY，T. Probability[A]//Encyclopaedia Britannica[M]. Vol. XVIII，7th ed. Edinburgh：Adam and Charles Black，1842：591-639.

[11]　盛骤,等.概率论与数理统计[M].北京:高等教育出版社,2008:56-60.

[12]　徐传胜.数海拾贝[M].济南:山东科学技术出版社,2019:286-291.

[13]　李璐祎,等.概率论课程中蕴含的数学文化[J].高等数学研究,2020,23(3):70-76.

[14]　孔国平,等.中国近代科学的先驱者——华蘅芳[M].北京:科学出版社,2012:120-121.

胡明复的留学生涯考证

杨　静,潘丽云

摘　要:中国现代科学的先驱胡明复于1910年赴美留学,1914年在美国康奈尔大学获得数学学士学位,1917年在哈佛大学获得数学博士学位。在美留学期间,胡明复的学术思想日臻成熟,为今后事业打下坚实基础。回国以后,胡明复积极投身到科学事业之中,在思想领域和数学教育事业上多有开拓性的贡献和建树。本文根据美国哈佛大学图书馆的档案资料,挖掘了胡明复在美留学期间接受学术培养的细节,弄清楚这段历史有助于更全面地了解胡明复及开展相关后续研究。

关键词:胡明复;生平;在美留学;数学家

胡明复(1891—1927)是我国近代科学史和教育史上著名的思想家,中国近代以来第一个在美国获得数学博士学位的数学家,中国科学社和《科学》的创始人之一(图1)。他长期主持上海大同大学校务,建立起系统的数学教育体系,是中国近代数学的开拓者之一。胡明复的生命虽然短暂,但为中国近代科学事业的兴起与发展,以及数学的普及和教育事业做出了卓越的贡献。

图1　胡明复

胡明复的史传对他在美国留学经历的学业方面的细节鲜有提及。胡明复在美国的七年多(1910—1917)留学生涯,是他思想成熟和学术成长的重要阶段。通过富有成效的学习,他汲取了当时西方最先进的科学思想和数学学术成果,也成就了他毕生的事业。

胡明复出生在江苏无锡一个书香世家,其父胡壹修、叔胡雨人、大姐胡彬夏、兄胡敦复、弟胡刚复均在中国近代科学史和教育史上留下厚重的一笔。胡明复早年在南京高等商业学堂学习,1910年,考取游美学务处第二批庚子赔款留美生,位列第57名(共70名)[1]。同年9月,赴美留学,在康奈尔大学(Cornell University)文理学院主修数学科,并于1914年以优异的成绩毕业,获得学士学位。其间,他作为重要成员参与创建中国科学社和《科学》杂志,开始投身科学普及事业。1916年秋,进入哈佛大学学习数学,在博歇尔

作者简介:杨静,1977年生,天津师范大学数学科学学院副教授,研究方向为近现代数学史。主要研究成果有:《在断了A弦的琴上奏出多复变最强音——陆启铿传》(中国科学技术出版社,2017),《数海沧桑——杨乐访谈录》(湖南教育出版社,2018)等。

潘丽云,1978年生,北京教育学院数学与科学教育学院数学系副教授,研究方向为数学史与数学教育,主要研究成果有:《数学史视野下小学教师数学素养提升的实践研究》《学科史视角下学科育人价值的内涵与实践》等。

(Maxime Bôcher,1867—1918)的指导下研究积分。1917 年,完成博士论文《具有边界条件的线性积分-微分方程》(*Linear Integro-Differential Equations with a Boundary Condition*),并获得博士学位,成为第一个在美国获得数学博士的中国人。

1. 学术的启蒙——康奈尔大学期间的学习

1910 年 9 月,胡明复乘船踏上赴美求学之路,同行的除了自己堂弟胡宪生,还有胡适、竺可桢、赵元任等一批在中国近代史产生重要影响的人物。

根据已经发现的资料表明,胡明复进入康奈尔大学学习,经过了严格的申请、审核程序。我们查到他在入学时的成绩单,列有代数、平面几何、希腊史、罗马史、德文、物理、植物、动物、生理、化学、三角、立体几何、英国史、世界地理、拉丁文等科目[2],这应该是庚款留学遴选考试的结果。

胡明复在 1910—1914 年攻读学士学位期间,所学课程主要为数学课程、物理课程和哲学课程,以及历史、体育等。其中,物理课程有 4 门:力学和热力学、电磁学、实验物理新进展、热力学。哲学课程有 4 门:哲学史、现代哲学问题的发展、形而上学的逻辑(讨论班)、社会伦理和政治伦理。

根据档案记载,当时作为主业的数学课程一共有 15 门。笔者把课程名称及任课教师等信息整理成表 1[2]。

表 1　胡明复攻读学士期间所学数学课程及任课教师信息

数学课程(1910—1914)	任课教师
1. 高等代数	Louis Lazarus Silverman 博士
2. 高等微积分	Louis Lazarus Silverman 博士
3. 高等解析几何	McKelvey 博士
4. 数论	Louis Lazarus Silverman 博士
5. 有限群论	Wallie Abraham Hurwitz 教授
6. 代换论与代数方程	Wallie Abraham Hurwitz 教授
7. 单复变函数论	Wallie Abraham Hurwitz 教授
8. 数学物理微分方程	Wallie Abraham Hurwitz 教授
9. 积分方程	Wallie Abraham Hurwitz 教授
10. 向量分析	Francis Sharpe
11. 射影几何	Owens 教授
12. 几何基础	Owens 教授
13. 线几何学	Arthur Ranum
14. 平面代数曲线	Virgil Snyder 教授
15. 数理逻辑	Shaffer

当时康奈尔大学的师资力量雄厚,无论是数学系、物理系,还是哲学系,配备的教师大多为在自己研究领域内的佼佼者。笔者把上面表格中几位主要教师的研究领域、毕业院校和导师等信息进行了汇总,从表 2 可以了解到胡明复当时任课的数学老师的情况。另外,从表 1 中可以发现,在胡明复的数学专业学习中,W. A. Hurwitz 教授了 5 门课之多,

其次是 L. L. Silverman 博士。根据以上信息,笔者认为胡明复的学术成长过程主要受到这两位数学家的影响。

表2　　　　　胡明复攻读学士期间主要数学教师信息

教师	研究领域	博士毕业时间、学校及导师	在康奈尔大学任教时间
W. A. Hurwitz	经典分析	1910 年,格廷根大学,D. Hilbert	1910—1954
L. Silverman	级数	1910 年,密苏里大学	1910—1918
V. Snyder	代数几何	1895 年,格廷根大学,F. Klein	1895—1938
F. Sharpe	数学物理	1907 年,康奈尔大学,J. McMahon	1907—退休
F. W. Owens	代数	1908 年,芝加哥大学,E. H. Moore	1908—1926
A. Ranum	微分几何	1906 年,芝加哥大学,L. E. Dickson	1906—退休

霍尔维茨(Wallie Abraham Hurwitz,1886—1958),是经典分析学家,最著名的工作是发散级数和求和方法。1906 年本科毕业于密苏里大学,研究生就读于哈佛大学,并获得谢尔顿旅行奖学金(Sheldon Traveling Fellowship),受此资助去格廷根大学,在希尔伯特(D. Hilbert,1862—1943)的指导下继续深造,于 1910 年获得博士学位。1910 年回到美国,任教于康奈尔大学数学系,直到 1954 年退休,其间指导了大量的研究生。

胡明复在康奈尔的学习是勤奋的,通过查阅他读本科时的成绩单,可以发现他的数学、物理、哲学的成绩很好,基本都在 90 分以上,尤其后两学年,甚至有 96、95 的高分。有意思的是历史成绩要逊色不少,与他在后来《科学》上发表多篇普及西方科学史的文章的风格大相径庭,不知是兴趣使然还是当时对西方史较生疏的缘故。

1914 年胡明复获得学士学位后,直接考入康奈尔大学研究生院继续深造,其间主修数学、物理、几何,导师分别是霍尔维茨、梅里特(Merritt)、施耐德(V. Snyder)。鉴于当时哈佛大学已经成为美国数学研究的中心,在霍尔维茨的建议和推荐下,胡明复于 1916 年转入哈佛大学研究生院,开始攻读博士学位。

胡明复以优异的成绩,先后入选美国大学生联谊会(Phi Beta Kappa)和美国科学学术联谊会(Sigma xi)会员①。胡适曾在日记中记载:"此二种荣誉,虽在美国学生亦不易同时得之,二君(胡明复、赵元任)成绩之优,诚足为吾国学生界光宠也。"[4]在康奈尔大学期间的学习,为胡明复打下了扎实的学术基础。

2. 科学思想的形成——创立中国科学社

20 世纪 10 年代,在康奈尔大学就读的中国学生不仅有胡适、胡明复、赵元任、秉志等庚款留学生,还有任鸿隽、杨铨(杏佛)等稽勋留学生,一时人才济济。康奈尔大学成为在美留学生的中心。

1914 年的夏,在康乃尔大学留学的几个中国学生某日晚餐后闲谈,有感于"国力之发

---

①Phi Beta Kappa 分别为三个希腊字母 α,β,κ 的英文写法,是美国大学生联谊会的称号,美国著名大学如哈佛大学、耶鲁大学均有此会。入选会员的资格是:(1)学习成绩最佳者,(2)毕业生有上佳著作者,(3)教员在学理上有新发明者。Sigma xi 则分别是希腊字母 $\sum$ 和 Ξ 的英文写法,是美国科学学术联谊会的称号,会员资格为:工程或理化学生于所学有所发明者。[1,3]

展必与其学术思想之进步为平行线,而学术荒芜之国无幸焉",而科学是治国之利器,倡议创办科学社,刊行《科学》杂志向国内介绍科学。随即发起创社"缘起",在上面签名的有 9 人:胡明复、赵元任、周仁、秉志、章元善、过探先、金邦正、杨铨、任鸿隽,为首的是胡明复。1915 年 10 月 25 日,中国科学社正式成立,选举任鸿隽、胡明复、赵元任、周仁、秉志等 5 人为第一届董事会董事,胡明复担任会计一职。1918 年,随着留学生大批回国,中国科学社迁回国内,它一经成立就致力于科学在中国的传播与普及、科学的中国化,直接推进了中国科技的体制化进程,成为当时科学事业最权威的领导机构。

作为中国科学社的创始人之一,胡明复为其创立和初期发展精心筹划,不遗余力。他长期担任科学社会计,充分发挥了善于理财的才能。在多次带头捐款的同时,胡明复制订了详细的筹款计划,多方募集巨款,保障科学社的正常运行。经他所做的年度会计报告,翔实而清晰,每每得到同仁们的首肯。胡明复还以一己之力,承担《科学》的编辑工作,从审查稿件、统一格式,到修改标点符号等琐事,在他到辞世前一直都由他一人负责。为了传播科学理念,胡明复更是身体力行,亲笔撰写科普文章,经考证,他在《科学》杂志上共发表 47 篇文章,涉及科学方法、数学、物理学、医学、生物、卫生等诸方面。

胡明复提出的科学方法论,是他在思想领域的重要贡献。20 世纪初叶,一批人文主义学者以"科学救国"和"科学启蒙"为目标,提出"科学万能论",国内思想界出现泛"科学主义"的思潮。胡明复则源于自身所受到的专业自然科学训练,对这种极端思想进行了纠偏和释放。在康奈尔大学期间,形成了他相对理性、客观的科学观,提出了对科学方法、科学精神和几率论的新认识。胡明复认为科学方法主要是归纳和演绎,论证出"科学是人为的"。科学精神主要是求真,且具有实用性价值,可以解决道德、政治和社会等问题。几率论主要是对外界事物的不确定性的运算理论和认识方法,几率有存在的客观性。

胡明复、赵元任离开康奈尔大学之后,曾经令时任《科学》杂志编辑的杨铨一度颇为失落,作打油诗寄给胡明复:"自从老胡去,这城天气凉。新屋有风阁,清福过帝王。境闲心不闲,手忙脚更忙。为我告夫子,《科学》要文章"。[1]"夫子"是指赵元任,直到他们又发来文章,杨铨才稍心安。

可以说,通过在康奈尔大学的学习,胡明复实现了思想上的飞跃。

3. 学术日臻成熟——哈佛大学期间的学习

1916 年五六月间,胡明复来到哈佛大学,跟随博歇尔教授攻读数学博士学位。

通过查阅哈佛大学保存的学年课程记录[5],胡明复在哈佛期间主修了表 3 中的课程:

表 3　　　　　　　　　　胡明复在哈佛期间主修课程

课程	指导教师	成绩
势函数与拉普拉斯方程引论	Dunham Jackson 副教授	B
线性微分方程、复变量	Maxime Bôcher 教授	A
线性微分方程的真实解	Maxime Bôcher 教授	AA
勒贝格积分	Dunham Jackson 副教授	A

博歇尔(Maxime Bôcher,1867—1918),美国数学家。哈佛大学毕业后,博歇尔留学

德国格廷根大学,师从克莱因(Christian Felix Klein,1849—1925),1891 年获得哲学博士学位。1892 年回哈佛大学任教终身。博歇尔兴趣广泛,主要研究线性微分方程、高等代数和函数理论,是美国哈佛大学数学由单纯的教学型转为研究型时期的代表人物,曾任美国数学会主席(1908—1910),也是《美国数学会会刊》的编委之一。1935 年,商务印书馆出版发行的由胡敦复、范会国和顾澄合作翻译的博歇尔的专著《积分方程式之导引》(*An Introduction to the Study of Integral Equations*),以及由吴大任翻译的博歇尔的专著《高等代数引论》(*Introduction to Higher Algebra*),深受民国大学师生的欢迎。

1917 年 5 月,胡明复在哈佛大学完成了题为《具有边界条件的线性积分——微分方程》(*Linear integral Differential Equation With a Boundary Condition*)的论文,并因此获得博士学位,这是第一位在美国获得数学博士学位的中国人。

在胡明复的论文中,把当时数学家们普遍关注的积分方程问题推广到含有微分形式的积分方程。在给定边界条件的情况下,他扩充了希尔伯特积极倡导的"极限过程"方法的应用范围,得到积分—微分方程解的存在和唯一性的充分必要条件,并得到在边界条件下的方程及其解的基本性质。该文还利用谱理论,研究了共轭和自共轭、格林函数的性质等令众人满意的研究结果。

1917 年 12 月 28 日,胡明复将论文提交给美国数学会 1917 年会,得到主持年会的著名数学家伯克霍夫(G. D. Birkhoff)、莫尔(E. H. Moore)的极力赞赏。1918 年 10 月,长达 40 页的这篇论文在《美国数学会会刊》发表,标志着胡明复的学术研究已经达到了国际水平。[6] 著名数学家严济慈对此论文予以高度评价,他指出:"胡明复先生的研究,更可做趋限法的说明,尤足表现算学上的模仿和推广"。[7] 胡明复的数学研究被中国近代数学家和数学史家们视为"中国现代数学真正开始的标志"。

1917 年 9 月,胡明复学成回国,开始了他在科学探索道路上新的征程。

参考文献

[1]　夏安.胡明复的生平及科学救国道路[J].自然辩证法通讯,1991,13(4):66-76, 79.

[2]　哈佛大学档案馆资料[Z].编号:UAV 161.201.10 Box 50.

[3]　张祖贵.中国第一位现代数学博士胡明复[J].中国科技史料,1991,12(3):46-53.

[4]　季羡林.胡适全集·第 27 卷·日记(1906—1914)[M].合肥:安徽教育出版社, 2003.

[5]　哈佛大学档案馆资料[Z],编号:UAV 161.272.5.

[6]　张奠宙.我国最早发表的现代数学论文[J].科学,1990,42(3):212.

[7]　严济慈.胡明复博士论文的分析[J].科学,1928,13(6):731-740.

从翻译机构到大学数学系

——中日现代数学建制的若干比较

徐泽林

摘　要：北京大学和东京大学作为中日两国最早建立的大学，建立之初有着相同的历史境遇，也有不同的社会背景。它们的建立和发展对两国的数学事业起到了巨大作用。比较这两所大学成立前后的数学教育状况，可以看出，蕃书调所至东京开成学校的日本数学教育状况与京师同文馆的数学教育状况比较接近，在日本明治维新之后，中日数学教育水平的差距逐渐增大，中日两国的政治社会环境、数学教育界的教育理念、国际化程度等因素影响了中日现代数学建制化及其发展的进程。

关键词：蕃书调所；京师同文馆；东京大学；北京大学；数学教育

笔者关于本文主题的思考始于 2000 年 5 月，当时参加天津师范大学硕士研究生郭金海的学位论文答辩会，其学位论文题目是"同文馆《算学课艺》研究"，建议他开展京师同文馆与日本蕃书调所数学教育的比较研究。中国和日本同为汉字文化圈国家，在现代化过程中有相同境遇，也有不同的社会环境，各种复杂因素决定了各自的数学发展道路。2006 年 6 月 8 日，丘成桐先生在西北大学做了题为"清末与日本明治维新时期数学人才引进之比较"的讲演（后发表于《西北大学学报》（自然科学版））[1]，后于2009 年 12 月 17 日下午又在清华大学做了题为"从明治维新到二战前后中日数学人才培养之比较"的演讲（讲稿后刊载于 2010 年 2 月 3 日的《科学时报》）[2]，这两个演讲在学术界产生了很大反响。丘先生的演讲主要聚焦于中日现代数学人才的培养及其成效的比较，也探讨了其背后的原因，报告很宏观，笔者认为还有很多历史细节和社会因素值得深入调查和思考。2011 年 12 月 20 日，当时的北京大学科学史与科学哲学研究中心主办了第一届"北京大学与中国现代科学"学术研讨会，笔者在会上做了题为"从外语翻译机构到东京大学、北京大学数学系"的报告，这个报告又在"数学史国际会议暨祝李文林教授七十华诞"的会议（2012 年 5 月 17—20，西北大学）上再次汇报，当时没有撰成文章。最近 10 来年国内关于中日数学现代化问题的研究成果不断增多，其中具有代

作者简介：徐泽林，1963 年生，东华大学人文学院历史研究所教授，研究方向为汉字文化圈数学史。主要研究成果有：《建部贤弘的数学思想》（科学出版社，2013），《和算中源——和算算法及其中算源流》（上海交通大学出版社，2012），《和算选粹》（科学出版社，2008）等。

表性的成果有萨日娜的《东西数学文明的碰撞与交融》(上海交通大学出版社,2016)、张友余的《二十世纪中国数学史料研究》(哈尔滨工业大学出版社,2016)、郭金海的《现代数学在中国的奠基》(广东人民出版社,2019)等,这些成果都是国别数学史和数学交流史研究,比较研究尚不多见,兹将上述报告整理成文。中日数学现代化比较是一个宏大课题,兹只就具有代表性的东京大学、北京大学数学系成立前后的历史及其间的数学教育状况展开比较,希冀引发学界深入思考中日现代数学发展问题。

1. 中日现代数学建制前的数学传统

汉字文化圈国家在实现数学现代化以前拥有自己的数学文化传统,欧洲大航海时代之后,汉字文化圈国家开始接触和吸纳西方数学,在19世纪西方资本主义殖民扩张、东亚社会转型的背景下向现代数学转变。16世纪中叶开始至1630年代,南蛮学没有对日本的数学发展产生影响,在以《算法统宗》为代表的中算书影响下,江户初期日本开始普及珠算和实用算术,1630年代德川幕府禁止基督教传播后进入锁国体制,程朱理学成为江户时代的官学,支配着武家思想,数学(和算)作为艺道文化在武士阶级和町人社会中逐步繁荣起来。

和算成就表现在对中国传统数学的继承与发展。在《算学启蒙》《杨辉算法》《授时历》等宋元数学、历算书的影响下,和算家把天元术改造为具有东方特色的符号代数方法,推动和算快速发展,在解方程方面取得了一系列代数成果,推广并使用垛积招差术使和算在无穷小算法方面获得突破,获得了相当于牛顿时代稍前欧洲微积分的水平。和算最具特色也最具技艺性的内容是《算学启蒙》的传统上发展起来的代数化几何。但和算缺乏自然科学研究的背景,是一种游艺文化,缺乏建立普遍性数学方法的动力。江户中后期和算普及到社会各阶层,武士、町人、农民阶层都有众多的和算家,儿童在寺子屋接受算数启蒙,很多藩校设有算学师范之职,还有私塾性质的数学道场,高度普及化的数学社会为明治时期的数学教育提供了很好的社会基础。

与日本江户时代同时期的中国明末至清代,数学发展有着不同的社会环境。由于历法改革采用西洋新法,明末清初开启了西学翻译运动,与天文历算相关的西方古典几何学、球面三角学、对数等知识传播至中国,清初数学家开始接受消化这些知识,并且在"西学中源"思想支配下,将它们融会于中算知识体系。雍正朝禁教后进入锁国体制,西学引入终止,乾嘉以来的中国学者在经学考据环境中整理复兴中国传统数学。清代数学研究的缺陷在于使用语言代数,缺乏代数分析,对数学认识仍停留在技术与实用层面。数学在社会上的普及程度不高,不如和算发达。对于和算与清代数学的比较,和算家会田安明(1747—1817)有过中肯的评价和分析,他认为科举制度导致中国读书人专心于儒家经典,专心于数学的读书人没有出人头地的入世机会,所以对数学感兴趣的人很少[3]。这一社会分析可谓切中要害。

2. 中日现代数学建制前的准备

2.1 蕃书调所、大学南校、开成学校及其数学教育

德川幕府为制订日本历法，于贞享元年（1684）设置天文历学官职天文方，于 1744 年建司天台，该机构也翻译明清汉译西洋天文算学书和荷兰书，后来业务逐渐扩展到测绘地图和翻译外国地理书[4]229。1811 年，幕府根据天文方高桥景保（1785—1829）的建议，在司天台设立"蛮书和解御用挂"，由马场贞由（1787—1822）、大槻玄泽（1757—1827）等洋学家负责翻译洋书。1853 年"黑船来航"武力迫使日本开国，面对西欧各国武力逼迫的危势，幕府命令诸藩加强海防，同时与各国交涉。因海防和外交的需要，各藩向老中阿部正弘（1819—1857）提议设立一个独立的机构，专门翻译兰书、西书以了解西方世界，学习西方的炮术、航海、兵学等科学技术，培养急用人才。这一建议被采纳，安政二年（1855）七月设置"洋学所"，任命胜麟太郎（1823—1899）、箕作阮甫（1799—1863）着手筹备，安政三年（1856）二月将其改称为"蕃书调所"，同年七月开始正常运转，由幕府儒者古贺谨一郎（1816—1884）负责，在这里从事翻译和教学工作的人员主要有箕作阮甫、杉田立卿（1786—1845）、川本幸民（1810—1871）、寺岛宗则（1832—1893）、手塚律藏（1822—1878）等，后来加入的还有村田藏六（1824—1869）、市川斋宫（1818—1899）等人。刚开始，"蕃书调所"主要以军事、科学、外交为中心进行翻译和调查，安政四年（1857）始兼有教育机关职能，1858 年 1 月招收学生 191 人，并举行了开校仪式，学生最初限制为幕臣，后来亦允许陪臣入学。阿部正弘去世后由大老井伊直弼（1815—1860）接任。"蕃书调所"一度衰落，甚至出现了被要求废除的声音，井伊直弼死后"蕃书调所"的工作又被重视起来，万延元年（1860）"蕃书调所"设在神田小川町，文久二年（1862）迁至一桥门外，改称"洋书调所"，第二年（1863）改名为"开成所"。虽名字几番改变，但其性质和职能没有改变。由于国际形势的变化，"蕃书调所"的工作重点逐渐转移，元治元年（1864）改订了规章，正式设立了荷兰学、英吉利学、法兰西学、德意志学、俄罗斯学等科目。在科学技术方面则开设了天文学、地理学、穷理学、数学、物产学、精炼学、器械学、画图学、活字术等九科。由于政局动荡不安，"开成所"被逐渐强化了军事倾向，庆应三年（1867 年）11 月移交外国奉行所管辖，由神田孝平（1830—1898）、柳河春三（1832—1870）负责，12 月因幕府倒台短暂关闭，并由明治新政府接管，即为东京大学前身[5]27-28,[6]。

明治政府成立不久的 1868 年，幕府的儒学校——昌平坂学问所被改为昌平学校，次年（1869）6 月改为大学校，上述开成所同时被改为大学校分校；明治 2 年（1869）12 月大学校改为大学，大学校分校改为大学南校，原来的医学校改为大学东校，到了明治 7 年（1874）5 月，大学校被废止，大学南校改为东京开成学校，大学东校改为东京医学校，明治 10 年 4 月（1877）两校合并成立东京大学。

蕃书调所时期的数学教育达到什么程度，因为历史资料极度缺乏，今天还不得其详，但可以知道安政六年（1859）藩医市川斋宫兼教数学，蕃书调所内并没有设置数学科目，文久二年（1862）才开始设置数学科目，担任数学教师的依次有神田孝平、鹅殿团次郎

（1831—1868）、佐原纯吉（1841—1920）等人。他们教授哪些课程现在也不清楚，只知1867 年刊行了神田孝平的《数学教授本》第一卷，其中包含笔算、加减乘除、四则、分数等内容。

"大学南校"时期，在明治三年（1870）闰十月改订的规则中课程分为 9 个阶段，每个阶段的教学内容有明确规定，初等（九等，最下级）至五等为普通科，四等至一等（最上级）为专门科。普通科以语言学和数学的教育为主，数学教学内容如下：

初等数学：加减乘除。

八等数学：分数比例。

七等数学：开平开立。

六等：代数。

五等：几何学。

专门科分：法科、理科文科，理科科目有：究理学、植物学、动物学、化学、地质学、器械学、星学、三角法、圆锥法、测量、微分、积分。

到了东京开成学校时期，数学教师有大村一秀（1824—1891）、神田孝平等人，数学教材已尽可能使用欧美教材，明治六年（1873）使用的教科书有 Robinson 的 *New University Algebra*，还有李善兰翻译的《代数学》①和《代微积拾级》②，还有福田治轩（1849—1888）的著作《笔算微积入门》（1880 年）[7]。1877 年之后，和算就被禁止教授了。文化、文政、天保年间传入很多兰书，开国后建立的长崎海军传习所也输入了很多兰书，它们大部分移藏于蕃书调所。其时由汉译洋算转译的数学书主要有 4 种：《代数学》《代微积拾级》《几何原本》《数学启蒙》。前两本传入日本的时间是 1872 年，后两本传入的时间不详[5]28-37。另外，西方的《画法几何》也传入了日本。

大学南校时期聘请的外国数学教师有：Knipping（德，1871—1875 年在职），Lepissier（法，1872—1874 年在职），A. Major（英，1873—1878 年在职），Greeven（德，1874—1875 年在职），A. Westphal（德，1874—1875 年在职），W. E. Parson（美，1874—1878 年在职），H. Wilson（美，1875—1876 年在职），S. Mangeot（法，1875—1879 年在职），G. H. Berson（法，1876—1880 年在职），Dybouski（法，1877—1880 年在职）。

1866 年数学科的学生有 150 名左右，大部分是海陆奉行方面的人员。

2.2　京师同文馆及其数学教育

随着两次"鸦片战争"的失败和"太平天国起义"的冲击，清政府为了自救而推行了轰轰烈烈的"洋务运动"，以"自强"为目的采用西方资本主义国家的技术，创办近代军事工业，制造船炮，编练新军，开矿运输等。京师同文馆就是在以奕訢（1833—1898）为首的洋务派的奏议下于同治元年（1862）年创设的，其奏折："以外国交涉事件，必先识其性情"，"欲悉各国情形必先请其言语文字，方不受人欺蒙。各国均以重资聘请中国人讲解文义，而中国迄无熟悉外国语言文字之人，恐无以悉其底蕴。"[8]117 道明了其创设的初衷，即培

---

①冢本明毅（1833—1885）予以订正于 1872 年在日本出版。

②大村一秀将《代微积拾级》翻译成日文，福田治軒（1849—1888）著《代微积拾级译解》。

养与外国交涉的外语人才。另一方面,清政府与英国于咸丰八年(1858)签署的《中英天津条约》中有这样一条规定:"嗣后的条约等一类文件的英国文书俱用英文书写,暂时仍以汉文配送,中国选派学生学习并熟悉英文后便不再附用汉文,期限为三年。"同文馆主要目的是培养外交和翻译人员,设英文、法文、俄文三个班;1863 年增设法文馆、俄文馆,1867 年增设天文算学馆,1872 年增设德文馆,并拟订了八年课程计划。

同治五年(1866)十一月恭亲王奕䜣奏请在同文馆增设天文算学馆,认为:"因思洋人制造机器、火器等件,以及行船、行军,无一不自天文、算学中来。现在上海、浙江等处讲求轮船各项,若不从根本上用著实功夫,即学习皮毛,仍无俾于实用。"[9]13 由此而引发与同治帝的老师倭仁(1804—1871)之间的"天算之争",经长达半年的论争终以倭仁妥协:"近同文馆既经特设不能中止,则奴才前奏已无足论,应请不必另行设馆,由奴才督饬办理;况奴才并无精于天文算学之人,不敢妄保。"[9]555-556 宣告洋务派获胜。天文算学馆增设后,同文馆由单一的外语学堂转变成综合性学堂,成为我国古代教育和近代教育发展的分界线[10]。继设天文算学馆后,又于光绪十四年(1888)开设了格致馆,并添设了翻译处,而且相继开设了化学、医学与生物学等课程,并添设了书阁、印书处、星台、化学实验室、博物馆、物理实验室等设施。

1895 年,甲午海战中北洋水师全军覆没,洋务运动遂以失败告终,但同文馆仍被保留下来,清政府继续供其公费开支,但此时的同文馆已凋敝冷清,馆生的学业日渐荒废,教习也几近成摆设。1900 年八国联军入侵北京,同文馆师生全体解散。

同文馆总教习丁韪良(W. A. P. Martim,1827—1916)会同各馆教习共同拟订了同文馆的八年和五年的教学计划,规定了每年的教学内容,其教学计划如下:

馆中肄习洋文四种:即英、法、德、俄四国文字。其习英文者,能藉之以及诸课,而始终无阻,其余三国文字虽熟习之,间须藉汉文以及算格诸学。

八年的教学计划如下:

首年:认字写字,浅解辞句,讲解浅书。

二年:讲解浅书,练习句法,翻译条子。

三年:讲各国地图,读各国史略,翻译选编。

四年:数理启蒙,代数学,翻译公文。

五年:讲求格物,几何原本,平三角弧三角,练习译书。

六年:讲求机器,微分积分,航海测算,练习译书。

七年:讲求化学,天文测算,万国公法,练习译书。

八年:天文测算,地理金石,富国策,练习译书。

五年的教学计划如下:

首年:数理启蒙,九章算法,代数学。

二年:学四元解,几何原本,平三角弧三角。

三年:格物入门,兼讲化学,重学测算。

四年:微分积分,航海测算,天文测算,讲求机器。

五年:万国公法,富国策,天文测算,地理金石。

据《同文馆题名录》记载,1862—1898 年京师同文馆先后聘请了 110 名教习,其中有

27 名外国人教习,分别担任语言和其他各科教师,教授数学的是美国人丁韪良(1869 年出任总教习,任职时间最长),还有英国人额布廉(M. J. O'Brien)、法国人李弼谐(E. Lepissier)兼教天文数学。同文馆中数学教习以中国人为主,前后有李善兰(1811—1882)、席淦(1845—1917)、王季同(1875—1948)等人。李善兰在 1868 年赴京就任总教习前就翻译了西方科学著作,而且对中国传统数学研究多有创新,在同文馆任算学总教习期间使用的教材主要是中国传统算书,如《九章算术》《孙子算经》《张邱建算经》《测圆海镜》《四元玉鉴》《数理精蕴》等[11],也部分使用了他与伟烈亚力、艾约瑟等传教士共同翻译的西方数学及物理学书籍,如《几何本原》《代数学》《重学》《代微积拾级》《格物测算》等。可见同文馆数学教育仍以中国传统算学为主,辅以西方初等的数学知识,大部分学生并未深刻理解西方近代数学内容。

3. 大学数学系成立后的数学教育

3.1　东京大学的数学教育

1868 年日本开始实行维新,教育是维新政治的一项基本方针,是构成近代日本立国基础之一。1872 年明治政府以太政官的名义颁布了《学制令》,建立新型学校并新设学科,普及教育,目的在于培养"治产昌业"的人才。《学制令》在执行时遇到了经费、师资、传统等方面的障碍,而且《学制令》反映了旧的教育理念,以奴性教育为根本。明治 10 年(1877)4 月,明治新政府创设东京大学,设立了法、理、文、医四学部。在理学部中设有数学物理学、星学科、化学科、生物学科、工学科、地质及采矿学科五个学科。1879 年又颁布了新的《教育令》以取代旧《学制令》,进一步确立了日本的近代学校体制,其重教国策与重军国策并行,成为日本近代化的两大支柱[5]45。明治 14(1881)年,东京大学数学物理学科和星学科分为数学科、物理学科、星学科三个科,数学作为一门独立的学科获得发展。其后,伴随着学制的改变等原因进行了几次改称,但数学科的本质并无变化,一直延续到现在的东京大学理学部的数学科。理学部成立时的修业年限是 4 年。明治 19(1886)年,根据帝国大学令,东京大学改称帝国大学,理学部称为理科大学,修业年限为 3 年的分科同年设大学院。数学系最初的入学者是北条时敬(1858—1929,明治 18 年数学系毕业,后为东北帝国大学总长)。这一年《帝国大学纪要理科》(现在《东京大学理学部纪要》的前身)也开始刊行[4]213,230。

1886 年东京大学理科大学课程如下:

第一年:微分积分,第一期每周 3 学时,第二期每周 5 学时,第三期每周 5 学时;纯正数学,第一期每周 3 学时;物理学,一年间每周 3 学时;力学,一年间每周 3 学时;球面星学,一年间每周 3 学时;星学实验,一年间每周 1 学时及 1 夜;数学演习,一年间每周 2 个下午;物理学实验,一年间每周 2 个下午;独语,一年间每周 3 学时。

第二年:纯正数学,第一期每周 2 学时,第二期每周 3 学时,第三期每周 3 学时,几何光学,第二期每周 3 学时;最小二乘法,第一期每周 3 学时;力学,一年间每周 3 学时;高等物理学,一年间每周 5 学时;物理学实验,一年间每周 2 个下午;数学演习,一年间每周 3

个下午;独语,一年间每周 3 学时。

第三年:纯正数学,第一期每周 5 学时;力学,一年间每周 3 学时;高等物理学,一年间每周 6 学时;星学,一年间每周 4 学时;数学演习,一年间每周 2 个下午;

使用的教材除部分自己编的外,主要使用西方教材,如"纯正数学"所用的外文教材如下:

一年级:Puckle,*Conic sections*;Todhunter,*Elementary*。

二年级:Chauvenet,*Trigonometry*;Aldis,*Solid Geometry*;Todhunter,*Differential Calculus*,*Integral Calculus*;Boole,*Differential Equation*。

三年级:Todhunter,*Theory of Equation*;Salmon,*Higher Algebra*;Salmon,*Conic section*;Salmon,*Solid Geometry*;Frost,*Solid Geometry*;Todhunter,*Integral Calculus*;Todhunter,*Calculus of Variation*。

四年级:Boole,*Finite Differential*;Todhunter,*Laplace's and Lame's Funcions*,*Bessel's Functions*;Boole,*Differential Equation*;Airy,*Mathematical Tracts*;Townsend,*Modern Geometry*;Kelland Tait,*Quaternions*。[4]

1877 年,学部刚刚创设时,外国的数学教师 Parson(美)、Mangeot(意)等人陆续离开日本回国,只剩下菊池大麓(1855—1917)一人。从 1887 年开始,数学系由菊池和藤泽利喜太郎(1861—1933)两人负责。菊池大麓于 1877 年从英国的剑桥大学毕业归国,直接成为东京大学教授,1881 年担任东京大学理学部首任部长,1886 年担任刚成立的理科大学学长,1898 年担任大学总长,1901 年成为第一次桂内阁的文部大臣。他不仅在日本现代数学创建方面,而且在明治文化方面贡献较大,是明治学术和教育的主要奠基者。藤泽利喜太郎于 1887 年从斯特拉斯堡大学毕业回国任理科大学教授,是数学系的实际组织者和管理者,担任系主任三十多年。藤泽引进德国大学的讲座制,1893 年开始实施,在数学系设立了数学第一讲座、数学第二讲座主讲人和应用数学讲座。数学第一、第二讲座分别由菊池和藤泽担任,应用数学讲座最初由菊池兼任,从 1896 年开始由长冈半太郎(1865—1950)担任。1901 年改称理论物理学讲座,于是这个讲座开始属于物理系。1897 年帝国大学改称东京帝国大学,在行政管理上进行了大的改革,数学系开始逐渐完备起来。1901年开设数学第三讲座,由留学柏林大学、格廷根大学回国的高木贞治(1875—1960)担任。1902 年设数学第四讲座,由留学格廷根大学归国的吉江琢儿(1874—1947)担任。数学系成为拥有 4 个讲座的大系。1920 年设数学第五讲座,由留学德国的中川铨吉(1876—1947)担任主讲人,并在当时进行类似充实讲义那样的活动。其后的四、五年间,数学系一直保持五个讲座的传统。1919 年因大学令修改,开始采用所谓的科目制度,数学课程进行了很大调整,理学部规定,各科分必修、选修和参考三种,数学系学生必须学习全部的必修科目和两门以上的选修科目,必修科目大体上有微积分学、代数学、几何学、一般函数论、微分方程式论、力学、特别讲义和数学讲究;选修科目有代数学及整数论、特殊函数论、特殊几何学、概率论及统计学、球面天文学、天体力学、一般物理学及演习等;参考科目没有特别指定。必修科目中的特别讲义是各教授对当时新兴前沿课题的介绍,学生修任何一位教授的课均可。数学讲座安排在最后一学年,根据学生自己的研究兴趣在一名教授的指导下进行数学问题研究,这个制度一直延续至今[4]314-316。

3.2 京师大学堂、北京大学的数学教育

洋务运动失败后维新变法运动兴起,"变法之本,在育人才;人才之兴,在开学校。"改革旧教育、建立新学堂成为变法第一要务。1896 年 6 月,刑部侍郎李端棻(1833—1907)上奏提出在京师设立大学堂,8 月正式开办,11 月开始招生,次年 1 月正式开学,7 月京师大学堂停办。1898 年 6 月 11 日,光绪帝颁诏正式宣布变法,强调:"京师大学堂为各行省之倡,尤应首先举办。"7 月 3 日,光绪帝批准了总理衙门上奏的《遵旨筹办京师大学堂并拟开办详细章程折》,规定"各省学堂皆归大学堂统辖",明确了京师大学堂续办。尽管 9 月 21 日顽固派发动"戊戌政变",变法措施几乎全被废除,但保留了京师大学堂和新学制,然而原订的办学方针和学校规模均难以实现。1898 年 12 月 31 日,大学堂开学时仅设一招收进士、举人的仕学院,兼寓中小学堂,共录取学生 160 余人;课程只设诗、书、易、礼四堂和春、秋两堂。第二年学生增加到 200 余人,中西并学,除经史外,开设算学、格致、化学及英文、德文、法文、俄文、日文等普通课程,另立史学、地理、政治专门讲堂。1899 年 4 月医学实业馆开学,9 月译学馆开学,首批招收 70 多名学生,12 月派遣首批 31 名学生留学日本。1900 年八国联军侵入北京,京师大学堂遭受摧残而停办。

1902 年 1 月,清政府颁布了仿照日本的壬寅学制,但未施行,下令恢复京师大学堂,设速成、预备两科,速成科分仕学馆和师范馆,同文馆改为译学馆,在北河沿购房一所作为校舍,地址即后来的北大三院[12]。但当时算学门并未实际建立,只是在京师大学堂的预备科中设置了算学科,在速成科师范馆中设立了数学物理部。1904 年 1 月,清政府又颁布了癸卯学制,即《奏定学堂章程》,规定:"高等算学"隶属格致科,并且规定了算学门("门"相当于现在的"系")课程。规定小学堂有算术课,内容包括:加减乘除、度量衡货币及时刻之计算、简易之小数;分数、小数、简易之比例、百分数、珠算之加减乘除;求积、日用簿记等[8]405-406,408;中学堂要学习算术、代数、几何、三角、簿记等[8]499-500;高等学堂要学习代数、三角、解析几何、微分积分等[8]541-542。《奏定大学堂章程(附通儒院章程)》规定大学堂算学门课程如下[13]361:

算学门科目

主　课	第一年每星期钟点	第二年每星期钟点	第三年每星期钟点
微分积分	6	0	0
几何学	4	2	2
代数学	2	0	0
算学演习	不定	不定	不定
力学	0	3	3
函数论	0	3	3
部分微分方程式论	0	4	0
代数学及整数论	2	4	4
补助课			
理论物理学初步	3	0	0
理论物理学演习	不定	0	0
物理学实验	0	不定	0
合　计	17	16	12

这参照了日本和西方的教学内容,但推行很慢。

　　1905 年,京师大学堂开始筹设分科大学,依照大学堂章程先设法政、格致、文学、工科等。直到 1912 年,学校才开始普及西方数学[14]10。

　　1912 年 5 月 1 日,京师大学堂改名为北京大学,由严复(1854—1921)出任校长。在同年公布的"民国元年所订之大学学制及其学科"中,格致科改为理科,其中包括数学门,并规定了相应的课程。由于时局动荡,1912 年秋开学时,在学的 58 名理科学生中只有 18 人返校,且经常上课的只有地质、化学的 4 名学生。1913 年秋,北京大学数学门招收新生,标志着我国现代第一个大学数学系正式开始教学活动。数学系教授只有留日归国的冯祖荀(1880—1940)和胡浚济(1885—?),第一届学生也只有两人。从日本留学归国的冯祖荀在教材选择、课程设置方面也主要依据德国模式,分析和几何方面的课程分别由冯祖荀和胡浚济担任。

　　1917 年 1 月,蔡元培(1868—1940)出任北京大学校长,数学门开始获得发展,数学教员有:冯祖荀、胡浚济、秦汾(1887—1973)、王仁辅(1886—1959)、胡文耀(1885—1966)等。早在 1904 年,京师大学堂就选派 47 人赴日本、西欧各国留学,但学数学的只有冯祖荀(1880—1940)一人,他被送往日本,他先在日本第一高等学校(相当于高中)就读,1908 年进入京都帝国大学学习数学,1914 年任北京大学数学教授,1919 年数学门改为数学系时任系主任,也曾兼任北平师范大学和东北大学数学系主任,在北京大学长期教授高等解析课程[14]20-21。秦汾于 1906 年在美国哈佛大学攻读天文学数学而获得学士学位,次年去英国的格拉斯哥和德国的弗莱堡访问学习。回国后在江南高等学校(南京)、交通大学(上海)任教,1915 年至 1919 年任北京大学数学天文学教授。1917 年北京大学而成立理科研究所数学门,秦汾是负责人,次年接任教务长。他在北京大学工作时主要研究近世代数,编写过普及性的算术、代数和几何教科书。1920 年后在教育部任技术教育司司长、教育部次长等职[14]22。

　　1917 年北京大学的数学课程主要有:解析几何(立体)、微积分、物理与物理实验、化学与化学实验、函数论、微分方程与调和函数、近世代数、近世几何、理论物理、群论、数论、线几何学、数学史和外国语,另外亦规定了选修课程。年底成立数学门研究所,由数学系的教授指导学生进行研究活动。1919 年秋季开学后,北京大学正式改门为系。到 20 世纪 20 年代末,北京大学已形成了较为完备的教学体系,在 1917 年课程基础之上,数学系陆续新增了天文学、高等平面曲线、微分几何、积分方程、集合论、变分法、无穷级数、椭圆函数及椭圆模函数等课程[15]。也使用外文数学教科书,如冯祖荀使用的教科书有 Gibson 的 *Introduction of Calculus*;Edwin Bidwell Wilson 的 *Advanced Calculus*;James Pierpont 的 *Functions of a Complex Variable*。

　　胡文耀教授代数使用的教科书为 George Ballard Mathews 的 *Theory of Numbers*[16]58。

　　北京大学建立初期没有聘请外国数学教授,清华大学早期作为一所留美预备学校,重视英语教学和有关西方人文、现代学科的教育,希望与美国教育接轨,所以在建校之初,清政府外务部就由美国青年会推荐聘请教师来清华大学任教。1911 年 2 月,共有 17 名美籍教师(男 8 人、女 9 人)到校执教,这是清华大学第一批外籍教师[17],其中数学教师有哪些人、他们在华任职的时间还不清楚。

4. 中日现代数学建制中的几点比较

日本现代数学建立经历了三个历史阶段。第一阶段是从洋学时期开始到 1868 年的明治维新，是日本数学文化变革的准备期，西方数学传播与和算并存，和算家和洋学家是数学活动的主体，蕃书调所、开成所、长崎海军传习所、静冈学问所、沼津兵学校等洋学机构是传播西方数学的中心。第二阶段是从明治维新（1868）到明治十九年（1886）的学制改革，是日本数学的转换期。期间经历了明治五年（1872）学制的颁布、明治十年（1877）东京数学会社的成立、明治十年东京大学的建立等一系列事件，实现了现代数学的制度化。第三阶段是明治十九年学制（1886）改革之后，各大学开始现代数学研究的时期。继东京大学后建立的大学是京都大学（1897）、东北大学（1907）。截至 1914 年，日本建立了 4 所大学、66 所专门学校，培养的数学人才活跃在世界数学舞台。

中国现代数学建立也经历了三个历史阶段。第一阶段是从 19 世纪 40 年代开始，到 20 世纪初新学制（1904）的颁布，是中国数学文化变革的准备期。期间发生了第二次鸦片战争、洋务运动、甲午战争、八国联军入侵、戊戌变法等一系列重大事件，民族危机逐渐加深，数学作为学习西方科学技术的最基本工具被认知和重视，在"中体西用""师夷制夷"思想指导下传播西方近代数学，传教士在晚清传播西洋数学知识方面起了重要作用。第二阶段是从 1904 年新学制的颁布开始，到 20 世纪 20 年代在大学逐步设立数学系的时期，是现代数学教育制度的草创期。京师大学堂建立后，随之新学制的颁行，逐渐开设多所大学，截至 1909 年，中国共创办了 3 所国立大学、24 所省立大学和 101 所专门学院①。截至 1930 年，设置数学系的大学中共有 3 所国立大学、8 所省立大学、16 所私立大学和 3 所独立学院[16]40-41，初步实现了数学文化的革命。第三阶段是从 20 世纪 20 年代开始到 40 年代的时期，是中国现代数学教育体系形成和现代数学建制化完成期，实现了中国数学的现代化。

东亚数学革命是在社会变革与转型中实现的，中国数学的现代化要比日本晚 30 余年，而且受到了日本的影响。比较中日现代数学的发展涉及的问题很多，历史跨度也较长，笔者围绕具有代表性的东京大学数学系与北京大学数学系创立前后中日数学状况进行对比，分析影响中日现代数学早期发展的各种因素。

4.1　国家政治与国力对数学现代化进程的影响

政府行政干预对教育事业、科学事业的发展起着至关重要的作用，影响科学、教育的体制和整体进程，社会环境、文化传统、综合国力以及执政者的执行能力决定了政府的重要决策。日本明治维新后经历了"大政奉还""废藩置县"等一系列政治变革后，加强了政府的统治，维新运动围绕"富国强兵""殖产兴业""文明开化"三大方针，有效地控制教育事业建设，加快教育的近代化进程。1871 年，明治政府设立了文部省，统管文化教育事业，

---

①1930 年，中国有大学 75 所，其中公立 38 所，私立 37 所。公立包括：国立 18 所（大学 3 所、独立学院 5 所），省立 20 所（大学 9 所、独立学院 11 所）。

次年就出台了教育改革的《学制令》，开始了有纲领有计划的教育改革。日本在甲午战争、日俄战争中取胜使国力迅速提升，为日本教育的现代化提供了物质保障。

中国经历两次鸦片战争、洋务运动、太平天国运动，尤其是在甲午战争中惨败，国力益发衰弱，一直处于内乱外患的尴尬境地，中国教育变革时期以光绪帝为首的维新势力弱小，无法抗衡以西太后为首的保守势力，各省各部门虽仍听命于朝廷，但私下"各自为政"，1905 年以前，科举制度延续了 1300 年之久，清政府颁布的《奏定学堂章程》即"癸卯学制"及相关革新政令很难得到贯彻执行，京师大学堂也因保守派的阻挠时办时停。直至 20 世纪初，教育尚未能在政治上形成近代化国家的基础，这也是造成中国近代数学教育革命落后于日本的主要原因。辛亥革命后教育得到民国政府的重视，教育部对癸卯学制改革后现代教育事业才开始走上正式建设的轨道。

4.2　教育理念与科学精神对数学教育现代化的影响

教育服务于社会，为特定的社会和阶级培养人才，政治影响下的教育宗旨促生特定的教育模式、教育体制，从根本上影响国家或地区的社会发展。清政府的洋务运动和幕府的洋学引进，目的在于"自强"挽救封建政权，本质一致的"中体西用"与"和魂洋才"，是中日当时接受西学的态度和口号，所以京师同文馆和蕃书调所的数学教育状况差别不大。明治维新时期对日本社会改造的根本思想发生转变，在"脱亚入欧"旗帜鼓舞下全盘西化，办学宗旨蜕变为国家主义与功利主义。1886 年颁布的《日本帝国大学令（明治十九年三月二日敕令第三号）》第一条就开宗明义地阐明"帝国大学以教授国家需要的学术技艺及究其蕴奥为目的"[18]，鲜明地体现了国家主义的教育理念。京师大学堂办学宗旨延续了洋务运动中的基本思想，在模仿日本的教育制度中也带有强烈的国家主义和功利主义色彩。孙家鼐在《议复开办京师大学堂折》中明确提出"自应以中学为主，西学为辅；中学为体，西学为用"。《钦定京师大学堂章程（光绪二十八年七月十二日）》首先给出明确的办学宗旨：

第一章　全学纲领

第一节　京师大学堂之设，所以激发忠爱、开通智慧、振兴实业，谨遵此次谕旨，端正趋向，造就通才，为全学之纲领。

第二节　中国圣经垂训，以伦常道德为先，外国学堂于知育、体育之外，尤重德育，中外立教本有相同之理，今无论京外大小学堂，于修身伦理一门，视他学科更宜注意，为培植人材之始基。

第三节　欧美日本所以立国，国各不同，中国政教风俗，亦自有所以立国之本，所有学堂人等，自教习总办提调学生诸人，有明倡异说、干犯国宪，及与名教纲常显相违背者，查有实据，轻则斥退，重则究办。[13]235

与日本东京大学办学宗旨相比，除功利主义、实用主义的相同目标外，中国则更强调了"德育"，规制了政治对教育的控制和干预。

在 19 世纪的中国和日本，数学被认为是科学技术的基础，这样的认知既有东方数学文化传统的影响，也有 17 世纪以来数学成为西方近代技术革命基础的现实。然而，当 19 世纪中日两国进行数学教育改革、全盘接受西方数学之际，欧洲数学已经开始转向高度抽象的现代数学(群论与近世代数、非欧几何、射影几何、微分几何、拓扑、实分析、复分析与泛函分析、集合论与数理逻辑等),数学离现实世界及工程技术越来越远。当时的世界数学中心由法国转移到德国,日本的留学生主要去这些国家接受现代数学的知识和理念,日本数学主要依靠藤泽利喜太郎、高木贞治等留德的数学家很快进入世界数学的前沿。中国留学生则去了日本和美国,特别是庚子赔款留美归国的数学家对实现中国数学现代化贡献最大。正如丘成桐先生所说,全面学习日本不见得是当年的一个明智选择[1]5。

在对待传统数学的态度方面,中国与日本也有所不同。明治政府于 1872 年颁布教育法令,规定从小学到大学的各类学校,只教授西洋数学,废止和算。和算在实行新学制的现代数学教育中退出历史舞台,在国粹主义思潮中变为历史文化的研究对象。在中国,1862 年以后只由少数特殊的学校完全教授西方数学(如教会学校),其他书院、学堂、小学乃至大学,都是同时教授西洋数学与传统数学。

4.3　数学社会的培养

数学教育是一种社会活动,数学教师和学生的专业活动反映出数学教育的规模与质量。数学社会由以数学家、数学教师为主体的数学从业人员构成,组织形式是学会团体,数学社会状况反映一个国家的整体数学水平。

早在明治 10 年(1877)9 月,日本就成立了东京数学会社,由神田孝平、柳楢悦(1832—1891)担任会长,会员有 110 余名(多为和算家,洋算家很少)。到了 1884 年,留学归国人员渐多,菊池大麓建议会员扩大到物理学、星学(即天文学)专业,入会的物理学家人数逐渐增多,学会改名为东京数学物理学会,菊池大麓任会长,大学数学、物理教师成为学会的核心,会员 80 余名,和算家纷纷退会,并于 1887 年成立了数学协会(宗旨是普及数学知识)。1919 年,东京数学物理学会改名为日本数学物理学会,二战结束后的 1946 年分离为日本数学会与日本物理学会,一直延续至今。

中国的学会组织发展缓慢,数学专业方面清末出现了瑞安学计馆、瑞安天算学社、浏阳算学馆、知新算社等数学团体[19],但还不是现代意义的学会组织。北京大学成立后才开始在一些大学里出现学会组织。1914 年,武昌高等师范学校成立了数理学会。1916 年,北京高等师范学校成立了数理学会。1918 年 10 月,北京大学数学门与物理门的学生联合发起组织北京大学数理学会,并于 1919 年 1 月出版发行《北京大学数理杂志》。1919 年,南京高等师范学校成立了数理化研究会。这些学会都是校内的,而且会员都是以学生为主[20]。直到 1935 年 7 月,全国性的以大学数学教师为主体的中国数学会才于上海成立,出席成立大会的数学家也只有 33 人。

学习西方数学首先要排除语言障碍,自明末徐光启(1562—1633)、利玛窦(MatteoRicci,1552—1610)的翻译工作之后,随西学东渐的深入,中日两国译作繁多,汉译日译的数学词汇也很混乱,不利于数学的传播和教学。日本审定规范数学术语的工作早于中国。明治维新后日本出版界开始编制出版数学专业词典,1871 年桥爪贯一(1820—1884)出版了《英算独学》,次年出版了《洋算译语略解》。东京数学会社成立不久就重视审定数学术语,1880 年 7 月东京数学会社设置“译语会”,每月开会一次审定数学术语,算术方面共开会 15 次,确定算术术语 151 个,代数学术语 13 个;代数学方面共开会 7 次,确定代数学术语 71 个;工科数学方面共开会 6 次,确定工科数学术语 133 个[21]。

1909 年,清朝政府成立了以严复为总纂的科学名词编订馆。严复编订各科中外名词对照表及各种词典。随后于 1915 年,江苏教育会的理化教授研究会相继审定了化学、物理学、数学、动物学、植物学、医学的术语。直到 1918 年,中国科学社(1915 年成立)开始重视这项工作,起草了科学名词审定草案,次年成立了科学名词审定委员会。截至 1931 年共审定各学科术语 14 部,均为草案。1932 年,国民政府教育部成立了国立编译馆,在大学院内成立了译名统一委员会。中国数学会于 1935 年 7 月在上海成立之初,在第一次会议上就决定成立数学名词审查委员会,受教育部及国立编译馆的请托,将前由胡明复 (1891—1927)、姜立夫(1890—1978)等拟定之数学名词初稿作最后一次审定,由胡敦复 (1886—1978)、陈建功(1893—1971)、姜立夫、江泽涵(1902—1994)、钱宝琮(1892—1974) 等 15 位数学家组成数学名词审查委员会负责审查,这次审查结果确定了 3426 条数学名词,同年 10 月呈由教育部以部令公布[22]。

数学杂志的出版发行也是反映数学社会成熟程度的重要指标,明治时期(1877—1911)日本的数学杂志先后出版了 61 种数学杂志:

東京数学会社雜誌(月刊,1877)	数理(1889)
算学新誌(月刊,1878)	数理学(金泽,1889)
数理雜誌(1878)	数理之活用(1889)
諸学普及数理叢談(1879)	数理園(熊本 1889)
数学叢誌(1879)	数学書生(1889)
小学数理問題(1879)	数理のきよせ(大阪 1889)
数理舍談(1881)	倭錦数理之庫(1889)
数理書院月報(1882)	普通数理(1890)
珠算学ぶの友(1882)	山陰数理学会乙部報(1890)
東京数学物理学会記事(1885)	普通数学雜誌(1890)
数学雜誌(1886)	精思(1890)
東京数学雜誌(1887)	数学報知(1890)
数学協會雜誌(1887)	数理之船(1890)
数理問答雜誌(1887)	東京物理学校雜誌(1891)
数学獨學雜誌(1888)	英華(1892)
数学原書獨習新書(1888)	智慧の花(1893)
初学数誌(1888)	数学者(1893)
数学之友(1888)	数理学講義錄(1897)
熊本数学会雜誌(1888)	数学雜誌(1902)
数学論理問答(1888)	数理学講義(1903)
数海之一滴(1888)	数学講義錄(1903)
数学叢誌(鸟取,1888)	数学世界算術(1905)
初等数学問津(1888)	数学世界代数(1905)
数理雜誌(熊本,1888)	数学世界幾何(1905)
数理論理雜誌(东京,1888)	数学世界(1906)

数理雜誌(盛冈,1888)　　　　　えっくす·わい(1906)

数理会堂(1889)　　　　　　　数学 (1908)

数理新報 (1889)　　　　　　　数学俱樂部 (1909)

数理叢集 (1889)　　　　　　　数理之友 (1909)

数理顯象 (1889)　　　　　　　東北数学雜誌 (1911)

数学の手引(1889)

相比之下,中国的数学杂志很少。清末至辛亥革命前只有 10 种数学杂志或刊登数学文章的综合杂志:《六合丛谈》(1865),《中西闻见录》(1872),《格致汇编》(1876),《湘学报》(1897),《新学报》(杜亚泉,1898),《亚泉杂志》(1900),《普通学报》(杜亚泉,1901),《算学报》(黄庆澄,1897—1898),《算学报》(朱宪章,1899,3 期),《中外算报》(赵连璧,1902—1903)。

民国初年中国的数学杂志也只有 5 种:《数学杂志》(崔朝庆,1912),《数理杂志》(1919),《数理学会杂志》(1914 年),《数理杂志》(1918 年 4 月),《数理化杂志》(1919 年 9 月创刊)。

与中国相比,成熟、繁荣的日本数学社会反映出新学制得到有效执行,新式数学教育在中小学和大学得到有效落实。另一方面,江户时代的教育传统与和算社会遗存,为明治数学教育的普及和数学社会的养成准备了条件。德川时代不仅重视武士教育,而且重视平民教育,1860 年代江户及其附近有平民初等教育机构寺子屋大约 1 200 所左右,日本全国总数约有 15 500 所。此外,各藩设有藩校,当时武士都具有较高的文化程度。[23]这为明治维新教育的迅速发展打下了一定的基础。在数学方面,在社会上高度普及的和算作为一种特殊的艺道,流派林立,从数学传播角度说,和算社会中的"遗题承继""奉揭算额""算学道场"就相当于数学杂志,而且和算家在明治时期为传播与普及西方数学发挥了很大的作用。

4.4　数学现代化进程中的国际化因素

数学国际化至少表现在五个方面,第一是外国智力引进,即招聘西方的数学教师来本国学校教学或讲座;第二是使用西方的外文数学教材;第三是派遣数学留学生;第四是参加数学国际学术会议;第五是在西方数学杂志上发表学术论文。

在聘请外国数学教师方面,日本在"大学南校"时期就聘请很多西方人教授数学。在 1877 年东京大学设立之初,法、理、文三个学部都聘请了一定数量的外国教师,其时日本教授、日本助教和外国教授的比例大体为 4:3:17。后来设有法学、文学、理学、医学等四个学部,在校学生 1 600 人,日本教师只有 69 名,大学的数学研究与教学实际上由来自英国、美国、德国、法国的 30 多名外国教师承担。反观京师大学堂时期,虽然《京师大学堂章程》规定:"设通学分教习 10 人,皆华人;英文分教习 12 人,英人华人各半;日本分教习 2 人,日人华人各 1 人;俄德法文分教习各 1 人,或用彼国人,或用华人。"在理工方面"专门学 10 种,分教习各 1 人,皆用欧美洲人。"但没有聘请外国数学教师。北京大学成立之后直到 20 世纪 30 年代才聘请外籍教师,而且人数较少①。

①根据郭金海的调查,1931—1937 年北京大学数学系的教师中,只有施佩纳(Sperner,Emanuel,1905—1980)和奥斯古德(Osgood,William Fogg,1864—1943)两位外籍数学家,而且任职时间很短。见:郭金海.现代数学在中国的奠基[M].广州:广东人民出版社,2019:49-51.

留学生归国以前,中国人无法掌握外语,翻译传播西方数学主要依靠传教士,而这些传教士非数学家,掌握的数学知识有限,因此传播的数学知识也不是19世纪欧洲最新的数学。同文馆、京师大学堂使用的西方数学教材是李善兰等人翻译的初等代数学、解析几何、微积分教材,日本蕃书调所、大学南校使用的是汉译西方数学著作或日本人翻译的西方数学著作,与中国教授的数学内容相近。但在东京大学成立之后,迅速使用西方外文数学教材,很快与西方数学接轨。1912年,北京大学才开始使用外国数学教材。

中日现代数学建立过程中,留学生的作用最大,留学归来后直接或者间接参照西方教育模式创建了各自国家最早的数学系,并为各自的社会输送了大批精英人才。日本幕末开始正式派遣留学生,最早一批是文久二年(1862)9月派遣15人赴荷兰留学,其后于庆应二年(1866)选派菊池大麓等14位人员赴英国、俄国留学。维新后的1869年至1870年,明治政府派送了174名留学生,1882年又进一步改为公费派送留学。其中藤泽利喜太郎、高木贞治、吉江琢儿、中川铨吉等一批留德数学家为明治、大正时期的日本数学发展作出了巨大贡献。中国最早的留学生是容闳(1828—1912),于1847年留美学习,获得文学学士学位,1854年归国。其次是黄宽(1829—1878)留学美、英学习医学,1857年归国。他们都不是政府派遣留学的。洋务期间从1872年始举办"幼童赴美留学预备班",每年30人,四年共120人。戊戌变法后,因兴办学堂的需要,清政府开始派遣留学生。1899年派遣64人,1900年后急增,1900—1906年达高潮,有万余人。戊戌变法后留学生中以留日学生居多。1909年开始庚子赔款留学后,留美学生居多,1909—1924年共689人。中国留学生所学专业以实用科技为主,学习数学的不多,最早归国的数学家冯祖荀和胡浚济在北京大学数学门初建时作出贡献,但庚子赔款留学生对中国现代数学的发展发挥的作用更大。

日本数学家中参加国际数学家大会最早的是藤泽利喜太郎,1900年他参加了在巴黎举行的第二届国际数学家大会,并做题为"Note on the mathematics of the old Japanese school"的报告。第一位参加国际数学家大会的中国人是周培源(1902—1993),1928年他以留学生的身份参加了在意大利举办的第八届国际数学家大会,而以中国代表身份出席国际数学家大会的是熊庆来(1893—1969),1932年他出席了第九届国际数学家大会,但未在大会上做报告。

参考文献

[1] 丘成桐.清末与日本明治维新时期数学人才引进之比较[J].西北大学学报(自然科学版),2009,39(5):5.

[2] 丘成桐.从明治维新到二战前后中日数学人才培养之比较[J].科学时报,2010年2月3日:A观察版.

[3] 会田安明.数学夜話評林[M].東京理科大学圖書館藏抄本.

[4] 《東京大学百年史》編集委員会.東京大学百年史(部局史二)[M].東京:東京大学出版会,1987.

[5] 《日本数学100年史》編集委員会.日本数学100年史(上)[M].東京:岩波書店,1983.

[6]   倉沢剛.幕末教育史の研究[M].東京:吉川弘文館刊行,1983:77-78.

[7]   冯立昇.中日数学关系史[M].济南:山东教育出版社,2001:213-216.

[8]   舒新诚.中国近代教育史资料上册[M].北京:人民教育出版社,1961.

[9]   朱有瓛.中国近代学制史料.第一辑上册[M].上海:华东师范大学出版社,
       1986.

[10]   董宝良.中国教育史纲(近代之部)[M].北京:人民教育出版社,1990:59.

[11]   梅荣照.明清数学史论文集[M].南京:江苏教育出版社,1990:334-408.

[12]   萧超然,沙健孙,等.北京大学校史 1898—1949[M].上海:上海教育出版社,
       1981:16.

[13]   璩鑫圭,唐良炎.中国近代教育史资料汇编·学制演变[M].上海:上海教育出
       版社,1991.

[14]   张奠宙.中国近现代数学的发展[M].石家庄:河北科学技术出版社,2000.

[15]   丁石孙,袁向东,张祖贵.北京大学数学系八十年[J].中国科技史料,1993,4
       (1):74-85.

[16]   郭金海.现代数学在中国的奠基[M].广州:广东人民出版社,2019.

[17]   白燕.从"洋教习"到"外国专家"——北京大学聘请外籍教师百年回顾[J].北
       京大学学报(哲学社会科学版),2001,38(5):146-152.

[18]   文部省编.学制百年史[M].帝国地方行政学会,1972. https://www.mext.
       go.jp/b_menu/hakusho/html/others/detail/1317632.htm.

[19]   王秀良.清末杂志、社团与数学传播[D].天津:天津师范大学,2003:48-59

[20]   赵爽英,张友余.民国初年的数理期刊与中国现代数学的发展[J].中国科技期
       刊研究,2011,22(1):161-165.

[21]   佐藤健一.明治初期における東京数学会社の訳語会の記事[M].東京:日本
       私学教育研究所,1999

[22]   李文林.中国数学会第一次名词审定[J].中国科技术语,2009(1):61.

[23]   小林哲也.日本的教育[M].徐锡龄,黄明皖,译.北京:人民出版社,1981:13

第二编　为数学而历史

论笛卡儿数学精神

李铁安

摘　要:数学是人类伟大而神圣的文化创造,不仅包括显性的数学知识,也包括隐性的数学精神。笛卡儿创立的解析几何是数学文化发展史上激动人心的划时代诗篇,具有无以替代的科学文化价值。追寻笛卡儿数学精神当是数学史研究饶有意趣的问题。笛卡儿数学精神包括笛卡儿创立解析几何的创造理路、数学内涵、科学价值、文化品格,以及外在成因。

关键词:笛卡儿;解析几何;数学精神;数学文化

追溯数学发展的历史经脉不难发现:数学是人类伟大而神圣的文化创造,是人类在探索客观世界特征和规律过程中的独特发现与发明。这种发现与发明不仅包括数学概念、公理、原理、定理、公式和方法等显性的数学知识形态,也包括数学知识内部蕴含的人类宇宙观念、主体意识、崇高信念、高尚情感、审美追求、思维方式等隐性的数学精神形态。正是数学知识形态与数学精神形态的交互作用,构成了广阔深刻、厚重而美妙的数学文化系统。

17世纪法国伟大的哲学家、数学家笛卡儿(Rene Descartes,1596—1650)创立的解析几何,是数学文化发展史上激动人心的划时代诗篇,具有无以替代的科学文化价值,也是数学创造的经典案例和数学教育的原生态标本。追寻笛卡儿创立解析几何的数学精神,即探析其创造理路,挖掘其数学内涵,揭示其科学价值,审视其文化品格,探究其外在成因,当是数学史研究饶有意趣的问题。

1. 笛卡儿解析几何思想的创造理路

1637年,那位高吟"我思故我在"而响彻人类哲学史的笛卡儿,发表了《更好地指导推理和寻求科学真理的方法论》(简称《方法论》)一书,这是一部重要的哲学和方法论著作。在书中三个附录之一的《几何》中,他阐述了解析几何原理,其要旨是把几何学的问题归结为代数形式的问题,用代数学方法进行计算、证明,从而达到最终解决几何问题的目的,即

作者简介:李铁安,1966年生,中国教育科学研究院基础教育研究所研究员,研究方向为课程教学论、数学史与数学教育、中小学课程教学改革等,主要研究成果有:《迷上数学——触动童心的数学文化课》《高品质课堂的塑造》等。

几何代数化的方法。

笛卡儿采取不同于传统的欧几里得几何的数学观念思路,创造性地从解决几何作图问题出发,运用算术术语,巧妙地引入了变量思想和坐标观念,并用代数方程表示曲线,然后再通过对方程的讨论来给出曲线的性质,由此得出解析几何的核心概念——曲线与方程。归纳起来,笛卡儿解析几何思想的数学创意分为四个步骤:几何量算术化,构造代数方程,求解轨迹方程,形成核心概念。

1.1　几何量算术化

为了解决几何作图问题,笛卡儿率先引入了"单位量"作为数学工具。《几何》开篇明义指出:"任何一个几何问题都很容易化归为用一些术语来表示,使得只要知道直线段的长度的有关知识,就足以完成它的作图。"[1]不仅如此,笛卡儿也最先引进了"比例式"$1 : x = x : x^2$。他认为在这个比例式中,x 只通过一个"关系"(指比)跟单位量联系在一起,x^2 则通过两个"关系"与单位量发生关系,这样如两个线段积的形式就可以通过代数运算进行,而不具有维数的意义。具体表述为:

(1)首先引入"单位线段"概念;

(2)定义线段加、减、乘、除、乘方、开方运算;

(3)以特殊记号$(a,b,c,\cdots)$表示不同的线段;

(4)用数表示所有的几何量,而且几何量之间也可以进行算术运算。

例如求线段 a 与 b 的乘积,如何解决呢? 如图 1 所示,以 A 为端点作射线 AB 和 AC,设线段 AB 为单位 1,AC 等于 a,AD 等于 b,联结 BC,过 D 作 DE 平行于 BC,若设 $AE = x$,则 $1 : a = b : x$,即 AE 就是线段 a 与 b 的乘积,也即 AE 就是 AC 与 AD 的乘积。

再如求线段 a 的平方根,如何解决呢? 如图 2 所示,以 A 为端点作线段 AD,设线段 AB 为单位 1,BD 等于 a,取 AD 中点 O,以 O 为圆心,以 AD 为直径作圆,过 B 作 BC 垂直于 AD 交圆于 C,若设 $BC = x$,联结 AC,CD,则 $1 : x = x : a$,即 BC 即是线段 a 的平方根,也即 BC 就是 BD 的平方根。

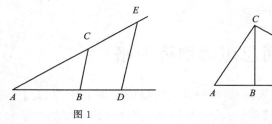

图 1　　　　　　　　　　　　　图 2

显见,单位量和比例式的引入,把数和运算尽可能紧密地联系起来,实际上这是数形结合最基础的一步,也是使接下来的各个步骤水到渠成,并最终形成解析几何思想的决定因素。在解析几何思想形成的过程中,单位量和比例式的引入非常突兀,却俨然神来之笔。或许,这是笛卡儿创造思维中的一种审美直觉,也是笛卡尔解析几何思想产生的逻辑出发点和原初动力。

1.2　构造代数方程

（1）假设提出的几何作图问题已经解决；

（2）由于图形中已知线段与未知线段之间必存在依赖关系，而线段又可以用数和字母表示，这样就可以构造代数方程；

（3）通过解方程，使之用已知线段表示未知线段，最终解决几何作图问题。

1.3　求解轨迹方程

在上两步构想的基础上，笛卡儿把目标直指古希腊几何学家帕波斯（Pappus，约公元300—350）的几何求轨迹问题：设在平面上给定四条直线 AG、GH、EF 和 AD，求从某点 C 作四条直线 CB、CQ、CR 和 CS 分别与已知直线交于已知角，且满足关系 $CB \cdot CR = CS \cdot CQ$ 的点 C 的轨迹。（如图 3 所示）

笛卡儿的解法的大致步骤是：

（1）设所求点 C 已经找出，将 AB 记为 x，CB 记为 y；

（2）根据三角形的边角关系，将 CR、CS 及 CQ 用 x、y 表示出来；

（3）代入关系式 $CB \cdot CR = CS \cdot CQ$，经整理就得

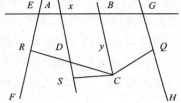

图 3

到了满足帕波斯问题的 C 的轨迹方程：$y^2 = ay + bxy + cx + dx^2$（其中 a、b、c、d 是由已知量组成的简单代数式）。这不仅使笛卡儿寻找到了几何轨迹的代数方程，也使几何代数化方法的可行性得以验证，曲线与方程的概念随之形成。

1.4　形成核心概念

笛卡儿得出了帕波斯问题的轨迹方程，并进而做更深入的分析：

（1）给 y 指定一个值，x 即可按已有的方法作出；

（2）那么，接连取无穷多个不同的线段 y 的值，将会得到无穷多个不同的线段 x 的值；

（3）因此，就有了无穷多个不同的点 C，所求曲线便可依此画出。

这正是曲线与方程概念的结构。我们可以对笛卡儿最终形成曲线与方程这一核心概念的内隐思路再做以概述：认识二元方程 $F(x, y) = 0$；先考察一组解 x 和 y，易知，它们是相互依存的；那么，让 x 连续地变，则对每一个确定的 x 值，一般来说都可以由方程 $F(x, y) = 0$ 算出 y

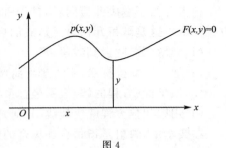

图 4

值；考虑到数可由线段来描述（如图 4 所示），则对应的每一组 x，y 可看作是描述曲线上点的位置的量，即有序实数对；这样，无数组有序实数对便可表示曲线上的无数个点；曲线正是由这些点构成的；于是，用有序实数对（即方程的解）就可以描述曲线了。这样，二元

方程被赋予了生动的几何意义。由此,数与形、方程与曲线实现了有机的统一。

2. 笛卡儿解析几何思想的数学内涵

笛卡儿解析几何思想的数学内涵由核心概念、基本思想方法、数学原理三个层次构成。核心概念是曲线与方程,基本方法是几何问题代数化和代数问题几何化,数学原理是映射原理(或化归原则)。

2.1 核心概念——曲线与方程

从笛卡儿解析几何思想的数学创意过程的四个步骤——几何量算术化、构造代数方程、求解轨迹方程、形成核心概念审视,应该说,前三个步骤还只是方法层面的体现和初步创造,第四个步骤则是数学思想创造的升华,曲线与方程概念的形成也就意味着解析几何思想的真正形成。所以,曲线与方程概念是解析几何思想的核心概念。

曲线与方程概念的形成也蕴涵着一个精致的思维链条。即:"代数方程→方程的解→变量→线段→有序数对→曲线上的点→曲线"。这反映了笛卡儿在形成核心概念过程中的独特思维,即:问题解决的思维线索沿着"直觉思维—抽象思维—演绎思维—归纳思维"而进行。

2.2 基本思想方法——数形结合

究其实质,笛卡儿解析几何思想的数学创意的前三个步骤——几何量算术化、构造代数方程、求解轨迹方程就是几何问题代数化的过程,第四步形成核心概念的过程则是对代数结果几何化的过程。这说明,核心概念的形成,真正实现了几何问题代数化和代数结果几何化的有机统一。由于数学的基本思想方法总是体现在其对应的数学核心概念中,因此,几何问题代数化、代数问题几何化以及几何问题代数化和代数结果几何化的有机统一(即数形结合)是解析几何的基本思想方法。

2.3 数学原理——映射原理

笛卡儿为了解决几何问题,首先将变量思想引入数学,其直接体现是动态看二元代数方程的解。这是解析几何思想形成的启动环节,接下来的步骤是:

(1)把解(数)映射到线段(形);

(2)通过建立坐标系,引入坐标将解(数)与线段(形)统一起来;

(3)用坐标(方程的解)表示坐标系下曲线上的点(形);

(4)用解代数方程解决曲线(几何)问题。

在数学中,映射是指集合到集合的确定性的对应。事实上,笛卡儿通过把原来的几何问题转化成代数(计算)问题。借助于坐标系,在点(曲线)与数组(方程)之间建立起对应关系,也就是通过坐标系在平面点集与二元实数组的集合之间(在平面曲线与具有两个变量的方程的集合之间)建立了对应关系,以此来实现几何问题代数化。由于平面点集是一个几何结构,实数集则是一个代数结构,因此这里所做的事实上就是建立了几何结构与代数结构之间的映射,并在整体上实现了由平面几何向代数的化归。

如果对解析几何思想的核心概念——曲线与方程的定义进行剖析,其映射原理更加一目了然。曲线与方程的定义为:设有一条曲线 L 和一个方程 $F(x,y)=0$,如果曲线 L 上任何点的坐标都满足方程 $F(x,y)=0$,而以满足方程 $F(x,y)=0$ 的解为坐标的点都在曲线 L 上,则称曲线 L 是方程 $F(x,y)=0$ 的曲线,方程 $F(x,y)=0$ 是曲线 L 的方程。显见,曲线与方程的定义正是映射原理的直接体现。

3. 笛卡儿解析几何思想的科学价值

3.1　开创了近现代数学的先河

近代数学的显著标志是将变量和函数引入数学。从数学发展的历史看,变量的引进及其在数学各分支中的应用是笛卡儿的一项开创性工作。笛卡儿巧妙地引入了变量思想,是他第一个把二元方程 $F(x,y)=0$ 中的 x,y 作为变量来看(尽管他未使用这个术语),这是由常量数学过渡到变量数学的转折点,将以往数学中无法描述的动态问题以变量的思想得以解决,使数学符号扩充到运动的领域,宣告运动数学新时代的开始。有了变量,再加上无穷小运算方法,就可以产生近代微积分学。有了变量,就可以建立起完整的多项式理论。变量的引进将整个数学的发展向前推进了一步,从此数学进入了变量数学时期。变量的引进使数学的研究对象发生了变化,成为数学发展的一个转折点。

笛卡儿的开创性工作还在于他把坐标观念真正有意义地引入数学(尽管不是后来的平面直角坐标,而是斜坐标,且忽略了横轴上的负值),把点动成线的观点具体应用到建立曲线的方程上,使得用方程来描述曲线成为可能。他站在方程的高度,认为方程既是未知数与已知数的关系式,同时更是两个变量间的关系式,把方程与曲线等量齐观。而曲线是任何具体代数方程的轨迹这一结论对数学发展具有划时代意义,从根本上改变了自毕达哥拉斯学派以来代数一直是几何奴仆的地位。后来的数学家,正是从笛卡儿使用的坐标的本质受到启发,又引入直角坐标和极坐标,发展并完善了解析几何。法国著名数学家阿达玛(Jacques Hadamard,1865—1963)认为"数学科学的研究对象的全部概念,发生了彻底变革,直接促成这一变革的是笛卡儿,"并强调,"(坐标方法的应用)是笛卡儿在几何中真正伟大的发现;不仅把几何上已经定义了的曲线转变成方程,而且,从完全相反的角度看,给越来越复杂的曲线预先下了定义,因此,越来越一般……"[2]65

3.2　自然科学便捷有效的工具

A. Ⅱ. 亚历山大洛夫(A. D. Aleksandrov,1896—1982)认为,自然科学上的任何问题只要做到从数学上来理解,也就是说,找到它的正确的数学描述,就可以借助于解析几何学与微积分学而获得。[3] 有了解析几何这个方法,许多物理学的问题,从前不能或不易解的,现在都可以解决了,牛顿就研究过笛卡儿的几何学著作,并使用了他的方法。

笛卡儿解析几何直接为当时的新生力学提供了数学工具——对一个运动系统可以在坐标系下进行力的分解、运动的分解,使复杂问题简化为简单易解的问题,并且可以从相反的方向根据运动的轨迹求出代数方程;同时也极大地推动了航海学的发展。"解析几何使笛卡儿的名字不朽,它是人类在精密科学思想史上所曾迈出的最伟大的一步。"[2]41

3.3　数学方法论的革命性突破

数学方法论是数学的理论基础之一。泰勒斯最先提出数学命题须加以演绎证明,在数学上要建立一般的原则和规则;毕达哥拉斯对数学结构进行了最初的探索;柏拉图阐述了数学概念的意义;亚里士多德提出逻辑方法论,创建了公理法和数学证明原理;欧几里得则在数学中实现了公理化,《几何原本》奠定了古希腊数学方法论的基础。伽利略提出了用数学公式表达科学知识尤其是自然规律的新的方法论原则。

笛卡儿则对数学方法论做出了突破性的发展,提出了数学演绎法。他把数学看作方法的科学,并把数学方法当作演绎推理的工具,把代数推理方法和逻辑相结合,使之成为普遍的科学工具。他认为应该存在着某种普遍科学,可以解释关于秩序和度量所能够知道的一切,它同任何具体题材没有牵涉,可以叫作普遍数学,因为它本身就包含着其他科学之所以也被称为数学的组成部分的一切。这样一种普遍的科学方法与数学密切相关却又不是数学,它在方法论上要比作为一种知识的数学更为基本,他创立的解析几何,正是利用这一科学工具的体现。笛卡儿的数学方法论对数学以及科学的发展都起到了非常重要的作用,这种可赞叹的胜利,使人类获得了为取得以后成就所必需的信心。

3.4　数学思维过程的简约表达

(1)问题起点简练清晰

笛卡儿要建立代数与几何的联系,他的切入点是引入"单位线段"概念,用数表示所有的几何量。

(2)理论前提简单明确

笛卡儿要解决几何作图问题,他的立足点是用代数方程。没有纷繁复杂的理论论证,凭其坚定的数学信念和敏锐的数学直觉,以最简单和最直接的方式抓住了现象的本质。

(3)思维程式简捷明快

笛卡儿为了研究曲线,首先研究方程,再通过方程讨论曲线,这是数学思维方法中典型的化归原则。化归原则的核心就是转化和简化。笛卡儿将几何问题等价变形为代数问题,相应的解决问题的技术手段也就从几何的综合演绎方法中摆脱出来,而代之以代数的符号化和方程的方法。这不仅实现了转化,也实现了简化。

(4)论证过程经济有效

笛卡儿要借助方程研究曲线,他的论证过程即:构造代数方程—求解轨迹方程。突破口即解决帕波斯的几何求轨迹问题。

(5)得出结论简约精致

笛卡儿通过从几何轨迹出发寻找出它的代数方程,但他没有就此搁止,而是创造性地把变量思想和坐标观念体现到了它的几何代数化方法中,得到了一个具有普遍意义的精致的结论:曲线与方程是统一的。

3.5　数学知识体系的和谐表现

（1）客观与主观的和谐统一

"曲线与方程"是解析几何的核心概念，是"曲线"概念和"方程"概念的高度统一体。在这一概念中，"曲线"概念和"方程"概念既是对称的，也是统一的，"曲线"是"方程"的"曲线"，"方程"是"曲线"的"方程"。同时，这一概念既是"方程"概念的拓展，也是"曲线"概念的重建。"曲线"是宇宙空间形式的客观反映，"方程"是人类智慧的创造发明，曲线与方程统一在一个概念中，体现了客观世界与主观世界的高度和谐统一。

（2）部分与整体的和谐统一

解析几何创立之前，代数学与几何学是两门彼此独立的数学学科。笛卡儿用代数方法研究几何问题，使代数学与几何学和谐地统一起来，揭示了数学发展的本质特征和必然趋势："数学科学是一个不可分割的有机整体，它的生命力正是在于各个部分之间的联系；……数学理论越是向前发展，它的结构就变得越加调和一致。"[3]数学各学科之间是和谐统一的。

（3）简单与复杂的和谐统一

宇宙的空间结构复杂而多变。但是，笛卡儿建立了曲线与方程的联系，以几个简单的方程就能描述复杂而多变的曲线，这不仅是对无限丰富和永恒发展着的自然界和谐秩序的一个概括，而且，使人类认识一个新的曲线世界、新的宇宙空间变得更加清晰和容易。

（4）静态与动态的和谐统一

笛卡儿在《几何》中巧妙地引入了变量的思想，是他第一个把二元方程 $F(x,y)=0$ 中的 x,y 作为变量来看（尽管他没有使用这个术语），认为方程既是未知数与已知数的关系式，同时更是两个变量间的关系式，动态地看二元代数方程的解与组成平面曲线的点，它们有内在的本质联系，可把方程与曲线等量齐观。这别致的想法使静态的代数方程与几何图形实现了"曲线与方程"统一的和谐。

4.笛卡儿解析几何思想的文化品格

4.1　坚定深刻的数学信念

笛卡儿在青少年时代就抱有只有数学推理是确切并且基础牢固的信念。他用知识代替信仰，用理性代替非理性，用逻辑证明代替对权威的崇拜。在《方法论》一书中，提出代替亚里士多德逻辑三段论的四条规则：

"凡是我没有明确认识到的东西，我决不把它当成真的接受。也就是说，要小心避免轻率的判断和先入之见，……"

"把我所审查的每一难题按照可能和必要的程度分成若干部分，以便一一妥为解决。"

"按次序进行思考，从最简单、最容易认识的对象开始，一点一点逐步上升，直到认识最复杂的对象；就连那些没有先后关系的东西，也给它们设定一个次序。"

"在任何情况下,都要尽量全面地考察,尽量普遍地复查,做到确信毫无遗漏。"[4]16

这无疑反映了笛卡儿坚定而理智的数理逻辑信念。解析几何思想的形成,也正是这种创造信念的驱使。笛卡儿一生并未把更多时间投入给数学,但他的数学信念,尤其是决心要将代数与几何统一起来的信念是坚定而深刻的。笛卡儿曾多次表明他的数学信念。归纳起来,笛卡儿认为:数学是宇宙的语言;数学方法是获得一切科学知识和解决一切科学问题的普遍工具;有用的数学方法才能对一切自然现象给予解释并做出证明;代数是一门具有普通意义的潜在的方法的科学;取代数与几何之精华,建立普遍的、统一的"通用数学";最能反映这种特点的,归根结底还是那几句名言:一切问题都可归结为数学问题;一切数学问题都可归结为代数问题;一切代数问题都可归结为解方程问题。这种信念直接影响了笛卡儿数学思想的形成和发展,也是笛卡儿创立解析几何思想的行动指南。在解析几何思想的形成过程中,笛卡儿把这种信念演绎得精彩绝伦。尽管,他的名言中关于"一切"的表述显得有些轻率,或者还只是一个"美丽的传说"。

4.2 怀疑批判的创新精神

西方哲学界普遍认为笛卡儿是近代理性主义的创始人。在他的墓碑上刻着这样一句话:

笛卡儿
欧洲文艺复兴以来
为人类争取并保证理性权利的第一人[5]

他受业于法国图赖讷地区的拉·弗莱舍耶稣会学校,虽然他一直尊重其博学的老师,却藐视传统的知识(但对数学情有独钟)。他"反对把真理的获得说成是上帝的恩典",[4]viii 主张"以人人具有的理性(即'良知')为标准,对以往的各种知识进行认真的检查。"[4]ix 告诫人们要依靠自己去发现真理,解除对古人和权威的依附。这可从他的著名观点中窥见一斑:

"任何一种看法,只要我能够想象到有一点可疑之处,就应该把它当成绝对的虚假抛掉,看看这样清洗之后我心里是不是还剩下一点东西完全无可怀疑。……我发现,'我想,所以我是'这条真理是十分确实、十分可靠的,所以我毫不犹豫地予以采纳,作为我所寻求的那种哲学的第一条原理。"[4]26-27

这种"笛卡儿式怀疑"是一种"批判的怀疑",是他的理性精神的突出体现。

他的理性精神在数学上的表现也非常鲜明。他曾直截了当地批评古代的几何过于抽象,而且过多地依赖图形,他对代数也提出了批评,认为它完全受法则和公式的约束:

"古代人的分析(指几何学)和近代人的代数,都是只研究非常抽象、看来毫无用处的题材的,此外,前者始终局限于考察图形,因而只有把想象力累得疲于奔命才能运用理解力;后者一味拿规则和数字来摆布人,弄得我们只觉得纷乱晦涩、头昏脑涨,得不到什么培养心灵的学问。"

"我决心放弃那个仅仅是抽象的几何。这就是说,不再去考虑那些仅仅是用来练习思想的问题。我这样做,是为了研究另一种几何,即目的在于解释自然现象的几何。"[6]

4.3　合理继承的包容精神

笛卡儿不仅具有冷静、鲜明的怀疑、批判精神,还能从前人的成果中虚心、合理地继承和发展。

他批评欧氏几何的抽象和不实用,但同时也非常坚信欧氏几何的逻辑力量,对那种从公理出发的严谨推理深信不疑。他批判经院哲学方法,倡导理性的演绎法,而理性演绎法的标本就是传统的几何学的逻辑推理方法。

他不满代数的呆板和晦涩,但同时也格外推崇代数尤其是方程的魅力。他独具慧眼,觉察到代数是一门具有普遍意义的潜在的方法的科学。韦达(Francois Viète,1540—1603)符号代数学的出现,在很大程度上影响和鼓舞了他,他相信代数完全可以作为一种有效的方法加以应用。甚至他自己表示要完成韦达未竟的事业。

怀疑,不是无限度的怀疑,而是探询到真理的起点;批判,并非全盘的批判,而是保证兼容的合理;继承,也不是盲目的继承,而是坚持选择的理性。显见,笛卡儿将怀疑批判的创新精神和合理继承的包容精神进行了有机的融合统一。

4.4　高尚平实的人生境界

科学家的文化与科学创造首先要有高尚的人生境界和价值追求。毫不过分地说,笛卡儿已然是世界科学文化史上令人瞩目的伟大人物。"但在他的一生中,并没有什么轰轰烈烈的壮举激动人心,也没有什么可歌可泣的事迹供人凭吊,他只是把自己的全部精力贡献给了科学。……他不是声名煊赫的神学博士,……他虽然不像斯宾诺莎那样贫穷,却也不像莱布尼茨那样富贵……他终生未娶,没有享受过家庭生活的幸福,他身体孱弱,曾遭受落后势力的反对,讲学受到限制,著作列为禁书……"[4]xxxi 散见于笛卡儿哲学著作和通信集中的笛卡儿本人的一些话语以及笛卡儿一生的生活踪迹,都足以证明:笛卡儿是一个有着崇高理想、不慕荣华、不计功利、过普通而平实生活的伟人。关于他的生活踪迹,在此不做述评,但《谈谈方法》中的一些话语值得品味。以下所截取的虽只是只言片语,却也不难发现笛卡儿的人生价值追求。

"我深知我这个人是没有办法在人世间飞黄腾达的,我对此也毫无兴趣,我永远感谢那些宽宏大量、让我自由自在地过闲散日子的人。"[4]60

"人的主要部分是心灵,就应该把主要精力放在寻求智慧上,智慧才是他真正的养料。"[4]63

"我还有点志气,不愿意有名无实,所以我认为自己无论如何一定要争口气,不负大家对我的器重。整整八年,我决心避开一切可能遇到熟人的场合,在一个地方隐居下来。"[4]25

"我要把我的一生用来培养我的理想,按照我所规定的那种方法尽力增进我对真理的认识。以此'继续教育我自己。'"[4]22

"永远只求克服自己,不求克服命运,只求改变自己的愿望,不求改变世界的秩序。"[4]21

细细品来,这些话语,的确深刻反映了笛卡儿崇高而平实的人生价值追求。如果说笛卡儿一生并没有什么轰轰烈烈的壮举激动人心,也没有什么可歌可泣的事迹供人凭吊,但依然令后世的人们肃然起敬。

5. 笛卡儿解析几何思想的外在成因

笛卡儿创立的解析几何,是特定社会历史文化条件下的产物。

穿越中世纪漫漫长夜,古希腊理性精神的光辉在欧洲高扬,自由、独立和创造的欲望开始膨胀,科学的种子破土成长,人类赢来了现代文明的曙光。文艺复兴运动是人类自发性青春与成熟的智慧放歌,给欧洲以至于全人类带来了最具深刻意义的文化思想革命。"如果对这一时期欧洲的思想作以概括,一个基本特征就是它的活力。"[7]扫清偏见之尘,驱散迷信之气,挣脱教条之网,突破神学禁区,人类思想显示出空前浩荡的变革能力。

哥白尼提出了日心说,从根本上动摇了从欧洲中世纪以来的宗教神学关于上帝创世和地球为宇宙中心的理论基础,为在朦胧黑暗中认识自然的人们指出了科学的"太阳",自然科学开始从神学中解放出来。开普勒带着一颗对太阳的崇拜之心发现了行星沿椭圆轨道绕太阳运行,既给予日心说以强有力的支持,同时这位"天空的立法者"也找到了天体运行的朴素数学模型。伽利略是近代实证科学的全面开拓者,他把系统的观察和实验同严密的逻辑体系以及数学方法结合起来,形成以实验事实为根据的系统的科学理论,这是人类思想史上最伟大的成就之一。

由思想所创造的世界观念经常像扳道工一样,决定着利益火车头所推动的行动轨迹。激动人心的思想直接渗透于社会生活的各个方面:机械的广泛使用带来了高效的生产方式;航运事业如火如荼地发展;中华四大发明的西传,启发了欧洲人的智慧,使生产和技术受益匪浅;渴望蓬勃发展的资本主义,内部经济结构充满活力。诸条件的作用,使欧洲社会生产力得到了高度发展,对科学的呼唤亦愈发迫不及待,生产刺激着科学的进步。思想、生产、科学,如三江交汇,融合成一股最精致的文化之泉,成为时代的主旋律。数学的帆兜满文化的风。数学的大船也在时代的主旋律中扬帆远航。

社会的变革推动了17世纪早期数学的进步。人们在生产实践中积累起古人所无法企及的大量经验,给数学提供了丰富素材;新的生产技术的应用,也带来了许多实际问题,要求数学给以理论上的说明。当时,数学依然是一个几何体系。这个体系的核心是欧氏几何,而欧氏几何虽有严密的公理化逻辑体系,但仅局限于对直线和圆所组成图形的演绎。面对椭圆、抛物线这些新奇图形,欧氏几何力不从心。代数在当时则居于附庸的地位,对此也是一筹莫展。于是促使人们去寻找解决问题的新的数学方法。古希腊阿波罗尼奥斯的圆锥曲线论,已在几何形式上包括了圆锥曲线及方程的几乎全部性质。但他的几何学仅是一种静态几何,既没有把曲线看成是一种动点的轨迹,更没有给出它的一般表示方法。新科技成果使人们发现,圆锥曲线不仅是依附在圆锥上的静态曲线,而且与自然界物体运动密切相关。这使尘封已久的阿波罗尼奥斯研究过的圆锥曲线重新受到重视，人们对运动的研究开始津津乐道。代数虽然一直发展比较缓慢，但法国数学家韦达创立的符号代数学率先自觉而系统地运用字母代替数量，带来了代数学理论的重大进步，使代数学从过去以分析解决特殊问题，偏重于计算的一个数学分支，转变成一门研究一般类型和方法的学科，也使代数依赖于几何的地位开始逆转。这为由几何曲线建立代数方程并由代数方程来研究几何曲线铺平了道路。

经过文艺复兴后，数学观和数学方法论也发生了重大变化。欧洲人继承和发展了希腊的数学观，认为数学是研究自然的有力工具，天文学家和物理学家更是把数学当作真理来信仰。哥白尼从原则上与亚里士多德的物理主义数学观划清界限，为宇宙论的彻底数学化提供了行动纲领；开普勒始终确信，完美的知识总是数学的，几何学是宇宙的基础；伽利略认为，宇宙大自然的奥秘写在一本巨大的书上，而这部书是用数学语言写成的，没有数学，人们就将在一个黑暗的迷宫里徒劳地游荡。正是这样的数学观为数学方法论开辟了一条广阔途径。哥白尼、开普勒把数学应用于天文学，伽利略把数学应用于力学，即是明证。

笛卡儿幸运地生活在这样一个时代并受惠于这个时代。解析几何也正是在这风调雨顺、生机勃勃的历史区间里结出的智慧硕果。

追寻笛卡儿数学精神，不仅仅只是唤起对笛卡儿这位思想圣者的肃然起敬，而更应从他的思想中汲取宝贵营养，融入我们的精神和创造空间。像笛卡儿本人批判地继承前人的思想一样，我们也可以批判地借鉴和发展笛卡儿的数学思想和精神。思想可以产生思想——这是不是历史的逻辑与辩证法呢？

参考文献

[1]　笛卡儿.几何[M].袁向东,译.武汉:武汉出版社,1992:1.

[2]　贝尔 E T.数学大师——从芝诺到庞加莱[M].徐源,译.上海:上海科技教育出版社,2004.

[3]　希尔伯特.数学问题.数学史译文集[M].上海:上海科学技术出版社,1981:81-82.

[4]　笛卡儿.谈谈方法[M].王太庆,译.北京:商务印书馆,2000.

[5]　弗累德里斯.勒内·笛卡儿先生在他的时代[M].管震湖,译.北京:商务印书馆,1997:7.

[6]　笛卡儿.笛卡儿思辨哲学[M].尚新建,等,译.北京:九州出版社,2004:15-16。

[7]　罗兰斯特龙伯格.西方现代思想史[M].刘北成,等,译.北京:中央编译出版社,2004:27.

算术基础研究在数理逻辑产生和发展中的作用

程　钊

摘　要：19 世纪数学史上曾发生过两个重要事件，一个是非欧几何的发现，另一个是分析的严格化。这两个事件虽然互不相关，但却殊途同归，最终都引向了算术基础的研究。在本文中我们将试图揭示算术基础研究如何促进了数理逻辑的产生和发展，以及这两方面之间的相互影响。

关键词：算术基础；数理逻辑；非欧几何；分析的严格化；算术的公理化；希尔伯特

1. 引　言

逻辑传统上是附属于哲学的一门学科。虽然自古希腊时代起，数学与逻辑就密不可分，然而直到 17 世纪才出现数理逻辑的萌芽。按字面意思，数理逻辑就是使用数学方法研究逻辑推理。从莱布尼茨到布尔，数理逻辑的先驱们正是沿着这样一条思想路线开展他们的逻辑研究工作的。在莱布尼茨 1696 年写给瓦格纳（Gabriel Wagner）的一封信中，人们可以清楚地看到这一思想路线的明确表述[1]467：

> 但我认为有一点是肯定的，这就是推理的艺术可以达到无与伦比的高度，并且相信我不仅看到了这一点，而且已经对此做了初步的尝试。然而，如果没有数学，我几乎无法完成这一步。尽管在我还是一个数学新人之前我就发现了它的一些基本原理，并且在我 20 岁时已经发表了一些关于它的东西，但是我终于认识到，没有更高深数学的帮助，通向它的道路会是多么的阻塞，而要打通它们会有多么的困难。

莱布尼茨留下的一些关于逻辑演算的手稿，在他有生之年都没有发表，或许是因为他没能找到他所谓的"更高深数学"方法来处理逻辑推理问题。

布尔的看法与莱布尼茨类似。他指出，"依据正确的分类原则，我们不应再将逻辑与形而上学相关联，而应将逻辑与数学相结合"[2]13。而相比之下，布尔的"逻辑的数学分析"研究进路则更为成功。布尔注意到，代数式和方程可以用来表达逻辑关系，而逻辑符

作者简介：程钊，1964 年生，北京化工大学数理学院副教授，研究方向为近现代数学史，主要研究成果有：发表"图论中若干著名问题的历史注记""欧拉关于七桥问题的解——从数学史与数学教育的角度看"等多篇论文；合作编译出版《数学在科学和社会中的作用》；为《中国大百科全书·数学卷》（第三版）（网络版）和《科学技术史卷》撰写"玛雅数学""诺伊格鲍尔"等多个条目。

号的规律类似于代数符号的规律,仅有一处例外。

在布尔的系统中,1 表示全类,0 表示空类。大写字母 $X,Y,Z,\cdots$ 表示类的个体元素,小写字母 $x,y,z,\cdots$ 则表示相应的类。两个类的交记作 xy,即同属于 x 和 y 的元素形成的类。$x+y$ 则表示由 x 和 y 的所有元素组成的类。x 的补记作 $1-x$。更一般地,$x-y$ 是由那些 X 而非 Y 形成的类。对于这些类的符号和运算,有如下规律成立:

(1) $xy=yx$,(2) $x+y=y+x$,(3) $z(x+y)=zx+zy$,(4) $z(x-y)=zx-zy$,(5) $x^2=x$。

正是这最后一条规律(布尔称其为"指数律"),使得他的逻辑演算不同于通常的代数运算。有了这些装备,布尔于是可以利用他的系统进行逻辑演算并通过下面三个步骤来研究逻辑问题[3]389:

步骤 1　将用日常语言表达的逻辑信息翻译成适当的方程;

步骤 2　使用代数技巧处理这些方程;

步骤 3　将所得结果翻译回原来的语言。

布尔的方法不仅可以研究三段论(相应于类的演算),而且可以研究命题逻辑(相应于命题演算)。后来,皮尔斯和施罗德又将布尔的方法推广到关系逻辑的研究。

上述路线常被一些数理逻辑史家称为代数传统[4]467,布尔的逻辑演算以及后来按这一传统所取得的逻辑研究成果则被称为逻辑代数,或代数逻辑。然而在目前的数理逻辑教科书中,这一传统却几乎难觅踪迹。那么,是什么因素促使数理逻辑演变成现今的样式呢? 本文下面的讨论皆由这一问题所引起。

2. 走向算术基础

在将近两千年的时间里,欧几里得几何一直是数学严格性的典范。整个知识界也都接受了这样一种信念,即欧几里得几何的公理是关于物理世界的真理,这些真理是如此透彻和显然,任何一个具有理性的头脑都不可能质疑它们。因为几何公理是真理,又因为定理是从公理逻辑地推导出的结果,所以整个欧几里得几何汇集了关于物理世界的模型和现象的无可争辩的真理。

然而,在 19 世纪上半叶,由罗巴切夫斯基和波尔约等人发现的非欧几何却动摇了这一信念。现在摆在人们面前的是一种自相一致的几何,但它的基本公理和推导出的定理却与欧几里得几何的对应公理和定理相矛盾。这怎么可能呢? 对于新几何学的支持者来说,一件至关重要的事情就是要证明它的相容性,或称无矛盾性。这方面的重要一步是由贝尔特拉米在 1868 年首先迈出的。他证明了罗巴切夫斯基和波尔约的非欧几何平面的有限部分可以用所谓的"伪球面"(它是一种具有负常曲率的曲面)来表示。后来克莱因和庞加莱又分别给出了可以在欧几里得空间完整表示非欧几何平面的模型。于是,非欧几何中的任何矛盾都将反映为这种表示的欧几里得几何中的对应矛盾。这是一种相对相容性的证明,也就是说,如果欧几里得几何是相容的,那么就证明了非欧几何同样是相容的[5]245-247。但是如何保证欧几里得几何是无矛盾的呢? 毕竟,由于有了非欧几何,再依赖于感官经验确认欧几里得几何公理的无矛盾性就显得不可靠了。好在这一点并不难做到。由于笛卡儿和费马创立的解析几何本质上就是用坐标或实数对表示几何对象,因此它便提供了一种将几何理论的相容性建立在实数理论的基础之上的途径。巧合的是,19世纪数学史上发生的另一个重要事件——分析的严格化,也导致了同样的结果。

自从牛顿和莱布尼茨发明微积分以来,其逻辑基础就因缺乏严格性而受到批评和指责。在他们的微积分中,对于变量的分析往往要依靠直观的几何概念。欧拉和拉格朗日曾试图用代数原理代替几何直观,在他们写的关于无穷小演算的著作中没有出现一个几何图形。然而分析严格化的这些早期尝试只是取得了部分的成功。直到19世纪初,微积分的基本概念,如函数、极限、连续、导数和积分等都还没有恰当地定义过。对此,阿贝尔在1826年写给汉斯廷(Christoffer Hansteen,1784—1873)的信中曾评论道[6]113:

> 我未来的工作不得不完全投入到抽象意义上的纯粹数学。我将尽全力去阐明人们在分析中确实发现的那些惊人的含糊不清之处。令人奇怪的是,这样一个完全没有计划和体系的分析竟还有那么多人研究过它。更糟糕的是,从没有人严格地处理过分析。在高等分析中只有很少几个定理是用逻辑上站得住脚的方式证明的。人们到处发现这种从特殊到一般的拙劣推理方法,而特别奇怪的是这种方法只导致了极少几个所谓的悖论。

在分析严格化道路上真正有影响的一步的是由柯西迈出的,他不仅明确定义了上述微积分的基本概念,而且在此基础上将微积分建成了由定义、定理及其证明和有关各种应用组成的、逻辑上紧密关联的体系.然而他的理论也只能说是"比较严格",因为人们发现他在证明连续函数积分的存在性以及证明级数收敛判别准则的充分性时,需要实数系的完备性作基础。但当时人们对实数系本身仍然是以直观的方式来理解的,并没有关于实数的明确定义。这不仅造成逻辑上的间隙,而且常常导致错误的结论。例如,由于没有一致收敛概念,柯西曾错误地认为连续的函数项级数收敛,其和函数也连续,且收敛级数可逐项积分。另一个当时普遍存在的错误观点,是认为任何连续函数都可微,例外点只可能是一些孤立的奇点。所以当魏尔斯特拉斯构造出一个处处连续却处处不可微的函数时,曾令数学界大为震惊[5]259。因此要实现分析的严格化,首先要使实数系本身严格化。这导致魏尔斯特拉斯、戴德金和康托尔等人在19世纪后半叶开展了以建立严密的实数理论为目标的"分析算术化"运动。尽管他们各自的途径不同,但却有着共同的指导思想,就是用有理数来定义实数,从而最终将实数视作从自然数和整数定义出来的某种东西。他们的工作表明,无须借助几何直观就能够按照分析的方式理解实数。问题是自然数和整数就一定可靠吗?克罗内克曾有过一句名言:"上帝创造了整数,其余的一切则是人的工作"[7]133。这似乎是对此所做的肯定回答。然而,戴德金和其他一些人却并不这样想,他们认为自然数的逻辑结构也应该得到彻底的考查。

3. 算术的公理化:戴德金和佩亚诺

克罗内克的上述论断是于1886年在柏林召开的一次会议上做出的。事实上,戴德金在30年前就已经构想了他的算术基础纲领,即从自然数出发,"以发生学方法"渐进地展开算术[8]218。这里我们主要涉及他在 1888 年出版的《数是什么，以及数应该是什么?》这本著名的小册子中关于自然数的分析。戴德金处理自然数的方法显示出了现代纯粹数学的一种突出特征：抽象和公理化。

在他看来，"事物"（或个体）、"系统"（或集合）和"映射"这些基本概念不再是可化归的，因此它们不可能用更基本的东西来定义。人们只需知道用它们可以做什么，更具体地讲就是，如何用它们将算术重构出来。戴德金 1888 年关于自然数给出的公理化定义是高度技术性的，并使用了他本人引入的专门术语和符号[9]808。而他于 1890 年 2 月 27 日写给汉堡的一位中学校长克费施泰因（Hans Keferstein）的信中则用更简单的语言表述了他的思想[10]100-101。以下是我们从其中摘录的要点：

(1)数序列 N 是个体或元素的一个系统，称为数。

(2)对于每个确定的数 n，都有一个确定的数 n' 与之对应，称为 n 的后继。换句话说，存在 N 到自身的一个映射 φ，使得 $n' = \varphi(n)$ 也是数，因此 $\varphi(N)$ 是 N 的一个部分。

(3)不同的数 a 和 b 的后继是不同的数 a' 和 b'。

(4)并非每个数都是后继 n'，也就是说 $\varphi(N)$ 是 N 的一个真部分。

(5)特别，数 1 是唯一不在 $\varphi(N)$ 中的数。

(6)S 的一个元素 n 属于序列 N 当且仅当 n 是 S 的具有以下两个属性的任一部分 K 的一个元素：(i)元素 1 属于 K，(ii)$\varphi(K)$ 是 K 的一个部分。

不难看出，这最后一条(6)是对数学归纳法原理的刻画。

此外，戴德金在算术基础研究中的另一个重要贡献也值得一提。这就是他证明了"归纳定义的定理"[9]817-818，现称为递归定理。通过证明该定理，戴德金实际上建立了"归纳定义"或称"递归定义"的合理性。后来的数学家在建立逻辑演算和数学理论的形式系统时，经常采用这种定义方式。

在算术的公理化方面，佩亚诺某种程度上可以看成是戴德金的继承者。他本人曾在 1889 年出版的《用新方法阐述的算术原理》一书前言中写道[11]86："戴德金最近的著作 (1888)对于我也极其有帮助；在那里，有关数的基础的问题得到了仔细的考察。"下面是佩亚诺引入其公理的段落[11]94：

说明

符号 N 的意思是数（正整数）。

符号 1 的意思是单位。

符号 $a+1$ 的意思是 a 的后继，或 a 加上 1。

符号 $=$ 的意思是等于。我们将这一符号当作新的，尽管它具有逻辑符号的形式。

公理

1. $1 \in N.$

2. $a \in N. \supset. a = a.$

3. $a, b \in N. \supset : a = b. = . b = a.$

4. $a, b, c \in N. \supset \therefore a = b. b = c : \supset. a = c.$

5. $a = b. b \in N : \supset. a \in N.$

6. $a \in N. \supset. a + 1 \in N.$

7. $a,b \in N. \supset : a=b. =. a+1=b+1$.

8. $a \in N. \supset . a+1-=1$.

9. $k \in K \therefore 1 \in k \therefore x \in N. x \in k : \supset_x . x+1 \in k :: \supset . N \supset k$.

这里的 1、6、7、8、9 就是通常所称的"自然数的佩亚诺公理"。如果使用非形式的语言,我们可以将它们表述如下:

P1. 1 是自然数。

P2. 任何自然数的后继是自然数。

P3. 两个自然数相等,当且仅当它们的后继相等。

P4. 1 不是任何自然数的后继。

P5. 设 k 是任何类,如果 $1 \in k$,且对任何自然数 n,有 $n \in k$ 推出 $n+1 \in k$,则 k 包含所有的自然数。

可以看出,所谓自然数的佩亚诺公理与戴德金给出的公理十分类似,只是在佩亚诺那里,它们是用其特有的符号语言来刻画的。不过两者之间也有显著的不同。正如吉利斯所指出,首先,戴德金寻求的是用集合论术语定义自然数,而佩亚诺是将自然数视为用公理刻画的不加定义的概念;其次,佩亚诺试图将算术作为一个形式系统来展开,另一方面,戴德金采用的则是一种非形式的处理方法[12]68。我们在此可以用一种比喻来做概括:戴德金对于自然数的刻画是"静态的",而佩亚诺的刻画则是"动态的",因为他的系统在很大程度上接近于后来的形式推演系统。

4. 从弗雷格到罗素

弗雷格研究算术基础的动机可以用他自己的话清楚地加以说明:

一这个数是什么,或者,1 这个符号意味着什么,… 对于这样的问题,甚至连大多数数学家大概也不会做出令人满意的回答。… 关于数是什么,人们能够说出的就更少了。如果为一门重要科学奠定基础的概念有了困难,那么更精确地研究这个概念和克服这些困难,确实就是不可推卸的任务[13]1-2。

沿着这条道路,必然达到构成整个算术基础的数这个概念和适合于正整数的最简单的命题。… 促使我进行这样的探究,也有哲学动机。关于算术真理的先验性或后验性,综合性或分析性的问题,在这里有待回答[13]11-12。

众所周知,弗雷格是数学基础研究中逻辑主义的代表人物。他在算术基础研究中所采取的逻辑主义进路就是仅使用纯粹逻辑的方法将全部算术命题从逻辑定义中推演出来。因为在他看来,算术是逻辑的一个分支,无须依靠经验或直觉作为其证明的根据[14]29。然而当弗雷格开始实施他的计划时,他发现日常语言的缺陷已经成为他进一步工作的障碍。日常语言的不精确性导致他产生了构造一种表意文字的想法,其结果就是他在 1879 年发表的《概念文字》。在这本划时代的小册子中,弗雷格在逻辑史和数学史上第一次给出了命题演算和谓词演算的一种"公理-演绎系统"。然而或许是因为他所使用的奇特二维记号,弗雷格的逻辑系统直到 19 世纪末几乎都没什么影响。弗雷格在数学基础方面的第二部著作是 1884 年出版的《算术基础》，它可以看作他的第三部著作《算术的基本规律》（2 卷，1893，1903）的导论。毫无疑问，这最后一部著作在弗雷格本人看来是他一生工作的顶点。不幸的是，罗素在 1902 年发现的悖论给他的基础研究工作投下了浓重的阴影。然而幸运的是，他的逻辑工作通过罗素和其他一些人的解读，已经开启了现代逻辑的发展进程。弗雷格也因此被他的后继者尊称为现代逻辑之父。

据罗素回忆[15]21-22：

20 世纪开头，我才注意到一个人，对于他我曾经并且一直怀有崇高的敬意，尽管那时他实际上还不出名。这个人就是弗雷格。很难解释他的工作未获承认这一事实。戴德金曾受到公正的称赞，而弗雷格关于同样的论题思想更为深刻。我与他的交往非同寻常。这应该是从我的哲学老师詹姆斯·沃德（James Ward）给我弗雷格的小书《概念文字》开始的，他说他还没有读过这本书，不知道它是否有任何价值。让我汗颜的是，我必须承认直到我独立地做出它所包含的大部分内容，我也从来没有读过它。这本书出版于 1879 年，而我读它是在 1901 年。我有点怀疑我是它的第一位读者。让我第一次注意到弗雷格，是佩亚诺在关于弗雷格的后一本书的书评中指责他过于精细。由于佩亚诺是我那时遇到的最精细的逻辑学家，我觉得弗雷格一定非常了不起。在求得他关于算术的书的第一卷（第二卷那时还没有出版）后，我怀着激动和钦佩的心情阅读了引言，但是却被他所发明的"蟹爪"符号系统挡住了，只是在我本人做了相同的工作后，我才能理解他在正文中写下的东西。他是第一位阐明我过去和现在所持观点的人，即数学是逻辑的延伸，他也是第一位用逻辑术语给出数的定义的人。他是在 1884 年做这件事的，但没有人注意到他曾做过的事情。

从以上段落我们了解到，尽管罗素曾接触过弗雷格的著作，但实际上他是在阅读了佩亚诺的书评后才发现弗雷格的。此外，这段文字似乎传达了这样一种印象，即罗素在开始阅读弗雷格的著作时，就已经独立于后者做过他早先所做的事情。然而这一点应该打个问号。很有可能罗素只是有过和弗雷格一样的想法，即算术甚至全部数学可以化归为逻辑。因为在他与怀特海合写的《数学原理》（3 卷，1910—1913）第一卷前言中，我们读到了以下文字[16]viii-ix："在记号方面，我们已经尽可能地追随佩亚诺，… 在所有关于逻辑分析的问题方面，我们主要得益于弗雷格。"因此，《数学原理》某种意义上可以看作弗雷格和佩亚诺工作的结合。当然，这部著作也包括了罗素本人的重要贡献。其中之一是他为消除悖论而引入的分支类型论。另外，与他的前辈不同，罗素在《数学原理》中所关心的并不是普通算术，而是康托尔的超穷算术。

可以肯定的是，这一大部头著作几乎没有人完整地读过（物理学家薛定谔甚至戏言，他相信连作者们自己也没有完整地读过它），然而至少它的一部分，也就是第一卷第 I 部分关于数理逻辑的章节曾被广泛地阅读[17]4。在相当长的时间里，这部著作仍然是关于数理逻辑的基本参考文献。对于 20 世纪 20—30 年代的一些数学家和逻辑学家来说，《数学原理》也是他们研究的出发点。

5. 希尔伯特和他的追随者

希尔伯特开始关注算术基础之时,他刚刚在几何基础方面取得了巨大成就。他那部著名的同名著作出版于 1899 年,而他的第一篇关于算术基础的文章[18]则于次年发表。那么,是什么原因促使他做出如此迅速地转换呢? 我们可以在他的《几何基础》一书中找到答案[19]29-30:

> 我们现在就是要说明这些公理的相容性,我们的方法是用实数作成一组对象,指出这一组对象满足这五组公理中的全体公理。
>
> 首先考虑数域 Ω,其中的数都是从 1 这个数出发,作有限次下列五种运算得来的代数数:加,减,乘,除和第五种运算 $|\sqrt{1+\omega^2}|$,这里的 ω 每次都表示运用这五种运算业已得来的某个数。
>
> ……
>
> 所以直线的和平面的公理 $I-V,V_1$ 的推论中,若有矛盾,则每一个矛盾必定也在数域 Ω 的算术中出现。

因此,证明算术的相容性便成为当时一个至关重要的问题。在 1900 年召开的巴黎国际数学家大会上,希尔伯特在他关于"数学问题"的著名演讲中将这一问题列为 23 个问题中的第 2 个。他在对这一问题进行分析后指出[20]52:

> 另一方面,为了证明算术公理的相容性,就需要一种直接的方法。…我坚信,通过对无理数理论中熟知的推理方法的仔细研究和适当变更,一定能够找到算术公理相容性的直接证明。

然而事情的进展似乎并不如希尔伯特想象的那样乐观。直到 1904 年第三届国际数学家大会在海德堡召开,希尔伯特在会上做了题为"论逻辑和算术的基础"的演讲[21],才首次尝试为他的算术公理相容性的证明"绘制草图"。与他在 1900 年考虑这一问题时的想法不同,他这次给出来的方案是后来称为"证明论"的一种雏形。然而,或许是因为没有找到更合适的用于基础研究的形式语言,这之后希尔伯特中断了其关于算术基础的研究,直到 1917 年才又重新回到这一课题。事实上,希尔伯特所需的形式语言在他的海德堡演讲之后六年才出现在怀特海和罗素的《数学原理》第一卷中。从 1914 年起,这部书在格丁根希尔伯特的圈子中受到了持续关注和深入研究[22]61-85。起初,希尔伯特非常认真地看待罗素将数学化归为逻辑的方案,并给予高度赞扬。正如我们在他 1917 年题为"公理思想"的演讲中所看到的[23]1113:

> 由于相容性检验是不能回避的任务,似乎有必要将逻辑本身公理化,并证明数论和集合论都只是逻辑的一部分。
>
> 这种方法很久以前就有人设想(特别是经过弗雷格的深入研究);它在敏锐的数学家和逻辑学家罗素那里得到了最为成功的阐释。人们可以将逻辑的公理化这一罗素的宏伟事业的完成视作整个公理化工作的顶峰。

然而到 1920 年,希尔伯特就已摒弃了罗素支撑其《数学原理》的逻辑主义哲学,只是将罗素在数理逻辑方面的技术性贡献当作数学形式化的一种工具[24]21。

1917—1922 年,希尔伯特通过开设算术基础和逻辑基础方面的课程,构想了数学基础研究的一种新进路,它后来以"希尔伯特计划"著称,其萌芽甚至可以追溯到他 1904 年的那次演讲。这一计划的主旨是:以公理形式将全部数学形式化,并通过"有限性"方法证明该形式公理系统是相容的。由此产生出数理逻辑的一门新分支——证明论,也称元数学。可以并不夸张地说,大致从 20 世纪 20 年代到 30 年代,正是在希尔伯特计划支配下,数学共同体目睹了数理逻辑与数学基础发展的一个黄金时期。以下列出的是希尔伯特和他的追随者在这一时期取得的主要成就:

1917/8　希尔伯特在他的讲义中证明了命题演算的相容性,它常归功于波斯特。

1918　贝尔奈斯在他的任职资格论文中证明了命题演算的完全性。

1924　阿克曼证明了没有归纳法公理模式的算术的相容性。

1927　冯·诺伊曼通过对归纳法施加一些限制,也给出了一种弱形式的算术的相容性证明。

1928　希尔伯特和阿克曼的《理论逻辑原理》出版,其中给出了谓词演算的一个形式公理系统,及其相容性的一个证明,但是其完全性和判定问题仍未解决。

1929　谓词演算的完全性问题由哥德尔加以肯定解决。

1930　哥德尔证明了他的著名的不完全性定理。

1934/9　希尔伯特和贝尔奈斯出版了他们合写的两卷本重要著作《数学基础》。

1936　丘奇和图灵各自独立地对谓词演算的判定问题予以否定解决。

这里我们想进一步谈谈哥德尔的不完全性定理。该定理断言,在《数学原理》所给逻辑系统的一阶部分将佩亚诺算术形式化,如果它是相容的,则它一定包含不可判定的命题。而且在这个系统中不能做出关于佩亚诺算术的相容性证明。哥德尔不完全性定理的结论常被说成是对希尔伯特计划的毁灭性打击,然而在此之后,源自这一计划的证明论非但没有终结,相反则成长为一门成熟的数理逻辑分支。关于递归函数的研究,在戴德金的工作中就已经萌芽,现在则由于这种函数在哥德尔的证明中所起的关键作用而受到更为广泛和深入的研究,并且发展为数理逻辑的又一重要分支——递归函数论,它已成为计算机科学不可或缺的支撑学科。

6. 结　语

如上所述,数理逻辑的现代发展并不是逻辑数学化的直接结果,而是由算术基础的研究所引发,并在对这一问题的深入研究中得到促进的。这种现象在数学史乃至更一般的科学史上似乎并不罕见,例如,被希尔伯特形容为"会下金蛋的鹅"[25]154 的费马大定理,其漫长的证明历程不但孕育出代数数论,而且促进了代数几何的发展。而 1928 年弗莱明(Alexander Fleming)在培养葡萄球菌的实验中意外发现青霉素的过程,同样是"无心插柳柳成荫",成为人类医学史上的一个里程碑,开启了抗生素时代。我们也注意到,在其发展进程中,算术基础研究曾经历过两次危机,一次是罗素悖论之于弗雷格的工作,另一次是哥德尔的证明之于希尔伯特计划。然而这两次危机并没有阻碍数理逻辑和数学基础的发展,反而成为开辟新方向的促动力。正可谓"山重水复疑无路,柳暗花明又一村。"纵观整个数学发展史,又何尝不是如此呢?

参考文献

[1] LEIBNIZ G W. Philosophical Papers and Letters[M]. Translated and edited by Leroy E. Loemker. 2nd ed. Dordrecht:Kluwer Academic Publishers,1989.

[2] BOOLE G. The Mathematical Analysis of Logic[M]. Cambridge:Macmillan, 1847.

[3] VALENCIA V S. The Algebra of Logic[M]// GABBAY D M,WOODS J. (ed.) Handbook of the History of Modern Logic,Volume 3:The Rise of Modern Logic:From Leibniz to Frege. Amsterdam:Elsevier B. V.,2004,389-544.

[4] AHMED T S. Algebraic Logic,Where does it Stand Today? [J]. The Bulletin of Symbolic Logic,2005,11(4):465-516.

[5] 李文林. 数学史概论[M]. 4 版. 北京:高等教育出版社,2021.

[6] ORE O. Niels Henrik Abel,Mathematician Extraordinary[M]. Minneapolis: University of Minnesota Press,1957.

[7] PEDOE D. The Gentle Art of Mathematics[M]. New York:Dover Publications,Inc.,1973.

[8] FERREIROS J. Labyrinth of Thought:A History of Set Theory and Its Role in Modern Mathematics[M]. 2nd ed. Basel:Birkhäuser,2007.

[9] DEDEKIND R. Was Sind und was Sollen Die Zahlen? [M]// EWALD W B. (ed.) From Kant to Hilbert:A Source Book in the Foundations of Mathematics,Vol. 2,Oxford:Oxford University Press,2005,787-833.

[10] DEDEKIND R. Letter to Keferstein[M]// VAN HEIJENOORT J. (ed.) From Frege to Gödel:A Source Book in Mathematical Logic, 1879—1931. Cambridge, Massachusetts:Harvard University Press, 1967, 98-103.

[11] PEANO G. The Principles of Arithmetic, Presented by a new Method[M]// VAN HEIJENOORT J. (ed.) From Frege to Gödel:A Source Book in Mathematical Logic, 1879—1931. Cambridge, Massachusetts:Harvard University Press, 1967, 83-97.

[12] GILLIES D A. Frege,Dedekind,and Peano on the Foundations of Arithmetic [M]. Assen:Van Gorcum,1982.

[13] 弗雷格. 算术基础—对于数这个概念的一种逻辑数学的研究[M]. 王路,译. 北京:商务印书馆,2001.

[14] FREGE G. The Basic Laws of Arithmetic:Exposition of the System[M]. Translated and edited by M. Furth. Berkeley and Los Angeles,California:U-

niversity of California Press,1964.

[15] RUSSELL B. Portraits from Memory and Other Essays[M]. New York:Simon and Schuster,1956.

[16] WHITEHEAD A N,RUSSELL B. Principia Mathematica,Volume I[M]. Cambridge:Cambridge University Press,1910.

[17] URQUHART A. Principia Mathematica:The First 100 Years[M]// GRIFFIN N,LINSKY B. (ed.) The Palgrave Centenary Companion to Principia Mathematica,Basingstoke,Hampshire:Palgrave Macmillan,2013,3-20.

[18] HILBERT D. On the concept of number[M]// EWALD W B. (ed.) From Kant to Hilbert:A Source Book in the Foundations of Mathematics,Vol. 2, Oxford:Oxford University Press,2005,1089-1095.

[19] 希尔伯特. 几何基础[M]. 江泽涵,朱鼎勋,译. 2 版. 北京:科学出版社,1995.

[20] 希尔伯特. 数学问题[M]. 李文林,袁向东,编译. 大连:大连理工大学出版社, 2009.

[21] HILBERT D. On the foundations of logic and arithmetic[M]// VAN HEIJENOORT J. (ed.) From Frege to Gödel:A Source Book in Mathematical Logic,1879—1931. Cambridge,Massachusetts:Harvard University Press, 1967,129-138.

[22] MANCOSU P. The Russellian Influence on Hilbert and his School[J]. Synthese,2003,137:59-101.

[23] HILBERT D. Axiomatic Thought[M]// EWALD W B. (ed.) From Kant to Hilbert:A Source Book in the Foundations of Mathematics,Vol. 2,Oxford: Oxford University Press,2005,1105-1115.

[24] KAHLE R. David Hilbert and Principia Mathematica[M]// GRIFFIN N, LINSKY B. (ed.) The Palgrave Centenary Companion to Principia Mathematica,Basingstoke,Hampshire:Palgrave Macmillan,2013,21-34.

[25] 瑞德. 希尔伯特——数学世界的亚历山大[M]. 袁向东,李文林,译. 上海:上海科学技本出版社,2006.

从庞加莱到拉卡托斯

——数学与物理学在方法论意义上的一致性

刘洁民

摘　要：20 世纪初，庞加莱提出：数学公理是人们约定的；物理学的一些基本概念和基本原理也具有约定性质；约定是理论和经验相结合的产物。20 世纪 60 年代，波普尔建立了猜想—反驳方法论，其核心思想是真不能被证明，只有伪可以被证明。同一时期，拉卡托斯提出了"数学是拟经验的"的观点。庞加莱、波普尔和拉卡托斯的观点具有内在的一致性，可以概括为两个要点。第一，数学理论的结构及其构建方法与物理学理论的结构及其构建方法并无本质的不同。第二，不存在完美构建的欧几里得式数学理论和物理学理论，一切内容足够丰富的数学理论和物理学理论都只能在不断探索、证伪和修正的过程中逐步完善，人类探索真理的过程永远都不会完结。

关键词：约定论；证伪主义；拟经验性

1. 历史背景

1.1　希腊数学和欧几里得《原本》

大约公元前 300 年，希腊数学家欧几里得（Euclid，约前 330—约前 275）完成了现存最早的公理化数学著作《原本》（Elements）。欧几里得《原本》的原始假设由关于空间性质的 5 条公设和关于量的 5 条公理组成，概括了人们对现实中的"空间"和"量"的基本直观，令人感到十分自然乃至别无选择，这就是希腊人对公设和公理所持的基本观点：不证自明。其中 5 条公设分别是：

公设 1　从任意一点到另外任意一点可以画直线。

公设 2　一条有限直线可以继续延长。

公设 3　以任意点为心及任意的距离可以画圆。

公设 4　凡直角都彼此相等。

公设 5　同平面内一条直线和另外两条直线相交，若在某一侧的两个内角的和小于

作者简介：刘洁民，1958 年生，北京师范大学副教授，研究方向为比较数学史和数学文化，主要研究成果有《数学文化的理论与实践》等。

二直角,则这二直线无限延长后在这一侧相交。[1]

这 5 条公设凸显了希腊人对空间的直观经验:平直,三维,潜无限。

欧几里得以上述公设和公理作为基础构建了一个条理清晰、令人信服的数学体系,对后世影响深远。阿基米德(Archimedes,前 287—前 212)的力学著作、托勒密(Ptolemy,约 100—178)的地心说体系、哥白尼(Nicolaus Copernicus,1473—1543)的日心说体系都是基于类似的观念和方法建立的。

1.2　经验主义和理性主义

近代欧洲哲学有两个基本传统:经验主义和理性主义。弗朗西斯·培根(Francis Bacon,1561—1626)提出了经验主义,笛卡尔(Rene Descartes,1596—1650)则是理性主义的创始人。虽然二者有分歧,但本质上都是崇尚理性的,只是构建理论体系的方法和路径不同,这两个传统共同构成了哲学中的认识论转向。

经验主义者认为,一切知识都发源于感官知觉或经验,因而最根本的科学方法是归纳法。休谟(David Hume,1711—1776)则指出,归纳的正当性不可能完全从理性上被证明。

以笛卡尔为代表的理性主义者致力于用公理化方法构建哲学理论。笛卡尔基于理性的怀疑清除自身的偏见筛选出一组公理,第一条即是著名的"我思故我在"。

1.3　经典力学和经典世界观

1687 年,牛顿(Isaac Newton,1642—1727)在《自然哲学之数学原理》中建立了经典力学的理论体系。在定义了物质的量、运动的量、物质固有的力、外力、向心力等概念后,牛顿描述了时间、空间、处所和绝对运动,然后给出"运动的公理或定律",即人们熟知的牛顿三大运动定律:

"定律Ⅰ 每个物体都保持其静止或匀速直线运动的状态,除非有外力作用于它迫使它改变那个状态。"

"定律Ⅱ 运动的变化正比于外力,变化的方向沿外力作用的直线方向。"

"定律Ⅲ 每一种作用都有一个相等的反作用;或者,两个物体间的相互作用总是相等的,而且指向相反。"[2]

从牛顿经典力学建立开始,经过大约 200 年的发展,到 19 世纪七八十年代,形成了一种经典世界观,可以粗略地描述为:"一个牛顿的绝对时空框架;一个由不变的、不可分割的原子组成的世界;一种为电磁场以及光和辐射热以波动方式传播提供基础的以太基质。此外,这样一种由 19 世纪下半叶的物理学家构建起来的世界观还包括了两条重要原理,即物质和以太两者之间存在着相互作用,能量媒介要遵从几条用数学公式表述的严格的热力学定律。正是这两条原理,才使经典世界观具有了极大的统一性、简明性和谐和性。"[3]

1.4　康德

18 世纪后期,人们发现,17 世纪提出的为哲学乃至更一般的知识体系奠基的任务远未完成。18世纪末,康德(Immanuel Kant,1724—1804)在其三大批判中试图以理性主义原则和实质公理方法为他心目中的全部哲学奠基,使哲学成为真正的科学,其中对应于形而上学的是《纯粹理性批判》(1781)。

康德注意到,我们对世界的认识,从根本上受到我们的认识能力的限制。只有对那些适合我们认识能力的对象,我们才有可能获得真知识。于是,首要任务就是彻底搞清楚人类的认识能力究竟如何。这就是《纯粹理性批判》试图完成的任务。为此,康德提出了三个著名问题:我能知道什么?(对象)我应当做什么?(方法与过程)我可以希望什么?(结果)在这样的审查中,奠定形而上学(乃至全部哲学)的可靠基础。

康德认为,人类容易将经验范围内获得的知识作为进一步推理的前提,以便推出更根本的、具有更普遍意义的结论,这很可能将我们导入歧途。为了避免将经验层面上被验证的东西当作绝对的东西,康德定义了先天、先验、超验三个概念,试图将绝对的、本质的东西与经验的、表象的东西彻底区分开来。康德所说的先天知识,是完全不依赖于任何经验所发生的知识。与之相反的是经验知识。先天知识中完全没有掺杂任何经验性东西的知识称为纯粹的先天知识。先天知识具有两个特征:第一是必然性,第二是严格普遍性。先验知识则是关于先天知识的先天知识。康德称超验对象为物自体,包括自由意志、灵魂和上帝,它们在本质上是不可认识的。[4]2-3

康德认为他心目中的先天综合知识可以作为可靠知识的出发点。在《纯粹理性批判》导言中,他提出:"一切数学命题都是先天判断"[4]3,同时,"数学的判断全都是综合的"并且随即作了简要的论证[4]11-14,于是,全部数学都是先天综合判断。然后他提出:"自然科学(物理学)包含先天综合判断作为自身中的原则","在形而上学中,也应该包含先天综合的知识"[4]14。全书的主要目的是论证"先天综合判断是如何可能的",包括"纯粹数学是如何可能的""纯粹自然科学是如何可能的"[4]15 以及"形而上学作为科学是如何可能的"[14]7。正文分为两大部分,在第一部分"先验要素论"中,他依次论证空间、时间都是先验的,然后导出先验逻辑的概念,即"一门关于纯粹知性知识和理性知识的科学的理念,用来完全先天地思维对象","一门规定这些知识的来源、范围和客观有效性的科学"[4]55。然后用主要篇幅论述先验逻辑。正文第二部分"先验方法论"主要论证数学和哲学。

直到18世纪末之前,人们坚信欧几里得《原本》中的公设和公理是不证自明的,坚信《原本》所代表的数学理论体系是物理世界的真实反映,坚信经典力学的逻辑基础是稳固的并且完美揭示了物理世界的性质和规律,坚信可以用类似于欧几里得的方式为哲学奠基,康德正是这种信念的主要代表。

但是很不幸,1820年代双曲几何的建立,表明欧几里得几何不是绝对的;1931年哥德尔不完全性定理的发表,表明自然数算术的相容性在通常的数学公理体系中是不能证明的;20世纪中叶,数学哲学中的直觉主义者找到了古典逻辑中排中律失效的例证,并且容易理解这样的例证不可能被消除,从而表明古典逻辑不是绝对的;1905年,爱因斯坦发表狭义相对论,表明时间概念不是绝对的。1916年,他发表广义相对论,从物理学角度表明欧几里得、牛顿的空间概念不是绝对的。1919年,天文观测证实大尺度空间是弯曲的。这些工作意味着,康德最初认定的先天知识并不具有他期望的性质,他以这些知识为整个知识大厦奠基的方案是不能成功的。

1.5　数学基础

康德之后，对哲学基础的思考长期引人注目。在数学领域，双曲几何建立后，几何基础成为数学领域的核心问题之一，同样重要的还有分析基础。在 19 世纪结束之前，几何基础与分析基础的研究都获得了令人瞩目的成就。1874 年康托创立集合论，1879 年弗雷格开创现代数理逻辑，为一般意义上的数学基础研究开辟了道路。这些工作似乎意味着为数学奠基的工作很快就可以完成。希尔伯特（D. Hilbert，1862—1943）在《数学问题》（1900）中将"康托的连续统基数问题"和"算术公理的相容性"列为他提出的 23 个重大问题中的第一和第二问题就体现了这样的希望。但罗素悖论（1902）的发现使人们意识到上述奠基工作遇到了严重的挑战。

20 世纪早期为数学合理奠基的努力可以归结为四个不同的方案：逻辑主义、形式主义、直觉主义和公理集合论。[5]

以弗雷格、罗素为代表的逻辑主义认为数学可以还原为逻辑。按照这种观点，由于相信逻辑法则是一个真理体系，于是数学也一定是一个真理体系，因而一定是无矛盾的。

形式主义的源头可以追溯到贝克莱（Berkeley）、皮科克（Peacock）等人的工作，但真正产生重要影响的是希尔伯特的方案，试图通过将各门数学形式化构成形式系统，然后用一种初等方法证明各个形式系统的无矛盾性，从而导出全部数学的无矛盾性。

集合论公理化的标志性工作是由策梅罗（E. F. F. Zermelo，1871—1953）提出并由弗伦克尔（A. A. Fraenkel，1891—1965）和斯科伦（A. T. Skolem，1887—1963）完善的 ZF（或 ZFC）系统。

从方法论角度看，康德为哲学奠基的工作以及数学基础研究中的逻辑主义、形式主义和集合论公理化都可以看作笛卡尔、斯宾诺莎理性主义的延续，即从一组不容置疑的原始假设出发，构建哲学或数学的无矛盾系统，而在证明系统的无矛盾性时都遇到了不可克服的困难。

直觉主义的源头可以追溯到康德，其直接先驱是克罗内克（L. Kronecker，1823—1891）和庞加莱（J. H. Poincare，又译为彭加勒，1854—1912），主要代表人物是布劳威尔（L. E. J. Brouwer，1882—1966）。直觉主义者认为一个数学概念存在当且仅当它可以在直觉中通过明确的过程被构造出来。他们认为数学独立于逻辑，反对使用排中律，不承认实无穷，因而也不接受康托集合论。由于反对使用排中律和不承认实无穷，经典数学中的很多重要结果都无法得到，这令大多数数学家难以接受。布劳威尔的工作与胡塞尔现象学有密切关系，下文将作简要说明。

2. 从庞加莱到拉卡托斯

2.1　庞加莱

庞加莱对数学基础的看法主要体现在两个方面，首先是明确反对康托的集合论，其次是在《科学与假设》（1902）和《最后的沉思》（1913）中较为系统和详细地阐述了约定论的观

点,要点是:

(1)几何学(一般地,数学)的公理是人们约定的。

庞加莱写道:"几何学的第一批原理从何而来？它们是通过逻辑强加给我们的吗？罗巴切夫斯基(Lobachevsky)通过创立非欧几何学证明不是这样。空间是由我们的感官揭示的吗？也不是,因为我们的感官能够向我们表明的空间绝对不同于几何学家的空间。几何学来源于经验吗？进一步的讨论将向我们表明情况并非如此。因此,我们得出结论说,几何学的第一批原理只不过是约定而已;但是,这些约定不是任意的,如果迁移到另一个世界(我称为非欧世界,而且我试图想象它),那我们就会被导致采用其他约定了。"[6]5"几何学的公理既非先验综合判断,亦非经验的事实。""换句话说,几何学的公理(我不谈算术的公理)只不过是伪装的定义。"[6]43"几何学研究一组规律,这些规律与我们的仪器实际服从的规律几乎没有什么不同,只是更为简单而已,这些规律并没有有效地支配任何自然界的物体,但却能够用心智把它们构想出来。在这种意义上,几何学是一种约定,是一种在我们对于简单性的爱好和不要远离我们的仪器告诉我们的知识这种愿望之间的粗略的折中方案。这种约定既定义了空间,也定义了理想仪器。"[7]

非欧几何建立后,人们发现,我们接受欧几里得几何,并非因为它是绝对真理,而仅仅在于它符合我们的直观经验,它的公理只不过是这种直观经验的体现。不仅如此,直观经验给予我们的只能是近似的和局部的结果,但欧几里得公设的表述却是绝对的和全局性的。虽然数学史的研究结果表明,欧几里得尽可能避免直接涉及无穷,但根据这些公设,必然得出空间是三维、平直和无限的结论。因此,欧几里得给出的公理和公设,既不是绝对真理,也不是严格意义上的直观经验,而是对直观经验人为加工的结果。这些直观经验本来只是近似的和局部的,但成为公理后,变为严格的和全局性的了。

(2)物理学的一些基本概念和基本原理也具有约定性质。

庞加莱写道:"在力学中,我们会得出类似的结论,我们能够看到,这门科学的原理尽管比较直接地以实验为基础,可是依然带有几何学公设的约定特征。"[6]5

(3)约定是理论和经验相结合的产物。

庞加莱写道:"我们将认识到,不仅假设是必要的,而且它通常也是合理的。我们也将看到,存在着几类假设;一些是可以检验的,它们一旦被实验确证后就变成富有成效的真理;另一些不会使我们误入歧途,它们对于坚定我们的思想可能是有用的;最后,其余的只是表面看来是假设,它们可化归为伪装的定义或约定。"[6]3-4"那么,加速度定律、力的合成法则仅仅是任意的约定吗？是的,是约定;要说是任意的,那就不对了;它们能够是约定,即使我们没有看到导致科学创造者采纳约定的实验,这些实验尽管可能是不完善的,但也足以证明约定是正当的。我们最好时时留心回想这些约定的实验根源。"[6]87

《科学与假设》"第三编总的结论"进一步阐明上述观点:

"这样一来,力学原理以两种不同的姿态出现在我们的面前。一方面,它们是建立在实验基础上的原理,就几乎孤立的系统而言,它们被近似地证实了。另一方面,它们是适用于整个宇宙的公设,被认为是严格真实的。

"如果这些公设具有普遍性和明确性,而这些性质反为引出它们的实验事实所缺乏,那么,这是因为它们经过最终分析便化为约定而已,我们有权利做出约定,由于我们预先确信,实验永远也不会与之矛盾。

　　"然而,这种约定不是完全任意的;它并非出自我们的胡思乱想;我们之所以采纳它,是因为某些实验向我们表明它是方便的。

　　"这样就可以解释,实验如何能够建立力学原理,可是实验为什么不能推翻它们。"[6]105

　　简而言之,类似于欧几里得几何的公理体系,经典力学的原理是基于经验证据概括提炼得出的,这些经验证据本身是局部的和近似的,但是力学原理将其上升为一种全局的和绝对的形式。实际上,力学原理在常规的宏观尺度和远低于光速的速度范围内确实是有效的,但是对于微观尺度、宇观尺度以及与光速具有可比性的速度直至接近光速的速度就会显现出明显的误差。在庞加莱的时代,通常意义上的物理实验还无法在这样的条件下进行,天文观测也尚未达到足够的尺度,所以他才会说实验不能推翻这些力学原理。

　　约定论在 20 世纪上半叶的科学哲学中影响深远,有多个不同的发展方向,拉卡托斯在《科学研究纲领方法论》中以相当大的篇幅对不同的约定主义做了讨论,例如,保守的约定主义,两个相互竞争的革命的约定主义学派:迪昂(P. Duhem,1861—1916)的简单主义和波普尔(K. R. Popper,1902—1994)的方法论证伪主义,革命的约定主义的另一种形式"朴素的"约定主义,以及作为约定主义退化形式的工具主义等。

2.2　爱因斯坦

　　关于数学(几何学)的性质以及几何学与物理学的关系,爱因斯坦(Albert Einstein,1879—1955)曾在多篇文章中加以论述。例如,1921 年,爱因斯坦在演讲《几何学和经验》中回应了康德提出的数学是先天综合知识的观点:"只要数学的命题是涉及实在的,它们就不是可靠的;只要它们是可靠的,它们就不涉及实在。"[8]136 这里所说的"涉及实在"对应于康德所说的综合命题,"可靠的"对应于康德所说的"先天命题",也就是说,对数学(几何学)来说,不可能同时具有综合性与先天性。

　　在《非欧几里得几何和物理学》(1925)中,爱因斯坦明确论述了几何公理的经验来源:"在几何体系中,只有基本概念(点、直线、截段等等)和所谓公理才是几何的经验起源的证据。人们总力求把这些逻辑上不能再简化的基本概念和公理的数目减少到最低限度。那种从模糊的经验领域里求得全部几何的意图,不知不觉地造成了错误的结论,这可以比作把古代英雄变成神。久而久之,人们就习惯于把基本概念和公理看成是'自明的',亦即看成是人类精神所固有的观念的对象和性质;按照这种观点,几何的基本概念同直觉的对象是相符合的,而不论以哪种方式来否定这条或那条公理,都不可能没有矛盾。"[8]205 这里的观点与庞加莱的观点完全一致。

　　1936 年,爱因斯坦在《物理学与实在》中指出:"物理学形成了一套不断进化的逻辑的思维体系,其基础不能由归纳法从经验中提取,而只能通过自由创造获得。这个体系的正当性(真理内容)在于其在感觉经验基础上导出的定理的有用性,而后者与前者的关系只能被直觉地理解。"[9]77 换言之,物理学的逻辑基础是根据经验证据人为概括的原始假设,物理理论的正当性就在于可以从这样的原始假设中推导出足够丰富的与经验证据吻合的定理,原始假设与物理学知识体系的关系是:我们不能先验地断定这样的原始假设必然正确,只要由这些原始假设出发可以不断获得与经验事实吻合的结果而并未发生明显的矛盾,这个体系就可以继续被认为是有效的。

在《理论物理学的基础》(1940)中,他说得更为明确:"科学是这样一种努力,它把我们纷繁芜杂的感觉经验与一种逻辑上连贯一致的思想体系对应起来。在这个体系中,单个的经验与理论结构必须以如下方式取得联系:必须使所得到的对应结果是单一的,并且是令人信服的。""感觉经验是当下的既定素材,但用来解释感觉经验的理论却是人造的。而这理论又是不辞劳苦地适应过程的结果;假设性的、永不完满的结论,更有常遇到的困难和怀疑。"[9]79

从这些论断中不难看出,爱因斯坦是高度认同庞加莱观点的。

2.3　怀特海和爱丁顿

英国哲学家、数学家怀特海(A. N. Whitehead,1861—1947)在《自然的概念》中有一句极富康德风格的断言:"自然是我们通过感官在感知中所观察的东西。"[10]英国天文学家、物理学家爱丁顿(A. S. Eddington,1882—1944)则在《物理科学的哲学》(1939)第二章"选择主体论"中详细和充分地论述了同样的观点。他设想有一位研究海洋生命的鱼类学家用一张网孔2英寸的渔网在海里捕鱼,然后得出两个结论:(1)任何海洋生物都不会短于2英寸;(2)所有海洋生物都有鳃。然后他写道:"应用这个类比,打捞活动可代表构成物理科学的一组知识,渔网可代表我们用来获得这类知识的感觉器官和理智器官。抛撒渔网对应于观察;观察没有获得的或者不能获得的知识不允许进入物理科学之中。"[11]这一章的基本观点是:随着研究活动的持续和扩展,我们有可能纠正过去的狭隘乃至错误的认识,但无法对超出我们的感觉器官和理智器官能力的事物获得令人信服的结论。

2.4　从弗雷格到哥德尔

17世纪,莱布尼茨(G. W. Leibniz,1646—1716)指出,哲学论辩中各执一词、莫衷一是的状况,主要是因为缺少一种明确、有效而无歧义的表达和推理方式,因而提出了数理逻辑的基本构想。1879年,弗雷格(F. L. G. Frege,1848—1925)发表《概念文字——一种模仿算术语言构造的纯思维的形式语言》,较为充分地实现了莱布尼茨的构想,其主旨是:构造一种形式语言,将数学奠定在严格的基础上;构造一种形式语言,将哲学奠定在严格的基础上。现代意义上的数理逻辑以及哲学中的语言转向由此开端。

1921年,维特根斯坦(L. J. J. Wittgenstein,1889—1951)在《逻辑哲学论》中试图建立一种可以根据逻辑句法规则确立的表达方式,认为能够用这种表达方式表达的命题都是可以表达的,反之则是不可表达的。他在该书前言中写道:"这本书的全部意义可以用一句话概括:凡是可以说的东西都可以说得清楚;对于不能谈论的东西必须保持沉默。"[12]23在书中维特根斯坦首次提出,"关于哲学问题所写的大多数命题和问题,不是假的而是无意义的","一些最深刻的问题实际上却根本不是问题。"[12]41-42随后,1923年,卡尔纳普(P. R. Carnap,1891—1970)在《通过语言的逻辑分析清除形而上学》一文中明确提出:"现代逻辑的发展,已经使我们有可能对形而上学的有效性和合理性问题提出新的、更明确的回答。……在形而上学领域里,包括全部价值哲学和规范理论,逻辑分析得出反面结论:

这个领域里的全部断言陈述全都是无意义的。"[13]

维特根斯坦和卡尔纳普的工作是哲学中放弃终极意义上的逻辑奠基的宣言,可以看作哥德尔的工作在哲学中的先声。

1931 年,哥德尔(Kurt Gödel,1906—1978)发表不完全性定理:(1)一个包括初等数论的形式系统 P,如果是相容的,那么就是不完全的。(2)如果这样的系统是相容的,那么其相容性在本系统中不可证明。

哥德尔的结果宣告了希尔伯特方案的失败,在数学中它意味着:一个数学理论体系,只要其内容丰富到包含了初等数论,以公理化方法为其奠基的努力就一定失败。容易看到,这个结果具有一般性,也就是说,对人类思想的任何一个具有足够丰富内容的理论体系,一切试图用逻辑方法证明其理论基础合法性的努力都不可能得到最终结果。

2.5 波普尔

1934 年,波普尔(K. R. Popper,1902—1994)在《研究的逻辑》(德文初版,1934;英译本《科学发现的逻辑》,1959)中提出了批判理性主义观点;1963 年,他在《猜想与反驳:科学知识的增长》中发展批判理性主义观点,建立了证伪主义,其基本观点是"真伪不对称性"(真不能被证明,只有伪可以被证明)。这种真伪不对称性,在逻辑上等价于哥德尔不完全性定理的结果,一个包含了初等数论作为子系统的形式系统,如果有一天被发现包含了一个悖论,那么它就是不相容的;如果一直没有发现悖论,我们却不能判断这个系统是真的没有悖论,还是我们仅仅是暂时没有发现悖论而已。也就是说,相容性是不可证明的。

波普尔在《猜想与反驳:科学知识的增长》序言中指出:"知识,特别是我们的科学知识,是通过未经证明的(和不可证明的)预言,通过猜测,通过对我们问题的尝试性解决,通过猜想而进步的。这些猜想受批判的控制;就是说,由包括严格批判检验在内的尝试的反驳来控制。猜想可能经受住这些检验而幸存;但它们绝不可能得到肯定的证明:既不能确证它们确实为真,甚至也不能确证它们是'或然的'(在概率演算的意义上)。对我们猜想的批判极为重要;通过指出我们的错误,使我们理解我们正试图解决的那个问题的困难。就这样我们越来越熟悉我们的问题,并可能提出越来越成熟的解决;对一个理论的反驳——即对问题的任何认真的尝试性解决的反驳——始终是使我们接近真理的前进的一步。正是这样我们能够从我们的错误中学习。"[14]1 "既然没有一个理论能肯定地得到证明,所以实质上是它们的批判性和不断进步性——对它们声称比各个竞争的理论更好地解决我们的问题我们可进行辩论这个事实——构成了科学的合理性。"[14]2

波普尔证伪主义在实践层面上存在局限性,因为观察陈述依赖于理论并且是易谬的,所以以为只要有了这样的观察陈述就可以证伪一个理论是轻率的。但是如果将这一思路用于以公理化方法构建的理论体系,情况就会完全不同。

2.6 拉卡托斯

哥德尔的工作表明,无论是形式主义、逻辑主义还是集合论公理化,都不足以从根本上证明数学基础的相容性。进一步的推论是,任何使用古典逻辑(形式逻辑)的数学公理体系,都无法从系统内部证明这个系统的相容性,从而宣告了公理化方法的本质局限性,即:它不可能从根本上解决数学理论体系的相容性问题。

既作为对哥德尔工作的回应,也作为波普尔工作的发展,拉卡托斯(Imre Lakatos,1922—1974)在《无穷回溯与数学基础》(1962)、《经验主义在近期数理哲学中的复兴》(1965)中提出了"数学是拟经验的"的观点。拉卡托斯将构建数学理论体系的基本模式概括为"欧几里得式理论"与"经验论理论"两类。

拉卡托斯在《无穷回溯与数学基础》一文中写道:

"(1)如果演绎系统顶部的一些命题(公理)是由完全众所周知的一些词(原始词项)组成的,并且于真值的顶部存在确实可靠的真值注入,这个真值通过真值传递(证明)的演绎渠道向下流满整个系统,那么我就把这种演绎系统叫作'欧几里得式理论'。(如果顶部的真假值为假值,这个系统自然就不可能存在真值流。)"

"(2)我把一个演绎系统叫作'经验论理论',如果该系统底部的一些命题(基本语句)是由完全众所周知的一些词(以经验为根据的一些词)组成的,并且底部可能存在确实可靠的真值注入,只要底部的真假值为假值,它就通过演绎渠道(说明)向上流满整个系统。(如果底部的真假值是真值,这个系统自然就不存在真假值流。)因此,经验主义的理论要么是猜测性的(除了最底部的语句可能是真的以外),要么就是确定地由假命题组成的。"[15]

容易证明,我们确实可以构建一些结构简单的欧几里得式理论,但是,根据哥德尔不完全性定理,任何包含了初等数论作为子系统的形式化数学公理系统,其相容性在系统内部不可证明。也就是说,我们无法证明这样的演绎系统是一个欧几里得式理论。因此,通常的演绎数学理论都只能是经验论理论,这样的演绎系统的相容性无法预先判断,但具有可证伪性,在方法论意义上与通常的自然科学理论是一致的。

2.7 物理学和宇宙学的新启示

现代科学曾经长期坚持这样的理念:宇宙是有规律的,这些规律是可以被人类认识的,因为人类的认识能力是不断提高而且没有上限的。但是康德、怀特海、爱丁顿以及其他哲学家、科学家一再强调:人类对客观世界的认识,受限于人类感知世界的能力。即使这种能力随人类社会特别是科学技术的发展而不断增强,但仍可能存在某个无法跨越的界限。由于 20 世纪末以来物理学、天文学和宇宙学的发现,当今科学界已经接近于达成这样的共识:普通物质和能量在宇宙总的物质和能量中所占的比例大约为 5%(甚至不足5%),其余 95% 的物质和能量为暗物质和暗能量,人类对它们无法感知。这意味着,人类或许根本没有可能对宇宙的实际面貌和根本规律做出既合乎理性标准又接近真实情况的描述。自然展现在我们面前的只是表象,科学也只是基于表象的合理推断,所谓合理也只是合乎表象之理,但在表象和本质之间的鸿沟,可能永远无法跨越。

构成当代科学的最初的基本原理实际上是假说,而这些假说(至少是其中的绝大部分)永远都无法真正获得确证,即使某些假说基于某些更基本的原理获得了解释,那些更基本的原理如何得以确立又会成为新的问题,这与数学基础问题是十分类似的。此外,对于"宇宙的结构和性质""生命的本质"这样的重大问题可能同样永远都不会有最终的答案。于是,相对于牛顿时代视科学为客观真理的科学观,在后现代,科学更被看作是一套合乎理性的、与其他方法相比更为有效的探索自然现象及其规律、原理的方法,以及由这种方法所获得的、基于经验证据和逻辑推理的、至今尚未被证伪的知识所构成的系统。科学求真,但这种真永远是被人类的认识能力所限定的真,与自然界客观的真并不相同,甚至可能相去甚远。

对科学而言,可能存在终极理论,但不存在终极真理。例如2010年,霍金和蒙洛迪诺在他们合著的《大设计》中介绍了自20世纪90年代以来在物理学界和天文学界引起高度关注的M理论,书中写道:"在科学史上,从柏拉图到牛顿的经典理论,再到现代量子理论,我们发现了越来越好的理论和模型序列。人们很自然地询问:这个序列最后会终结于一个将包括所有的力并能预言所有对宇宙观测的终极理论吗?或者我们将永远寻求越来越好的理论,但永远找不到不能再改善的那个?我们对这个问题尚无确定答案。但是如果确实存在一个的话,我们现在拥有了一个称作M理论的万物终极理论的候选者。"[16]问题在于,即使人们最终发现M理论确实是一个完美的理论,但是它的最终基础很可能仍然无法被证明,从而它只能是基于假说的一个理论,却不是终极真理。类似地,在人类文化的其他领域,也不会获得终极真理。人类对一些基本而重要的领域不断探索,也不断有所发现,但一定存在某些难以逾越的鸿沟,它们揭示出人类认识的边界。

3. 方法论层面的思考

3.1　一般性的回顾

数学、科学和哲学的共同特性是求真,从本质上看,这种求真的过程在经历了存在论(本体论)、认识论转向和语言转向三个阶段之后,以哥德尔不完全性定理作为一个转折点,已经进入了一个新的时期。

在存在论阶段,先哲们依据各自的直觉并且常常借助归纳方法对构成客观世界的基本元素、客观世界的形态、结构和运动变化规律作出断言。

当人们发现所有曾经作出的推断都难以给出令人信服的理由的时候,转而思考"我们是怎样研究上述问题的""这样的研究有没有可能得到确实的结果",进而尝试由精选的、被认为不证自明的原始假设出发严格推出哲学命题,从而重建整个哲学大厦,这就是哲学中的认识论转向,对应于数学中欧几里得构建数学体系的公理化方法。

当人们发现关于认识论的研究必定陷入"我们能否清楚地表达我们的问题和思考结果""这样的表达应该遵循什么规范""这样的表达最终能不能确保我们的思维过程是合理的"这些难题,并尝试通过建立某种人工语言解决上述难题的时候,就发生了语言转向。在数学中,这一过程经历了两个阶段:第一阶段是双曲几何、椭圆几何的建立导致的几何基础重建,包括欧几里得几何在内的几种几何学都需要以明确而严格的方式奠基,特别是欧几里得几何失去了不证自明的当然地位。与此大体同步的是分析基础的奠定。第二阶段是由于集合论和数理逻辑的建立,从而可以尝试在最一般的意义上为全部数学奠基,随后发现的集合论悖论使这项工作变得十分迫切。本文讨论的就是由此开始的一系列工作和与之相关的一些重要观点。

从历史上看，数学、物理学和哲学中的绝大多数发现都是借助归纳方法获得的，17世纪哲学中的经验主义也曾试图运用归纳方法梳理知识体系，但人们终于认识到对于构建严密的理论体系归纳方法是无法胜任的。在语言转向之后的奠基工作中，哲学领域较为突出的是分析哲学与现象学两个主要思路，数学中的逻辑主义、形式主义和公理集合论三个路径与分析哲学的路径相似，直觉主义与现象学有密切关系。

另一个值得注意的事实是，自亚里士多德以来，数学长期被认为是物理学的映像，特别是欧几里得几何被认为是现实空间的真实写照。但是，19世纪20年代以后，由于双曲几何和两种椭圆几何相继建立，它们与欧几里得几何互不相容却在逻辑上无懈可击，于是究竟哪种几何学可以用于描述物理空间就成了问题。随着更为抽象的几何对象的不断出现，以及群论、集合论、实变函数论、泛函分析、抽象代数等高度抽象的数学分支的建立，数学不再简单直接地对应于客观世界的事物，在数学家群体中逐渐形成了"数学是人类思维的自由创造物，只受逻辑约束而不受现实事物约束"的观念，数学与物理学乃至自然科学被认为具有根本不同的性质。

无论是分析哲学还是逻辑主义、形式主义、公理集合论，基本路径都是由演绎方法衍生出的公理化方法，其水平已经远高于欧几里得和笛卡尔的时代，并且以数理逻辑为共同工具。即便如此，分析哲学最初的方案到20世纪20年代已经难以继续推进，数学奠基先是由于集合论悖论和连续统假设而受阻，最终因哥德尔不完全性定理的建立而受到沉重打击。

3.2 现象学方法

在分析哲学的奠基方案逐步退隐之后，以胡塞尔（E. G. A. Husserl, 1859—1938）为主要代表的现象学方法迅速获得关注。胡塞尔的现象学的核心问题是对象在意识中的构造问题，着眼于对现象的把握，其特征是当下、有限，将现象与本质结合起来，透过现象看本质，通过当下、有限来把握永恒、无限。其本质是：基于经验和已有知识的具有全知视角的思想实验（理想实验）获得对事物的洞见，从而构建理论体系（首先是哲学体系）的最初的阶梯，进而构建全部理论体系。从某种意义上说，现象学是经验主义的变种，只不过由经验主义的现实经验变成了思想中的经验。这种思想实验基于现实经验而又超越了现实经验，这种超越表现在：现实中的观察次数十分有限，思想实验可以把这种观察置于想象中而令其具有足够大的数量；由于现实条件的限制，例如物理条件难以实现，或成本、危险等因素导致现实中的观察难以实施，思想实验可以越过这些障碍；任何直接观察都只能是当下的和片面的，而现象学对现象的研究要求调动可能的全部信息，把当下的观察与历史知识联系起来，把局部的观察与关于全局的信息联系起来。通常的观察本质上是分析，而现象学的观察在分析的同时还在综合。简而言之，现象学方法是对经验和已有知识的全面的、综合的、结合历史与当下的重新审视。

由于上述特征和优势，现象学方法在哲学、伦理学、心理学、社会学等人文社会学科获得了较为广泛的应用，对逻辑学、时间问题的讨论也颇有成效。另一方面，现象学方法也有一些较为明显的缺陷。

首先,现象学通过思想实验构造对象的过程所依据的仍然是人类的经验,只不过将这种经验适用的对象由现实中转移到了思想中。既然如此,它们无法应用于人类经验之外的对象。例如,由于人类至今不能俘获夸克,不能直接运用物理手段对夸克进行操作,因此对处在夸克层次上的物理对象及过程的思考,现象学方法是无能为力的。类似地,对宇观尺度上的很多问题,由于超出了人类目前的物理手段,现象学方法同样是无能为力的。

其次,现象学借助移情作用设想进入另一意识、心灵或精神(包括动物)的第一人称的、经验性的生活。这一过程大概只有在实施者不仅熟悉对方而且至少具有平等面对的能力和心理的时候才有可能,而在一般情况下未必有这样的条件。设想一个从未学过外语也未到过国外的中国人面对一个从未学过中文的外国人,或者设想一个初学围棋的人面对围棋国手。

因此,现象学方法的主要作用是,对已经由人类经验把握的事物,通过思想实验为其确定可为人类理性所接受的逻辑过程与结构,是一种事后整理的方法,而不是做出发现的方法。又由于它对无穷、微观和宇观层面的问题无能为力,从而不可能为人类的各种理论体系提供终极的基础。

值得注意的是现象学与直觉主义数学的关系。王炳文、张金言在施皮格伯格《现象学运动》译者序中写道:"胡塞尔认为严格科学的哲学,应该是由理性联结起来的知识体系,其中每一个步骤都是按照必然顺序建立在先前步骤之上的。这种严格的联结要求在其基本洞察方面达到最大的清晰性,而在基本洞察之上建立起进一步陈述时,要依照有条不紊的顺序进行。这就是哲学要成为真正科学所应该遵循的严格性,而只有现象学能满足这种严格性。"[17]这里的描述与直觉主义数学本质上一致。根据海德格尔《时间概念史导论》中的说法,布劳威尔(L. E. J. Brouwer,1882—1966)直觉主义数学的基本思想受到了胡塞尔的现象学的影响:"在数学中存在着一种形式主义与直觉主义的争论。在此争论中人们所追问的是:数学科学的基础是否就奠定在形式命题之上?简单地讲,上面的表述是说:从形式命题出发,作为公理系统的其余全部命题能够被演绎出来——这就是希尔伯特的立场。而与此相反的、主要受到了现象学影响的立场,则提出了如下问题:在最终的意义上,那最初既有的东西是否就是各种对象的特定的结构本身(在几何学中,连续统就先于例如微分分析和积分分析中的科学的探询),如布劳威尔和魏尔的学说所宣称的那样?"[18]

另一方面,直觉主义明确地以康德和克罗内克(Leopold Kronecker,1823—1891)为先驱。布劳威尔在《直觉主义和形式主义》(1912)一文中指出,"对康德理论的最严重的打击是非欧几何的发现"[19]92,然后他写道:"不管直觉主义在这一时期的数学发展之后的地位看来是怎样的软弱,通过放弃康德的空间的先天性,同时更坚定地坚持时间的先天性,它已经得到了恢复。这种新直觉主义把生命的时时刻刻之碎裂为——恰恰在一直被时间分隔的情况下被统一起来的——异质部分(qualitatively different parts),视为人类心智的根本现象,把它们从情感内容中抽出来而变成数学思维的根本现象——即赤裸裸的二·一原则(two-oneness)直觉。这种二·一原则直觉,即数学的基本直觉,不仅创造了数 1 和 2,而且也创造了一切有限序数,因为二·一原则的元素之一可以被认为是一个新的二・一原则,这个过程可以无限地重复下去;这一过程还进一步给出了最小的无限序数 ω。"[19]这里所说的二・一原则直觉,就是从 1 扩展到 2,从 n 扩展到 $n+1$ 的能力,由此可生成全部自然数。

由于坚持构造性原则,不允许使用排中律,不接受实无穷,使得直觉主义数学成为最严格也最苛刻的数学,有效地排除了出现悖论的可能性,但也因此而舍弃了经典数学中的许多重要内容,这使得大多数数学家难以接受他们的立场。

3.3 返璞归真

19 世纪 80 年代以来,为数学、物理学(科学)和哲学理论奠基的工作已经尝试了多个路径,哥德尔定理宣告了传统意义上的公理化方法不能完成这个任务,现象学方法同样难以胜任。通过上面的讨论,我们获得了这样的启发:以往的奠基方案之所以无法完成,是因为它们的目标是要构建一个拉卡托斯所说的欧几里得式理论,而这样的目标本来就是不可能实现的。庞加莱的约定论、波普尔的证伪主义以及拉卡托斯的拟经验数学观,可以概括为两个要点:

第一,在方法论意义上,数学理论的结构及其构建方法与物理学理论乃至一般的自然科学理论的结构及其构建方法并无本质的不同。

第二,不存在完美构建的欧几里得式数学理论和物理学理论。一切内容足够丰富的数学理论和物理学理论都只能在不断探索、不断证伪的过程中逐步完善,人类探索真理的过程永远都不会完结。

在明确上述两点之后我们发现,其实人类从古至今就是这样走来的。

参考文献

[1] 欧几里得.几何原本[M].兰纪正,朱恩宽,译.南京:译林出版社,2011:2.

[2] 牛顿.自然哲学之数学原理[M].王克迪,译.西安:陕西人民出版社,2001:18-19.

[3] 麦克莱伦,多恩.世界史上的科学技术[M].王鸣阳,译.上海:上海科技教育出版社,2003:405-406.

[4] 康德.纯粹理性批判[M].邓晓芒,译.北京:人民出版社,2004:2-3.

[5] 克莱因.数学:确定性的丧失[M].李宏魁,译.长沙:湖南科学技术出版社,2002:216-262.

[6] 彭加勒.科学的价值[M].李醒民,译,北京:光明日报出版社,1988:5.

[7] 彭加勒.最后的沉思[M].李醒民,译.北京:商务印书馆,2007:22.

[8] 爱因斯坦.爱因斯坦文集:第一卷[M].许良英,范岱年,译.北京:商务印书馆,1976:136.

[9] 爱因斯坦.爱因斯坦晚年文集[M].方在庆,等,译.北京:北京大学出版社,2008.

[10] 怀特海 A N.自然的概念[M].张桂权,译.北京:中国城市出版社,2001:3.

[11] 爱丁顿.物理科学的哲学[M].杨富斌,鲁勤,译.北京:商务印书馆,2016:19.

[12] 维特根斯坦.逻辑哲学论[M].贺绍甲,译.北京:商务印书馆,1996:23.

[13] 陈波,韩林合.逻辑与语言——分析哲学经典文选[M].北京:东方出版社,2005:249.

[14] 波普尔.猜想与反驳——科学知识的增长[M].傅季重,等,译.上海:上海译文出版社,1986:1.

[15] 拉卡托斯.数学、科学和认识论[M].林夏水,等,译.北京:商务印书馆,1993:4-5.

[16] 霍金,蒙洛迪诺.大设计[M].吴忠超,译.长沙:湖南科学技术出版社,2011:5.

[17] 施皮格伯格.现象学运动[M].王炳文,张金言,译.北京:商务印书馆,1995:iv.

[18] 海德格尔.时间概念史导论[M].欧东明,译.北京:商务印书馆,2009:4.

[19] 贝纳塞拉夫,普特南.数学哲学[M].朱水林,等,译.北京:商务印书馆,2003.

黎曼几何学思想的发展与非欧几何学

——兼论几何学发展的微分路径

陈惠勇

摘　要：从黎曼对微分几何的贡献、亥姆霍兹对黎曼几何的发展、贝尔特拉米对黎曼几何及非欧几何的发展等方面，对 19 世纪黎曼几何学发展过程中最具代表性的三位数学家的工作进行梳理，探寻在非欧几何学的发展与确认这一艰难的过程中，黎曼几何学思想所起的核心作用及其对数学发展的深远意义和历史启示。

关键词：黎曼几何学；亥姆霍兹；贝尔特拉米；非欧几何学；微分路径

0. 引　言

伊利诺伊大学乌尔巴纳香槟分校的埃斯特·波诺伊（Esther Portnoy）在他的论文《黎曼对微分几何的贡献》中指出："评论家可能会进一步注意到，黎曼没有留下任何一般性的论述，在其中该试讲的思想是在其分析背景中得到彻底阐释的。事实上，他在几何学方面几乎没有做进一步的研究，甚至在他有生之年，他的就职演讲也没有发表。基于这些观察，人们可能会认为，黎曼作为一个几何学家的声誉被浪漫主义的情感大大提高了，'黎曼'几何学的真正创始人是亥姆霍兹和贝尔特拉米。"[1]历史上出现这种想法，这就给数学史研究提出一个非常有趣的问题——即为什么是黎曼？为什么称黎曼几何学？

为了对黎曼在微分几何学历史上所扮演的角色的重要性做出合理的评价，而不受他作为伟大数学家的声誉的过度影响，我们必须考察他的几何著作的内容，并考察在其著作发表后其他数学家的反应。基于这样的思考，本文欲探究的问题是：黎曼对微分几何的贡献是什么以及为什么重要？亥姆霍兹和贝尔特拉米在黎曼几何学的发展中起着怎样的重

基金项目：国家自然科学基金项目"黎曼几何学及其相关领域的历史研究"（NSFC：11861035）。

作者简介：陈惠勇，1964 年生，江西师范大学数学与统计学院教授，研究方向为近现代数学史与数学教育，主要研究成果有：（一）获首届"全国教育专业学位教学成果奖"二等奖一项（2015）；全国第七届教育硕士优秀教师（2019）；入库中国专业学位教学案例中心案例一篇（2019）；第七届江西省教育科学优秀成果奖三等奖一项（2020）；（二）出版专（译）著 8 部：《高斯的内蕴微分几何学与非欧几何学思想之比较研究》（高等教育出版社，2015）；《关于曲面的一般研究》（C. F. Gauss 著，陈惠勇译，哈尔滨工业大学出版社，2016）；《数学课程标准与教学实践一致性——理论研究与实践探讨》（科学出版社，2017）；《统计与概率教育研究》（科学出版社，2018）；《微分几何学历史概要》（D. J. Struik 著，陈惠勇译，哈尔滨工业大学出版社，2020）；《伯恩哈德·黎曼论奠定几何学基础的假设》（Jürgen Jost 著，陈惠勇译，科学出版社，2021）；《数学核心素养的测评与路径》（科学出版社，2022）；《空间-时间-物质》（Hermann Weyl 著，陈惠勇译，科学出版社，2022 年即将出版）。

要作用? 这些发展与非欧几何的发展与确认有着怎样的内在联系? 期望通过对这些历史问题的探究,揭示几何学发展的微分路径及其在数学史上的意义。

1. 黎曼对微分几何的贡献

1.1　关于黎曼就职演讲的一些评论

1854 年 6 月 10 日,格奥尔格·弗里德里希·伯恩哈德·黎曼(Georg Friedrich Bernhard Riemann,1826—1866)在格丁根大学哲学系教授们的面前宣读了他的就职演讲报告 *Über die Hypothesen welche der geometrie zu Grunde liegen*。他的传记作者 Dedekind 报道说[2],黎曼努力让听众中的非数学家也能理解他的演讲。结果是一个杰出的演讲,他的思想在没有分析技术的帮助下清晰地阐述出来。高斯对此印象非常深刻,并以一种不寻常的热情,宣称他对黎曼思想的深度的尊重。高斯的这句话在他去世很久才被间接报道,考虑到高斯当时的年龄和健康状况,这句话的价值可能有限。

这次演讲被认为是几何学历史上的一个里程碑。Clifford 说:"正是黎曼……首先完成了分析所有几何假设的任务,并指出哪些假设是独立的。"Turnbull 写道:"在几页划时代的论文中,黎曼不仅考虑了任何维度的空间几何……而且证明了早期的三种几何学(欧几里得几何、球面几何和罗巴切夫斯基几何)都是更一般几何学的特殊例子。"Newman 甚至认为:"演讲的整个基调,对几何学所表达的态度都是现代的。"[1]

采取更批判性的观点是可能的。在黎曼于 1866 年去世之前,上述所有引用都没有出现过。在他去世之前,他在许多领域的数学工作都得到了普遍认可。显然,关于这个试讲唯一幸存的当时的评论是黎曼写给他家人的两封信。第一次是在 1853 年 12 月 28 日,黎曼解释说,他只准备了提交给试讲的三个主题中的前两个①,当高斯选择了第三个主题时,他感到很惊讶。在 1854 年 6 月 26 日的信中,黎曼发现,为了准备试讲,他很难从数学物理的研究中脱身,但现在他很高兴地渡过了难关。从这些信件的语气,再加上对试讲内容的快速浏览,表明可能黎曼改变了话题,以便利用自己在分析和数学物理方面的兴趣和专长,对几何学的基础只是口头上说说而已。

评论家可能会进一步注意到,黎曼没有留下任何一般性的论述,在其中该试讲的思想是在其分析背景中得到彻底阐释的。事实上,他在几何学方面几乎没有做进一步的研究,甚至在他有生之年,他的就职演讲也没有发表。基于这些观察,人们可能会认为,黎曼作为一个几何学家的声誉被浪漫主义的情感大大提高了,"黎曼"几何学的真正创始人是亥姆霍兹和贝尔特拉米。

1.2　黎曼的几何学思想——对黎曼就职演讲的分析

为了评价这种批评,我们必须首先仔细研究黎曼的就职演讲本身。这个演讲分为三个部分,依次处理拓扑概念、度规关系和物理空间中的应用。

黎曼一开始就说,关于几何学基础的假设有这么多困惑的原因是没有检验"多重延伸

---

① 前两个主题分别是"论函数的三角级数表示"和"论两个未知量的两个二次方程的求解",见参考文献[3]。

量"这一基本概念。他声称自己的思想除了高斯和哲学家赫尔巴特之外没有任何来源,这可能会受到质疑。当然,他也借鉴了雅可比和其他人的多重线性代数。E. 肖尔茨论述了赫尔巴特的哲学思想对黎曼的影响[4]。黎曼的许多思想不仅在高斯的几何著作中有先例,而且在复数的"几何化"中也有先例。

1.2.1 流形的概念

在第 I 部分,黎曼介绍了连续流形的概念。连续流形是一个物体的集合,在这个集合中可以沿着连续的路径从一个物体走向另一个物体。以物理空间和颜色为例。如果没有一些标准来进行测量,唯一的数量关系就是集合的包含关系。黎曼指出,微分方程和多值解析函数理论的进展相当令人失望,原因是缺乏对我们现在称为拓扑流形的概念的研究。①

然后,黎曼归纳定义了 n 维的流形:

> 如果在一个连续的流形中,人们从一个特定的确定方式以明确的形式过渡到另一个,这个确定方式经过这个过渡就形成一个单重延伸流形,它真正的本质性质是其中从一个点出发的连续运动可能的方向只有两个,即向前或向后。如果我们现在假定这种流形反过来又过渡到另一种完全不同的流形,而且是以一种特定的方式过渡的,也就是说,每一点过渡到另一个特定的点,那么,由此得到的所有确定方式便构成了一个二重延伸流形。同样地,如果我们想象一个双重延伸流形以一种确定的方式过渡到另一个完全不同的流形,就会得到一个三重延伸流形;很容易看出这种构造将可以继续下去[5]26。

n 维流形的现代定义是一个空间,它可以以连续的方式被同胚于 n 维空间区域的邻域所覆盖。相比之下,黎曼的定义是模糊和笨拙的,但它有一个重要的优势,那就是它的建设性而非分析性。黎曼在就职演讲和 1876 年发表的《数学评述》中给出的技术细节表明,他确实掌握了这种分析。我们可以把他选择的直观性定义看作是他想要让他的一般学术听众理解的愿望。即使是大多数数学家也可能已经发现 n 维空间的概念相当困难,因为尽管在多变量代数方面的重要工作已经进行了多年,但对 n 维空间几何的研究还几乎没有开始。

当黎曼提出将任意连续流形分解为一维流形和比原始流形维数更少的流形时(因此,在可能的情况下,确定流形的有限维数),坐标思想就间接地引入了:

> 让我们在给定的流形内取一个位置的连续函数,而且,它在该流形的任何部分都不是恒定的。每一个点的系统,其中的函数有一个常数值,然后形成一个比给定流形维度更小的连续流形。这些流形随着函数的变化而不断地相互转换;因此,我们可以假定,其他的事物都是从其中的一个事物中产生出来的。一般说来,这一过程可以这样进行:每一点都过渡到另一个确定的点;例外情况(对它的研究很重要)在这里可以不考虑……通过重复这个操作 n 次,在 n 层延伸流形中位置的确定被简化为 n 个数

---

① 我们注意到,黎曼曲面的概念,即多值函数的自然域,在黎曼 1851 年的论文中得到了清晰而彻底的阐述。

量的确定。[5]26

1.2.2　度量关系、测地法坐标系和常曲率流形

第二部分是度量关系的发展，提供了黎曼微分几何的基础。黎曼为抽象公式的必要性表示歉意，并承诺几何解释将随之而来。他指出，他的思想是基于高斯的关于曲线和曲面的一般性质研究。

第一个问题是用一种不依赖于其位置的方法来确定曲线的长度（也就是说，通过某种方法，而不是在上面移动一条标准曲线）。当一个点的坐标 $x_1, \cdots, x_n$ 作为单变量的函数给出时，一条曲线就确定了。黎曼考虑曲线的一个"元素"，其中的增量 dx_i 是固定比例的，因此在流形的每个点上，求出用 x_i 和 dx_i 表示的 ds 的表达式。半页的直观论证引出了黎曼几何基本方程的口头表达：

> ds 是诸量 dx 的一个恒正的二阶齐次整函数的平方根，其中系数是量 x 的连续函数。[5]27

除了推广到 n 维之外，这是高斯预料到的，他在曲面论的摘要中指出"曲面的所有性质都是由曲面上形如 $\sqrt{E dp^2 + 2F dp \cdot dq + G dq^2}$ 的线元素给出的。"[6]

黎曼注意到，变量的变化可以将表达式 $ds^2 = \sum g_{ij} dx_i dx_j$ 转换成另一种相同的形式，但并不是所有这样的形式都可以用这种方法得到，因为有 $n(n+1)/2$ 个系数 g_{ij}，其中只有 n 个可以通过适当的变量选择来确定。特别的，并不是所有的流形都是平坦的。

接下来，黎曼介绍了现在称为测地法坐标的概念，推导过程既是直观的又是内蕴的。

> 让我们设想从任意给定的点出发，构造一个从该点出发的最短线（短程线或测地线）系统；那么，任意点的位置可以由其所在测地线的初始方向和从原点出发沿该线测量所得的距离来确定。因此，它可以用这条测地线中的诸量 dx 的比值 dx_0 以及这条线的长度 s 来表示。现在我们来引进 dx 的线性函数而不是 dx_0 的线性函数，使得线元素的平方的初始值等于这些表达式的平方的和，这样一来独立变量就是这条线的长度 s 和诸量 dx 的比值。最后，再用与它们成正比的诸量 $x_1, x_2. x_3, \cdots, x_n$ 代替 dx，但是使得它们的平方和 $= s^2$。[5]28

注意黎曼认为 x_i 是无穷小量。他没有说明 x 和 dx 之间的关系，但他把它们当作独立的无穷小量，与高斯曲面曲线理论中的 dx 和 δx 密切对应。在没有给出任何理由的情况下，他指出，在这些特殊坐标中，ds^2 有一个二阶项 $\sum dx_i^2$，没有三阶项（用现代术语来说就是，$g_{ij} = \delta_{ij}$ 且在原点处 $\Gamma_{ij} = 0$）。四阶项具有形式：

$$\sum_{ijkl} (x_i dx_j - x_j dx_i)(x_k dx_l - x_l dx_k)$$

因此它是顶点为 $0, x$ 和 dx 的"无限小三角形"的面积平方的有限倍数（比如，Q）。这些陈述看似合理，但并不是曲面曲线思想的明显延伸。

下面是一个在高斯的工作中没有先例的陈述："只要从 0 到 x 和从 0 到 dx 的两条测地线保持在同一面元中，这个量 $[Q]$ 保持不变"[5]28。几何术语是象征性的而不是解释性的，而黎曼把代数描述恰当地放在首位。几何直觉在这个更普遍的背景下可能有助于使

思想相互联系,但只有代数和分析是完全可靠的指南。

黎曼早些时候说度规是由差不多 $n(n+1)/2$ 个任意函数决定的,现在以几何形式重申:在每个点上,当 $n(n-1)/2$ 个二维方向上的每个截面曲率已知时,度规就确定了[5]28。黎曼并没有指出这个断言就是高斯绝妙定理的近似逆命题。引用的段落通常被解释为方向必须是独立的。然而,即使是这样的阅读,断言也必须是有限制的(还需要一些关于平行移动的概念),要证明这一点比人们想象的要困难得多。虽然黎曼确实给出了常曲率流形中 ds 的正确公式,但似乎黎曼至多只是有一个直观的想法,特别是因为他甚至没有提供关于 1876 年的"数学评论"中零曲率的特殊情况的细节。

在就职演讲剩下的时间里,黎曼回到了直觉论证。他回顾了关于空间中曲面几何的一些众所周知的事实,给出了曲面的高斯曲率的两个几何特征,并注意到曲率在弯曲下是不变的(一个较弱版本的绝妙定理)。

回到 n 维的情况,黎曼指出从一点发出的测地线是由它的初始方向决定的。这对于曲面已经是众所周知的了,一旦认识到(正如高斯所认识的那样)一条曲线是测地线的条件可以写成微分方程,就可以用直接的解析方法推导出来。对于二维子流形,情况并不像下面这篇文章所说的那么简单:

> 根据这一结论,我们可以得到一个确定的曲面,如果我们延长从给定点出发并最初位于给定曲面方向上的所有测地线;这个曲面在给定的点上有一个确定的曲率,这也是 n 维流形在给定的点和给定的曲面方向上的曲率。[5]29

在适当选择的法坐标下,上面描述的点集由 $x_3 = x_4 = \cdots = x_n = 0$ 给出。因此,称这个集合为曲面与黎曼早先的建议是一致的,即子流形是连续函数具有特定值的点的集合。关于曲率的表述是从关于 Q 的断言中得到的。这里所掩盖的是曲面的局部几何和整体几何之间的重要区别。我们将在黎曼 1876 年的论文中看到这导致了一个严重的问题。

接下来,黎曼简要地讨论了常曲率流形,注意到这些流形的特征是图形可以在其中任意移动和旋转。他给出了曲率为 α 的常曲率流形的弧长增量的公式

$$\frac{1}{1 + \dfrac{\alpha}{4} \sum x^2} \cdot \sqrt{\sum \mathrm{d} x^2}$$

这是黎曼就职演讲文本中唯一显示的公式。

第二部分以几何说明结束,使用的是常曲率曲面,所有这些曲面沿给定的圆相切。以那个圆为准线的相切的圆柱表示曲率为零的曲面。圆柱体内的内接曲面具有恒定的正曲率;通过弯曲或滚动半径较大或较小的部分球体而获得的内接球面和不完整的旋转曲面。圆柱外的切面是具有恒定负曲率的不完全旋转面,黎曼将其描述为类似于环(环面)的内表面,如图 1 所示[7]。

> 如果我们把这些曲面看作是曲面片在其中运动的场所,就像空间是物体运动的场所一样,曲面片可以在所有这些曲面上运动而不需要拉伸。具有正曲率的曲面总是可以这样形成,使得曲面片也可以在其上任意移动而不弯曲,即(它们可以形成)成球面;但负曲率的曲面则不然。除了曲面片与位置的这种无关性以外,在零曲率曲面

中还存在着方向与位置的无关性,而这在其他的曲面中是不存在的。[5]30

　　关于弯曲的引用与黎曼观察的其他内蕴特征不一致,并人为地区分了正曲率流形和负曲率弯曲流形。

　　对最后一句话的一个完全令人满意的解释需要用测地线平行性的概念,这个概念后来由 Levi-Civita 发展起来[8]。为了使曲面或流形上的一点的切向量(方向)与另一点上的向量相比较,必须有沿着曲线移动向量的明确方法。如果曲线不是测地线,或者流形的维数大于 2,解就不那么明显。Levi-Civita 准则被表示为一个常微分方程,它与测地线的条件密切相关。事实上,当且仅当一条

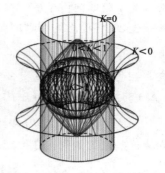

图 1　常曲率曲面的可视化(这里取球面的曲率 $K=1$)

曲线的切向量沿曲线的测地线平行时,它就是一条测地线。因为黎曼当然知道测地线的条件,所以他设想类似测地线平行的东西也不是不可能的。Levi-Civita 在文献[8]的引言中引用了黎曼,而黎曼在上面的最后一个陈述对应着一个重要的定理,即一个切向量在一条闭合曲线上平行于自身平移,只有当曲线位于一个平坦的流形时,它才会返回到原来的位置。然而,如果这些曲线仅限于曲面上的测地线多边形,则很容易从高斯定理得出结论,该定理断言,一个测地线三角形的角的盈余或亏缺等于封闭区域的总曲率——即高斯-博内定理。

1.2.3　黎曼流形为欧几里得空间的充分条件问题

　　在第三部分,黎曼首先讨论了黎曼流形为欧几里得空间的充分条件问题。他提出了三组条件,他声称(没有证明)每一组条件都是充分的。

　　(1)在每一点以及在三个(独立)曲面方向中的每一个方向上的截面曲率必须等于零。这等价于任何三角形的角度之和必须是 π。

　　(2)如果图形可以在空间中自由移动和旋转,而不变形,那么曲率必须是恒定的;而且,如果所有三角形的角和相同,那么空间一定是平坦的。

　　(3)必须有一种一致的方法来测量曲线的方向和长度,而不依赖于它在流形中的位置。

　　下一段是关于空间度量假设的经验验证。这里我们发现了一个著名的观察:一条曲线可能是无界的,但长度却是有限的。大多数试图证明平行公设的人都排除了钝角(等价于正曲率)的假设,因为它意味着直线的长度是有限的。通过指出欧几里得只要求直线可以无限延伸,黎曼证明了椭圆几何(有时被称为"黎曼几何")和欧几里得几何和双曲几何一样可行。

　　最后,黎曼提出黎曼几何的局部假设在物理空间中是否有效。特别是,物质和光不是无限可分的这种观察带来了困难。然而,黎曼的结论是,这些问题应该属于物理领域,而不是数学领域。

1.2.4　黎曼对试图回答最著名的巴黎科学院所提出问题的数学评述

　　黎曼在他的论文《对试图回答最著名的巴黎科学院所提出问题的数学评述》[1876]中

详细阐述了就职演讲中的一些观点。[3]41-76

首先,他将提出的物理问题(关于热传导)简化为一个解析问题,如果知道在什么条件下一个正定形式 $\sum b_{ij}\mathrm{d}x_i\mathrm{d}x_j$ 可以通过变量的变换转化为 $\sum \mathrm{d}y_i^2$,这个问题就会得到解决。在他的回答的第二部分,黎曼很容易地证明了一个必要条件是某些表达式 (ij,kl) 的消失(现代符号中用 $2R_{ijkl}$ 表示)。他建议通过检查这个表达式

$$\delta\delta\sum b_{ij}\mathrm{d}s_i\mathrm{d}s_j - 2\mathrm{d}\delta\sum b_{ij}\mathrm{d}s_i\delta s_j + dd\sum b_{ij}\delta s_i\delta s_j$$

来弄清这些量的消失。在给定一个 $\Gamma_{ijlk}=0$ 的坐标选择条件下,这可以用 (ij,kl) 表示为

$$\sum_{\substack{i<j \\ k<l}}(ij,kl)(\mathrm{d}s_i\delta s_j - \mathrm{d}s_j\delta s_i)(\mathrm{d}s_k\delta s_l - \mathrm{d}s_l\delta s_k)\,.$$

将这个表达式除以

$$\left(\sum b_{ij}\mathrm{d}s_i\mathrm{d}s_j\right)\left(\sum b_{ij}\delta s_i\delta s_j\right)-\left(\sum b_{ij}\mathrm{d}s_i\delta s_j\right)^2$$

就得到一个表达式,该表达式不仅在变量的变换下是不变的,而且当 $\mathrm{d}s,\delta s$ 被它们的线性组合所代替时也是不变的。

如果给定的正定形式是黎曼流形中弧长元素的平方,则上面的不变量表达式是 -2 与流形在 $\mathrm{d}s$ 和 δs 张成的平面上的截面曲率的乘积。黎曼只提到了这些解释,而韦伯的笔记补充了一些细节。

黎曼对第二部分的结论是,通过标准方法不难证明(至少在 $n=3$ 的情况下),如果曲率张量消失,那么形式 $\sum b_{ij}\mathrm{d}s_i\mathrm{d}s_j$ 必须等价于 $\sum \mathrm{d}x_i^2$。然而,要证明这一点相当困难。也许黎曼是这样想的。高斯指出,任何(测地线)三角形的角盈余或角亏缺等于它的总曲率;因此,如果一个曲面的曲率处处等于零,那么所有三角形的角和都是 π,并且度规是欧几里得的。在高维空间中,如果截面曲率处处为零,那么很明显,通过点 P 并最初位于给定平面上的测地线形成的曲面在点 P 处的曲率也为零。事实上,该曲面的曲率处处为零,但是该证明并非微不足道。要证明度规是欧几里得的,只需要考虑小三角形,可能黎曼是想用一些极限论证来完成他的证明。

黎曼的解决方案被认为是不完整的,巴黎科学院最终撤销了这个问题,没有给该解答颁发奖项。Dedekind 计划发表黎曼论文中的解答,并附带解释其与“论奠定几何学基础的假设”关系的评论,但由于其他职责的压力而无法这样做。最终,韦伯从巴黎科学院获得了原稿,该文首次出现于 1876 年,这已经是在“论奠定几何学基础的假设”广为人知之后的事了。

1.2.5　黎曼对后继者的影响

由于黎曼的就职演讲面对的听众中很少有几何学家,而且是口头陈述的,没有技术细节,所以黎曼的就职演讲影响不大也就不足为奇了。但是,到 1870 年,黎曼的就职演讲广为人知,尽管人们对它的理解并不透彻。

然而,更重要的是,在黎曼去世后,数学家们看到他的著作后的反应。19 世纪黎曼的后继者当中,对黎曼几何学思想的发展作出重要贡献的有:Dedekind[1876],Schering[1867],Helmholtz[1870],Clifford[1870][1873b],Lipschitz[1869][1870],Christoffel

[1869]，Beltrami[1864－1865][1868a][1868b]。下面我们重点讨论 Helmholtz 和 Beltrami 的工作。

很明显，微分几何在 19 世纪下半叶经历了一个显著的变化，这种变化被恰当地描述为革命性的而不是进化性的[9]。问题是，这种变化的关键是在于黎曼的工作还是其他方面。黎曼的就职演讲的发表确实建立了我们现在所说的黎曼几何，这一证据如果不是压倒性的，那也是强有力的。

当然，一些黎曼的崇拜者过于热情了。例如，读过"论奠定几何学基础的假设"的人很少会倾向于接受 Dedekind 对其清晰度的估计。贝尔特拉米承认，他发现它在一些地方是"神秘的"[10]415。克利福德声称黎曼已经完全分析了几何假设，这也不准确。

另一方面，大多数批评家的反对意见是可以得到满足的。不可否认，黎曼对分析和数学物理比对几何更感兴趣，但这并不能说明他对几何没有兴趣，直到他被迫准备他的就职演讲。虽然这是他的第三个选择，但他还是亲自提交了这个题目。假设他从一开始就在考虑与分析的联系，这不是不合理的。毕竟，在他关于复分析的论文中有大量的拓扑学和广义几何。此外，他所建议的分析技巧并不是就职演讲的唯一内容，他还考察了几何学的几个不同假设，因此可以说该就职演讲讨论了几何学的基础是相当正确的。

2. 亥姆霍兹对黎曼几何的发展

德国数学家尤尔根·约斯特（Jürgen Jost）认为[5]67，对于理解黎曼的讲座及其重要性，将其与生理学家、物理学家和数学家赫尔曼·冯·亥姆霍兹（Hermann von Helmholtz，1821—1894）的推理进行比较尤为重要。

2.1　亥姆霍兹的生平

亥姆霍兹出生于 1821 年，是一名学校教师的儿子。由于经济原因，他最初不得不作为一名军事外科医生工作，但能够在柏林与他那个时代的领头解剖学家和生理学家约翰尼斯·穆勒（Johannes Müller，1801—1858）一起学习。在深入研究神经冲动的形成和传播速度的基础上，提出了关于力的守恒（即能量守恒）的论文（1849 年），他成了 Königsberg 的生理学教授，后又在 Bonn 和 Heidelberg 任教授。他在感觉生理学方面的重要成就包括测量电神经刺激的传播速度和眼底镜的发展。从 1856 年至 1867 年，他的专著《生理光学手册》（*Handbuch der Physiologischen Optik*，Leipzig，Leopold Voss，共分三期）和专著《作为音乐生理基础的声调理论》（*Die Lehre von den Tonempfindungen als Physiologische Grundlage der Musik*，Braunschweig，Fr. Vieweg. Sohn，1863）奠定了系统的感觉生理学的基础。亥姆霍兹和他的同事和朋友埃米尔·杜波伊斯-雷蒙德（Emil du Bois-Reymond，1818—1896，他是电生理学的创始人以及穆勒在柏林的接班人）的生理学研究（1831—1887）最终战胜了激进的思想，但他们的老师穆勒仍然极力捍卫这些思想。亥姆霍兹的感官生理研究使他进入了经验主义认识论，并在此基础上对空间概念进行了系统的思考。值得注意的是，生理学家亥姆霍兹仅仅是一名自学成才的数学家，他能深入到一个数学的基本问题中去，即使细节并不总是经得起数学家如 Sophus Lie 的推敲。亥姆霍兹在他的职业生涯中越来越多地转向了物理问题,事实上,他在流体力学中早已经取得了一个困难而重要的数学结果。他证明了涡旋在无摩擦流体中是守恒的(顺便说一句,对于这一工作,黎曼的保形映射理论是一个重要的启示)。他的工作,以及他的学生 Heinrich Hertz 的工作,对普遍接受法拉第-麦克斯韦电动力学理论做出了决定性的贡献。尽管亥姆霍兹的理论方法(虽然它导致了电子存在的预测)最终被证明是徒劳的,因为它是基于以太的存在,但是,亥姆霍兹从最小作用原理推导出电动力学场方程的方法是发展相对论的一个重要先驱。

1871 年,亥姆霍兹成为柏林的物理学教授。他在 1883 年被封为贵族。1888 年,他被任命为新成立的国家物理-技术研究所所长,该研究所是一个具有开拓性的大型研究机构。亥姆霍兹是 19 世纪下半叶伟大的科学家,他也享有相应的社会认可和声望。他在德国科学领域的地位或许可以与 19 世纪上半叶的亚历山大·冯·洪堡相比。亥姆霍兹于 1894 年去世。

2.2 亥姆霍兹的空间观念

亥姆霍兹在几篇期刊文章和讲座中都涉及认识论的问题,特别是讨论了我们可以从感官经验中了解世界结构的问题。因此,他的问题完全不同于黎曼的自然哲学问题。值得注意的是,他的结论一开始与黎曼的方向是相同的,但随后发生了变化,因为他做了一个重要的额外假设,他认为这些假设在经验上是显而易见的,但这一假设最终阻止了他得出黎曼理论的一般性。尽管如此,这一假设对数学的发展是卓有成效的,因为它为李氏变换群理论提供了一个主要推动力,而李氏变换群理论与黎曼几何一起成为现代物理学的基础。事实上,亥姆霍兹论证的主旨是反对康德的空间哲学作为一种综合的先天结构,而不是反对黎曼的理论。

亥姆霍兹在 1870 年的论文《论几何公理的起源和意义》中提出了对黎曼思想更全面的理解。亥姆霍兹以欧几里得几何学的公理开始了他的论证。由于公理不能被证明,因此他提出了一个问题:为什么我们仍然认为这些公理是正确的?他的回答受到欧几里得几何基本证明方案的指导,即证明二维或三维几何图形的一致性。这是基于一个假设,即几何对象可以在空间中自由移动,而不改变它们的形状。然而,这构成了亥姆霍兹论点的中心,这不是逻辑上的必然,而是经验上的事实。

我们所能想象的受限于我们的感觉器官的结构,它们适应于我们生活的空间。更准确地说,我们从二维视网膜上的数据构建空间。首先,这为莱布尼茨关于空间相对性的旧哲学论证提供了一个新的经验转向,即不可能确定所有物体是否都以同样的方式移动或放大,因为这种变化也会影响我们的感觉器官。其次,这种重构具有一定的灵活性。就像一个人把眼镜放在眼睛前面,使所有的东西都凸出来,这样他就能看到物体,就像它们在双曲空间里一样,过了不多久,他就会适应这种新的视觉体验,并在空间中毫无问题地定位自己,我们也会习惯生活在非欧几里得几何中。重要的是空间知觉的内在一致性,只要没有其他物理现象发挥作用。因此,对亥姆霍兹来说,至关重要的是,我们对空间的感知必须建立在彼此之间和自身一致的感知和感觉之上。

事实上,生理学家亥姆霍兹给我们带来了一个基本的洞见:大脑通过局部的电活动构建了一个外部世界的图像,这些电活动以可测量的、有限的速度沿着神经传播,这就引出了现代建构主义作为建立在神经生物学洞见基础上的哲学方法。然而,根据亥姆霍兹的观点,因果律必须以解释我们的经验为前提。因此,经验不是任意的,而是指一个要重建的物理和几何的外部世界。

然而,这种对外部世界几何关系的适应,由于我们的感觉器官的结构而有特定的限制。特别是,这涉及空间的维数。

为了说明这一点,亥姆霍兹调用了生活在曲面上的理性生命的概念模型,即生活在二维世界中的生命,无法想象第三维度。对于想要设想第三维度的平面人,正如我们想要考虑第四维空间的人类一样,有一条出路是由数学的形式计算方法提供的,这种方法可以在任何维度中不受约束地进行构造。在经验给定空间中的测量值也可以与在构造空间的坐标系中的计算结果进行比较,从而确定经验空间的特殊性质。这就是亥姆霍兹所认为的黎曼方法。特别的,根据亥姆霍兹的观点,经验空间不是黎曼意义上的一般三维流形,而是由附加性质决定的,这些附加性质首先表现为物体在所有点和所有方向上的形状都不改变的自由移动,其次是曲率的消失。

事实上,从物体的自由运动性出发,首先,就像黎曼所假设的那样,毕达哥拉斯定理具有无穷小的有效性,这是亥姆霍兹在数学上的重大贡献。其次,甚至已经有了曲率的恒常性,这也是一个重要的数学结果。尽管如上所述,这一点已经被黎曼发现,但是亥姆霍兹的分析基于不同于黎曼的一组公理,因此亥姆霍兹的结果并不直接遵循黎曼的结果。虽然后来 Lie 批评了亥姆霍兹数学推导的严格性。曲率必须是常数,因此,根据亥姆霍兹的理论,已经从经验的一般原理出发,而曲率的精确值则是具体经验测量的结果。

亥姆霍兹还指出,物体的自由移动不是纯粹的几何性质。也就是说,如果所有的物体在改变位置时都以同样的方式改变,我们将无法确定,因为所有的测量设备也会随着物体的改变而改变。所以这里需要一个额外的物理原理。然而,这是一个微妙的问题。因为什么是精确的东西最终既不能从原则中获得,也不能从经验中确定。为了验证物体是精确的,我们需要验证物体中各个点之间的距离不变,但是为了这个目的,我们需要一根已经被验证为精确的标杆。根据爱因斯坦的理论,确定什么是精确的只能基于一个约定。物理原理只能是简单的解释,而亥姆霍兹仍然相信他可以利用惯性体的物理行为。在这一点上,或许与黎曼方法的主要区别也变得清晰起来。

亥姆霍兹的推理依赖于刚体存在的假设,而黎曼只假设一致的长度尺度。亥姆霍兹所介绍的刚体的物理原理,使他无法得出广义相对论的结论。在广义相对论中,物体的行为与空间的几何结构相互交织在一起。对于黎曼,空间的度量场不一定是刚性的,但可以与空间中的物质相互作用。正如黎曼所建立的理论,一个物体有可能携带着度规场。然后,物体在运动过程中决定或改变度规场。这样,刚体的运动在非齐次几何中也是可能的。几何将因此变得与时间有关,这也是爱因斯坦理论中的一个中心点。然而,对亥姆霍兹来说,这种空间几何和物体行为的纠缠只发生在知觉中。虽然这是亥姆霍兹的经验主义假设的结果,但他承认,从原则上讲,物体的机械和物理特性的空间独立性也可以被经验所反驳,他似乎没有认真考虑过这种立场独立的假设在经验上可能是错误的。相反,他所关注的是反康德的论点,即对物体及其空间关系的感知是由经验推导出来的,而不是先于所有经验给出的。

2.3 亥姆霍兹关于几何基础的研究

亥姆霍兹关于几何学方面的著作有:《论几何公理的起源与意义》[11](*Über den Ursprung und die Bedeutung der Geometrischen Axiome*,1870),《关于几何学的事实基础》[12](*Über die Tatsächlichen Grundlagen der Geometrie*,1868),《几何学所依据的事实》[13](*Über die Thatsachen die der Geometrie zum Grunde Liegen*,1868)。最后一篇文章与黎曼的关系最为明显,其标题以"事实"取代了黎曼的"假设"。

在他的《几何学所依据的事实》中,亥姆霍兹从四个公理开始推导,这些公理他已经在他的《关于几何学的事实基础》中概述过了。满足这些公理的空间,与经验直觉相容,必然是黎曼意义上的常曲率空间。这些公理是:

(1)指定维数 n 和在点的连续运动下连续变化的坐标的可表示性(在黎曼术语中,这仅仅意味着空间是一个 n-维流形);

(2)运动的物体是存在的,并且在物体上任意两点之间的距离保持不变的意义下是刚性的;

(3)自由移动:物体可以作为一个整体运动(但不是在自身内部,也就是内部运动),也就是说,运动只受假设 2 中所述的内部距离的不变性的约束,并且两个物体之间的一致性不取决于它们在空间中的位置;

(4)单值性:绕轴的完全旋转使一个物体回到它自身的位置。

然后,亥姆霍兹证明了,作为一个纯粹的数学定理,黎曼几何是唯一满足这些条件的情况。

著名数学史家 D. J. Struik 认为[14]:"亥姆霍兹的这篇论文(后来由 Lie 修正)对非欧几何的最终适应性具有重要意义。但是,就像黎曼的论文一样,它还不止于此,它是对理解空间本质的杰出贡献之一,这种理解使得(几何学)从思辨领域进入了实验物理学的领域。因此,这是对唯物主义空间观念的杰出贡献之一。"

3. 贝尔特拉米对黎曼几何及非欧几何的发展与贡献

3.1 贝尔特拉米的生平

贝尔特拉米(Eugenio Beltrami,1835—1900)是意大利几何学家中最杰出的代表之一。1862 年起,他先后是博洛尼亚、比萨、博洛尼亚、罗马(1873—1877)、帕维亚和罗马(1891—1900)的教授。他的第一篇论文是对高斯著作的翻译。在比萨期间,他经常见到黎曼,他的工作显示了高斯和黎曼对他的深远影响。他以惊人的速度发表了关于微分几何的基础研究;1864 年,他把拉梅(Lamé)的微分参数推广到曲线坐标,并提到了可展性问题;1865 年,他得到关于弯曲曲面的几个漂亮的定理;1867 年,他把复函数推广到曲面;1868 年,他提出了关于非欧几里得空间的定理,他很自然地将黎曼的思想与高斯和罗巴切夫斯基的古老的思想结合起来。他证明了在伪球面上存在非欧几何的表示,因此在非欧几何中不存在矛盾的可能性,并证明了在常黎曼曲率流形中,测地线可以用线性方程表示(萨凯里后来证明了其逆定理)。这使得黎曼的思想明确地走出了思辨的领域,进入了数学研究的主体,并将拉梅、高斯和黎曼的思想融合为一个坚实的理论。

贝尔特拉米关于黎曼几何学与非欧几何学研究最重要的工作是 1868 年发表的两篇重要论文,即《关于非欧几里得几何的解释》[15](简称 1868a)和《常曲率空间的基本理论》[16](简称 1868b),这里主要考察 1868a 中的工作。

3.2　关于非欧几里得几何的解释

贝尔特拉米的论文《关于非欧几里得几何的解释》显示了如何在一个平面上描述球体的几何学,并通过两种方法对其进行了改进,以获得他对非欧几何的描述。首先,他改变了度规,即表示坐标已知的两点之间距离的公式,这样平面上的图形就可以描述非欧几何。新的描述的结果是整个图形包含在一个具有一定半径的圆盘内。其次是改变了争论的方向。贝尔特拉米从图集开始,即圆盘上的图像,推导出圆盘上的图像所描述的二维空间的存在,在这个二维空间中,非欧几里得几何是内蕴的几何。

贝尔特拉米的成就在于这个圆盘和对圆盘的诠释。在许多情况下,这与伪球面相混淆,不幸的是,这是贝尔特拉米造成的。贝尔特拉米把常负曲率的曲面称为伪球面。他称明金(Minding)的曲面——即通过使曳物线(等切距曲线)绕其轴线旋转而得到的旋转曲面为简单的旋转曲面。然而,目前大多数情况下将明金的曲面称为伪球面。为了避免歧义,我们规定,明金的曲面称为伪球面,而常负曲率的曲面称为常负曲率曲面或二维非欧几里得空间。贝尔特拉米非常清楚伪球面和常负曲率的曲面是不一样的。事实上,它们的区别就像圆柱体与平面的区别一样,但贝尔特拉米所做的只是暗示,伪球面必须被切开,才能在它和圆盘之间形成映射。似乎是克莱因第一次清楚地看到如何在圆盘上画一个伪球面:首先将它切开,然后将它的尖端(曳物线与轴的"交点")与圆盘的边界黏在一起——幸运的是,那个点在圆盘上的非欧几里得度规中是无限远的。

3.2.1　度规(弧长元素)、测地线、测地法坐标和极限圆[①]

贝尔特拉米首先指出,一般地,设:

公式

$$ds^2 = R^2 \frac{(a^2 - v^2)\,du^2 + 2uv\,du\,dv + (a^2 - u^2)\,dv^2}{(a^2 - u^2 - v^2)^2} \tag{1}$$

表示球面上线元的平方,其球面曲率为负常数且等于 $-\dfrac{1}{R^2}$。这个表达的形式……(从我们的观点来看)具有特殊的优势,一个 u,v 的线性方程代表一条测地线,反过来,任何测地线都可以用一个由这些变量组成的线性方程来表示。

贝尔特拉米在这里让他的读者参考论文最后的一个注释。

特别地,这两个坐标系的坐标线 $u = \mathrm{const.}$, $v = \mathrm{const.}$ 由测地线组成,它们的相

---

① 以下内容参考 3 文献[17]。

互位置很容易识别。实际上,如果我们用 θ 表示两条坐标曲线在(u,v)处的夹角,我们有

$$\cos\theta=\frac{uv}{\sqrt{(a^2-u^2)(a^2-v^2)}},\sin\theta=\frac{a\sqrt{(a^2-u^2-v^2)}}{\sqrt{(a^2-u^2)(a^2-v^2)}}, \tag{2}$$

当 $u=0$ 或 $v=0$ 时,$\theta=90°$。因此,坐标测地线分量 $u=$const. 都正交于另一个坐标测地线 $v=0$,以及坐标测地线 $v=$const. 都与第一个坐标测地线 $u=0$ 正交。换句话说,点$(u=v=0)$是正交测地线 $u=0$,$v=0$ 的交点,我们把它作为基线,曲面上的任何一点都是垂直于基线的测地线的交点;这是普通笛卡尔方法的一个明显的推广。

公式(2)所含变量 u,v 的取值满足

$$u^2+v^2\leqslant a^2。 \tag{3}$$

在这些限制内,函数 E,F,G 是实的、单值的、连续的和有限的,并且 $E,G,EG-F^2$ 也是正的和非零的。然而,正如我们所考虑的区域的第一原理所示[贝尔特拉米在这里提到了他的另一篇论文],每一对满足公式(3)的实值 u,v 对应于一个唯一的实点,反过来,每一个点对应于一对满足上述条件的实值 u,v。

因此,如果 x,y 表示辅助平面的直角坐标,则方程 $x=u,y=v$ 建立了该区域的映射,该区域的每个点对应于该平面的唯一一点,反之亦然。该问题的整个区域被映射到一个半径为 a,圆心在原点的圆的内部,这个圆的边界被称为**极限圆**(limit circle)。在这个映射中,曲面的测地线由极限圆的弦表示,特别的,坐标测地线由平行于坐标轴的弦表示。

我们现在看到,这如何限制了上述考虑所适用的曲面区域。

从点$(u=0,v=0)$出发的测地线可以用下列方程表示[这里省略了方程(4),它是极限圆的方程,$u^2+v^2=a^2$。]

$$u=r\cos\mu,v=r\sin\mu, \tag{5}$$

这里的 r 和 μ 为点(u,v)在所述问题中的测地线上点的普通极坐标。那么,由于 μ 是常数,由公式(1)可得

$$\mathrm{d}\rho=R\frac{a\,\mathrm{d}r}{a^2-r^2},$$

由此

$$\rho=\frac{R}{2}\log\frac{a+r}{a-r},$$

其中 ρ 是包含原点$(u=v=0)$的测地线的弧长。

[……这里省略了公式(6)]

当 $r=0$ 时,这个值为零,当 r 或 $\sqrt{u^2+v^2}$ 从 0 增加到 a 时,这个值无限增长,当 $r=a$ 时,这个值为无穷大,因此对于所有的 u,v 的值都满足公式(4),当 $r>a$ 时,该值为虚数。因此很明显,方程(4)定义的曲线(表示欧氏平面上的极限圆)正是曲面上无穷多个点的轨迹,这条轨迹可以看作是圆心在点$(u=v=0)$上的半径为无穷大(测地线)的测地线圆。这个无限半径的测地线圆除了在曲面的想象或理想区域外不存在,因为刚才考虑的区域向所有方向无限延伸,以包含曲面的所有实点。这样极限圆

就包含曲面的整个实部,因为所有的直线都是由它们在极限圆上无穷远处的点决定的,正如它们是由它们在同心圆上的点决定的一样,该同心圆是以点($u=v=0$)为中心的曲面上的测地线圆。

将公式(5)中的 r 取为常数,μ 为变量,则方程表示一个测地线圆,公式(1)给出

$$\sigma = \frac{Rr\mu}{\sqrt{a^2-r^2}},\tag{7}$$

其中,σ 为测地圆上的弧长,在辅助平面上用半径为 r 和角度为 μ 的圆弧表示。由于对任意的 r,σ 与 μ 成正比,我们很容易看到,测地线在它们的共同原点处,与它们在辅助平面上的对应角是相同的;并且在曲面上点($u=v=0$)附近的无限小部分与它在平面上的像相似,这个性质在其他任何点上都不成立。

由公式(6)可知,半径为 ρ 的测地圆的半周长由下式给出

$$\pi R \sinh\frac{\rho}{R}。\tag{8}$$

由上可知,曲面上的测地线全部用极限圆的弦来表示,而它们超过圆的延伸部分则没有真正的解释。另一方面,曲面上的两个实点由极限圆内的两个同样实的点表示,它们决定了圆本身的一条弦。因此,我们看到,曲面上的两个实点,无论如何选择,总是由一条唯一的测地线连接,这条测地线在辅助平面上用通过相应两点的弦来表示。

以上的分析可知,通过黎曼方法,贝尔特拉米已经将[1865]的结果转化为任意维数流形的内蕴结果,推导了弧长元素的黎曼公式,并详细讨论了法坐标和截面曲率等概念。

3.2.2　非欧几何的实现——内蕴微分几何之路径

接下来,贝尔特拉米在常负曲率曲面上实现了其非欧几何中的重要事实,并指出了欧氏几何与非欧几何之间的相对相容关系。贝尔特拉米首先指出:

因此,常负曲率曲面是这样的曲面,非欧几里得平面几何学的定理完全适用于它们。这些定理(与其缺乏一个具体的解释,不如参考这些曲面),我们现在将进行详细的论证。为了避免绕行,我们称常负曲率曲面为伪球面,并保留曲率所依赖的常数 R 为半径的这一项。

贝尔特拉米很快发现了以下规则:

因此,我们可以制定以下规则

Ⅰ.在极限圆内相交的两条不同的弦对应于测地线,它们相交于距离有限的一点,相交所成的角不等于 $0°$ 或 $180°$。

Ⅱ.在极限圆的圆周上相交的两条不同的弦对应于两条测地线,这两条测地线在无穷远处收敛于一点,并且彼此倾斜成零角。

Ⅲ.最后,相交于极限圆之外的两条不同的弦,或者是两条平行的弦,对应于在完全延伸的(实)表面上无公共点的两条测地线。

现在,设 pq 是极限圆上的任意弦,r 是圆内但不在弦上的一点(图2)。

这条弦对应于曲面上的一条测地线 $p'q'$,连接于无穷远处的 p',q' 两点(对应于

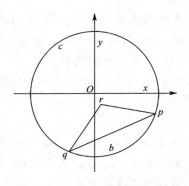

p,q 两点);点 r 对应于在距离测地线 $p'q'$ 有限距离处的一点 r'。从这一点延伸出无穷多条测地线,其中一些与 $p'q'$ 相交,而另一些则不相交。前者由点 r 到弧 pbq($<180°$)上的点的直线表示,后者由这一点到弧 pcq($>180°$)上的点的直线表示。两条特殊的测地线将这两类直线分开:它们由直线 rp,rq 表示,即从 r' 出发在无穷远处与测地线 $p'q'$ 相交的直线,其中一类在一边,另一类在另一边。由于直角 rqp,rpq 的顶点在极限圆上,因此由(Ⅱ)可知,相应的测地线角为零,尽管乍一看它们似乎是有限的。另一

图 2　贝尔特拉米圆

方面,由于 r 在极限圆内而不在弦 pq 上,角度 prq 不同于 $0°$ 或 $180°$。因此从(Ⅰ)可以得出相应的测地线 $r'p'$,$r'q'$ 在 r' 所成的角度也不同于 $0°$ 或 $180°$。因此,测地线 r' p',$r'q'$ 可以被称为与 $p'q'$ 平行,因为它们将与 $p'q'$ 相交的线与不相交的线分开,并且,我们可以得出以下结果:通过曲面上的任何一点,总有两条测地线平行于不通过该点的一条给定的测地线,并且彼此相交成一个不同于 $0°$ 或 $180°$ 的角。

由于这个事实和已经说明的原因,直线图形的非欧几里得平面几何定理对于伪球面上的类似测地线图形也必然有效。这样的例子有,罗巴切夫斯基的《平行线理论》(*Theory of Parallels*)中的定理 3-10、16-24、29-30。

我们现在考虑从一个给定点出发,平行于一条给定测地线的两条测地线。设 δ 为从该点到所述测地线的测地线法线的长度。这条法线将平行线之间的夹角减半……平行线与法线之间的夹角称为平行角,用 Δ 表示。为了计算这个角度,我们使用通常的分析,将原点($u=v=0$)置于给定的点上,并画出垂直于给定测地线的基测地线 $v=0$。后者则由方程 $u=a\tan\dfrac{\delta}{R}$ 表示。

贝尔特拉米接着推导出一个公式,该公式与巴塔格里尼(Battaglini)的发现一致。

为了与罗巴切夫斯基进行比较,我们将其重写为

$$\tan\frac{\Delta}{2}=e^{-\frac{\delta}{R}},$$

这正是洛巴切夫斯基的公式(见 *Theory of Parallels*,no. 36),除了由于单位的选择而造成符号上的差异。

用 $\Pi(z)$ 表示相对于法向距离 z 的平行度角,正如罗巴切夫斯基所做的那样(no. 16),我们从公式(9)中得到

$$\cosh\frac{z}{R}=\frac{1}{\sinh\Pi(z)},\sinh\frac{z}{R}=\cot\Pi(z)。$$

现在,根据明金的研究(克雷尔杂志,第ⅩⅩ卷),并由科达齐所发展(见 the *Annali of Tortolini*,1857),普通球面三角形的公式转换为恒负曲率的曲面上的测地线三角

形,在该曲面上,通过在边与半径的比例中插入因子$\sqrt{-1}$,并保持角度不变,这相当于把包含半径的圆函数变成双曲函数。

贝尔特拉米举了一个例子,并评论如下:

其他的可以用类似的方法得到。罗巴切夫斯基在第45页中指出了从这些方程到球面三角方程的反向过渡,但只是作为一个分析事实。

上述结果充分说明了非欧几里得平面几何与伪球面几何的对应关系。为了从另一个角度证实这同一事实,我们将通过分析的方法,直接建立一个关于三角形三个角之和的定理。

考虑一个由基测地线$v=0$和一条正交的测地线$u=$const.,以及在角μ(其方程为$v=u\tan\mu$)处从原点出发的测地线组成的直角三角形。[贝尔特拉米随后写下了一个非欧几里得图形的面积元素,$\sqrt{EG-F^2}=R^2\dfrac{\mathrm{d}u\,\mathrm{d}v}{(a^2-u^2-v^2)^{3/2}}$,将其在角度分别为$\dfrac{\pi}{2}$,$\mu$,$\mu'$的直角三角形区域上积分,就得到直角三角形的面积为$R^2\left(\dfrac{\pi}{2}-\mu-\mu'\right)$。]通过将一个任意的测地线三角形$ABC$按从一个顶点到另一边的测地法线划分成直角三角形,我们得到它的面积为

$$R^2(\pi-A-B-C),$$

这个表达式(因为它必须是正的)表明任何测地线三角形的三个角的和不能超过180°。要使它在任何有限三角形中等于180°,就必须使$R=\infty$,那么在任何有限三角形中就有$A+B+C=\pi$。但当$R=\infty$时,由公式(9)得到$\Delta=\dfrac{\pi}{2}$,因此平行角就必然是直角;反之亦然。这些也是非欧几里得几何的结论。

以上的论述,体现了贝尔特拉米对高斯—博内定理以及欧氏空间与非欧空间之间最为本质关系的阐释,深刻地揭示了非欧几何的发展与确认的微分路径。这一思想路径与高斯和黎曼的几何学思想是一脉相承的。[18]

4. 结　语

毫无疑问,黎曼微分几何的重要根源可以在早期的工作中找到,特别是在高斯对局部坐标的引入和对曲面内蕴性质的强调,在狄利克雷对解析问题的"几何化"倾向,以及在为n重线性代数中发展出来的技术中找到。然而,黎曼提出了一种新的几何学观点。高斯强调了内禀性质的本质重要性,但对于黎曼而言,内禀性质是唯一考虑的,在有流形浸入的欧几里得空间里,就没有办法进行测量。其他人在各种各样的应用中使用几何方法,但黎曼却扩展了几何的概念本身。通过指出物理空间可能在几个重要方面违背欧几里得的公理,黎曼迫使几何学家在一个更普遍的框架内工作。黎曼一定会为微分几何和数学物理在相对论中的结合而感到高兴的。

对于"纯粹的"微分几何来说,最重要的变化被认为是适合解决几何问题的技术的集合的"学科范式"的转变。这种转变被托马斯·S.库恩视为科学革命的基本要素[9],在贝尔特拉米和亥姆霍兹的著作中最为明显。如果你不认为黎曼是变化的策动者,那么贝尔特拉米和亥姆霍兹都是最有可能的选择,并且在这两种情况下,在黎曼的就职演讲发表之后,方法都发生了变化。

涉及度规张量和曲率张量的分析技术在一类可以被成功地解决的几何问题上产生了显著的变化,从而改变了人们对于什么构成了一个合理的几何问题的认识。黎曼的观点一直主导着微分几何的发展,直到受到 Cartan 学派的挑战,Cartan 学派的活动标架方法不仅看起来不同,而且更好地适应了全局问题的处理。

参考文献

[1]　PORTNOY E. Riemann's Contribution to Differential Geometry[J]. Historia Mathematics,1982(9):1-18.

[2]　RIEMANN B. 黎曼全集:第一卷[M]. 李培廉,译. 北京:高等教育出版社,2016:59-71.

[3]　RIEMANN B. 黎曼全集:第二卷[M]. 李培廉,译. 北京:高等教育出版社,2018.

[4]　SCHOLZ E. Herbart's Influence on Bernhard Riemann[J]. Historia Mathematics, 1982(9):413-440.

[5]　JOST J. 伯恩哈德·黎曼论奠定几何学基础的假设[M].陈惠勇,译. 北京:科学出版社,2021.

[6]　GAUSS C F. 关于曲面的一般研究[M].陈惠勇,译. 哈尔滨:哈尔滨工业大学出版社,2016:45.

[7]　陈惠勇.黎曼几何学思想的渊源——几何、物理与哲学的视角[J].内蒙古师范大学学报(自然科学汉文版),2020,49(5):398-405.

[8]　LEVI-CIVITA T. 1917. Nozione di Parallelismo in una Varietà Qualunque. *Rendiconti del Circolo Matematico di Palermo* 42, 173-204. Reprinted in *Opere Matematiche*, Vol. Ⅳ, pp. 1-39. Blogna:Zanichelli,1960.

[9]　库恩.科学革命的结构[M]. 4 版. 金吾伦,胡新和,译. 北京:北京大学出版社,2012.

[10]　LORIA G. 1901. E. Beltrami el le sue opere matematiche. *Biblioteca Matematica* 3,No. 2,392-440.

[11]　HELMHOLTZ H VON,1870. Über den Ursprung und die Bedeutung der Geometrischen Axiome, in *Populäre wissenschaftliche Vorträge*, *Braunschwieg*,2,tr. M. F. Lowe. On the origin and significance of the axioms of geometry,in *Hermann von Helmholtz*,*Epistemological Writings*,P. Hertz and M. Schlick (*ed*s.),Boston Studies in the Physics of Science,37,Reidel,Dordrecht and Boston,1977,pp. 1-38.

[12] HELMHOLTZ H VON. 1868. Über die Tatsächlichen Grundlagen der Geometrie, *Nachr. König. Ges. Wiss. zu Göttingen*, vol. 15,193-221,in *Abhandlungen*,2,1883,618-639,tr. On the facts underlying geometry,in *Hermann von Helmholtz*,*Epistemological Writings*,P. Hertz and M. Schlick (eds.), Boston Studies in the Philosophy of Science,Reidel,1977,pp. 39-71.

[13] HELMHOLTZ H VON. Über die Thatsachen die der Geometrie zum Grunde Liegen. *Nachrichten*, *Göttingen*, 3 Juni 1868. Reprinted in *Über Geometrie*, 32-60. Darmstadt：Wissenschaftliche Buchgesellschaft，1968.

[14] STRUIK D J. 微分几何学历史概要[M].陈惠勇,译.哈尔滨:哈尔滨工业大学出版社,2020:53.

[15] BELTRAMI E. 1868a. Saggio di interpretazione della geometria non euclidea, *Giornale di Matematiche* 6，284-312，English translation in Stillwell J. *Sources of Hyperbolic Geometry*，American and London Mathematical Societies. 1996,pp. 7-43.

[16] BELTRAMI E. 1868b. Teoria fondamentale degli spazii di curvatura costante，*Annali di matematica pura et aplicata* (2)2，232-255，English translation in Stillwell J. *Sources of Hyperbolic Geometry*，American and London Mathematical Societies. 1996，pp. 41-62.

[17] GRAY J. Worlds Out of Nothing—A Course in the History of Geometry in the 19th Century[M]. Springer-Verlag London Limited. 2007，pp. 203-218.

[18] 陈惠勇.高斯的内蕴微分几何学与非欧几何学思想之比较研究[M].北京:高等教育出版社,2015:105-117.

黎曼的流形思想及其对拓扑学的影响

王　昌

摘　要：流形是现代数学中非常重要的一个概念,这一概念是由黎曼首先引入的,而其思想则来源于黎曼面。黎曼的流形思想对拓扑学产生了重要影响,它奠定了黎曼几何的基础,开创了许多新的研究方向,导致了一系列重要概念、定理和结果的产生。研究黎曼的流形思想和这一思想对拓扑学的影响,可以使我们更清晰地理解流形概念的历史演变,也为更全面地揭示黎曼的流形思想对整个现代数学所做的重要贡献奠定基础。

关键词：黎曼;拓扑学;流形;黎曼面

1. 引　言

1854 年,黎曼(Georg Friedrich Bernhard Riemann,1826—1866)在其演讲《关于几何基础的假设》中,首次提出了一个全新的概念,即流形。由于黎曼所引入的这一概念不仅蕴含着丰富的数学内容,还涉及有关度量关系的讨论,而人们当时将数学看作是关于量的科学,因此,黎曼的思想一经提出,对当时乃至整个现代数学都产生了极为广泛的影响。也正是因为这次演讲,使他成为空间观念转变的先驱者之一。但当时很多人无法完全理解黎曼的演讲,究其原因,主要有以下两点:

第一,19 世纪的数学基础仍然较为薄弱,而黎曼的演讲是有关几何基础问题的讨论,这自然而然会引起很多数学家的关注,但对于这一全新而又如此重要概念的接受,他们多数是持谨慎态度的。

第二,对于一个几何概念,数学家更关注于流形这一思想的数学意义,大都不愿意将时间和精力用在去搞明白黎曼那充满哲学味道的演讲中去[1-2]。

基于以上两个方面,使得当时乃至现在的许多人无法很好地理解黎曼的流形思想,而黎曼的这一概念是怎样产生的? 对后来的拓扑学乃至整个数学又产生了怎样的影响呢? 本文将就此问题给出一些初步的回答。

作者简介：王昌,1980 年生,西北大学科学史高等研究院教授,研究方向为近现代数学史。在 *Archive for History of Exact Sciences*、《自然辩证法通讯》等期刊发表 SCI、CSSCI 论文 20 余篇。

2. 黎曼的博士论文

黎曼的流形概念主要来源于其 1851 年的博士论文《单复变函数的一般理论基础》。在这篇论文中,为了处理复变函数论中的相关问题,他引入了一个概念,即黎曼面。在论文的第 20 页,他总结了写这篇论文的动因。

"将虚变量引入到其他的一些超越函数中,正如虚量已经被引入到了代数函数、指数函数以及三角函数、椭圆函数以及阿贝尔函数中,在这些领域中已经得到了一些非常重要的结果。我的博士论文已经开始了这些重要工作的研究。

和这些工作相联系的是偏微分方程中的一些新的方法,我已经将相关的研究应用到了许多物理问题中。

我主要想做的事情就是对已知的自然定律给出一些新的解释——这需要借助于一些其他的概念——进一步利用热、光、磁以及电之间相互作用的数据就能够研究它们之间的关系,我之所以进行相关的研究,是因为我研究了牛顿、欧拉以及赫尔巴特的相关著作。"[3]96

黎曼的博士论文以导数的存在性作为其复变函数理论的基础,他在给复变函数下定义时,发现复值函数的导数是可以不依赖于微分的。如此一来,黎曼便严格地定义了单值解析函数,并使柯西—黎曼方程成为复分析理论的基石。他的工作不仅揭示了实变函数和复变函数之间的深刻区别,而且还为几何函数论奠定了重要基础。

在黎曼的这篇博士论文中,为了研究多值函数,他引入了黎曼面的概念。这实际上就是多值函数单值化以后所得到的曲面。正是在这一概念的基础之上,有关单值函数的许多定理均能够推广到多值函数上去。黎曼并不仅仅是给出了黎曼面这一抽象的曲面,他还首次研究了有关曲面的拓扑性质,例如,他通过引入了横剖线以及定义连通数来研究曲面的连通性问题。同时他还建立了黎曼面的连通数和支点数之间的关系。

1825 年,高斯(Johann Carl Friedrich Gauss,1777—1855)在研究有关地图绘制的问题时,就曾考虑过从一个平面到另一个平面的保形映射问题。他得到了这样一个结果,即保形映射是从一个平面到另一个平面的解析函数。当然,高斯的工作并没有涉及复变函数的相关理论。而黎曼知道,解析函数给出了从一个复平面到另一个复平面的保形映射,他将此结果推广到了黎曼面上。在论文的结尾部分,黎曼得到:对于给定的两个单连通区域,能够一对一的保形的互相映射,其中一个区域的一个内点和一个边界点能够映射到另一个区域的任意一个内点和一个边界点。对于上面结果的特殊情形,便是现在的黎曼映射定理[4]。

高斯是第一个认真读过黎曼博士论文并且理解黎曼想法的人。关于黎曼的博士论文,高斯曾这样评论道:

"黎曼所提交的博士论文提供了非常可信的证据,这表明作者在其论文中对所涉及的大部分内容进行了充分、完全而且深入的研究,这显示了作者是一个非常具有创造性,非常活跃,具有真正的数学头脑,且可以做出了不起的富有成果的数学家。论文简洁清楚,有很多非常漂亮的结果,很多读者将会喜欢这一成果。论文不仅符合博士论文的各项标准,而且远远超出了博士论文的要求。"[3]118-119

的确,正如高斯所评论的那样,黎曼的这篇博士论文对整个数学的发展确实产生了极为重要且深远的影响。这里我们引用数学家阿尔福斯(Lars Valerian Ahlfors,1907—1996)对黎曼的博士论文的评价来看其贡献。

"如果从对未来数学发展的影响情况来看,极少有数学论文能够与黎曼的博士论文相媲美。"[5]294

"这篇论文中包括大部分现代复变函数论的萌芽,同时也开创了拓扑学的系统研究,使代数几何产生了深刻的变革,并为黎曼自己的微分几何的研究铺平了道路。"[6]260

3. 黎曼的流形思想

为了谋求格廷根大学的讲师职位,黎曼需要做一个就职演说,最初他提交了三个题目并想要在前两个题目中选一个,因为他对这两个题目已有所准备,但高斯却指定让他做第三个题目。第三个题目是关于几何基础的,黎曼并没有对此题目做任何准备。1854年,黎曼发表了其著名的演讲《关于几何基础的假设》,此次演讲不仅仅是微分几何历史上的一座里程碑,而且是整个数学发展史中的一篇杰作。由于黎曼的演讲主要是面对哲学系的老师,为了使听众能够更好地理解其思想,他放弃了一些专门的数学,选择了用哲学的方式去做演讲。

黎曼的演讲包含三部分。第一部分主要讨论 n 度广义流形的概念,第二部分主要讨论 n 维流形上可容许的度量关系,最后一部分则讨论对空间的应用。黎曼提到,高斯在曲面论方面的相关工作和赫尔巴特(Johann Friedrich Herbart,1776—1841)的哲学思想对他的此次演讲有重要影响[7-8]。

黎曼在第一部分中引入流形概念,并将其分为连续的和离散的两种情况。他主要从两个方面讨论了连续流形,一方面是仅和区域有关。另一方面则仅和大小有关。用现在的观点来看他所讨论的两个方面,一个是涉及拓扑的,另一个则涉及度量。他的流形定义如下:

"在一个根据界定方式所构成的像连续流形这样的概念中,如果从一个界定方式可以通过某种确定的方法运动到另一个界定方式,这时我们所经过的点就构成了一个简单的广义流形。这个简单流形的一些本质特点即为从它上面任意的一个点出发的连续的运动只有两种可能的方向,即向前或者向后。如果想象一个简单的流形也能够通过某种确定的方式运动到另一个简单的流形,这个流形与刚才的那个简单流形是完全不同的。这里的确定的方式就是指每个点变动到另一个流形的确定的点,这样所得到的所有规定的方式构成了一个广义的二维流形。与此类似,当想象一个二维流形以某种确定的方式运动到另一个不同的二维流形时,便得到一个三维流形,

并且怎样将这样的方式进行下去是非常明了的。"[9]602-603

黎曼关于流形的定义是很模糊的。他实际上给出了现在拓扑流形的概念,这个定义并不是分析性的,而是一个构造性的。这点极为重要。他采用递归的方式构造流形,即通过 n 维流形来得到 $n+1$ 维流形。反过来,通过高维流形也可以得到低维流形。

在演讲的第二部分,黎曼主要讨论度量关系,这一部分也被认为是微分几何的基础。当两点的坐标相差无穷小时,他便定义两点之间的距离,这是因为黎曼认为空间只可以局部地来了解。黎曼的流形是完全脱离外部空间的,并且其本身是可以弯曲的,因而各个点的度量也不一定一样。这实际上是受到了高斯的影响,他说道:

"在建立了 n 维流形的概念,并知道流形上的点的位置能够用 n 个数值来确定之后,下面将讨论第二个问题,即一个流形可以容许的度量关系以及确定这种度量关系的充分条件。……关于此问题的基础,包含在枢密顾问官高斯关于曲面的著名的论文中。"[9]605

随后,黎曼又给出了测地法坐标系。

"假设已经给出了一个从给定点出发的最短曲线的系统,任一点的位置能够由它所在的最短线的初始方向以及沿着这条最短的线从给定的点到这个点的距离得到,这样便能够由 $\mathrm{d}x_0$ 表示出来。若引进 $\mathrm{d}x_0$ 的线性组合 $\mathrm{d}\alpha$,满足在原点的 $\mathrm{d}s = \sqrt{\sum (\mathrm{d}x)^2}$,这样得到的独立的变量是 s 以及增量 $\mathrm{d}\alpha$。最后再选与 $\mathrm{d}\alpha$ 成比例的变量 $x_1, x_2, \cdots, x_n$ 代替 $\mathrm{d}\alpha$,满足 $s^2 = \sum (x)^2$。"[9]607

黎曼推广了高斯曲率,得到了流形曲率的定义。通过借鉴高斯的方式,黎曼脱离外围空间,只考虑流形本身,用一些由流形本身的量来确定其曲率。其实,他是将度量性质加在了流形上而得到了流形的曲率。随后,他又开始研究常曲率流形,即流形上每一点曲率的大小均相同。在演讲第二部分的最后,黎曼对常曲率流形进行了一些几何表述,他说道:

"若将常曲率曲面想象成由其上移动的曲面片的轨迹构成,正如空间是由物体移动轨迹构成的那样,则这些曲面片在常曲率曲面上能够不伸缩地移动。如果曲面的曲率是正常数,那么该曲面可由其上的曲面片不弯曲且不伸缩地构成,这样便得到球形曲面;而曲面的曲率如果是负常数,则情况就不是这样的了;而曲面的曲率如果是零,不仅曲面片的形状不随位置的变化而变化,其方向也不随位置的变化而变化;而其他的常曲率曲面,这样的性质是不成立的。"[9]609-610

可以看出,黎曼已经意识到会有负常数曲率的曲面存在,但他主要的研究对象还是非负数的常曲率曲面。黎曼给出,球面空间可由曲率 $\alpha > 0$ 得到,欧式空间满足 $\alpha = 0$,反之亦然。若曲面能够无限的延展的话,那么曲率一定是零。

在演讲的最后一部分,黎曼引入了流形为局部欧氏空间的三个充分条件,表述如下:

第一,如果对任一点处三个曲面的方向,其曲率均为零,那么度量关系由三角形内角和等于 π 得到。

第二，正如欧式空间，若曲线以及立体的存在与其性态无关，那么空间中任一点的曲率都一样，且任意三角形的内角和也都相同。

第三，若曲线长度和方向都独立于曲线在流形上的位置，那么位置的不同可以由三个互相独立的单位量得到。

随后，黎曼研究了无限性以及无界性之间的关系，指出无限性是一种度量关系，而无界性是一种推广扩充的关系。由于对于空间来说，其度量只有通过实验才可以确定，因而哪种几何适合我们的物理空间，黎曼认为这需要借助天文学家给出，而数学家所能做的就是给出关于基础的假定。最后，黎曼说道：

> "因此，要么存在的空间是一个离散的流形，要么度量关系的基础需从流形以外寻找，即从作用在其上的各种因素的总和上寻找……这就将我们带到了一个新的科学领域，即物理学王国，我们的工作现在还不允许我们今天进入到那个领域。"[9]613

从这段话中可以看出，黎曼认为空间只可能是离散和连续的两种情况，而度量则需要依靠外界的各种因素来决定。黎曼的此次演讲奠定了黎曼几何的基础，他给出了黎曼度量，引入了黎曼流形上的曲率概念，并研究了常曲率空间中的黎曼度量。在其1861年的"巴黎之作"中，黎曼进一步对黎曼流形进行了深入研究，构成了现代黎曼几何的主要内容。[10]

4. 黎曼的工作对拓扑学的影响

黎曼在其1854年《关于几何基础的假设》中引入流形概念，开始了从欧式空间向抽象空间的转变。此外，他还提出了研究函数空间的思想，所有这些都可以看作是空间观念转变的先驱性工作。因为黎曼在其1851年博士论文中所引入的黎曼面在三维的欧式空间中是找不到现实实体的，故这种"几何幻想物"在当时就已经超越了传统的几何学。

黎曼的一部分工作是从拓扑学的角度出发来研究黎曼面的，他通过引入"连通数"这一拓扑不变量来讨论连通性。用现在的观点来看，曲面的亏格和黎曼的"连通数"是等价的，即它们之间有这样的关系：若曲面的亏格为p，那么它的连通数为$2p+1$。当然，黎曼所研究的曲面均为可定向的。事实上，黎曼在这里已经开创了拓扑学这一新的研究领域，并开始了对拓扑不变性这一新性质的研究。他当时也意识到了这一点，因为他曾断言过如果两个黎曼面有相同的"连通数"，那么这两个黎曼面就是拓扑等价的。他还猜想说，球面与"连通数"为1的黎曼面拓扑等价。

此外，被誉为现代数学重大成果之一的阿蒂亚-辛格指标定理便是黎曼-罗赫定理的一个重要推广，而黎曼-罗赫定理则是黎曼相关工作的结果，这一定理体现了分析量和拓扑量之间的密切联系。黎曼的工作还引起了对曲面拓扑分类的研究，如1877年，英国数学家克利福德（William Kingdon Clifford，1845—1879）将黎曼面表示为有洞的球面；1882年，德国数学家克莱因（Felix Christian Klein，1849—1925）将黎曼面表示为带环柄的球面。至此，可定向闭曲面的拓扑分类问题已完全解决。随后不久，克莱因又引入了克莱因瓶，从而开始了对不可定向闭曲面拓扑分类问题的研究。

　　由于黎曼面并不是三维空间中客观存在的实体,故不能纳入传统的几何学中,加之当时的数学家们在处理分析中的相关问题时,都尽可能地避免使用几何直观,因此,用黎曼面来研究复变函数论中的相关问题,就连黎曼本人也曾怀疑过这种做法。而黎曼面的引入产生了这样的一些问题,即高维几何学和拓扑学的基础应该是什么? 它们的这种基础是否能够解释几何和分析之间的关系? 而黎曼所引入的流形思想恰为这些问题提供了一个很好的答案,因为在谈到流形的时候,我们不光会讨论它的拓扑,还会研究其度量。黎曼的流形思想来源于黎曼面和他 1851 年到 1853 年对物理空间的研究。在他 1854 年所给出的流形概念中,对空间的度量结构和拓扑结构加以区分,之所以对相同的拓扑流形赋予不同的度量,就是因为他想更好地探讨物理空间。他这种将度量和拓扑分开来考虑以及从“局部”来对流形进行研究的思想,对于拓扑学来说无疑是非常重要的。[11]

　　从贝蒂(Enrico Bettit,1823—1892)以及克莱因的工作中可以看出黎曼的相关研究对拓扑学所产生的直接影响。1871 年,贝蒂在黎曼工作的基础之上,引入高维连通数的概念,他指出若在一个几何物体上能够做出一些封闭的曲线,而这些曲线不可以成为某二维曲面的边界的话,那么满足此条件的闭曲线的最多条数便称为此物体的 1 维连通数;如果在几何物体上能够做出一些闭曲面,而这些闭曲面不可以作为此物体上某个三维区域的边界的话,那么满足此条件的闭曲面的最多个数便称为此物体的 2 维连通数;依此类推,便可定义更高维的连通数。可以看出,在贝蒂所给的连通数定义中,比黎曼的连通数定义少 1。而贝蒂的这一概念后来则被推广为重要拓扑不变量,即贝蒂数。

　　1872 年,克莱因在其著名演讲《埃尔朗根纲领》中提出了用群论的观点统一几何学的思想。他把几何学看成是研究几何图形关于某种变换群保持不变的性质,即每种几何学都对应着一种变换群。这样,19 世纪所出现的各种看似毫不相关的几何学便被联系起来,并且通过变换群的分类来对应不同的几何学。在克莱因关于几何学的分类中,就有关于拓扑学的。他认为拓扑学就是“研究由无限小变形所组成的拓扑不变性问题”,这里的“无限小变形”即为同胚。而他的这些工作,在很大程度上是受到了黎曼的影响。[12]

5. 结　语

　　黎曼的流形思想开始于其 1851 年博士论文中有关黎曼面的研究,他在 1854 年《关于几何基础的假设》的演讲中首次提出流形概念,并通过三个部分,用充满哲学味道的内容向公众展示了这一全新概念。流形思想一经提出,便对几何学乃至整个现代数学产生了极为重要且深远的影响。单就拓扑学方面来看,它不光改变了人们的空间观念,超越了传统几何学的限制,奠定了黎曼几何的基础,而且开创了一系列新的研究方向,并导致了许多重要结果的出现,如黎曼的流形思想首次区分了曲面的拓扑和度量性质,开始了对许多拓扑不变性问题和闭曲面拓扑分类问题的研究,导致一些重要概念,如亏格、贝蒂数等,以及一些重要定理,如阿蒂亚-辛格指标定理的出现,同时对《埃尔朗根纲领》的产生也有重要影响。通过对黎曼的流形思想及其对拓扑学所产生的影响的研究,不但可以使我们更清晰地理解黎曼的这一重要思想,而且能够从拓扑学这一窗口出发,为更加全面地理解黎曼的流形思想对整个现代数学所做的贡献奠定基础。

参考文献

[1] FERREIRÓS J. Traditional Logic and Early History of Sets，1854—1908[J]. Archive for History of Exact Sciences，1996，1：5-71.

[2] 阎晨光，邓明立. 黎曼的几何思想及其对相对论的影响[J]. 科学技术与辩证法，2009，26(3)：82-85.

[3] LAUGWITZ D. Bernhard Riemann，1826—1866：Turning points in the Conception of Mathematics[M]. Translated by Abe Shenitzer with the editorial assistance of the author，Hardy Grant，and Sarah Shenitzer. Boston：Birkhäuser，1999.

[4] 克莱因. 古今数学思想：第三册[M]. 万伟勋，石生明，孙树本，等，译. 上海：上海科学技术出版社，2002：36-44.

[5] 胡作玄. 近代数学史[M]. 济南：山东教育出版社，2006.

[6] 李文林. 数学史概论[M]. 北京：高等教育出版社，2000.

[7] 邓明立，阎晨光. 黎曼的几何思想萌芽[J]. 自然科学史研究，2006，25(1)：66-75.

[8] SCHOLZ E. Herbart's Influence on Bernhard Riemann[J]. Historia Mathematica，1982，9：413-440.

[9] 李文林. 数学珍宝——历史文献精选[M]. 北京：科学出版社，1998.

[10] PORTNOY E. Riemann's Contribution to Differential Geometry [J]. Historia Mathematica，1982，9：413-440.

[11] SCHOLZ E. Riemanns Frühe Notizen zum Mannigfaltigkeitsbegriff und zu den Grundlagen der Geometrie[J]. Archive for History of Exact Sciences，1982，27：213-232.

[12] 王昌. 点集拓扑学的创立[D]. 西安：西北大学，2012.

矩量问题理论形成探析

李 威

摘　要：矩量问题理论的产生可以追溯到连分数的敛散性问题，并最终由于其在其他数学分支的应用而完全独立于连分数理论。本文深入分析了矩量问题的形成过程；探寻三大矩量问题产生的原因；通过对矩量问题理论的形成原因的追寻，可为寻求矩量问题理论从连分数理论进入复变函数理论及空间理论的原因奠定基础，进而为探求复变函数理论和空间理论的起源提供一条路径。

关键词：矩量问题；连分数；收敛矩阵；复变函数论；空间理论

1. 问题的提出

矩量问题理论起源于连分数，它对实变函数论及空间理论的诞生有重要作用。克莱因（Morris Kline，1908—1992）指出：斯蒂尔杰斯（Thomas Jan Stieltjes，1856—1894）引入斯蒂尔杰斯积分是积分概念的第一次扩充；[1]本人为探寻巴拿赫空间理论的起源，详细分析了里斯（Friedrich Riesz，1880—1956）的工作，从矩量问题的角度，寻求巴拿赫空间与希尔伯特空间之间的关键不同之处，这对探明巴拿赫空间理论产生的必然性奠定基础；[2]著名数学史家迪厄多内（Jean Dieudonné，1906—1992）和皮埃奇（Albrecht Pietsch）通过对里斯处理矩量问题的方法的论述，指出矩量问题与哈恩-巴拿赫定理之间的联系。[3-4]克杰森（Tinne Hoff Kjeldsen）系统描述了矩量问题从刚开始起源于连分数收敛到脱离连分数并最终形成独立理论的全过程。[5]

近现代数学史的研究，可以从以前大家熟悉的关注历史上的数学成就"是什么"和"如何做"的视角，扩张到"为什么数学"的研究范式中来。[6]值得注意的是，基于"为什么数学"的研究方法，国内近现代数学史研究工作者已经提出并解决了一些具体的"真问题"。[7-12]

基金项目：国家自然科学基金资助项目"巴拿赫空间理论形成的历史研究"（11901444）；陕西省自然科学基础研究计划项目"线性积分方程理论历史研究"（2019JQ-870）；陕西省教育厅科研计划项目资助"大数据背景下巴拿赫空间理论在中国传播的可视化研究"（19JK0326）。

作者简介：李威，1987年生，西北大学科学史高等研究院讲师，研究方向为近现代数学史、数字人文。主要研究成果有：(1) 李威，杨显. Hahn-Banach定理的形成. 西北大学学报：自然科学版，2013，43(5)：847-849。(2) 李威，曲安京，王昌. 巴拿赫空间是如何产生的. 自然辩证法通讯，2015，37(6)：72-76。(3) 李威，曲安京，王昌. 里斯关于矩量问题研究的目的和意义. 科学技术哲学研究，2015，32(6)：72-75。

本文运用"为什么数学"的研究方法,可以发现一些新问题。在连分数理论的基础上,斯蒂尔杰斯矩量问题是如何产生的? 在范·弗莱克(Edward Burr Van Vleck,1833—1912)扩展斯蒂尔杰斯工作的尝试失败之后,格罗姆(Grommer J.)运用何种新方法完成了对斯蒂尔杰斯工作的扩展? 汉布格尔(Hans Ludwig Hamburger,1889—1956)为何将斯蒂尔杰斯矩量问题扩展为汉布格尔矩量问题? 他当时面临的具体数学问题是什么? 什么问题促使豪斯多夫(Felix Hausdorff,1868—1942)必须发现并解决有限区间上的矩量问题——豪斯多夫矩量问题? 他的这一工作对矩量问题理论的形成有何意义? 作为独立理论的矩量问题可用于解决其他数学分支中的一些问题,这些应用对矩量问题理论形成有哪些促进意义? 本文通过分析矩量问题的历史演变过程,试图回答上述问题,以期找到一些有趣的结果。

2. 斯蒂尔杰斯矩量问题

1894—1895 年,斯蒂尔杰斯在探究连分数与发散级数之间的转化关系时,发现了黎曼积分在简单分式上的"不适用性",给出了斯蒂尔杰斯积分的定义。在主要定理的证明中,斯蒂尔杰斯发现了"斯蒂尔杰斯-维塔利"定理,意识到非零函数的矩量问题为零的"特殊性"。为了解释这一"特殊性",斯蒂尔杰斯定义了斯蒂尔杰斯矩量问题。然后,利用斯蒂尔杰斯积分和行列式的性质,将判定矩量问题确定性与否的问题转化为与其对应的行列式是否大于零的问题,从而将连分数的敛散性问题与无穷阶行列式直接对应起来,这是矩量问题脱离连分数理论的前兆,也是无穷阶行列式应用于连分数理论的例子。[13-14]

斯蒂尔杰斯在论文中介绍矩量问题,主要是为了解决在级数 $\sum a_n$ 收敛的情况下,连分数 $S(z)$ 的敛散性问题。[14] 他表明,若级数 $\sum a_n$ 收敛,则连分数 $S(z)$ 发散。为了证明这一结论,他将连分数 $S(z)$ 的收敛点 P_{2n}/Q_{2n} 和 P_{2n+1}/Q_{2n+1} 的简单分式展开与其幂级数展开对比,得出

$$c_k = \sum_{i=1}^{n} M_i^{(2n)} (x_i^{(2n)})^k, k = 0,1,2,\cdots,2n-1$$

$$c_k = \sum_{i=1}^{n} N_i^{(2n+1)} (x_i^{(2n+1)})^k, k = 0,1,2,\cdots,2n-1; x_0^{(2n+1)} = 0$$

(1)

利用极限的性质,可将式(1)化为

$$c_i = \sum_{k=1}^{\infty} M_k m_k^i \ (i = 0,1,2,\cdots)$$

$$c_0 = \sum_{k=1}^{\infty} N_k$$

(2)

$$c_i = \sum_{k=1}^{\infty} N_k n_k^i \ (i = 0,1,2,\cdots)$$

上述关系式使斯蒂尔杰斯意识到,可以利用质量分布来定义矩量问题。以斯蒂尔杰斯积分为工具,可得关系式

$$\lim_{n \to \infty} \frac{P_{2n}(z)}{Q_{2n}(z)} = F(z) = \int_0^{+\infty} \frac{1}{z+u} \mathrm{d}\varphi(u)$$

$$\lim_{n \to \infty} \frac{P_{2n+1}(z)}{Q_{2n+1}(z)} = F_1(z) = \int_0^{+\infty} \frac{1}{z+u} \mathrm{d}\varphi_1(u)$$

和

$$c_n = \int_0^{+\infty} x^n \mathrm{d}\varphi(u)$$

$$c_n = \int_0^{+\infty} x^n \mathrm{d}\varphi_1(u)$$

$$(3)$$

从上述关系式,可以证明,无论级数 $\sum a_n$ 是否收敛,都可以求出矩量问题的一般解。令 φ 和 φ_1 是连分数 $S(z)$ 所对应的矩量问题的解,可以得出结论:如果 $\sum a_n$ 发散,$\varphi = \varphi_1$,则连分数 $S(z)$ 收敛;如果 $\sum a_n < +\infty$,$\varphi \neq \varphi_1$,则连分数 $S(z)$ 发散。斯蒂尔杰斯随后指出,在第一种情况下,φ 是矩量问题的唯一解。如果 $\sum a_n = +\infty$,他称矩量问题是确定的;如果 $\sum a_n < +\infty$,他称矩量问题是不确定的。

斯蒂尔杰斯接着证明,如果序列 $c_0, c_1, c_2, \cdots$ 来自连分数 $S(z)$,那么对于所有的 $n \in$ **N**,行列式

$$A_n = \begin{vmatrix} c_0 & c_1 & \cdots & c_{n-1} \\ c_1 & c_2 & \cdots & c_n \\ \vdots & \vdots & & \vdots \\ c_{n-1} & c_n & \cdots & c_{2n-2} \end{vmatrix} \text{和} B_n = \begin{vmatrix} c_1 & c_2 & \cdots & c_n \\ c_2 & c_3 & \cdots & c_{n+1} \\ \vdots & \vdots & & \vdots \\ c_n & c_{n+1} & \cdots & c_{2n-1} \end{vmatrix} \quad (4)$$

都是正的,那么矩量问题是可解的。通过参数转换,斯蒂尔杰斯证明:

　　对应于给定序列 $c_0, c_1, c_2, \cdots$ 的矩量问题可解当且仅当对于所有自然数 n,$A_n > 0$ 且 $B_n > 0$。

从斯蒂尔杰斯的论述可以看出,斯蒂尔杰斯矩量问题是为了解决连分数的收敛函数是否解析的问题,此时的矩量问题是连分数理论的一部分。那么,矩量问题是何时脱离连分数并最终演变成独立理论的? 要回答这一问题,就要对斯蒂尔杰斯之后的工作进行梳理研究。

3. 矩量问题理论的诞生

在斯蒂尔杰斯之后,有人试图将他的理论推广到其他类型的连分数。在这个阶段的早期,继任者们仍将矩量问题与连分数密切结合,他们在斯蒂尔杰斯工作的基础上,试图将斯蒂尔杰斯矩量问题延伸到整个实轴。为了解决这个问题,需要引入"选择方法"。

3.1　范·弗莱克的工作

事实上,对斯蒂尔杰斯的理论进行扩展并不简单。1903 年,美国数学家范·弗莱克

尝试了这种方法。[15]他试图找到与斯蒂尔杰斯形式相同的连分数收敛的等价条件,即连分数

$$V(z) = \cfrac{1}{a_1 z + \cfrac{1}{a_2 + \cfrac{1}{a_3 z + \cfrac{1}{a_4 + \cdots}}}} \tag{5}$$

其系数 a_n 满足条件:奇数或偶数系数必须为正,其他系数的正负值不限。

范·弗莱克解决不了其中一个关键问题,即当连分数的奇数序列和偶数序列都收敛时,无法确定连分数 $V(z)$ 的敛散性。于是,范·弗莱克将他的问题弱化,仅仅用斯蒂尔杰斯的理论处理连分数 $V(z)$ 的一些特定情况。关于斯蒂尔杰斯的理论能否扩展,范·弗莱克是这样描述的:

> 没有发现连分数 $V(z)$ 收敛的充分必要条件,而且很可能不存在这样的条件。[15]299

从上面的论述可以看出,范·弗莱克错误地认为斯蒂尔杰斯的理论是无法扩展的。从范·弗莱克的工作来看,他对斯蒂尔杰斯工作的扩展并不成功,他的工作与斯蒂尔杰斯的工作几乎类似,也没有提出处理该问题的新方法。因此,从史学的角度看,范·弗莱克的工作对数学发展的推动作用有限。但是,他的工作表明需要引入新的方法来解决这些问题。

3.2 选择方法

1914 年,格罗姆利用希尔伯特(David Hilbert,1862—1943)的"选择方法"解决了范·弗莱克的问题。[16]这里他的主要观点是用零来刻画整个超越函数。为了证明这些结果,格罗姆将斯蒂尔杰斯的连分数理论扩展到更大的连分数类:

$$K(z) = \cfrac{k_1}{z + l_1 + \cfrac{k_2}{z + l_2 + \cfrac{k_3}{z + l_3 + \cdots}}} \tag{6}$$

其中 $z \in \mathbf{C}, k_n \in \mathbf{R} \backslash \{0\}$,且 $l_n \in \mathbf{R}$。

格罗姆证明了级数

$$\frac{c_0}{z} - \frac{c_1}{z^2} + \frac{c_2}{z^3} - \cdots, c_0 \neq 0, c_n \in \mathbf{R} \tag{7}$$

与连分数 $K(z)$ 对应,当且仅当对于所有自然数 n,行列式 $A_n \neq 0$。此时,格罗姆利用无穷阶行列式,将连分数与无穷幂级数对应起来。

对于所有 $n \in \mathbf{N}$,如果 $A_n > 0$,那么连分数 $K(z)$ 的收敛序列 $\dfrac{U_n(z)}{V_n(z)}$ 可以用简单分数 $\dfrac{U_n(z)}{V_n(z)} = \sum_{v=1}^{n} \dfrac{N_v^{(n)}}{z + \lambda_v^{(n)}}$ 展开,其中 $N_v^{(n)} > 0$,且 $\forall v, -\lambda_v^{(n)}$ 是 $V_n(z)$ 的根序列。 对于

$K(z)$ 的每一个收敛序列,格罗姆可以像斯蒂尔杰斯一样,生成一个递增的阶跃函数序列 $\varphi_n(u)$。利用斯蒂尔杰斯积分,可将其表示为:$\dfrac{U_n(z)}{V_n(z)} = \displaystyle\int_{-\infty}^{+\infty} \frac{1}{z+u} \mathrm{d}\varphi_n(u)$,$z \in \mathbf{C} \backslash \mathbf{R}$。现在,格罗姆和范·弗莱克遇到同样的问题,即当 $K(z)$ 收敛时,能否推出序列 $\dfrac{U_n(z)}{V_n(z)}$ 收敛。

格罗姆指出,要解决这个问题,需要使用"选择方法"。他发现,在紧子集上,总是能够找到一致收敛的子序列 $\dfrac{U_{n_h}(z)}{V_{n_h}(z)}$,其极限可以解析地表示为

$$\lim_{h\to\infty} \frac{U_{n_h}(z)}{V_{n_h}(z)} = \int_{-\infty}^{+\infty} \frac{\mathrm{d}\Psi(u)}{z+u} = \int_{-\infty}^{+\infty} \frac{\mathrm{d}\chi(u)}{z+u} = \int_{-\infty}^{+\infty} \frac{\mathrm{d}\phi(u)}{z+u}$$

其中

$$\Psi(u) = \limsup_{h\to\infty} \varphi_{n_h}(u), \quad \chi(u) = \liminf_{h\to\infty} \varphi_{n_h}(u)$$

$$\phi(u) = \frac{p\Psi(u) + q\chi(u)}{p+q}, \quad p \geqslant 0, q \geqslant 0, p+q > 0$$

可以看出,格罗姆证明无穷阶行列式不等于零的等价条件是连分数与幂级数对应。紧接着给出,若行列式大于零,连分数的收敛序列可以用简单分数表示,利用斯蒂尔杰斯积分,可以将其表示为积分方程形式。最后运用"选择方法"彻底解决了范·弗莱克的问题。对于"选择方法"的由来,格罗姆是这样描述的:

　　选择思想只出现在希尔伯特的无限空间理论中。[16]137

由此可见,格罗姆的"选择思想"受到了希尔伯特的影响。希尔伯特是分析学中空间理论形成的创立者,"选择方法"在矩量问题理论中的应用,可以说是矩量问题理论与泛函分析中的空间理论建立联系的开端。"选择方法"在矩量问题理论的发展中非常重要,它确保对所有 $n \in \mathbf{N}$,若行列式序列 A_n 都为正,总能找到可扩展到整个实数轴上的矩量问题的解。这也是汉布格尔后来以"选择方法"为工具对斯蒂尔杰斯矩量问题进行一般化扩张的关键。

3.3　汉布格尔矩量问题的诞生

汉布格尔矩量问题起源于连分数的敛散性问题。1913 年,数学家汉布格尔的同胞佩伦(Oskar Perron,1880—1975)给出了一个标准。对于给定的连分数,运用这个标准,可以直接来判断它所对应的矩量问题是否确定。[17]受到佩伦工作的启发,汉布格尔试图回答,能否在不考虑连分数的系数情况下,直接通过序列 $(c_n)_{n \geqslant 0}$ 判定连分数 $K(z)$ 和 $S(z)$ 的敛散性。[18]由于序列 $(c_n)_{n \geqslant 0}$ 由力矩生成,因此,为了解决上述问题,汉布格尔必须将斯蒂尔杰斯矩量问题推广到整个实数轴,这就是汉布格尔矩量问题产生的原因。

在论文中,汉布格尔对佩伦的结果进行了强化,将其扩展到只需满足 $\forall n \geqslant 0$,行列式 $A_n > 0$ 的序列。对于与行列式 $A_n > 0$ 对应的连分数 $K(z)$,汉布格尔利用格罗姆的"选择方法",可以找到一个收敛的子序列 $K_{n_v}(z)$,满足 $K_{n_v}(z) \to \displaystyle\int_{-\infty}^{+\infty} \frac{\mathrm{d}\varphi(u)}{z+u}$。他表明,

对于所有的 n,存在等式

$$\int_{-\infty}^{+\infty} u^n \mathrm{d}\varphi(u) = c_n \tag{8}$$

对此,汉布格尔并没有进行证明,但是在脚注中他写道:

　　据我们所知,这个结论的证明尚未提出,原则上不存在困难,将在别处发表。[18]213

在式(8)的基础上,他给出了汉布格尔矩量问题的定义:

　　$\varphi(u)$ 是一个具有如下性质的非递减函数,积分 $\int_{-\infty}^{+\infty} u^n \mathrm{d}\varphi(u) = c_n$ 称为广义的矩量问题。[18]214

汉布格尔还介绍了矩量问题确定性和不确定性的现代定义,这些定义不依赖于相应的连分数。

至此,汉布格尔已经给出矩量问题的完整定义。从上面的论述可以看出,汉布格尔运用格罗姆的结果,对于与所有大于零的行列式序列对应的连分数,利用"选择方法",可以找到该连分数的一个收敛序列,运用斯蒂尔杰斯积分可以将其表示成积分形式。最后汉布格尔表明,若对于所有的 n,行列式序列大于零,则汉布格尔矩量问题存在,并给出该矩量问题确定性和不确定性的现代定义。但是此时,对于汉布格尔矩量问题的相关结果,他并没有给出完整证明。

第二年,即 1920 年,汉布格尔出版了他的长篇著作《关于斯蒂尔杰斯矩量问题的一个推广》(*Über eine Erweiterung des Stieltjesschen Momentproblems*)的第一部分。[19]在该著作中,他以连分数的广义收敛为工具,证明了汉布格尔矩量问题的相关结果,给出其确定性与否的判断标准。这是历史上首次对矩量问题进行了全面而深刻的处理,标志着它由最初用于确定连分数敛散性的工具,变成了一个独立理论。

在构造"广义矩量问题"的解和证明其确定性准则中,汉布格尔最重要的工具就是所谓的连分数 $K(z)$ 的广义收敛序列 $K_n(z;t)$:

$$K_n(z;t) = \cfrac{k_1}{z+l_1+\cfrac{k_2}{z+l_2+\cdots+\cfrac{k_{n-1}}{z+l_{n-1}+\cfrac{k_n}{z+l_n+t}}}}$$

以广义收敛为工具,汉布格尔彻底解决了矩量问题:

　　对应于幂级数(7)的矩量问题有解,当且仅当对于所有的 $n \in \mathbf{N}$,行列式 $A_n > 0$。[19]289

为了建立矩量问题确定性的判断标准,汉布格尔在哈默尔(Georg Hamel, 1877—1954)的工作的启发下[20],引入了 $K(z)$ 收敛的另一个概念,他称之为完全收敛:

　　如果对于任意 $\varepsilon > 0$ 和任一有界闭集 $B \subseteq \mathbf{C} \backslash \mathbf{R}$,可以找到一个仅依赖于 ε 和 B 的 $N \in \mathbf{N}$,使得对于所有 $n \geqslant N$,所有 $t \in \mathbf{R}$ 及所有 $z \in B$,都有 $|K_n(z;t) - f(z)| \leqslant \varepsilon$,

则称连分数 $K(z)$ 完全收敛于函数 $f(z)$。[19]289

利用该定义，他可以证明，与具有正行列式 A_n 的幂级数对应的矩量问题是确定的，当且仅当连分数 $K(z)$ 完全收敛。此时，汉布格尔已经将"广义矩量问题"的确定性与否与连分数是否完全收敛对应起来。

汉布格尔还提出了另一种处理矩量问题的方法，对此，他是这样描述的：

允许对矩量问题进行不同的、更具功能性的理论表述，从而使该问题更好地脱颖而出。[19]275

从上面的论述可以看出，为了使矩量问题的应用更加广泛，汉布格尔已经有意识地对矩量问题进行了系统化研究。实际上，汉布格尔证明了：如果积分

$$f(z) = \int_{-\infty}^{+\infty} \frac{1}{z+u} d\varphi(u) \tag{9}$$

在每个有界闭子集 $C\backslash\mathbf{R}$ 中一致收敛，且函数 $f(z)$ 具有渐近展开 $\beta(z) = \sum_{n=0}^{+\infty} (-1)^n \frac{c_n}{z^{n+1}}$，对于 $z = iy, y \to +\infty$，那么，所有的力矩 $\int_{-\infty}^{+\infty} u^n d\varphi(u)$ 存在且等于 c_n；反之，如果所有的力矩都存在，那么函数(9)在 $C\backslash\mathbf{R}$ 的每个有界闭子集中都是解析的，且对于 $|z| \to +\infty$，若满足

$$\delta \leqslant \arg z \leqslant \pi - \delta, \quad -\pi + \delta \leqslant \arg z \leqslant -\delta, \tag{10}$$

则函数(9)具有渐近展开 $\beta(z)$。

汉布格尔并没有将注意力过多地放在对完全收敛的几何解释上，他更喜欢直接处理连分数，在论文中他是这样表述的：

这里仅用于让读者了解该术语的性质，在下文中不会使用。因此，读者可以在不影响理解以下内容的情况下继续阅读第 292 页的本段第 3 节。[19]290

汉布格尔使用了连分数、斯蒂尔杰斯积分理论和格罗姆的选择方法，因此在某种程度上，他沿用了斯蒂尔杰斯的路线。但他也提出了一些新的观点，对"完全收敛"概念的重新定义就是其中之一，这可推出基于某些圆考虑的矩量问题是确定的特征，后来它成为一种非常普遍的做法，至今它在矩量问题理论中仍发挥了重要作用。

4. 矩量问题理论独立于连分数

为了使矩量问题的应用更加广泛，汉布格尔利用完全收敛将矩量问题作为独立理论来研究，这是矩量问题形成独立理论的开始。但是，汉布格尔矩量问题起源于连分数的敛散性问题，它依然处于连分数理论之中。那么，存在这样一个问题，即矩量问题理论是何时以及基于什么原因彻底脱离连分数的？带着这个问题，我们首先来深入分析一下豪斯多夫矩量问题的形成过程。

4.1 豪斯多夫矩量问题的诞生

1920 年，德国数学家豪斯多夫偶然地解决了有界区间上的矩量问题——豪斯多夫矩

量问题:

即找到一个定义在闭区间 $[0,1]$ 上的递增函数 $\chi(u)$,使得对于给定的实数序列 $(\mu_n)_{n \geqslant 0}$,等式 $\mu_n = \int_0^1 u^n d\chi(u)$ 成立,其中 $n = 0,1,2,\cdots$。[21]

豪斯多夫在一项关于可和性方法的研究中,发现了豪斯多夫矩量问题及其解决方案。他的主要目的是研究收敛序列 (a_n) 和 (A_n) 之间的矩阵运算:$A_p = \sum_m \lambda_{p,m} a_m$。这里 $\boldsymbol{\lambda} = (\lambda_{p,m})_{p,m=0,1,2,\cdots}$ 是一个矩阵,且对于每个 p,仅存在有限个 $\lambda_{p,m} \neq 0$。在极限不必相同的情况下,如果矩阵 $\boldsymbol{\lambda}$ 可以把收敛序列 (a_n) 转换成收敛序列 (A_n),那么他称矩阵 $\boldsymbol{\lambda}$ 为 C-矩阵。如果 C-矩阵可以表示成 $\boldsymbol{\lambda} = \boldsymbol{\rho}^{-1} \boldsymbol{\mu} \boldsymbol{\rho}$,其中

$$\boldsymbol{\mu} = \begin{pmatrix} \mu_1 & 0 & 0 & \cdots \\ 0 & \mu_2 & 0 & \cdots \\ 0 & 0 & \mu_3 & \cdots \\ \vdots & \vdots & \vdots & \end{pmatrix}, \boldsymbol{\rho} = \begin{pmatrix} 1 & 0 & 0 & 0 & \cdots \\ 1 & -1 & 0 & 0 & \cdots \\ 1 & -2 & 1 & 0 & \cdots \\ 1 & -3 & 3 & -1 & \cdots \\ \vdots & \vdots & \vdots & \vdots & \end{pmatrix}$$

那么 $\boldsymbol{\mu}$ 称为 C-序列。对于所谓的 Cesàro 可和性,可以证明 C-序列存在,并可以表示为

$$\mu_n = \alpha \int_0^1 u^n (1-u)^{\alpha-1} du \quad (\alpha > 0)$$

$$\nu_n = \frac{1}{\Gamma(\alpha)} \int_0^1 u^n \left(\log \frac{1}{u} \right)^{\alpha-1} du \quad (\alpha > 0)$$

这表明,μ_n 和 ν_n 是分别对应于密度函数 $\alpha(1-u)^{\alpha-1}$ 和 $\frac{1}{\Gamma(\alpha)}(\log 1/u)^{\alpha-1}$ 的力矩序列。此时豪斯多夫已经意识到了它们与矩量问题之间的联系,[21]84 首先利用斯蒂尔杰斯的连分数理论解决了该矩量问题。

1923 年,豪斯多夫在文章《有限区间上的矩量问题》(*Moment probleme für ein endliches Intervall*)中提出,对于豪斯多夫矩量问题,无须进行大量的代数和函数理论准备,可以用一种简单的方式处理。[22]

对于定义在闭区间 $[0,1]$ 上的递增函数 $\chi(u)$ 的力矩序列 $(\mu_n)_{n \geqslant 0}$,豪斯多夫使用泛函分析方法表示。对于每一个多项式 $f(x) = \alpha_0 + \alpha_1 x + \cdots + \alpha_n x^n$,可以找到一个线性泛函 M,使得 $Mf(x) = \alpha_0 \mu_0 + \alpha_1 \mu_1 + \cdots + \alpha_n \mu_n$。利用该方法,豪斯多夫将矩量问题转化为寻找一个递增函数 $\chi(u)$,使得等式 $\int_0^1 f(x) d\chi(x) = Mf(x)$ 成立。

换句话说,豪斯多夫定义了多项式集合上的线性泛函 M,并探讨它是否可以表示为斯蒂尔杰斯积分。这是在没有运用连分数的情况下对矩量问题的首次处理。他并不是唯一一个使用泛函分析来处理矩量问题的人。正如我们将在后面看到的,马塞尔·里斯(Marcel Riesz,1886—1969)也使用了泛函分析来处理矩量问题。

豪斯多夫证明,豪斯多夫矩量问题可解,当且仅当对于所有的 m 和 n,存在

$$\mu_{m,n} = \mu_m - \binom{n}{1} \mu_{m+1} + \binom{n}{2} \mu_{m+2} - \cdots + (-1)^n \mu_{m+n} \geqslant 0。$$

从上面的论述我们可以看出,豪斯多夫在对收敛序列可和性方法的研究过程中,发现了 C-矩阵和 C-序列,在探求 C-序列元素的过程中,发现了有限区间上的矩量问题,这是豪斯多夫对有限区间上的矩量问题进行研究的动机。为了使求解豪斯多夫矩量问题的方法简单化,豪斯多夫将其矩量问题与当时流行的泛函方法结合,利用线性泛函,得到豪斯多夫矩量问题可解的等价条件,该方法可以拓展到整个实数轴。这是在脱离连分数的情况下,首次对矩量问题可解性的讨论。可以看出,此时矩量问题理论已经完全脱离了连分数。同时,由于线性泛函在该方法中应用,也反映出矩量问题与泛函分析已经开始结合。

4.2 矩量问题一般理论的应用

随着矩量问题理论趋于完善,数学家们逐渐开始将矩量问题理论与其他数学分支结合,其中,最具代表性的就是其与实变函数论和泛函分析理论这两个当时新兴的数学分支的结合。矩量问题理论在这些数学分支中的应用,标志着矩量问题理论已经远离了连分数理论。

内万林娜(Rolf Nevanlinna,1895—1980)的工作使矩量问题进入了复变函数论,这是矩量问题理论在复变函数论中应用的开始。内万林娜在他的论文《有界函数的渐近展开和斯蒂尔杰斯矩量问题》(*Asymptotische Entwicklungen beschränkter Funktionen und das Stieltjessche Momentproblem*)中,将斯蒂尔杰斯矩量问题和汉布格尔矩量问题从连分数中分离出来。[23]

从该论文的标题看,内万林娜主要关注有界全纯函数。内万林娜当时面临的主要问题是:当实数序列 $(c_n)_{n \geqslant 0}$ 满足什么条件时,存在一个从上半平面同态映射到下半平面的函数 f,且可利用满足式(10)的角将其进行渐近展开 $f \approx \sum\limits_{k=0}^{+\infty} \dfrac{c_k}{z^{k+1}}$,这里 $|z| \rightarrow +\infty$,其中序列 $(c_n)_{n \geqslant 0}$ 是汉布格尔力矩序列。为了求解该问题,内万林娜使用了连分数理论的一些结果,但这些结果并不是内万林娜获得其主要成果的工具。内万林娜的工作主要导致了两个新理论的产生:一是给出可以找到给定不确定矩量问题的所有解的公式;二是给出当今称为 N-极值解的一个特征,它是凸解集中非常特殊的极值点。

1923 年,里斯兄弟将矩量问题与当时迅速发展的泛函分析理论联系起来,利用线性泛函,给出了矩量问题可解的等价条件。马塞尔·里斯受到他的兄弟弗雷德里克·里斯工作的启发,第一个用泛函分析解决了汉布格尔矩量问题。[24-25]他证明,对应于一个序列 $c_0, c_1, c_2, \cdots$ 的矩量问题有非递减根 $\varphi(t)$,当且仅当由 $T(t^n) = c_n$ 定义的线性泛函 T:$\{f(t) \mid f \in \mathbf{R}[t]\} \rightarrow \mathbf{R}$ 为正。在这个定理的证明中,他使用了哈恩-巴拿赫定理。实际上,在 1918 年的斯德哥尔摩的一次演讲中,他就已经使用了"哈恩-巴拿赫"定理,但直到 1923 年,他才在发表的论文中写一些与它有关的东西。里斯证明的另一个新的重要定理是 N-极值解的特征:

φ 是 N-极值解,当且仅当多项式在 $L^2(\mathbf{R}, \varphi)$ 中稠密。

在内万林娜和里斯的工作中,矩量问题从连分数理论中彻底脱离出来,并逐渐进入到数学的其他领域,例如复变函数理论和泛函分析。今天,在矩量问题理论之中,已经很难看到其起源的痕迹了。

5. 结　语

通过对矩量问题理论的历史进行研究,可以找出三大矩量问题理论与复变函数论和泛函分析之间的联系。这对探寻复变函数理论的形成和泛函分析的历史发展过程具有重要的作用。斯蒂尔杰斯发现非零函数的矩量问题为零,这是斯蒂尔杰斯矩量问题产生的动因。受希尔伯特"选择思想"的影响,格罗姆利用"选择方法"将斯蒂尔杰斯矩量问题扩展到更一般的连分数。为了给出连分数的敛散性的一般判别方法,汉布格尔将斯蒂尔杰斯矩量问题扩展到整个实数轴,并利用连分数的完全收敛概念,给出汉布格尔矩量问题可解的等价条件,这是矩量问题作为独立理论的开始。为了解决 C-矩阵相关问题,豪斯多夫发现了豪斯多夫矩量问题。为了给出该矩量问题的简单证明,他摒弃了斯蒂尔杰斯的连分数理论,利用线性泛函给出了该矩量问题可解的等价条件,这是历史上首次将矩量问题与连分数完全分离。内万林娜以有界全纯函数为切入点,使汉布格尔矩量问题从连分数理论进入了复变函数理论;几乎同时,里斯注意到矩量问题与有界连续函数空间之间的联系,从而将矩量问题引入到空间理论,矩量问题在其他领域的应用,加快推动了矩量问题作为独立理论脱离连分数理论的进程。

参考文献

[1] 克莱因.古今数学思想:第四册[M].邓东皋,张恭庆,译.上海:上海科学技术出版社,2002:118-119.

[2] 李威,曲安京,王昌.里斯关于矩量问题研究的目的和意义[J].科学技术哲学研究,2015,32(06):72-75.

[3] DIEUDONNÉ J. History of Function Analysis[M]. Oxford:North-Holland Publishing Company,1981:121-143.

[4] PIETSCH A. History of Banach Spaces and Linear Operators[M]. New York:Boston Birkhäuser,2007:36-40.

[5] KJELDSEN T H. The Early History of the Moment Problem[J]. Historia Mathematica,1993,20:19-44.

[6] 曲安京.近现代数学史研究的一条路径——以拉格朗日与高斯的代数方程理论为例[J].科学技术哲学研究,2018,35(06):67-85.

[7] 曲安京.故事与问题:学术研究的困境是怎样产生的[J].自然辩证法通讯,2021,43(06):1-7.

[8] 于钟淼.等分椭圆函数方程——从高斯到阿贝尔[J].自然辩证法通讯,2021,43(12):62-67.

[9] 郭婵婵.罗巴切夫斯基建立非欧几何的动机[J].自然辩证法通讯,2021,43(06):8-15.

[10] 杨浩菊,任辛喜.杜布瓦雷蒙分型工作的初衷[J].自然辩证法通讯,2021,43

(06):16-23.

[11] 杜宛娟,曲安京. 代数方程之伽罗瓦理论的历史发展——从拉格朗日到戴德金 [J]. 科学技术哲学研究,2021,38(02):92-97.

[12] 刘茜. 欧拉关于曲线曲率的研究[J]. 自然辩证法通讯,2020,42(12):56-61.

[13] STIELTJES T J. Recherches sur Quelques Séries Semi-convergentes[J]. Annales Scientifiques de L'École Normale Supérieure 1886,3(3):201-258.

[14] STIELTJES T J. Recherches sur les Fractions Continues[J]. Annales de la Faculté des Sciences de L'Universitd de Toulouse pour les Sciences Mathématiques et les Sciences Physiques,1894—1895,8(1):1-122;9:5-47.

[15] VAN VLECK E. On an Extension of the 1894 Memoir of Stieltjes[J]. Transactions of the American Mathematical Society,1903,4:297-332.

[16] GROMMET J. Ganze Transzendente Funktionen mit Lauter Reellen Nullstellen[J]. Journal für die Reine und Angewandte Matematik,1914,144:114-166.

[17] PERRON O. Erweiterung eines Markoffschen Satzes fiber die Konvergenz gewisser Kettenbrüche[J]. Mathematische Annalen,1913,74:545-554.

[18] HAMBURGER H. Beiträge zur Konvergenztheorie der Stieltjesschen Kettenbrücbe[J]. Mathematische Zeitschrift,1919,4:186-222.

[19] HAMBURGER H. Über eine Erweiterung des Stieltjesschen Momentproblems[J]. Mathematische Annalen,1920—1921,81:235-319;82:120-164,168-187.

[20] HAMEL G. Über einen limitär-periodischen Kettenbruch[J]. Archiv der Mathematik und Physik,1918,27:37-43.

[21] HAUSDORFF F. Summationsmethoden und Momentfolgen[J]. Mathematische Zeitschrift,1921,9:74-109.

[22] HAUSDORFF F. Momentprobleme für ein Endliches Intervall[J]. Mathematische Zeitschrift,1923,16:220-248.

[23] NEVANLINNA R. Asymptotische Entwicklungen Beschränkter Funktionen und das Stieltjessche Momentproblem[J]. Annales Academiae Scientiarum Fennicae,1922,18(5):1-53.

[24] RIESZ F. Sur les Opérations Fonctionelles Linéaires[M]. Comptes Rendus Académie des Sciences,1909,149:974-977.

[25] RIESZ M. Sur le Problème des Moments[J]. Troisième Note. Arkiv för matematik,Astronomi och Fysik,1923,17:1-52.

斯特恩序列发展的历史研究

王全来

摘　要:斯特恩序列是数论和组合学中最为重要的整数序列之一,迄今已有 170 余年的历史。该序列与多个学科交叉发展,相关文献多达 600 余篇。对其发展的历史,国内外目前尚无系统梳理和研究。本文以原始文献为依据,筛选具有典型代表性的文献为主线,从五个方面对斯特恩序列历史进行了深入探讨,指出该序列为爱森斯坦、斯特恩、布罗科特、卡利茨、迪杰斯特拉等人在不同的数学背景下独立发现,并成为许多数学家的研究对象;较为全面地分析了一些重要学者在该序列上的工作,呈现出该序列的发展脉络。值得指出的是,正是由于斯特恩序列的构造特点———邻接和中位,一方面揭示了有理数集的可数性,这比康托尔的证明早了 15 年之久。另一方面也为其应用开辟了广阔天地。

关键词:爱森斯坦(F. M. G. Eisenstein);布罗科特(A. Brocot);斯特恩序列;斯特恩多项式

数字序列在数论理论中一直是数学家研究的热门领域,并产生了许多著名的序列,如斐波那契序列。数学家对该序列在许多方面进行了研究和扩展,并有多部历史研究文献问世。斯特恩序列是数论和组合学中最显著的整数序列之一,已被多位学者研究。其中较为典型的文献有乌尔比哈(I. Urbiha)的《德拉姆、卡利茨和迪杰斯特拉研究的函数的一些性质及其与(爱森斯坦-)斯特恩序列的关系》[1](2001),克拉夫扎尔(S. Klavžar),米卢蒂诺维奇(U. Milutinović),彼得(C. Petr)的《斯特恩多项式》[2](2007),尼基(M. Niqui)的《斯特恩-布罗科特树上的精确算术》[3](2003),兰辛(J. Lansing)的《斯特恩序列和相关序列》[4](2014),斯隆(A. Sloane)的《整数序列的在线百科》[5](2017)等。

　　斯特恩序列自从提出至今已有 170 余年的历史,与多个学科交叉发展,其相关文献多达 600 余篇,内容庞杂,故对其发展的历史,国内外目前尚无系统梳理和研究。本文以原始文献为依据,筛选出具有典型代表性的文献,以其为主线并深入研究,以期呈现该序列的发展脉络,补现有文献之不足,促进国内外在这方面的研究。

作者简介:王全来,1974 年生,天津师范大学计算机与信息工程学院副教授,研究方向为近现代数学史。

1. 斯特恩序列产生的历史背景——爱森斯坦的工作

爱森斯坦(F. M. G. Eisenstein,1823—1852)是德国杰出数学家。高斯曾说,历史上划时代的数学家只有三位:阿基米德、牛顿、爱森斯坦。爱森斯坦在中学时已独立进行数学研究。1843 年进入柏林大学学习,1844 年一年之内在《克雷尔杂志》上发表 25 篇论文。在高斯 1846 年 4 月 14 日给洪堡(A. Von Humboldt,1769—1859)的信中,高斯夸奖爱森斯坦的天分是"大自然一百年只赋予几个人的那种",足见爱森斯坦数学天分之高[6]。

爱森斯坦的数学工作主要涉及三大理论:型理论、高次互反律理论、椭圆函数理论。高次互反律理论是寻找由高斯在《算术研究》(1801)中处理的二次互反定律的一般化理论。处理这种一般性问题要用到单位 1 的第 m 个根的环 $Z[\zeta_m]$,爱森斯坦是第一个对于这种环使用库莫尔(E. Kummer,1810—1893)的理想数算术理论的数学家。在他一生发表的最后的两篇文章《新类型的数论函数》[7](1850)和《关于一个简单的方法去寻找较高的互反定律定理和补充性定理》[8](1850)中,他力图处理在特殊情况下最一般的互反律,其中相比较的两个数,一个是有理数,另一个是环整数。尽管这离目标还有一定距离,但在那时是获得的最关键的进步。希尔伯特(D. Hilbert,1862—1943)在他的数论报告中使用爱森斯坦定律作为他证明一般互反律证明的基础。哈塞(H. Hasse,1898—1979)在《关于爱森斯坦的第 n 次幂剩余互反定理》[9](1927)中推广了爱森斯坦的有关结果到任意环域,并得到重要结论。

爱森斯坦为了达到研究目的,在第二篇论文的第 356 页中定义了如下辅助函数 $x_{u,v}$:对于正整数 λ,u,v 满足:(1) $x_{u,v}=x_{u,u+v}+x_{u+v,u} \pmod{\lambda}$;(2) $x_{u,v}=0,u+v>\lambda$;(3) $x_{u,v}=v,u+v=\lambda$。

爱森斯坦注意到了他构造的辅助函数的一些奇妙性质,给出了函数 $x_{u,v}$ 性质非常复杂的证明。论文是 2 月 18 日提交给科学院月刊的,但在一封标有 1 月 14 日的信中,爱森斯坦告知斯特恩(M. A. Stern,1807—1894)关于发现的这个序列和一些性质,并写道"我对这个定理的证明是复杂的,我希望能找到简单的,并以初等方法构造和推导。"[10]斯特恩在《关于数论函数》[11](1858)中指出:"在当时,我专心致力于这个目标,但受到阻碍。当前我看到了希望,完全符合我好朋友的要求,这个与函数紧密联系的序列性质可通过初等的研究推导出,遗憾的是有些迟。"斯特恩在 1858 年发表了上述论文,从此拉开了关于斯特恩序列研究的序幕。

2. 斯特恩关于斯特恩序列的工作

2.1 斯特恩的生平简介

斯特恩是他那个时代的杰出人物,是格廷根大学的终身数学教授。斯特恩从小对数学有极大的兴趣,并且对语言有特殊的天赋。他精通拉丁语、希腊语等。为了能够读懂俄语的数学文献,他毅然在 80 岁时学习俄语。他对数论的兴趣极大,其博士论文《连分数理论》得到了高斯的好评。

从 1830 年起,斯特恩一直在格廷根大学任教。在 1841 年,他赢得了关于二次剩余理论论文的比利时科学院奖,和来自丹麦学会关于求解超越方程的竞赛奖[12]。由于狄利克雷(P. G. L. Dirichlet,1805—1859)在 1859 年逝世,黎曼(G. F. B. Riemann,1826—1866)和斯特恩当选为格廷根大学终身数学教授。斯特恩是格廷根大学第一个没有改变基督教信仰的犹太籍教授。

斯特恩的数学领域涉及数论、连分数、无穷级数、函数理论、伯努利数及欧拉数等主题,在德国、法国、比利时等杂志上发表了多篇论文。斯特恩是一线数学家,他写了两部关于天文学的流行著作,翻译了泊松关于力学的教科书。在 1860 年,他出版了一部关于代数分析的教科书,具有重要影响[13]。斯特恩最著名的工作之一便是斯特恩序列。

2.2　斯特恩关于该序列的工作

斯特恩虽然做了很多数学工作,但以斯特恩序列的贡献闻名。他受爱森斯坦工作的影响,在论文《关于数论函数》中刻画了作为爱森斯坦函数的特殊情况的斯特恩序列的特征,给出了许多重要性质。克里斯汀・朱利(C. Giuli)和罗伯特・朱利(R. Giuli)在《斯特恩双原子序列入门 I》[14](1979)中对斯特恩该论文中给出的序列性质进行了深入解读。本文以斯特恩的文章为依据,结合他们的工作,对该序列的重要性质进行介绍。

该序列由一系列行组成,后一行由前一行产生。开始于两个数 m,n 的斯特恩序列如下:

$$
\begin{array}{ccccccccc}
& & m & & & n & & & \\
& m & & m+n & & & n & & \\
m & & 2m+n & & m+n & & m+2n & & n \\
\end{array}
$$
······

斯特恩分为 22 个部分对该序列进行了研究。

第 1 部分:

自变数:开始项 m 和 n 被称为序列的自变数;

组:在同一行中的任意连续三个元素称为一个组;

基本项:在每个组中,来自前面行的两个数称为基本项;

和项:在每个组中,中间项为和元素的数称为和项。

第 2 部分:

若在一个指定行中有 k 个元素,则在下一行中有 $2(k-1)+1$ 个元素。若第一行有 3 个元素,则第 p 行有 2^p+1 个元素。同样,若令 $S_p(m,n)$ 表示每行中元素的和,则 $S_p(m,n)=(3^p+1)(m+n)/2$。斯特恩注意到 $S_p(m,n)=S_p(n,m)$,$S_p(m+m',n+n')=S_p(m,n)+S_p(m',n')$,$S_p(m',n')/S_p(m,n)=(m'+n')/(m+n)$,这最后的结果导致 $\lim\limits_{n\to\infty}\dfrac{S_p(F_n,F_{n+1})}{S_p(F_{n-1},F_n)}=1+\dfrac{1}{1+\dfrac{1}{1+\cdots}}=\alpha$ 为黄金比例,其中 F_n 为斐波那契数列。

第 3 部分:

斯特恩注意到斯特恩数为 mod 2 的,即在任意连续 3 个行,项的开始序列分别是

奇　偶　奇
奇　奇　偶
奇　偶　奇

第 4 部分：

给定 p 行的一个组 a,b,c，其中 b 为第 $p-k$ 行的和项，该数同样出现在第 $p-k$ 行中，其中 $k=(a+b-c)/(2b)$。若 b 在第 p 行 $2^{t-1}(2l-1)+1$ 的位置，则在第 $p-(t-1)$ 行中在 $2l$ 位置也出现。斯特恩注意到若 a,b,c 和 d,e,f 是在不同行相同列中的两组，则有 $(a+c)/b=(d+f)/e$。

第 5 部分：

在一个给定行的一个组 $a,b,c(b=a+c)$ 中，a 和 c 为互质素数。

第 6 部分：

当开始元素 $m=n=1$ 时，则组 a,b 不会在任何连续行再出现。

第 7 部分：

组 a、b、c 和 c、b、a 不可能同时出现在一行的前半部分或后半部分（由于对称性）。

第 8 部分：

在开始项 $m=n=1$ 的斯特恩序列中，所有正整数都会出现，并且所有互质素数对 a、c 都会出现。对于出现为和项的同一序列的所有元素，该相同元素将与所有基本项的较小值元素互质。

第 9 部分：

n 作为和项出现的最后一行是 $n-1$，数 n 将至多只出现 $n-1$ 次。

第 10 部分：

给定一个互质素数对的组 b,c（或 c,b），b/c 可以展成连分数 $b/c=(k,k',k'',\cdots,k_m,r_{m-1})$，则 b,c 出现在行 $(k+k'+k''+\cdots+k_m+r_{m-1}-1)$，对 $(1,r_{m-1})$ 出现在行 $(k+k'+k''+\cdots+k_m)$ 中。

第 11 部分：

令 $(m,n)_p$ 表示开始于 m 和 n 的行 p 元素，则 $(m,n)_p+(m',n')_p=(m+m',n+n')_p$，即两个序列的同行的元素与元素的加法等于由初始元素的加法产生的序列的行 p 元素。

第 12 部分：

由第 4 部分中结果 $(a+c)/b=(d+f)/e$，其中 a,b,c 和 d,e,f 为组，在相同的列位置但可能不同行，则 $|db-ae|=|p_1-p_2|$，其中 p_1,p_2 为行数。

第 13 部分：

行 $(1,n)_p$ 的所有元素出现在行 $(1,1)_{p+n-1}$ 的开头。所有元素具有形式 $k+ln$ 或 $l+kn,n>1$。

第 14 部分：

行 $(1,n)_p$ 元素的常数系数是 $(1,1)_{p-2}$ 的元素，n 的系数是 $(0,1)_{p-1}$ 的元素；任何两个在一个行中的连续元素 $k+ln,k'+l'n$ 的差是 $|kl'-k'l|=1$，没有形如 $hk+h'kn$ 的元素。

第 15 部分：

在第 14 部分中，k，k' 为互质素数，则 l，l' 为互质素数。

第 16 部分：

在序列 $(1,n)$ 中给定 $N>n$，$N=K-Ln$，则 K，L 为互质素数；N，n 为素数；L，N 互质如同 K，N 为互质素数。当 N 是一个和项时，在 $(1,n)$ 中出现在 0 和 N/n 之间的元素，与所有 N 互质。

第 17 部分：

出于对称性的考虑，斯特恩考察了行 $(n,1)_p$ 的元素，第一个结果是 $(n,1)_p$ 与 $(1,n)_p$ 关于中心元素镜像对称；当 (m,n) 中的元素 m 和 n 互质时，p 为 m 或 n 的最大因子，则对于 (m',n') 每个元素由 p 乘，即为 (m,n) 的相应元素，其中 $m=pm'$，$n=pn'$。斯特恩在这点上注意到所有 (m,n) 的元素作为 $(1,1)$ 中某个位置的子集出现。

第 18 部分：

给定出现在 (m,n) 中的元素 N，且 $N=mk+ln$，k，l 互质。爱森斯坦曾指出，N 与 $(n_0/n)N$ 和 $(m_0/m)N$ 之间的元素互质，其中 n_0 和 m_0 使得 $|mn_0-nm_0|=1$，N 为和项。斯特恩指出，当 $m=m_0=1$，$n_0=n-1$ 时，N 与 $(n-1/n)N$ 和 N 之间元素互质。

第 19 部分：

给定一个组 $k'm+l'n$，N，$k''m+l''n$，则 $(k'+k'')(k''m+l''n)\equiv n\pmod{N}$。

第 20 部分：

爱森斯坦已经证明，若 N 与 $(n_0/n)N$ 和 $(m_0/m)N$ 之间的数互质，则它也与在 $(n-n_0/n)N$ 和 $(m-m_0/m)N$ 之间的数互质。斯特恩指出，在行 $(1,2)_p$ 中，若 N 是和项，则 N 与在 0 和 $N/2$ 之间的元素互质。

第 21 部分：

行 $(m,n)_p$ 中具有这种形式的和项 $km+ln$，令组 $k'm+l'n$，$km+ln$，$k''m+l''n$，则 $k'l-kl'=1$；$k''l-kl''=-1$。

第 22 部分：

斯特恩利用该序列分析了爱森斯坦的辅助函数。

(a)$f(m,n)=f(m,m+n)+f(m+n,n)$，$m+n<\lambda$。

(b)$f(m,n)=n$，$m+n=\lambda$。

(c)$f(m,n)=0$，$m+n>\lambda$，m，n 为正整数，λ 为素数。

注意到，当展开 $f(m,n)$ 时，$f(m,n)$ 与斯特恩数的关系：$f(m,n)=f(m,m+n)+f(m+n,n)=f(m,2m+n)+f(2m+n,m+n)+f(m+n,m+2n)+f(m+2n,n)$。

斯特恩进一步得到：

(a)对任意给定的 $f(km+ln,k'm+l'n)$，$(k+k')m+(l+l')n=\lambda$；

(b)若 $m=1$，$n=2$，则 $f(1,2)$ 由形如 $f(\alpha,\lambda-\alpha)$ 的元素构成，且 $f(1,2)=\lambda-\alpha+\lambda-\alpha'+\lambda-\alpha''+\cdots$；

(c)对整数 r 使 $(\lambda+1)/2\leqslant r\leqslant\lambda-1$，则 $f(1,2)\equiv\sum(1/r)\pmod{\lambda}$；

(d) 对整数 r 使 $\lambda n_0/n \leqslant r \leqslant \lambda m_0/m$,则 $f(m,n) \equiv \sum (1/r)(\mathrm{mod}\,\lambda)$。

3. 斯特恩序列的其他独立发现者

除斯特恩外,一些研究者在各自的研究领域也独立发现了该序列。

3.1 布罗科特的工作

19 世纪,法国著名钟表学家布罗科特(A. Brocot,1817—1878)在设计钟表齿轮数的研究中发现了与斯特恩序列有关的分数组。为了天文测量,布罗科特要在一些设备上安装一些摆锤。然而,他不知道如何计算这些设备所需齿轮的牙齿(交错齿轮)数。在一些文献中,他也未能找到解决该问题的方法。布罗科特亲自做了一些试验后,终于找到了有效的计算方法。他以《逼近齿轮计算的新方法》[15](1861)为题在《手表杂志》上发表文章,并以相同题目同年出版著作。

布罗科特通过例子阐述了设计方法,设计齿轮比接近某个期望值(如秒数)的齿轮系统。其主要思想是:找到接近该值的平滑数(分解为小的质因子的数)的比率。由于平滑数可以分解为小素数,以此产生其齿数乘积的有效比,从而创建一个相对较小的齿轮系统,同时最大限度地减少其误差。

例如,一个传动轴在 23 分钟内转动一次,要选择恰当的齿轮以使得另一个传动轴在 3 小时 11 分钟即 191 分钟内完成一圈。这两个速率之比为 191/23,故我们能明确选择一个具有 191 个齿的齿轮,和另一个具有 23 个齿的齿轮。但是,正如布罗科特写道:在那时不可能创造具有如此之多的齿的齿轮。因为 23 和 191 为素数,因此考察具有几个齿轮的设备链才能逼近于这两个数的比。他由考察 8/1=184/23<191/23<207/23=9/1 开始。这意味着 8/1 接近于 191/23,误差是 +7/23,9/1 接近 191/23,误差是 −16/23。然后,布罗科特指出 191/23=(8+9)/(1+1)+(7−16)/(23+23)=17/2−9/46。进一步,布罗科特重复这种运算过程,利用 8/1(误差 −7/23)和 17/2(误差 9/46)逼近 25/3,具有误差 2/69。因此 191/23 位于 8/1 和 25/3 之间,继续施行该程序。通过重复这样的运算直到误差消失。布罗科特得到了下面的(比例,误差)序列:(8/1,−7/23)、(17/2,9/46)、(25/3,2/69)、(33/4,−5/92)、(58/7,−3/161)、(83/10,−1/230)、(108/13,1/299)、(191/23,0)。当误差为 0 时,序列结束。由此可以得到 83/10 和 108/13 是 191/23 的两个最佳近似值。

布罗科特运用相同的方法解决了具有不同比例的设备链问题。在布罗科特实施过程的每一步,可以增加一个新的比例 $(p+r)/(q+s)$,通常称为 p/q 和 r/s 的中位数。

斯特恩曾指出,他的数论函数无实际应用,同样布罗科特也没有注意到他的设备链算法的数学基础。但他们以不同方式做了同一件事情,使用运算 $p/q+r/s=(p+r)/(q+s)$,该运算现被称为法雷(J. Farey,1766—1826)和。

3.2 卡利茨的工作

卡利茨(L. Carlitz,1907—1999)是美国著名数学家,在数论、有限域论、组合学、特殊函数和有限域上的多项式算术方面都留下了非凡的数学遗产。卡利茨在他活跃的岁月里发表了 770 篇研究论文。他在 1953 年发表了创纪录的 44 篇论文。他最活跃的十年是 1960—1969 年,当时他平均每年发表 27 篇论文。他正是在这十年中深入研究了斯特灵数的有关问题,发现了斯特恩序列。

斯特灵(J. Stirling,1692—1770)于 1730 年在《无穷级数求和与插值理论的微分法》中引入第一类和第二类斯特灵数。过去曾被欧拉、拉格朗日、拉普拉斯和柯西等著名数学家研究过。这些数字在组合学、数论、概率论和统计学中扮演着重要的角色。有大量关于这些数字的文献,例如查拉兰比德斯(Ch. A. Charalambides)和辛格(J. Singh)的考察文章《斯特灵数及其推广和统计应用的回顾》[16](1988)。在 1962—1965 年,卡利茨以第二类斯特灵数 $S(n,r) = \frac{1}{r!} \sum_{j=0}^{r} (-1)^{r-j} \binom{r}{j} j^n$ 为背景,确定多项式 $A_n(x) = \sum_{j=0}^{r} S(r,j) x^j$ 的 mod 2 因子时独立发现了斯特恩序列,揭示了斯特恩序列 $s(n)$ 和二项式系数之间存在密切联系。他在《单变量贝尔多项式》[17](1962)中提到了两个重要函数 $\theta_0(n)$ 和 $\theta_1(n)$,它们都是与第二类斯特灵数有关的多项式中系数为奇数的个数,对固定的 n,当 $2r < n$ 时,$\theta_0(n)$ 表示 $c_{n,2r}$ 为奇数的个数,当 $2r+1 \leqslant n$ 时,$\theta_1(n)$ 表示 $c_{n,2r+1}$ 为奇数的个数,它们可以产生斯特恩序列 $s(n+1)$。他最早研究了 $\theta_0(n)$ 的生成函数为 $G_{\theta_0}(x) = \prod_{n=0}^{\infty}(1 + x^{2^n} + x^{2^{n+1}})$。以此推导出 $\theta_1(n)$ 的生成函数为 $xG_{\theta_0}(x)$。他在《与斯特灵数有关的拆分问题》[18](1964)中以整数 n 的二进制分拆数为基础继续研究这两个函数的性质,给出了它们的迭代公式:

$$\theta_0(0) = 1; \theta_0(2m) = \theta_0(m) + \theta_0(1+m); \theta_0(1+2m) = \theta_0(m), m > 0$$
$$\theta_1(0) = 1; \theta_1(2m) = \theta_1(m); \theta_1(1+2m) = \theta_1(m) + \theta_1(1+m), m > 0$$

其实质等价于 $s(2^r n+1) = rs(n) + s(n+1), s(2^r n) = s(n), s(2^r) = 1, s(1+2^r) = r+1$。

在该文中,卡利茨继续研究了这两个函数的生成函数、上界问题,以及 $\theta_0(k) = t, t \geqslant 1$ 的解的问题。他在《与第二类斯特灵数有关的一些拆分问题》[19](1965)中继续讨论这两个函数的一些性质,得到一般性结果:$\theta_0(pn) = \sum_{s=0}^{p-1} \theta_0(n+s)$,$p$ 为任意素数。但他更聚焦于第二类斯特灵数的研究。

卡尔金(N. Calkin)和威尔夫(H. S. Wilf)在《重计有理数》[20](2000)中提到 $\theta_0(n)$ 等于整数 n 的超二进制表示数,即把 n 写为 2 的幂和数,每个幂至多出现 2 次。

3.3　迪杰斯特拉的工作

迪杰斯特拉(E. W. Dijkstra,1930—2002)是荷兰伟大的计算机科学家,在图算法、操作系统、语义理论和编程方法方面做出了开创性工作,对计算机科学的贡献是最短路径的算法(也称为迪杰斯特拉算法),于 1972 年获得图灵奖。从 20 世纪 70 年代开始,迪杰斯特拉的主要兴趣是形式证明。正是在这一时期,迪杰斯特拉独立发现了斯特恩序列,称为函数 $fusc(n)$。迪杰斯特拉受伯斯塔尔(R. M. Burstall)工作的影响,在《对于伯斯塔尔的一个练习》[21](1976 年 5 月 27 日)中指出"看过你(伯斯塔尔)关于从斐波那契数列第 n

个数的递归定义开始推导迭代程序的练习。当我考虑计算函数 $fusc$ 的迭代程序时，我突然想起了那个练习。这应该是一个有益的练习，因为有一个非常好的迭代程序。""在这样做的过程中，我发现了一个自然数的函数，它有一个很好的递归定义。"

函数 $fusc$ 定义如下：$fusc(1)=1$，$fusc(2n)=fusc(n)$，$fusc(2n+1)=fusc(n)+fusc(n+1)$。

$f_1=fusc(n_1)$，$f_2=fusc(n_2)$ 具有如下性质：若存在 N，使得 $n_1+n_2=2^N$，则 f_1，f_2 互质；若 f_1，f_2 互质，则存在 N，n_1，n_2，使得 $n_1+n_2=2^N$。

在《更多关于函数 $fusc$》[22]（1976 年 8 月 16 日）中，他再次研究函数 $fusc$：

$fusc(0)=0$，$fusc(1)=1$，$fusc(2n)=fusc(n)$，$fusc(2n+1)=fusc(n)+fusc(n+1)$，并给出了 $fusc(N)$ 的计算程序：

```
n:=N;a:=1;b:=0;
WHILE n>0 DO
IF ODD(n)
THEN b:=a+b
ELSE a:=a+b;
END IF n:=⌊n/2⌋;
END WHILE。
```

从上面的程序可以看出，函数 $fusc$ 具有两个性质。第一个性质是：如果我们在变量的二进制表示中反转所有"内部"数字，即最高和最低有效数字之间的所有二进制数字，则函数 $fusc$ 的值不会改变。

第二个性质更令人惊讶（至少，迪杰斯特拉是这么认为的）。根据约定，用单个值 m 来表示数对 a，b，$a=fusc(m+1)$，$b=fusc(m)$，如果我们以相反的顺序写入变量的二进制数字，则 $fusc$ 的值不会改变。

在《更多关于函数 $fusc$》中，迪杰斯特拉指出，$2|fusc(n)$ 等价于式 $3|n$，即若 n 是 3 的倍数，则 $fusc(n)$ 是偶数。

迪杰斯特拉在该文中指出，"自从 EWD570(1976 年 5 月 27 日发表的文章，该标号为其在全集中的标号)出版，已经发现许多数学家专注过函数 $fusc(n)$，他们只是给出不同的名字。就其性质而言，这一事实并不奇怪。赛德尔(J. J. Seidel)、鲍尔(F. L. Bauer)已经独立指出给我，在斯隆的整数列第 56 号指向了德拉姆(E. de Rham)的 1947 年论文的第 95 页，有意思！"博腾(E. A. Boiten)在《通过反转求值顺序来改进递归函数》[23](1992)中考虑了函数 $fusc(n)$，并指出这个函数源于德拉姆的《关于平面曲线的数学一瞥》[24](1947)的数学工作。

4. 斯特恩序列性质的研究

自从斯特恩序列被提出后，许多学者对该序列进行了深入研究，得到了一些丰富成果。

4.1 斯特恩序列与斐波那契数列、卢卡斯数列的关系研究

斐波那契数列在传统观点中被认为是意大利数学家斐波那契(L. Fibonacci,1175—1250)于 1202 年在他的著作《计算之书》中研究兔子繁殖时最早研究的,后来被广泛应用于各种场合。关于该数列的历史起源可参见文献《关于斐波那契数列的起源》[25]。1877年,法国数学家卢卡斯(É. Lucas,1842—1891)正式将兔子问题命名为"斐波那契数列"。有趣的是,卢卡斯思考,如果知道序列是从 1 和 3 开始,而不是从 1 和 1 开始,会发生什么? 这个新数列遵循相同的加法规则,也称为"卢卡斯数列",记为 L_n。

卢卡斯在《关于法雷序列》[26](1878)中指出,斯特恩序列的第 r 行中的最大值是一个斐波那契数 F_{r+2}。他证明了最大值出现在整数 n 最接近 $4/3 \cdot 2^r$ 和 $5/3 \cdot 2^r$ 处。兰辛(J. Lansing)在《斯特恩序列的最大值》[27](2014)中确定了斯特恩序列中每行的第二大值 $L_2(r)$ 和第三大值 $L_3(r)$,并提出兰辛猜想:如果 $m \geq 1$ 且 $r \geq 4m-2$,则 $L_m(r) = L_m(r-1) + L_m(r-2)$。如果 $m \geq 2$ 且 $r \geq 4m-4$,则 $L_m(r) = L_{m-1}(r) - F_{r-(4m-5)}$。波林(R. Paulin)在《斯特恩序列的最大值,交替二进制扩展和连续性》[28](2016)中利用交替二进制扩展和连续项排序之间的关系证明了该猜想。

德国数学家巴赫曼(P. Bachmann,1837—1920)在其有影响的著作《初等数论》[29](1902)中总结了斯特恩序列的有关性质,且在欧几里德算法和连分数背景下对它们进行验证。德拉姆在上文中把术语"斯特恩序列"归于巴赫曼。莱默(D. H. Lehmer,1905—1991)在《关于斯特恩二元序列》[30](1929)中第一次把该序列称为斯特恩二元序列,总结了斯特恩序列已有的 13 条性质,并以斯特恩提出的处理该序列的连分数思想给出了确定其项的位置算法和每行的最大项确定方法。门迪萨巴尔(Y. Y. Mendizabal)基于 n 的二进制表示给出快速计算第 n 项值的方法[31]。莱默发现了斯特恩序列 $s(n)$ 的许多性质,如

$$s_n(k) = s_n(2^n - k), s_n(k-1) + s_n(k+1) \equiv 0 (\text{mod } s_n(k)), (s_n(k), s_n(k+1)) = 1,$$
$$s_n([2^n - (-1)^n]/3) = s_n([2^{n+1} + (-1)^n]/3) = F_{n+2},$$
$$s_n([2^{n-1} + (-1)^n]/3) = s_n([5 \cdot 2^{n-1} - (-1)^n]/3) = L_n,$$

其中 F_n, L_n 分别为斐波那契数和卢卡斯数,其中 $F_0 = 0, F_1 = 1, L_0 = 2, L_1 = 1, F_n = \frac{\alpha^n - \beta^n}{\alpha - \beta}, L_n = \alpha^n + \beta^n, \alpha = \frac{1 + \sqrt{5}}{2}, \beta = \frac{1 - \sqrt{5}}{2}$。莱默关于 F_{n+2}, L_n 两式有误[①],由林德(A. Lind)在《关于斯特恩序列的一个推广》[32](1967)中进行了纠正。在该文中,林德在卡利茨工作的基础上,利用第二类斯特灵数,令 $w(n)$ 为卡利茨研究的序列,得到 $w(n-1) + w(n+1) \equiv 0 (\text{mod } w(n))$,利用莱默的连分式算法给出了斯特恩序列的另一种连分式表示,并得到

$$w_n([2^n - 3 - (-1)^n]/3) = F_n, w_n([2^n - 3 + (-1)^n]/3) = L_n。$$

在该文中,他得到第 n 行 $s_n(k)$ 的偶数个数为 $[(2^n + 1)/3], 0 \leq k \leq 2^n$,其中 $[x]$ 表示

---

① 本文已按正确结果给出。

小于或等于 x 的最大整数。林德指出斯特恩序列为 $n = b_0 + b_1 \cdot 2 + b_2 \cdot 2^2 + \cdots$ 的 n 的分拆数，$0 \leqslant b_i \leqslant 2$。

设 $\binom{n}{k}^* \in \{0, 1\}$，$\binom{n}{k}^* \equiv \binom{n}{k} \pmod 2$，林德把卡利茨的结果改写为 $s(n+1) = \sum\limits_{k=0}^{\left[\frac{n}{2}\right]} \binom{n-k}{k}^*$。利用不同方法，该结果在克里斯汀·朱利和罗伯特·朱利的论文《斯特恩二元序列入门Ⅲ：附加结果》[33]（1979）中也得到了。在该文中，他们指出，一开始不知道斯特恩、爱森斯坦、莱默和林德的工作，他们利用斐波那契思想，给出了一个 18 行、18 列的组合系数 mod 2 的序列。霍加特（V. E. Hoggatt）告诉他们，他怀疑上升对角线的总和是斯特恩数——"他是对的"。霍加特对斐波那契数和卢卡斯数有重要研究[34]。他们非常感谢达德利（U. Dudley）和霍加特支持作者撰写本系列文章。克里斯汀·朱利和罗伯特·朱利建议一些读者研究斯特恩序列与斐波那契数列的关系。

4.2　斯特恩序列与 n 的分拆数的关系研究

以卡利茨的工作为基础，雷兹尼克（B. Reznick）在《一些二进制分拆函数》[35]（1990）中再次以 n 的二进制分拆的背景提出斯特恩序列 $s(n)$，给出了组合解释，证明了以下基本结果。整数 $n > 1$ 的超二进制展开次数由 s（$n+1$）给出。诺恩希尔德（S. Northshield）在《斯特恩的双原子序列 $0, 1, 1, 2, 1, 3, 2, 3, 2, 1, 4 \cdots$》[36]（2010）中给出 $s_{n+1} = s_n + s_{n-1} - 2(s_{n-1} \bmod s_n)$。

众所周知，自从康托尔的第一部关于基数理论的著作以来，有理数是可数的，而实数集是不可数的。"没有人将我们驱逐出康托尔创造的天堂"，这是希尔伯特关于康托尔集合论基础的话。然而，要对所有这些有理数进行明确的列举并不是易事。斯特恩序列 $s(n)$ 的另一个显著性质是商 $s(n)/s(n+1)$，$n > 1$，可以给出一个不重复的所有正有理数的枚举。该项工作由卡尔金和威尔夫在上文中完成。曼苏尔（T. Mansour）和贝茨（B. Bates）[37]、曼苏尔和夏塔克（M. Shattuck）[38]将他们的工作更一般化。他们的工作由于克努斯（D. E. Knuth）发表在《美国数学月刊》中的一篇论文而得到极大关注，该文提到了由纽曼（M. Newman）引入的如下迭代公式：$x_1 = 1$，$x_n = 1/(1 + 2[x_{n-1}] - x_{n-1}) = s(n)/s(n+1)$，$n \geqslant 2$。$[x]$ 表示小于或等于 x 的最大整数。每个有理数恰好只出现一次[39]。

4.3　斯特恩序列值的问题研究

从数论观点看，历史上有两个阶段来理解序列的分布。第一个阶段是查看序列中值的分布。外尔（H. Weyl，1885—1955）在《关于模 1 的均匀分布》[40]（1916）中通过证明某些序列是均匀分布的，在该领域取得了许多进展。外尔证明了如果 α 是一个无理数，那么对于任何正整数 d，序列 $\{\alpha n^d\}$ 是均匀分布的。胡利（C. Hooley）的《数论中的一个渐近公式》[41]（1957）和《关于序列的连续项之间的间隔》[42]（1973）、加拉格尔（P. Gallagher）的《关于短间隔中素数的分布》[43]（1976）都有一些重要成果问世。

第二个阶段是查看连续项之间的间隙分布。素数之间间隙的极限分布是泊松分布，如鲁德尼克(Z. Rudnick)和扎哈雷斯库(A. Zaharescu)在《缺项序列分数部分之间的间距分布》[44](2002)中取得的成果。该领域另一个著名的结果是施泰因豪斯猜想,也称为"三间隙定理"。索斯(V. Sós)在《关于序列$\{n\alpha\}$的模1分布》[45](1958)和斯维茨科夫斯基(S. Świerczkowski)在1958年的论文中指出,对于任何无理数α,将序列$\{an\}$排序到某个N后,连续项之间的差距将只取3个值,其中一个是其他两个值的总和[46]。乌尔比哈在2001年的上述论文中利用n的二进制阶数给出$s(n-1),s(n),s(n+1)$的迭代公式,进一步一般化了斯特恩的连续三项性质。孔斯(M. Coons)在《斯特恩序列的相关恒等式》(2012)中证明,如果e和a是非负整数,那么对于任何整数$r,0\leqslant r\leqslant 2^e$,有$s(r)s(2a+5)+s(2^e-r)s(2a+3)=s(2^e(a+2)+r)+s(2^e(a+1)+r)$[47]。

贝勒坎普(R. Berlekamp)、康威(H. Conway)和理查德(K. Richard)在《赢得数学比赛的方法》[48](1982)中提出斯特恩序列的最大阶数问题,指出$\limsup_{n\to\infty} s(n)/n^{\log_2^\varphi}$在1.25以上,其中$\varphi=(1+\sqrt5)/2$。卡尔金和威尔夫在《整数的二进制分拆和类斯特恩-布罗科特树》[49](2009)中指出$0.958\cdots\leqslant\limsup_{n\to\infty} s(n)/n^{\log_2^\varphi}\leqslant 1.170\,8\cdots$。孔斯和泰勒(J. Tyler)在《斯特恩二元序列的最大阶数》[50](2014)中采用点$(n,s(n))$构造连续函数的方法证明了$\limsup_{n\to\infty} s(n)/n^{\log_2^\varphi}=\varphi^{\log_2^3}/\sqrt5$。德芬特(C. Defant)在《对于斯特恩二元序列和相关序列的上界》[51](2015)中证明,若$b\geqslant2$为整数,则$\limsup_{n\to\infty} s_b(n)/n^{\log_3^\varphi}=\varphi_b^{\log_b^{(b^2-1)}}/\sqrt5$,孔斯、斯皮格霍费尔(L. Spiegelhofer)在2017年利用孔斯和泰勒的方法给出了德芬特结果的新证明[52]。

贝廷(S. Bettin)、德拉波(S. Drappeau)、斯皮格霍费尔在《斯特恩序列的统计分析》[53](2019)中通过研究复数矩和迁移算子的解析性质得到了斯特恩序列在对数度量下近似于正态分布。

5. 斯特恩序列的拓展

德国数学家赫耳墨斯(J. Hermes)在1894年考虑了τ-函数:$\tau_1=1,\tau_2=2,\tau_3=\tau_4=3,\tau_5=4,\tau_6=\tau_7=5,\tau_8=4,\cdots$,并给出迭代公式$\tau_n=\tau_{n-2^v}+\tau_{2^{v+1}-n+1},2^v<n\leqslant2^{v+1}$[54]。该序列正是斯特恩序列$s(2n+1)$。斯里尼瓦桑(M. S. Srinivasan)在《正有理数的枚举》[55](1957)中对赫耳墨斯的τ-函数进行了深入研究,特别是对τ-函数结构与整数n的二进制表示关系进行了探讨。

具有n条边的多边形的每一边的三等分点作为新生成的具有$2n$条边的多边形的顶点,从一个多边形P_0出发,重复这种运算,可以得到一系列多边形$P_n,n=0,1,2,\cdots$,每一个都可以通过三等分法从前面的多边形得到。这种三等分法在锤柄设计时非常有用。日内瓦技术和工艺学院的一名学生阿曼(M. A. Ammann)曾处理过锤柄设计问题。德拉姆受其影响,在1946年的一次会议上做了有关报告,并以《关于平面曲线的数学一瞥》(1947)一文发表。该文详细研究了三等分多边形的序列问题,从五边形P_0出发,通过三

等分法得到多边形 P_1，然后通过同样的过程得到 P_2。无限重复这个过程得到序列$(P_1,$ $P_2,\cdots,P_n,\cdots)$，并以此构造了斯特恩序列。他利用初始的两个线性独立向量 i,j 得到 $i,$ $i+j,j$。重复该过程，他得到向量 $i,2i+j,i+j,i+2j,j$，每个向量序列可由前面在每对相邻向量之间插入它们的和得到，因此产生了斯特恩序列。雷斯(G. H. de Paula Reis)对该序列极限曲线的连续性和可导性进行了研究[56]。

斯特恩序列在几何上的另一种呈现形式是福特圆。福特(L. R. Ford)曾指出，福特圆最初的想法是受到比安奇(L. Bianchi,1856—1928)对皮卡群的研究的启发。福特圆思想的雏形最早始于他的文章《关于复有理分数逼近复无理数的接近度》[57](1925)。在该文中，他讨论了基于高斯整数的三维双曲空间中的水平球问题。该思想的正式提出是他在《美国数学月刊》上发表的著名论文《分数》[58](1938)。在开篇，他写道："也许作者应该向读者道歉，让他关注如此初级的主题，因为本文要讨论的分数大部分是算术的一半、四分之一和三分之一。但事实是，作者多年来一直以一种新的方式看待这些分数。在这里将找到对读者来说是新颖的几何图形，它将提供各种算术结果的可视化表示"。他用这样的表示来研究整数连分数。威廉姆斯(G. T. Williams)和布朗(D. H. Browne)在《关于圆的一族整数和一个定理》[59](1947)中发现这种无限排列的相切的圆半径$(1/A_v^n)^2$ 中 A_v^n 满足性质 $A_{2v}^{n+1}=A_v^n,A_{2v+1}^{n+1}=A_v^n+A_{v+1}^n$，正好构成斯特恩序列。莱特富特(E. Lightfoot)在 2015 年又对此圆的性质进一步研究[60]。

5.1　与斯特恩序列具有同结构的序列的构造

巴赫(R. Bacher)在 2010 年引入了与斯特恩序列类似的序列 $\{t(n)\},n>0$，由迭代 $t(0)=0,t(1)=1$ 定义，对于 $n>1,t(2n)=-t(n),t(2n+1)=-t(n)-t(n+1)$。为了描述斯特恩序列与该序列之间的关系，巴赫给出了许多结果，并猜想存在一个整数序列 $\{u(n)\},n\geqslant0$，使得对于所有 $e\geqslant0,\sum\limits_{n\geqslant0}t(3\cdot2^e+n)z^n=(-1)^eS(z)\sum\limits_{n\geqslant0}u(n)z^{n\cdot2^e}$，其中 $S(z)$ 为斯特恩序列的生成函数[61]。孔斯在《关于斯特恩序列及其变体的若干猜想》[62](2010)中证明了巴赫的猜想。阿洛切(J. -P. Allouche)在《关于斯特恩序列及其变体》[63](2012)中给出巴赫猜想的简单证明。邦德舒(P. Bundschuh)在《与斯特恩序列相关的级数的超越性和代数独立性》[64](2012)中指出巴赫提出的斯特恩序列的生成函数 $B(z)$ 和斯特恩序列的生成函数 $S(z)$ 在有理函数域上代数独立。

加里蒂(T. Garrity)在《斯特恩二元序列的多维连分式的推广》[65](2013)中使用特定的多维连分式算法，将斯特恩序列推广到一个数字序列，这个数字序列被称为斯特恩三原子序列(或带有记忆的二维帕斯卡序列)。由于连分式和斯特恩序列可以被认为是来自单位区间的系统划分，这个新的三原子序列将通过三角形的系统划分产生，并研究了三原子序列的一些代数性质。

卡利茨的工作影响到了阿洛切、邦德舒在《缺项形式幂级数与斯特恩-布罗科特序列》[66](2015)中的工作。他把斯特恩序列扩展为序列 $(u_n),n\in\mathbf{Z}$，对于 $n\geqslant2,u_{-n}=u_{n-2}$，且 $u_{-1}=0$。该序列满足斯特恩序列的递归关系，即 $u_{2n}=u_n+u_{n-1}$ 和 $u_{2n+1}=u_n$。

诺恩希尔德在 2015 年引入了由 $b(0)=0,b(1)=1$ 定义的序列，一般项由 $b(3n)=$

$b(n),b(3n+1)=\sqrt{2}\cdot b(n)+b(n+1),b(3n+2)=b(n)+\sqrt{2}\cdot b(n+1)$ 定义。对于 2 的平方根 t，比率 $t\cdot b(n+1)/b(n)$ 枚举了所有正有理数。诺恩希尔德猜想 $\limsup\limits_{n\to\infty}2b(n)/(2n)^{\log_3(\sqrt{2}+1)}=1$[67]。孔斯在 2017 年通过确定 $Z[\sqrt{2}]$ 的斯特恩序列的最大阶数证明了诺恩希尔德猜想[68]。斯特恩序列和诺恩希尔德序列都是由阿洛切和夏里特(J. Shallit)在其开创性论文《k-正则序列的环》[69](1992)中定义的 k-正则序列的例子，斯特恩序列是 2-正则，诺恩希尔德序列是 3-正则。

5.2 与斯特恩序列具有同结构的多项式的构造

5.2.1 迪尔彻-斯托拉斯基型多项式

斯特恩序列的概念在多项式方面亦有推广，首先由迪尔彻(K. Dilcher)和斯托拉斯基(K. B. Stolarsky)在《类似于斯特恩序列的多项式》[70](2007)中将斯特恩序列扩展到系数为 0 和 1 的多项式，并推导出各种性质，包括生成函数，建立了与斯特灵数和切比雪夫多项式的联系，扩展了卡利茨的一些结果。他们定义了如下多项式：$a_{2n}(x)=a_n(x^2)$；$a_{2n+1}(x)=xa_n(x^2)+a_{n+1}(x^2)$，其中 $a_0(x)=a_1(x)=1$。在随后的论文《斯特恩多项式与双极限连分式》[71](2009)中他们研究了斯特恩多项式的子序列问题。孔斯在《与斯特恩二元序列相关的级数的超越性》[72](2011)中证明了斯特恩多项式的子序列的超越性问题。阿达姆切夫斯基(B. Adamczewski)在《与斯特恩二元序列相关的非收敛连分式》[73](2010)中把迪尔彻和斯托拉斯基论文的结果进一步深化，利用马勒(K. Mahler)在《一类函数方程解的算术性质》[74](1929)中提出的方法进一步加强了子序列的超越性结果。迪尔彻和埃里克森(L. Ericksen)在《超二元展开式和斯特恩多项式》[75](2015)中给出了更一般的定义方式。给定一个整数 $t>1$，设 $a_t(0;z)=0,a_t(1;z)=1$，对于 $n>1$，令 $a_t(2n;z)=a_t(n;zt)$；$a_t(2n+1;zt)=za_t(n;zt)+a_t(n+1;zt)$。对于 $t=2$，该定义简化为迪尔彻和斯托拉斯基定义的多项式。当 $z=1$ 时简化为斯特恩序列。

贝克(G. Beck)和迪尔彻在 2021 年构造了一个与迪尔彻—斯托拉斯基型多项式的系数相关的无限下三角矩阵，并证明它的逆矩阵只有 $0,1,-1$ 作为其元素[76]。

5.2.2 克拉夫扎-米卢蒂诺维奇-彼得型多项式

克拉夫扎、米卢蒂诺维奇和彼得在《斯特恩多项式》(2007)中引入如下多项式：$B_{2n}(t)=tB_n(t)$；$B_{2n+1}(t)=B_n(t)+B_{n+1}(t)$，$B_0(t)=0,B_1(t)=1$。这些多项式与超二进制表示、标准格雷码有关系，由此表明斯特恩多项式与一些组合对象之间存在有趣的联系。由此激发了大量关于斯特恩多项式的各种性质的研究。

乌拉斯(M. Ulas)在《关于斯特恩多项式的某些算术性质》[77](2011)中推测 $B_n(t)$ 只有有理零点 $0,-1,-1/2,-1/3$。加夫龙(M. Gawron)在《关于斯特恩多项式的算术性质的一个注释》[78](2014)中证明了这个猜想，证明了使 $B_n(-1/2)=0$ 或使 $B_n(-1/3)=0$ 的脚标 n 的序列的下密度是 0，并推测密度存在且等于 0。辛泽尔(A. Schinzel)在《关于斯特恩多项式的因子 II：加夫龙猜想的一个证明》[79](2017)中证明了这个猜想。德舒勒(J. M. Deshouillers)和辛泽尔在《斯特恩序列的模分布》[80](2019)中证明,使 $(s_n,s_{n+1})\equiv(a,b)\bmod m$ 脚标的序列的自然密度存在并可被确定。证明中的主要工具是相关自动机的性质。辛泽尔在《斯特恩多项式的主系数》[81](2016)中处理了 $B_n(t)$ 的主系数由 n 的二进制展开表示,得到了一个惊人的结果,即对于任何给定的整数 $m\geqslant2$,使得 $a(e(n);n-1)\equiv0(\bmod m)$ 等于 1,其中 $e(n)=\deg B_n(t)$,$a(i;n-1)$ 表示恰好包含 i 个 1 的 $n-1$ 的超二元表示数。格雷厄姆(R. L. Graham)、克努斯(D. E. Knuth)和帕塔什尼克(O. Patashnik)在《具体数学》[82](1994)中证明斯特恩序列是连分式的分子①。辛泽尔在《作为连分式分子的斯特恩多项式》[83](2014)中表明多项式 $B_n(t)$ 是连分式的分子。乌拉斯在《某些斯特恩多项式的强算术性质》[84](2019)中研究了 $B_n(t)\equiv1+rt\dfrac{t^{e(n)}-1}{t-1}(\bmod m)$ 同余奇解的问题,其中整数 $m\geqslant2$,$r\in\{0,\cdots,m-1\}$。

曼苏尔(T. Mansour)在 2015 年引入了更一般的多项式 $B_n(q;t)$:$B_{2n}(q;t)=tB_n(q;t)$,$B_{2n+1}(q;t)=qB_n(q;t)+B_{n+1}(q;t)$,其中 $B_0(q;t)=0$,$B_1(q;t)=1$,并推广了辛泽尔的有关结果[85]。

可分性和不可约性问题是乌拉斯在上文及在《斯特恩多项式的次数列的算术性质及相关结果》[86](2012)和辛泽尔在《关于斯特恩多项式的因数(对乌拉斯先生上一篇论文的评论)》[87](2011)中的主要主题,他们推测只要 p 是素数,$B_p(t)$ 就可以在 Q 上不可约。在研究斯特恩多项式的零点分布的基础上,该猜想在迪尔彻、基德威(M. Kidwai)和汤姆金斯(H. Tomkins)的论文《斯特恩多项式的零点和不可约性》[88](2017)中被证明适用于许多类素数,并在所有 $p<10^7$ 的情况下进行了计算验证。

乌拉斯在 2011 年的论文中证明了不存在四个连续的斯特恩多项式 $B_n(t)$ 具有相同的次数,并指出对于具有形式为 2^m-1 或 2^m-5 的 n,$B_n(t)$ 是倒数多项式。辛泽尔在《倒数的斯特恩多项式》[89](2015)中继续探讨 $B_n(t)$ 的倒数问题,给出了相关判定定理。加夫龙在 2014 年的上述论文中给出了使得 $\deg(B_n)=\deg(B_{n+1})$ 和 $\deg(B_n)=\deg(B_{n+1})=\deg(B_{n+2})$ 的 n 的完整表征,证明了一些关于倒数的斯特恩多项式的结果。迪尔彻、汤姆金斯在《斯特恩多项式的平方类和可分性》[90](2018)中证明了这些多项式的几个可分性结果,并研究了平方斯特恩多项式的性质。

5.2.3　其他类型的多项式

安吉利斯(V. De Angelis)在《基于广义切比雪夫多项式的斯特恩二元序列》[91](2015)中引入多项式 $q_r(y_1,\cdots,y_r)$:$q_0=1$,$q_1(y_1)=y_1$,$q_r(y_1,\cdots,y_r)=y_1q_{r-1}(y_2,\cdots,y_r)-q_{r-2}(y_3,\cdots,y_r)$,$r\geqslant2$。利用该多项式,安吉利斯对斯特恩序列的许多已知恒等式给出了简单证明。

斯皮格霍费尔(L. Spiegelhofer)在《斯特恩多项式的数字反转性》[92](2017)中考虑斯特恩序列的双变量多项式推广:令 $s_1(x,y)=1$,令 $s_{2n}(x,y)=s_n(x,y)$ 和 $s_{2n+1}(x,y)=xs_n(x,y)+ys_{n+1}(x,y)$,$n\geqslant1$。证明多项式 $s_n(x,y)$ 在数字反转下是不变的。该性质

---

①尤斯蒂斯(A. Eustis) 在 2006 年研究过"负连分式",可用于找到任何实数的连分式,这也可能是为什么人们会期望斯特恩序列的任何推广都与连分式相关联的部分原因。Eustis A. The Negs and Regs of Continued Fractions. [EB/OL]. https://scholarship. claremont. edu/hmc_theses/180. 2006.

最早由迪杰斯特拉注意到。

瓦哈雷(T. Wakhare)和肯德里克(C. Kendrick)在《超 b 元展开和斯特恩多项式》[93] (2018)中考虑了以 b 为基的斯特恩多项式,把前面提到的两大类斯特恩多项式一般化,并研究了斯特恩多项式的矩阵特征。

斯坦利(R. Stanley)在《斯特恩二元序列引出的一些线性递归》[94] (2018)中根据斯特恩序列的构造方法,定义了迭代序列 $\left\langle{n \atop 2k}\right\rangle = \left\langle{n-1 \atop k}\right\rangle, \left\langle{n \atop 2k+1}\right\rangle = \left\langle{n-1 \atop k}\right\rangle + \left\langle{n-1 \atop k+1}\right\rangle, \left\langle{n \atop k}\right\rangle$ 表示第 n 行的非零元素,$1 \leqslant k \leqslant 2^n - 1$。斯坦利证明,对于每个正整数 $r \geqslant 2$,序列 $\sum_k \left\langle{n \atop k}\right\rangle^r$ 服从长度为 $r/2 + O(1)$ 的齐次线性递归关系,并猜测该序列可以服从长度为 $r/3 + O(1)$ 的齐次线性递归关系。 施派尔 (D. E. Speyer) 在《关于斯特恩序列的斯坦利猜想的证明》[95] (2019)中利用 r 的周期函数证明了该猜想,其中 r 被限制为偶数或奇数。斯坦利在《一些有理生成函数的定理和猜想》[96] (2021) 中,令 $S_n(x) = \sum_{k \geqslant 0} \left\langle{n \atop k}\right\rangle x^k$,$S_0(x) = 1$,$w_2(n) = \sum_{k \geqslant 0} \left\langle{n \atop k}\right\rangle^2$,则 $\sum_{k \geqslant 0} w_2(n) x^n = \dfrac{1-2x}{1-5x+2x^2}$。泽尔伯格(D. Zeilberger) 询问,当 2^n 被其他满足常数系数线性递归的函数代替时会发生什么?斯坦利证明了一些具有这种性质的结果。

斯坦利在《从斯特恩三角形到上齐次偏序》[97] (2020) 中引入了上齐次有限偏序,并专注于研究斯特恩偏序,从而引出了许多有趣的枚举问题。高一博等人在《上齐次有限偏序的秩生成函数》[98] (2020)中对此进行了深入研究。在该文中,斯坦利引入了一类多项式 $b_n(q)$。

$$b_{2n}(q) = b_n(q),$$
$$b_{4n+1}(q) = qb_{2n}(q) + b_{2n+1}(q),$$
$$b_{4n+3}(q) = b_{2n+1}(q) + qb_{2n+2}(q),$$
$$L_n(q) = 2\Big(\sum_{k=1}^{2^n-1} b_k(q)\Big) + b_{2^n}(q),$$

其中序列 b_n 是斯特恩序列。对于整数 $n \geqslant 1$,斯坦利推测 $L_n(q)$ 只有实数零点,并且 $L_{4n+1}(q)$ 可以被 $L_{2n}(q)$ 整除。杨(A. L. B. Yang)在《斯坦利关于斯特恩偏序的猜想》[99] (2020)中获得一个满足 $L_n(q)$ 的简单递推关系:$L_{n+1}(q) = 3L_n(q) + 2(q-1)L_{n-1}(q)$,证明了斯坦利关于 $L_n(q)$ 的实根性和可整除性的猜想。

6. 结 语

自斯特恩序列被提出后,有大量文献问世,特别是在 20 世纪中叶后更是得到了研究者的极大关注,其中斯特恩序列所固有的层次结构和运算程序是关注的重点。斯特恩序列的构造采用的计算基础是邻接和中位。阿基米德和印度几何学家已经知道并使用了这种方法。丘凯(N. Chuquet,1445—1500)在 1484 年用这种方法获得了 $n \leqslant 14$ 时的 $\sqrt{n}$ 的近似值。

　　19世纪初,法雷序列的发现标志着对有理数的兴趣从纯粹的数字性质转移到有关结构性质的有理数集合。斯特恩序列清楚地表现出层次结构,这掀起了对有理数集结构理论研究的热潮。遗憾的是,斯特恩和其他人都没有考虑分数。相比之下,布罗科特运用这种方法用较小分母的分数来近似任何给定的分数。这启发了19世纪末一些法国数学家对分数序列的研究。斯特恩和布罗科特的工作成为第一个已知的全分数树,现被称为斯特恩-布罗科特树。斯特恩-布罗科特树由格雷厄姆、克努斯和帕塔什尼克在《具体数学》(1994)中引入。除了斯特恩-布罗科特树外,还有常用的卡尔金和威尔夫在2000年的上述论文中给出的CW分数树、沈玉婷(Shen Yu-Ting)在《非负有理数的"自然"枚举——非正式讨论》[100](1980)中定义的,并由安德烈耶夫(Д. Н. Андреев)在《关于一个美妙的正有理数编号》[101](1997)中独立定义的SA树。这些工作加强了对有理数集结构理论的认识。

　　需要指出的是,数学家对有理数结构不感兴趣的一个显著的证据是,至少早在公元前3世纪,就已经存在与CW树等效的构造。在公元1—2世纪的著作《算术导论》和《论有助于理解柏拉图的数学》中都有详细描述。这两部著作作为整个中世纪的算术标准著作,一直影响到18世纪末。在公元4世纪古希腊数学家帕波斯(Pappus)的著作中也有这方面的介绍。有鉴于此,显然没有引起数论家的注意!数学史家也对这个问题保持沉默。著名代数学家范德瓦尔登(van der Waerden,1903—1996)对此的唯一评论是:"这些都不是很深刻,但相当不错!"[102]他似乎也没有完全理解他所讨论的这种层次结构背后的含义。

　　斯特恩序列由于其自身的特点,与众多学科紧密联系,为其应用开辟了广阔天地。斯特恩序列被应用的例子有很多,以下仅列举其中的几个。

　　利用斯特恩序列可以定义闵可夫斯基问题标记函数。问题标记函数由闵可夫斯基(H. Minkowski,1864—1909)在把有理数和二次无理数分别映射为二进制和非二进制有理数的性质时引入[103]。阿卢什(J. P. Allouche)和沙利特(J. Shallit)在《自动序列》(2003)中指出斯特恩序列与自动序列理论密切相关,是模拟准晶体等半混沌物理系统的理想选择。自动序列的概念在理论计算机科学和单词组合学中非常重要[104]。欣茨等人在《河内塔图的矩阵性质和斯特恩二元序列》[105](2005)中的工作表明斯特恩序列出现在该图中某些路径的计数函数中。丹尼森(M. Dennison)在《关于一般弓序列的性质》[106](2019)中以斯特恩序列为基础定义并研究了弓序列的性质。通过斯特恩序列可以定义汇编函数[107],可以研究整数的BSD表示[108]。

参考文献

[1]　URBIHA I. Some Properties of A Function Studied by De Rham,Carlitz and Dijkstra and its Relation to the (Eisenstein-)Stern's Diatomic Sequence[J]. Mathematical Communications,2001,6(2):181-198.

[2]　KLAVŽAR S, MILUTINOVIĆ U, PETR C. Stern Polynomials[J]. Advances in

Applied Mathematics,2007,39(1):86-95.

[3] NIQUI M. Exact Arithmetic on the Stern-Brocot Tree[J]. Journal of Discrete Algorithms,2007,5(2):356-379.

[4] LANSING J. On The Stern Sequence and A Related Sequence[D]. Urbana—Champaign: University of Illinois , 2014:1-96.

[5] SLOANE N J A. The On-Line Encyclopedia of Integer Sequences. [EB/OL]. [2017-03-27]. http://oeis. org.

[6] SCHMITZ M. The Life of Gotthold Ferdinand Eisenstein[J]. Res. Lett. Inf. Math. Sci. ,2004,6:1-13.

[7] EISENSTEIN G. Eine Neue Gattung Zahlentheoretischer Funktionen,Welche von Zwei Elementen Abhängen und durch Gewisse Lineare Funktional-Gleichungen Definiert Werden[J]. Preuss. Akademie der Wiss. zu Berlin,1850,1 (1):36-42.

[8] EISENSTEIN G. Über Ein Einfaches Mittel zur Auffindung der Höheren Reciprocitätsgesetze und der mit Ihnen zu Verbindenden Ergänzungssütze[J]. Journal für die Reine und Angewandte Mathematik,1850,39:351-364.

[9] HASSE H. Das Eisensteinsche Reziprozitätsgesetz dern-ten Potenzreste[J]. Mathematische Annalen,1927,97(1):599-623.

[10] HURWITZ A,RUDIO F. Briefe von G. Eisenstein an M. A. Stern[J]. Zeitschrift für Mathematik und Physik,1895,40:169-203.

[11] STERN M A. Über Eine Zahlentheoretische Funktion[J]. Journal für die Reine und Angewandte Mathematik,1858,55:193-220.

[12] 王全来. 实整函数零点实性的傅里叶-波利亚猜想的历史研究[J]. 内蒙古师范大学学报(自然科学汉文版),2020,49(5):390-397.

[13] ROWE D E. "Jewish Mathematics"at Gottingen in the Era of Felix Klein [J]. Isis,1986,77(3):422-449.

[14] GIULI C,GIULI R. A Primer on Stern's Diatomic Sequence Ⅰ [J]. Fibonacci Quart,1979,17:103-108.

[15] BROCOT A. Calcul des Rouages par Approximation,Nouvelle Méthod,Revue Chrono-métrique [J]. Journal des Horlogers, Scientique et Pratique, 1861,3:186-194.

[16] CHARALAMBIDES C A,Singh J. Review of the Stirling Numbers,Their Generalizations and Statistical Applications[J]. Communications in Statistics-Theory and Methods,1988,17(8):2507-2532.

[17] CARLITZ L. Single Variable Bell Polynomials[J]. Collectanea Mathematica, 1962,14:13-25.

[18] CARLITZ L. A Problem in Partitions Related to the Stirling Numbers[J]. Bulletin of the American Mathematical Society,1964,70(2):275-278.

[19] CARLITZ C L. Some Partition Problems Related to the Stirling Numbers of the Second Kind[J]. Acta Arithmetica,1965,4(10):409-422.

[20] CALKIN N,WILF H S. Recounting the Rationals[J]. The American Mathematical Monthly,2000,107(4):360-363.

[21] DIJKSTRA E W. An Exercise for Dr. R. M. Burstall (EWD 570)[C]. Selected Writings on Computing:A Personal Perspective. New York:Dijkstra E W,Springer-Verlag,1982:215-216.

[22] DIJKSTRA E W. More about the Function "Fusc" (EWD 578)[C]. Selected Writings on Computing:A Personal Perspective. New York:Dijkstra E. W. , Springer-Verlag,1982:230-232.

[23] BOITEN E A. Improving Recursive Functions by Inverting the Order of Evaluation[J]. Science of Computer Programming,1992,18(2):139-179.

[24] DE RHAM G. Un Peu de Mathématiques à Propos d'Une Courbe Plane[J]. Elemente der Mathematik,1947,2:73-76.

[25] SCOTT T C,MARKETOS P. On the Origin of the Fibonacci Sequence[J]. MacTutor History of Mathematics,2014:1-46.

[26] LUCAS E. Sur les Suites de Farey[J]. Bulletin de la Société Mathématique de France,1878,6:118-119.

[27] LANSING J. Largest Values for the Stern Sequence[J]. J. Integer Seq. , 2014,17(7):1-18.

[28] PAULIN R. Largest Values of the Stern Sequence,Alternating Binary Expansions and Continuants[J/OL]. [2016-02-15]. https://cs. uwaterloo. ca/ journals/JIS/VOL20/Paulin/paulin2.

[29] BACHMANN P. Niedere Zahlentheorie[M]. New York:Chelsea,1968:143.

[30] LEHMER D H. On Stern's Diatomic Series[J]. The American Mathematical Monthly,1929,36(2):59-67.

[31] MENDIZABAL Y Y. Stern-en Segidaren Propietate Berri Bat eta Segidaren N. Gaia Azkar Kalkulatzeko Algoritmo Bat[J]. Ekaia Ehuko Zientzia eta Teknologia aldizkaria,2019,35:325-339.

[32] LIND D A. An Extension of Stern's Diatomic Series[J]. Duke Mathematical Journal,1969,36(1):55-60.

[33] GIULI C,GIULI R. A Primer on Stern's Diatomic Sequence Ⅲ[J]. Fibonacci Quart. 1979,17:318-320.

[34] HOGGATT V E. Fibonacci and Lucas Numbers[M]. Boston:Houghton Mifflin,

1969:1-45.

[35] EZNICK B. Some Binary Partition Functions[C]. Analytic Number Theory. Boston:Birkhäuser,1990:451-477.

[36] NORTHSHIELD S. Stern's Diatomic Sequence 0,1,1,2,1,3,2,3,1,4,… [J]. The American Mathematical Monthly,2010,117(7):581-598.

[37] BATES B,MANSOUR T. The Q-Calkin-Wilf Tree[J]. Journal of Combinatorial Theory,Series A,2011,118(3):1143-1151.

[38] MANSOUR T,SHATTUCK M. Generalized Q-Calkin-Wilf Trees and C-hyper M-expansions of Integers[J/OL]. [2015-04-20]. https://arxiv. org/pdf/1503. 03949.

[39] NEWMAN M. Recounting the Rationals,Continued[J]. Amer. Math. Monthly, 2003,110:642-643.

[40] WEYL H. Über die Gleichverteilung von Zahlen Mod. Eins[J]. Mathematische Annalen,1916,77(3):313-352.

[41] HOOLEY C. An Asymptotic Formula in the Theory of Numbers[J]. Proceedings of the London Mathematical Society,1957,3(1):396-413.

[42] HOOLEY C. On the Intervals between Consecutive Terms of Sequences[J]. Proc. Symp. Pure Math. ,1973,24:129-140.

[43] GALLAGHER P X. On the Distribution of Primes in Short Intervals[J]. Mathematika,1976,23(1):4-9.

[44] RUDNICK Z,ZAHARESCU A. The Distribution of Spacings Between Fractional Parts of Lacunary Sequences[J]. Forum Math. ,2002,14:691-712.

[45] SÓS V T. On the Distribution Mod 1 of the Sequence nα[J]. Ann. Univ. Sci. Budapest,Eötvös Sect. Math. ,1958,1:127-134.

[46] ŚWIERCZKOWSKI S. On Successive Settings of an Arc on the Circumference of a Circle[J]. Fundamenta Mathematicae,1958,46:187-189.

[47] COONS M. A Correlation Identity for Stern's Sequence[J]. 2012,3 (3): 459-464.

[48] BERLEKAMP R,CONWAY H,GUY K. Winning Ways for Your Mathematical Plays:Games in General[M]. London:Academic Press,1982:115.

[49] LEROY J,RIGO M,Stipulanti M. Counting the Number of Non-zero Coefficients in Rows of Generalized Pascal Triangles[J]. Discrete Mathematics, 2017,340(5):862-881.

[50] COONS M,TYLER J. The Maximal Order of Stern's Diatomic Sequence [J]. Mosc. J. Comb. Number Theory,2014,4(3):3-14.

[51] DILCHER K,ERICKSEN L. Polynomial Analogues of Restricted B-Lry Par-

tition Functions[J]. Journal of Integer Sequences,2019,22(2):1-23.

[52] DILCHER K,ERICKSEN L. Properties of Multivariate B-Ary Stern Polyno-mials[J]. Annals of Combinatorics,2019,23(3):695-711.

[53] BETTIN S,DRAPPEAU S,SPIEGELHOFER L. Statistical Distribution of the Stern Sequence[J]. Commentarii Mathematici Helvetici, 2019, 94 (2): 241-271.

[54] HERMES J. Anzahl der Zerlegungen Einer Ganzen Rationalen Zahl in Sum-manden[J]. Mathematische Annalen,1894,45(3):371-380.

[55] SRINIVASAN M S. The Enumeration of Positive Rational Numbers[J]. Procee-dings of the Indian Academy of Sciences-Section A,1958,47(1):12-24.

[56] DE PAULA REIS G H. Uma Curva de G. de Rham:Mais Propriedades[J/OL]. [2011-04-35]. https://projetos.extras.ufg.br/conpeex/2011/pibic/GUILH000.

[57] FORD L R. On the Closeness of Approach of Complex Rational Fractions to A Complex Irrational Number[J]. Transactions of the American Mathemati-cal society,1925,27(2):146-154.

[58] FORD L R. Fractions[J]. The American Mathematical Monthly,1938,45 (9):586-601.

[59] WILLIAMS G T,BROWNE D H. A Family of Integers and A Theorem on Circles[J]. The American Mathematical Monthly,1947,54(9):534-536.

[60] LIGHTFOOT E. A Family of Circles in A Window[M]. Carbondale:South-ern Illinois University,2015:1-37.

[61] BACHER R. Twisting the Stern Sequence[J/OL]. [2011-04-35]. http://arx-iv.org/pdf/1005.5627.

[62] COONS M. On Some Conjectures Concerning Stern's Sequence and Its Twist[J]. Integers,2010,10:775-789.

[63] ALLOUCHE J P. On the Stern Sequence and Its Twisted Version[J]. Inte-gers,2012,12:43-57.

[64] BUNDSCHUH P. Transcendence and Algebraic Independence of Series Re-lated to Stern's Squence[J]. Int. J. Number Theory,2012,8:361-376.

[65] GARRITY T. A Multidimensional Continued Fraction Generalization of Stern's Dia-tomic Sequence[J]. Journal of Integer Sequences,2012,16(7):1-24.

[66] ALLOUCHE J PFRANCE M M. Lacunary Formal Power Series and the Stern-Bro-cot Sequence[J]. Acta Arithmetica,2012,159(1):47-61.

[67] NORTHSHIELD S. An Analogue of Stern's Sequence for $Z[\sqrt{2}]$[J]. J. Inte-

ger Seq. ,2015,18(11):15-11.

[68] COONS M. Proof of Northshield's Conjecture Concerning An Analogue of Stern's Sequence for Z[$\sqrt{2}$][J]. Australas. J. Combin,2018,71:113-120.

[69] ALLOUCHE J P,SHALLIT J. The Ring of K-Regular Sequences[J]. Theoret. Comput. Sci. ,1992,98 (2):163-197.

[70] DILCHER K,Stolarsky K B. A Polynomial Analogue to the Stern Sequence [J]. International Journal of Number Theory,2007,3(1):85-103.

[71] DILCHER K,STOLARSKY K B. Stern Polynomials and Double-limit Continued Fractions[J]. Acta Arithmetica,2009,140(2):119.

[72] COONS M. The Transcendence of Series Related to Stern's Diatomic Sequence[J]. International Journal of Number Theory,2010,6(1):211-217.

[73] ADAMCZEWSKI B. Non-Converging Continued Fractions Related to the Stern Diatomic Sequence[J]. Acta Arith,2010,142(1):67-78.

[74] MAHLER K. Arithmetische Eigenschaften der Lösungen Einer Klasse von Funktionalgleichungen[J]. Mathematische Annalen,1929,101(1):342-366.

[75] DILCHERK,ERICKSEN L. Hyperbinary Expansions and Stern Polynomials [J]. The Electronic Journal of Combinatorics,2015,22(2):2-24.

[76] BECK G,DILCHER K. A Matrix Related to Stern Polynomials and the Prouhet-Thue-Morse Sequence [J/OL]. [2021-03-20]. https: // arxiv. org/ abs/2106. 10400.

[77] ULAS M. On Certain Arithmetic Properties of Stern Polynomials[J]. Publicationes Mathematicae Debrecen,2011,79(1):55-82.

[78] GAWRON M. A Note on the Arithmetic Properties of Stern Polynomials [J]. Publicationes Mathematicae Debrecen,2014(85):453-465.

[79] SCHINZEL A. On the Factors of Stern Polynomials II. Proof of A Conjecture of M. Gawron[J]. Publicationes Mathematicae Debrecen,2017,91(4): 515-524.

[80] DESHOUILLERS J M,SCHINZEL A. The Modular Distribution of Stern's Sequence[J]. Banach Center Publications,2019,118:37-44.

[81] SCHINZEL A. The Leading Coefficients of Stern Polynomials[C]. From Arithmetic to Zeta Functions: Number Theory in Memory of Wolfgang Schwarz. Berlin:Sander J,Springer,2016:427-434.

[82] GRAHAM R L,KNUTH D E,PATASHNIK O. Concrete Mathematics:A Foundation for Computer Science[J]. Computers in Physics,1989,3(5):106-107.

[83] SCHINZEL A. Stern Polynomials as Numerators of Continued Fractions[J].

Bulletin of the Polish Academy of Sciences. Mathematics,2014,1(62):23-27.

[84] ULAS M. Strong Arithmetic Property of Certain Stern Polynomials[J]. Publicationes Mathematicae Debrecen,2020,96(4):401-422.

[85] MANSOUR T. Q-Stern Polynomials as Numerators of Continued Fractions [J]. Bulletin of the Polish Academy of Sciences. Mathematics,2015,63(1):11-18.

[86] ULAS M. Arithmetic Properties of the Sequence of Degrees of Stern Polynomials and Related Results[J]. International Journal of Number Theory,2012,8(03):669-687.

[87] SCHINZEL A. On the Factors of Stern Polynomials (Remarks on the Preceding Paper of M. Ulas)[J]. Publ. Math. Debrecen,2011,79 (1):83-88.

[88] DILCHER K,KIDWAI M,TOMKINS H. Zeros and Irreducibility of Stern Polynomials[J]. Publicationes Mathematicae Debrecen,2017,90(4):407-433.

[89] SCHINZEL A. Reciprocal Stern Polynomials[J]. Bulletin of the Polish Academy of Sciences. Mathematics,2015,63(2):141-147.

[90] DILCHER K,TOMKINS H. Square Classes and Divisibility Properties of Stern Polynomials[J]. Integers,2018,8:19.

[91] DE ANGELIS V. The Stern Diatomic Sequence via Generalized Chebyshev Polynomials[J]. The American Mathematical Monthly,2017,124(5):451-455.

[92] SPIEGELHOFER L. A Digit Reversal Property for Stern Polynomials[J]. Integers,2017,17:1-5.

[93] WAKHARE T,KENDRICK C,CHUNG M. Hyper B-ary Expansions and Stern Polynomials [J/OL]. [2018-04-20]. https://arxiv.org/abs/1810.11096.

[94] STANLEY R P. Some Linear Recurrences Motivated by Stern's Diatomic Array[J]. The American Mathematical Monthly,2020,127(2):99-111.

[95] SPEYER D E. Proof of A Conjecture of Stanley about Stern's Array[J/OL]. [2019-03-20]. https://arxiv.org/abs/1901.06301.

[96] STANLEY R P. Theorems and Conjectures on Some Rational Generating Functions[J/OL]. [2021-05-10]. https://arxiv.org/pdf/2101.02131.

[97] STANLEY R P. From Stern's Triangle to Upper Homogeneous Posets[J/OL]. [2020-08-10]. https://www-math.mit.edu/~rstan/transparencies/stern-ml.

[98] GAO Y,GUO J,SEETHARAMAN K. The Rank-generating Functions of

Upho Posets[J/OL]. [2022-03-20]. https：//www. sciencedirect. com/science/article/pii/S0012365X21003423.

[99] YANG A L B. Stanley's Conjectures on the Stern Poset[J/OL]. [2020-08-10]. https：//arxiv. org/abs/2006. 00400.

[100] SHEN YU-TING. A Natural Enumeration of Non-negative Rational Numbers-An Informal Discussion[J]. American Mathematical Monthly,1980,87 (1):25-29.

[101] АНДРЕЕВ Д Н. Об Одной Замечательной Нумерации Положительных Рациональных Чисел[J]. Матем. Просв,1997,3(1):126-134.

[102] BANTCHEV B B. Fraction Space Revisited[J/OL]. [2015-04-20]. https：// www. researchgate. net/publication/280104759.

[103] CONLEY R M. A Survey of the Minkowski ?(x) Function[M]. Morgantown：West Virginia University,2003:4.

[104] MAUDUIT C,RIVAT J. Sur Un Problème de Gelfond:la Somme des Chiffres des Nombres Premiers[J]. Annals of Mathematics,2010,171(3):1591-1646.

[105] HINZ A M,KLAVŽAR S,MILUTIOVIÉ U. Metric Properties of the Tower of Hanoi Graphs and Stern's Diatomic Sequence[J]. European Journal of Combinatorics,2005,26(5):693-708.

[106] DENNISON M. On Properties of the General Bow Sequence[J]. Journal of Integer Sequences,2019,22(2):1-22.

[107] YAMADA Y. A Function from Stern's Diatomic Sequence,and Its Properties[J/OL]. [2015-04-20]. https：//arxiv. org/abs/2004. 00278.

[108] MONROEL. Binary Signed-Digit Integers and the Stern Polynomial[J/OL]. [2015-04-20]. https：//arxiv. org/pdf/2108. 12417.

昆纳乌利创设偏自相关检验技术的历史探源

聂淑媛

摘　要：以昆纳乌利的研究背景为出发点，立足于"为什么数学"，挖掘了昆纳乌利探究序列相关系数联合分布、创设偏自相关检验技术的学术历程：首先提出问题，明晰研究思路；然后分析了相关系数所受的约束条件，推证了联合分布函数的积分表达式；最后把分布函数理论从一般统计模型拓延到自回归变量模型。昆纳乌利不仅寻求了联合分布函数的近似表达式，而且创设了偏自相关函数的检验定理。

关键词：昆纳乌利；偏自相关系数；联合分布；显著性检验；时间序列

昆纳乌利（Maurice Henry Quenouille，1924—1973）在现行统计学领域广为人知的是其所提出的"刀切法"（jack-knife），但他创建这种复杂统计量非参数估计方法的理论基础却少有提及[1]。本文基于"为什么数学"的思想模式，追溯昆纳乌利统计研究的学术历程，解析其发展偏自相关检验技术的背景缘由，并深入探讨其检验方法的理论意义和学术价值。

1. 研究背景简介

1942 年，昆纳乌利就读于剑桥大学耶稣学院数学专业，1944 年到著名统计学家费歇尔（Ronald Aylmer Fisher，1890—1962）曾任职的罗瑟姆斯特实验站做统计助理，其间获得理学学士学位，后陆续获得剑桥大学的硕士和博士学位。1946 年，昆纳乌利回到剑桥追随巴特利特（Maurice Stevenson Bartlett，1910—2002）进行统计研究；1947 年，被任命为阿伯丁大学的统计讲师和统计部门负责人；1951 年，到耶鲁大学任生物统计学副教授；1953 年后在牛津大学从事统计学和经济学研究，因健康原因，工作时断时续；直到 1966 年，昆纳乌利任南安普敦大学统计学教授，在基础强悍的数学系组建了优秀统计团队，但几年后其健康状况再度恶化，1973 年英年早逝[2]。

昆纳乌利是皇家统计学会、爱丁堡皇家学会、数理统计学会、统计学家学会和国际统计学会等多个学会的会员，曾任皇家统计学会的理事、应用组主席等职务，以及 Applied

基金项目：国家自然科学基金项目（项目编号：62072222）。

作者简介：聂淑媛，1974 年生，洛阳师范学院数学科学学院教授，研究方向为统计学的历史，主要研究成果有《时间序列分析发展简史》。

Statistics 杂志的编辑。昆纳乌利的第一篇论文发表于 1946 年。1946—1949 年,其研究成果呈几何级数式递增,仅 1949 年就发表了 8 篇文章,可谓学术创作的巅峰。此后保持每年几篇的发表数量,研究内容遍布实验设计与分析、随机过程、时间序列分析、协方差分析等方向。对昆纳乌利学术影响最大的是 20 世纪的著名统计学家巴特利特,巴特利特的球状检验、自相关检验等理论是时间序列分析的开创性工作[3]。在此基础上,昆纳乌利首先认识到,对于时间序列数据,除了样本自相关系数,还需要进一步挖掘偏相关估计值,并检验其偏自相关系数的结构,以便于更清晰地掌握数据特征。正是以此为指导思想,昆纳乌利深入探究并科学构建了偏自相关检验方法。

2. 探究相关系数联合分布、创设偏自相关检验技术的学术历程

2.1 提出问题、明晰研究思路

1942 年,安德森(R. L. Anderson)定义了序列相关系数公式[4]:

$$\rho_l = \frac{\sum\limits_{i=1}^{n} x_i x_{i+l} - \frac{1}{n}\left(\sum\limits_{i=1}^{n} x_i\right)^2}{\sum\limits_{i=1}^{n} x_i^2 - \frac{1}{n}\left(\sum\limits_{i=1}^{n} x_i\right)^2}$$

其中,x_{n+i} 和 x_i 定义等同,都是独立同分布的,且 $x_i \sim N(\mu, \sigma^2)$。以此为基础,昆纳乌利明确了序列的协方差函数 γ_l 和方差 γ_0,即

$$\gamma_l = \sum\limits_{i=1}^{n} x_i x_{i+l} - \frac{1}{n}\left(\sum\limits_{i=1}^{n} x_i\right)^2, \quad \gamma_0 = \sum\limits_{i=1}^{n} x_i^2 - \frac{1}{n}\left(\sum\limits_{i=1}^{n} x_i\right)^2$$

并且特别指出,$\rho_l = \dfrac{\gamma_l}{\gamma_0}$,然后提出了新问题:对任何时间序列数据进行检验时,通常都会涉及一组相关系数,故迫切需要探讨 $\rho_1, \rho_2, \cdots, \rho_m$ 的联合分布函数[5]。1946 年,巴特利特已经证明,在相对宽泛的条件下,对于大样本而言,相关系数 ρ_l 的方差、协方差都不受样本 x_i 分布的影响[6]。昆纳乌利进一步强调,对于正态样本得到的联合分布函数,通常能较好地逼近非正态情形下的联合分布函数,亦可作为相关图检验的基础工具。因此,昆纳乌利清晰设定研究对象是正态总体,且不失一般性,假定 $\sigma^2 = 1$。

2.2 分析联合分布中相关系数所受的约束条件

由于 $\rho_1, \rho_2, \cdots, \rho_m$ 之间的关联性,$\rho_l(l = 1, 2, \cdots, m)$ 显然不可能都独立地取到 $(-1, +1)$ 之间的所有值,为探讨其所满足的特定条件,昆纳乌利指出,对于任意变量序列 $y_i(i = 1, 2, \cdots, n)$,根据

$$\sum\limits_{j=1}^{n} (x_{i+j} y_i)^2 = \left(\sum\limits_{i=1}^{n} x_i^2\right) \rho_j y_l y_{l+j} \tag{1}$$

则(1)式右边正定的必要条件是

$$\boldsymbol{P}_m = \begin{vmatrix} 1 & \rho_1 & \rho_2 & \cdots & \rho_m \\ \rho_1 & 1 & \rho_1 & \cdots & \rho_{m-1} \\ \rho_2 & \rho_1 & 1 & \cdots & \rho_{m-2} \\ \vdots & \vdots & \vdots & & \vdots \\ \rho_m & \rho_{m-1} & \rho_{m-2} & \cdots & 1 \end{vmatrix} \geqslant 0 \tag{2}$$

该表达式也是 ρ_l 联合分布必须满足的约束条件。昆纳乌利利用图示,详细对比了(i) 无限制条件;(ii)$\rho_3 = 0$;(iii)$\rho_3 = \rho_4 = 0$ 这三种状态下,ρ_1 和 ρ_2 可能取值的极限情况。对相关系数所受约束条件的分析正是昆纳乌利后续推证和近似简化联合分布函数的基础。

2.3　推证联合分布函数的积分表达式

由于 γ_0 与 $\rho_1, \rho_2, \cdots, \rho_m$ 是独立同分布的,其联合分布函数可设为

$$g(\gamma_0) h(\rho_1, \rho_2, \cdots, \rho_m) \mathrm{d}\gamma_0 \mathrm{d}\rho_1 \mathrm{d}\rho_2 \cdots \mathrm{d}\rho_m$$

昆纳乌利首先把上述分布函数转化到 γ_0 与 $\gamma_1, \gamma_2, \cdots, \gamma_m$ 的联合分布函数

$$f(\gamma_0, \gamma_1, \cdots, \gamma_m) \mathrm{d}\gamma_0 \mathrm{d}\gamma_1 \cdots \mathrm{d}\gamma_m = \frac{g(\gamma_0)}{\gamma_0^m} h\left(\frac{\gamma_1}{\gamma_0}, \cdots, \frac{\gamma_m}{\gamma_0}\right) \mathrm{d}\gamma_0 \mathrm{d}\gamma_1 \cdots \mathrm{d}\gamma_m$$

并计算出

$$g(\gamma_0) = \frac{\gamma_0^{\frac{1}{2}(n-3)} \mathrm{e}^{-\frac{1}{2}\gamma_0}}{2^{\frac{1}{2}(n-1)} \Gamma\left(\dfrac{n-1}{2}\right)}$$

然后通过逆转这些变量的特征函数,昆纳乌利最终推证出

$$h(\rho_1, \rho_2, \cdots, \rho_m) = \frac{\Gamma\left(\dfrac{n-1}{2}\right)}{\Gamma\left(\dfrac{n-2m-1}{2}\right)} \cdot \frac{1}{(2\pi\mathrm{i})^m} \int_S \cdots \int \frac{(1-k_j\rho_j)^{\frac{1}{2}(n-2m-3)}}{\left[\prod\limits_{l=1}^{n-1}(1-k_jk_{jl})\right]^{\frac{1}{2}}} \mathrm{d}k_1 \cdots \mathrm{d}k_m \tag{3}$$

其中,$k_{jl} = \cos\dfrac{2\pi jl}{n}$。利用多变量的复合积分与柯西积分,(3) 式可化简为

$$h(\rho_1, \rho_2, \cdots, \rho_m) = \frac{\Gamma\left(\dfrac{n-2}{2}\right)}{\Gamma\left(\dfrac{n-2m-1}{2}\right)} \sum_{g_k} \frac{\begin{vmatrix} 1 & I \\ \rho & K_k \end{vmatrix}^{\frac{1}{2}(n-2m-3)}}{\prod\limits_{l \neq g_k} \begin{vmatrix} 1 & I \\ \tilde{k}_{jl} & K_k \end{vmatrix}} \tag{4}$$

显然(4) 式仍相对繁琐复杂,为便于读者理解,昆纳乌利通过 $m = 2$ 的具体情形,结合由(2) 式推出的关系式 $\rho_2 = 2\rho_1^2 - 1$,细致解释了(4) 式的含义,证明了上述联合分布函数具有与单序列相关系数分布完全相似的性质。但同时也特别强调,对于计算而言,这样的分布函数并没有太大的实际价值,因此需要进一步探究联合分布函数的近似形式。

2.4　拓延到自回归变量模型

由于安德森所推证的序列相关系数分布,是针对不相关变量情形的,1945 年,统计学家麦道(W. G. Madow) 严格证明了,当变量 x_i 满足一阶线性自回归模型 $x_i = \varphi_1 x_{i-1} +$

ε_i,且误差项 $\varepsilon_i \sim WN(0,\sigma^2)$ 时,序列仍具有相同的分布关系式[7]。1948 年,昆纳乌利不仅给出了麦道分布函数的近似表达式,通过与普通相关系数类似的处理方式,实行三角转换,解决了 ε_i 不服从正态分布时相关系数的检验问题,而且对著名统计学家肯德尔(Maurice George Kendall,1907—1983)、沃克(Gilbert Thomas Walker,1868—1958)、贝弗里奇(William Henry Beveridge,1879—1963)研究分析的一些数据进行了实证检验,说明了某些方法可以推广应用于近似检验两个相关序列的相关系数[8]。在此基础上,1949 年,昆纳乌利进一步明确,借鉴麦道所使用的技术方法,可推证更一般情形下序列相关系数的联合分布函数,即当变量 x_i 满足 m 阶线性自回归模型 $a_0 x_i + a_1 x_{i-1} + \cdots + a_m x_{i-m} = \varepsilon_i$,其中 ε_i 服从独立正态分布,此时,联合分布函数(3)式可通过因式

$$\left(\frac{\sum_{i=1}^n x_i^2}{\sum_{i=1}^n \varepsilon_i^2}\right)^{\frac{1}{2}(n-1)} = \frac{1}{(A + 2B_j \rho_j)^{\frac{1}{2}(n-1)}},$$

其中

$$A = \sum_{k=0}^m a_k^2, \quad B_j = \sum_{k=0}^{m-j} a_k a_{k+j}$$

进行修正。

2.5 寻求联合分布的近似表达式,发展偏自相关检验技术

经过上述充分的铺垫和积累,昆纳乌利开始寻求相关系数联合分布的近似形式,给出了系列结果,如分布函数可逼近

$$\int_{\rho_2''}^{\rho_1} \cdots \int_{\rho_m''}^{\rho_m'} f(\rho_1, \cdots, \rho_m) \mathrm{d}\rho_m \cdots \mathrm{d}\rho_2 = \frac{\Gamma\left(\frac{1}{2}n + 1\right)}{\Gamma\left(\frac{1}{2}n + \frac{1}{2}\right)\pi^{\frac{1}{2}}} (1 - \rho_1^2)^{\frac{1}{2}(n-1)}$$

昆纳乌利不仅推证了当前普遍使用的联合分布函数,而且最重要的是,通过对相关系数联合分布的近似转换,昆纳乌利证明了在大样本情形下,偏自相关系数实际上也是独立同分布的,论证了偏自相关检验的有效性和适用性。

在 1949 年的另一篇文献中,昆纳乌利系统展示了这种偏自相关的近似检验技术。昆纳乌利首先界定了偏自相关系数的概念,如对于自回归 AR(2) 模型 $x_i = \varphi_1 x_{i-1} + \varphi_2 x_{i-2} + \varepsilon_i$,所谓 x_i 和 x_{i-2} 之间的偏自相关系数,是指剔除了中间变量 x_{i-1} 的干扰之后,x_{i-2} 对 x_i 的影响度量,并具体推证了 $\rho_{x_i, x_{i-2}|x_{i-1}} = \frac{\rho_2 - \rho_1^2}{1 - \rho_1^2}$。昆纳乌利还类似地定义了更高阶的偏自相关系数 $\rho_{x_i, x_{i-3}|x_{i-1}, x_{i-2}}$,$\rho_{x_i, x_{i-4}|x_{i-1}, x_{i-2}, x_{i-3}}$ 等[9],并明确指出,对偏自相关系数的近似分析可用于检验时间序列数据之间的相互关系。

在解析了偏自相关系数应用于大样本检验的三条基本准则之后,昆纳乌利实证研究了肯德尔的 AR(2) 模型 $x_i = 1.1x_{i-1} - 0.5x_{i-2} + \varepsilon_i$、奥卡特(G. H. Orcutt)的 AR(1) 模型 $x_i = 0.9x_{i-1} + \varepsilon_i$,以及荷兰经济学家丁伯根(Jan Tinbergen,1903—1994)的经济序列数据等,通过计算相应的 $\rho_{x_i, x_{i-2}|x_{i-1}}$、$\rho_{x_i, x_{i-4}|x_{i-1}, x_{i-2}, x_{i-3}}$ 等一系列偏自相关系数,昆纳乌利

不仅导出了 AR(p) 模型的偏自相关系数计算公式,比如

$$\phi_{k1} = \frac{\begin{vmatrix} \rho_1 & \rho_1 & \rho_2 & \cdots & \rho_{k-1} \\ \rho_2 & 1 & \rho_1 & \cdots & \rho_{k-2} \\ \rho_3 & \rho_1 & 1 & \cdots & \rho_{k-3} \\ \vdots & \vdots & \vdots & & \vdots \\ \rho_k & \rho_{k-2} & \rho_{k-3} & \cdots & 1 \end{vmatrix}}{\begin{vmatrix} 1 & \rho_1 & \rho_2 & \cdots & \rho_{k-1} \\ \rho_1 & 1 & \rho_1 & \cdots & \rho_{k-2} \\ \rho_2 & \rho_1 & 1 & \cdots & \rho_{k-3} \\ \vdots & \vdots & \vdots & & \vdots \\ \rho_{k-1} & \rho_{k-2} & \rho_{k-3} & \cdots & 1 \end{vmatrix}}$$

而且总结推证了样本偏自相关系数的标准差即为 $\frac{1}{\sqrt{n}}$。至此,昆纳乌利完成了时间序列分析领域广泛使用的偏自相关检验定理:当样本容量充分大时,偏自相关系数 ϕ_{kk} 近似服从均值为零、方差为样本数量倒数的独立正态分布,即 $\hat{\phi}_{kk} \dot\sim N\left(0, \frac{1}{n}\right)$。

　　纵观昆纳乌利偏自相关检验定理的创设历程,从外因推动层面而言,安德森定义的相关系数概念是昆纳乌利研究的理论基础和出发点;巴特利特所证明的相关系数分布与样本分布无关,使昆纳乌利清晰了研究范围,明确了样本总体范畴。当然,巴特利特的学术熏陶亦是昆纳乌利跨越自相关系数到偏自相关函数的关键力量;同时,麦道从一般统计模型到自回归模型的理论拓展,助力了昆纳乌利分析时间序列问题的操作技术;最后,统计学家肯德尔、沃克和经济学家丁伯根研究使用的经典数据,为昆纳乌利提供了丰富的样本资源。从昆纳乌利自身的学术研究而言,昆纳乌利毕生致力于统计学,专业功底雄厚扎实,研究方向极具连贯性和延续性,尤其是 1948—1949 年,数篇论文都密切围绕时间序列相关系数的分布、联合分布、分布的检验等主题,理论和技术的双重创新,有力地助推了昆纳乌利从联合分布函数视角挖掘出偏自相关检验定理。

3. 昆纳乌利对近代统计学的学术影响

　　除了所推证的偏自相关系数最佳估计分布,昆纳乌利还进一步创设了旨在降低估计偏差的样本分裂技术[10],其核心思想是:对于容量较大的样本集,每次删除一个或者几个样本,剩余样本重新构造样本集,利用新样本集计算统计量的估计值,并根据这些估计值的变异性,判别原始估计值的变异性,包括对抽样变异性、置信区间、偏倚度、误判概率的测度,以及推断分布未知的统计量等。昆纳乌利这种无放回地抽样方法,是近代重采样技术的标志,遗憾的是,当时并未引起统计学界的关注。直到 1958 年,美国统计学家图基(John Wilder Tukey,1915—2000)将其作为一般估计理论进一步发展,这种再抽样方法才得到重视,并被形象地命名为"大折刀法",亦称刀切法(jack-knife)。刀切法不要求假设样本总体满足正态分布,适用于分布类型未知的各种参数估计,而且不限制样本的抽取

方式,不仅可减少算法的偏差,亦有效降低了衡量稳定性的方差变量。刀切法的理论和实践得以迅速发展,逐渐成为一种实用的非参数推断方法,在回归分析、时间序列、抽样区间估计等领域广泛应用。刀切法是昆纳乌利最经典的工作之一。

昆纳乌利不仅深入研究了一元和多元时间序列分析的系列问题,在实验设计和分析方面,尤其是协方差分析领域,也做出了重要贡献。昆纳乌利在专著《试验设计与分析》(*The Design and Analysis of Experiment*)中,明确提出在非正交设计中设置虚拟变量,一方面通过严谨的数学分析和统计推理解决实际问题,同时也为试验设计者提供了可操作化的技术方案。昆纳乌利还与食品制造公司深度合作,开展了味觉测试设计等创新工作,其系列著作《相关度量》(*Associated Measurements*)、《多元时间序列分析》(*Analysis of Multiple Time Series*)包含了他对统计学、时间序列分析的诸多独特见解,这些工作是统计学科发展的重要参考资料。

参考文献

[1] 赵博娟. 应用多元统计分析[M]. 北京:中国人民大学出版社,2019:20-60.

[2] BARNARD G A. Maurice Henry Quenouille,1924—1973[J]. Journal of the Royal Statistical Society,Series A. 1977,140(4):568-569.

[3] MAKRIDAKIS S. A Survey of Time Series[J]. International Statistical Review,1976,44(1):29-70.

[4] ANDERSON R L. Distribution of the Serial Correlation Coefficient[J]. Annals of Mathematical Statistics,1942,13:1-13.

[5] QUENOUILLE M H. The Joint Distribution of Serial Correlation Coefficients[J]. Annals of Mathematical Statistics,1949,20:561-571.

[6] BARTLETT M S. On the Theoretical Specification of Sampling Properties of Autocorrelated Time Series[J]. Journal of the Royal Statistical Society B,1946,8(1):27-41.

[7] MADOW W G. Note on the Distribution of the Serial Correlation Coefficient[J]. Annals of Mathematical Statistics,1945,16:308-310.

[8] QUENOUILLE M H. Some Results in the Testing of the Serial Correlation coefficient[J]. Biometrika,1948,35:261-267.

[9] QUENOUILLE M H. Approximate Tests of Correlation in Time-Series[J]. Journal of the Royal Statistical Society B,1949,11(1):68-84.

[10] 博克斯 E P,等. 时间序列分析:预测与控制(原书第四版)[M]. 王成璋,等,译. 北京:机械工业出版社,2011:50-180.

试论韦德玻恩的超复数思想

王淑红

摘　要:韦德玻恩给出了有限维代数的结构定理,发展了线性结合代数。本文以韦德玻恩关于超复数的经典文献和相关文献为基础,简要分析韦德玻恩的超复数思想产生的动因、方法、内容及历史意义,以期更清楚地理解超复数的思想本质和历史渊源,更好地阐述数学家群体在超复数发展中的作用。

关键词:韦德玻恩;超复数;有限维代数;结构定理

超复数系现在被称为有限维代数,在历史上是非交换环论发展的重要原动力之一。非交换环论是环论的一个有机组成部分。而环论又是抽象代数中比较深刻的理论之一,成为许多现代核心数学学科的交汇处。具体而言,环对于乘法不一定都满足交换律,由此可以得到交换环和非交换环。环对于乘法也不一定均满足结合律,由此可以得到结合环与非结合环。结合环主要包含结合代数(由复数、四元数、超复数推广而来)、矩阵(由线性方程组、行列式发展而来)和群代数(源于群表示论)。非结合环主要包含交错代数(源于八元数、双四元数)、李环(由李变换群、李代数发展而来)和若尔当代数(源于量子力学)。

数学家林节玄(T. Y. Lam,1942—)在专著《非交换环初级教程》(*A First Course in Noncommutative Rings*)的序言中说道:

> "现在,环论为群论(群环)、表示论(模)、泛函分析(算子代数)、李理论(包络代数)、代数几何(有限生成代数、微分算子、不变量理论)、算法(序、布饶尔群)、泛代数(环簇)和同调代数(环的上同调、投射模、格罗滕迪克群、高阶 K-群)的一个丰饶的交汇地带[1]。"

因此,对于超复数进行研究的重要性不言而喻。而 1907 年韦德玻恩(J. H. M. Wedderburn,1882—1948)的《论超复数》(*On Hypercomplex Numbers*)一文是超复数思想发展的里程碑,其中给出了先进的有限维代数的结构定理,对线性结合代数的进一步发展起到了至关重要的作用[2]。国内外已有一些关于韦德玻恩超复数思想历史的研究工作。专著《抽象代数学的历史》(*A History of Abstract Algebra*)谈及了韦德玻恩在 1907 年提出线性结合代数的结构定理,这个结构定理比其他数学家给出的结构定理更为先进[3]。《韦

作者简介:王淑红,1976 年生,河北师范大学数学科学学院教授,博士生导师,研究方向为近现代数学史。主要研究成果有:已独立或合作发表"心灵的创造:戴德金的数学思想""爱米·诺特对交换环论的贡献""康托尔的数学人生"等 50 多篇文章,已独立或合作出版《环论源流》《数学都知道 1》《数学都知道 2》《数学都知道 3》等专著。

德玻恩与代数结构理论》(*Joseph H. M. Wedderburn and the Structure Theory of Algebras*)一文讨论了韦德玻恩代数结构定理的思想背景、方法和影响[4]。阿廷(E. Artin, 1898—1962)在《韦德玻恩对现代代数发展的影响》(*The Influence of J H M Wedderburn on the Development of Modern Algebra*)中对韦德玻恩超复数思想的影响给出了评价[5]。《数学史概论》《环论源流》等著述给出了韦德玻恩超复数思想诞生的背景[6-7]。这些工作为本文提供了素材和启发。

本文以现有研究为基础,借鉴近现代数学史的一些研究方法[8-9],以韦德玻恩划时代的论文《论超复数》为核心,主要从思想史角度来简要探讨韦德玻恩的超复数思想脉络图。他研究超复数的动机、路径和意义是什么?厘清此类问题,不但可以使人们更清楚地理解超复数的思想本质和来龙去脉,亦有助于人们更好地理解数学共同体在超复数思想发展中的作用,以期对相关数学研究以及数学共同体的创建和活动提供借鉴。

1. 超复数思想的早期研究

在韦德玻恩给出有限维代数的结构定理之前,众多数学家已经在这个领域作出成果,这些成果的逐步积累和深化是韦德玻恩超复数思想诞生的数学土壤。

首先,鉴于数学内部或物理等学科的需求,数学家们不断给出这个领域的一些具体案例。1843年,哈密顿(W. R. Hamilton, 1805—1865)发现四元数,这是第一个超复数系,也是首个乘法不交换的线性结合代数。麦克斯韦(J. C. Maxwell, 1831—1879)等人在将四元数改造为物理学家所需要的工具方面做了一些尝试[6]223。1845年,凯莱(A. Cayley, 1821—1895)引入八元数。八元数的乘法不但不满足交换律,而且也不满足结合律,我们可以把它看作第一个线性非结合代数。在此之前,格雷夫斯(J. Graves, 1776—1835)亦独立发现了八元数。1844年,格拉斯曼(H. G. Grassmann, 1809—1877)给出了外代数。1854年,凯莱给出了实数或复数上的群代数。1855和1858年凯莱给出了矩阵。1873年,克利福德(W. K. Clifford, 1845—1879)给出了双四元数,这是在研究几何与物理问题时发现的结果。1878年,克利福德以格拉斯曼的外代数为基础,成功地统一了哈密顿的四元数与格拉斯曼的外积。他清楚格拉斯曼成果的几何本质,将四元数完美地融入外代数中。当然还有更多超复数的例子,这里不再赘述。当这些例子积累到足够多的时候,数学家们开始考虑如何为其构建理论体系。

1870年,皮尔斯(B. Peirce, 1809—1880)在哈密顿的影响下,开始研究低于7维的超复数系。他给出了很多线性结合代数的实例[10]。以这些例子为基础,他又提出了一些基本概念、性质和结论。他把线性结合代数定义为所有形如 $\sum_{i=1}^{n} a_i e_i$ 的表达式,其中 e_i 是基元。它的加法为分量加法。它的乘法由结构常数 c_{ijk} 定义,即 $e_i e_j = \sum_{k=1}^{n} c_{ijk} e_k$,且它的乘法不满足交换律,只满足结合律与分配律。这是最早明确给出的结合代数定义。皮尔斯将系数 a_i 视为复数,自觉地将系数从实数域推广到复数域,这是概念上的重大进步。与以前的做法不同,皮尔斯不要求代数必须要有一个单位元,其方法更加抽象和一般。他定义了幂零元与幂等元。若对于代数中的元 x 和某个正整数 n，有 $x^n=0$ 成立，则 x 被称为幂零元。若对于代数中的元 y，有 $y^2=y$ 成立，则 y 被称为幂等元。他运用幂零元与幂等元等工具为一般线性结合代数建立了基础。皮尔斯接着运用乘法表对有限维代数进行分类。他证明了下面的结果：若 e 为代数 A 的一个幂等元，则 $A=eAe\oplus eB_1\oplus B_2e\oplus B$，其中 $B_1=\{x\in A:xe=0\}$，$B_2=\{x\in A:ex=0\}$，且 $B=B_1\bigcap B_2$（$\oplus$ 表示直和）。这种代数关于幂等元的分解被称为皮尔斯分解，是代数研究的一种重要工具。有了这种分解，皮尔斯就能够从研究一个代数的组成部分的角度来分析这个代数[3]。

在上述有限维结合代数的研究基础之上，数学家们开始进行更深层次的思考，对某些类型的结构进行分类并构建严谨的代数结构理论。

2. 实数或复数域上有限维结合代数的基本结构定理

19 世纪 90 年代，德国数学家弗罗贝尼乌斯（F. G. Frobenius，1849—1917）、苏联数学家莫利恩（T. Moleon，1861—1941）和法国数学家嘉当（E. Cartan，1869—1951）等独立证明了实数或复数域上有限维结合代数的基本结构定理。弗罗贝尼乌斯证明了实数域上的有限维结合代数的基本定理。莫利恩证明了复数域上维数大于等于 2 的单结合代数均与复数域上适当阶数的矩阵代数同构。嘉当在研究李代数结构的基础之上，对结合代数进行了与皮尔斯类似的研究，并给出了结构定理。

我们可以把弗罗贝尼乌斯、莫利恩和嘉当的结构定理总结为：如果 A 为实数或复数域上的有限维结合代数，那么可以得到

（1）$A=N\oplus B$，其中 N 为幂零代数，B 为半单代数。若对某个正整数 k 存在 $N^k=0$，则称 N 为幂零代数。若 N 没有非平凡的幂零理想，则称 N 为半单代数；

（2）$B=C_1\oplus C_2\oplus\cdots\oplus C_n$，其中 $C_i(i=1,2,\cdots,n)$ 为单代数，即不存在非平凡理想；

（3）$C_i=M_{n_i}(D_i)$，C_i 为元素在可除代数 D_i 中的 $n_i\times n_i$ 维矩阵代数。

上面的三种表示都是唯一的。对于嘉当、莫利恩和弗罗贝尼乌斯各自独立提出的基本结构定理，嘉当的结构定理对韦德玻恩的影响最大。

嘉当对超复数的研究源于对李代数的兴趣，他在 1894 年完成了关于李代数分类方面的一些工作，进而接着研究李代数。1897 年，嘉当开始把研究领域拓展到超复数系统，1898 年发表了关于超复数的论文《关于双线性群和复数系统》（即 *Les groupes bilinéaires et les systèmes de nombres complexes*）[11]。这篇文章遵循庞加莱（J. H. Poincaré，1854—1912）的思想，探讨了连续线性变换群（嘉当称之为双线性群）与代数之间的关系。他在文章中发展了实数域和复数域上的超复数系统。嘉当在探讨实数域和复数域上结合代数的结构时，用的方法是标量场与代数的向量空间结构。

嘉当在这篇文章的第 4 节的 B16-B17 页，给出了他的核心定义和思想。嘉当认为，一个超复数系统 Σ 包含元素 $x=x_1e_1+x_2e_2+\cdots+x_re_r$，其中 $e_i(i=1,2,\cdots,r)$ 是符号（用现代术语来说，它就是基向量），$x_i(i=1,2,\cdots,r)$ 是复数或实数域中的标量。这些元素以通常的方式相加或相乘，且假设乘法满足结合律。嘉当还要求代数 Σ 有一个单位元 ε。他注意到基的变化不改变代数，于是给出了其方法所依赖的基本思想，即超复数的特

征方程概念。

令 $x = \sum\limits_{i=1}^{r} x_i e_i$ 是 Σ 中的一个元素。嘉当想要找到 Σ 中所有满足方程 $xy = \omega y$ 的 y $= \sum\limits_{i=1}^{r} y_i e_i$，其中 ω 为基本域中的元。他指出若 ω 满足方程

$$
\begin{vmatrix}
\sum x_i \alpha_{i11} - \omega & \sum x_i \alpha_{i21} & \cdots & \sum x_i \alpha_{ir1} \\
\sum x_i \alpha_{i12} & \sum x_i \alpha_{i22} - \omega & \cdots & \sum x_i \alpha_{ir2} \\
\vdots & \vdots & & \vdots \\
\sum x_i \alpha_{i1r} & \sum x_i \alpha_{i2r} & \cdots & \sum x_i \alpha_{irr} - \omega
\end{vmatrix} = 0
$$

（我们将这个方程记为 $*$，其中 α_{ijk} 是数系的结构常数，该数系由 $xy = \sum \alpha_{ijk} x_i y_j e_k$ 确定，$j = 1, 2, \cdots, r$ 和 $k = 1, 2, \cdots, r$），则 $xy = \omega y$ 成立。换句话说，他在寻找 L_x（表示 x 的左平移）的特征向量 y。他通过求解关于 ω 的方程 $\det(L_x - \omega I) = 0$（其中 I 为恒等变换）实现了这一点。嘉当将 x 看作一个生成元，即将 $x_1, x_2, \cdots, x_r$ 看作变量，多项式方程 $*$ 即为嘉当的特征方程[11]。

他运用特征方程来确定代数的内部结构。每个代数都给出一个极小特征多项式，它的因式与已知代数的结构相关。有别于皮尔斯，嘉当通过成对的正交幂等元来分解代数。他接着叙述了幂零元，以他的话来说是伪零（pseudo-null）元。嘉当将代数中仅存在零根特征多项式的元称作伪零元，这与皮尔斯幂零元的定义一样。然后他证明了所有单复数系统是矩阵代数。这个定理的推论是每个半单代数是矩阵代数的直和，每个代数是一个单或半单子代数与一个幂零子代数的直和。后面一个推论今天被称之为韦德玻恩主定理。嘉当首先得出的是复数域上的代数，然后将复数域上代数的结果用于得到实数域上代数的类似结果[4]。

其中，特别值得一提的是，嘉当在这篇文章的后半部分，为了更加简洁地来表述有限维代数的结构定理，定义了 4 个概念，这对代数学的后续发展非常重要。他定义的这四个概念为不变子代数（即现代术语中的双侧理想）、单代数、半单代数、两个代数的直和。这几个概念在非交换代数中第一次出现。嘉当把理想称为不变系统。嘉当在这篇文章的B57 页说道：

"我们说一个超复数系统 Σ 分解成两个系统 Σ_1 和 Σ_2，若 Σ_1 的每个元素、Σ_2 的每个元素、以及 Σ_1 的任意元素与 Σ_2 的任意元素之和都属于 Σ；此外，反过来，Σ 中每个元素有且仅有一种方式表示为 Σ_1 的一个元素与 Σ_2 的一个元素之和；最后，若 Σ_1 中任意元素与 Σ_2 中任意元素之积为零。可以理解，这个定义假定 Σ_1 和 Σ_2 没有公共元。我们说一个系统 Σ 存在一个不变子系统 σ，若 σ 的每个元素属于 Σ，且 σ 中任意元与 Σ 中任意元的乘积属于 σ，这里的乘法不分左右。一个不存在不变子系统的系统 Σ 被称为是单的。一个可分解成两个或多个单系统的系统被称为半单系统[11]。"

总之，19 世纪末，有限维结合代数的理论基本成熟，通过群表示论，与李（M. S. Lie, 1842—1899）的连续群理论和有限群理论建立起联系，同时得到有限维结合代数的结构定

理,发展成为一个独立学科。有限维结合代数理论已经开启了更大的发展空间,它的结构理论亦因韦德玻恩的工作变得更加完善。

3. 与一流代数学共同体结缘

韦德玻恩虽然自 1909 年到 1945 年退休为止,一生中的大部分职业生涯在普林斯顿大学度过,但他却是出生于英国的数学家。他 1882 年出生,其父亲是医生,祖父和曾祖父都是牧师,外祖父为律师。他的父母共育有 14 个孩子,韦德玻恩排行第十[12]。

1898 年,韦德玻恩中学毕业,获得奖学金进入爱丁堡大学学习。在爱丁堡大学,韦德玻恩的数学进步显著,并开启了数学研究工作。1903 年,他的第一篇论文《关于一阶微分方程的等倾线》(On the Isoclinal Lines of a Differential equation of the First Order)发表于《爱丁堡皇家学会会报》(Proceedings of The Royal Society of Edinburgh)。同年,他还发表了另外两篇论文,分别是关于向量的标量函数和四元数在微分方程中的应用。1903 年,他获得爱丁堡大学数学一等荣誉硕士学位。不得不提的是,在这个时期,韦德玻恩受到了英国数学家泰特(P. G. Tait,1831—1901)工作的影响,该工作的重点是哈密顿四元数在物理学中的应用。本着这种精神,韦德玻恩做了上述一些相关工作。然而,韦德玻恩很快又受到英国数学家伯恩赛德(W. Burnside,1852—1927)的影响,兴趣发生了转移,开始研究超复数系统,因为超复数系统本身是代数实体[13]。

随后,为了开拓学术视野,韦德玻恩赴德国莱比锡大学学习。1904 年,韦德玻恩在柏林大学度过了暑期。此时,韦德玻恩对代数颇感兴趣,他开始与德国数学家弗罗贝尼乌斯、舒尔(I. Schur,1875—1941)和恩格尔(C. Engel,1821—1896)互相交流代数问题。其中,恩格尔是李的合作者,十分熟悉李的代数学工作,也间接将李的思想传递给了韦德玻恩[14]。

1904—1905 年,韦德玻恩获得卡耐基(Carnegie)奖学金到美国芝加哥大学学习。这里群英荟萃,拥有维布伦(O. Veblen,1880—1960)、穆尔(E. Moore,1862—1932)和迪克森(L. Dickson,1874—1954)等世界一流代数学家,他们志趣相投,一起创建了良好的研究氛围。在这样得天独厚的学术环境下,韦德玻恩继续深化代数研究。当时这些数学家在对结合代数进行研究,韦德玻恩很自然地与这些数学家开始了密切交流[15]。

1905 年,韦德玻恩回到苏格兰,接着在母校爱丁堡大学以讲师的身份工作了 4 年。在这几年期间,他在代数方面的研究进展顺利,取得了一些重要成果,特别是 1907 年,在《伦敦数学会会报》(Proceedings of the London Mathematical Society)上,发表了最著名的关于半单代数分类的论文《论超复数》。这篇论文意义非凡,不但它本身具有开创性意义,而且使得韦德玻恩在 1908 年获得科学博士学位。下文分析《论超复数》所蕴含的思想。

4.《论超复数》

韦德玻恩一生有两项成果最为重要。第一项成果是 1905 年韦德玻恩在《美国数学会汇刊》(*Transactions of the American Mathematical Society*)上发表的《论有限可除代数》(*On Finite Division Algebras*),证明了有限可除代数是可交换的,因此它是一个域[16]。阿廷在《韦德玻恩对现代代数发展的影响》中对韦德玻恩超复数思想的影响给予了高度评价,他认为:"这在很大程度上吸引了大多数代数学者[5]"。1893 年,穆尔曾刻画了有限域的特征。此外,这一结果是域的更一般丢番图性质的特例,因此开辟了一条全新的代数学研究路径。1906 年,韦德玻恩和维布伦运用韦德玻恩的这个结果证明了,在有限射影平面上笛沙格定理隐含着帕波斯定理[17]。第二项成果就是《论超复数》,韦德玻恩在这篇文章中给出了任意域上有限维结合代数的结构定理,这个结构定理被后人称为韦德玻恩结构定理。

韦德玻恩结构定理与嘉当的结构定理基本相同。韦德玻恩吸收了嘉当的思想,将代数的标量场从实数域或复数域推广到任意域。还需要注意的是,这种推广需要一种新方法,也就是必须要重新表述有限维代数的主要概念与结果。这正是韦德玻恩的英明之处。

韦德玻恩在《论超复数》伊始写到了他写这篇文章的主要研究目的和背景。他说:

"本文的目标是首创在推理的基础上建立超复数理论。研究这个课题通常所用的方法依赖于特征方程理论,因此,这种方法一般只适用于一个特殊的域或某一类域。例如,嘉当在具有奠基性且影响深远的论文《关于双线性群和复数系统》中就是使用的这种方法。诚然,这种方法常常可以被推广到任意域,但是我认为它并不在任何情况下都可以。"[2]77-78

韦德玻恩接着说道:

"我的目标一直是发展一种研究方法,它类似于在有限群理论中已经获得成功的一种方法。解决这一问题的方法主要就是由弗罗贝尼乌斯所发展的一套技术,他将这套技术极其有效地运用于群论的研究中。对这套技术作少许的改进后,同样可以适用于超复数系的理论(下面也将超复数系称为代数)。虽然对这套技术已经有了简短的阐述,然而在本文中给出更为详细的阐述是有必要的。"[2]78

韦德玻恩接着对文中采用的术语进行了说明。他谈道:

"对于所采用的几个术语也许不会不合时宜。在迪克森教授的建议下,我用"代数"这个词来代替皮尔斯"线性结合代数",因为它太长了,用起来不太方便。只由一个代数的部分元素(或数)组成的代数被称为该代数的子代数。我们始终假设可以为当前讨论的任意代数选择一个有限基,也就是说,我们假设总有可能找到这个代数的有限个元素(这些元素对于某些给定域线性无关),并且使得这个代数中的任何其他数可以由它们线性表出。"[2]78

然后,韦德玻恩强调了这篇文章的创新之处并指出希望达到的预期效果。他说:

"对于系数在有理数域中的代数,本文的大多数结果已由以嘉当和弗罗贝尼乌斯为主的一些数学家给出。这些数学家所使用的很多方法也许能够被直接推广到任意域。然而,希望本文除了有新颖的结果之外,其中所使用的方法本身足以值得发表。"[2]78

韦德玻恩也指出了这篇文章的成果的做出时间，并表达了对穆尔的感谢。他说："第1、2、4～6 节的大部分内容，1905 年初曾在芝加哥大学的数学研讨会上宣读过，在很大程度上要归功于穆尔教授的有益指正。"[2]78 由此可见，韦德玻恩在芝加哥大学时已经完成了本文的大部分内容，而且穆尔对其有所助益。

韦德玻恩的《论超复数》一文主要有 11 节。它的主要内容为：(1)复数运算；(2)不变子代数；(3)可约性；(4)幂零代数；(5)强代数；(6)强代数的分类；(7)恒等式；(8)强代数的分类(续)；(9)非结合代数；(10)半不变子代数；(11)直积。

韦德玻恩在第 1 节"复数运算"部分，一开始就给出了"代数"(或超复数系)的定义。

令 $x_1, x_2, \cdots, x_n$ 为给定域 F 中线性无关的元素集合。我们说 $x = \sum_{r=1}^{n} \xi_r x_r$（其中 ξ 是 F 的任意标量）的所有元素的集合构成一个"代数"，如果它满足以下 3 个条件：(1) $\sum \xi_r x_r + \sum \xi_r^i x_r = \sum (\xi_r + \xi_r^i) x_r$；(2) 任意两个 x 的乘积关于 F 中 $x_1, x_2, \cdots, x_n$ 线性相关，且以这样的方式定义的乘法是结合的；(3) 对于代数中的任意三个元素 x, y, z，满足 $x(y+z) = xy + xz, (y+z)x = yx + zx$。韦德玻恩接着给出了代数运算的一些规则和性质，为下文的叙述做好了准备。

《论超复数》的第 2 节为"不变子代数"。韦德玻恩首先给出了不变子代数的定义。他说道：

"对于复数 A 的一个子复数 B，如果使得 $AB \leqslant A, BA \leqslant B$ 成立，那么它被称为 A 的不变子复数。如果 B 不包含在具有这种性质的 A 的其他子复数中，则它被称为极大不变子复数。因为 $B^2 \leqslant BA \leqslant B$，所以 B 一定是一个代数。没有不变子复数的代数被称为单代数。在后面的章节可以看到，不变子代数理论十分重要。"[2]81

实际上，正如韦德玻恩所说，不变子代数具有重要作用。他的基本思想就是通过分析代数的不变子代数来研究代数的结构。他认为不变子代数构成了整个代数理论的基础。其结构理论不以多项式理论为基础。这是一种观念的转变，提升了不变子代数的概念等级。

弗罗贝尼乌斯、嘉当和莫利恩都用过不变子代数或者其等价形式，但是只把它作为他们的研究方法的工具，在概念等级上低一些。莫利恩在他的文章《关于超复数系统》(Ueber Systeme höherer complexer Zahlen)中，为了阐述特征多项式的因子分解问题，他给出了不变子代数的等价概念，但是这个概念的术语不同，他用的是"伴随系统"(Begleitende System)。弗罗贝尼乌斯也用到不变子代数，但是只是将它们用于群行列式的因子分解。嘉当在《关于双线性群和复数系统》一文中，为了更简洁地陈述他的结果，在文章最后才提到不变子代数。因此，从韦德玻恩开始，不变子代数才真正在线性结合代数中受到充分重视。

《论超复数》的第 3 节是"可约性"。韦德玻恩在这一节指出：

"如果代数 A 可表示为两个代数 A_1 和 A_2 的和，其中 $A_1 A_2 = 0 = A_2 A_1$ 成立，那

么 A 被称为是可约的,且是 A_1 和 A_2 的直和。"[2]84

韦德玻恩在讨论了复数运算、不变子代数和可约性之后,为了证明代数 A 中的全部双侧理想都包含在一个极大幂零理想 N 中,他在《论超复数》的第 4 节"幂零代数"中专门讨论了幂零代数的性质。特别是在本节最后给出了一个重要定理,即定理 13:"若 N 是代数 A 的一个极大幂零不变子代数,则 A 的所有其他幂零不变子代数包含在 N 中。"[2]89 据韦德玻恩所说,由这个定理,可以直接推出$(A-N)$(现在记为 A/N)不存在幂零子代数。由此,在研究某些问题时,就可以重点关注没有幂零不变子代数的代数(也就是半单代数)。因此,我们可以将韦德玻恩研究超复数的方法归结为首先分解出超复数的极大幂零理想,然后研究其半单部分。因此,幂零代数在代数结构的讨论中具有重要意义。

有了上述准备之后,韦德玻恩在《论超复数》的第 5 节讨论"强代数"。他首先说明了什么是强代数。他说强代数为非幂零的代数。然后通过一番论证,他得到几个定理:每个强代数包含一个幂等元;如果代数 A 只有一个幂等元 e,那么每个没有逆的元素对 e 都是幂零的;每个没有模的代数 A 都有一个幂零不变子代数;一个非单的半单代数是可约的;若 e 是半单代数 A 的幂等元,则 eAe 是半单的。他还得到一个推论:若上述定理中的 e 是本原的,则 eAe 也是本原的。韦德玻恩可以利用幂等元来描述代数关于一组本原成对正交幂等元的一般皮尔斯分解。

接着,韦德玻恩进入所讨论问题的核心。他在第 6 节"强代数的分类"中讨论了强代数的分类问题。他首先说明:

"本节主要研究半单代数的分类。然而,到目前为止,结果是不完整的,因为分类是根据本原代数给出的,而本原代数本身还没有被分类。同时,非幂零代数的分类在整体上取得了很大的进步。"[2]95

他还给出了矩阵代数的定义。随后,他给出了定理 22:

"任意单代数可以表示为本原代数和单矩阵代数的直积。"[2]99

由于半单代数可以转化为几个单代数的直和,定理 22 就相当于确定了全部半单代数的形式。在这一节的末尾部分,韦德玻恩给出定理 24:

"如果 N 是代数 A 的一个极大幂零不变子代数,其中 A 有一个模,且$(A-N)$是单代数,那么 A 可以表示为一个单矩阵代数和一个只包含一个幂等元的代数的直积。"[2]100

韦德玻恩在《论超复数》的第 7 节"恒等式"中,运用一般的特征多项式和最小多项式的性质证明了他的主要定理,即定理 28:

如果 A 是一个代数,其中每一个没有逆元的元素是幂零元,那么它可以被表示为 $A=B+N$ 的形式,其中 B 是一个本原代数,N 是一个极大幂零不变子代数。[2]105

这个定理说明,如果 A 是具有极大幂零理想 N 的域 F 上的一个代数,使得 A 满足加法性质,A/N 是一个可除代数,那么 A 可以被记为 $B \oplus N$。其中 B 是一个可除代数且为 A 的子代数。

韦德玻恩在《论超复数》的第 8 节"强代数的分类(续)"中,归纳了本文对代数的一些分类结果。他认为:

"如果不能发现幂零代数的分类比迄今为止发现的任何分类都要完整得多,那么就不会有更完整的代数分类了。"[2]109

到此,韦德玻恩对有限维结合代数的分类宣告完成。

实际上,我们可以把韦德玻恩有限维线性结合代数结构定理归纳为:线性结合代数可以分解成幂零代数和半单代数,每个有限维半单代数可以由单代数的直和构成,单代数可以表示成域上某个可除代数的矩阵代数。对于某个除环来说,每个单代数与一个矩阵代数同构。韦德玻恩给出了单代数和半单代数的完整分类。因此,对结合代数进行研究能归结为对可除代数进行研究。有限除环均为交换域。

5. 历史意义

韦德玻恩认为,在研究有限维代数结构时,尽管他提出的定理并不完全是新的,但证明它们的方法,也就是推理方法,却是新颖的。这种方法是概念性的,而不是计算性的。这与之前欧洲的研究方法不同。对于欧洲的数学家来说,结合代数本质上是实数或复数域的推广。而对于美国数学家,自皮尔斯开始就大力研究结合代数,主要运用了抽象的观点。韦德玻恩的这种推理方法使他一举完成了嘉当必须逐个研究和解决的问题。

韦德玻恩超复数的出色工作不但使他获得了博士学位,赢得了声誉,而且对代数学的进展产生了不可小觑的影响。在韦德玻恩第一次引入或使之成为代数研究中心的思想中,至今仍被视为基本思想的有:理想、商代数、幂零代数、代数的根、半单代数和单代数、直和与张量积等[18]。

韦德玻恩将环的研究分为两部分,他把一部分称为根,另一部分称为半单。他使用矩阵代数对半单代数进行分类。这项工作非常重要,影响深远,在接下来的半个多世纪的时间里,数学家们一直在对这项工作进行有效的推广。通常来说,一个好的抽象理论要总结和统一前人的成果,把这些成果放在一个新的视角下审视,并为其后续工作提供新的研究方向。事实表明,韦德玻恩结构定理就是这种好的抽象理论。1938 年,美国数学家伯克霍夫(G. D. Birkhoff,1884—1944)认为,韦德玻恩的工作标志着线性结合代数理论的一个真正的转折点[19]。它为阿廷和雅各布森(N. Jacobson,1910—1999)等人的环论结构定理提供了启发和模型。

实际上,韦德玻恩没有证明一般环论中的结果,而是证明了超复数系统中的结果。1927 年,阿廷将韦德玻恩的代数结构定理推广到同时满足升链条件和降链条件的非交换环上。现在,以阿廷名字命名的阿廷环就是具有零根的这样的环。阿廷还证明了阿廷环可以分解成单环的直和,其中单环为可除环上的矩阵环。

从 20 世纪 20 年代末至 30 年代中期,诺特(E. Noether,1882—1935)为了解决可除代数在算术方面遇到的困难,集中精力研究非交换代数和非交换算术,引进交叉积的概念,1932 年与其他人合作证明了代数主定理。1930 年,科特(G. Köthe,1905—1989)引入了根基的概念,并且力图将根基理论推广到更一般的环上,从而开辟了结合环论的未来研究方向。这个时期,交换环和非交换环的理论交织到一起,开始相互影响。链条件在交换环和非交换环中几乎被同时研究。模最初用于研究交换环,后来也开始被用来研究一般的环。不过,有些思想却在交换环和非交换环之间渗透得比较缓慢。20世纪40年代,人们试图证明不满足链条件的韦德玻恩-阿廷型的结果。突破性的进展是雅各布森1945年做出的。值得注意的是,这项工作取决于环的雅各布森根的思想,这与1885年弗拉蒂尼(G. Frattini, 1852—1925)的群论思想具有可比性[20]。雅各布森亦是伟大的代数学家,他是韦德玻恩的博士生,他是如何受到韦德玻恩影响的,值得进一步研究。

6. 结 语

哈密顿、凯莱、格雷夫斯、格拉斯曼、克利福德等数学家相继给出了丰富的超复数例子。皮尔斯不仅给出一些超复数的例子,而且还在给出幂零元、幂等元等一系列基本概念和性质的基础上,通过乘法表对有限维代数进行分类研究。弗罗贝尼乌斯、嘉当和莫利恩等独立证明了实数或复数域上有限维结合代数的基本结构定理,但他们所用的方法主要是计算方法。而韦德玻恩正是在这些数学研究的基础之上,采用了概念方法给出了任意域上有限维代数的结构定理。他通过分析代数的不变子代数来研究代数的结构,认为不变子代数构成了整个代数理论的基础,其结构理论不依赖于多项式理论。这种方法或观念上的转变,使得韦德玻恩关于超复数的工作成为线性结合代数理论发展过程中的重要里程碑,对阿廷、雅各布森等数学家的后续研究具有重要启示。

韦德玻恩的教育和研究地理路线为英国、德国、美国、英国、美国。他在英国接受小学、中学、大学和硕士阶段的教育,然后去德国继续求学,之后很快到美国芝加哥大学求学。1905年,他回到英国待了四年又重返美国,其余生均在美国任教和生活。沿着这条地理路线图,我们可以明显地看到他受到了英国、德国、美国三国数学家的影响。在英国的第一个时期,韦德玻恩受到了英国数学家泰特和伯恩赛德的影响,开启了研究超复数系统的数学道路。在德国期间,他与德国数学家弗罗贝尼乌斯、舒尔和恩格尔的切磋,使他了解到更多相关的代数学进展情况,向超复数的研究更进一步。而韦德玻恩在美国芝加哥大学学习期间,他与美国数学家维布伦、穆尔和迪克森等人的合作交流,则是他得出有限维代数结构定理的关键。

20世纪前十年,欧洲数学整体要强于美国,而且也不存在处于战乱或受迫害等因素,韦德玻恩为何选择去美国访问?特别是他回到欧洲4年后为何又重返美国,余生都在美国工作和生活?高斯(C. F. Gauss, 1777—1855)曾言:"数只是我们心灵的产物"。高斯的学生戴德金(R. Dedekind, 1831—1916)亦言:"数是人类心灵的自由创造"。[21]他们都将人的心灵视为数的源泉,把数与心灵直接联系起来。我们遵循这种思想,若探讨韦德玻恩的超复数思想,追溯它的本源,必定离不开韦德玻恩所走过的心灵轨迹。对于这一问题,有待进一步深入探究。

参考文献

[1] LAM T Y. A First Course in Noncommutative Rings[M]. New York: Springer-Verlag, 1991: vii.

[2] WEDDERBURN J H M. On Hypercomplex Numbers[J]. Proceedings of the London Mathematical Society, 1907, 6: 77-118.

[3] KLEINER I. A History of Abstract Algebra[M]. New York: Springer, 2007: 41-50.

[4] PARSHALL K H. Joseph H. M. Wedderburn and the Structure Theory of Algebras[J]. Archive for History of Exact Sciences, 1985, 32: 223-349.

[5] ARTIN E. The Influence of J H M Wedderburn on the Development of Modern Algebra[J]. Bulletin of American Mathematical Society, 1950, 56: 65-72.

[6] 李文林. 数学史概论[M]. 4 版. 北京: 高等教育出版社, 2021: 220-224.

[7] 王淑红. 环论源流[M]. 北京: 科学出版社, 2020: 100-112.

[8] 王淑红, 邓明立, 孙小淳. 环论历史研究的新思路[J]. 科学技术哲学研究, 2017, 34(2): 80-85.

[9] 曲安京. 近现代数学史研究的一条路径——以拉格朗日与高斯的代数方程理论为例[J]. 科学技术哲学研究, 2018, 35(6): 67-85.

[10] PYCIOR H M. Benjamin Peirce's 'Linear Associative Algebra'[J]. Isis, 1979(254): 537-551.

[11] CANTRN E. Les Groupes Bilinéaires et les Systèmes de Nombres Complexes[J]. Annales de la Faculté des Sciences de Toulouse, 1898, 1: B1-B99.

[12] O'CONNOR J J, ROBERTSON E F. Joseph Henry Maclagen Wedderburn [EB/OL]. [2001-03-01]. https://mathshistory.st-andrews.ac.uk/Biographies/Wedderburn.

[13] TAYLOR H S. Joseph Henry Maclagen Wedderburn(1882—1948)[J]. Obituary Notices of Fellows of the Royal Society, 1949, 6 (18): 618-626.

[14] AITKEN A C. J. H. Maclagan Wedderburn, F. R. S. 1882—1948[J]. Edinburgh Math. Notes, 1952, 38: 19-22.

[15] PARSHALL K H. New Light on the Life and Work of Joseph Henry Maclagen Wedderburn (1882—1948)[M]//Demidov S S, Folkerts M, Rowe D, Scriba C J(eds). Amphora: Festschrift for Hans Wussing on the Occasion of his 65th Birthday, Basel-Boston-Berlin: Birkhäuser, 1992: 523-537.

[16] WEDDERBURN J H M. On Finite Division Algebras[J]. Transactions of the American Mathematical Society, 1905, 6: 349-352.

[17] MCCONNELL J C. On Wedderburn's Division Algebra Theorem of 1914 [J]. Periodica Mathematica Hungarica, 1997, 34 (3): 211-215.

[18] KLEINER I. Abstract (modern) Algebra in America (1870—1950): a Brief

Account[M]//Kennedy S F, Albers D J, Alexanderson G L, etc. (eds). A Century of Advancing Mathematics, Washington: Mathematical Association of America, 2015:191-216.

[19] BIRKHOFF G D. Fifty Years of American Mathematics [1888—1938][M]// AMS(eds). Semicentennial Addresses of the American Mathematical Society, Vol Ⅱ, New York: American Mathematical Society, 1938:270-315.

[20] O'CONNOR J J, Robertson E F. The Development of Ring Theory[EB/OL]. [2004-09-01]. https://mathshistory. st-andrews. ac. uk/HistTopics/Ring_theory/.

[21] 王淑红,孙小淳. 心灵的创造:戴德金的数学思想[J]. 自然辩证法通讯,2019, 41(2):115-122.

盖尔范德数学讨论班

——学术共同体的典范

邓明立,刘献军

摘　要:"盖尔范德数学讨论班"由苏联传奇数学家盖尔范德在 30 岁时创立,一直到他 1990 年移居美国,持续举办了将近五十年的时间。盖尔范德把他的讨论班办成了选拔合作者及培养数学新秀的中心,培养了多位著名数学家并且在众多数学领域做出奠基性贡献。在倡导和践行"人类命运共同体"理念的今天,开展科研协作和学术合作共克时艰显得愈发重要和必要,盖尔范德数学讨论班树立了典范。让我们从数学历史的长河中汲取智慧,以便更好地开创数学乃至人类科学之未来。

关键词:盖尔范德;赋范环;讨论班;数学学派;共同体

伊斯雷尔·莫伊赛耶维奇·盖尔范德(Israel Moiseevich Gelfand,1913—2009)在 20 世纪 30 年代末开创了交换赋范环理论,以简洁优雅的代数风格新方法解决了调和分析中的一些经典问题,在国际数学界引起轰动,他还在此基础上开拓了抽象调和分析、一般谱论、C^*-代数等一系列新领域。盖尔范德 30 岁时建立了自己的数学讨论班,形成了自己的学派,在俄国数学界甚至全世界都具有传奇的地位和影响。

1. 盖尔范德其人

盖尔范德 1913 年 9 月 2 日出生于乌克兰的一个小镇克拉斯尼奥克尼,一个贫穷的犹太人家庭。他在那里上小学,并进入中学继续读书。儿时的他像拉马努金(Ramanujan,1887—1920)一样,喜欢对数学问题做各种尝试。他之所以探索式地钻研数学,家庭困难没钱买书、市面上书籍匮乏是重要的原因。

他的兴趣不在于解决单独的一个个问题,而在于探究这些问题是如何关联起来的。在 5、6 年级的时候,他已经明白有些几何题是不能用代数方法求解的;他计算了弦长与弧长之比,制成了每隔 5 度的表格,实际上是自己制作了一个三角函数表。在 6 年级初时,

基金项目:国家自然科学基金项目(项目编号:12171137)。

作者简介:邓明立,1962 年生,河北师范大学数学学院教授,研究方向为近现代数学思想史。主要研究成果有:专著《20 世纪数学思想》荣获第十二届中国图书奖。

刘献军,1980 年生,河北师范大学数学学院副研究员,研究方向为近现代数学思想史。

他注意到边长为3、4、5的三角形是直角三角形,边长为5、12、13的三角形也是直角三角形,就想求得边长为整数的全部直角三角形,最终得到了一般公式(毕达哥拉斯三元数组)。他在中学时就独立推出了欧拉-麦克劳林公式、伯努利数、前 n 个自然数 P 次幂的求和公式等,并养成了攻克难题后继续深入思考的习惯,对数学极感兴趣并展现出过人的天赋。15岁那年,他首次阅读了高等数学教材[①],当他发现正弦可以用代数的级数形式表示时,他的观念发生了转折——"障碍被摧垮了,数学成了统一的数学"。"在此之前,我认为有两类数学,代数的和几何的……当我发现正弦可以代数地表示为级数时,壁垒轰然倒塌,数学合二为一。直到今天,我看数学的各个分支,连同数学物理,都是整体中的一部分而已"。正是这种童年萌发的数学兴趣和思考方式形成了盖尔范德的研究风格——对数学统一与和谐的信仰以及数学浪漫主义的追求,引领他一路前行,他本人就是在这一时期形成了自己的研究方法,在数学及科学诸多领域做出了开创性贡献。

盖尔范德由于家庭原因没能完成中学教育,高中时辍学后在职业技术学校学习了大约两年。1930年2月,16岁的盖尔范德辍学去了莫斯科投奔远亲,靠打零工谋生,后来他在列宁图书馆找到了一份工作。在抵达莫斯科之前,盖尔范德的数学世界十分孤寡,能接触到的只有中学课本和一些社区大学课本。到莫斯科之后则不同了,闲暇时他都在图书馆读书,如饥似渴地补充此前没有学到的知识,同时废寝忘食地阅读现代数学书籍并钻研深刻的数学问题。盖尔范德对待数学已不再是那种"纯试验"性质了,新接触的现代理论使他受到了极大的冲击,"我的发展已不能由自己掌控了"。

盖尔范德的努力与勤奋引起了一位教授的注意。有一天他又在列宁图书馆认真阅读,教授给了他几个问题让试着解答。等这位教授再次来到列宁图书馆时,盖尔范德展示了自己的解决办法,这让教授感到非常惊讶,原来他给盖尔范德的问题中有一个是尚未解决的问题。这位教授就是大名鼎鼎的柯尔莫哥洛夫(Andreyii Nikolaevich Kolmogorov, 1903—1987)。柯尔莫哥洛夫不但是杰出的数学家,而且是杰出的教育家,他具有把青年人才吸引到数学研究中去的魅力,培养出了许多优秀的数学家并形成了以他为首的数学学派。柯尔莫哥洛夫随即邀请盖尔范德到莫斯科大学去听讲座,还让他旁听数学课并参加他的数学讨论班。

莫斯科大学是当时苏联最大规模的数学研究中心,拥有一批富有开创性的数学家,在拓扑学、概率论、排队论、函数论、泛函分析、数论、数理逻辑与数值方法等领域进行了深入的研究。关于计算数学、控制论、程序设计、计算机系统自动化等方面的研究也代表了应用数学的研究方向。此外,科学史领域的研究在莫斯科大学也很受重视。在莫斯科大学,盖尔范德感受到"数学中吹起对严格证明新要求的微风",这与他此前拉马努金式的浪漫数学试验差距如此之大,对他有强烈的触动。讨论班上对证明的严格性要求以及实变理论的丰富结果,让他认识到自己研究范围狭窄的窘境,这刺激着他去努力阅读"现代且严格"的实变理论、数学分析、复变函数、椭圆函数论等教材。

盖尔范德在进入莫斯科大学后很快步入了冲刺数学顶峰的康庄大道。1932年,没有读完高中、未上过大学的盖尔范德被莫斯科大学破格录取为研究生,师从柯尔莫哥洛夫。

①乌克兰文的伯利兹(Беляев)版《高等数学教程》第一册,内容包含微积分和平面解析几何。

当年起,他开始担任莫斯科大学数学系助教。柯尔莫哥洛夫让盖尔范德在新兴的泛函分析领域从事研究。1935年,盖尔范德以关于抽象函数和线性算子的论文获副博士学位①。在这篇论文以及稍早的另一篇论文中,他得到了泛函分析中不少基本结果,还在证明过程中建立了现在泛函分析中通用的借助连续线性泛函转化为经典分析中对象的方法。答辩通过后,盖尔范德被授予副教授职称,1935—1941年在苏联科学院授课。1938年,盖尔范德仍以关于抽象函数和线性算子为题提交了申请博士学位的论文。在学位论文中,他创建了赋范环理论(现称巴拿赫代数)的基本框架。应用赋范环理论,他只用短短几行篇幅证明了维纳早先在一篇长文中证明的著名的非零绝对收敛傅立叶级数反转定理:如果一个不取零值的函数可展开为绝对收敛的傅里叶级数,则其倒函数也可展开为绝对收敛的傅里叶级数。这展示了赋范环理论的巨大威力,1939年论文一发表就引起了国际数学界极大关注。1940年,盖尔范德获得苏联物理数学科学博士学位。1941年,28岁的盖尔范德成为莫斯科大学的全职教授,在接下来的50年里他一直担任这一职务。盖尔范德于1990年移居美国,后在罗格斯大学数学系担任特聘教授。2009年10月5日,盖尔范德在新泽西州一家医院去世,享年96岁。

　　盖尔范德1953年当选为苏联科学院通讯院士,1984年当选为院士;1966年至1970年任莫斯科数学会主席。1967年他主持创办《泛函分析及其应用》杂志。他是许多著名科学院或学会的成员,其中有英国皇家学会、美国国家科学院、巴黎科学院、瑞典皇家科学院、美国数学会、伦敦数学会等。他还是牛津大学、哈佛大学、巴黎大学的名誉博士。盖尔范德一生荣获了很多奖项,包括1951年和1953年两次获得了苏联国家奖,1956年获得了列宁勋章,1978年获得了沃尔夫奖,1989年获得了京都奖,1994年获得了麦克阿瑟奖,1999年获得了俄罗斯国家奖,2005年获得了美国数学会斯蒂尔终身成就奖。盖尔范德分别于1954、1962、1970年三次在国际数学家大会上做全会报告,这颇能说明他在当代数学发展中的突出地位。

　　盖尔范德被誉为20世纪最伟大的数学家之一,对众多数学及科学分支做出了开创性贡献,一生发表800余篇论文及30多部著作。仅拿数学方面来说,盖尔范德共有467篇论文被《数学评论》收录,涉及40余个分支。特别是他在泛函分析方面的开创性工作,使得该领域在20世纪得到了巨大的发展。他的工作为整个数学科学提供了重要的思想和深刻的见解,不仅影响了数学本身,而且为物理学的基本粒子和量子力学提供了不可或缺的数学工具。盖尔范德的数学研究工作有如下特点:

　　(1)洞察能力深邃,见微知著。盖尔范德善于把表面看来互不相关的事物联系起来,并指出进一步发展的线索。他的研究往往是提出或发展基本概念,大部分研究被吸收融化到了当代数学发展的主流。

---

　　①俄制副博士学位,俄语 Кандидат наук,在苏联、俄罗斯、乌克兰等流行俄式学制的欧亚国家颁授给研究生的学位,级别比硕士学位高,低于俄式学制的全博士学位。只有取得《高等教育毕业证书》同时获得如电子学、建筑学"工程师""经济师""农艺师"技术称号(称为"持文凭的专业人才"),通过考试或推荐,可以攻读副博士学位,一般3~4年,答辩通过后获科学副博士学位证书。获得副博士学位者经过一段时间的工作,通常5~10年成为某一学科学术带头人之后,有权申请科学博士学位答辩,如通过则可获得科学博士学位证书。根据我国国外学位认证规定,副博士学位(俄制)被认定相当国内大学或欧美日各国大学授予的博士学位。

(2)研究领域广泛,令人惊叹。在 20 世纪后半期,盖尔范德在很多领域发表了大量开拓性的论著。到 1992 年为止,他本人或与别人合作发表的数学论文近 500 篇,撰写的数学教材和专著达 18 部之多。

(3)教研紧密相连,完美至极。盖尔范德经常讲授入门课程,上课时善于启发和提出问题,在讨论班上也不断提出深邃问题,寻找破解线索。

(4)合作伙伴众多,数量惊人。以盖尔范德个人名义发表的论文仅 30 多篇,而同他联名发表论文的科学家共有 206 位之多(包括我国数学家夏道行)。盖尔范德确实深入到了每一篇论文所涉及课题的研究之中,合作者们赞誉道"提出课题时他是催化剂;论文撰写遇到困难时他是救火队;研究完成之际他是细致的且毫不留情的批评家"。

2. 数学讨论班介绍

1943 年起,盖尔范德在莫斯科大学组织了自己的数学讨论班。他把讨论班办成了选拔合作者及培养数学新秀的中心,最终发展成为闻名全球的"盖尔范德数学讨论班"。

2.1 时代背景

由于历史背景及地缘因素影响,苏联成立后虽然废除了贵族制,但阶级或民族斗争是依然存在的。所以一方面大力推进和支持科教基础事业建设,另一方面对犹太人和持不同观念的"不受欢迎的人"采取了限制性政策,包括在大学招生、招聘和出版方面,甚至限制他们进入研究机构和大学工作。此外还存在限制外国旅行等情况。数学界为搞好数学教学和研究,在实践中探索了"一整套路径",包括专业的高中教学网络;建立优秀高中生课外学习小组;组建非正式教育组织;拓宽一些数学出版物的稿件范围;在应用数学、计算和生物学机构的支持下建立纯数学研究小组。还有就是在正规机构之外,比方说去私人公寓或者郊外聚会等讨论数学的实践活动。

在上述探索"一整套路径"的努力中,举行高级数学专题公开讨论班发挥了关键作用,这在莫斯科大学习以为常。这些讨论班向所有人开放——从有才华的高中生到被禁止进入官方机构的学者,促进了代际和机构间的联系,凝聚了人心。这些公开的讨论班也在苏联数学发展中发挥了突出的作用。每一个讨论班都以它的领袖人物——一位杰出的数学家——为中心,他的个性对讨论班的特色有着决定性的影响。比方说莫斯科的弗拉基米尔·阿诺德(Vladimir Arnold, 1937—2010)、尤里·马宁(Yuri Manin, 1937—)、谢尔盖·诺维科夫(Sergey Novikov, 1938—),还有列宁格勒的弗拉基米尔·罗赫林(Vladimir Rokhlin, 1919—1984)等,都通过持续每周举办讨论班培养了大批优秀的学生。这些公开讨论班中规模最大、最有名气、最久负盛名的当属盖尔范德的讨论班。

2.2 持之以恒

讨论班每年从九月初开始、到来年春季结束——"当他看到冰雪初融的时候"。会议于周一在莫斯科大学主楼的 14 层大礼堂(1408 报告厅)举行。报告厅共有 12 排长凳,每排有 11 个座位,再额外加上几张凳子,满共不超过 150 个座位。不少回忆录都说过"大概得有两三百人参加",显然这是讨论班的重要性使得人们脑海中的人数"膨胀"了。

定期参加研讨班的人都有固定的座位。在前排的右边,坐着盖尔范德学派最有经验的成员,左边是才华横溢的年轻数学家。在左边的第二排通常坐着一位高中生,被分配担任"指定听众"的角色。盖尔范德喜欢让人们坐在固定座位上,并仔细检查屋内是否有新听众。

每次讨论班都由两部分组成:一个是晚上六点钟左右开始的"预热",预热阶段许多人聚集在礼堂入口或者走廊里聊天,交换书籍或文章。讨论班开始前盖尔范德在走廊里不停地走来走去,和同事们讨论着问题、抑或安排讨论班的事情。讨论班主题非常丰富多样。另一个是讨论班本身——从晚上七点左右盖尔范德入场开始。讨论班结束时间原则上到晚上十点,但经常持续到晚上十一点甚至更晚。常常是清洁工推门进来想打扫卫生、"宣布"楼层得上锁了,数学家们才不情愿地离开。这时候电梯也已锁闭了,大家在大厅里或者步梯上继续讨论,慢慢从 14 楼溜达下来。常常有一大群学生在讨论班结束后跟着盖尔范德,轮流着讨论自己想探讨的问题。盖尔范德也总是搭最后一趟地铁,留到最后的几个学生会陪着他到公寓门口,然后步行回家。

盖尔范德讨论班构成了一个不寻常的半公共、半私人的交际空间。它不受任何机构的限制,参加会议的有莫斯科大学内外的很多数学家,也包括一些独立学者。正如盖尔范德所说,他的讨论班是为"普通的高中生、体面的本科生、聪明的毕业生和优秀的教授们"准备的。事实上也确实如此,讨论班成员囊括了上述所有群体且都参与了讨论。

盖尔范德讨论班一直坚持了下来,直到盖尔范德 1990 年移居美国,但他把讨论班这个传统也带到了罗格斯大学。

2.3　风格鲜明

刚才我们谈到讨论班"预热"部分,在不同的回忆录中,有的说是晚上六点,有的说是晚上七点,还有说是晚上七点一刻的,但讨论班从来没有"按时"开始过。只有当盖尔范德走进报告厅,门就关上了,讨论班才算正式开始。因为开始时间不定,所以大家都早早到来等待,或者在走廊里散步聊天,或者在大厅里交谈,或者凑在黑板前写算式。事实上大家都认为盖尔范德的拖延是"故意的",是"节目的一部分",好让诸位充分"预热"。

讨论班通常从盖尔范德讲一些数学轶事或者新闻开始,然后由一个受邀者开始演讲,每每都是没有留给其足够的时间去讲完,就被盖尔范德打断,开始讨论或争辩,随后演讲者会逐渐淡出,取而代之的是盖尔范德指派一名学生来解释演讲的内容,或者指出应该怎么做。

只有当盖尔范德完全明了所讨论的课题的实质时,讨论班才告结束。因此每次时间长短是不固定的,有时会从晚上七点一直到深夜。在讨论的过程中,他总是提出一系列独特的、深刻的问题。通过盖尔范德的这些问题可以从多个角度了解讨论问题的实质。这样当讨论结束时,解决课题的新举措实际上已经完成;通过讨论,课题的线索被清晰地整理出来。从而不仅盖尔范德,参加讨论的大部分人都理解了讨论的内容。所以说,盖尔范德在讨论班上与大家合作开展研究,既是提出问题的"催化剂",又是遇到困难时的"救火队",还是研究完成阶段的"批评家"。

盖尔范德是个非常善于交际的人,但至于交往过程中对方内心幸福感多寡他却从不在意,因此他也常被贴上粗鲁无礼的标签。比如说,任何让他觉得没理解的主题或者解释不当的发言都会被严厉斥责,包括吐字不清或者字迹潦草亦是如此。金迪金(Simon Gindikin,1937—)称讨论班为"一种由独特的舞台导演在演出中起主导作用并组织配角的剧院";维希克(Anatoly Vershik,1933—)描述其"就像独角戏,有时成功、有时坎坷";内克拉索夫(Nikita Nekrasov,1973—)认为这是一场"超现实主义的表演";希里亚夫(Albert Nikolaevich Shiriaev,1934—)称它"令人兴奋但又令人恐惧"。兰迪斯(Evgenii Mikhailovich Landis,1921—1997)承认"盖尔范德忽略了细节";瑞塔赫(Vladimir Retakh,1948—)说在讨论班上"演讲者和参与者受到无情的嘲笑";阿诺德说有时达到"极端不人道的程度"。

盖尔范德在谈论数学时确实会直截了当地表达不满,但是他的观念是"请让你的工作和你的自尊分开!"。换言之,不要将对所讨论内容的批评看作是对个人的批评,这完全是两码事。阿兰·吉查尔德特(Alain Guichardet,1930—)的回忆录还是比较中肯的。他说盖尔范德经常会打断报告,有时会提出问题,有时是让台下的年轻人去解释刚刚听到的内容。有一次吉查尔德特在讨论班上做报告,快结束时盖尔范德提了一个问题,吉查尔德特没答上来,盖尔范德很不客气地说:"你不懂数学!"吉查尔德特的回忆录中评价道:"如果你能忽略他的批评方式的话,他那活跃的但有时是咄咄逼人的追问,对问题的深入思考是非常有益的。"

2.4 成效显著

盖尔范德讨论班借鉴了由 19 世纪和 20 世纪著名人物,如希尔伯特(David Hilbert,1862—1943)、克莱因(Felix Christian Klein,1849—1925)、玻尔(Niels Henrik David Bohr,1885—1962)、泡利(Wolfgang Ernst Pauli,1900—1958)、兰道(Edmund Georg Herman Landau,1877—1938)等人主导的数学物理讨论班的悠久传统,培养了许多杰出数学人才,如恩德雷·塞梅雷迪(Endre Szemerédi,1940—)、亚历山大·基里洛夫(Alexandre Kirillov,1936—)、爱德华·弗伦克尔(Edward Frenkel,1968—)、约瑟夫·伯恩斯坦(Joseph Bernstein,1945—)、德米特里·富克斯(Dmitry Fuchs,1939—)、以及他的儿子谢尔盖·盖尔范德(Sergei Gelfand,1944—)等。

许多数学家对该讨论班有极高的评价:基霍米洛夫(Vladimir Mikhailovich Tikhomirov,1934—)把它誉为"莫斯科大学数学力学系历史上最伟大的讨论班……是科学史上最有成效的讨论班之一"。阿列克谢·索辛斯基(Aleksei Sosinskii,1937—)赞之"可能是数学史上最好的讨论班"。作为参与者的兰迪斯称讨论班"热切地关注着世界上任何地方数学领域的所有新事物",阿诺德称讨论班"对莫斯科的数学生活产生了决定性的影响"。还有许多杰出的数学家对讨论班饱含深情,并将此经历视为至关重要的个人成长经历。

3. 学术共同体的典范

所谓学术共同体是从科学共同体(scientific community)概念中引申出来的,指在共同科学规范的约束和自我认同下,根据实践原则和标准从事科学活动的科学家群体的一般抽象存在形式,最早由 1942 年英国科学史和科学哲学家波朗尼(Michael Polanyi,1891—1976)在《科学的自治》一文中提出,之后美国科学社会学家默顿(Robert King Merton,1910—2003)和科学哲学家库恩(Thomas Samuel Kuhn,1922—1996)对此做了深入研究和发展,得到学术界的广泛认同。学术共同体是具有相同或相近的价值取向、文化生活、内在精神和具有特殊专业技能的人,为了共同的价值理念、目标和兴趣,并遵循一定的规范而形成的群体。

在倡导和践行"人类命运共同体"理念的今天,开展科研协作和学术合作共克时艰显得愈发重要和必要。从数学历史的长河中汲取智慧,方能更好地开创数学之未来。盖尔范德讨论班与其他伟大的数学讨论班相比,特色之处就在于它的开放性。举办讨论班不是为了厘清独特的主题,也未必与盖尔范德当前的研究相关,而是这里可能蕴含着"未来的召唤"。盖尔范德的讨论班吸引了来自莫斯科和其他城市的数学家,实际上建成了一个数学俱乐部。盖尔范德讨论班的"预热""演讲""讨论""思辩"等步骤或策略,使得大家能够非正式地交流新近的结果或想法,建成了一个思想交流中心。它就像个"股票交易所",盖尔范德讨论班在多方面发挥了这一作用:作为交流思想的场所;作为确定其真实价值的论坛;作为一个"报价板",展示对概念、猜想和证明技术的供求关系;比较经济地连接和平衡数学各个领域等等。这种自由开放的研究方式是盖尔范德讨论班的重要特征,正像他本人所说:"没有拴着的奶牛产奶更多。"

对于许多数学家来说,做研究是相对孤独的,但盖尔范德创造了一个激动人心的环境,他与许多人对话、融入周围人的个人及其职业生涯之中,让人们感受到数学研究也可以是这样公共性或者说社会性的方式进行。同他联名发表论文的学者有两百多人。这么大规模"集体主义"的工作方法确实少见,盖尔范德以此建立起了自己的学派。对其进一步地深入分析和研究,对于指导科研实践一定大有裨益。

参考文献

[1]　PETAX B C,等. 访问 Гельфанд 院士[J]. 李锟,译. 数学译林,1990(4):340-346.

[2]　BEILINSON A. I. M. Gelfand and His Seminar-A Presence [J]. Notices of the AMS,2016,63(3):340-346.

[3]　沈永欢. 盖尔范德[A]//吴文俊. 世界著名数学家传记[C]. 北京:科学出版社,2003:1728-1743.

[4]　佚名. 苏联五十年来数学发展的基本道路(1917—1967)[J]. 数学译林,1986 年合订本:224-234.

[5]　比察捷 A B. 苏联数学四十年的概述[J]. 周毓麟,译. 数学进展,1958(4):593-

585.

[6] ГНЕДЕНО Б В. 苏联的数学与数学教育[J]. 金福昌,译. 数学译林,1989(4):357-363.

[7] PIATETSKY-SHAPIRO I. 在苏联是怎样进行数学研究的[J]. 丁诵青,译. 数学译林,1985(4):322-328.

[8] ГНЕДЕНКО Б В. Popularisation of Mathematics,Mathematical Ideas and Results in the USSR [J]. Mathematicas and the Real Word,1979:60-62.

[9] POINCARÉ H. The Future of Mathematics[J]. The Monist,1910,20(1):76-92.

[10] KOSTANT B. (Vladimir Retakh,Coordinating Editor) Israel Moiseevich Gelfand,Part I [J]. Notices of the AMS,2013,60(1):38-39.

[11] GEROVITCH S,Creative Discomfort:The Culture of the Gelfand Seminar at Moscow University [J]. In:B. Larvor (ed.),Mathematical Cultures,Trends in the History of Science [M]. Springer International Publishing Switzerland,2016:51-70.

[12] GUICHARDET A. 关于 I. M. Gelfand (1913—2009) 的几点回忆[J]. 姚一隽,译. 数学译林,2010(4):348-351.

[13] 刘桂杰. "学术共同体"视域下的跨文化传播创新研究[J]. 唐都学刊,2019(5):101-106.

[14] 李子彪,张静,李林琼. 科学共同体的演化与发展——面向"矩阵式"科技评估体系的分析[J]. 科研管理,2016,37:11-18.

[15] Notes of Talks at the I. M. Gelfand Seminar[M/OL]. http://www. clay-math. org/publications/notes-talks-imgelfand-seminar.

高龄数学家统计与分析

王青建

摘　要：从统计数据看,数学家群体是一个长寿群体。古代就有约 90 岁的高龄数学家。到近现代,90 岁以上的高龄数学家和 100 岁以上的超高龄数学家所占比例是普通人群的数倍乃至十几倍。19 世纪以来,近现代生活环境和医疗卫生条件的改善使得人均寿命大幅度提高,高龄数学家人数也急剧增长。统计数据显示,高龄数学家所占比例高的多为寒带国家和地区,女性数学家高龄占比大大高于平均值,94～95 岁是高龄数学家年龄段的一个小低谷,而 100 岁则是一个小峰值。统计数据还说明,早慧者、业余者、自学成才者、独身者,以及专业研究领域的差异和居所是否安定均不是影响寿命的主要因素,而心态平和,生活方式简单、严谨、有规律是高龄的主要原因。快乐、兴趣、执着等延长寿命的要素是数学家群体的共有特点,这些又都与数学专业的特点有关。扩展到中国现代数学家、菲尔兹奖和沃尔夫数学奖获得者的高龄统计:中国现代数学家高龄占比明显高于平均值,其中院士的平均寿命又大大高于非院士的平均寿命;菲尔兹奖获得者的高龄占比是我们所统计数学家高龄占比的 6.33 倍,而沃尔夫奖获得者的高龄占比则是 8.39 倍。显然,就数学家群体看,越聪明的人越长寿。

关键词：数学家;高龄;平均寿命;数学特点

中国民间有言:人生七十古来稀,说明高龄在古代大约以古稀之年 70 岁为界。现代文明的进步和科技的发展使得人均寿命大幅提高,70 岁已是寻常之人。据 2021 年 3 月 5 日政府工作报告:"十三五"期间,中国人均预期寿命从 76.3 岁提高到 77.3 岁,提高了 1 岁。"十四五"规划目标任务概述中提出,人均预期寿命再提高 1 岁。2021 年中国各省市人均寿命预期最高的是上海,为 82.51 岁。[1]根据世界卫生组织数据,世界各国人均寿命预期(2019)中,日本最高,为 83.7 岁,而中国已升至 76.1 岁。[2]有鉴于此,我们所说的高龄以耄耋之年的上限 90 岁为界,计算时只考虑生卒年(不考虑月、日)之差得出的实岁年龄,据此对数学家寿命进行统计与分析。

近几十年来,有关数学家传记的论著不断出现。如国外出版的 *Dictionary of Scientific Biography*[3]收录数学家 950 多人;*Men of Mathematics*[4]则只收录了 36 位数学

作者简介：王青建,1955 年生,辽宁师范大学数学学院教授,研究方向为世界数学史、数学家传记和数学史教育。主要研究成果有:《数学史简编》(科学出版社,2004),《数学开心辞典(第二版)》(科学出版社,2014),《〈算数书〉中的记数方法》(《自然科学史研究》,2005,24(3)),《数学史:从书斋到课堂》(《自然科学史研究》,2004,23(2))。

家。还有其他英、德、俄文的有关数学家传记的专著出版。国内出版的《数学家传略辞典》[5]收录数学家约 2 200 人;《数学家辞典》[6]收录数学家近 3 000 人;《世界著名数学家传记》[7]收录数学家 153 人;《现代数学家传略辞典》[8]收录了 600 多位在 20 世纪有影响的数学家。

为了方便统计和整理,我们所取样本是收录约 2 200 人的《数学家传略辞典》。该书出版于 1989 年,书前说明中阐述了收录范围,包括《中国大百科全书·数学》(228 人)、*Dictionary of Scientific Biography*、《苏联大百科全书》中几乎全部的数学家,参考了十几种国内外科学家辞典和名人传记辞典或人名录,兼顾古今中外,因而有一定的科学性和权威性。所选数学家人数也适中,有统计学的意义。需要说明的是,由于历史和现实原因,该辞典所选数学家中对中国和苏联有所偏重,但我们的分析主要是高龄数学家所占的比例(占比),因而并不影响所得结论。

1. 高龄数学家占比统计

这 2 200 位数学家中有 315 位当时(1989 年)在世或没查到其卒年。我们的统计截止到 32 年后的 2021 年。明确查实的结果是:2 200 位数学家中 90 岁及以上的高龄数学家共有 135 人,另有疑似超过 90 岁的 30 人(未能查到确切卒年,但生年均在 100 年之前),合计有 165 人。其中,明确活到百岁以上的数学家有 9 人。这是一个很惊人的高寿群体。我们以号称长寿之乡的中国浙江温州永嘉县为例对比,2020 年第七次全国人口普查时,该市常住人口为 869 624 人,[9]其中 90 岁以上的老人 4 882 人,百岁及百岁以上老人 234 人,[10]分别占比为 0.56% 和 0.026 9%。后者是中国人均寿命最长的上海市 2021 年的数据(总人口 2487.09 万,[11]百岁老人 3 418 人,[12]占比 0.0137 4%)的近两倍。考虑到数学家群体都是成年人,我们将上述常住人口减半,则上述两项永嘉县的占比加倍,分别为1.12% 和 0.053 8%。而上述数学家群体的这两项的占比分别为 6.14%(或加上疑似高龄为 7.5%)和 0.409%。从数据上看,数学家 90 岁以上的比例是现代永嘉人的 5.48 倍(或 8.19 倍),100 岁以上的比例是 15.2 倍!更有说服力的是,数学家群体是从古至今的统计,而永嘉县的数据是人均寿命大幅提高后 2020 年的数据。

以下仅对确定的 135 位 90 岁以上的数学家进行统计分析。表 1 中的总人数是指《数学家传略辞典》2 200 人中该国籍的数学家人数。

表 1　　　　　　　　　　　　　高龄数学家国籍与占比统计

生年\国籍	公元前	900—1000	1201—1300	1501—1600	1601—1700	1701—1800	1801—1900	1901—1910	1911—1920	1920—	总计	总人数	占比/%
希腊	1										1	77	1.3
阿拉伯		1									1	66	1.5
意大利			2			4			1		7	145	4.83
英国				2	1	2	6	3	2	1	17	286	5.94
丹麦				1		1					2	26	7.7
法国				4	1	9	3	1	1		19	308	6.17
德国					2	6	2		1		11	314	3.5
瑞士					1	1					2	42	4.76

（续表）

生年＼国籍	公元前	900—1000	1201—1300	1501—1600	1601—1700	1701—1800	1801—1900	1901—1910	1911—1920	1920—	总计	总人数	占比/%
捷克							1				1	32	3.13
挪威							1	1			2	15	13.3
瑞典							2			2	4	22	18.2
荷兰							3	1			4	40	10.0
奥地利							2	1			3	27	11.1
南斯拉夫							1				1	7	14.3
匈牙利							2	1		2	5	38	13.2
比利时							2				2	32	6.25
美国							2	5	11	10	28	224	12.5
俄国						1	1				2	69	2.9
苏联								4	3	5	12	132	9.09
波兰								1			1	56	1.79
日本								1	1	1	3	23	13.0
中国								2	3		5	104	4.81
芬兰									1		1	6	16.7
巴西										1	1	1	100
总计	1	1	2	3	5	7	49	22	25	20	135	2092	6.45

1.1　年代统计

从年代统计看,高龄数学家的激增体现在19世纪及以后出生的群体。公元前的只有一位古希腊数学家、哲学家,被马克思和恩格斯誉为希腊第一个百科全书式的学者德谟克利特(Democritus of Abdera,约公元前460—约公元前370)。公元后第一个千年也只有一位10世纪的阿拉伯数学家、天文学家贾亚尼(al-Jayyani,约989—1079)。这两人的生卒年还都有"约"的字样,且年龄均为我们所设"高龄"的下限90岁。统计中,11世纪、12世纪和14世纪、15世纪高龄数学家空缺。13世纪也只有两位意大利数学家阿巴科(P. Abaco,1281—1374)和达戈马里(P. Dagomari,约1281—1372)。16、17、18世纪分别有3、5、7位高龄数学家,而19世纪急剧增加到49位,20世纪仅前30年就有67位。这明显与人均寿命延长有关。

1.2　地域统计

从地域统计看,除了南半球的巴西只有一位数学家(N. C. A. Da Costa,1929—)入选《数学家传略辞典》是特例外,高龄数学家以北半球寒带国家居多。如北欧五国中除冰岛(该国也无一人入选《数学家传略辞典》)外,丹麦、挪威、瑞典、芬兰都有高龄数学家。偏北的中西欧国家,如英国、德国、荷兰、比利时、波兰、俄国及苏联也都有高龄数学家。结合数据,高龄数学家占比超过10%的分别有瑞典18.2%,芬兰16.7%,南斯拉夫14.3%,挪威13.3%,匈牙利13.2%,日本13.0%,美国12.5%,奥地利11.1%,荷兰10.0%。其中有3个属北欧国家,其他也多位于北纬40°以上地区。而且,这些高占比国家都是19世纪以后才有的高龄数学家。对比之下,地处北纬 30°以下的印度,虽有 17 人入选《数学家传略辞典》,且有 5 人是 19 世纪以后出生的,但无一人为高龄数学家。

1.3 性别统计

高龄数学家中有两位女性:英国的萨默维尔(M. F. G. Somerville,1780—1872)和苏联的科钦娜(П. Я. Кочина,1899—1999)。《数学家传略辞典》中的女性数学家共有 15 位,在 2 200 人中占比只有 0.68%。现代科学研究已表明,男女性别在数学能力方面的差异都可以用社会的而不是生理的原因来解释[13]。但女性数学家中高龄占比达 13.33%,百岁占比为 6.67%,均大大高于平均值。这与女性寿命高于男性的现实吻合。

1.4 超高龄统计

我们将百岁及以上的数学家称之为超高龄数学家,列表(表 2)如下:

表 2 超高龄数学家

姓名	出生年月日	岁数	国籍	在高龄中占比/%	总数占比/%
Cartan,Henri	1904.7.8—2008.8.13	104	法国	10.53	0.65
Fontenlle,Bernard le Bouyer de	1657.2.11—1757.1.9	100	法国		
Hartman,Philip	1915.5.16—2015.8.28	100	美国	10.71	1.34
Heins,Maurice Haskell	1915.11.19—2015.6.4	100	美国		
Iyanaga Shokichi(弥永昌吉)	1906.4.2—2006.6.1	100	日本	33.33	4.35
Struik,Dirk Jan	1894.9.30—2000.10.21	106	美国		
Su Buqing(苏步青)	1902.9—2003.3.17	101	中国	20.00	0.96
Vietoris,Leopold	1891.6.4—2002.4.9	111	奥地利	33.33	3.70
Кочина,Пелагея Яковлевна	1899.5.13—1999.7.3	100	苏联(女)	8.33	0.76

超高龄数学家在所统计的数学家中的总体占比为 0.409%,在高龄数学家中的占比为 6.67%。由于样本较少,难有统计规律,仅叙述以下事实。

9 位百岁以上数学家有 8 位是 1890 年以后出生的,符合近现代人均寿命提高的趋势。

百岁以上数学家在高龄数学家中的占比(高龄占比)前 3 位是日本 33.33%、奥地利 33.33%、中国 20.00%。前两个国家的 90 岁以上数学家的占比也都较高,分别是 13.0% 和 11.1%;中国这个数值(4.81%)相对较低,主要是 19 世纪以前出生的数学家比例较大(78/104)的原因。

高龄数学家人数上两位数的只有 5 个国家,分别是美国 28 人、法国 19 人、英国 17 人、苏联 12 人、德国 11 人。英国和德国没有百岁寿星。

1.5 年龄段统计

高龄数学家年龄段统计如下(表 3):

表 3						高龄数学家年龄段统计	
岁数	人数	岁数	人数	岁数	人数	岁数	人数
90	16	94	9	98	8	104	1
91	16	95	9	99	9	106	1
92	23	96	12	100	5	111	1
93	23	97	8	101	1	总计	135

　　从数据上看,高龄数学家的人数随着年龄的增长大体呈下降趋势,但有两个现象例外:92、93 岁的高峰,94、95 岁的低谷,推测是生理原因。100 岁的高峰,推测是心理原因。百岁华诞之后有"功德圆满"的心气儿,此生已无遗憾!

2. 高龄数学家原因分析

2.1 分类因素分析

　　我们曾在《数学史简编》[14]中将数学家进行过分类阐述:超级数学家,天才数学家,自学成才者,业余数学家,女数学家,高龄数学家和中国现代数学家。其中的超级数学家只有 4 位:阿基米德、牛顿、欧拉、高斯。虽然他们都没有达到我们所说的高龄,但都比较长寿。其中最"小"的阿基米德活了 75 岁,而牛顿则在 84 岁辞世。他们都出生在高龄数学家激增的 19 世纪之前,在人生阅历上也足以傲视群雄。

　　从统计来看,高龄数学家中缺乏"天才数学家"和"业余数学家"。我们熟知的早慧神童如帕斯卡(B. Pascal,1623—1662)39 岁,马克劳林(C. Maclaurin,1698—1746)48 岁,哈密顿(W. R. Hamilton,1805—1865)60 岁,维纳(N. Wiener,1894—1964)70 岁,平均年龄较小;所谓业余数学家是指从事与数学不相干的职业,但业余时间做出数学贡献的人物,其中律师费马(P. de Fermat,1601—1665)64 岁,医生卡尔达诺(G. Cardano,1501—1576)75 岁,政府官员蒙蒂克拉(J. É. Montucla,1725—1799)74 岁,法学教授施外卡特(F. K. Schweikart,1780—1859)79 岁。这些人都出生在 19 世纪之前,在当时也属于高寿。我们还统计了 25 位自学成才的数学家,其中有一位盖尔范德(И. М. Гельфанд,1913—2009)活了 96 岁;42 位独身的数学家,也有一位利特伍德(J. E. Littlewood,1885—1977)活了 92 岁。虽然高龄比例偏低,但很难说自学或独身是影响寿命的因素。由于这几类数学家多生活在 19 世纪之前,1800 年以后近现代文明的发展使得业余、自学、独身等类别成为稀有,因而这种统计仅具有历史意义。

　　具体的数学研究领域与数学家寿命的长短似乎并没有什么关系,这些高龄数学家中"各行各业"的都有。尤其是现代,跨专业、跨学科成为普遍现象。例如吴文俊(1919—2017,98 岁)先生就有拓扑学、数学史和机器证明三个领域的突出贡献;数学家、哲学家罗素(1872—1970,98 岁)还是社会活动家,1950 年获得诺贝尔文学奖。

　　还有一种生活漂泊的情况,即在出生地接受教育,后来迁移他国定居。在 135 位高龄数学家中有 16 人是这种状况,占 11.85%,同样不能说这会影响寿命。

2.2 专业因素分析

数学家长寿的原因我们曾略做分析[15],主要是心态平和与生活严谨,这都与数学学科的特点有关。数学高度的抽象性、广泛的统一性和严格的求真性使得从事数学研究的人具有了有别于常人的品质:抽象的思维能力,良好的大局观和凡事求真的习惯。数学家群体常常不同于其他人群,甚至不同于其他科学家群体。数学的这些特点会潜移默化地影响学习和研究数学的"数学人",使得他们在工作和生活中自觉或不自觉地体现出数学的"秉性"。例如按理性思维方式行事,对所遇问题进行逻辑分析,等等。这些品质可以潜在地表现人类的真、善、美。数学中的排中律表现了数学中没有似是而非的圆滑,体现了正直的"品格";数学结论的确定性表现了数学推理的严谨,体现了理性思维的特征;数学抽象的符号表现了数学语言的美感,体现了人类追求的层次。其中的关键是数学的无功利性。相对其他学科,数学成果,尤其是基础(或理论)数学的研究难以立刻转化为生产力,很难有直接的经济利益驱动。因而,数学家的工作能够保持客观公正,将公众需要的知识呈现出来,将自我价值充分绽放,将抽象的理性之美演绎至极限。

数学家长寿的另一原因是工作方式简单:一直专注于思考,不必进行实验和考察。过去数学家的工作方式是"一支笔,一张纸",现在"加个电脑连上网"即可。老年数学家极少得阿尔茨海默病。

生活规律也是延长寿命的重要因素。数学家的生活大多有规律,有的甚至是刻板。《希尔伯特》[16]中记载着20世纪初格丁根的数学教授坚持每周一次的数学散步:每星期四下午三点准时开始。陈省身晚年虽然不靠运动健身,但生活紧张而有序,每天早晨6点起床,晚上10点睡觉,其余时间教学、科研、看书,极为规律[17]。

快乐、兴趣、执着同样是数学家共有的特点。匈牙利数学家雷尼(A. Rényi,1921—1970)曾说:"如果我感到忧伤,我会做数学变得快乐;如果我正快乐,我会做数学保持这种快乐"[18]。陈省身在2002年北京国际数学家大会期间为少年儿童的题字是"数学好玩"。2006年菲尔兹奖获得者陶哲轩接受访谈时也鼓励读者"去与数学玩",认为"发展数学兴趣所要做的最重要的事是有能力和自由与数学玩"[19]。这种状况反映出数学家享受做数学有乐趣的心情,研究数学成为他们体现人生价值的场所和获取愉悦心情的手段。现代科学也证实,心情是影响寿命的主要因素。数学家中的"磨难者",如双目失明、残疾、被囚禁、精神疾病等人中无一高龄者,这恐怕与心情有关。也正因为如此,从事数学研究的人大多心无旁骛、执着前行。老年人最怕的是无所事事,空耗光阴。数学家身体可以退休,但心灵很难退休,职业寿命超长。目前已知最长寿的数学家菲托里斯(L. Vietoris,1891—2002)在105岁时还给另一位数学家写了长达5页的信回答涉及代数拓扑的问题[20]。是数学吸引了数学家们奉献智慧,从而延长生命。

以上这些因素也是数学人(学习和讲授数学的学生和教师)的共有属性,也常常被称为数学的专业特点。因而,如果扩大范围,统计一下数学专业毕业生或从事数学教学的数学教师的人均寿命,相信也会有乐观的结果。

2.3 高龄因素扩展分析

北京师范大学的李仲来教授曾分析过中国现代数学家寿命[21],统计了《中国现代数学家传》(1994—2002)[22]中的 198 人和当时未入选的 14 位中国科学院院士,共 212 人。结论是他们的平均期望寿命为 80.65 岁,高于 2003 年报道的北京市人均寿命 75.85 岁的指标。其中 62 位院士的期望寿命为 84.68 岁,150 位非院士的期望寿命为 79.26 岁,有显著差异。这应该说明,越聪明的人越长寿!从当时统计去世的 117 位数学家的病因看,没有阿尔茨海默病患者的描述。

我们仿照上面进一步统计,这 212 位中国现代数学家中已确认超过 90 岁的有 33 人,另有疑似超过 90 岁的 5 人(未能查到确切卒年,生年都在 100 年之前),合计有 38 人。其中明确超过 100 岁的有 3 人。这两项的占比分别是 15.6%(或 17.9%)和 1.42%。这也大大高出《数学家传略辞典》的相应数据[分别为 6.14%(或 7.5%)和 0.409%],更是远远超过上面所列永嘉 2020 年(成年)人口的统计数据(分别为 1.12% 和 0.053 8%)。

我们还统计了菲尔兹奖获得者和沃尔夫奖获得者的高龄人数[23][24]。由于菲尔兹奖只奖给 40 岁以下的数学家,因此只统计 1971 年以前的获奖者(1931 年之前出生的,至2021 年可能达到 90 岁)。一共有 18 位获奖者,其中高龄者 7 位,高龄占比 38.89%,是《数学家传略辞典》中高龄占比 6.14% 的 6.33 倍。另外还有即将达到高龄者的汤普森(J. G. Thompson,1932—)。沃尔夫奖获得者中我们只统计 1931 年之前出生的数学家,共有 33 人,但高龄者达到 17 人,占比为 51.52%,是占比 6.14% 的 8.39 倍。其中还有一位活了 104 岁的 H. 嘉当。这更说明越聪明的人越长寿!

数学是基础学科,包括数学研究和数学教育从业人数众多。我们应该自信地宣称:学习数学意味着延长寿命,研究数学则意味着奔向高龄行列!

参考文献

[1] 2021 年中国平均寿命[EB/OL]. [2021-03-05]. https://www.jinchutou.com/p-171356643.html.

[2] 世界各国人均寿命排名 2019(世界卫生组织)[EB/OL]. [2019-09-01]. http://www.360doc.com/content/19/0901/19/61492514_858519113.shtml.

[3] Gillispie C C. Dictionary of Scientific Biography[Z]. New York:Charles Scribner's Son-Publishers,1970—1981.

[4] Bell,E T. Men of Mathematics. New York:Dover Publications,1937:20,218.

[5] 梁宗巨. 数学家传略辞典[Z]. 济南:山东教育出版社,1989.

[6] 邓宗琦. 数学家辞典[Z]. 武汉:湖北教育出版社,1990.

[7] 吴文俊. 世界著名数学家传记[M]. 北京:科学出版社,1995.

[8] 张奠宙,等. 现代数学家传略辞典[Z]. 南京:江苏教育出版社,2001.

[9] 永嘉各乡镇(街道)常住人口数据公布[EB/OL]. [2021-09-06]. https://i.ifeng.com/c/89HSBEBMdDZ.

[10] 全市最多!永嘉 90 岁以上寿星 4 882 位[EB/OL]. [2020-05-29]. https://www.sohu.com/a/398398447_120220911.

[11] 上海 2021 总人口数[EB/OL].[2021-07-26].https://kuai.so.com/c11d0b9c9fef7d5c79c60f22ffc2a869/ selectedabstracts/m.bala.iask.wenda/ sina.com.cn? src＝wenda_abstract.

[12] 2021 年上海百岁寿星榜发布[EB/OL].[2021-10-14].http：//mzj.sh.gov.cn/2021bsmz/20211014/ feae0b3808d84dc9a2a3a1d0fc11cacf.html.

[13] SIMON M K. 妇女在数学中角色的演化[J].武修文,译.数学译林,2003,22(2):166.

[14] 王青建.数学史简编[M].北京:科学出版社,2004:302-317.

[15] 王青建,刘博.数学:一种借助历史的大众文化[J].辽宁师范大学学报(自然科学版),2015,38(1):8.

[16] 瑞德.希尔伯特[M].袁向东,李文林,译.上海:上海科学技术出版社,1982:121.

[17] 张奠宙,王善平.陈省身传[M].天津:南开大学出版社,2004:341-343.

[18] HERSH R,JOHN-STEINER V A. Visit to Hungarian Mathematics [J]. The Mathematical Intelligencer,1993,15(2):13-26.

[19] 佚名.陶哲轩访谈录[J].游淑君,译.数学译林,2006,25(4):361.

[20] 刘小杨,陆柱家.数学家趣闻轶事(Ⅰ)[J].数学译林,2007,26(2):178.

[21] 李仲来.中国现代数学家寿命分析[J].数学的实践与认识,2005,35(3):99-104.

[22] 程民德.中国现代数学家传:第一～五卷[M].南京:江苏教育出版社,1994—2002.

[23] 杜瑞芝.数学史辞典新编[Z].济南:山东教育出版社,2017:944-952.

[24] 沃尔夫数学奖[EB/OL].https://baike.baidu.com/item/沃尔夫数学奖/440559?fr＝aladdin.

第三编　为教育而历史

走向新中国的革命根据地小学数学教育

代　钦

摘　要: 中国革命根据地小学数学教育经历土地革命战争时期、抗日战争时期和人民解放战争时期三个阶段,在中国共产党的领导下,小学数学课程制度、教科书建设和教学思想方法的改进等诸方面以"星星之火可以燎原"之势逐渐地发展壮大,及时地满足了革命发展之需,而且积累了丰富的经验,凝练了数学教学思想,为新中国的数学教育奠定了坚实基础。革命根据地小学数学教育在不同的发展阶段呈现出不同特色。土地革命时期使用根据地编写的教科书的同时,也适当地使用国民党统治区的数学教科书。抗日战争时期根据地编写的小学数学教科书基本满足了教学需要,但是版本种类并不多。人民解放战争时期小学数学教科书出现种类多、水平参差不齐等现象。

关键词: 新中国;革命根据地教育;小学数学教育

1. 前　言

中国革命根据地的发展经历了三个时期。第一时期为土地革命战争时期(1927—1937),当时的根据地称为苏维埃区域,简称"苏区"。苏区包括湘赣根据地、赣西南和闽西根据地等。第二时期为抗日战争时期(1937—1945),当时的根据地称为抗日根据地。抗日根据地包括陕甘宁边区和华北、华中敌后抗日根据地,以及华南敌后抗日游击区。第三时期为人民解放战争时期(1945—1949),当时的根据地称为"解放区"。"解放区"是 1944年秋形成的概念,解放区包括西北解放区、华北解放区、东北解放区、华东解放区与中原解放区等。革命根据地教育是在极其艰难的条件下诞生和发展起来的,可以用"星星之火可以燎原"来形容。革命根据地教育"从南方到北方,再从北方到南方,在中国大地的四面八方遍地播种、生根、发芽滋生,开出灿烂的鲜花,结出丰硕的果实,使人耳目一新,奠定了人

作者简介:代钦,1962年生,内蒙古师范大学科学技术史研究院二级教授。研究方向为数学教育、数学文化史、数学哲学和少数民族科学技术史。主要研究成果有:《儒家思想与中国传统数学》(商务印书馆,2003)、《中国数学教育史》(北京师范大学出版社,2018)、《数学教学论新编》(科学出版社,2018);主要荣誉有:蒙古国总统"北极星"勋章、内蒙古自治区高校教学名师、内蒙古自治区优秀科技工作者。曾任第七届全国数学教育研究会常务理事会秘书长,首届、第二届教育部民族教育专家委员会委员,中国少数民族教育学会数学教育专业委员会常务副理事长,内蒙古自治区高等数学教育研究会副理事长。

民共和国教育的基础。"[1] 革命根据地教育的发展与国民党统治区教育完全不同,可以说是从零开始。革命根据地文化教育基础极差,老百姓受文化教育程度很低,一般来讲从识字教育开始,以便达到普及教育和宣传革命教育的目的。在革命根据地发展的三个阶段,党的教育方针政策始终坚持使广大群众最大限度地接受教育,使他们养成民族自尊、自信、自强和爱国主义的信念,但是这三个阶段也呈现不同的特点。学者们对革命根据地教育史的研究,主要聚焦于政治教育、一般教育、高等教育、国语教科书、美术与音乐教育方面,成果可观,但鲜见数学教育和理科教育方面的研究。即使是有革命根据地数学教育史的研究,也是笼统的概述性的研究。在少数著作中有人也提及革命根据地数学教育,但没有对课程、教材、实施过程等文献资料的梳理,有时还能见到一两篇相关论文,遗憾的是这些研究没有参考有说服力的第一手资料。由于相关文献资料的散失和稀少等,革命根据地数学教育资料的搜集、挖掘等方面的工作尚未全面展开。事实上,革命根据地重视数学教育,因为这对革命根据地日常生活、生产实践和革命事业的顺利发展至关重要。笔者经过多年努力寻找革命根据地数学教育课程、教材、教学思想方法和实践经验等方面的文献资料,发现了丰富而有价值的文献资料。这些珍贵的文献资料有力地支撑革命根据地数学教育发展史研究的同时,也使我们认识到研究革命根据地数学教育史的必要性。

2. 革命根据地教育方针政策

苏维埃革命根据地时期的教育是在国民党的五次"围剿"的艰难条件下进行的。1934年1月,党中央在"中华苏维埃共和国中央执行委员会与人民委员会对第二次全国苏维埃代表大会的报告"中提出苏维埃文化教育的总方针时指出:"在于以共产主义的精神来教育广大的劳苦民众,在于使文化教育为革命战争与阶级斗争服务,在于使教育与劳动联系起来,在于使广大中国民众都成为文明幸福的人。"[2]20 苏维埃文化建设的中心任务是"厉行全部的义务教育,发展广泛的社会教育,努力扫除文盲,创造大批领导斗争的高级干部。"[2]20 于1933年10月20日中央文化教育建设大会通过的"目前教育工作的任务的决议案"中提出:"苏维埃教育制度的基本原则,是为着实现一切男女儿童(工农分子的男女儿童,红军子弟也有受教育的优先权)免费的义务教育到十七岁止。但是估计着我们在战争情况下,特别是实际的环境对于我们的需要,大会同意把义务教育暂时缩短为五年。为着补救在义务教育没有实现以前,以及超过义务教育年限的青年和成年,应当创造补习学校、职业学校、中等学校、专门学校等等。"[2]60

抗日根据地教育的中心在革命红色根据地的延安。1937年,中国共产党制定了抗日新形势下的教育方针政策。1937年8月25日,毛泽东在《为动员一切力量争取抗战胜利而斗争》中明确指出:"改变教育的旧制度旧课程,实行以抗日救国为目标的新制度新课程。"[3]356 1938年11月,毛泽东在《论新阶段》的文章中提出:"第一,改订学制,废除不急需与不必要的课程,改变管理制度,以教授战争所必须之课程及发扬学生的学习积极性为原则。第二,创设并扩大增强各种干部学校,培养大批的抗日干部。第三,广泛发展民众教育,组织各种补习学校、识字运动、戏剧运动、歌咏运动、体育运动,创办敌前敌后各种地方通俗报纸,提高人民的民族文化与民族觉醒。第四,办理义务的小学教育,以民族精神教育新后代。"[4]2 1939年1月,林伯渠在《陕甘宁边区政府对边区第一届参议会的工作报告》之"创造与发展国防教育的模范"中指出:"边区实行国防教育的目的,在于提高人民文化政治水平,加强人民的民族自信心和自尊心,使人民自愿的积极的为抗战建国事业而奋斗,培养抗战干部,供给抗战各方面的需要,教育新后代使成为将来新中国优良建设者。"[5]在党中央的这种教育指导思想引领下,延安建立小学、中学、师范学校、民众学校和鲁迅艺术学院等学校,其中数学教育也得到高度重视。在近一年半的时间里,教育发展迅速。就小学教育而言,边区未成立前学校数为120所(学生数不详)。1937年春季时小学为320所,学生数为5 000名。1938年秋季时小学为773所,学生数为16725名。1941年冬季时小学为1341所,学生数为43625名[6]4-18。在延安革命精神的光辉照耀下,其他革命根据地的数学教育也得到了不同程度的发展。

人民解放战争时期的教育可以用遍地开花来形容。抗日战争时期,中国共产党奠定了整个新民主主义革命阶段文化教育工作的基础,形成新民主主义教育方针和一系列行之有效的教育政策。1945年4月24日,毛泽东在《论联合政府》之"我们的具体纲领"第八条中指出:"一切奴化的、封建主义的和法西斯主义的文化和教育,应当采取适当的坚决的步骤,加以扫除。""中国国民文化和国民教育的宗旨,应当是新民主主义的;就是说,中国应当建立自己的民族的、科学的、人民大众的新文化和新教育。"[7]1083 1946年1月16日,中国共产党代表团在国共合作谈判中的《和平建国纲领(草案)》中"文化教育改革"之第三条提出:"普及城乡小学教育,扶助民办学校,推广社会教育,有计划地消灭文盲,提倡卫生,改进中等教育,加强职业训练,扩充师范教育,并根据民主与科学精神,改革各级教学内容。"[8]虽然《和平建国纲领(草案)》被国民党撕毁,但是它成为解放战争时期中国共产党的教育方针政策。

3.革命根据地的数学教育

所谓数学教育制度就是数学课程计划和实施方案。革命根据地数学教育制度,产生在偏僻落后的农村地区,各阶段和各地区之间也有很大的差异。革命根据地数学教育制度,甫一开始对某些学校或某一地区的数学教育进行简单的规定。在抗日战争时期,数学教育制度逐渐地被具体化,实施范围也有所扩大。在解放战争时期,数学教育制度被体系化。

3.1 土地革命战争时期的数学教育

3.1.1 数学课程

中央教育人民委员部1933年10月发布的"小学课程与教则草案"中数学教育的具体规定如下[2]299-306:

第一学年:本学期从教基数开始,用事物计算为主,辅以心算来教基数的数法及混合教授加减乘除法。基数熟悉后,当然到十以外,二十以内的数法及加减乘除,十以外的数,是用心算为主,但是为着正确儿童数的观念,常要利用实物计数算来证明,同时要学认数字和算式,但认字与认式要在第一学期末,不可太早。

第二学年:学习百以内的加减乘除计算法,以心算为主,但在教求积和尺度,还要利用实物或图来计算。最后一学期,应开始用笔演草,在乘除法用笔来演草时,位数只宜一位,而一位数的除法,之用短除法。第二学期,开始学习十进诸等数,并从十位诸等数学习小数,同时准备了百分数的基础,开始学测量长度和面积,在教室内,走廊中,运动场中的壁上和地上,画长度面积的实际图形,以中尺为标准。

第三学年:数位还是以二位为主,扩大到四位五位。心算和笔算并重,整数和小数并重,但仍是用十进诸等法来学习小数,小数读法有十分数和分厘毫丝忽微等两种读法。第一种读法,与百分数有关,因为它是以十分之几、百分之几来读数,第二种读法,与利息有关,因为利息是用几分或几厘的名称。只学第一种准备百分数的基础,第二种读法待四学年学习单利时教授。求积法同第二学年,只在数量上扩大。

第四学年:1.数位的三位做基础,同时在笔算演草中,练习三位以上的数。2.开始学习本国度量衡的计算法及日常的简单几何图形。3.由百以内数的乘除法做基础,来学习简单的比例、分数、百分数。主要的是用心算来了解乘除法比例、分数、百分法相互的关系,并用心算来代替珠算除法的歌诀。珠算主要的是练习加减法,开始要学习珠算的记数以做加减的基础,除法除学习通常的珠算歌诀外,还要学习不用珠算除法歌诀,用心算计算法,并从心底了解珠算歌诀的意义。4.教材要取之于日常生活中,纯科学的题目不用。

1934年2月"中华苏维埃共和国中央政府人民委员会命令第八号:中华苏维埃共和国小学校制度暂行条例"中规定小学修业年限为五年,前期为三年,后期为两年。前三年的科目为国语、算术、游艺(唱歌、运动、手工、图画)。要求游艺也必须与国语、算术及政治、劳动教育等有密切的联系。后两年的科学和政治科目须带系统性教授,其课程和教则另行规定。[2]309-310

1934年4月教育人民委员部颁布的"小学课程教则大纲"课程中有数学,具体如下:

初级小学的算术应教完整数加减乘除四法及诸等数因数以及小数的最初阶段。[2]312

高级小学的算术至少应学完百分数、小数、分数(命分)、开方及比例,并给以最浅显的几何学知识,且必须教授簿记(记账)、会计等实用科目的简单方法。[2]313

规定初级小学算术每星期教两课①,高级小学算术每星期教三课。[2]313-314

---

①这里的课和课时不同,一课也许用一课时,也许用两课时教完。

3.1.2　数学教科书

关于土地革命战争时期数学教科书的文献资料很少，更不知道当时使用的数学教科书的情况。1934年2月"中华苏维埃共和国中央政府人民委员会命令第八号：中华苏维埃共和国小学校制度暂行条例"第四章第十五条规定："小学教科书凡经教育人民委员会审查过的，教员可自由选用。并应随时采用带地方性的具体教材，以及儿童劳动所需要的教材来补充书中的教材，但不得违反教育人民委员部所颁布的课程教则的内容和程度。"[9]23 在这一方针指导下，教育工作者创造各种条件，编写算术教材，包括常识课本中的算术教材和算术课本。具体如下：

首先，革命根据地文盲占人口的绝大多数，文盲同样也是"算盲"。所以扫盲教育过程中，需要编写适合革命实际需要的算术教材。算术的学习不一定用算术课本，有时候在国语或常识中学习算术。如于1933年7月中央教育部编的《共产儿童读本》中安排度量衡计算、时日计算等算术内容。《共产儿童读本》第四册第三十三课"时日"的内容为：

"世界上大家通用的历，叫做公历。公历平年三百六十五日。闰年三百六十六日。每年有十二个月。每月三十日或三十一日。一日二十四小时，一小时六十分，一分六十秒。"[9]130-131

又如在《工农读本》第四册第一百七十课"一笔热烈慰劳红军的账"就是颇为有趣且具有思想教育意义的算术应用题：

一笔热烈慰劳红军的账[2]313-310

火根在工农补习夜校读书，只读了半年就会看报，写信，记账，并学会了简单的笔算。

一天晚上，大家在俱乐部玩笑，忽有一人提出要火根把第六十期工农报上登载的"红军在闽北胜利回来，各县热烈慰劳红军的账"总算起来，火根答应了以后，用铅笔在纸上画了几下，就向大家宣布他算的总数。

"1. 弋阳、横峰，葛源区共送猪一百六十头，菜二万五千八百九十八斤，鸡七百七十三只，蛋六千八百五十三个，草鞋五千一百九十三双，布鞋一百三十九双。

2. 弋阳葛源区共送豆三石四斗四升半，花生一百三十六斤。

3. 弋阳另送粉干四百〇八斤，辣椒五十一斤。

4. 横峰另送糕二百八十八斤。

5. 葛源区另送葵花子二斗，饼十八同，柴七百十一担。"

大家又要求火根指教算法："你是用什么方法算出来的？为什么不用算盘呢？火根答："我刚才是用笔算算的，笔算很简便而易学，学会了只要用笔在纸上画几下，就什么数目都可算清楚了。"

附　　　　　　　　　　慰劳红军物品表

物品名＼县名	弋阳来的	横峰来的	葛源来的	共　计
猪	67	70	23	160 只
鸡	677	52	44	773 只
菜	506	20 100	5 292	25 898 斤
蛋	2 619	3 700	533	6 853 个
草鞋	357	4 300	536	5 193 双
布鞋	103	23	13	139 双
豆子	3 114		335	3445 升
花生	126		10	136 斤
另送项	粉干 408 辣椒 57 斤	糕 288 封	葵花子 2 斗 饼 18 同 柴 711 担	

算　式

猪	鸡	菜	草鞋	布鞋
67	677	506	357	103
70	52	20100	4300	23
+23	+44	+5292	+536	+13
160	773	25898	5193	139

生字：账、玩、铅、峰、横、猪、蛋、鞋、豆、辣、椒、糕、葵、饼、柴、盘。

除上述各种读本外，中央教育人民委员会编了《算术常识：供短期训练班失学青年和成年用》(1933 年)，这里不赘述。

其次，由于革命根据地教科书编写人员缺乏和其他客观条件的限制，不能及时地编写出版各学科教科书。在这种艰难的条件下，只好使用国民党统治区的教科书，正如"列宁初级小学校组织大纲"之第三项"教授"中指出："甲、教科书　国语算术①常识三种，用商务馆发行的新学制教科书。"[10]19 又如"列宁高级小学校组织大纲"之第三项"教授"中指出："甲、教科书　英文、算术、地理、自然均采用商务馆印行的新学制教科书。"[10]22 由于当时国民党的围剿，革命根据地的教育开展十分艰难，教科书的发行和使用受到极大的限制，很难达到每个学生人手一本教科书，大多是几个学生一本或只有教师才有一本教科书。

3.1.3　教学方法

土地革命战争时期的学校教育中提出了详细明确的教学方法，在方法的原则中蕴含着丰富而深刻的中华苏维埃的教育思想，有自己的显著特征，这对其后教学的实施奠定了理论基础。"中华苏维埃共和国中央政府人民委员会命令第八号：中华苏维埃共和国小学校制度暂行条例"中提出了三条小学教学方法的原则：

小学教授方法的原则(一)：小学教育与政治斗争的联系。

---

①新学制算术教科书应该是：骆师曾编纂《新学制算术教科书》(八册)，商务印书馆，1923 年。

这里从六个方面阐明了该原则,明确了苏维埃的小学教育同地主资产阶级的儿童教育是绝对不同的,并指出它是工农民主专政,是发展阶级斗争和革命战争的一种武器。在六个方面中,第三方面是至关重要的,即:

教育与政治的联系,应当表现在养成儿童的共产主义道德,阶级的友爱和互助精神,集体生活和遵守纪律的习惯,勇猛的克服困难的精神,坚定的意志,刻苦耐劳,勤快敏捷的品性,对于同阶级的劳动者和革命者,都能够敬爱、体恤、服务、绝对不谎骗,不虚伪;而对于阶级敌人、剥削者和压迫者,能够反抗斗争;有组织的,经过集体,接受正确的领导,开始参加反对阶级敌人的种种斗争;能够排斥和克服自私自利的利己主义和个人主义;能够尊重和爱护公共的财物,注意公共卫生;能够厌恶和改正懦弱的性格,唾弃投降困难的卑怯的性格;能够有辨别是非的判断力,不盲从,不机械地服从命令,了解无产阶级的民主集权的意义等。

第四、五、六条,均以前三条为基础提出来的,如着重培养儿童的自治能力,必须领导儿童参加社会工作,等。[2]315

小学教授方法的原则(二):小学教育和生产劳动的联系;

小学教授方法的原则(三):小学教育及儿童创造性的发展。

从教学方法的原则之标题看,上述三条原则就是一般的教学原则。但是从它的具体内容看,它就是教育指导思想。各学科教师遵照这些原则开展自己的教学工作。

关于小学数学教学法的研究与实施方面,除苏维埃革命根据地整体情况外,个别地区的研究水平较高,实施情况也不错,如"教学法:永新县寒期教师讲习所教材"(湘赣省苏文化部制,永新县苏文化部翻印,永新县档案馆存)中详细阐述了算术课的教学法,具体如下[11]6-7:

(一)算术教学的目的

小学校算术教学的目的在于使儿童熟悉日常的计算,增长生活必需的知识兼使儿童的思虑渐加精确。

(二)算术教学的方法

算术教学应使儿童理会正确运算能够应用自在教学的方法,须按步渐进初步实物数图等就十以内之数行直观教授使儿童明瞭数的基本观念,次离实物而练习心算,然后进而扩充数的范围以行笔算珠算,最切于日用不可不兼行教学。兹将教学的方法分述于下:

A.实物计算教学法

数为抽象的所以非依据具体的直观则抽象的观念不能正确,教初入学儿童务应用实物,如小石贝壳等行施直观教授。兹将实物计算教学方法约略于下:

1.预备

一、使复习已授的数以整理数的观念。

二、目的指示。

2. 提 示

一、用实物数图等,使儿童直观而授以数法及计算法。

二、分给儿童计数。

三、使儿童自就实物练习计算。

四、使离实物而行算数的练习。

3. 应 用

一、就日常切近事物使儿童用实物计算。

二、教师口唱日用问题宣讲故事体,寓数于内,使儿童离开实物计算。

B. 心算教学法

心算为运用算法的基础,而想求心算的敏速非多多练习不可,初级一二年教以心算为主,三年级以上重笔算而每时教学之始也必须行心算数分钟为算术上的基本练习。教学心算时应注意的事项如下:

一、数目:练习心算不必开过大的数目,只以简单的数多方变换使运算纯熟为主。

二、方法:练习心算问题通常用口唱(宜讲故事体寓数以内),有时也可写于黑板,心算的答案亦常用口答,有时亦可用笔答心算教授无一定的阶段而要在于诱导得宜。

C. 笔算的教学法

初年级教学心算时同时应兼习数字的写法及笔画熟悉端正渐进而授略计数法及读数法,至笔算教学仍以心算为基础。各种方法其初都由心算引导,使儿童理解其意义和计算。然后以笔算的形式,笔算有算式练习应用练习两项。

(一)算式练习:以使儿童理解其算法及练习计法为目的,应注意的事项如下:

1. 数字的写法行列位置务求整齐明晰。

2. 式题以求熟练为主,每次练习题宜逐渐增加。

3. 数的范围宜较应用题稍大。

(二)应用练习:以锻炼儿童数理上的思考养成算法活用的能力,增长生活必需的知识为目的,应注意的事项如下:

1. 问题的解决务使明瞭正确。

2. 构成应用题的文章务使明瞭正确。

3. 问题提出后当令先考其解法次构成算式然后依式题解法的次序一一运算。

笔算教学的普通阶段也是分预备提示应用三项亦不详述,注意:单级教学算术时教师实难巡视周到可利用优等儿童助教——即某班算得快的儿童可令其巡视某班,然后教师再在黑板上共同订正。总之教算术时,宜多变换方式引起学生的兴趣与竞赛心。兹不多举例子惟在教师运用得法而已。

D. 珠算教学法

我们日常应用的算术珠算范围较广所以小学校对于珠算也应兼授。珠算教授所应注意的事项如下：

（一）珠算应该熟练敏捷。

（二）求运算敏速应利用歌诀，但教学歌诀必取证算务使儿童理解明白不可专用机械的诵习。

（三）对于算盘各部分的名称、运珠的指法应首先说明而且把信定法呼唱法等逐一教学。

（四）珠算教学时间应占笔算四分之一。

（五）珠算也以心算为基础。

首先，从教学次序上看，当时小学算术教学内容包括物算、心算、笔算和珠算四个方面。其中物算、心算和珠算是中国传统算术内容，笔算从外国传入以后在小学阶段一般采用物算、心算和笔算的顺序教学。珠算的教学方法与前三者不同，采用单独教学。

其次，从教学方法的角度看，物算采用直观教学法，初步建立事物与数之间的联系，从而使学生初步认识自然数概念及其一位数的加减法。在形成数概念和掌握简单加减法的基础上，进入心算阶段。但是心算的心智活动仍然依赖学生记忆里的实物影像，如手指头或其他东西的影像。在此基础上进行笔算教学，使学生掌握数的写法和四则运算法则。在算术的教学过程中，解决不同程度的应用题的程序是不可缺少的。所以，当时格外重视练习。除上述直观教学方法外，小学算术教学常用口诀或歌诀的方法，以便记忆运算法则等。另外，也注重变换算式的教学方法（现在所谓的变式教学法），以便培养学生的数学思维的灵活性和敏捷性的能力。

其次，从培养目标上看，有三个方面——锻炼儿童数理上的思考、养成算法活用的能力和增长生活必需的知识为目的。在当时的情况来讲，这里的"锻炼儿童数理上的思考"是比较先进的理念。

3.2 抗日战争时期的数学教育

3.2.1 数学课程

抗日战争时期数学教育以陕甘宁边区为中心展开论述。陕甘宁"边区教育的宗旨，是为争取抗战胜利，建设独立自由幸福的新中国，培养有民族觉悟、有民主作风、有现代生活知识技能、能担负抗战建国之任务的战士和建设者。"[12]26 在这一宗旨指导下，中小学以国防教育为中心展开各科教学。

边区教育厅于 1938 年 8 月 15 日公布的"陕甘宁边区小学法"中第一条指明了小学教育总目标："边区小学应依照边区国防教育宗旨及实施原则，以发展儿童的身心，培养他们的民族意识、革命精神及抗战建国所必需的基本知识技能。"[13]303 小学规定为五年，初级小学三年，高级小学两年，合称为完全小学。初级小学单独设立。小学教材须一律采用教育厅编辑或审定的课本及补充读物。小学国语课每学年每周 12 节课，每年总课时为 390 学时；初级小学算术课第一、二、三年周课时分别为三、四、五节课，年总课时分别为 120、

150、180 学时;高级小学四年级、五年级算术课每周为五节课,年总学时为 180 学时[6]307。在"陕甘宁边区小学规程"中没有规定算术科的具体教学内容,但是从陕甘宁边区各学校的算术教学实践看,"算术课从各种写法的数目字(简写、大写、商用码子、洋码子)教起,到认位数与九九歌,又实地学了过秤、丈布、量粮食、识票子。"[12]172 当时的数学教师们认为算术课的"主要目的是学习实际应用上计算的能力,为了适应农村的条件,以心算珠算为中心。"[12]208"小娃的算术课,开始也是学数目的名称,之后学数数,数数是随娃娃的具体情形来提高他们。再以后就学心算、笔算,自个位到十位的加减法来开始,一部分还学了度量衡,如识票子、丈布、过粮等。"[12]210"算术,按教厅课本进行;珠算要会加减乘除及斤两互换。笔算与珠算多采用实例教学,要能在实际中运用,会记账,算账,能考中学。"[12]229 小学数学教师对珠算格外重视,他们认为"在算术课上增加珠算,因为在一般的应用上,珠算还很普遍,初小学会加减,高小学会乘除,也是以实际实例为教材(如统计我们的战绩,去年八路军打死多少敌人,新四军打死多少敌人,一共打死多少敌人)"[12]139。

另外,陕甘宁边区教育厅虽然制订了小学各科课程计划,但是在实际教学中并没有得到落实,原因是缺乏师资。陕甘宁边区教育厅指示信(第七十九号)"改进与扩大小学工作的初次检查(1938 年 11 月 16 日)"中写道:"就课程来说,大部分是只上国语、算术、唱歌、体育四种课。可是有些小学因为教员不会教唱歌和体育,只上国语和算术。"[14]301

1941 年 2 月 1 日修正颁布的"陕甘宁边区小学规程"中规定:初级小学算术一年级 120 学时,二年级 150 学时,三年级 180 学时;高级小学一年级和二年级算术均为 180 学时。算术课时不及国语课时的一半,国语课时每年级均为 390 学时。

3.2.2 算术教科书

抗日战争时期边区小学数学教科书的发展也经历了非常艰难的过程。下面在介绍教科书审定与出版过程的基础上,对教科书进行个案分析。

(1)教科书审定与出版。小学教科书审定制度方面,1938 年 8 月 15 日,边区教育厅公布的"陕甘宁边区小学法"第九条中规定:"小学教材须一律采用教育厅编辑或审定的课本及补充读物。"[14]304 同时,要求中小学教材"须充实地方性"[14]321。教科书编审方面,抗日战争时期小学算术教科书建设与土地革命时期相比有明显的提高。陕甘宁边区"1939 年边区教育的工作方案与计划"之"七、统一教材,补充教材"中有"小学算术三册"[12]44 的计划说明。这也说明算术教材编写人员的短缺和算术教材的严重不足。计划从 1940 年秋季开始至 1943 年春季完成的"普及教育三年计划草案"中指出:"在编审方面,现在初小的国语、算术、常识都编好了,高小的政治、算术、地理、历史、自然,也都编好。……在印刷方面,除石印外,现在还增添了木刻,同时还在边区印刷厂印。因此过去和现在,出版了许多教材,供给各小学的使用。虽然尚感缺乏,总算有了基础,这是普及教育的第五个重要条件。"[12]72"尚感缺乏教材这一困难,过去曾使教材工作受到相当大的影响,现在虽然有了基础,但普及教育这一大计划,需要更多的教材。就拿第一期来说,准备扩大 16 000 名学生,第一册国语、算术、常识,各需要 8 000 本(两人共一本),还有其他年级用书,共需要课本十万本左右。"[12]74

其次,就小学数学教科书出版情况看,陕甘宁边区小学算术教科书的种类很少,具体如下[15]34:

①陕甘宁边区教育厅审定,算术课本,初小 6 册,华北书店,1942 年;

②陕甘宁边区教育厅审定,算术课本,高小 4 册,华北书店,1942 年;

③陕甘宁边区教育厅审定,朱光编著,算术课本,初小三册,文化印刷局,1943 年;

④陕甘宁边区教育厅审定,算术课本,初小 6 册,新华书店,1946 年;

⑤陕甘宁边区教育厅审定,张养吾编,算术课本,高小 4 册,新华书店,1941 年、1944年、1946 年。

陕甘宁边区算术教科书版次等没有详细说明,教科书封面上不写编者姓名,在版权页上写编者姓名。虽然同一种算术教科书不同版次的内容相同,但是形式有所不同,如陕甘宁边区教育厅审定、张养吾编《算术课本》的 1941 年版和 1944 年版的版面形式不同(图 1)。

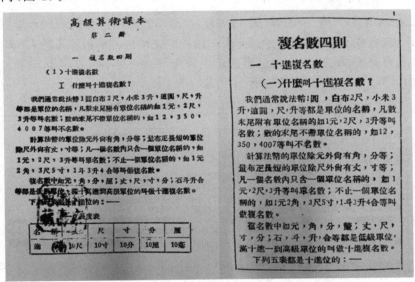

图 1　张养吾编《算术课本》的 1941 年版和 1944 年版的版面形式

(2)教科书的个案分析。从整体上看,边区小学算术教科书的内容简单,编写水平一般。这里选择陕甘宁边区初级小学算术和高级小学算术进行个案分析。

陕甘宁边区教育厅审定的《算术课本》初级小学第六册(以下简称"算术第六册")的内容及其特点如图 2 所示。

革命根据地各学科中小学教科书一般用毛头纸,很粗糙,印刷质量也差,字迹也模糊。该教科书封面设计用红色,代表红色革命,外部边缘采用农作物和牲畜图案,右下角有两位革命战士,充分展现了当时政治文化的历史背景。

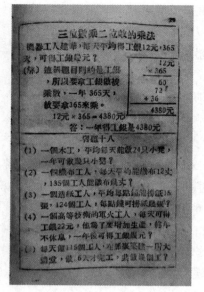

图 2 《算术课本》第六册封面   图 3 《算术课本》第六册第 29 页

首先,从"算术第六册"的内容(表1)来看,与同一时期国民党统治区小学三年级第二学期内容比较,有些不系统,内容少而简单。国民党统治区三年级算术除有"算术第六册"的内容外,还有菱形、梯形、平行四边形的认识和应用,亩、分、厘、毫的认识和应用,日、星期、月、年的计算,元、角、分、厘的应用。[16]

表 1   陕甘宁边区教育厅审定的《算术课本》初级小学第六册目录

复习一·二(1~2)
第一周(3~6):(1)万位数的认识·加减法应用;(2)复习万位数的加减法
第二周(7~9):(1)加减法应用题(第一种)
第三周(10~14):(1)续前;(2)加法应用题(第二种)
第四周(15~17):(1)减法应用题(第一种)
第五周(18~21):(1)续前;(2)减法应用题(第二种)
第六周(22~26):(1)续前;(3)加减验算法;(4)第一次测验题
第七周(27~29):(1)被乘数与乘数;(2)续前(进位与不进位);(3)三位乘二位的乘法
第八周(30~34):(1)三位乘三位的乘法;(2)被除数与除数
第九周(35~37):(1)三位数除四位数的除法
第十周(38~40):(1)三位数除万位数的除法
第十一周(41~45):(1)续前;(2)心算与速算练习;(3)讨论题二;(4)第二次测验题
第十二周(46~48):(1)整数乘小数
第十三周(49~52):(1)续前;(2)整数除小数
第十四周(53~56):(1)加减混合题;(2)乘除混合题
第十五周(57~60):(1)四则混合题
第十六周(61~64):(1)续前
第十七周(65~68):(1)讨论题三;(2)总复习
第十八周(69~70):学期测验

其次,该教科书注重例题和练习题数量的适量和有机衔接,一般讲解一道例题之后,安排3~5道习题,如图3所示。应用题的例题和习题内容均与工农兵有关。

陕甘宁边区教育厅审定、张养吾编《算术课本》高级小学第四册的内容体系及其特点如下。

首先,从《算术课本》第四册内容看,注重算术的应用和练习巩固。在"合作社"一章中安排了(1)合作社分红;(2)合作社使用的簿记;(3)物价的调查与计算;(4)简易统计图表等,这些内容占该教科书内容的一半,即用半个学期进行教学。其中,简易统计就占11页之多,强调统计图表的重要性时写道:"调查研究的材料,好些是有数目字的,把这些数目字用统计图表显示出来,使人看了,一目了然,便可以知道事物发展的趋势。"[17]继而介绍了三种统计图表:(1)统计线段表①,即把一群数目列表比较,表中用线段代替数字表示大小的叫作线段表。(2)格栏幅线②,即联结线段表里各线段的顶点作一直线或曲线(有时是曲折线)就叫作格栏幅线,格栏幅线不独可以表示已知事项鲜明清楚,并且就它可以推得未知事项发展的大概方向,在一张统计图表上有时可以就事实的情形画两条或两条以上的格栏幅线来表示。(3)百分比较图③,即百分比较图是统计图表中常用的一种,图上可着彩色或添花纹,使更明显画时圆内度数要分配准确。三种统计图表直观表示如图4所示。

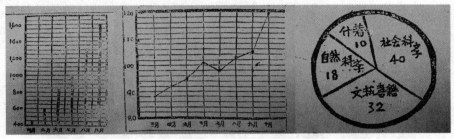

图4　统计线段表、格栏幅线、百分比较图

其次,该教科书重视实验几何方法。从张养吾编《算术课本》(第四册)中"面积和地积"看,概念的引入、例题的安排都较详细,如推导三角形面积时,将三角形按直角三角形、锐角三角形和钝角三角形分类后,分别用直观法推导三角形面积公式——三角形的面积等于高乘底拿2除,如图5所示。

直观法推导三角形面积,就是实验几何方法。该教科书中重视实验几何法的同时,也重视学生的动手操作。这对学生空间想象能力的培养具有很大的帮助。学习完四边形和三角形面积内容之后安排的习题中有中国传统数学内容——七巧板的习题,如图6所示。该习题是一道非常好的开放题。

最后,重视练习巩固。张养吾编《算术课本》中,每一概念或每一道例题之后均有安排习题,而且习题数量一般为5~10道。

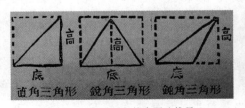

图5　三角形面积的直观法推导

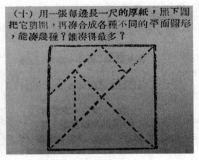

图6　七巧板

---

①线段表:条形统计图.
②格栏幅线:graph 的音译,即函数图像,现在叫作折线统计图.
③百分比较图:扇形统计图.

3.2.3 小学算术教学法

边区的儿童学习算术不是一件容易的事情,没有舒适的环境,甚至在室外上数学课(图 7[18]、图 8[19])。黑板挂在房屋外面墙上,有两个学生在黑板上做算术题,左下角三个学生正在讨论或者一起学习,右侧五个学生在一起学习,正中间的一个人可能是乡村教师。画面上分三个组表现的是三个不同学习程度的学生在一个场所学习的情景,这相当于复式教学。从图 7、图 8 中看到,老师和学生连桌椅板凳都没有,就地而坐,条件的艰苦可想而知,但是学生们的学习热情高涨。革命根据地各种教育特别重视教学法的科学性和创新性。教师们因地制宜,创造条件,探索有效的教学法。正如边区数学教师所说:"课程中算术一门是一般娃娃们最感头疼的。他们'宁可扫大便,不愿意学算术'。去冬因固守一定的顺序教,收效较难,娃娃们爱简怕繁,因此,教材是多用日常用品的数目字来教,学时兴趣大。"[12]235

图 7 乡村小学　　　　　　　　　　图 8 "小学"

当时的小学算术教学法总括起来有以下几种[14]361-364:

第一,在一切课程中,尽量先从实际事物着手,从实际试验出发,然后再写再记。如教学生使用尺子、斗和秤,识度量衡的单位与计算,教法是拿布和尺子到讲堂来丈,丈的是"一丈零九寸布",然后再写出这几个字;过秤称了"二斤五两七钱麻"以及用升子合量了"一斗七升五合小米",都在过秤和量完以后,再将所称所量的实物名与计算数字写出。如算术课教"二"的九九歌诀时,每人发些豆子,以两个豆作一份,数了一份,说一句"二一得二",数第二份时,教员问有几份? 共有多少? 得到正确答复后,再说出"二二得四"一句歌,这样类推一直数到九,最后才把"二"的九九歌诀完全写出,再让大家背诵并到实例中去应用。对小娃娃教认数目字,也采取先数豆子、高粱秆等实物,然后写出字来认、来读、来写。又如国语课的识字,也是先举刀、豆、米、尺、盐等实物,然后再将字写出;或是抓紧时机,如看了织布以后,就学棉花、纺线、织布等字。而国语课的联句,则是先引学生将要联写的那一句话说出来,然后再逐字写出等等。学习应用文也是先将目的引到内容,说出再写出。这样的方法,效果是较大的。

第二,采用讨论法。先由教员提出讲授题目,后由娃娃们发言讨论,在讨论中教员随时插问,予以启发,最后引出正确的结论。

第三,利用游戏,进行教学。

第四,是小先生制,即利用学生帮助学生的办法。为了怕妨碍小先生们的学习,采取临时制。

第五,在一般教学中,个别教学和全班教学相配合。

正如恩格斯所说:"回忆过去的运动对青年是有益的。否则他们会认为,一切都是应该归功于他们自己。"[20]当今学校教学中教师们经常采用讨论法、探究法、分组教学法等等,是在 80 年前就普遍使用的教学法。80 年前的这些教学法与现在的教学法在本质上没有区别,只在表述和技术手段有所不同而已。

3.3　人民解放战争时期的数学教育

1945 年 8 月 15 日,抗日战争胜利后,进入人民解放战争时期,解放区的教育迈入一个新阶段。就小学而言,课程制度、教科书建设、教学法的改善等诸方面得到显著的提升,为新中国中小学教育奠定了良好基础。

3.3.1　小学数学课程

小学数学课程方面,各个解放区的规定有所不同,但是在总体上趋于稳定和统一。因此,这里仅以关东公署教育厅制定的小学数学课程为例进行论述。1947 年 12 月 20 日,"关东公署教育厅通知第六五号"中规定了小学教育方针和教育目标,具体如下[21]71:

一、小学教育方针(草案)

小学教育为民国基础教育,其方针为打下作为优秀公民的基础,能积极参加建设独立、民主、自由、幸福的新中国。

二、教育目标(草案)

(一)教育儿童具有坚强正确的民族意识,热爱祖国,反对侵略者。

(二)教育儿童具有民主思想,有自己做主人的自觉性,反对专制压迫。

(三)教育儿童具有:群众观念、劳动观念。并获得实用的生活知识和能力,成为社会的生产者。

(四)教育儿童具有实事求是的科学态度,服从真理,追求真理,反对迷信盲从。

(五)教育儿童具有新民主主义的道德和正义的情感,以及强健的体魄和艺术的兴趣。

小学分初级小学和高级小学,学制分别为四年和两年,算术教学内容分别为笔算和珠算,课程纲要中只给出笔算的具体要求,没有交代珠算的教学要求。

(1)初小笔算课程的目的和要求:

①能运用加减乘除及度量衡等计算方法,计算日常生活中的简单计算问题,如能计算家庭收支账目及帮助家庭经营小商业等。

②启发与培养思考能力,养成正确的数的观念及迅速正确的计算能力。

(2)教学要点

①各年级各册分量分配如下:

年级	实际教学周数		每周节数	一学期数学节数		册次	各册页数	备注
	上学期	下学期		上学期	下学期			
一、二年级	一六	一四	四	六四	五六	一·三 二·四	三二-三五 八-三〇	平均每两节教一页
三、四年级	一六	一四	五	八〇	七〇	五·七 六·八	四〇-四二 三五-三八	平均每两节教一页

②取材力求城市、乡村都适用,低级多从家庭生活、学校生活中找材料,并以儿童生活最有关系又为儿童所喜悦的做标准。中级由家庭学校逐渐向社会方面扩展,凡公民应有的计算知能并为儿童智力所能接受的,均尽量采用。

③根据调查结果,儿童入学年龄较大(平均九岁),接受力较强,在数数和暗算方面已具有起码的知能,因此低级算术应将暗算(包括数数)、笔算(包括认数写数)分成两种进度。暗算较快,笔算较慢。至二年级上学期(第三册)逐渐统一,下学期(第四册)完全统一。

④通过画图、故事、游戏、比赛等方法,引起儿童学习算术的兴趣。通过比较、复验、速算、比赛等方法使儿童易于了解,并培养其迅速正确的计算能力。

⑤为了整理儿童算术上的旧经验,便于新方法的学习,及补救插级生前后不衔接的缺陷,每册开始,应从复习前册的各种主要方法入手,为了使儿童对各种计算方法更熟练、更正确、更有条理,及给缺课儿童有补习的机会,应将重要的计算方法及在计算上容易发生错误的地方,多作反复练习。

⑥对于新方法及较难的计算,应多用例题、类题,在方法上加以详细说明,并做归纳,加深儿童的印象。

3.3.2 小学算术教学内容[12]71

初级小学第一学年上学期:(1)能数一~五〇各数,并能用暗算计算五〇以内的加减法;(2)能认能写一~二〇各数;(3)能认识"+""-"号,并能用竖式计算九以内的加减法;(4)重点是数数、写数和暗算练习。

初级小学第一学年下学期:(1)能数五一~一〇〇各数,并用能暗算计算一〇〇以内的加减法;(2)能用暗算计算一~九的乘法九九;(3)能认能写二一~九九各数,并能用横式和竖式计算九九以内的加减法;(4)重点是暗算练习和加减的竖式练习。

初级小学第二学年上学期:(1)能数能认五〇〇以内各数,并能用暗算和笔算做加减法的计数;(2)能用暗算计算〇~九的除法九九和笔算的乘除法九九;(3)重点是暗算和乘除法九九。

初级小学第二学年下学期:(1)学会五〇一~一〇〇〇的三位数加减法和乘除数一位的乘除法;(2)认识丈尺寸、石斗升,并能应用;(3)重点是乘除法的练习。

初级小学第三学年上学期:(1)学会万以内加减乘除的计算方法;(2)认识斤两年月日的关系,并能应用;(3)重点是万以内的加减乘除法的计算。

初级小学第三学年下学期:(1)认识各种形状,并知道正方形、长方形面积计算的方法；(2)认识各种形状并知道正方形长方形面积计算的方法；(3)重点在小数计算方法。

初级小学第四学年上学期：(1)学会十万以内的加减乘除计算方法；(2)进一步知道小数乘除法；(3)学会整小数四则及面积的运算。

初级小学第四学年下学期：(1)学会各种度量衡的计算方法；(2)学会家庭收支账的计算方法；(3)学会简单的调查统计方法；(4)复习过去各种方法，使认识深刻，计算熟练；(5)重点是一，二两项。

3.3.3　小学高级算术科课程纲要中的目标和要求[21]71

(1)在初小已有的算术和知能上提高一步，使获得工商业方面的初步计算知能，在农村间，亦能担负家庭中一切有关计算问题，并能订立生产与家计划。协助计算征粮等。

(2)具有初步思考、推论、分析、综合及寻求规律的习惯和能力。

3.3.4　小学高级算术内容

第一学年上学期：读数和计数；整数四则；小数四则；度量衡和复名数。

第一学年下学期：数的性质；分数；简单百法——意义百分比成；简单利息——单利；比及比例。

第二学年上学期：百分法；利息；求积。

第二学年下学期：合作营业；简单薄记；简易统计；总复习，每一单元有复习。

3.3.5　算术教科书个案分析

人民解放战争时期的小学算术教科书版本多，据邱月亮搜集的情况看，有20余种版本[15]35-39，笔者收藏的几种解放区小学算术教科书不成套，如图9所示。

图9　解放战争时期部分小学算术教科书

这一时期算术教科书呈现以下两个特征:承袭抗日战争时期的边区小学算术教科书;有些教科书的编写质量一般。

首先,解放战争时期虽然印行小学算术教科书单位很多,但是多数算术教科书都没有注明编写者,这与承袭抗战时期小学算术教科书有关,因为当时把几种教科书互相翻印现象常见。如晋冀鲁豫边区政府教育厅编审委员会的《高级小学适用算术课本》第三册(裕民印刷厂,1947 年 1 月第一版)的"面积和地积"和陕甘宁边区的张养吾编《算术课本》(第四册)的"面积和地积"内容雷同,但是有所压缩,其结果后者第四册内容变为前者第三册内容。前者第 50 页第 8 道习题和后者第 9 页第 10 道习题均为七巧板的操作。又如,圆面积的推导过程也是相同,表述的语句也完全相同,如图 10 所示。

图 10 圆面积的推导

其次,解放战争时期有些教科书编写水平一般,对有些概念或公式的说明不清晰。如图 11 所示,山东省胶东区行政公署教育处编《算术课本高小第二册》(1946 年 6 月)圆周长公式的介绍中没有说明为什么是这样,只给出"无论甚么圆周的长,一定是直径的 3.141 6 倍"。[22]

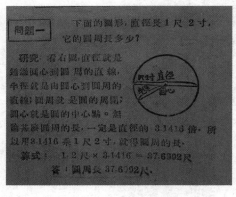

图 11 圆周长公式的直接说明

4. 结　语

革命根据地的数学教育在不同阶段和各根据地之间的发展水平有着较大的差距,小学数学教育的发展速度较快,范围也覆盖革命根据地,但是中学数学教育的发展速度和范围不及小学数学教育。原因在于小学数学内容简单,小学数学教育与革命根据地扫盲教育同步进行,也可以说是扫数盲的教育。小学笔算和珠算内容在革命根据地生产实践活动中可以直接使用,能够满足当时的需要。与此相比,中学数学教育是在小学数学教育基础上进行,革命根据地教育开始时,能够考上中学的学生人数不多,能够胜任中学数学教育的教师严重缺乏。这些客观原因阻碍了革命根据地中学数学教育的发展。但是人民解放战争时期各解放区的中学数学教育发展迅速。这里值得指出的是,各革命根据地数学教育都是在思想政治教育、民族自信和自尊教育的指导下发展起来的,这为新中国的数学教育奠定了思想基础。

参考文献

[1]　陈桂生.中国革命根据地教育史(上)[M].上海:华东师范大学出版社,2015:序1.

[2]　陈元晖,璩鑫圭,邹光威.老解放区教育资料(一)[M].北京:教育科学出版社,1981.

[3]　毛泽东.毛泽东选集:第二卷[M].北京:人民出版社,2009.

[4]　山东老解放区教育史编写组.山东老解放区教育资料汇编(第一辑)[M].1985.

[5]　陈元晖,璩鑫圭,邹光威.老解放区教育资料:抗日战争时期(上)[M].北京:教育科学出版社,1986:4.

[6]　中央教育科学研究所.老解放区教育资料:抗日战争时期(上)[M].北京:教育科学出版社,1986.

[7]　毛泽东.毛泽东选集:第三卷[M].北京:人民出版社,2009.

[8]　陈桂生.中国革命根据地教育史(下)[M].上海:华东师范大学出版社,2016:8.

[9]　赣南师范学院,江西省教育科学研究所.江西苏区教育资料汇编:1927—1937(七、教材)[G].南昌:江西省教育科学研究所,1985.

[10]　赣南师范学院,江西省教育科学研究所.江西苏区教育资料汇编:1927—1937(五、教育类型和办学形式(下))[G].南昌:江西省教育科学研究所,1985:19.

[11]　赣南师范学院,江西省教育科学研究所.江西苏区教育资料汇编:1927—1937(八、教学法)[G].南昌:江西省教育科学研究所,1985.

[12]　陕西师范大学教育研究所.陕甘宁边区教育资料小学教育部分(上)[M].北京:教科书科学出版社,1981.

[13] 陈元晖,璩鑫圭,邹光威.老解放区教育资料:抗日战争时期(下)[M].北京:教育科学出版社,1986.

[14] 陈元晖,璩鑫圭,邹光威.老解放区教育资料(二下册)[M].北京:教育科学出版社,1981:301.

[15] 邱月亮.百年小学数学教科书图史[M].嘉兴:吴越电子音像出版,2020.

[16] 课程教材研究所.20世纪中国中小学课程标准·教学大纲汇编[C].北京:人民教育出版社,2001:22.

[17] 张养吾.陕甘宁边区教育厅审定算术课本(高级第四册)[M].新华书店,1944:51.

[18] 黄乔生.中国新兴版画1931—1945:作品卷Ⅵ[M].郑州:河南大学出版社,2019:86.

[19] 张子康.第二届中国当代版画学术展:特邀展——古元延安版画作品展[M].香港:中国今日美术馆出版社有限公司,2011:148.

[20] 中共中央马克思恩格斯列宁斯大林著作编译局.马克思恩格斯全集:第34卷[M].北京:人民出版社,1972:239.

[21] 郭书增.小学教学的理论与实践[M].香港:新民主出版社,1949.

[22] 山东省胶东区行政公署教育处编.算术课本高小第二册[M].胶东新华书店,1946:15.

新发展格局下中华优秀传统数学文化
融入社会的有效路径分析

董　杰，雷中行

摘　要：本文在梳理中华优秀传统数学文化时代要求的基础上，发掘历代学人的实践理念，阐释新时代下传承弘扬中华优秀传统数学文化的指导思想，提出新发展格局下传承弘扬中华优秀传统数学文化的有效路径和具体措施，最后倡导中华优秀传统文化融入数字经济发展以实现自身时代价值。

关键词：中华优秀传统数学文化；素质教育；文化自信；数字新业态

习近平总书记在庆祝中国共产党成立 95 周年大会上的讲话指出，"文化自信，是更基础、更广泛、更深厚的自信。在 5000 多年文明发展中孕育的中华优秀传统文化，在党和人民伟大斗争中孕育的革命文化和社会主义先进文化，积淀着中华民族最深层的精神追求，代表着中华民族独特的精神标识。"党的十九大报告指出，"文化自信是一个国家、一个民族发展中更基本、更深沉、更持久的力量。"2021 年 5 月 9 日，习近平总书记给《文史哲》编辑部全体编辑人员回信时，为如何实现文化自信给出了具体指示："让世界更好认识中国、了解中国，需要深入理解中华文明，从历史和现实、理论和实践相结合的角度深入阐释如何更好坚持中国道路、弘扬中国精神、凝聚中国力量。回答好这一重大课题，需要广大哲学社会科学工作者共同努力，在新的时代条件下推动中华优秀传统文化创造性转化、创新性发展。"文化自信的基础是文化认同。习近平总书记参加十三届全国人大四次会议内蒙古代表团审议时特别强调，"要在坚持走中国特色解决民族问题正确道路、维护各民族大团结、铸牢中华民族共同体意识等重大问题上不断提高思想认识和工作水平。"面对当前复杂的国际局势和繁重的国内建设任务，坚定文化自信，实现中华优秀传统文化创造性转化、创新性发展，仍是新时代的必然要求。

1. 中华优秀传统数学文化的时代要求

中华民族有着优秀璀璨的科技文化，这是中华民族无比宝贵的财富，数学又是其中一

作者简介：董杰，1982 年生，内蒙古师范大学科学技术史研究院教授。研究方向为数学史。主要研究成果有《〈大测〉校释》。

雷中行，1981 年生，内蒙古师范大学科学技术史研究院讲师。研究方向为文化传播研究。主要研究成果有《明清西学中源论争议》《中国传统雷电自然认知变迁研究》等。

颗闪亮的明珠。或许有人会认为中国传统数学与现代数学差距较大,中国传统数学早已成为陈迹,没有现实意义。然而历史告诉我们,中华优秀传统数学与现代数学密切相关,对数学前沿发展仍具重要价值。中国数学史奠基人钱宝琮指出,"第五世纪以后,大部分印度数学是中国式的。第九世纪以后,大部分阿拉伯数学是希腊式的。到第十世纪,这两派数学合流,通过非洲北部与西班牙的回教徒,传到欧洲各地,于是欧洲人一方面恢复已经失去的希腊数学,一方面吸收有生命力量的中国数学,近代数学才得开始辩证的发展。"[1]在此基础上,著名数学家、数学史家吴文俊院士进一步指出,"近代数学之所以能够发展到今天,主要是靠中国的数学,而非希腊的数学,决定数学历史发展进程的主要是中国的数学而非希腊的数学。"[2]这就说明现代数学里的中国传统数学基因更多,中国传统数学的创新性转化更易于推动现代数学的创新性发展。

李文林先生最早指出科学史学科的三重性,即三重功能和三重价值,具体说就是:作为历史的科学史,作为科学的科学史和作为教育的科学史。并且在实际工作中围绕三重性做出了一系列开拓性的工作。步入新时代,党和国家陆续下发《完善中华优秀传统文化教育指导纲要》《中华优秀传统文化进中小学课程教材指南》《高等学校思想政治理论课建设标准(2021年本)》《中华人民共和国家庭教育促进法》等文件,均有助于中华优秀传统数学文化融入各类教育。党的十九届五中全会通过的《中共中央关于制定国民经济和社会发展第十四个五年规划和二〇三五年远景目标的建议》提出,要加快构建以国内大循环为主体、国内国际双循环相互促进的新发展格局,那么中华优秀传统数学文化的创造性转化、创新性发展就要在这个新发展格局中落地实践。这些都是中华优秀传统数学文化的时代需求。

2. 历代学人的实践理念

18世纪末、19世纪初的阮元、焦循、李锐、汪莱、罗士琳等诸多乾嘉学派数学家在"兴复古学、昌明中法"思想的指导下,实现中国传统数学的传承弘扬工作。他们通过《畴人传》构建中国数学家和天文学家的发展谱系,掌握了话语权,且有足够自信把西方数学家收入附录。他们在面临西方数学强大的冲击下,通过发掘中华优秀传统数学著作,在古代优秀数学知识、方法和思想的基础上,创造性地发展了方程论。他们还用"加减乘除""比例"等新观点对数学进行整体性地重新阐释。正是这些借助传统实现的创造性工作,使得中国数学在当时呈现一片繁荣的景象。他们的指导思想恰好与习近平总书记在哲学社会科学工作座谈会上的重要讲话相契合,习近平总书记指出,中国特色哲学社会科学应该具有继承性、民族性的特点。"兴复古学"是继承性的体现,"昌明中法"是民族性的体现。

吴文俊先生始终关注传承弘扬中国传统数学的工作,他"继承并发展了中国古代的数学思想,在定理机器证明上开创了以多项式组零点集为基本点的消元方法;吴文俊的数学机械化方法已在物理规律的发现、机器人学、计算机视觉以及促进现代数学研究等重大高科技的前沿领域实现成功的应用。数学机械化研究的兴起,是中国当代数学发展中一个引人瞩目的具有中国传统特色的新里程碑。"[3]而且吴先生还断言,"《九章》与《刘注》所贯穿的机械化思想,不仅曾深刻影响数学的历史进程,而且对数学的现状也正在发扬它日益显著的影响。它在进入 21 世纪后在数学中的地位,几乎可以预卜。"[4]这是一个显著的中华优秀传统数学创造性转化、创新性发展的案例,对今后相关工作仍具有重要的指导意义。

李文林先生曾就数学史的教育功能归纳了以下几点:理解数学的历史途径(帮助学生理解数学概念、方法、思想),科学创新的历史范例(帮助学生体会活的数学创造过程,培养学生的创造性思维能力),数学文化的历史话题(帮助学生了解数学的应用价值和文化价值,明确学习数学的目的,增强学习数学的动力),科学精神的历史榜样(有利于帮助学生树立科学品质,培养良好的科学精神)。[5]

3. 新时代下传承弘扬中华优秀传统数学文化的指导思想

习近平总书记指示了推动中华优秀传统文化创造性转化、创新性发展的角度:"历史和现实、理论和实践相结合。"就中华优秀传统数学而言,不仅要关注中华优秀传统数学的历史发展,还要考察中国当代数学的发展趋势,实现两者交互影响,最终达到中华优秀传统数学创造性转化、中国当代数学的创新性发展。只有数学史界和数学教育界的通力合作,才能实现这一目标。中华传统数学有较强实用性,新时代下传承弘扬中华优秀传统数学文化更当重视理论和实践的结合。

新时代下传承弘扬中华优秀传统数学文化一定不是对中华传统数学的照搬,而是要对其进行适合当今数学发展需要的转化。同时,当代中国数学的发展也要以创新性为要求,秉持开放心态,采取"拿来主义",取精用弘,中西数学均为我所用。而这一切的总目标则是坚守中华数学文化自信,"坚持中国道路、弘扬中国精神、凝聚中国力量。"

寻求新时代下传承弘扬中华优秀传统数学文化不能局限于具体知识,还要从基本特征这一更大的视野入手。"鲜明的社会性是中国传统数学最基本的特点。形数结合,以算为主,使用算器,建立一套算法体系是中国传统数学的显著特色。'寓理于算'和理论的高度精练,是中国传统数学理论的重要特征。"[6]吴文俊总结的中华传统数学特征是算法化、机械化与构造性。如上这些特征是中华传统数学知识、方法、思想、观念、文化的集中体现,是精华所在。关注这些特征的创造性转化,才能有机地实现新时代下传承弘扬中华优秀传统数学文化,使中华数学在当下和未来仍具鲜活的生命力。

中华传统数学与天文、乐律、术数、经济、商业等有极密切的关系,因而应把中华传统数学放在整个中华优秀传统文化系统中,通过中华优秀传统数学的创造性转化、创新性发展带动整个中华优秀传统文化的创造性转化、创新性发展,为中华优秀传统文化注入一股新鲜血液,恢复它们的活力,使它们实现一次大而彻底的再生。

4. 新发展格局下传承弘扬中华优秀传统数学文化的有效路径

立足新发展格局,将传承弘扬中华优秀传统数学文化的有效路径分为国内和国外两个部分分别讨论,从而在国内外形成活跃氛围。国内主要分学校教育、家庭教育、社会教育三个维度构建传承弘扬中华优秀传统数学文化的有效路径和实施体系。其中学校教育、家庭教育依托相关文件的具体要求开展相关研究;社会教育主要探索中华优秀传统文化与博物馆、科技馆、广场等场站空间、互联网数字化技术与新媒体、旅游业等融合发展的有效方式和实施措施,以此加强引入社会力量推动传承弘扬中华优秀传统数学文化。

国外探索主要借助海外华侨华人、中国学家和对中华文化感兴趣的外国人推动传承弘扬中华优秀传统数学文化。海外华侨华人天生带有共同传承传播中华文化的使命,他们面向当地主流社会,很自然地创造出一些融通中外的新概念、新范畴、新表述;中国学家对中国古今所取得的成果有浓厚的兴趣,用外国人熟悉的学理阐释方式讲好中国故事;对中华文化感兴趣的外国人不在少数,他们会使用意想不到的方式传承弘扬中华优秀传统数学文化,效果可能会更好。让海外华侨华人、中国学家、对中华文化感兴趣的外国人参与体验、分享中华文化,是传承弘扬中华优秀传统数学文化的有效途径。

教育引领、创意表达、科技支撑、传播助力、交流互鉴等方面的创新发展思维,能为传承弘扬中华优秀传统数学文化提供有意义的实践经验。传承弘扬中华优秀传统数学文化本身是庞大的系统工程,本文将针对"如何传承弘扬"和"存在哪些有效路径"两个具体问题进行处理,尝试形成传承弘扬中华优秀传统数学文化基本原理与实施体系逻辑架构,即"锁定目标受众+提供对口内容形式+使用正确触达渠道=形成有效推动"的研究思路。

目标受众群体分析框架的维度是年龄、性别、所属地域、文化水平、经济程度、对中华优秀传统数学文化的熟悉程度。从内部言之,传承弘扬中华优秀传统数学文化工作的受众来源为家庭中的父母与子女、义务教育阶段的老师与低年级学童、高中与高校的老师与高年级学生、社会上的工作者和消费者等。考察这类受众的接受度重点场景会在社区活动、学校课程与活动,以及消费区域如影视消费、文化景点等数据上。从外部言之,海外华人、周边国家人民、中国文化粉是传承弘扬中华优秀传统数学文化的海外受众主要来源。考察这类受众在技术上必须依托互联网和新媒体技术进行数据分析,受众标签集中在互联网活跃用户、访华人士、学界人士和优秀传统文化商品消费者等,重点场景则在 youtube、Twitter、Facebook、Amazon、Apple shop、1688.com 等互联网社交与服务平台,以及北京冬奥、深交会和义乌小商品市场等线下消费数据。

不同的喜好与需求导致受众对不同的文化载体接受度不一,因此为不同群体制作其喜爱的文化载体,增加他们对传承弘扬中华优秀传统数学文化的接受度则成为最合理的推动方案。在得出上述人群接受度分析结果后,可以试图找出各个目标群体最喜闻乐见的文化载体,以形成传承弘扬中华优秀传统数学文化的最佳形式。对此可将适合的文化载体区分为:互联网技术相关的文化载体、新兴消费业态相关的文化载体、道德模范引领相关的文化载体,仔细探究不同文化载体对不同群体的影响力。

需要说明的是,受众接受度有强弱之别。本文采用可以被受众内化的信息为主要分析标的,得出不同目标受众对中华优秀传统数学文化的接受度差异。找出对目标群体最具吸引力的文化载体后,试图在众多传播渠道中分析出效益最高的触达渠道,以此提高受众的真实转化率,巩固推动效果。此处的区分是境内可对受众发挥影响力的渠道,和海外可对受众发挥影响力的渠道。渠道与上述文化载体分类方式对应,区分为基于互联网技术的线上相关渠道、新兴消费业态领域的线下渠道、基于共同兴趣与利益的社群渠道,仔细探究不同传播渠道的信息触达率和辐射范围。

5.中华优秀传统数学文化与教育紧密融合

将中华优秀传统数学文化有机融入课程,紧紧围绕受众吸引力展开推动工作,那么学校、家庭和社会环节则呈现出带有教育和教化性质的推动工作逻辑。本文分析四个教育环节:义务教育、高校教育、家庭教育、社会教育。根据不同教育环节,思考如何设置承载中华优秀传统数学文化的课程形式、活动形式和氛围营造形式,以此传承和弘扬中华优秀传统数学文化。

随着时代的变迁,在教育领域传承和弘扬中华优秀传统数学文化工作不适合再以应试教育对学童加以灌输,必须重新思考以"孩子"为核心的课程,学校、家庭和社会场景各自该承担的角色与发挥的功能。根据发展心理学,与小学以下的低龄段学童情况不同,初中以上高年龄段的学生逐渐拥有独立思考的自我意识、同侪压力和偶像崇拜。因此这里以初中为传承和弘扬中华优秀传统数学文化的分水岭,小学以下试图讨论教师如何有效提高学生在课程教学中对中华优秀传统数学文化的接受度;初中以上则讨论教师如何有效通过启发式教学和体验式教学,让学生主动参与到中华优秀传统数学文化的体验和感悟中,接受长期熏陶。学校要激发学生发挥主观能动性来体验和摸索中华优秀传统数学文化。

数学与美具有天然的联系,今天义务教育高度重视美育。美育教育是指培养学生认识美、爱好美和创造美的能力教育,也称美感教育或审美教育,是全面发展教育不可缺少的组成部分。习近平总书记在全国教育大会上就美育问题发表了重要讲话,中共中央办公厅、国务院办公厅印发的《关于全面加强和改进新时代美育工作的意见》从更高站位出发,对学校美育工作进行深入推进,进一步凸显美育的价值功能,聚焦突出问题。今天数学史、数学教育工作者更应该思考通过中华优秀传统数学文化来弘扬中华美育精神,塑造美好心灵,完善美育课程和教材体系,注重中国特色,注重艺术经典,关注理论支撑,加强基础理论的研究和课程建设。

此外,在学生学习中华优秀传统数学文化的过程中,学校发挥着举足轻重的作用。首先,学校方面应尽快形成和实施优秀传统数学文化的教学内容体系,使教师拥有最丰富的教学资源并做出效果最好的教学,从而提高学生的接受和理解程度。其次,学校作为校园管理方,可以在物质文化环境、精神文化环境、制度文化环境、网络文化环境为学生创设一个学习中华优秀传统数学文化的良好环境,以利用环境熏陶感染和影响学生。最后,学校作为活动设计方,应频繁地设置以中华优秀传统数学文化为输出的活动。

另一方面,影响幼童和青少年最深刻的莫属言传身教的父母,其中一个能提高父母中华优秀传统数学文化认识程度的场景是学校的家长学习会。一般而言,学校教师与学生的父母是灌输幼童与学生中华优秀传统数学文化的两个关键角色,而欲打造一个优良的文化学习环境,必须要双方的致力营造,学校要积极为教师与家长充分沟通问题和解决方案提供交流机会。

6.中华优秀传统文化与数字经济融合发展

基于互联网技术的文化载体是由影视、音乐、游戏、社交平台和长短视频内容等影视资源所组成,其设计理念是利用科技让优秀传统文化重获生命,使沉睡于书本与文物中的内容重现生机。李文林先生的《数学史概论》(第四版)就实现了传统出版物与时俱进,与视频有机结合,实现融媒体传播方式,是推广数学文化非常重要的一个手段,值得我们学习和借鉴。

今天迎来了数字中国,传承弘扬中华优秀传统数学文化对应的传播渠道则是由信息、社交、长短视频、音乐、网购和游戏平台等互联网渠道所组成。多元的互联网渠道对互联网用户与消费者有着极强文化穿透性,加以用户喜闻乐见的特定文化载体,逻辑上便能提供高质量的内容体验,进而做好新时代下传承弘扬中华优秀传统数学文化工作。这部分使用科技手段是其中关键,然而深挖传统数学文化与群众生活内涵进行创作,找出古今契合点和情感切入点,使受众与之共情也是不可或缺的环节要素。

基于新兴消费业态的文化载体是文化体验服务,有内涵的文化商品赋予受众鲜明的参与感和仪式感;文化服务则为受众提供深度浸润性的用户体验。一般而言,好的文化外缘型载体可提供受众更强的主动认同感和良好的用户体验。新兴消费业态多为线下且户外渠道,只要对这些场景加以设计,在软硬件上融入中华优秀传统数学文化的适当元素,即可潜移默化地影响参与受众,做好传承弘扬中华优秀传统数学文化,并通过互联网将成果及时输出,"让世界更好认识中国、了解中国",为实现中华民族的伟大复兴打下坚实基础。

根据以往经验和现实需求,新时代下传承弘扬中华优秀传统数学文化工作通过教育途径会得到有效且深入地落实,师范类院校在其中发挥着重要的作用。当然,推动中华优秀传统数学创造性转化、创新性发展也是师范类院校应当承担的重要历史使命。内蒙古师范大学有优良的数学史和数学教育的研究基础,拥有得天独厚的教育平台,中国数学史与数学教育又被纳入内蒙古自治区应用数学中心,是全国高校黄大年式教师团队"中国科学技术史教师团队"的重要组成部分,相关师生启动"大哉言数"工程,在前辈已有工作基础上,为传承弘扬中华优秀传统数学文化贡献自己的力量,实现内蒙古作为。

参考文献

[1]　钱宝琮.中国古代数学的伟大成就[J].科学通报,1951(2):1041-1043.

[2]　吴文俊.中国古代数学对世界文化的伟大贡献[J].数学学报,1975(1):18-23.

[3]　纪志刚.吴文俊与数学机械化[J].上海交通大学学报(社会科学版),2001(3):13-18.

[4]　李继闵.《九章算术》及其刘徽注研究[M].西安:陕西人民教育出版社,1990:吴文俊序言.

[5]　李文林.数学史与数学教育[C]//.汉字文化圈数学传统与数学教育——第五届汉字文化圈及临近地区数学史与数学教育国际学术研讨会论文集.北京:科学出版社,2004:178-191.

[6]　李继闵.算法的源流——东方古典数学的特征[M].北京:科学出版社,2007:1-15.

数学史应用于教师教育的理念与实践

潘丽云

摘　要：数学史应用于教师教育培训中促进教师专业发展是国际 HPM 研究领域中的重要议题之一，其难点在于适切的内容选择、稳定有效的实践路径以及效果的表现性评价。本文基于 2018—2021 年教师教育培训项目的周期实践，构建数学史应用于教师教育，发展教师历史启发的理解力、数学史融入教学的实践力以及数学史素养提升的发展力三个维度的理念，在此理念指导下的实践路径与意义再探，为教师学习数学史并运用于教学实践提出可靠路径、可行模式，提升数学教师的数学史素养，发挥数学史对数学教育的作用。

关键词：数学史；数学教育；教师教育；学科育人

李文林先生曾提出数学史研究有三重目的：即"为历史而历史""为数学而历史""为教育而历史"[1]，在基础教育领域开展的数学史研究与实践以教师教育培训的方式加以推进与实践，以提升教师数学素养并反馈于教学，促进学生数学素养的培养。自 2018 年起至 2021 年，北京教育学院开办了四期面向北京市小学数学骨干教师的数学史专题班，一线教师通过学习数学史提升自身数学素养以发展学生数学素养及全面提高课堂教学质量，发挥数学学科的育人价值。李文林先生对专题班的开展给予关心与扶持，做了教育取向的数学史讲座，从数学发展历史的高观点下提升一线教师对小学数学核心数学内容中的概念演进、本质及教育价值的理解力，更新教师的数学观、数学教育观，反馈于教师将数学史融入课堂教学发挥育人价值的课堂教学实践中。同时教师在学习、应用数学史的过程中，为数学史研究者、数学教育实践者们提出了颇具价值的研究议题，激活已有数学史研究成果的应用，激发现有数学史研究的新思考，促进基础教育领域对数学史发挥数学学科的育人功能的理解与实践。本文从教师教育中进行面向教育的数学史学习与实践的必要性、学习什么样的数学史、数学史如何应用于课堂教学中、如何评价数学史融入课堂教学的效果、数学史如何提升教师的数学素养以及教师的数学史素养的内涵与实践、数学史对于教师专业发展的意义等几个方面进行阐述。数学史应用于教师教育培训中，秉持发展教师历史启发下的理解力、数学史融入教学的实践力、数学史素养提升的发展力的理念，

作者简介：潘丽云，1978 年生，北京教育学院数学与科学教育学院副教授，研究方向为数学史与数学教育。主要研究成果有《数学史视野下小学教师数学素养提升的实践研究》(《课程教材教法》，2020)、《小学数学教师提升数学史素养的意义与路径》(《教学月刊小学版(数学)》，2021)、《学科史视角下学科育人价值的内涵与实践》(《中小学管理》，2021)。

形成基于数学史学习与应用的实践路径,为如何发挥数学史在教师教育领域作用提供实践路径、模式与评价维度参考与借鉴。

1. 数学史对于数学教育的意义价值

数学史是研究数学概念、数学方法和数学思想的起源与发展,及其与社会政治、经济和一般文化的联系[2]。这一大道至简的数学史概念界定有丰富内涵,其对于数学教育的意义与价值何在? 从数学教育中主体实践者——教师这一视角审视,数学史对于教师"教"——学生数学学习,以及对于教师自身"学"——数学(史)素养提升均有意义,体现出三方面价值:学理价值、人文价值、资源价值[3-4]。

1.1　数学史对于教师"教"的意义 ①

(1)帮助学生了解数学的应用和文化作用,提高学生的学习兴趣与学习自觉性。

数学教育的核心价值在于培养教育者树立正确的数学观和数学价值观,特别是要了解数学文化价值。学生只有了解数学的价值,才有了自觉学习数学的驱动力。从数学史的视角来看,数学的文化价值体现在数学与各个领域分支的关系,比如数学与思维的关系——数学是思维的体操;数学与其他科学的关系——数学是科学的工具和语言;数学与现代技术的关系——计算机发展原理与算法、两弹一星;数学与生活的关系——天气预报与医疗诊断中数学发挥的作用等;数学与艺术的关系——绘画、音乐、建筑等体现的数学之美。

(2)帮助学生理解数学概念、方法与思想。

数学教育的基本目标之一是要让学生理解、掌握课程或教学中所要求的数学概念、数学方法和数学思想。由于数学的抽象特点,其概念、方法和思想大都以抽象的形式出现,如何帮助学生理解、接受并能掌握乃至应用这些数学概念、方法和思想,始终是数学教育中需要关注和值得探讨的问题。尤其是当下教育教学改革中,新的课程标准中增加了很多适应时代需要的学习内容,使得学生理解问题显得尤为重要和突出。的确,帮助学生理解并掌握抽象的数学概念、方法和思想有多种途径,且仍有很大的探索空间,而数学史在此可以发挥有效作用。陈省身先生曾说:"了解历史的变化是了解这门科学的一个步骤",历史上的例子可以古为今用,可以开发成为阐释某些抽象数学概念和思想的适宜的教学载体。

(3)帮助学生体会活的数学创造过程,培养学生的创造性思维能力。

数学家莱布尼茨曾说:"历史中一些光辉的范例可以促进发现的艺术,揭示发现的方法"。因此数学历史上的发明和方法提供给学生创造性思维的范例,以此拓展学生思维,激发创新思想。

(4)帮助学生树立良好的科学品质,培养良好的科学精神。

---

①根据李文林先生在北京教育学院举办"数学史专题班"的讲座内容整理,讲座主题为"谈谈小学教师的数学史素养"。

科学精神包括奉献、怀疑、创新、求实、对美的追求等。但教育者不能仅仅把科学精神当作格言"输入"给学生，我们必须通过具体的事实、生动的材料，让学生体会什么是科学精神，怎样培养科学精神，而数学史在此方面发挥的教育作用获得教育界共识并付诸实施。特别是科学家和数学家的故事，如牛顿、欧拉、伽罗瓦、高斯、魏尔斯特拉斯、华罗庚、陈省身、陈景润等等，他们的事迹都是开展科学精神教育的典型素材，但此处强调抓住有教育意义的特征来介绍数学家的榜样作用，而不应流于表面的生平介绍。

1.2　数学史对于教师"学"的意义

（1）帮助教师提升面向教学的数学知识。

要达成上述数学史对于学生学的意义，前提需要教师学习数学史。数学史对于教师自身数学素养提升有重要意义，特别是能够有效提升教师面向教学的数学知识水平，即MKT（Mathematics Knowledge for Teaching）。面向教学的数学知识水平包括学科知识与教学知识两部分，前者包含一般内容知识、专门内容知识、水平内容知识；后者包含内容与学生知识、内容与课程知识、内容与教学知识。

教师了解数学概念、思想、方法的起源发展背景，一方面扩展了自身的理论储备，增强对数学概念本质认识的深刻程度，即便初等问题也包含着较深的理论背景，教师做到心中有数，了解相关历史知识是有益的，"讲一备十"的教学储备应对学生疑难，提升教学质量十分重要；另一方面，概念、思想、方法起源发展过程中，教师了解人类曾遇到的障碍与困惑，了解概念的关键节点，能够对学生在学习理解时面临的困难有所预见与理解，并通过历史中人们突破的方式方法获得启发进行教学。

（2）帮助教师在学理、人文及教学资源的认知与储备。

数学史对于数学教育的作用，从教师角度而言有三方面价值：学理价值、人文价值、资源价值。首先，数学史在学理方面，提供不同观点和不同表征方式以深刻理解数学概念、方法和数学活动的本质、数学与其他学科之间相互促进的关系，以树立辩证、联系、应用的数学观。在人文方面[5]，数学史揭示数学是一门不断发展和进步的学科，包含文化多元性，促进数学发展不仅出于实用，还有数学内部的美学标准等。在资源价值方面，数学史展现了不同方法的成败得失，可从中汲取思想养料，解决学生认识困难，此外提供大量历史与现实的问题和方法资源。数学史首先夯实教师对数学认知，进而反馈于教学观念与实践。

2. 数学史应用于教师教育的实践

学习数学史及其在教学中实践成为小学教师数学素养提升的重要途径，小学教师的数学素养从认知论和教学论两个方面包含了学科素养和教学素养，数学史从工具和目标的角度，能为教师的课堂教学增加概念、文化、动机资源，是教师自身专业发展的可靠有效路径，因此以数学史的学习为抓手，可在理论和实践两个层面提升教师的数学素养。其理论基础在于数学史揭示数学知识的学科本质并为教学提供历史相似性指南[6]。因此，经实践构建数学史视野下提升教师数学素养的实践路径分为三个阶段：文献学习与教学设计、教学实施与分析、评价与检验。

2.1　面向教学的数学史学习

数学史融入数学教育的实践发挥出育人价值,需要关注数学史的三个核心特征[7]:第一,从历史的发展中强调概念、思想和方法等知识本体的特征与性质;第二,从发展的文化背景中强调相互关联和辩证统一的数学观;第三,在数学知识形成与接受的不同视角中强调知识的发展性与多元化理解。

以"竖式乘法"为例,来谈谈选择什么样的数学史,怎样解读[8]。现今,"竖式乘法"采用笔算形式,以纸笔为工具,依据位值原则、数的组成与分解、运算规律和性质,通过阿拉伯数字和符号书写进行演算[9]。教师在了解"竖式乘法"的历史前,需要确定文献的寻找范畴:四大文明古国(古巴比伦、古埃及、中国、古印度)与阿拉伯的数学经典著作(后面随文介绍)中与主题相关的数学史与数学教学的研究文献,从中考察乘法历史、乘法笔算历史、竖式乘法的发展。因为笔算与位值、数的组成分解、运算性质密切相关,所以我们需要关注的问题有:不同的文化中采用的数系系统是什么? 依据各自的数系系统发展起来的乘法运算如何进行? 采用什么工具、什么方式进行乘法运算? 竖式乘法规则在目前各个国家是否统一?

对于古巴比伦、古埃及的乘法发展情况只能从数学通史类著作中寻找,古埃及纸草书中记载了乘法的方法——倍乘法。两个数相乘,先将其中较大的数加倍,然后根据较小数组合不同的倍数和,得到结果。比如 $32 \times 13 = 416$ 的计算过程如图 1 所示。这种算法在几千年笔算乘法的历史中体现出旺盛生命力。但如果乘数很大时,分解乘数为倍数和的技巧要高,且计算步骤繁琐。

中国古代自汉代起已经熟练使用算筹计算,一直沿用至宋元时期算盘出现。在摆置算筹时有横纵两种形式,个位从纵式开始,随位数增加纵横交错摆放,以区分数位。算筹乘法从高位算起,两个乘数分别放在上位和下位,乘积放中位,0 用空位表示。比如 $32 \times 13 = 416$ 的筹算过程如图 2 所示。高位算起,遇有进位,增添算筹便捷。

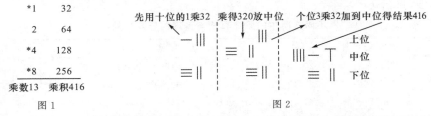

图 1　　　　　　　　　　　　　　　图 2

印度的乘法是在一块覆盖沙子或面粉的板子或者小黑板上进行演算,被冠以不同名称:格栅(gelosia)乘法、格子乘法、四边形乘法等。格栅算法究竟起源何时何地还未知,学者推测印度是可能的起源地,并传到中国和阿拉伯。传至中国时被称为"铺地锦"。两个乘数分别置于格子上方和右侧(也可以是上方和左侧,但内部斜格方向与乘数书写顺序不同),各部分乘积各占一个方格单元,斜排的数字相加,结果从格子的底部和左侧读出。仍以 $32 \times 13 = 416$ 为例,格栅算法如图 3 所示。

中世纪时期(529—1436)的数学出现交流传播融合的局面,随着中国"丝绸之路"与中亚乃至欧洲的学者们进行了活跃的知识交流,中国古代辉煌的数学知识传至印度获得发展后,在中世纪传至欧洲。在 12 世纪,最重要也最有原创性的欧洲数学家集中于意大利,意大利地区是通向欧洲的丝绸之路的终点,是东西文化的熔炉,代表人物是斐波那契(约 1180—1250),于 1202 年完成了一部数学史上的经典著作《算盘书》(*Liber abaci*,也称《计算之书》《算经》),印度-阿拉伯数字在此书中被大力提倡。他的这部著作可以说是中国、印度、希

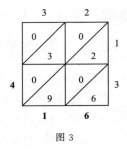

图 3

腊、阿拉伯数学的合金[10]。紧随中世纪之后的文艺复兴初期,意大利的帕乔利(1445—1514)在 1487 年出版的《算术、几何、比及比例概要》成为最有名的数学材料编撰著作,内容涉及算术、代数、欧氏几何、复式簿记。这两部经典著作中的乘法计算方法,都可以看到数学文化交流融合发展的痕迹。如果要了解初等数学在中世纪及文艺复兴时期的发展情况,这两部文献是重要的学习资料。《计算之书》中的乘法计算既有纸笔算,也有手指算,同时有 2~9 的乘法表,仍以 $32 \times 13 = 416$ 为例,"对角线法"计算过程见图 4,进位用手指辅助记忆;同时,也有格栅算法(同图 3,此处略);帕乔利的《算术、几何、比及比例概要》著作中提出了八种笔算乘法的方法,其中六种方法沿袭发展了斐波那契的方法,另外两种方法有了竖式形式,但是从乘数的高位算起,"分解乘数法"如图 5 所示。

6	1 6	4 6		
1 3	1 3	1 3	3 2	3 2
3 2	3 2	3 2	1 3	1 3
大数32在下,小数13在上。先将个位3和2相乘,结果写在个位上方	对角分别相乘后相加为11,将得数个位的1写在乘数十位上方,得数十位的1记在手里	乘数十位上的1和3相乘结果加上记在手上的1为4,写在乘数百位上方,乘积结果为416	3 9	3 2
			2 6	9 6
			4 1 6	4 1 6
图 4			图 5	

乘法结果的检验方法"弃九法"(也称"舍九法"),在印度、意大利的著作中均出现过。

从历史中看出不同文明中的乘法算法与算理的异同之处,以 $32 \times 13 = 416$ 为例说明其中的原理,见表 1。

表 1　　　　　　　　　不同文明中的乘法算法与算理的异同之处

乘法算法与算理	举例
埃及倍乘法	$32 \times 13 = 32 \times (1 + 4 + 8) = 32 + 128 + 256 = 416$
中国筹算	$32 \times 13 = 32 \times (10 + 3) = 320 + 69 = 416$
格栅算法	$32 \times 13 = (2 + 30) \times (10 + 3) = 2 \times 10 + 30 \times 10 + 2 \times 3 + 30 \times 3 = 416$
对角线法	$32 \times 13 = (30 + 2) \times (10 + 3) = 30 \times 10 + 30 \times 3 + 2 \times 10 + 2 \times 3 = 416$
分解乘数法	$32 \times 13 = (30 + 2) \times 13 = 3 \times 130 + 2 \times 13 = 390 + 26 = 416$ $32 \times 13 = 32 \times (10 + 3) = 32 \times 10 + 32 \times 3 = 320 + 96 = 416$

上表显示,所有算法体现两个共同特点:第一,依据乘法分配律;第二,乘数的加法分解(除埃及的乘数按 2 倍分解为加数外,其余均依十进制分解)。从乘法计算的发展过程中可以看出,计算的困难在于随着乘数位数增多,进位变多容易出错,只有格栅算法保留了计算过程帮助检验步骤,但格子本身画起来繁琐,且每一个乘数均要分解,效率不高。

在最大程度压缩步骤和尽可能保留过程的需求中平衡,最终形成现代样式的竖式乘法,即便是现代竖式也有细节上的差别。中国筹算改变乘数与积的位置,保留过程中随乘随减相消的数,筹算形式直接转化为阿拉伯数字笔算形式,遇有进位可做标注等,这些变化经历了漫长的时间,而这个过程是人类数学文化的共同创造、交流、借鉴与发展。即便是现代形式的竖式,计算中进位也是易错之处,但斐波那契明确教导我们:"计算要用心用脑"!

历史启发我们,自古以来,计算就是一种人类的活动。中国的位值制的书写方法是计算的基础,再辅以印度-阿拉伯书写数字系统,更加方便了计算并记录结果。今天学校里学习用纸笔进行加减乘除计算,是人类计算发展到成熟阶段的结果,在学生可能出现的各种计算错误与数学每一步的发展是密切相关的,比如位值思想不清晰、十进思想转化不灵活、数的分解与组合策略不熟练等,可以说,这些错误根源是不同文明中数学弊端的体现,如果我们了解漫长曲折的计算发展历史,对学生出现的"错误"不会过分苛责,辅以"用心用脑"的训练提高计算力和理解力,以及对于书写不规范的"错误"无错可言,给予时间,经过自己的体会"慢慢"规范;另一方面,历史不同乘法计算能在各自民族中通用很久也有其适用的道理,上表呈现的不同算法,可以用作特殊乘法的巧算原理,比如"对角线法"用来解决 37×37 这类相同两位乘数比竖式乘法更为便捷,因此通过解读并比较历史算法的适用性来帮助学生理解传统算法蕴含的智慧并启发灵活应用。现今我们笔算的"竖式乘法"带有中国古代数学算法程序化特点的传承,计算工具、计算表、计算法则使得计算变得更加便利。当归结为竖式计算时,最终运算归结为 20 以内加减法,所有乘法归结为表内乘法,重要依据是乘法对加法的分配律——此为"竖式乘法"的数学之"源";位值制为"竖式乘法"的数学之"本";而将乘数分解为加数之和的策略多样,若乘数特征突出,选择数的分解策略(数的组成与分解)巧算速算。若乘数并不突出,乘数按位值分解(十进制数的构成方式)。前者可以是历史上曾经出现的多样算法,后者是经过发展沉淀为现今竖式乘法的一般形式,更为通用。竖式的重要意义在于算法的程序化、机械化,数学始终在寻找解决问题的一般化、最优化——此为数学发展之"流"。

为教学的数学史解读,既要从显性的史料中寻找"人类曾经有什么样的数学",思考现在所学的数学何以成为这样,又要挖掘不同文化中数学事件蕴含的隐性脉络,思考"人类发展的数学本质是什么,数学演进的规律",关注历史中的"人""事件"、遇到的障碍、做出的创新、对数学的情感及观点等,纳入育人的素材库。

2.2　数学史融入教学的实践与评价

课堂教学的设计扎根于对历史的深入解读,正如上文中梳理出丰富的历史启发,教师则需要根据历史,结合数学学科逻辑序、学生认知序进行取舍,精心设计来凸显数学本质与人文性。数学史融入教学实践需要把握两个核心[11]:其一,根据历史关键性环节设置问题链,成为学习者思考问题与学习的指引;其二,围绕育人价值的三个核心特征深刻剖析历史蕴含的意义,是发挥历史相似性原则指导教学的根本。

(1)基于数学演进的关键环节,设置探究、比较的问题链。

通过关键性问题设计教学思路,增加数学阅读与审辨性思维和人文情感发展。教学中以"竖式乘法的历史之旅"开展教学,探究代表性文明中的乘法理解与算理探究,通过方法比较,根据笔算"尽可能保留步骤又达到最简洁"原则来"创造"竖式形式。为将前文中获得的育人启发发挥于教学中,教师需要让学生思考以下问题:

①如何理解代表性的古代文明中乘法计算的算理?

②乘法计算从古至今发展到现在竖式形式的过程中,需要哪些数学准备?现在使用竖式乘法是否还有可能再压缩、简练步骤?

③课中介绍的古代乘法计算方法现今是否完全弃之不用?除了课中介绍的方法,你还知道乘法计算的其他方法吗?

④中国的筹算乘法与现代竖式乘法相比,有何不同与相同之处?算法有什么特点?

⑤五个文明古国出现数学著作的年代都发生了什么重要事件,对数学发展有何影响?有哪些代表性的数学人物?

教师可根据对每一主题的历史深入解读设计更能激发学生兴趣、强化拓展数学阅读、问题解决能力及创新应用的问题。

(2)凸显数学知识的文化性与育人价值,设计多样态的学习任务。

数学史视角下的育人价值体现出三个鲜明特征:第一,以知识主题的起源发展达成对数学知识本质及知识之间相互联系的贯通理解。知识起源背景及发展过程中的关键研究对象、关键人物及事件,提供了具象、有意义、贯通的理解图谱,避免知识碎片化带来的理解盲点和断点。第二,以数学发展的背景及演进过程启蒙数学观,提升思考力与学科审美。数学知识在不同历史时期、不同文化中的发展演变及交流融合构成数学文化的多样性与统一性,这些观念通过学科历史融入教学可以启蒙学生辩证、联系、发展的数学观。每一个概念知识都有起源、发展的过程,学生在学习中多问"是什么""为什么",通过不断追问学科本质与知识间的联系达成贯通理解、学会学习,了解知识何以发生以及怎样发展,开阔思考问题的视角,增强思辨、审美能力。第三,以数学发展中的理性与人文精神培育多元文化及情感,塑造包容尊重、实事求是、自信自强、创新开拓的品格。数学史发挥的育人价值既关照学生数学观的启蒙,又重在历史文化的浸润——数学精神与文化多元化理解。

以小学乘法主题的教学为例,乘法内容的教学在小学阶段占有重要地位,起到帮助学生建立数学思想中乘法"模式"的作用,不仅是构成代数系统的基本算法,而且是探索二维空间的量化工具。从二年级的乘法口诀开始,学生开启了系统学习乘法之路。考察中国的乘法口诀发展历史与世界乘法发展历史,有助于理解概念本源与应用。所有文明古国无一例外形成了自己的乘法系统和乘法表,对若干相同数相加简化为一种新的运算——乘法。围绕上述育人价值的三个核心特征,教师可以对乘法的发展历史进行深入解读。

首先,探究概念形成过程中的基本原理。比如,乘法表在数学发展早期扮演了非常重要的角色,是计算的基础。中国流传两千多年的"九九表"蕴含了基本数学原理,包括十进位制的应用、乘法交换律、乘法分配律,这正是学生从整体结构上把握"九九表"的核心。

其次,比较不同历史文化中的学科方法及概念运用。如通过中国和其他文明中不同进制乘法表的简繁比较体会十进位制;乘法交换律体现在中国历史上的"大九九"转变到"小九九",乘法口诀从八十一句缩减为四十五句,每一句口诀对应两种含义;乘法分配律表现为中国古代以"九九表"为基础,通过口诀的分解与组合,发展两位数乘一位数、两位数乘两位数的计算。

再次,关注学科史中独特的人文情感。如不同国家的乘法表各有特点,体现出数学文化的多样性。然而独有中国产生了"九九歌诀",这得益于汉语言单音节、无语形变化,可以编制出朗朗上口的歌诀,应用时直接从记忆中调用,要比查"九九表"效率更高[12],这是中国数学传承千年的文化情感。

教师将历史资源转化为多样态的探究学习任务,彰显学科知识的本质及文化性。在此过程中,教师要遵循四点基本原则,即促进学科思考、增强学科联系、浸润文化情感、发展创造力。如"乘法口诀"可以设置如下学习任务:①尝试用九九表解决两位数乘一位数,体会古人对"九九表是更大整数乘法基础"的认识;②标注"数九歌"中每一"九"的起讫时间及其天气特征,在数学学习中体会中国古代人民对物候节气的规律认识,增长自然常识,体现学科联系;③解读里耶秦简中"九九表"的口诀并尝试诵读,在韵律中感受两千多年源远流长的文化传承;④设计"九九消寒图",通过思考"九"的口诀规律以及季节天气特征,发展想象力、创造力。

（3）检验数学史融入教学水平的量表。

数学史融入教学是否促进学生的学习,融得好不好,是否有效,应从四个维度考查,形成数学史融入教学的水平量表（表2）,作为自评和他评的检验工具。

表 2　　　　　　　　　　　数学史融入教学的水平量表

维度	水平一	水平二	水平三
史料的适切性	引入史料的时机突兀,学生关联学习内容存在一定的理解困惑,与学生的需求不平衡。	引入史料的时机较为适当,促进学生理解学习内容,增加学生学习动机,关联教学内容和学生需求,体现一定平衡。	引入史料的时机恰当、适度,阐释概念来源或背景适时满足学生学习需求,关联教学内容和目标,达成动态平衡。
方式的恰当性	融入方式单一,与学生学习需求层次不够贴合。	融入方式多元,一定程度上考虑了学生学习需求,解决学习困惑。	融入方式多元,对应学生不同的学习需求,明确地发挥史料的教育价值,解决学习困惑,促进学生思考,激发学生探究愿望。
学习的有效性	学生在知识技能、问题解决、数学思考、情感态度等四维学习目标上有明确针对性,但达成度不足。	学生基本达成四维学习目标,在意义建构、数学思考与交流方面获得一定发展。	学生达成四维学习目标,在主动构建、数学观察、思考交流方面获得发展,从数学发展历史中促进反思、迁移应用能力。
教育价值的发挥性	在知识、方法、能力、德育、文化方面体现出一定的教育价值,较为单一。	在知识、方法、能力、德育、文化方面体现出的教育价值丰富,较为多元。	在知识与方法、探究兴趣与能力、德育与文化等方面有多元体现,兼顾数学理性与人文性教育价值发挥。

2.3　教师数学史素养提升的检验

教师的数学史素养包含知识、史观、能力三个方面,具体指:数学史知识的储备与增长;辩证、联系、发展的数学史观;数学史的解读、提炼能力;数学史料的运用、加工、评价能力。教师的数学史素养基本维度与内涵见表3,三个维度界定了教师的数学史素养的内涵,是数学史应用于教师教育的实践与评价的依据。

表3　　　　　　　　　　　　　　　教师的数学史素养基本维度与内涵

维度	核心要点	内涵解读
知识	数学史知识的储备与增长	①数学概念产生背景和发展过程的了解 ②对数学思想、方法、原理的深入理解 ③不同文明中数学文化代表性的特点了解 ④数学发展过程中关键数学人物及其研究内容的了解等
史观	辩证、联系、发展的数学史观	①客观审视数学知识在不同历史时期、不同文化中发展演变的特点及利弊 ②数学文化发展与交流中数学知识形成、交融的悠久、曲折过程形成中肯评价 ③以发展的眼光看待数学抽象、客观及应用的特点、数学文化的多样性与数学的统一性等
能力	数学史的解读、提炼能力	从数学历史的发展中解读数学概念的本质、数学方法特点以及人文故事和数学文化中提炼出育人价值和融入课堂教学的方式思路。
	数学史料的运用、加工、评价能力	运用数学史融入课堂教学的四种基本形式：附加式、复制式、顺应式、重构式，结合学科逻辑序、学生认知序加工史料，运用信息技术手段、以恰当方式融入课堂教学环节，达成育人目标，并对数学史的融入效果进行评价与反思的能力

3. 数学史应用于教师教育的挑战

本文提出的小学教师的数学素养提升的理论、策略经过专题班的学习与教学形成实践路径和有效案例，为国际数学史与数学教育研究议题中评估数学史在教师职后教育中的作用提供借鉴，进一步加强了数学史应用于教师教育的必要性，为教师发展自身素养提供持久有效支持。今后实践聚焦的核心问题依然是：面向教学的数学史文献的适切选择与学习，以及在此基础上深入探索数学史视野下提升教师数学素养的实践策略。教师的专业素养提升始终置于发展学生核心素养的教育背景之下，教师怎样通过数学史的自主学习与团队研修，充分发挥数学学科的育人价值以发展学生核心素养，激发数学史在教师职后教育的实践活力是题中应有之义。数学史视野下提升教师的数学素养的实践，应继续加强四个方面：教学中融入数学史的历史文献、恰当的史料运用操作指南、数学史与教育前沿的结合、研修团队的合力与能动性。数学史应用于职后教育的实践研究整合学科育人、运用教育评价领域研究成果，促进包容并蓄的协同发展。

参考文献

[1]　李文林.数学的进化——东西方数学史比较研究[M].北京:科学出版社,2005:1.

[2]　李文林.数学史概论[M].4版.北京:高等教育出版社,2021:1

[3]　CLARK K M. History of Mathematics in Mathematics Teacher Education. In M. R. Matthews（Ed.）International Handbook of Research in History,Philosophy and Science Teaching [M]. Dordrecht:Springer,2014:755-791.

［4］ WANG X Q. A Categorization Model for Education Values of the History of Mathematics ［J］. Science and Education 2017(26)：1029-1052.

［5］ ROTH W M，RADFORD L. A Culture Historical Perspective on Teaching and Learning ［M］. Rotterdam：Sense Publishers，2011，141-155.

［6］ FAUVEL J，VAN MAANEN J. History in Mathematics Education：The IC-MI Study ［M］. Dordrecht：Kluwer，2000：144-145.

［7］ 潘丽云.数学史视野下小学教师的数学素养提升实践与研究[J]，课程教材教法，2020，40(6)：96-101.

［8］ 潘丽云.小学数学教师提升数学史素养的意义与路径[J].教学月刊(小学版)，2021(6)：14-18.

［9］ 蔡宏圣.数学史走进小学数学课堂：案例与剖析[M].北京：教育科学出版社，2016：132.

［10］ 斐波那契.计算之书[M].西格尔，英译.纪志刚，等，译.北京：科学出版社，2008.

［11］ 潘丽云.学科史视角下学科育人价值的内涵与实践[J].中小学管理，2021(8)：40-42.

［12］ 陈良佐.语言、筹算符号与儿童算术教育[G]//李迪.数学史研究文集：第四辑.呼和浩特：内蒙古大学出版社，1993：138-140.

职前中学数学教师数学史素养测评模型构建

宋乃庆,王丽美

摘　要:数学史素养是数学教师专业素养的重要组成部分,是决定数学史能否由史学形态转化为教育形态的关键。但数学史在数学教学中"高评价、低运用"的现象普遍存在,职前中学数学教师数学史素养普遍较低。开展职前中学数学教师数学史素养测评是提升职前中学数学教师数学史素养的重要举措之一。研究运用扎根理论方法,对10位数学史研究方向的教师和教研员进行深入访谈,利用 Nvivo 11 软件对访谈内容进行整理、编码和分析,探析职前中学数学教师数学史素养的内涵,构建职前中学数学教师数学史素养理论模型。并通过实证研究,利用结构方程模型对职前中学数学教师数学史素养测评模型进行检验。研究表明,职前中学数学教师数学史素养测评模型由数学史知识、数学史教学应用能力和数学史观念三个因子构成;其中数学史教学应用能力是影响职前中学数学教师数学史素养的重要因素。研究结果扩展和深化了职前中学数学教师数学史素养领域的研究,为高等院校准确掌握职前中学数学教师数学史素养水平,进而提升职前中学数学教师数学史素养具有重要的理论与实践价值。

关键词:数学史素养;职前中学数学教师;扎根理论;结构方程模型;数学史

1. 引　言

数学史是研究数学概念、数学方法和数学思想的起源与发展,及其与社会政治、经济和一般文化的联系。[1]数学史与数学教育的关系成为国际数学教育领域重要的研究热点[2]。不少专家学者对此卓有见地。张奠宙先生多次呼吁:"数学史要支持数学教育的发展,数学教育要拓展并深化数学史的价值。"[3]第一届全国数学史与数学教育会议将我国数学史与数学教育关系的研究推向高潮[4]。会上,李文林先生提出"为教育而历史",宋乃

　　作者简介:宋乃庆,1948 年生,西南大学数学与统计学院二级教授,主要从事数学教育、教育统计、基础教育及教育政策等研究。主持国家、省(部)级课题 24 项;主编(副主编)中小学数学教材 8 套(其中 4 套国家审定通过),主编学术论著、教材 10 部(其中 3 部为国家规划教材);在《中国社会科学》《教育研究》《教育学报》《中国教育学刊》《课程·教材·教法》等核心期刊发表论文 200 余篇;主持获中国高校人文社科一、二、三等奖,高等教育国家优教成果(数学教育)一等奖,全国教育科学研究优秀成果一等奖,重庆市科技进步二等奖,重庆市人文社科一等奖、三等奖等国家省(部)级奖励 23 项。
　　王丽美,1987 年生,西南大学数学与统计学院博士研究生,主要从事数学教育、教育统计等研究。

庆教授提出"把数学史的史学形态转化为教育形态",引起与会者共鸣。[5]为教育而开展的数学史研究正方兴未艾[6],数学史融入数学教育已经成为当前数学教育研究发展的趋势[6],数学史的教育价值日益凸显[7]。《义务教育数学课程标准(2011年版)》和《普通高中数学课程标准(2017版)》强调数学史的重要性,旨在将数学史融入数学课程中[8,9]。但是,数学史在数学教学中"高评价、低运用"的现象普遍存在[10]。已有学者指出导致这一现象的关键原因是数学教师数学史素养普遍较低[11,12]和提升数学史素养的意识不够[13,14]。数学史素养是数学教师专业素养的重要组成部分[15],是决定数学史能否有效融入数学教学的关键[10,16]。因此,提升教师数学史素养是教师专业发展亟需解决的问题。

目前学界关于数学史素养研究还处于起步阶段[3]。张筱玮认为,数学史素养是形成数学思想、科学探索信念的精神源泉,是教师教学所必需的。[17]在李文林先生看来,教师应该多学点数学史来提升教师数学史素养[18,19]。此外,李国强认为,数学史素养主要包括对数学史的认识、数学史知识、运用数学史教学的能力[10],可以采用SOLO分类理论对数学素养进行水平划分[7]。现有文献对数学史素养研究提供了有益探索,但多数研究聚焦在中学数学教师数学史素养的现状[20,21]、数学史与数学教育对数学教师教学能力的影响[22]、数学史素养提升的意义[23,24];探究数学史素养评价的研究非常少,且主要聚焦在数学史素养的水平划分[7]。此外,数学史素养的研究对象应该重视职前数学教师,特别是师范生。[25]职前中学数学教师是数学教师重要的后备力量,具有学生和教师的双重身份,但是职前中学教师对于数学史知识或缺现象普遍存在[26],中学数学教师对于数学史存在"高评价、低运用"的现象[27]。因此,职前中学数学教师数学史素养研究为教师数学史素养研究提供了研究的契机和探索的空间。

构建职前中学数学教师数学史素养测评模型不仅可以完善职前中学数学教师数学史素养构成要素和评价指标体系,丰富职前中学数学教师数学史素养领域的研究成果,而且有助于职前中学数学教师有针对性地提升数学史素养。扎根理论是一种科学有效的质性研究方法,可以提供丰富的数据进行理论构建[28]。基于此,本研究将运用扎根理论方法进行归纳,在借鉴相关研究成果的基础上,提炼职前中学数学教师数学史素养的构成要素,构建职前中学数学教师数学史素养测评模型。并通过实证研究,采用结构方程模型对职前中学数学教师数学史素养测评模型进行探索检验,以期扩展和深化职前中学数学教师数学史素养领域的研究,为高等院校准确掌握职前中学数学教师数学史素养水平,进而提升职前中学数学教师数学史素养具有重要的理论与实践价值。

2.职前中学数学教师数学史素养理论模型的构建

2.1　研究方法

当前,职前中学数学教师数学史素养领域的研究尚处于探索阶段,尚未形成成熟的变量范畴和理论模型。扎根理论方法是扎根于经验数据,通过在资料和资料之间不断思考、比较、概念化来构建理论的一种质性研究方法[29]。该方法采用自上而下的方式进行逐级编码,进而从经验事实中抽象出新的概念和思想[30],被认为是定性研究中最适于进行理论建构的方法[31]。目前,扎根理论被广泛应用到教育学领域的理论建构及相关研究中[32,33]。本研究将扎根理论应用到职前中学数学教师数学史素养研究中,借助 Nvivo 11 软件,按照开放式编码、主轴式编码和选择式编码进行系统分析,来构建职前中学数学教师数学史素养理论模型。

2.2　访谈对象与数据收集

本研究选取 10 名访谈对象,他们是具有数学史研究方向的教师和教研员,长期奋战在教育一线,在教学、教研等方面具有突出贡献,且具有副高级职称及以上。本研究采取半结构化的方式进行深度访谈,在实际访谈中会根据访谈对象的特征做出调整,来保证获取更加真实的信息。访谈的主要问题如"在您的经验中,一位中学数学教师将数学史融入数学课堂中是否提升课堂质量?""这位老师具备了哪些数学史素养?请举例说明""您所提到的数学史素养中,哪些是最重要的?""职前中学数学教师应该具备哪些数学史素养才能胜任数学教学?"等。根据扎根理论的方法,本研究随机选择了 7 份访谈资料进行编码,剩余 3 份访谈资料留作理论饱和度检验。

2.3　研究的信度与效度

为保证研究的信度和效度,本研究遵循代表性和典型性原则,选择不同地域、性别、文化程度等的访谈对象参加访谈。在访谈时对同一问题采集不同受访者的录音和观点,保证数据的有效性和准确性。访谈结束后及时将访谈录音资料进行归纳整理,形成质性文本资料。此外,本研究选用 3 人同时对数据进行编码,对不一致的地方进行再讨论,直至 3 人达成一致意见。

2.4　数据编码

数据编码的过程是扎根理论的核心内容,主要包括开放式编码、主轴式编码和选择式编码。开放式编码是将数据抽象形成概念或范畴;主轴式编码是发现和建立类属之间关系,并进一步挖掘主范畴和副范畴;选择式编码是将所有类属进行分析,最终得到一个核心类属的过程。[34]

2.4.1　开放式编码

开放式编码是将收集到的原始资料打散、检视、比较、概念化和类属化的过程。在此过程中,为保证开放式编码的真实性,尽量使用访谈对象的原话进行初始概念处理,可在不改变原意的情况下进行语言清晰和语法规范处理,并进行逐句逐段编码。本研究采用 Nvivo 11 软件,并根据开放式编码的编码程序对职前中学数学教师数学史素养访谈资料进行编码。其中,概念化是细致地分析资料中与职前中学数学教师数学史素养相关的语句,并进行概括和抽象;范畴化是描述同一现象的节点归纳为同一树节点。经过开放式编码过程,最终得到与职前中学数学教师数学史素养相关的 68 个概念和 19 个范畴。

2.4.2　主轴式编码

主轴式编码主要是挖掘和建立概念和类属之间的各种联系,以表现资料中各个部分之间的有机关联。[35]在开放式编码形成基础上继续划分出主范畴和副范畴,并对相似的范畴按其逻辑顺序和相互联系进行归类。本研究在对各个范畴进行概念和逻辑关系整理分析的基础上,最终得到了 3 个主范畴和 9 个副范畴。

2.4.3　选择式编码

选择式编码主要目的是进一步系统处理范畴之间的关系,提取和挖掘核心范畴。通过对所有开放式编码、主轴式编码发现的范畴进行系统的深入分析,最终提炼归纳出一个核心范畴:职前中学数学教师数学史素养。三级编码结果见表1。

表 1	三级编码结果	
核心范畴	主范畴	副范畴
职前中学数学教师 数学史素养	数学史知识	数学史储备知识
		数学史知识增长
		数学史教学知识
	数学史教学应用能力	解读提炼数学史能力
		运用数学史教学能力
		数学史教学反思能力
	数学史观念	数学史教学观念
		数学史价值观念
		数学史认知观念

2.4.4　理论饱和度检验

运用扎根理论的方法进行研究,需要不断寻找新数据,并对已形成的类属进行对比、分析和修改,直到不能衍生出新的概念范畴,并且不会再生成新的理论。[36]为检验理论饱和度,本研究将留作理论饱和度检验的 3 份访谈资料进行三级编码分析,并未发现新的概念范畴。因此,本研究通过了理论饱和度检验。

2.5　理论模型

通过对访谈资料进行三级编码过程,提炼出 1 个核心范畴、3 个主范畴和 9 个副范畴,即职前中学数学教师数学史素养分为数学史知识、数学史教学应用能力、数学史观念三大维度。其中,数学史知识分为数学史储备知识、数学史知识增长、数学史教学知识;数学史教学应用能力分为解读提炼数学史能力、运用数学史教学能力、数学史教学反思能力;数学史观念分为数学史教学观念、数学史价值观念、数学史认知观念。根据访谈资料分析,它们之间有着密切的联系,数学史观念对数学史知识和数学史教学应用能力有着重要的影响,数学史知识也是影响数学史教学应用能力的重要因素;它们之间这种影响关系并不是单项的,教师在教学过程中也会影响教师数学史知识的形成,并且教师的数学史观念也会对教师数学史知识、能力的变化做出适当的调整。因此,本研究最终构建出职前中学数学教师数学史素养理论模型,具体如图 1 所示。

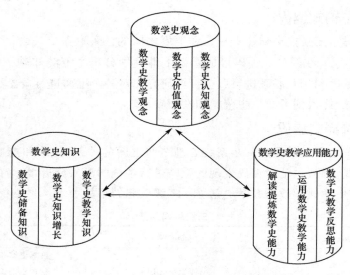

图 1 职前中学数学教师数学史素养理论模型

3. 职前中学数学教师数学史素养测评工具的设计

3.1 初始测量量表编制

基于上述扎根理论方法构建的职前中学数学教师数学史素养理论模型,并结合访谈资料的原始文本,编制出职前中学数学教师数学史素养初始测量量表,共 23 个题项。量表采用李克特五点量表法,从非常不同意到非常同意。其中,1 分表示"非常不同意",5 分表示"非常同意"。在初始测量量表的修订过程中,为了保证量表的内容效度,采用德尔菲法,邀请了三位数学史领域的专家和两位相关专业的博士研究生,征求测量量表的题项与指标的一致性、表达内容的清晰度等意见。在讨论中不断修订,删除了表述存在歧义或者描述不清的题项,并且合并了语义相近的题项,最终形成了 20 个题项的职前中学数学教师数学史素养初始测量量表,其中,数学史知识 5 个题项、数学史教学应用能力 9 个题项、数学史观念 6 个题项。

3.2 项目分析

为了保证职前中学数学教师数学史素养测量量表具有良好的信效度,本研究通过预调研对其初始测量量表实施进一步的修订。预调研共发送问卷 186 份,回收 179 份,有效问卷 176 份,有效回收率 94.62%。

研究对职前中学数学教师数学史素养初始量表进行项目分析,采用极端值的临界比值进行检验,结果显示所有题项的临界比值均达到显著。为了增加检验结果的严谨性,采用相关分析法对题项与总分之间的相关性进行检验。其中,相关性检验系数小于 0.4 的考虑删除,若大于 0.4 说明题项鉴别力较好。[37]经分析,职前中学数学教师数学史素养初始测量量表各题项与总分的相关系数均大于 0.5,且呈现显著相关。

3.3 探索性因子分析

对保留的 20 个题项进行探索性因子分析的适合度检验,结果显示 KMO 值为 0.959,巴特利特球形度检验显著性小于 0.001,达到了显著水平,表明样本适合进行因子分析。然后,采用主成分分析法和最大方差旋转法对数据提取公共维度,以特征值大于 1 为因子抽取原则。其中,负荷值小于 0.5 和两个及以上因子负荷值同时超过 0.5(多重负荷)的题项进行剔除。根据探索性因子分析结果,抽取 3 个特征值大于 1 的公因子,结果发现 3 个因子的总方差解释率为 69.569%,大于 60%。经讨论分析,删除交叉负荷在"数学史知识"和"数学史教学应用能力"两个因子上的题项 Q2;删除"数学史教学应用能力"维度下因素负荷小于 0.5 的预设题项 Q6;在非预设维度下的题项只有 Q14,经过专家讨论后决定删除。最终保留 17 个题项,每个题项的因子载荷值在 0.600~0.900,说明因子结构较为理想。

通过探索性因子分析结果发现,基于扎根理论方法得到的职前中学数学教师数学史素养结构得到了初步验证。得到的新量表的 Cronbach'α 系数为 0.950,每个维度的 Cronbach'α 系数均大于 0.7,表明该量表具有良好的内部一致性。

4. 职前中学数学教师数学史素养测评模型检验

职前中学数学教师数学史素养理论模型构建和形成之后,有必要对理论模型进行定量检验,通过定性构架理论和定量检验理论相结合,进而提高理论的内外部信度和效度。[38]因此,本研究在运用扎根理论法探索出职前中学数学教师数学史素养理论模型的基础上,编制了职前中学数学教师数学史素养测量量表,最后通过结构方程模型对职前中学数学教师数学史素养理论模型进行定量检验,使研究过程和研究结论更加科学化和规范化。

4.1 研究设计

4.1.1 研究对象

本研究选取职前中学数学教师为研究对象,采用问卷星进行问卷调查。调研时间为 2021 年 9 月 1 日至 10 月 30 日,样本主要来自重庆市、贵州省、云南省、广西壮族自治区、浙江省等地,样本广泛性较好。共发放问卷 573 份,回收 521 份,剔除不完整和无效问卷,有效问卷共 495 份,问卷有效回收率 86.39%。从正式问卷数据中抽取一半(248 份)用于探索性因子分析,另外一半(247 份)用于验证性因子分析。

4.1.2 研究方法

利用上述研究形成的职前中学数学教师数学史素养测量量表进行正式调研,调研所获取的有效数据利用 SPSS 26.0 进行探索性因子分析。在此基础上,采用 AMOS 24.0 进行验证性因子分析,进一步验证模型的可靠性和有效性。

4.2 探索性因子分析

运用 SPSS 26.0 对正式量表所获得的一半数据进行探索性因子分析,采用主成分分析法和最大方差旋转法对数据提取公共维度,以特征值大于 1 为因子抽取原则,得到 KMO 值为 0.935,巴特利特球形度检验显著性小于 0.001,达到了显著水平,表明适合进行因子分析。

通过结果分析,共提取 3 个因子,累积方差贡献率为 72.851%,其中数学史知识维度的方差贡献率为 18.109%,数学史教学应用能力维度的方差贡献率为 29.060%,数学史观念维度的方差贡献率为 25.682%,各题项的因子载荷量均在 0.600~0.900,大于标准值 0.600,表明三个维度可以有效地被各测量指标反映,具体见表 2。

表 2   探索性因子的载荷值

维度	题项代码	标准化载荷
数学史知识	Q1	0.678
	Q3	0.798
	Q4	0.800
	Q5	0.726
数学史教学应用能力	Q7	0.696
	Q8	0.793
	Q9	0.801
	Q10	0.831
	Q11	0.789
	Q12	0.806
	Q13	0.822
数学史观念	Q15	0.744
	Q16	0.800
	Q17	0.742
	Q18	0.811
	Q19	0.778
	Q20	0.767

4.3 验证性因子分析

为了对探索性因子分析得到的职前中学数学教师数学史素养模型进行模型检验,运用 AMOS 24.0 对职前中学数学教师数学史素养正式量表所获得的另一半数据进行验证性因子分析。检验结果显示 $\chi^2/df = 2.196$、GFI $= 0.893$、AGFI $= 0.858$、TLI $= 0.959$、CFI $= 0.965$、IFI $= 0.965$、RMSEA $= 0.070$。因此,本研究构建的职前中学数学教师数学史素养模型具有较好的模型拟合优度,如图 2 所示。

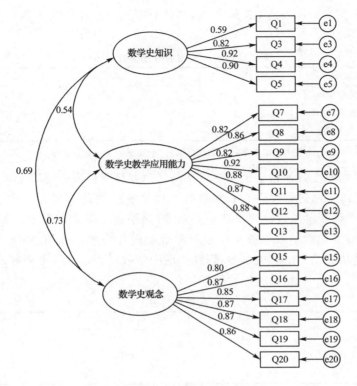

图 2 验证性因子分析模型图

4.4 信度与效度检验

4.4.1 信度检验

通过 SPSS 26.0 计算得到职前中学数学教师数学史素养测量量表的 Cronbach'α 系数为 0.950,每个维度的 Cronbach'α 系数均大于 0.7,详见表 3,说明单个维度内各测量题目的内部一致性较好[39]。因此,表明职前中学数学教师数学史素养测量量表具有良好的内部一致性。

4.4.2 效度检验

本研究通过内容效度、收敛效度和区别效度来探查效度检验。内容效度检验是指量表的各个题项的适切性与代表性。职前中学数学教师数学史素养测量量表是通过深度访谈获得一手的访谈资料,采用扎根理论的方法探索形成的,并通过了理论饱和度检验。此外,本研究邀请了数学史相关领域的专家和相关专业的博士研究生对职前中学数学教师数学史素养测量量表的题项进行审改,保证了该量表在内容上的科学性和合理性。因此,职前中学数学教师数学史素养测量量表具有较好的内容效度。

收敛效度采用组合信度(CR)和平均方差提取值(AVE)两个指标进行判断,判断标准采用 Fornell 等[40]的建议:当组合信度(CR)值在 0.6 以上表明一致性越高;当平均方差抽取量(AVE)值大于 0.5 时表示该变量具有良好的收敛效度。表 3 显示,职前中学数学教师数学史素养测量量表的 CR 值和 AVE 值分别大于标准值 0.6 和 0.5，表明该量表具有良好的收敛效度。

表3   量表信度与收敛效度检验

维度	Cronbach'α	CR	AVE
数学史知识	0.864	0.888	0.669
数学史教学应用能力	0.939	0.954	0.749
数学史观念	0.937	0.943	0.733

注：Cronbach'α 为克朗巴哈系数；CR 为组合信度；AVE 为平均方差提取量。

区别效度是指某变量所代表的潜在特质与其他变量所代表的特质之间有低相关度或有显著的差异存在，通过 AVE 的平方根与其他变量之间的相关性获得。若某变量的 AVE 平方根大于该变量与其他变量的相关系数，表明各变量之间具有良好的区别效度。如表4所示，职前中学数学教师数学史素养测量量表各测量指标的 AVE 开根号值均大于该指标与其他指标之间的相关系数，因此职前中学数学教师数学史素养，测量模型具有良好的区别效度。

表4   区别效度检验

维度	数学史知识	数学史教学应用能力	数学史观念
数学史知识	**0.818**		
数学史教学应用能力	0.539**	**0.865**	
数学史观念	0.693**	0.726**	**0.856**

注：对角线粗体字为 AVE 的算术平方根，** 表示 $P<0.01$

5. 结论与建议

5.1 研究结论

本研究基于扎根理论方法，探析了职前中学数学教师数学史素养的构成要素，构建了职前中学数学教师数学史素养的理论模型。并通过实证研究，以 573 名职前中学数学教师为样本，采用结构方程模型对职前中学数学教师数学史素养模型进行探索检验。相较于以往教师数学史素养的研究成果，本研究贡献主要体现在以下三个方面。

5.1.1 从新的视角构建职前中学数学教师数学史素养模型

职前中学数学教师数学史素养领域的研究尚处于探索阶段，以往研究多聚焦于提升教师数学史素养的实践探索[2]等，尚未形成数学教师数学史素养成熟的变量范畴和理论模型。本研究利用扎根理论研究方法，在访谈资料的基础上进行编码分析，最后定义了数学史知识等 3 个主范畴及数学史储备知识等 9 个副范畴，为职前中学数学教师数学史素养增添了新的内容。同时加深了职前中学数学教师对数学史素养的理论认识。此外，本研究利用探索性因子分析和验证性因子分析对职前中学数学教师数学史素养构成要素及要素之间内部关系进行实证检验，对职前中学数学教师数学史素养模型进行验证与拟合。本研究进一步丰富了职前中学数学教师数学史素养研究的理论和实践研究。

5.1.2　数学史教学应用能力是影响职前中学数学教师数学史素养的重要因素

如何将数学史的"史学形态"转变为"教育形态"面临着诸多挑战,对职前中学数学教师提出了更高的要求。本研究通过探索性因子分析得出数学史教学应用能力的方差贡献率大于其他维度,通过数据检验验证了数学史融入数学教育的重要性,也从侧面反映出职前中学数学教师数学史教学应用能力是提升职前中学数学史素养的一项重要因素。数学史的教育意义在于数学史走进课堂,数学史与数学教育的结合能够帮助教师提高数学史素养,进而提高自身的数学素养,这与李文林先生的观点相吻合。[19]

5.1.3　以职前中学数学教师为研究对象研究教师数学史素养

已有研究表明数学史素养研究应当重视职前数学教师的研究[12]。但是职前中学数学史教育还处于探索阶段,其数学史课程更多地讲授数学史知识,缺乏与数学教育的结合。[41]本研究通过扎根理论分析发现,导致这一现象的原因之一是职前中学数学教师数学史素养较低。职前中学数学教师具有学生和教师的双重身份,不同于职后教师时间的分散性,其教师教育更为系统性。在职前数学教育中能够更好地提升教师数学史素养,这也与黄友初的观点一致。[41]本研究推进了职前中学数学教师情境下的数学史素养研究。

5.2　研究建议

5.2.1　利用职前中学教师数学史素养模型促进其数学史素养的评估与诊断

职前中学数学教师数学史素养水平不尽相同,要提升其数学史素养,需要对自身数学史素养进行评估。职前中学数学教师可以根据本研究构建的职前中学数学教师数学史素养模型进行评估与诊断,评价自身数学史素养的层次水平,认清自身数学史素养的不足,有针对性地提升自身数学史素养水平。此外,高等院校教师可根据职前中学数学教师数学史素养模型设置职前中学数学教师的教学目标,有针对性地实施职前数学教育教学,提升职前中学数学教师数学史素养,进而进一步提升其数学素养。

5.2.2　制定加强职前中学数学教师数学史教学应用能力的引领策略

本研究表明职前中学数学教师数学史教学应用能力是提升职前中学数学教师数学史素养的关键因素。相较于在职教师,职前数学教师有较多的时间和精力,在此期间可以对其进行系统化专业引领。职前中学数学教师可以通过提升解读提炼数学史能力、运用数学史教学能力和数学史教学反思能力等来综合提升其数学史教学应用能力。首先,职前中学数学教师应该学会 HPM 教学的一般路径和常用方法,并能够解读提炼数学史;其次,多观摩 HPM 教学经验丰富的数学课堂教学,主动提高运用数学史教学能力,并在教育实习中尝试运用数学史进行教学,淡化形式,注重实质[42];再次,职前中学数学教师应该对数学史融入数学教学效果进行评价,不断反思和改进自己的教学能力。

参考文献

[1]　李文林.数学史概论[M].4 版.北京:高等教育出版社,2021:1.

[2] 潘丽云.数学史视野下小学教师数学素养提升的实践研究[J].课程·教材·教法,2020,40(06):96-101.

[3] 李国强.数学教师数学史素养提升的理论与实践探索[M].杭州:浙江工商大学出版社,2015:1-2.

[4] 宋乃庆,蒋秋,李铁安.数学史促进学生学习发展——基于小学数学课程的视角[J].自然辩证法通讯,2021,43(10):71-76.

[5] 冯振举,杨宝珊.发掘数学史教育功能,促进数学教育发展——第一届全国数学史与数学教育会议综述[J].自然辩证法通讯,2005(04):108-109.

[6] CLARK K M,KJELDSEN T H,SCHORCHT S,et al. Mathematics,Education and History:Towards a Harmonious Partnership[M]. Cham:Springer,2018:1-23.

[7] 李国强,徐丽华.基于SOLO分类理论的数学教师数学史素养水平划分[J].数学教育学报,2012,21(01):34-37.

[8] 宋乃庆,蒋秋.数学史的小学课程形态:现状、问题与优化[J].教育科学研究,2020(05):60-65.

[9] 朱哲,宋乃庆.数学史融入数学课程[J].数学教育学报,2008(04):11-14.

[10] 李国强,王玉香.谈数学教师数学史素养的提升[J].教学与管理,2010(04):48-50.

[11] 李红婷.课改新视域:数学史走进新课程[J].课程·教材·教法,2005(09):51-54.

[12] 岳增成,汪晓勤.HPM案例驱动下的小学数学教师专业发展——以"角的初步认识"为例[J].基础教育,2017,14(02):96-103.

[13] 吕晓婷.HPM视角下初中数学教学的研究[D].福州:福建师范大学,2019.

[14] 陈晓娟.数学史在小学数学教学中的应用研究[D].南京:南京师范大学,2019.

[15] 王允,黄秦安.中国数学教师继续教育的发展轨迹与动态趋势——基于《数学教育学报》(1992—2018)的文献计量与内容分析[J].数学教育学报,2020,29(01):81-85.

[16] 牟金保.西藏职前初中数学教师基于数学史的专门内容知识个案研究[D].上海:华东师范大学,2020.

[17] 张筱玮.中学数学教师的数学史素养[J].天津师范大学学报(基础教育版),2000(01):68-69.

[18] 李文林.学一点数学史——谈谈中学数学教师的数学史素养[J].数学通报,2011,50(04):1-5.

[19] 李文林.学一点数学史(续)——谈谈中学数学教师的数学史素养[J].数学通报,2011,50(05):1-7.

[20] 徐君,赵志云,田强,等.少数民族中学数学教师数学史素养调查研究——以内蒙古自治区包头市部分中学蒙古族教师为例[J].数学教育学报,2011,20

(04):80-83.

[21] 敖民.蒙古语授课初中数学教师数学史素养调查分析——以内蒙古 2014 国培项目蒙古语授课初中数学骨干教师为例[J].教育教学论坛,2019(35):243-245.

[22] 岳增成.HPM 对小学数学教师教学设计能力影响的个案研究[D].上海:华东师范大学,2019.

[23] 张袁锋.数学史素养在初中数学教学中的重要性[J].中学课程资源,2016(06):12-13.

[24] 潘丽云.小学数学教师提升数学史素养的意义与路径——以"竖式乘法"教学为例[J].教学月刊小学版(数学),2021(06):14-18.

[25] 汪会玲.新形势下高师院校数学师范生数学史知识的调查与研究[J].通化师范学院学报,2019,40(12):127-130.

[26] 洪燕君.HPM 教学实践驱动下初中数学教师专业发展研究:MKT 的视角[D].上海:华东师范大学,2017.

[27] 张小明.中学数学教学中融入数学史的行动研究[D].上海:华东师范大学,2006.

[28] KAUTONEN T,LUOTO S,TORNIKOSKI E T. Influence of Work History on Entrepreneurial Intentions in 'Prime Age' and 'Third Age':A Preliminary Study[J]. International Small Business Journal:Researching Entrepreneurship,2010,28(6):583-601.

[29] STRAUSS A L,CORBIN J M. Basics of Qualitative Research:Techniques and Procedures for Developing Grounded Theory[M]. Newbury Park:Sage Publications,1990:10-85.

[30] 祁占勇,任雪园.扎根理论视域下工匠核心素养的理论模型与实践逻辑[J].教育研究,2018,39(03):70-76.

[31] 贾旭东,谭新辉.经典扎根理论及其精神对中国管理研究的现实价值[J].管理学报,2010,7(05):656-665.

[32] 黄晓林,黄秦安.实践共同体(CoPs)中教师学习的角色冲突与教师专业发展扎根理论研究[J].教师教育研究,2021,33(01):86-92.

[33] 李园园,李昕莞,鄢超云.学前教育专业师范生实习伦理困境:基于扎根理论的研究[J].教师教育研究,2021,33(03):104-110.

[34] 张宝生,张庆普.基于扎根理论的社会化问答社区用户知识贡献行为意向影响因素研究[J].情报学报,2018,37(10):1034-1045.

[35] 陈向明.质的研究方法与社会科学研究[M].北京:教育科学出版社,2000:327.

[36] 陈向明.扎根理论的思路和方法[J].教育研究与实验,1999(04):58-63.

[37] 吴明隆.结构方程模型:AMOS 的操作与应用[M].2 版.重庆:重庆大学出版社,2010.

[38] 徐超,俞会新.基于扎根理论和结构方程的残疾大学生心理资本结构研究[J].
      管理学刊,2020,33(04):82-91.

[39] NUNNALLY J C. Psychometric Theory[M]. New York:McGraw-Hill,1978:126.

[40] FORNELL C,LARCKER D F. Evaluating Structural Equation Models with Un-
      observable Variables and Measurement Error[J]. Journal of Marketing Re-
      search,1981,18(1):39-50.

[41] 黄友初.基于数学史课程的职前教师教学知识发展研究[D].上海:华东师范
      大学,2014.

[42] 宋乃庆,陈重穆.再谈"淡化形式,注重实质"[J].数学教育学报,1996(02):15-
      18.

中华优秀传统数学文化进中小学课程探析

曹一鸣

摘　要: 教育部制定的《中华优秀传统文化进中小学课程教材指南》,针对数学学科提出了明确要求。目前相关的研究主要集中在数学史与数学教育、数学文化教育方面,针对中华优秀传统数学文化进中小学课程的研究并不多,在中小学数学课程中的实施与评价方面也面临许多困惑。针对现实存在的问题,本文从对中华优秀传统数学文化进中小学课程要有正确的认识和定位,中华优秀传统数学文化在数学学科中渗透的主要内容及学段要求,中华优秀传统数学文化在数学课程标准与教材中渗透,中华优秀传统数学文化进中小学课程的教学建议,考试评价中的中国古代数学传统文化 5 个方面进行了分析与思考,并提出了一些建议,供在中小学数学课程实施与研究中参考。

关键词: 中小学数学课程;中华优秀传统文化;中国古代数学;数学传统

基础教育阶段数学学习的重要性毋庸置疑。然而,学生对"学了数学到底有什么价值""怎样才能学好数学"等方面的看法常常大相径庭。教育的目标是培养和发展学生面向社会未来需要的"核心素养"。对数学教育而言,最为核心的就是要通过数学课程的学习,培养学生与数学学科紧密相关以及由此发展而形成的对于人的终身发展所需要的关键能力、必备品格和正确的价值观。通过近年来的研究与实践,数学界、数学教育界、数学史学界已经充分认识到数学史与数学文化在中小学数学教育中的重要地位和作用。数学史与数学教育研究(HPM)虽已取得丰硕的成果,但相关研究对中国古代数学史在中小学数学教育中如何开展,特别是作为中华优秀传统文化有机组成部分的中国古代数学在中小学数学教育中的重要意义认识还不足,研究还不够。文化是民族生存和发展的重要力量。习近平总书记强调:"没有中华文化繁荣兴盛,就没有中华民族伟大复兴。"传承和弘扬中华优秀传统文化,是推进社会主义文化强国建设、提高国家文化软实力的重要内容。[1]为深入贯彻全国教育大会精神,全面贯彻党的教育方针,落实中办、国办《关于实施中华优秀传统文化传承发展工程的意见》,基于当前中小学中华优秀传统文化教育现状,

作者简介: 曹一鸣,1964 年生,北京师范大学数学科学学院二级教授、特聘教授,博士生导师,北京师范大学数学课程教材研究中心主任,研究方向为数学教育、数学史研究。兼任义务教育数学课程标准修订组组长,国家教材委员会专家委员会委员,中国数学会数学教育分会常务副理事长。在《教育研究》《课程・教材・教法》《数学教育学报》等学术期刊发表论文 200 余篇。研究成果获国家级教学成果奖一等奖 1 项,二等奖各 2 项。

重点围绕中华优秀传统文化进中小学课程教材"进什么、进多少、如何进"的问题,强化顶层设计,指导中小学课程教材系统、全面落实革命传统和中华优秀传统文化教育,教育部制定了《中华优秀传统文化进中小学课程教材指南》[2](以下简称《指南》),并针对数学学科明确提出了具体的要求。

在中小学数学课程标准、教材以及教学实施的各个环节中渗透中华优秀传统数学文化,不仅有益于学生接受爱国主义教育、感悟中华民族智慧与创造,同时在增强学生的民族自豪感、坚定文化自信方面也具有重要作用。在中小学数学课程教学与评价中如何实施《指南》所提出的相关要求中也指出,目前相关的研究、探索与实践还比较少。本文将针对《指南》作简要的分析与探讨,以供参考。

1. 对中华优秀传统数学文化进中小学课程要有正确的认识和定位

中华优秀传统数学文化进中小学数学课程,是加强中华优秀传统文化教育在数学教育的体现。语文、历史、道德与法治(思想政治)学科是落实中华优秀传统文化进中小学课程的主体。数学学科需要根据数学教育目标,从数学学科自身特点出发,挖掘中国古代数学的成就与思想精髓,结合相应学段的数学课程内容,有机渗透中华人文精神和中华优秀传统美德的中华优秀传统文化,并正确处理好以下几个方面的问题。

1.1 辩证认识中国传统数学的历史地位及现代价值

在数学发展的历史进程上,存在东西方两大数学传统。西方数学传统以其奠基之作——《几何原本》为代表,重视抽象与演绎体系的建立。中国古代数学以《九章算术》为代表,通过《周髀算经》《海岛算经》《孙子算经》《缀术》《张丘建算经》《数书九章》《缉古算经》和《五经算术》等经典数学著作在数学研究发展史上取得了丰富的研究成果,并形成迥异的东方数学体系。正因为如此,历史上曾有人认为中国在数学发展进程中没有产生有影响力的成果,没有形成严密的数学体系,甚至全盘否定中国数学的地位和作用。

曾经的中小学数学课程中,数学的知识体系、思想方法、名词、概念全部源于西方数学,几乎看不到中国(东方)数学家及其成果的踪影。虽然伴随着中国封建社会的自然衰落,加之复杂的历史、社会与文化原因,中国传统数学成就在现当代数学发展中并不占主流,但在数学与人类文明史上发挥了重要的作用。我们不能盲目"崇洋媚外",忽视中国的数学历史成就及其现代意义,必须重视对中国古代数学和数学教育思想的挖掘和整理,从历史的角度,辩证看待中国古代数学成就、中国传统数学思想的现代意义。如算法化、模型化的思想,以及问题与实用导向的数学体系在现代数学发展中的重要意义。当然,我们也不能刻意扩大中国数学成就,特别是在中小学数学教育,过分强调"中国数学成就比国外早""是中国人独创的"。事实上,确实有一些发现是中国要早一些,但更多的是东西方从不同的视角开展了研究,中国古代数学成就具有东方特色。

1.2　站在优秀传统文化传承的视角来认识中国古代数学思想的精髓

任何知识的发生都有其特定的背景和精神内涵,要充分发挥文以载道、以文化人的教化思想,以整体把握的视角挖掘中国传统数学案例的背景、知识内涵和思想方法,充分发挥数学课程的育人功能。中国传统数学是古代东方数学的典型代表,对其深入挖掘和再认识具有独特的历史价值和现实意义。学校教育是数学知识、技能增长的摇篮和文化传承的纽带,如何在学校教育中渗透优秀传统数学文化具有重要的价值导向意义。

实用主义是中国古代社会思想的一个基本特征,这对中国古代数学有相当的影响。中国古典数学著作几乎都与当时社会生活的实际需要有着密切的联系,《九章算术》是其中的典型代表。它基本上是通过与生产、生活相关的实际问题、典型实例解法,以问题集的体例编纂而成,反映了当时社会政治、经济、军事、文化等方面的某些实际需要,具有浓厚的应用数学的色彩。中国古代的建筑园林、文化遗址、民间艺术也蕴藏了中国大量的古代数学成就,在这一方面与西方传统数学形成了鲜明的对比。在当下的人工智能时代,数学已经成为现代科技、社会发展核心动力。这种趋向让我们更充分认识到中华古代传统数学创造出了众多具有中国特色和世界影响的成果,它闪烁着中国人民勤劳和智慧的光芒,为中华民族的发展乃至整个人类文明的前进做出了积极贡献,也增强了我们的民族自豪感和文化自信。

1.3　正确认识中国传统数学的特点

算法化寓理于算,形数结合,直觉把握,问题导向,经世致用,这些都是中国古代数学的主要特点。中国数学在不断发展推进的过程中,诞生了刘徽、贾宪、沈括、祖冲之父子、秦九韶、杨辉、朱世杰、徐光启、梅文鼎、李善兰等一大批优秀的数学家,逐渐形成了自己独特的风格和特点。(1)以算法为中心。中国传统数学可谓是把计算发展到了淋漓尽致的地步,几乎每部数学著作都是以"问题—解答"的形式编纂,还产生了如算筹和算盘等计算工具;不仅形成了迭代等高超的计算技巧,还归纳出了分数四则运算理论、比例计算理论、正负数运算理论、方程理论、勾股理论、割圆术、体积理论、同余理论等举世公认的成就。(2)寓理于算。中国数学家善于从错综复杂的数学现象中抽象出数学概念,并经过推演等程序提炼出一般的数学原理,进一步作为研究众多数学问题的基础。与此同时,中国传统数学中的演算也不是简单的计算技巧,往往还蕴含着每一步转化的依据、思想方法以及适用于某类问题的一般性原则。(3)经世致用。实用主义是中国古典数学的基本特征之一,几乎每部古典数学著作都是以问题集解的体例编纂,反映出当时社会政治、经济、军事、文化等方面的某些实际需要,《九章算术》就是典型代表,具有浓厚的应用数学的色彩。

2.中华优秀传统数学文化在数学学科中渗透的主要内容及学段要求

中小学数学课程与教学可以利用中国古代数学成就,以中国数学典籍、数学家的发现与发明创造、人物传记等具体内容为载体形式,通过数学史与知识的有机结合,在中小学数学课程教材中融入中国传统数学内容,渗透中华优秀传统文化。结合各学段的主要内容,具体要求如下。

2.1　小学阶段主要内容

数与代数领域。在数的认识部分,介绍被列入世界非物质文化遗产的中国算盘(相关运算口诀)及其广泛传播;在记数法学习部分,介绍中国古代算筹记数法等,帮助学生初步感悟蕴含其中的中国数学思维和表达方式,体会中国古人智慧与创造及其对人类文明的贡献。

图形与几何领域。在认识图形部分,引入中国古人发明的"唐图"(七巧板、益智图)、传统建筑,丰富学生对中国古代数学思想的认识,了解中国古人智慧。

综合与实践领域。将具有中国特色的建筑园林、文化遗址、民间艺术,以及古代数学成就等作为综合与实践活动设计的背景材料,引导学生探究其中的数学问题,感受到中华数学文化的源远流长。

数学文化等领域。设置数学拓展、数学文化等栏目,介绍中国古代卓越的数学成就和丰富的数学故事。如《九章算术》等典籍的相关内容、中国古代数学中的分数及其四则运算在世界数学发展史上的领先地位;在圆周率部分,介绍祖冲之和刘徽的成就;在三角形面积部分,介绍刘徽、杨辉及其求解三角形面积的数学思想与方法。学生可初步了解中国数学家在数学发展史上的突出贡献,增强民族自豪感。

2.2　初中阶段主要内容

代数与几何领域。在正负数概念、勾股定理的发现和各种证明方法部分,介绍中国数学家关于几何证明的"出入相补"思想方法等。在与西方数学的比较中,让学生体会中国数学思想方法的特点及其价值,感悟中国古人的创造和智慧。

综合与实践领域。以具有中国特色的建筑园林、文化遗址、民间艺术等作为背景材料,创设数学探究情境,设计综合实践主题,使学生在数学综合实践中感悟中华优秀传统文化魅力。

数学文化等领域。设置数学拓展、数学文化、数学探究等栏目,为学生提供线索,让学生通过查阅资料,收集整理中国古代数学成就的相关题材,并进行探究学习。如在方程部分介绍《张邱建算经》中的"百鸡问题"、《九章算术》中的"五家共井"问题等;在几何部分介绍勾股定理的赵爽、刘徽和梅文鼎等著名数学家的证明方法,结合相似三角形部分,介绍刘徽《海岛算经》中测高问题等。通过以上内容,丰富学生对中华数学文化的认识,增强民族自豪感,坚定文化自信。

2.3　高中阶段主要内容

几何与代数主题。结合相关知识介绍相应的中国数学家,如结合二项式定理的学习,介绍贾宪-杨辉三角。在立体几何部分,介绍"祖暅原理";在数列(或级数)部分,介绍《九章算术》和《张邱建算经》中的数列问题、杨辉的垛积术等。使学生进一步了解中国数学家在数学发展史上的创新与独特贡献,感悟中国的创造性智慧。

数学文化主题。进一步将具有中国特色的建筑园林、文化遗址、民间艺术等作为背景材料和学习素材，引导学生在探索数学原理的同时，感悟其中的生活智慧与美学追求。

建模与数学探究主题。介绍或让学生通过小组合作、课题学习、展示报告等多种方式，研习中国古代数学成就与思想方法，了解中国古代的算法化数学思想方法及其在计算机、人工智能时代的重要地位和作用，使学生进一步坚定文化自信。

3. 中华优秀传统文化在数学课程标准与教材中渗透

数学课程标准和教科书是中小学数学教学实施、考试评价的依据。要以课程标准为主线，理解并在教学实施中落实中华优秀传统文化在数学教材中的呈现方式和要求。

3.1 数学课程标准中的中国古代数学传统文化

《义务教育数学课程标准（2011年版）》（以下简称《标准2011版课标》）明确指出"数学是人类文化的重要组成部分"。[3]1 指明了数学文化进学校的可行性。在"实施建议"部分提出"在数学教学活动中，应当积极开发利用社会教育资源……学校应充分利用图书馆、少年宫、博物馆、科技馆等，寻找合适的学习素材，如学生感兴趣的自然现象、工程技术、历史事件、社会问题、数学史与数学家的故事和其他学科的相关内容等。"[3]70 在"教材编写建议"中明确要求"数学文化作为教材的组成部分，应渗透在整套教材中。为此，教材可以适当地介绍有关背景知识，包括数学在自然与社会中的应用，以及数学发展史的有关材料……例如，可以介绍《九章算术》、珠算等中国古代数学成就"。[3]63《普通高中数学课程标准（2017年版，2020年修订）》明确要求，教科书编写者要重视中国优秀传统文化中的数学元素，发扬民族文化自豪感。在案例"杨辉三角"部分，要求通过杨辉三角，了解中华优秀传统文化中的数学成就，体会其中的数学文化。[4]

3.2 数学教科书中的中国古代数学传统文化

中国古代数学传统文化以数学教科书、数学读本、选修课程和专题研究等形式呈现在数学课程中。现行教科书中的数学史素材遍布正文、例题、习题与阅读材料等各个方面。从内容分类看，有历史上的数学成就、著名数学家、著名的数学命题、数学名著中的典型题目、数学的应用、数学故事等。从分布情况看，有章节开头、正文、脚注或旁注、习题、阅读与思考栏目等。整体而言，在教科书中的数学史与数学传统文化内容中，中国数学史与数学传统文化内容所占比例越来越大。

例如，小学阶段，在北师大版教材六年级上册"分数混合运算"部分的练习中呈现了明朝程大位所著的《算法统宗》的"以碗知僧"这道题目："巍巍古寺在山中，不知寺内几多僧。三百六十四只碗，恰合用尽不差争。三人共食一碗饭，四人共尝一碗羹。请问先生能算着，都来寺内几多僧。"在苏教版教科书五年级下册"因数与倍数"一节中的"你知道吗"环节就设置了中国数学家王元、潘承洞、陈景润等在"哥德巴赫猜想"研究上取得的进展和突破。初中阶段，在北师大版初中数学教科书中的"综合与实践"环节学习中国传统游戏——幻方。学生可以在了解幻方历史的过程中学习天地空间变化的脉络图案，在探索图中三阶幻方所隐藏的数学规律的同时感受古人神秘而深远的数学思想。高中阶段,在人教版高中教科书中融入的"秦九韶算法",是以数学史料作为学习案例的代表,而关于"更相减损术"的应用是以例题形式引入的典型,同时也是数学传统文化史料融入教材的一种简单而实用的好方式,即将数学发展史上的名题直接作为例题、习题使用。[5]

4. 中华优秀传统数学文化进中小学课程的教学建议

中华优秀传统数学文化可以结合数学内容的教学,通过介绍中国数学成就,引用古代数学经典题材,介绍数学家等方式,在数学新知识学习、例题选讲、习题作业、课后拓展阅读等环节显性呈现或有机渗透。

4.1 选取恰当数学内容

在数学教学中,要充分利用中国古代数学的光辉成就,与知识教学有机地结合起来,并使之融于数学知识教学中。

例如,在"有理数"这一节课的教学中,可介绍中国古代数学家刘徽很早提出的负数的表示方法,"今两算得失相反,要令正负以名之",并用算筹的颜色来区分正负数,"正算赤,负算黑"。让学生在理解负数知识的同时,感受中国人的智慧。再如,勾股定理是几乎所有的国家初中的数学教学内容,在西方被称为毕达哥拉斯定理,在中国的教材中都统一称为勾股定理,这是由于中国古代数学赵爽、刘徽对勾股定理给出非常经典的证明方法。在这部分内容的教学中,可以有意识地重点介绍中国古代的成就与证明方法。在《周髀算经》中明确记载了勾股定理:"若求邪至日者,以日下为句,日高为股,句股各自乘,并而开方除之,得邪至日。"赵爽在《周髀算经注》中创造了"勾股圆方图",用"出入相补"原理通过若干次旋转、对称变换给出了证明。

4.2 运用恰当的教学策略

(1)要充分运用历史相似性策略。顾名思义,教师既需要思考教学中的数学问题与某一个或某一些历史问题的相关性,启发、引导学生感知问题,领悟与历史问题解决相关的过程、方法,从而促进学生积极思考问题,寻找问题解决的有效方案。

(2)利用类比联想策略。以中国数学史中的问题解决作为思维起点,通过类比、联想等途径,寻找解决当前问题的方法。进一步培养学生形成求同存异、和而不同的处世方法。

(3)利用模型化策略。用模型化的方法解决生活中的实际问题。新课程中将"数学建模"列为六大数学核心素养之一,用中国传统数学案例进行数学教学正好切合新课程改革精神。例如,可以将秦九韶算法、杨辉三角、祖暅原理等作为一类解决问题的模型,在教学中引导学生将问题抽象成对应的问题,建立模型、解决问题,最终达到学以致用的目的。

4.3 选取恰当的形式

中国传统数学有其独特性,要真正用好中国传统数学内容、思想方法、数学家的故事,在传授知识、方法的同时,继承优秀传统文化,充分发挥数学课程的育人功能。

可以在新知识的学习过程中,渗透中国传统数学文化。如在初中圆的教学中,可以介绍中国隋代建造的石拱桥——赵州桥,距今约有 1400 年的历史。它的主桥是圆弧形,它的跨度(弧所对的弦的长)为 60 米,拱高(弧的中点到弦的距离)为 10 米,你能求出赵州桥主桥拱的半径吗?如高中数列、二项式定理、几何体体积等内容的教学过程中,可以介绍中国古代数学成就。

还可以让学生从中国优秀传统文化艺术,如剪纸、八卦图、皮影戏,以及榫卯结构的家具、中国传统建筑房屋、园林等作为教学素材,理解数学中的对称、旋转、投影等数学概念,感悟中华五千年璀璨文化,让学生体会到中国劳动人民的智慧。

5. 考试评价中的中国古代数学传统文化

评价是对将中华优秀传统数学文化融入数学课程实施效果验证的一个重要环节。高考是整个考试评价体系中受到社会关注程度最高、对基础教育影响最大的考试。高考要引导学生在知识积累、能力提升和素质养成的过程中,逐步形成正确的价值观,这体现了高考所承载的"坚持立德树人,加强社会主义核心价值体系教育"和"增强学生社会责任感"的育人功能和政治使命。[6]

2018 年高考数学(北京卷)中的第 8 题,以明代数学家朱载堉的半音比例研究成果为背景,在考查学生数学知识掌握情况的同时,领悟数学对音乐的影响以及数学家在研究过程中表现出的数学家精神。2021 年高考数学(全国卷,乙卷)理科第 9 题以魏晋时期中国数学家刘徽的著作《海岛算经》中的测量方法为背景,考查考生综合运用知识解决问题的能力,让考生充分感悟到中国古代数学家的聪明才智。新高考Ⅰ卷第 16 题以中国传统文化剪纸艺术为背景,让考生体验探索数学问题的过程,重点考查考生灵活运用数学知识分析问题的能力。

高考数学学科的核心价值集中体现了数学学科考试提倡的主要理念,包括学生在数学学习和考试中应注重培养和塑造的思维方法、价值观念和行为习惯。对于数学学科的核心价值,不能与教学和考试内容进行机械对应,而应当从帮助学生学习和发展的角度明确我们评判的理念。对数学核心价值的考查,也应该通过整卷的考查要求体现,不能囿于简单的一一对应的单题考查。[7]中华优秀传统文化教育在中小学数学课程中的实施效果不能简单地通过移植中国古代数学试题、考查对古代杰出数学成就的掌握等方式来进行。

中华优秀传统数学文化进中小学数学课程,在课程教材中、教学实施与评价等方面的研究与实践还有很多方面的工作需要深入开展,绝不是简单地将中国古代数学成果、名题、数学家作为内容嵌入教材编写、课堂教学、考试评价,而是需要从文化、思想的高度整体把握,让学生感悟中华优秀传统数学文化的精髓,激发学生的民族自豪感和自信心,感受到中华民族的伟大。

参考文献

[1]　孙雷.传承弘扬中华优秀传统文化[N].人民日报,2021-2-18.

[2]　中华人民共和国教育部.教育部关于印发《革命传统进中小学课程教材指南》

《中华优秀传统文化进中小学课程教材指南》的通知[EB/OL]. http://www. moe. gov. cn/srcsite/A26/s8001/202102/t20210203_512359. html.

[3] 中华人民共和国教育部.义务教育数学课程标准(2011 年版)[S].北京:北京师范大学出版社,2012.

[4] 中华人民共和国教育部.普通高中数学课程标准(2017 年版 2020 年修订)[S].北京:人民教育出版社,2018:10.

[5] 刘超.人教版初中、高中数学教材中数学史的调查分析[J].基础教育,2011,8(02):99-105.

[6] 张玉环,周侠,陈爽.核心素养视角下中法高考数学试题的比较研究——基于2015—2020 年中国和法国高考数学试卷[J].数学教育学报,2021,30(01):42-48+73.

[7] 于涵,任子朝,陈昂,等.新高考数学科考核目标与考查要求研究[J].课程·教材·教法,2018,38(06):21-26.

人类非物质文化遗产

——珠算的当代价值

刘芹英

摘　要:珠算是中国传统数学的重要组成部分,珠算以其独特的科学性、文化性、教育性、社会性被誉为世界上最古老的计算机。珠算的硬件是算盘,软件是口诀和算理算法等。珠算自产生以来不断得到发展和完善,特别是在珠算基础上创新发展起来的珠心算,是珠算现代传承的新载体。珠算作为人类非物质文化遗产,其当代价值主要表现在科学、文化、教育和开发儿童智力潜能等多方面。限于篇幅,本文简要阐述了珠算科学价值、教育价值和开发儿童智力潜能的价值。

关键词:珠算;算盘;科学价值;教育价值;开智价值

中国珠算于 2013 年 12 月 4 日正式入选联合国教科文组织"人类非物质文化遗产代表作名录"。联合国教科文组织政府间委员会对中国珠算给予高度评价:"珠算既是中国人文化认同的象征,也是一种实用工具。这种计算技术经世代传承,一直适用于日常生活的许多领域,具有多重社会文化功能,为世界提供了'另一种知识体系'。……尤其是'提供了一个适应当代需求的范例'……"谈到珠算,大家首先想到算盘,实际上算盘并不能完全代表珠算。如果对照计算机硬件和软件,算盘只是珠算的硬件部分,口诀及算理算法等是珠算的软件部分。珠算自产生以来不断得到发展和完善,特别是 20 世纪 70 年代末创新发展起来的珠心算,是珠算传承新的载体。

历史上,其他国家也出现和使用过算盘,比如罗马算盘、俄罗斯算盘等。本文所谈的算盘和珠算均限于中国算盘和珠算。中国珠算具有多方面的重要价值,如科学价值、教育价值、文化价值、开智价值和社会价值等。限于篇幅,本文只就珠算的科学价值、教育价值和开智价值等进行阐述。

作者简介:刘芹英,1963 年生,中国财政科学研究院珠心算研究中心研究员(三级)。研究方向为中国数学史、珠算史和现代珠算珠心算理论和教育实践研究。近年来发表专业学术论文 30 多篇,出版专著两部,主编和参编《珠算与珠心算》《财会岗位基本技能》和《珠心算教练师》系列教材等近 20 部。主持和参与《另一种知识体系视角下的"中国珠算"》《我国现代珠心算教育的起源及发展》《珠心算教育的脑机制研究探索》《珠心算教学与训练方法》和教育部《民族文化传承与创新专业教学资源库珠算子库》等 10 多项课题研究。全程主参珠算申遗工作,2013 年 12 月,作为中国政府代表团成员参加联合国教科文组织第八次会议(在阿塞拜疆首府巴库召开的政府间委员会),并作为"中国珠算"传承人代表在大会宣誓发言。

1. 珠算的科学价值

珠算的科学价值指珠算的科学性、知识性和系统性。珠算的科学性不仅体现在其符合数学科学的原理等方面,而且其具备的独特的优越性,也是珠算立足于社会和不断发展的基础,更是其可持续发展的根本原因。下面从硬件和软件两个方面来阐述珠算的科学性。

1.1 珠算的硬件的科学性

在计算机广泛应用的当今时代,很多古算具已逐渐被淘汰,算盘(图1)由于其结构科学不仅没有被淘汰,还在发挥着它独特的作用和价值。下面从六个方面阐明珠算的硬件——算盘的科学性。

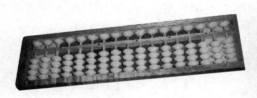

图 1 有梁穿档算盘

1.1.1 算盘"设梁"的科学性

在算盘上用梁区分一档的上、下位置,从而使累数、位值思想方法均能充分发挥作用,不仅形象,而且还保证了其示数的直观性,更是为计算的准确性和高速度提供了保障。用算珠表示 0~9 十个基数,非常形象直观(如图2)。

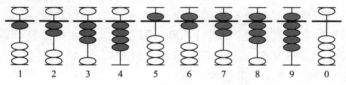

图 2 十个基数的算盘示数法

用算珠表示的基数称为珠码,显然每个珠码均能一眼直观出来,根本察觉不出分辨它们所用的时间。相比较而言,其他国家的算盘示数直观性就差些。图 3 是其他国家用算盘来表示的基数 6[1]27,显然不如中国算盘示数直观。如果表示多位数 28 041,则算盘直观性差别更大(图 4)。

1.1.2 算盘无限扩档的科学性

如果从系统论角度看,中国算盘可以看作算珠系统,算珠的一档(图5)是算珠系统的基本单元,构造算盘只需周期重复即可。

在理论层面上,算盘完全可以向左右无限延伸。但作为计算工具,考虑到制作和携带等问题,一般将算盘做成一定档数。虽然一把算盘的档位是有限的,如果计算时需要档位

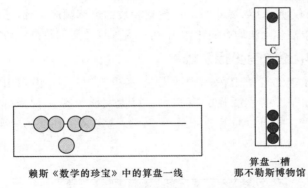

赖斯《数学的珍宝》中的算盘一线 算盘一槽
那不勒斯博物馆

图 3 基数 6 在不同国家的算盘中的示数法

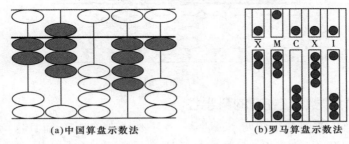

(a)中国算盘示数法 (b)罗马算盘示数法

图 4 多位数在不同算盘上示数直观性的比较

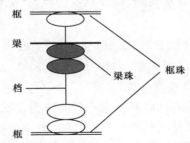

图 5 算盘系统一档图

很多时,完全可以将多个算盘串连起来使用。

1.1.3 算盘"二元示数"的科学性

算盘不仅靠梁的算珠可以表示数,靠框的算珠也可以表示数。在上一下四珠的算盘上,靠梁珠码表示的数称为梁珠数,靠框珠码末档多看一表示的数称为框珠数,而且梁珠数与框珠数互为补数关系。如图 6 所示,梁珠数是 357,框珠数是 643。

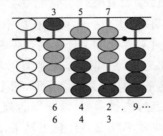

图 6 梁珠数与框珠数

珠算二元示数不仅使得大数减小数与小数减大数的运算顺序一致,还能简化正负数认识及运算,而且对珠算乘法和除法均有简化作用,可以说珠算二元示数是一切简捷算法之源。

1.1.4　算盘中蕴含有坐标系概念

英国著名科学家李约瑟博士在《中国科学技术史》(第三卷)中指出"从发展算盘的某些早期想法中透露出一个特别明显的事实——算盘实质上是一种坐标系统。"[2] 实际上,用算盘可建立坐标系。如可以将算盘梁作为 x 轴,选定某一档作为 y 轴,则图 7 中 A、B 两点的坐标就是 $(3,-2)$、$(-3,1)$。

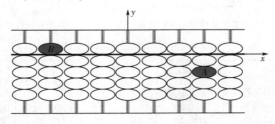

图 7　算盘上的坐标系

1.1.5　算盘"数形结合"的科学性

众所周知,数与形是数学中两个最古老、最基本的研究对象,而且这两个研究对象在一定条件下是可以相互转化的。虽然数与形是两个不同的研究对象,但它们之间并不是完全隔离的,相互之间是有联系的,这个联系就被称之为"数形结合",也有人称之为"形数结合"。

如果将 123456789 拨在算盘上,算珠图看似两面小红旗,也可形象地说"红旗飘飘"(如图 8 左侧);如果在算盘上将乘法题:493,817,284 × 25 的正确答案 12,345,432,100 拨在算盘上,珠码图可以形象地看作"凤凰双展翅"(如图 8 中间);如有人将除法算题 6 51 318 066 963÷333＝1955910111 的正确得数在算盘上的珠码图称为"三顾茅庐"(如图 8 右侧),珠图左段可以形象地看作是门形(茅庐),当然还可以有其他赋形。

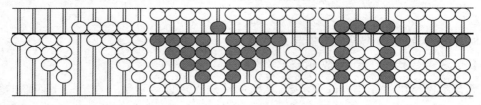

图 8　珠算象形图

1.1.6　算盘兼备图具的部分功能

众所周知,"点"可以拼排出任何图形。如果将算珠作为"点"的模型,则算盘上的算珠可以组成点阵图。算盘点阵图具有现代电子计算机点阵图的部分功能。如果将其用于数学启蒙和基础教育,不仅可以实现几何早教,还能简化和完善几何教学。如图 9 中,上珠排成了一条线段,靠梁和靠框下珠排成了两个梯形,两个梯形拼在一起就是一个矩形。

算盘上的算珠可以看作是点的实物模型,珠阵图也就可以看作是计算机几何点阵图的实物模型,这样一来,中国算盘就不仅仅是计算工具了,而兼备了图具的功能;而且与传

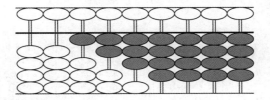

图 9　珠线段、珠梯形

统的作图工具直尺、圆规和三角板相比,算盘作为图具则可以处理任意图形。

1.2　珠算软件的科学性

珠算软件的科学性表现在很多方面,下面主要从六个方面阐述珠算软件的科学性。

1.2.1　珠算记数法是完备计数法[3]

历史上世界各国都有一套计数法,如巴比伦象形数字及记数法、玛雅数字与计数法、罗马数字与计数法,等等。判断一种记数法是否完备,就看它是否具备基数概念、累数思想和位值思想。如果具备以上三条就是完备计数法,否则就是不完备的。

大家非常熟悉印度-阿拉伯数码及其计数法,但其并不是完备计数法。因为它虽然具备了基数概念和位值思想,但不具有累数思想。纵观世界各国的计数法,目前只有珠算计数法是完备的。

1.2.2　珠码符号有计算功能

众所周知,古代珠算运算要用口诀。口诀的特点是精炼押韵、朗朗上口,不仅便于诵读,而且便于记忆和操作。而现代珠算不再使用口诀,而是采用通用数学法则。以珠算加减法为例,已将动珠码符号化了,只需拼排 26 个动珠码符号(表 1)即可完成所有计算。

相对于常用的印度-阿拉伯数码符号而言,珠码符号有计算功能。只需把表示数的珠码符号拼排在一起即可完成数的运算。例如计算 6+2,只需将珠码拼排在一起就是。

表1　算母(动珠码)表

字符	+1	+2	+3	+4	+5	+6	+7	+8	+9
直本									
齐补									
反补									
齐本									

1.2.3　珠算运算模型与计算机运算模型的一致性

中国珠算虽然古老,但其运算模型与现代计算机是一致的,而笔算运算模型与计算机不一致,甚至可以说是矛盾的。例如,325+654-753=226,具体计算步骤和程序如图 10 所示。

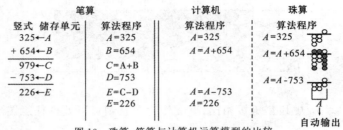

图 10 珠算、笔算与计算机运算模型的比较

1.2.4 珠算算法是通用算法

珠算算法是程序式的,不仅节省储存空间,而且是普遍适用于手操算、脑算(心算)和电子计算机的通用算法。

还是采用上面的计算题目,具体算法如图 11 所示。

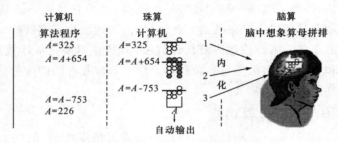

图 11 珠算算法是通用算法的例子

1.2.5 珠算算法具有"一体性"

众所周知,运用任何算具、算法实施计算,都包含四个要素:输入、储存、施算机制和输出。目前,计算机实施计算时,输入需要输入设备,运算需要运算器,输出需要输出设备,储存需要储存器,还未实现运算四要素的一体完成。而珠算实施计算达到了运算四要素的一体性,即输入、储存、运算、输出可以一体完成,计算过程直观快捷,一目了然。以 6+2=8 算题为例,说明珠算算法的一体性(图 12)。

(a)珠算实施计算过程图

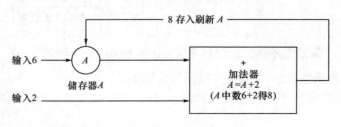

(b)计算机实施计算过程图

图 12 珠算算法与计算机算法一体性的比较

1.2.6　珠算与图灵机具有相同的计算功能

英国著名数学家和逻辑学家阿兰·麦席森·图灵（Alan Mathison Turing, 1912—1956）在 1936 年发表了论文《论可计算数及其在判定问题中的应用》，提出了著名的理论计算机的抽象模型——图灵机（Turing Machine）。图灵机在理论上能够模拟现代计算机的一切运算，被视为现代计算机的数学模型。这意味着只有图灵机能解决的计算问题，计算机才能解决。对于图灵机不能解决的计算问题，大型的现代计算机也解决不了。即图灵机能解决一切可计算问题。

我们说珠算与图灵机等价，就是说珠算能解决一切可计算问题。具体参见"珠算与图灵机有相同的计算功能"[4]和"珠算与图灵机"[5]。

2. 珠算珠心算的教育价值

正是由于珠算的科学性，特别是在珠算基础上创新发展起来的珠心算不仅具有强大的计算功能，还延伸出教育启智、健脑等多种功能，使其可以适应于不同的人群。下面仅从启蒙和基础教育、特殊教育和老年人教育等三个方面阐明珠算珠心算的教育价值。

2.1　对数学启蒙和基础教育的价值

2.1.1　珠算教学数学节省时间

在珠算基础上创新发展起来的珠心算，不仅直观地揭示了数学的本质，也符合儿童的心理特点；将其用于数学启蒙教育可以大大节省教学时间，提高教学效率。郭启庶教授用珠心算、"率"、祖暅原理和符号化等中西数学优秀基因构建了新的数学教学知识结构和体系——"优因数学"[1]302。这里，仅举笔算数学教学"整数四则运算"（要花费 500 学时）与珠算数学（优因数学）教学"整数、小数、正负数四则"（总共只花费 180 多学时）之例（图 13），进行对比。

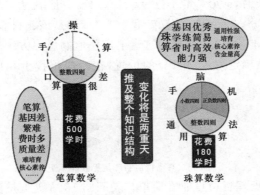

图 13　笔算与珠算教学四则运算时间比较

笔算整数四则，由于印度-阿拉伯数码不含累数思想，无计算功能，只得另备小棒等模型;熟记 162 式加减法表一般需要两三年时间;笔算加减法教学又分为七个循环圈,讲练时间总共需要花费 500 多学时;而且整数和小数也是分两套进行教学……花费的学时更多了。

珠算具有累数、周期、位值等完备计数法思想,用一个元素"珠"就构建出十个基数,其动态运用构成 26 个动珠码,拼排动珠码即可完成计算;珠算二元示数,教学正、负数自然天成,讲练总共需要花费 180 多学时。

2.1.2 对计算的简化作用

用珠算教学数学对计算的简化作用是全方位的,限于篇幅,这里仅以正负数和货币量及单位换算为例说明。

（1）对正负数运算的简化作用

众所周知,现行小学数学教学中是将整数和小数分开进行教学。由于珠算有"二元示数"的特性,再加上引入"位数"概念,不仅使得整数与小数可以同步教学,珠算数学有"位数"概念,使正、负数概念及其计算教学等在很大程度上得到了简化(图 14)。

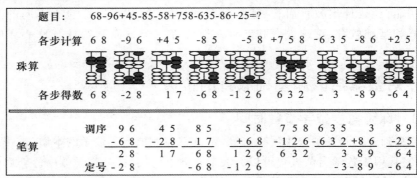

图 14　二元示数简化正负数计算

（2）对货币量及单位换算的简化作用

现行小学数学教材对人民币的认识和元角分的换算时,采用累数值思想方法来处理。比如元角分的名数变换时,6 元 7 角 4 分＝(　　　)分,一般教法均是:1 元＝10 角,1 角＝10 分,所以 1 元＝100 分,6 元＝600 分,7 角＝70 分,于是该题目答案就是:600 分＋70 分＋4 分＝674 分。对于上述题目,如果在算盘上用位值制思想方法解决起来就变得非常简单。只需利用算盘档位确定好元、角、分的位置,在对应档拨上相应的珠码即可,如图 15 所示。

图 15　算盘位值制简化货币量换算

由上看出,用珠算处理货币量非常简单。若问图 15 中盘上是多少元? 将小数点移到了元后面,即得 6.74 元;若问多少角? 将小数点移到角后面,即得 67.4 角;若问多少分? 将小数点移到分后面,即得 674 分。

用珠算教学重量、长度和面积单位及换算,也是只需移动小数点即可。图 16 是重量单位换算。

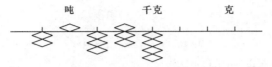

图 16　算盘位值制简化重量单位换算

由图 16 可看出,如果以吨为单位,就是 25.374 吨;如果以千克为单位,就是 25 374 千克;如果单位不固定为吨或千克,一般读作 25 吨 374 千克。

(3)对时间认识及运算的简化作用

由于时间采取的是六十进制,因而在算盘上表示钟表的时间,需在算盘分出时段和分段即可[6](图 17)。

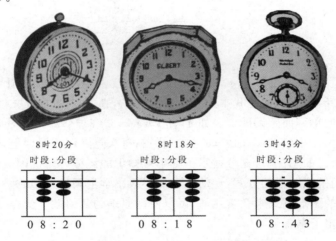

图 17　在算盘上表示钟表的时间

时间的运算只涉及加减法运算。如果是加法,就是时段的数字和分段的数字分别进行加法运算。当分段的数字满 60 时,向时段进一;如果是减法,就是时段的数字和分段的数字分别进行减法运算,当分段不够减时,向时段借一即是分段的 60。

2.1.3　实现几何早教学及其简化完善作用

由于珠算具有"数形结合"的特点,在算盘上进行计算时,随着数字的不断变化,由算珠组成的珠图也在不断变化。把算盘和珠算用于数学启蒙教育,不仅可以实施几何早教育,还可以简化和完善几何教学。

(1)对几何教学的简易作用

算珠可以用算盘的下珠排列成一个珠矩形[图 18(a)],低年级小学生容易认识和辨别;如果我们用一颗算珠作为"面积单位",那么就可以采用数数的方法而求出该图形的"珠面积"[1]45。

珠矩形的珠面积是 12 珠[图 18(a)],完全可以用数算珠的方法数出来,也可以是长 4 珠与宽 3 珠的乘积数,即是长乘宽得面积数;如图 18(b)所示,用算珠排列成的等腰珠梯形,其珠面积是 16 珠。

(a)　　　　　　　　　　　　　(b)

图 18　算盘上表示几何图形

（2）对培养发散思维具有积极作用

在算盘上，幼儿和小学生不仅可以轻松地用算珠排出矩形、梯形等，而且他们还增添了学习兴趣。如在河南省济源市五龙口镇实验小学的"优因数学"教学中，点阵图一直深受学生喜爱，一幅成人看起来很普通的图，在孩子眼中却是各式各样、丰富多彩的。在二年级第一学期有求珠面积的一个题目，如图 19 所示：

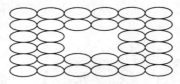

图 19　珠码组合图形

"我认为学生想到 $4\times2+6\times4,6\times6-4$，就算完成教学任务了；而让我大吃一惊的是学生的思维很活跃，很多想法是我本人都没有想到的，在为学生的想法叫好的同时，也为自己的思维方式的单调而感到惭愧。如 $4\times2+6\times2,6\times6-4,2\times12+8,4\times8,6\times4+8,5\times6+2,4\times3+4\times2+4\times3,3\times12-4,10\times3+2$；每次点阵图练习课上，学生往往宁可不下课，也要说出自己的想法，这充分显示了学生对知识的渴望，对"优因数学"的喜爱。"[7]

总之，如果用模拟图形的方式，让幼儿和低年级小学生画出矩形、梯形等是很困难的。采用算盘上离散的图形方式来教学几何，可以使得原来的几何教学变得简单易学，为实施几何早期教育奠定了基础。

（3）对现有几何教学的完善作用

由于点阵图是离散化的、数字化的，可以通过计算作图，容易储存、传播和处理，因而计算机采用点阵图形式。计算机几何可以说是以点阵图表达的图像为基础，属于计算机图形学的范畴。"计算机图形学是研究几何对象及其图像生成、存储、处理和操纵的一门学科。"[8]

在现实生活中，运用点阵的图像处理随处可见，就连汉字也是运用点阵图表达的。如图 20 所示的"土"字就是运用点阵表达出来的。当然这里是用算珠，一般的图像是由密的圆点几何表示出来的，由于人的视觉敏感程度存在着局限性，当点密集到一定程度时人们就感觉不到点是离散的了。

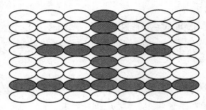

图 20　点阵表示"土"字

目前,现行中小学数学还是只有模拟方式图形(线围图)的几何教学内容,没有数字化的点阵几何的教学内容,可以说还不够完善。如果在数学教学中引入珠阵图教学几何[9],不仅可以实现几何内容提前教学,而且还可以达到简化和完善几何教学的效果,同时也有助于实现普通几何与计算机几何的接轨。

2.2 珠算的特殊教育价值

珠算不仅在数学启蒙和基础教育中发挥着重要作用,对于特殊人群,珠算有其特殊的教育价值和意义,下面以智力障碍和视力障碍为例,阐述珠算的特殊教育价值。

2.2.1 适合于智力障碍人群的生活珠心算

智力障碍是一个特殊而困难的特殊群体,关心智力障碍人群是社会文明进步的重要标志。生活珠心算教育教学活动是在充分尊重智障人士学习权利的基础之上,通过便利的算盘操作为他们提供学习机会,激发学习兴趣,普及珠算文化,丰富情感体验,促进智障人士人际交往和融入社会。在珠算珠心算教学过程中,从智障人士身心健康入手,注重引导学员视觉、听觉和触觉等多感官积极参与课堂教学活动,尊重他们在学习过程中的独特体验,从而达到启智健脑和愉悦身心的目的。

与普珠心算教育教学比较而言,生活珠心算关注智障学生的珠算珠心算学习过程,更注重引导学生联系日常生活,强调珠算珠心算知识在生活实践中的运用,培养他们解决日常生活中常见问题的能力,拓展其生活空间,进而提升他们的生活质量。上海市珠算珠心算协会在"阳光之家"对智障人士实施的"生活珠心算"教育教学实践,以智障学生认知特点和学习需要为依据,设计适于学生发展的数学课程,致力于智障学生的潜能开发和缺陷补偿。在弱智儿童的特殊的数学教育中,珠算珠心算已经取得了其他做法难以比拟的优秀成绩。

2.2.2 视力障碍学校珠心算课程开发与实践

视觉缺失在一定程度上阻碍了视障儿童抽象思维的发展,因此他们学习数学存在很大困难。计算是小学数学教学的一个关键环节,在小学数学教学中占有重要地位,而视障儿童由于全部或部分视觉的缺失以及盲文的局限性,致使他们无法运用竖式进行计算。天津市视力障碍学校(原名天津市盲人学校)从 2000 年开始探索珠心算校本课程的开发与应用。实践证明,通过珠心算教学,视障儿童不仅大脑反映的灵敏度提高了,而且其记忆、观察、分辨、归纳、概括、推理等能力得到了潜移默化的提高。

经过理论研究和实践探索,发现珠心算适合于视力障碍儿童学习的理由主要有三个:一是珠心算学习与盲文学习非常相似。视障儿童的认知源自触觉,而珠心算的学习和盲文学习均是将从触觉得到的信息转换成为脑中的形象(映像),而且二者的符号化也都是从形象转化为抽象,并均运用了动态符号观念。二是珠心算学习需要多感官参与,适合视障儿童听觉和语言分享。在珠心算的学习过程中,需要眼、手、口、耳等多感官的参与,视障儿童虽然缺失了眼看环节,但视障儿童语言记忆能力超越健全儿童,因此算盘歌和指法歌可以作为他们记忆的辅助手段。三是珠心算学习适合视障儿童行为体验。视障儿童的思维活动往往是在实际操作中,借助触摸、摆弄物体而产生和进行的。视障儿童在珠心算训练中,手、耳、口和左右两个半脑同时运用,可以促使他们的思维受到反复的、有效的锻炼,从而加强思维的灵活性、深刻性、敏捷性,促使注意力、记忆力等得到大幅提高。

各地特殊教育学校已经总结出不少好的经验。建议在现有基础上进行系统研究,建立不同类型的特殊教育的珠心算教育数学系统,并逐渐完善起来。

2.3 珠算对老年人的教育价值

21世纪是人口老龄化的时代,中国已于1999年进入老龄社会,是较早进入老龄化社会的发展中国家之一。面对匆匆而来的人口老龄化,我国很多大城市的社区老年大学和养老院等纷纷开始了老年珠心算的教育教学实践活动。

2.3.1 珠算珠心算对预防阿尔茨海默病的积极作用

阿尔茨海默病(Alzheimer disease,AD),俗称老年性痴呆,是一种中枢神经系统变性病,起病隐袭,病程呈慢性进行,是老年期痴呆最常见的一种类型。主要表现为渐进性记忆障碍、认知功能障碍、人格改变及语言障碍等神经精神症状,严重影响社交、职业与生活功能。

山东潍坊医学院李秀艳教授课题组于2008年12月完成的《珠心算教育脑机制研究》课题研究,其结论在表明珠心算对开发儿童潜能具有显著作用的同时,也证明珠心算对预防老年人阿尔茨海默病有积极作用。李秀艳教授原本进行阿尔茨海默病(俗称老年痴呆)医学研究,刚开始她对珠心算持怀疑态度,通过对学习珠心算儿童进行核磁共振测试之后,不仅打消了所有疑虑,而且在研究过程中发现学习珠心算的孩子大脑中的多巴胺和乙酰胆碱是增加的,而患有阿尔茨海默病的老年人大脑中的多巴胺和乙酰胆碱是减少的。因此,李秀艳教授认为:珠心算不仅对开发儿童智力潜能有显著作用,如果老年人学习珠心算,对预防阿尔茨海默病具有积极作用。

2.3.2 老年珠算珠心算教育教学实践

2010年,上海市开始以社区教育为主渠道,在社区学校建设和推广中老年人珠心算特色课程,积极践行让老年人老有所学、老有所乐和老有所为的理念,开创了珠心算应用于老年人教育的先河。经过十多年的实践探索,已经构建起了一支由专家、一线教师和志愿者组成的梯队队伍,编写出版了一套适合老年人使用的珠算珠心算校本教材,形成了珠算协会、社区学校、基层政府和相关部门等多方合作的共建共赢机制。

实践证明,珠心算不但具有开发儿童智力潜能的功能和作用,而且适用于各个年龄段的不同人群,尤其对于老年人而言,在珠算珠心算的学习活动中,通过手、眼、耳、口、脑等多感官的配合活动,不仅能够锻炼手脑协调能力,而且有益智健脑的作用。老年人珠心算教育教学活动的开展和推广,既推动了优秀传统文化进社区,也传承了优秀传统文化,同时还提升了老年人生活品质,社会反响良好。

同时,北京市、济南市、吉林市等先后开始老年人珠心算教学实践活动,作用非常明显,达到了益智健脑的效果,颇受老年人欢迎。

3. 珠算珠心算的开智价值

自 2004 年起,中国珠算心算协会委托中国科技大学、浙江大学、中国教育科学研究院和北京师范大学等利用先进的脑电与核磁共振等先进技术对珠算珠心算教育在认知行为学和脑机制等方面进行了科学测试和研究。系列科学研究结果表明:珠心算训练能大幅度提升儿童的数学能力,显著提升儿童的数学视觉空间和逻辑推理能力;珠心算具有迁移作用,能够提高儿童的执行功能和工作记忆能力,促进儿童认知灵活性;珠心算训练能够影响脑的可塑性,促进右脑在数学任务中的参与,促进儿童脑白质纤维的发育和左右脑之间信息的快速交互;珠心算训练能够提升大脑的工作效率,优化儿童脑功能网络,促进儿童脑的发展。下面仅从三个方面具体阐述珠算珠心算的开智价值。

3.1　珠心算练习能解决计算障碍问题[10]

计算障碍也称为计算困难。计算障碍是指数学符号认识和运用障碍。研究人员估计,患有计算障碍的人在总人口中所占比例高达 7%,这种学习障碍的特点是,患者在处理数字时会遇到严重困难,尽管其他方面的智力完全正常。

北京师范大学认知神经科学与学习国家重点实验室周新林教授指出:"经过 2～3 年珠心算的学习,珠心算班级计算困难发生率降低为 0。即珠心算训练消除了符号计算困难。"北京师范大学周新林课题组于 2020 年 3 月在心理科学领域期刊 *Current Psychology* 发表的论文 *Children skilled in mental abacus show enhanced non-symbolic number sense*,阐明了熟练掌握珠心算技能的儿童拥有更好的非符号数感能力的重要发现。

3.2　珠心算练习能提高空间能力

空间想象力是人们对客观事物的空间形式(空间几何形体)进行观察、分析、认知的抽象思维能力。珠算珠心算有助于提升儿童的直觉和空间能力,其中包括数感能力和空间想象力等。

北京师范大学认知神经科学与学习国家重点实验室周新林教授在 2020 年 12 月 4 日首届珠心算高端论坛上讲道:通过对珠心算与非珠心算大班学生的学习能力评估,被试者为 5～6 岁的儿童。实验组 221 人,珠心算水平 8 级;控制组 221 人,未学习过珠心算。在控制了年龄、性别、数感、智力、反应速度、注意能力后,珠心算与非珠心算组儿童的二维心理旋转能力仍有显著差异。即学习珠心算的孩子的空间能力明显高于未学珠心算的。

3.3　珠心算练习能提高认知能力

认知能力是指人脑加工、储存和提取信息的能力,即人们对事物的构成、性能与他物的关系、发展的动力、发展方向以及基本规律的把握能力。它是人们成功地完成活动所需的最重要的心理条件。知觉、记忆、注意、思维和想象的能力都被认为是认知能力。珠心算练习对大脑结构产生了影响,对脑网络的构建和发展具有积极作用,可以提高认知能力。

珠心算教育脑机制的最新研究成果表明：短时的珠心算训练能够显著、快速地提升儿童的算术能力和数学能力；长期的珠心算训练不仅能够显著提升儿童的认知能力，还能显著改变大脑社区结构，提高社区结构网络的组内促进脑功能的分化；长期的珠心算训练显著改变 Rich-club 节点的分布，更加集中额顶控制网络和默认活动网络等高级皮层。

参考文献

[1] 郭启庶.优因数学基础[M].郑州:河南科学技术出版社,2014.

[2] 李约瑟.中国科学技术史:第三卷(数学)[M].北京:科学出版社,1978.239-240.

[3] 郭启庶.珠算计数思想方法是最优化完备的一项数学教育基因[J].上海珠算心算,2017(9):2-10.

[4] 郭启庶.珠算与图灵机具有相同计算功能[G]//邢安会,靳黎民,等.珠算文稿.成都:西南财经大学出版社,2001.2-10.

[5] 刘芹英.珠算与图灵机[J].新理财,2004(3):36-38.

[6] 刘芹英.位值制思想对小学数学的简化作用[J].齐鲁珠坛,2020(3):61-64.

[7] 刘芹英.中国算盘的图具功能及其对几何教学的简化作用[J].齐鲁珠坛,2020(2):62-64.

[8] 孙正兴,周良,郑宏源.计算机图形学基础教程[M].北京:清华大学出版社,2004.

[9] 刘芹英.珠算、珠几何与计算几何[J].新理财,2005(11):20-21.

[10] 周新林.中国珠算课程能否消除计算障碍[J].珠心算研究,2021(1):27-29.

数学史研究在四川

——历史回顾与评述

张 红

摘　要：本文以访谈为切入点，结合作者自身经历，概述了改革开放四十年来作为教育的数学史在四川的发展，回顾了新近四川数学史的学术交流和科学研究，记述了数学史界的专家们对四川数学史的倾力支持和所做的工作。以期探索更好地实现数学史研究的三重目的路径，在"为教育而历史"中讲好数学教育的"故事"，在"为历史而历史"中把握历史研究中的"问题"。

关键词：数学史；数学教育；四川；回顾；评述

2005 年 5 月 1 日—5 月 4 日，第一届全国数学史与数学教育会议在西北大学召开。这个系列会议每两年举办一次，直至如今。开幕式由全国数学史学会副理事长、西北大学数学与科学史研究中心主任曲安京教授主持，全国数学史学会理事长、中国科学院数学与系统科学研究院李文林研究员发表了讲话。这是我第一次见到李文林老师，也是我第一次见到数学史界的众多专家。李文林老师在开幕式上发表了讲话，认为数学史研究具有三重目的，一是为历史而历史，即恢复历史的本来面目；二是为数学而历史，即古为今用，洋为中用，为现实的数学研究的自主创新服务；三是为教育而历史，即将数学史应用于数学教育，发挥数学史在培养现代化人才方面的教育功能。其实，李文林老师一直都在践行数学史的教育功能的这一思想，他也深深地影响了我们的研究和实践。

1. 从"自然辩证法"到"数学史"

1978 年，按照国务院统一部署，我国恢复了中断 13 年之久的研究生培养制度，之后要求研究生都要开设"自然辩证法"课程。当年夏天，在暨南大学组织了全国性的自然辩证法培训班，随后的 7 月，在北京召开了"全国自然辩证法夏季讲习会"。

作者简介：张红，1967 年生，四川师范大学数学科学学院教授，研究方向为近现代数学史和数学教育。四川省有突出贡献的优秀专家，四川省教学名师。主持"数学符号的演变与传播研究""民国时期中外数学交流与四川数学的发展"等国家自然科学基金项目。

1.1　数学史课程的局部开设

在全国统一要求下,四川师范大学"自然辩证法"作为研究生的必修课程,教学由数学系、物理系和化学系承担。四川大学和成都科技大学的数学系也开设了研究生的自然辩证法课程。77级学生入学后,四川师范大学数学系首次把"自然辩证法"作为本科生的选修课,在1981年开设。之后,解恩泽教授组织"自然辩证法"教学中的数学教师,主编了《数学思想方法》,1989年在山东教育出版社出版。随之,将课程"自然辩证法"更名为"数学思想方法"①。2000年,李文林的《数学史教程》出版后,四川师范大学又将课程更名为"数学史",并一直保留了这个名称,且使用《数学史教程》作为教材。2006年,四川师范大学把"数学史"作为数学系师范生的必修课。2007年以后,根据学生的不同程度将《数学史教程》和张红主编的《数学简史》结合使用。

西华师范大学(前身是南充师范学院)从82级开始就开设本科生的"数学史选讲",一直是作为必修课。1986年7月11日—22日,熊昌雄老师参加了徐州师范学院组织的"《双九章》讲习班暨高校数学史研究会"筹委会,听到了数学史家们系统的专题报告。学校先前使用自编的数学史讲义,之后使用《数学史概论》②(《数学史教程》在第二版改名为《数学史概论》)。

1.2　数学史课程的扩大规模

2000年以前,四川省的高等师范专科学校几乎都不开设数学史。从2000年开始,在全国大环境的影响下,兴起了"专升本"的浪潮。四川省的高等师范专科学校"升本"后,几乎都开设了必修或选修的"数学史"课程。

内江师范专科学校98级和四川师范大学联合办学本科班,开始开设"数学思想方法"课程,用的教材与四川师范大学一致。2000年,内江师范专科学校"升本"为内江师范学院,之后正式开设"数学史"课程,一直是选修课,用的教材是《数学史教程》。2007年后,使用的是张红主编的《数学简史》③。据绵阳师范专科学校数学系书记钟琪老师回忆,学校大约于20世纪90年代初开始开设数学史。2003后,合并"升本"后的绵阳师范学院开设"数学史选讲"必修课,用的教材是《数学史概论》④。

乐山师范学院从2004年开始,在数学教育方向开设"数学史"选修课,使用《数学史概论》,后来使用张红主编的《数学简史》⑤。宜宾师专2001年"升本"为宜宾学院后,开设选修课"数学史",用的教材是朱家生的《数学史》⑥。达县师范专科学校在2003年就开设了数学史,以前是必修课,现在是选修课,2006年"升本"为四川文理学院,用的教材是《数学

①四川师范大学数学系前书记李邦宁老师访谈。
②西华师范大学熊昌雄教授和高明副教授访谈。
③内江师范学院王新民教授访谈。
④绵阳师范学院解继蓉教授访谈。
⑤乐山师范学院副校长汪天飞教授访谈。
⑥宜宾学院数学学院院长罗显康教授访谈。

史概论》①。

大多数学生在学习数学时,有如下的感受:他们会学习微积分、代数、拓扑等课程,但这种分门别类、详尽的教学似乎无法将这些不同主题汇聚为一个整体。例如,代数学家不讨论代数基本定理,因为"那是分析",而分析学家不讨论黎曼面,因为"那是拓扑"。于是,学生们在毕业前想要感觉一下他们对数学的真正了解时,确实产生了统一看待这门学科的需要。要赋予大学数学一种统一的观点,办法则是通过数学的历史来探讨它。

在 2000 年以前,数学史的教材是较为稀少的,《数学史教程》的出版,缓解了教学资源稀缺的燃眉之急。吴文俊院士评价到,《数学史教程》对史实有详尽而忠实的介绍,还兼具史评史论的作用;对数学家的学术成就不仅做了概括的介绍,还对重要成就的原始创新做了详细的说明。《数学史教程》为数学史教育功能的实现,打下了坚实的基础,也为后来的数学史教材发展的多样性,提供了一个很好的借鉴。

1.3 数学史课程的资源建设

1950 年 7 月,教育部颁布了首个教学大纲——《数学精简纲要(草案)》,提出:应该教授一点数学史,它不但可以提高学生学习数学的兴趣,增强爱国的情绪,而且数学史料也是数学的一部分。1952 年,教育部颁布的《中学数学教学大纲(草案)》进一步强调:引导学生注意"数学在文化史上的巨大价值"。之后,中学数学教材的数学史内容经历了增加、削减、恢复的过程。

2001 年,《全日制义务教育数学课程标准(实验稿)》指出:数学是人类的一种文化,它的内容、思想、方法和语言是现代文明的重要组成部分。要求大幅度增加辅助材料,如数学史的背景知识、数学家的介绍、数学的应用。

2011 年,教育部颁布的《义务教育数学课程标准(2011 版)》明确地提出了数学史的教学要求,指出了数学史的教学价值。"数学发展史"被确定为数学文化渗透的一部分。

2003 年,《普通高中数学课程标准(实验)》强调:要体现数学的文化价值,在适当的内容中提出对"数学文化"的学习要求,设立"数学史选讲"。这是我国第一次将数学史、数学文化作为高中数学的教学内容。

在遴选数学史的教学内容时,涉及数学史的分期。关于这个问题,看法并不统一。李文林老师以数学思想为主,综合其他方面的论述,对数学史做出如下分期:

(1)数学的起源与早期发展(公元前 6 世纪前);

(2)初等数学时期(公元前 6 世纪—16 世纪),包括古希腊数学、中世纪的东方数学、欧洲文艺复兴时期;

(3)近代数学时期(17 世纪—18 世纪)

(4)现代数学时期(1820—现在)。

中学数学内容主要是初等数学时期,涉及少量的数学的起源与早期发展时期和极少量的近代数学时期,而师范大学的数学教育主要培养中学数学教师。2007 年,我们出版

---

①四川文理学院数学学院院长罗肖强教授访谈。

了《数学简史》，希望贴近中学数学教学的主要内容和师范大学的培养目标，着眼于高等数学与初等数学在内容和方法上的沟通，体现教材的连续性和文化性。同时为研究数学史、传播数学文化、提高社会对数学史的文化认识尽一份力量。

《普通高中数学课程标准（实验）》指出，"数学史选讲"有 11 个专题。2007 年，我们据此编写了《中学数学简史》，用于中学生数学史选修内容和中学数学教师的继续培训，与《数学简史》组合成系列。在《中学数学简史》的出版过程中，得到了李迪教授、李文林教授和郭书春教授的鼓励和支持。他们无一例外地肯定了数学史在中学数学中的重要地位，并对数学史在中学阶段的应用和呈现抱有极大的热情。

内蒙古师范大学教授、国际科学史通讯院士李迪先生亲笔手书，"在中国的中学开不开数学史课程已有多年的争论，但由于高考的问题，始终定不下来。""数学史是研究数学发展规律的科学，也是研究人类如何认识数学发明和发现的问题。""中学生用一点很少的时间学习数学史，这不仅不会影响其他课程的学习，而且学过数学史头脑更灵活，有助于其他课程的学习。""这本书所选内容符合我国中学数学的基本情况。"

李文林老师认为，"在中学数学课程中开设数学史选修课，是我国高中数学课程标准的要求，同时也是国际数学教育发展形势所趋，对于全面加强数学教育、提高数学教育质量具有重要的意义。""该书内容丰富，史料翔实，全书采用专题形式，选题恰当，符合中学生的认知兴趣和水平。"

郭书春老师指出，"《中学数学简史》尊重史实，语言生动，重点突出，采取'专题型'而不是'通史型'或'分科型'，对讨论对象讲得更为透彻，亦便于教师教学时取舍。"

2011 年 4 月 30 日—5 月 4 日，在华东师范大学召开了第四届数学史与数学教育国际研讨会暨第八届全国数学史学会学术年会。在分组报告中，我问李文林老师他为什么要关注中学生综合实践活动，李老师说：有一些综合实践活动的开展，融入了数学史，在选修课之外，为数学史的应用拓宽了道路。

按照专业建设与教材建设同步、教材建设与课程建设同步的思路，我们建设了数学史课程。由于课程建有较多的资源，具有数学文化特色，在数学史与数学教育结合方面具有示范性，2006 年数学史被评为四川省精品课程，2010 年升级为国家精品课程，2016 年建成了国家精品资源共享课程。在建设过程中，得到了李文林老师的悉心指点，刘应明院士和其他专家也提出了书面建议。

2. 数学史学术交流在四川

2005 年，在西昌学院徐品方老师的鼓动下，我参加了第一届全国数学史与数学教育会议。徐品方老师 1958 年毕业于四川师范学院（1985 年更名为四川师范大学）数学系，2006 年为四川师范大学外聘教授。从 20 世纪 90 年代开始，出版了《白话九章算术》《数学诗歌题解》和《数学符号史》等著作，发表了《漫长的寻觅梅森素数的历程》《寻找亲和数的艰辛岁月》和《魅力无穷的完全数》等文章。这是我第一次参加数学史的学术会议，使我意识到举办高质量的学术会议对学术研究的重要性。

2.1 纪念欧拉诞辰 300 周年暨《几何原本》中译 400 周年数学史国际学术研讨会

2007 年 10 月 11 日至 15 日,在李文林老师的关心和支持下,数学史国际学术研讨会在四川成都举行,会议主题是纪念欧拉诞辰 300 周年暨《几何原本》中译 400 周年(图 1)。会议由中国数学会和国际数学史委员会主办,四川师范大学承办,四川省安岳县人民政府协办。会议开幕式在四川师范大学举行,由副校长张健教授主持。

图 1　纪念欧拉诞辰 300 周年暨《几何原本》中译 400 周年数学史国际学术研讨会开幕式

大会主席、中国科学院院士刘应明教授,德国柏林科学院院士、国际科学史科学院院长 E. Knobloch 教授和中国数学史学会理事长郭世荣教授出席并讲话。本次会议的参会代表有来自德国、法国、日本和印度等地的国际数学史专家以及国内专家学者 80 余人。

E. Knobloch 教授做了"欧拉超越极限:无限与音乐理论"(Euler Transgressing Limits:The Infinite and Music Theory),法国国际科学研究中心 Jean-Claude Martzloff 教授做了"克拉维乌斯评论序言关于欧几里得原本及其对汉译原本影响的批判性分析"(A Critical Analysis of the Prolegomena of Clavius's Commentary on Euclid's Elements and Its Influence on the Chinese Translation of the Elements),数学史学会理事长、内蒙古师范大学郭世荣教授做了"欧拉的数学理论在中国"(Euler's Mathematical Theory in China),西南大学常务副校长宋乃庆教授做了"数学史与数学教育"的大会报告(图 2)。

数学史学会前任理事长、中国科学院数学与系统科学研究院李文林教授,做了"欧拉与他的《全集》"(Euler and His Opera Omnia)的大会报告(图 3)。

此外,印度古鲁库拉康日大学的 S. L. Singh、德国维尔茨堡大学 Elart von Collani 教授、日本东京大学佐佐木力(Sasaki Chikara)教授、河北师范大学邓明立教授、南开大学张洪光教授、德国明斯特大学 Claudia von Collani 教授、四川师范大学潘亦宁博士也做了大

图2 纪念欧拉诞辰300周年暨《几何原本》中译400周年数学史国际学术研讨会的专家
（左起：郭世荣、邓明立、张红、李文林、佐佐木力、宋乃庆、E. Knobloch、C. von Colla-
ni、Elart von Collani、S. L. Singh）

图3 李文林教授在纪念欧拉诞辰300周年暨《几何原本》中译400周年数学史国际学术研讨会做报告

会报告（图4）。

　　会议闭幕式在安岳县举行，会后参观了秦九韶纪念馆。秦九韶是南宋时期四川籍数学家，约1208年出生在四川普州（今四川安岳县）。2000年，安岳县政府在城郊圆觉洞建成了秦九韶纪念馆。中国科学院院长路甬祥院士题写馆名，2000年11月30日—12月1日，刘应明院士、李迪教授、王渝生教授、郭书春教授、查有梁教授、许清华教授、邓安邦教授等参加了落成典礼（图5、图6）。邓安邦教授是我的导师，他与许清华教授、翁凯庆教授组成的"三驾马车"在四川省中学生数学竞赛的推广和普及中颇有影响，可惜邓安邦教授已于2016年1月20日生病故去。邓安邦老师喜欢踢足球，喜欢聊天。一直记得我去看他时，他一根接一根地抽烟，我就一个接一个地吃他大大的掌心中摊给我的红红的橘子。

图 4　参加纪念欧拉诞辰 300 周年暨《几何原本》中译 400 周年数学史国际学术研讨会的代表们

图 5　2000 年 12 月 1 日,参加四川省安岳县秦九韶纪念馆落成典礼的刘应明院士(左 3)、许清华教授(左 2)等

图 6　2000 年 12 月 1 日,参加四川省安岳县秦九韶纪念馆落成典礼的专家
(左起:许清华教授、查有梁教授、王渝生教授、邓安邦教授)

　　本次会议围绕欧拉和《几何原本》的主题,不仅表达了人们认识数学对于人类文化、人类文明的重要地位,也延续了"为教育而历史"的主张,为国内外的数学史专家提供了一个很好的交流平台,对国内数学史的研究是一次很好的促进。学者们报告的风采一直历历在目,遗憾的是法国的 Martzloff 和日本的 Sasaki 已经因病逝去。由于是第一次办国际会议,在伙食安排上没有考虑周到,北方的老师觉得菜品太辣,很多时候都只吃鸡蛋炒西

红柿。这个不足我记下了,十年后第二次举办数学史国际会议时,就请专人安排菜单,我最后再确定菜单。

这次会议之后,我和刘应明院士有了更多的接触。刘应明院士生前非常关心数学教育,他担任《数学教育学报》的顾问,常常对刊物给予指导。他担任四川省数学会理事长,非常重视四川省的数学基础教育和学生活动的开展,每年的中学生数学竞赛冬令营开班,他一定到场讲话;每年的全国大学生数学建模竞赛四川赛区颁奖会,他也总是参加。

2015年夏天,我到四川大学数学科学学院开会,顺道去拜访刘应明院士。刘院士让我在他的办公室选我需要的书,他自己就在办公桌抽屉里翻找出一个信封,说这是2007年四川师范大学开数学史国际会议时,李文林(老师)邀请他做大会主席的信函。我抽出信,看到了李文林老师手写的亲笔信,一手儒雅又有风骨的漂亮字体。我才知道李文林老师为了会议的召开,做了多少工作!刘应明院士又说,这封信就交给你保管吧。这封信被刘院士完整保存了八年,又记得找出来给我。这让我想起了刘院士曾说过的话:正因为数学史是小学科,才更应该大力支持。一年之后,2016年7月,刘应明院士病危,我去四川大学华西医院看望他。他已经陷入昏迷,嘴里打着响亮的鼾,腹部在剧烈的起伏。刘院士的独生女儿刘诺亚在陪护,她没有说话,礼貌地给我打手势致意,我和刘诺亚点点头,也没有说话,静静地看着刘院士的面容,心里不胜唏嘘。

2.2 四川的数学史与数学教育的系列报告

为了地处西部的四川数学史学科有更大的发展,迫切需要数学史专家的指导。我给李文林老师发了邮件,邀请他做系列学术报告,李老师的答复是:愿尽一个数学史工作者的职责。2010年4月21日—22日,李老师在四川师范大学讲了四个专题,每个专题三个小时。今天想来,这个工作强度还是太大了。报告的内容为:解析几何是怎样诞生的——从笛卡儿之梦谈起(图7)、现代数学发展的特点与趋势、从希尔伯特问题到克莱问题、关于基础教育数学课程改革若干问题的思考(图8)。

图7 2010年4月21日,李文林教授在四川师范大学做报告:
解析几何是怎样诞生的——从笛卡儿之梦谈起

报告分析了笛卡尔《几何学》的"通用数学"与机械化思想的联系,凸显了李文林老师精辟的历史观。李老师在后来的文章中对此也有阐释。吴文俊先生认为,古希腊欧几里得几何的证明模式是从定义和公理出发,按照逻辑规则逐步演绎推断,几何证明过程中没有通用的证明法则,只能一题一证,根据不同的问题构思不同证明的方法。

笛卡尔的《几何学》对希腊演绎模式进行了批判,企图以代数改造几何,给出了不同于《几何原本》的证明模式,开创了可用计算进行几何定理证明的新局面,从而将演绎几何引向解析几何。事实上,解析几何是其"通用数学"思想实现在几何学上的一个案例。李文林老师进一步认为:吴文俊所揭示的中国传统数学成就与特点清楚表明,如果解析几何与微积分的发明属于所谓数学发展的"主流"的话,那么不可无视中国古代数学对此主流的贡献。报告以现代数学的难题——希尔伯特问题和克莱问题为例,阐述了现代数学发展的特点与趋势。特别地从基础教育数学课程改革若干问题出发,探讨了"为教育而历史"的案例与途径。

之后,曲安京教授、王渝生教授、冯立昇教授都专程到四川师范大学做过报告。

图 8　2010 年 4 月 22 日,李文林教授在四川师范大学做报告:
关于基础教育数学课程改革若干问题的思考

2.3　第四届近现代数学史与数学教育国际会议

"为教育而历史"在初等数学和高等数学层面是有区别和侧重的。2017 年 8 月 20 日—26 日,第四届近现代数学史与数学教育国际会议也是对近现代数学"为教育而历史"的系统探讨。本次会议由四川师范大学主办,由数学史专业委员会、加拿大西蒙弗雷泽大学、西北大学组织。开幕式由此次会议主席、长江学者、西北大学数学学院院长曲安京教授主持,四川师范大学副校长杜伟教授致欢迎辞。四川省数学会理事长、四川大学数学科学学院院长彭联刚教授、四川师范大学数学与软件科学学院张红教授以及法国科学院Catherine Goldstein 教授、日本四日市大学上野健尔教授等中外专家分别向大会致辞(图 9)。

来自中国、美国、法国、英国、德国、意大利、丹麦、韩国、日本、以色列、中国台湾、中国香港等 10 多个国家和地区的 94 名与会代表参加了会议。会议共有 45 个报告,报告内容主要涉及：近现代数学史、数学交流与传播、中国古代科学史、数学教育与数学文化等研究主题。

本次学术会议共计 5 天，安排了 45 场报告，邀请了国际上知名的数学史家做了邀请报告。共有 20 个邀请报告，其中有 7 人在国际数学家大会做邀请报告，他们是：丹麦哥本哈根大学的 Jesper Lützen 教授、德国斯特拉斯堡大学的 Norbert Schappacher 教授、意大利米兰大学的 Umberto Bottazzini 教授、丹麦哥本哈根大学的 Tinne Hoff Kjeldssen 教授、日本京都大学的上野健尔（Ueno Kenji）教授、西北大学的曲安京教授以及法国科学院的 Catherine Goldstein 教授。其中，Catherine Goldstein 教授在 2018 年里约国际数学家大会上做 1 小时大会报告。

图 9　第四届近现代数学史与数学教育国际会议参会代表合影

"近现代数学史与数学教育国际会议"是由西北大学曲安京教授发起，在全国数学史学会的积极倡导和组织下展开的系列学术会议。自 2010 年起，此主题的会议前三届分别在西安、杭州等地召开。连同另一系列近现代数学史高级研讨班的举行，目的均在于促进中国近现代数学史与数学教育的学术交流与合作，提高国内青年教师和研究生的科研能力和学术水平。

3. 数学史研究探索在四川

3.1　数学符号的历史与传播

2006 年，我和徐品方老师合作出版了《数学符号史》。在数学史的教材和课程建设告一段落之后，我就想对数学史做更进一步的研究。2012 年，在请教了李文林老师确定了数学符号为研究主题后,我思考了数学符号的历史与传播的关系:没有专门的符号和公式,就不可能有现代数学。数学符号的演变和数学传播的关系密切,且互为影响。随着数学理论的发展,只留下最合适的符号来表示概念和运算。通过数学交流,数学符号将趋于一致。故将数学符号的历史与传播结合起来研究。我相继请教了曲安京教授、邓明立教授、冯立昇教授,还有数学界的冯克勤教授、张健教授,他们在学科分支的选择、研究问题的分类、呈现问题的表述、参考文献的补充,甚至参考文献的数目,都给出了有益的建议。李文林老师还给我发来了参考文献的补充目录,后来韩琦教授也给我发来了参考线索。直到现在,原始资料的搜集中我仍然还在麻烦郭世荣教授。

3.2　民国时期中外数学交流与四川数学的发展

由于关注数学传播,脑子里一直还在盘旋这样一个题目:民国时期中外数学交流。2014 年 1 月 24 日,我记下了请教李文林老师的备忘录。我提到一些已有的研究,李老师建议可以收缩内容的范围,聚焦时间的区间,并给出了具体建议。这样的思想在李老师的文章《中法之间数学交流概述(1880—1949)》中可以看到。我考虑再缩小一下地域,集中研究民国时期四川数学的发展。这不仅具有研究的价值,地方数学史也是一个可能深入研究的视角。

回顾民国时期,便有严敦杰(1917—1988)先生在四川工作和求学期间所做的地方数学史的工作。1938 年,严敦杰先生因战乱辗转到四川重庆工作,后于 1943 年考取重庆的中央大学数学系,其间撰写了一批有关四川的数学史和天文学史的论文。1940 年 1 月,他发表了《四川天算艺文志略》,同年 2 月开始与李俨先生通信。之后,李俨先生请严敦杰先生为钱宝琮先生买了不少数学书,说"事关学术"。1941 年 12 月,他发表了《清代四川算学著述记》,1943 年 2 月,发表了《清光绪年蜀刻算术》,1943 年 9 月,发表了《四川通俗算术考》,同年 12 月,发表了《蜀贤算学著述记》,1944 年 2 月,发表了《蜀中畴人传》。王渝生老师出生在四川,1966 年毕业于四川师范学院数学系,是中国科学院研究员,曾任中国科学院自然史研究所副所长、中国科技馆馆长,他的导师就是严敦杰先生。王渝生老师多次到四川师范大学做报告,并给研究生开设了数学史的系列讲座。

对地方数学史的认识以后,和清华大学冯立昇教授交流才逐渐理解,和香港大学梁贯成教授交流后也把地方数学史和少数民族数学教育研究联系起来。2016 年 9 月 18 日—21 日,香港大学梁贯成教授应邀到四川师范大学做报告。2016 年 7 月,他在德国汉堡举办的第十三届国际数学教育大会上获得了弗赖登塔尔奖。在四川师范大学的报告中,梁贯成教授特别提到,获得前两届克莱因奖和弗赖登塔尔奖的四人中,有一人研究符号学,有三人研究文化对数学的影响。他认为:对年轻学者而言,少数民族数学教育研究是一座金矿,值得长时间奋斗。我意识到:地方数学史和少数民族数学教育的视角是一样的,自然可以将二者联系起来。

2014 年 8 月 2 日—5 日,我在内蒙古师范大学参加了严加安院士组织的第四届全国数学文化论坛学术会议。我在会上做了"民国时期数学传播与四川数学的发展"的报告,在准备报告的过程中,到四川大学访问过刘应明院士和白苏华教授。我感到困惑的是:对收集的众多人物不知如何取舍,对他们数学工作中哪些需要重点描述也不是很清楚。刘院士回答了我的问题,还补充了一些鲜活的细节。白苏华教授提供了丰富的资料和照片,送给我他写的《柯召传》,之后还送了 2016 年出版的《四川数学史话文集》。2021 年白苏华教授出版了《刘应明传》。

民国时期,是中外数学交流频繁的时期,留学生求学海外,归国后建立了中国近现代数学学科体系,为近现代数学的本土化做出了贡献,成为我国近现代数学各领域的先驱和开拓者。僻处西南一隅的四川,其教育的近代化相对较晚。但是,新式教育自兴起后,就以较快的速度发展开来。民国时期四川数学发展的概况如下:

3.2.1 数学教育在四川的制度化过程以及留学生的贡献

数学教育制度化是近代数学发展的基础。中日数学的交流表现之一是:将日本近代数学教育制度引进中国。1896 年,清廷首次派遣学生赴日留学。留日学生以学习师范为主,大多到日本宏文学院学习。1901 年,四川总督奎俊接受日本陆军大尉井户川辰三建议,选派 22 名学子赴日留学。1906 年,四川的留日学生数达到高峰。1904 年 6 月,日本宏文学院专门成立四川速成师范科。经周翔与嘉纳治五郎商订,编班为甲乙丙三班:一文科,一理化,一博物,以为归国分科任教。留日师范教育为四川培养了第一批受过近代教育理论与新学知识训练的新型师资。

3.2.2 抗战期间内迁高等院校与四川数学

抗战时期内迁西南的院校共 61 所。其中有 48 所集中在四川,多在重庆、成都两地。重庆地区的高校多达 39 所,居全国之冠。如:国立中央大学、国立交通大学、复旦大学。迁往四川成都的有:金陵大学、金陵女子文理学院、中央大学医学院、齐鲁大学、燕京大学,合称"华西坝五大学"。武汉大学迁往四川乐山。

1937—1945 年,大后方高校培养的毕业生中,多数出自内迁院校。内迁院校荟萃了当时中国最杰出的学者。在四川境内的优秀数学人才有齐鲁大学的张鸿基,燕京大学的曾远荣,金陵大学的余光烺、张继华,金陵女子学院余介石以及成都本地的魏时珍、胡少襄、张孝礼。

3.2.3 民国时期四川本土高等院校数学的发展

四川中西学堂是四川大学的前身。1896 年,历经锦江书院、尊经书院,四川中西学堂算学馆成立,即是四川大学数学系始建之时。1931 年,国立四川大学正式成立。1902 年开始,四川大学理科开设课程为三角、代数、解析几何、微积分等,都是大学一、二年级的基础课,均由日本教习讲授,并使用日本教材①。20 世纪 20 年代,数学教师阵容已经有了留欧归国学生。

1927 年,留德四川籍学者魏时珍(图 10)来到四川大学,创建了近代大学教育的数学系。历时十年,开出了教育部颁布的数学系全部必修课和大部分选修课。在之后直到 20世纪 40 年代开设的课程中,都是比较新的内容。这些科目,1950 年后仍在开设。魏时珍1922 年到德国格廷根大学,师从柯朗,1925 年获博士学位。他是第一个到格廷根大学学数学的中国留学生、四川第一位数学博士。这个时间比中国第一个数学博士胡明复获学

---

① 白苏华. 四川大学数学系系史(1896—1996),1996 年印刷.

位的时间(1917年)晚8年。

20世纪30年代中期起,一批成就卓著的数学家,如柯召、张世勋(鼎铭)、曾远荣、李华宗、李国平、吴大任、杨季固(宗磐)等人相继来到四川大学,他们的教学与科研工作显著地提高了四川大学的数学水平,对形成四川大学的数学研究特色起了重要作用。

留英学者柯召(图11)出生在浙江温岭,但将一生都献给了四川的数学事业。为了让学生触及较为前沿的数学知识,柯召开设了"专题研究课",即现在的"讨论班"。对"讨论班"的不易,柯召曾回忆道:"在峨眉山时,讨论班是我搞起来的。当时,讨论班受到其他系的反对。他们没有人,搞不起来。"由于柯召的影响,从峨眉山时期开始,数论便逐渐成为四川大学数学系的特色学科之一。

1945年,四川籍数学家张鼎铭(图12)赴英国剑桥大学进修,两年后获博士学位。他对积分方程有深入研究,做的积分方程的博士论文是当时最好的结果。1949年回国后一直在四川大学任教授。

图10　四川籍数学家魏时珍　　图11　在四川工作的数学家柯召　　图12　四川籍数学家张鼎铭
　　　　(1895—1992)　　　　　　　　(1910—2002)　　　　　　　　(1900—1985)

当时,教授们的生活十分不易。张鼎铭出生小商家庭,生活节约,他爱人有青光眼,他要负责买菜,经常随身带有三个口袋:一个装讲义,一个装酱油、醋瓶子,一个装菜。于是,还发生了一件趣事,一次,他买的活鸡还在课堂飞了起来。

抗战时期,西南高校的教授们过着艰苦异常的生活。吴熙载教授在《兼课记》中回忆道:我在武大工作8年,差不多有7年时间过着兼课生活,每个星期都游走于大学和中学之间。十四年抗战形成了中国数学研究的一个高峰,除了数学家们的丰硕成果外,难于忘怀的还有数学家们艰苦奋斗的精神以及他们对自己职业的热爱和坚守。

3.3　数学家精神与中国现代数学发展

2020年11月16日,在北京中国科学院自然史所举行项目汇报会。项目由中国数学会数学史分会理事长、东华大学徐泽林教授主持,是中国科协科学传播中心的项目,项目名称为数学家精神与中国现代数学发展。由李文林老师和徐泽林等老师讨论确定了数学家共30位,我负责撰写柯召,题目是"柯召——中国现代数学的奠基者和西南数学的开拓者",围绕柯召先生的精神层面分六个方面展开:艰难求学、科学报国;开拓西南,代有传人;坚忍执着,蜚声海外;家国情怀,使命担当;严谨治学,勇于创新;品德高洁,奖掖后学。

柯召曾引用唐代古诗:"终日寻春不见春,芒鞋踏破岭头云。归来偶把梅花嗅,春在枝头已十分",来说明自己治学的心得(图13),"我的一些数学结果,是在晨起时,或者午睡

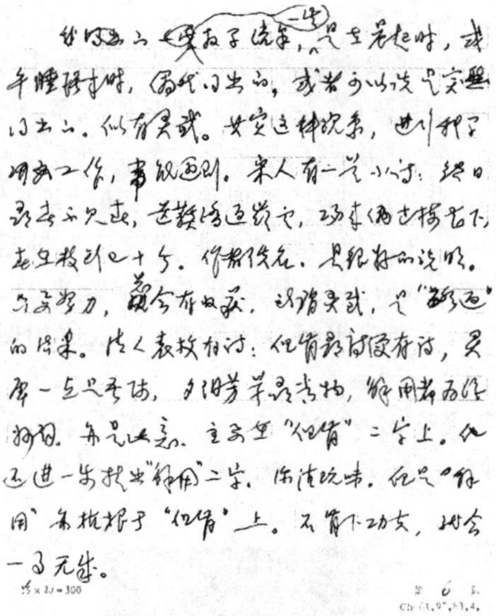

图 13 柯召 1993 年手稿——"我的求学经历和治学心得"片段

醒来时偶然得出的。或者说,是突然得到的,似有灵感。这种情形,进行科学研究工作常能遇到。只要努力总会有收获。所谓灵感,是'踏遍'的结果。"柯召曾手书清朝袁枚的诗,进一步说明研究积累与追求创新的关系:但肯寻诗便有诗,灵犀一点是吾师,夕阳芳草寻常物,解用多为绝妙词。

柯召先生是享誉海内外的著名数学家,在近代数论、组合数学等方面做出了国际公认原创性和奠基性的工作。柯召先生也是著名的数学教育家和社会活动家,他在西南地区为中国建立了数学研究和人才培养的重要基地,作为中国数学会的副理事长和后来的名誉理事长,他参加了发展中国的数学科研和教育事业的一系列重要活动,为整个中国数学发展贡献了自己的力量。柯召先生还是爱国主义者,他终身践行了爱国主义情怀,为研究和解决国防现代化中的数学问题做出了巨大贡献。

和上海交通大学纪志刚教授讨论确定的"数学史研究在四川——历史回顾与评述"这个题目,对我来说还是太宏大了,难免挂一漏万。但是,从自身视角描述亲身经历的事情经过,以及在这些过程中得到了数学史界的李文林老师和其他专家的帮助和支持,是我写这篇文章的动力和源泉。他们对数学史事业的职守和对"为教育而历史"的探索,对我是铭心刻骨的激励;他们的人生格局和风格才情,我永志不忘。祝愿数学史在"为教育而历史"中讲好数学教育的"故事",在"为历史而历史"中找好历史研究中的"问题"。

参考文献

[1] 冯振举,杨宝珊.发掘数学史教育功能,促进数学教育发展——第一届全国数学史与数学教育会议综述[J].自然辩证法通讯,2005(4):108.

[2] STILLWELL J.数学及其历史[M].袁向东,冯绪宁,译.北京:高等教育出版社,2011:第一版序言.

[3] 李文林.数学史概论[M].北京:高等教育出版社,2002:前言.

[4] 课程教材研究所.新中国中小学教材建设史 1949—2000 研究丛书(数学卷)[M].北京:人民教育出版社,2010:194.

[5] 课程教材研究所.20 世纪中国中小学课程标准.教学大纲汇编(数学卷)[M].北京:人民教育出版社,2001:356.

[6] 张红.数学简史[M].北京:科学出版社,2007:Ⅱ.

[7] 徐品方,张红,宁锐.中学数学简史[M].北京:科学出版社,2007:371,372.

[8] 潘亦宁.数学史国际学术研讨会在成都举行[J].自然辩证法通讯,2008(1):109.

[9] 张红.由《秦九韶的治国思想》谈起.四川师范大学报,2016-3-23.

[10] 张红.刘应明院士逝世[J].数学教育学报,2016(4):41.

[11] 李文林.论吴文俊院士的数学史遗产[J].上海交通大学学报(哲学社会科学版,2019(2):63-70.

[12] 张红,刘建新.近现代数学史与数学教育研究新进展——"第四届近现代数学史与数学教育国际会议"会议纪要[J].自然辩证法通讯,2017(6):181-183.

[13] 张红,刘建新.数学史研究的国际化视野[J].数学教育学报,2016(2):101-102

[14] LI W L,MARTZLOFF J-C. Apercu sur les Échanges Mathématiques entre la Chine et la France (1880—1949)[J]. Arch. Hist. Exact Sci. ,1998(53):181-200.

[15] 严敦杰.四川天算艺文志略[J].时事新报·学灯,1940(1):66-67.

[16] 严敦杰.清代四川算学著述记[J].图书季刊,1941,3(3-4):227-244.

[17] 严敦杰.清光绪年蜀刻算书[J].图书月刊,1943,2(7):19-22.

[18] 严敦杰.四川通俗算术考[J].时事新报·学灯,1943,9:242-244.

[19] 严敦杰.蜀贤算学著述记[J].图书季刊,1943,4(3-4):71-75.

[20] 严敦杰.蜀中畴人传[J].真理杂志,1944,1(1):97-105.

[21] 实藤惠秀.中国人留学日本史[M].修订版.谭当谦,林启彦,译.北京:三联书店,1983:60.

[22] 游学日本速成师范生功课表.载于四川学报.1906 年第 7 册.

[23] 中国人民政治协商会议.西南地区文史资料协作会议编.抗战时期内迁西南的高等院校[M].贵州:贵州民族出版社,1987:223,266,352.

[24] 张红.民国时期数学传播与四川数学的发展[J].中国数学会通讯,2014(3):30-36.

"为教育而历史"的实践与意义

赵 斌

摘 要：李文林先生提出的"数学史除了为历史、为数学而历史之外，还应该为教育而历史"是一个全新的数学史思想。这一思想深入学生数学学习的内部，保持着敏锐的"怎样促进数学学习"的触角。基于此，对于人才培养采取一种全新的思路，就显得尤为必要。本文以本科院校为例，就如何培养学生的创新思维，设计出"基于历史的 CT&CL(Collaborative Teaching & Cooperative Learning)教学方法""基于历史的 BOOF(Based On Our Features)教学方法"等 24 类"为教育而历史"的实践模式，并对 CT&CL、BOOF 两类教学方法的实践过程进行了详细介绍。这些"为教育而历史"的数学史实践模式值得进一步推广和运用。

关键词：李文林；为教育而历史；教学方法；实践；意义

2005 年 5 月 1—4 日，在全国数学史学会、西北大学主办的"第一届全国数学史与数学教育会议"上，李文林先生提出，"数学史除了为历史、为数学而历史之外，还应该为教育而历史"。

1."为教育而历史"的实践

2014 年 1 月 2 日至今，本人带领国内首个"教学新方法研究团队"，发现在大学一线教师中，蕴藏着基于历史对教学方法进行创新的无穷智慧和力量。"教学新方法研究团队"通过文献研究法、文本分析法和聚类分析法，以文本计量的形式呈现教育与历史相结合学位论文的研究特点：首先，查阅文献梳理国内外教育与历史相结合的学位论文，包括世界各国教育与历史相结合的发展历程与经验等，明确了教育与历史相结合学位论文研究动态评价的基本价值取向；其次，运用词频分析、LDA 文档主题生成模型、TF-IDF 词频逆文本率指数信息检索模型和可视化分析聚类分析等手段，分析 2000—2021 年中国知网中，学位论文的摘要同时包含"教育"与"历史"的 74438 篇学位论文的研究图景和发展历程；再次，运用文本分析法，进一步抽取中国知网中 2000—2021 年包含"历史"关键词的学位论文共 284 篇，总结我国学位论文中研究为教育而历史的基本现状，并比较我国教育

作者简介：赵斌，1975 年生，湖北工业大学理学院教授，研究方向为基于历史的教学方法创新。主要研究成果有《国外教学新方法的创新路途》《生物数学思想研究》《Functions of Complex Variables (Bilingual)》。

与历史相结合学位论文的研究内容和研究方法的横向(学科间)和纵向(时间)的差异。

为使基于历史的教学方法创新再上新台阶,进一步优化基于历史的教学方法,明确基于历史的教学新方法的进一步创新关键靠教师,结合国内外教学方法各自的优势,我们进行取舍折中后,创作了"基于历史的 CT&CL 教学方法""基于历史的 BOOF 教学方法"等24 类教学新方法,并于 2021 年 12 月 26 日面向湖北工业大学等高校教师分享了"2022 年即将开始的教学新方法""后疫情时代的教学方法分享"[1];2020 年 8 月 18 日,本人应邀为湖北汽车工业学院等高校教师做了题为《后疫情时代实现教学方法创新的四个要点》《疫情时期两类教学新方法与多元化考核的提出及其实践意义》两场线上专题直播讲座,通过举例:1665—1666 年,伦敦爆发大瘟疫,牛顿(Isaac Newton,1643—1727)回到了乡下的家中躲避瘟疫期间取得了突破性进展;牛顿在两年的时间里发明了微积分、发现了色散、产生了万有引力的思想;1666 年,牛顿将其前两年的研究成果整理成一篇总结性论文——《流数简论》,这也是历史上第一篇系统的微积分文献;微积分的创立、万有引力以及颜色理论的发现等,都是牛顿在这两年的时间里完成的[2-4]。

由于篇幅有限,所以无法介绍所有基于历史的 24 类教学新方法[5],这里仅介绍基于历史的"CT&CL 教学方法""BOOF 教学方法"的实践情况。

1.1 基于历史的"CT&CL 教学方法"的实践

课堂教学是一个动态的过程,基于"历史"理念的 CT&CL 教学方法是几位老师(包括线上教师)从"历史"角度给学生们上同一门课程,其中数学史融入数学教育时的师生交互作用,情感互动等,都是影响学生成长的重要因素。

1.1.1 CT&CL 教学模式

基于"历史"理念的 CT&CL 教学方法的主要流程:(1)第 1 周由经验丰富的教授从"历史"角度进行框架性讲授,同时将学生分小组,其他教师分别在各个组织引导学生讨论。学生有机会同教师交流,教师也可以随时参与讨论;(2)第 2~6 周由一位副教授讲授,其他教师组织学生讨论,此时强调生生、师生互动,以及师师互动;(3)第 7~9 周由年青的讲师讲授,其他教师组织引导学生讨论,及时总结归纳,形成共识;(4)最后一周,首先由经验丰富的教授进行总结,查漏补缺,然后其他教师引导学生学会把各种意见综合整理,使大家形成共识,有放有收,以便共同完成课程的教学任务。

1.1.2 CT&CL 教学方法在生物数学中的应用

下面以 CT&CL 教学方法在《生物数学》课程中的实践为例。生物数学史能凸现生物数学知识的本真意义,这正如著名数学家和数学教育家波利亚所指出的那样,"只有理解人类如何获得某些事实或概念的知识,我们才能对人类的孩子应该如何获得这样的知识作出更好的判断"[5-8]。

(1)第一环节

首先由经验丰富的教授进行框架性讲授:1798 年,英国统计学家马尔萨斯(Thomas Robert Malthus)在他出版的专著《人口原理》中,根据百余年的人口统计资料,针对人口增长规律,提出了种群模型的基本假设:在人口自然增长的过程中,净相对增长率(即单位

时间内种群的净增长数与其总数之比)为常数。以此为基础,他从对人口增长和食品供求增长的分析中推导出了下述微分方程模型:

已知初始时刻 t_0 时的种群数量为 $N(t_0)=N_0$,设 t 时刻的种群数量为 $N=N(t)$,经过一段很短的时间 Δt 后,在 $t+\Delta t$ 时刻,种群的数量变为 $N(t+\Delta t)$。由上述基本假设,在 Δt 时间内,种群数量的增加量应与当时的种群数量 $N(t)$ 成比例,比例系数为上述常数 r,则在 Δt 内,种群的增量可写为

$$N(t+\Delta t)-N(t)=rN(t)\Delta t$$

再将上式两边同时除以 Δt,得到 $\dfrac{N(t+\Delta t)-N(t)}{\Delta t}=rN(t)$,则当 $\Delta t\to 0$ 时,$N(t)$ 满足:

$$\frac{\mathrm{d}N}{\mathrm{d}t}=rN \text{ 或 } \frac{1}{N}\frac{\mathrm{d}N}{\mathrm{d}t}=r$$

上述微分方程模型称为马尔萨斯模型[9]。

（2）第二环节

接下来,由一位副教授介绍高尔顿(Francis Galton)曾于 1845 至 1852 年深入到非洲腹地进行探险和考察,搜集了很多资料,并投入很大精力钻研资料中所隐藏的数学模型及相关关系。

上面的内容介绍完后,其他教师分别在各个小组引导学生讨论。学生有机会同教师交流,教师也可以随时参与讨论。学生们会提出一些问题,几位教师可以从各自的不同角度回答学生,这体现了教师充分地尊重并满足学生个性化学习的需求。

（3）第三环节

由一位年青的讲师引导学生了解英国生物统计学家费希尔(Ronald Aylmer Fisher)于 1915 年,在《生物统计学》杂志上发表的论文《无限总体样本相关系数值的频率分布》被称为生物统计学中关于现代推断方法的第一篇论文;同时让学生了解另一位英国生物统计学家奈曼奈曼(Jerzy Neyman)与卡尔·皮尔逊之子伊亘·皮尔逊(Egon sharpe Pearson)给出了奈曼—伊亘·皮尔逊引理,使假设检验与估计理论换了一个新面貌。

（4）总结

最后,由经验丰富的教授进行总结,然后与其他几位教师一起根据与学生互动的情况,分别从"历史"角度分析本节课的内容,进而使大家形成共识,共同完成课程的教学工作。

1.2　基于历史的"BOOF 教学方法"的实践

基于历史的"BOOF 教学方法"强调将课堂还给学生,70％用于教,30％用于根据师生自身的特点进行沟通引导,有易于建立良好的师生互动关系。具体要求如下:

第一,BOOF 教学方法建立在广博的教学方法历史发展根基之上。我们需要建立面向国内外广博的优秀教学新方法的更加开放的心态,着眼对国内外教学方法的全面了解,作为我们自信的基础,以完整全面的视野建立 BOOF 教学方法。

第二,BOOF 教学方法是建立在专业和理性基础上的。如果没有专业的基础,我们就缺少对 BOOF 教学方法形成过程的分析鉴别;同时,有了清醒的理性,才更有利于形成

BOOF 教学方法。

　　基于历史的"BOOF 教学方法"在实施的过程中,不仅要考虑课程自身的特点,更应强调从教师和学生已有的知识背景出发,让学生积极配合教师的教学方法创新实践。如下图所示:

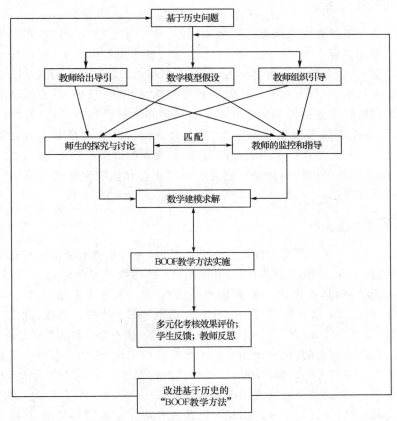

图 1　BOOF 教学方法的流程图

　　数学史就其本质而言是人类数学思想的发展史,而数学教育的最高境界是数学思想的感悟和熏陶,从这个意义上,数学教育无疑能从数学史中汲取更丰富的养分,数学史也完全能够促使数学教育变得更厚重和深刻,而不仅仅是数学课堂外在的"时尚衣帽"。中国老一辈数学家余介石(1901—1968)在其著作《数之意义》中主张,"历史之于教学,不仅在名师大家之遗言轶事,足生后学高山仰止之思,收闻风兴起之效。更可指示基本概念之有机发展情形,与夫心理及逻辑程序,如何得以融和调剂,不至相背,反可相成,诚为教师最宜留意体会之一事也。"[10]

　　数学史与数学教育的貌合神离,恐怕主要是因为我们的教师还没有确立"为教育而历史"的意识,而更多地只是关注自己的课堂是否穿上了时尚的"数学史"的外衣! 实践结果表明,基于历史的"BOOF 教学方法"在保持适度学习负担的情况下,获得了良好的教学效果,得到许多师生的认可。

2."为教育而历史"的意义

2.1 提出背景

我国大学从精英教育向大众教育转型的同时,数学课堂出现了许多崭新的问题。普通高校的数学课堂缺课率高,学生上课不认真听讲,逃课现象屡见不鲜;部分学生上课时玩手机、聊天、发呆,对数学课程内容不闻不问、不学不思的情况比较普遍,出现了"学而不习、知而不识、文而不化"等问题;同时,数学教师教学负担重、效果差,心理压力巨大。如果大学教师采用的教学方法使学生学习数学的兴趣和激情受到损伤,只习惯于被动接受和死记硬背,缺少独立思考和积极的思维,那么大学数学教育培养出来的会是什么样的"人才"? 网络时代有很多课堂教学改革的尝试,但合理的改革不仅要考虑网络技术进步,还要考虑学习群体、教师群体和社会环境的历史变化;同时,数学史也完全能够促使数学教育变得更厚重和深刻。

2.2 实践意义

目前,我国数学史教学等研究的地位逐渐上升,研究数量逐渐增多。研究方法包括文本分析、问卷调查等等。例如,邢培超(2014)调查了教师数学史的掌握情况,发现学生习得数学史的途径狭窄,从而提出一系列的解决方法[11]。为教育而历史是个再创造的过程。这种创造,根本之处在于考察视角的转变。如果停留于历史的考察,我们只能看到数学发展的史实:是谁在什么时候提出了什么数学知识。对于学生们的数学学习来说,知道这些事实性的知识是有益的,但对于学生们的数学理解来说,作用显然是极其有限的。而如果深入到学生数学学习的内部,保持着敏锐的"怎样促进数学学习"的触角,我们就可以通过研读数学史,捕捉到其间隐藏着的丰富的教育基因。例如:通过数学史可以提炼出学生们的认知发展规律,通过数学家的困难可以预见和解释学生的学习困难,根据历史发展的顺序可以作为安排学习层次顺序的参考,利用历史背景知识可以用来激发学生的兴趣,历史上的弯路和挫折可以用来减少学生的学习焦虑,如此等等[11-15]。

3.结束语

"为教育而历史"对教师提出了更高的要求:教师需要精心完成学期前准备、课前、课中及课后安排。基于历史的 CT&CL 与 BOOF 两类教学新方法使得教师不必为吸引学生去"表演",而是回归到"引导者"的正确定位上。同时,学生的学习主动性得以发挥,学习能力和学习水平迅速提高,会"倒逼"教师提升教学水平。这不但不是坏事,反而可能是中国大学教育提高质量的必由之路。

参考文献

[1]   李强.2022 年即将开始的教学新方法［EB/OL］.［2021-12-26］. https://baijia-

hao. baidu. com/s？id＝17202139961648473322＆wfr＝spider＆for＝pc

[2]　梁姗姗. 教务处在线开展"教学新方法"专题讲座[EB/OL].[2020-08-22]. ht-tp：//www. huat. edu. cn/info/1088/12378. htm.

[3]　赵斌. Function of Complex Variables（Bilingual）[M]. Eliva Press,2021.

[4]　赵斌. 国外教学新方法的创新路途[M]. 咸阳：西北农林科技大学出版社,2015.

[5]　张华. "教学新方法分享及实践演练"名师工作坊成功举办[EB/OL].[2017-06-21]. https：//jwc. nefu. edu. cn/info/1022/1427. htm 或 http：//cfd. lnpu. edu. cn/info/1034/1361. htm.

[6]　赵斌,宋河. 十年生物数学学术沙龙活动的坚守[EB/OL].[2016-11-10]. http：//news. nwsuaf. edu. cn/xnxw/71462. htm.

[7]　赵斌. 在大连工业大学推广基于自身特点的教学新方法[EB/OL].[2017-02-14]. http：//fdy. enetedu. com/Log/OtherDetails？id＝544＆OtherUserID＝381061＆modelType＝1.

[8]　赵斌,曹津铭,李瑗冰,等. 两类教学新方法与多元化考核的提出及其实践意义[J]. 大学教育,2018,95(5)：181-183.

[9]　赵斌. 生物数学思想研究[M]. 北京：科学出版社,2017.

[10]　周远清. 突出特色　重视个性　为人才强国战略做出新的贡献——在 2004 年高等教育国际论坛上的讲话[J]. 中国高教研究,2004(11)：1-2.

[11]　邢培超. 数学史在高中数列教学中的应用探究[D]. 武汉：华中师范大学,2014.

[12]　赵斌. 实现教学方法创新的四个要点[EB/OL].[2015-03-25]. https：//www. enetedu. com/Live/CommentDetail？id＝224.

[13]　赵斌. 教材编写与教学方法的融合与配套[EB/OL].[2015-05-06]. https：//www. enetedu. com/Live/CommentDetail？id＝228.

[14]　赵斌. 数学与教学新方法分享[EB/OL].[2016-06-04]. http：//maths. henu. edu. cn/info/1021/1644. htm.

[15]　盛革宇. 教学新方法最新进展活动内容[EB/OL].[2016-06-26]. http：//fdy. enetedu. com/Event/OtherDetails？OtherUserId＝381077＆id＝18180.

附 编

我与李文林老师

曲安京

摘　要：本文记述了作者与李文林老师 30 多年来的交往片段。以作者的亲身经历，记录了中国高校第一个数学史博士点在西北大学的创立、危机、稳定过程。从数学史学史的视角，概述了国际数学家大会 45 分钟邀请报告人的遴选程序，讨论了作者在 2002 年国际数学家大会上的报告选题的背景。

关键词：李文林；吴文俊；近现代数学史；数学史博士点；国际数学家大会

2012 年，我在西安组织"第二届近现代数学史国际会议"，那一年，李文林老师 70 岁。会议学术委员会接受了我的提议，将祝贺李老师 70 寿辰作为这次会议的一个主题。在大会的开幕式上，我以"李文林教授的学术研究"(The Work of Professor Li Wenlin)为题，向与会的 150 余位中外数学史家做了一个报告。记得在报告的第一张 PPT，我提出了这样一个问题：谁是李文林教授？(Who is Professor Li Wenlin?)接着，我用了五个"S"，从弟子的视角回答了这个问题：学生(Student)、导师(Supervisor)、学者(Scholar)、组织者(Sponsor)、成功的人(Success)。

倏忽之间，10 年过去了。纪志刚张罗着编辑一本文集，以为李老师的 80 大寿祝贺。这个提议我自然是一定要支持的，至于贡献一篇什么样的文字，倒是费了一些心思。有一天我在书架上看到了何丙郁先生送我的一本书，书名叫《我与李约瑟》。何先生是李约瑟的学生，写这本书的时候，他与李约瑟的年龄，和我与李老师现在的年龄相仿。于是，便有了这样一个题目。

一

1986 年，西北大学获批自然科学史（数学史）硕士学位点，我成为李继闵老师的第一位硕士研究生。直到 1989 年，我一直是这个点的唯一的学生。也许是觉得我的文章还拿得出手吧，继闵师希望我可以到北京举行答辩。

我的硕士论文的题目是"中国古代历法中的上元积年计算"，前人在这个问题上唯一

作者简介：曲安京，1962 年生，西北大学科学史高等研究院教授。第七、八届国务院学位委员会科技史学科评议组召集人，教育部"长江学者"特聘教授。

深刻且有具体结果的研究,是李文林老师与袁向东老师的"论汉历上元积年的计算"(《科技史文集》(第3辑),上海科技出版社,1980年)。因此,继闵师将我的文章送给了李文林老师评审,并打算请他参加我的答辩。继闵师与北京师范大学的白尚恕教授商量,确定了在北京答辩的时间。

我乘坐20多个小时的火车,于答辩前一日早上抵达北京。但答辩取消了,我在当日给李文林老师电话,告知这个结果,并向他辞行。李老师在电话里说了一些热情鼓励的话。这就是我们的初次交往。

硕士毕业留校后,听继闵师说,由北京师范大学的白尚恕教授牵头,计划由中国科学院系统所(吴文俊)、中国科学院数学所(李文林)、杭州大学(沈康身)、西北大学(李继闵)等五家单位,准备联合申报数学史博士点。出乎意料的是,申报过程一开始就遭受了挫折,北京师范大学没有推荐这个计划。在北京师范大学做出决定的当天晚上,白先生即打电话给继闵师,希望改从西北大学申报。因为时间紧迫,怕邮寄来不及,当即派我乘火车前往北京师范大学,将申报材料转移至西北大学。

经过种种努力,1990年获得国务院学位委员会批复,由西北大学牵头,联合三校两所,设立自然科学史(数学史)博士点。这是中国高校第一个数学史博士点,也是我国科学史学科的第四个博士点,李继闵老师同时获批博士生导师资格。

西北大学对这个博士点非常重视,敦促继闵师"招兵买马",王荣彬作为继闵师的科研助手,被引进西北大学数学系。数学史博士点次年即开始招生,继闵师是唯一的导师。1991年,纪志刚与我成为这个博士点的第一届博士生。

遗憾的是,因种种原因,数学史博士点在获得批准后,几家联合单位的合作开展得并不顺利。更加不幸的是,继闵师在1993年9月因病去世。随之,围绕西北大学数学史博士点的主导权,出现了一些纷扰。一方面,西北大学数学系内部有非数学史专业的教授试图接手主持这个博士学位点,遭到数学系的拒绝后而引起与系领导的冲突。另一方面,国内相关数学史研究生培养单位因担心这个博士学位点没有专家主持培养工作而欲将学位点转出。

西北大学研究生处与数学系的领导对数学史博士点的处境相当忧虑。在他们征求我的意见的时候,我告诉他们,不用那么紧张,只需要抓住一个人,就可以稳定局面。这个人就是我们数学史博士点联合申请单位的李文林老师。

1993年,国务院学位委员会最后一次审批博士生导师资格,李文林老师原计划从中国科学院数学所申报,后在继闵师的邀请下,改从西北大学申报,获批博士生导师资格(俗称"国批博导")。中国科学院数学所本来就是西北大学数学史博士点的联合申请单位之一,由李文林老师来主持西北大学数学史博士点,名正言顺,理所应当。

学校有关方面立刻责成我同李老师联系,聘任李老师为西北大学兼职教授,在读的三位博士生全部转移到他的名下。与此同时,内蒙古师范大学的罗见今老师也兼职入住西北大学,开始招收硕士研究生。

1994年,在李文林老师的主持下,纪志刚、王荣彬与我顺利通过博士学位论文答辩。张岂之、陈美东、吴守贤、罗见今教授作为答辩委员会专家,给予我们三人的工作很好的评价。

同年 10 月,在纽约李氏基金的资助下,我赴英国剑桥李约瑟研究所进行为期一年的访问。在出访之前,陕西天文台的刘次沅老师申请调入西北大学数学系的手续,我也基本上安排妥当。这样一来,西北大学数学史博士点在岗的专任教师,不算李老师,已经达到4 人。我怀着轻松和兴奋的心情,与罗老师他们告别,踏上了访学之路。

留学剑桥,是我第一次出国。我自己的打算是,希望在国外多待一段时间。林力娜知道了我的这个想法,就向柏林工业大学的著名数学史家 Eberhard Knobloch 推荐我申请洪堡基金。Knobloch 不认识我,也不了解我的工作,所以没有即刻答应。当时正在柏林马普所访问的林力娜就安排我到柏林做一场报告。Knobloch 听完我的报告后,与林力娜一起请我到西柏林森林湖边的一家餐厅吃饭。Knobloch 说,同意做我的导师申请洪堡基金,具体手续让林力娜帮我办。

在离开英国回国之前,我请何丙郁先生与林力娜作为我申请洪堡基金的推荐人,他们都欣然答应,并按要求给基金会直接寄去推荐书。我计划回国后即将申请书修改完善,并按时提交。我在出访英国前夕,确诊患有胆结石,但是行程已定,来不及手术了。在英国期间,胆结石反复发作,折腾得够呛。我的计划是,回西安后即刻安排胆结石手术,来年拿到洪堡基金,到德国访问。

1995 年 10 月,在回国经停北京时,我给李文林老师电话,希望拜访一下他。很意外地他拒绝了,这让我一头雾水。当我返回西北大学时,立刻发觉情况不妙。在我离开的这一年,西北大学数学史博士点发生了很大的变化。所有在岗的专任教师,都因各种原因,以不同的方式离开了西北大学。更严重的是,这一年发生的一件事情,导致李文林老师与西北大学的关系出现了严重的裂痕。

二

在 20 世纪 60 年代初期,西北大学数学系在陕西省乃至西北地区都曾经占有非常重要的地位。在 20 世纪 60 年代后期,西北大学数学系内多个研究方向的一些老先生仍然与国内数学界不少重要学者保持着良好的交往。1986 年,国务院学位委员会数学学科评议组在西北大学评审博士点与博士生导师,西北大学基础数学博士点通过了评审。但是,遗憾的是,当时数学系有四位老先生同时申报博士生导师资格,由于票数分散,竟然全部落选,导致基础数学博士点的资格也无效了。从此之后,西北大学数学系人才逐渐流失。到了 1994 年,数学系的领导可能意识到,西北大学数学学科仅凭自己的实力申请博士点希望不大。于是,当时的系领导就做出了这样的试探,打算向国务院学位委员会申请,将西北大学的数学史博士点,置换成基础数学博士点。

西北大学的数学史博士点是三校两所联合申办的,如果计划置换或转移,需征得合作单位的同意。在此情形下,西北大学数学系电话征求李老师的意见。李老师将此事向数学学科评议组召集人汇报,并说,一旦西北大学正式提交了置换数学史博士点为基础数学博士点的申请,他就以联合申请单位的名义,将挂靠在西北大学的数学史博士点收回到中国科学院数学所。

或许是西北大学有关方面终于明白了他们的计划是行不通的吧,关于置换博士点的方案最终并未上报。但是,西北大学数学系的这番操作,让李老师感觉到,西北大学不仅没有认真建设数学史博士点的计划,简直是自毁基业。

在了解清楚了西北大学数学史博士点的这个现状后,我知道,如果我选择继续出国访问,恐怕西北大学的这个数学史博士点就真地不复存在了。于是,我决定终止申请洪堡基金访问德国的计划,并在第一时间通告了 Knobloch 与林力娜,并向他们道歉。

1996 年,原系主任辞职离开西北大学。学校很快任命了刚刚在中山大学获得博士学位的张书玲为系主任。他上任后的第一件事,就是如何稳定数学史博士点。

我给他的建议是,可以分两步走:首先,跟李老师沟通,明确数学系新的领导班子没有置换数学史博士点为基础数学博士点的打算,并且敦促罗见今老师尽快将人事关系调入西北大学,在李老师不在西北大学的时候,由罗见今老师主持数学史博士点研究生的培养;其次,敦请校领导和西北大学有关方面,以最大的诚意向李老师表示西北大学对建设好数学史博士点的决心。

在此期间,时任西北大学校长陈宗兴教授以不同方式,在多个场合向李老师表达西北大学对于建设好数学史博士点的意愿。这些努力让李老师感受到了西北大学校方和数学系新的领导班子对建设好数学史学科的决心。

1997 年春,西北大学委托研究生处长、张书玲和我专程赴京,征求李老师对下一步发展西北大学数学史学科的意见。李老师热情地接待了我们,张书玲提议让李老师引见一下王元院士,元老欣然接受了李老师的邀请,参加了宴请我们的餐会。

元老和李老师作为中国科学院数学所的领导合作多年,私交很好。元老对数学史很有兴趣,1994 年,元老出版了《华罗庚》,广受好评。在笑谈中,元老提议与李老师和我合影,并说,我们三个都是搞数学史的,他将来要写一本中国现代数学史的书,评述新中国成立以来中国数学各个学科的发展。可惜,终未完成这部著作。

与李老师交往 30 多年,我觉得他是一个既坚持原则,又通情达理的人。在 1994 年受聘西北大学数学史博士生导师时,他曾向西北大学研究生处和数学系提出一个要求,希望他在西北大学招收的博士生,可以随他在中国科学院数学所读书。一来,这些跟随他从事近现代数学史研究的学生,可以利用中国科学院数学所的条件,听一些相关的现代数学课;二来,相较西安,北京的资料更加齐全;第三,博士生在北京,指导更方便。西北大学有关部门爽快地答应了。

可是,这件事情一旦执行起来,有很多具体的事情。比如,中国科学院对本单位的博士生住宿是免费的,但西北大学的学生在中国科学院数学所住宿,便需要交费。李老师体谅了西北大学的难处,除了招收的第一届西北大学博士生,随他在中国科学院数学所学习,费用他负责处理了,后来招收的学生,都留在西北大学学习,他遥控指导。在需要到北京查资料的时候,他腾出自己的一间房,供学生住宿。

李老师在与人交往方面是克制的、有分寸的,从来不提非分的要求,但在一些事关原则的问题上,他绝不让步,他的意见总是直接地表达出来。对触犯了他可以容忍的底线的事情,一定是毫不客气、直言不讳。

三

1997 年，西北大学与李老师的合作顺利进行。次年，袁敏硕士毕业留校。虽然罗见今老师调入西北大学的事情迟迟无法落实，但并没有影响他常年驻守西北大学，在这里带学生。早在 1993 年继闿师去世后，学校领导得知罗老师有意调入西北大学，便派人事处处长等人专程到内蒙古师范大学邀请他加入西北大学数学史团队。罗老师很快即入住西北大学，并以兼职教授的身份在西北大学招收数学史研究生。罗老师在西北大学期间，尽心尽责，任劳任怨，为稳定和发展西北大学数学史学科做出了很大的贡献。遗憾的是，直到退休，他的人事关系始终也没有转入西北大学。

这个时期的学生不是很多，由罗老师和袁敏指导学生，我就又有了出国访学的想法。1999 年 1 月，在国家留学基金的资助下，我到哈佛大学访问一年。

当时麻省理工学院有一个专事科学史研究的 Dibner 研究所（The Dibner Institute for the History of Science and Technology，1992—2006）。Dibner 是一位成功的企业家，爱好科学史。麻省理工学院给 Dibner 的基金会提供了一座位于查尔斯河畔的翻新建筑，研究所陈列着他的基金会收藏的大量科学史图书和古代科学仪器。每年，Dibner 基金会资助数十位世界各地的科学史学者、博士生在研究所访问研究。李文林老师正好在 1999 年作为资深访问学者到 Dibner 研究所访问半年。

我几乎每周都去 Dibner 研究所参加一次那里的午餐报告会，因此，可以在波士顿经常见到李老师。李老师是一位很有生活情趣的人。我第一次出国时，他就告诉我，出国之前，一定要学会几样拿手的菜，这样不仅省钱，还可以广交朋友。在波士顿访问期间，他组织了一次家庭餐会。

在 20 世纪末，西北大学人事处设立了一些访问学者公寓，这样李老师来访西北大学，就可以多住一段时间，自己做饭，非常方便。1998 年以后，李老师基本上每个学期都会来西北大学住一段时间。每次来西安，他都会找个时间亲自下厨，请同事和学生餐聚。罗见今老师也时常在他的住处，请在读的博士生和我们吃饭。特别是李老师和罗老师都在西北大学的时候，至少是要在李老师的住所安排一次聚餐。

2000 年初我返回西安。那段时间李老师作为中国数学会的秘书长，参与筹备 2002 年的国际数学家大会，非常繁忙，但还是在春季抽空到西北大学住了一段时间。有一天我去他的公寓看他，他告诉我，他正在做一件重要的事情。

李文林老师受邀成为 2002 年北京国际数学家大会数学史邀请报告人遴选小组的成员。国际数学家大会每四年举办一届，在这个大会上将颁发国际数学联合会组织的一系列奖项，包括数学界的最高奖菲尔兹奖。同时，会邀请 20 余位数学家做 1 小时大会报告，180 余位数学家做 45 分钟邀请报告。对于所有获得邀请的数学家，这都是极大的荣誉。数学史作为一个独立的学科（panel 20），每次邀请 3 位 45 分钟报告人，另外可以推荐 1 位 1 小时大会报告人。李老师说，他正在推荐我做 45 分钟报告人。

后来我知道，这次数学家大会数学史遴选小组的组长是李老师的好朋友 Henk Bos。李老师曾经陪同 Bos 访问西安，并介绍 Bos 的学生 Benno von Dalen 与我交往。1995 年我到柏林访问的时候,适值 Bos 在荷兰组织欧洲数学史暑期学校,他邀我顺道参加了开班仪式,当晚我在他的家里留宿。因此,他对我有些印象。因为李老师的推荐,我能够得到邀请在 2002 年北京国际数学家大会上做 45 分钟报告,对我后来的职业发展影响是蛮大的。因此,对李老师的举荐,我一直心存感激。

2020 年,我也收到了邀请,成为 2022 年圣彼得堡国际数学家大会数学史邀请报告人遴选小组的成员。作为数学史家,我想记录一下这个过程,若干年后或许会成为有趣的数学史料。

每届国际数学家大会都会指定一个程序委员会,这个委员会对 20 个学科分别确定 3 名专家,组成这个学科的遴选小组的核心成员,并指定其中一位为遴选小组组长。由程序委员会主席直接给各个学科遴选小组的核心成员发出邀请。然后,各学科遴选小组的 3 位核心成员,再推举若干专家,组成 5 到 11 人的遴选小组(单数),并报告程序委员会备案。

程序委员会主席会通知每个学科遴选小组需要推举的 1 小时大会报告人与 45 分钟邀请报告人的名额。遴选小组大约有将近一年的时间经过反复筛选讨论,确定最终的人选名单,上报程序委员会。

2020 年 1 月的一天,我收到了 Martin Hairer 的一封电子邮件,说是几天前给我发了一封邮件,问我是否收到了,并提醒我查看一下邮件垃圾箱,接受他的邀请成为 2022 年国际数学家大会数学史遴选小组(panel 20)成员。Martin Hairer 是 2014 年菲尔兹奖获得者、2022 年国际数学家大会程序委员会的主席。我查看了一下邮件,果然邮件垃圾箱有这么一封信。

Martin 的信很长,说明了数学史遴选小组的工作任务,组长是一位美国数学史家,还有一位核心成员是新西兰人。核心小组的任务,是增补遴选小组成员。数学史遴选小组应该在 2020 年底,提交 1 名 1 小时大会报告人、3 名 45 分钟邀请报告人。

开始大家一致建议遴选小组只增补 2 人,因为数学史组推荐的报告人数不多,遴选小组成员少一些容易达成共识。可是,提名后,颇难平衡,结果增补了 4 人。接着,7 人遴选小组成员每人提名 3 位邀请报告候选人,约 21 人次,用一个月的时间,分别撰写被提名人的学术成就简历及提名理由。然后,汇总遴选小组成员的提名推荐材料,供所有成员花两个月的时间阅读消化。

接下来,就是反复的讨论、投票,大约在 9 月份确定拟提名名单,上报程序委员会初审。10 月份遴选小组复会,程序委员会向我们反馈对拟提名名单的意见,并将国际数学联合会各成员国推荐的人选转交本学科遴选小组。我们根据这些信息,再次开会,讨论最终的推荐人选名单。

过程大约如此。一言以蔽之,在全世界的数学史家中,遴选 3 人,是非常困难的。遴选出来的结果,跟小组成员的学术背景有极大的关系。我个人的体会是,小组成员都是职业的数学史家,因此,非数学史专业出身的人是很难入选的。一般说来,国际数学联合会应该是希望邀请更多近现代数学史方面的专家和举办国的数学史家,但是如果遴选小组成员中,做古代数学史的专家居多,则推荐的人选,并不一定符合程序委员会的期望。

2020 年 12 月,正式确定推荐人。因为意见分歧,数学史遴选小组放弃了推荐 1 小时大会报告人,45分钟邀请报告人推荐了3+3人,每个正式被推荐人都有一个替补人选,以防被推荐人拒绝。至此,遴选小组结束使命。次年初,程序委员会主席即逐个通知被推荐人,他们有1年多的时间准备自己的报告,并要求在1年内完成论文,在大会开幕前刊发在国际数学家大会的 Proceedings 上。

李文林老师能够在2000年推荐我做45分钟邀请报告人,确实是他对学生的抬举。这是李老师非常难能可贵的地方。我与李老师相差20岁,当年的李老师,正是今天的我。我也试图推举一位中国学者,特别是一位年轻人,能够有这样的机会在这样的大型国际舞台上展示,可惜没有成功。说明我谋定而动的能力不如李老师。

四

每届国际数学家大会,都要在会议前后组织一些卫星会议。李文林老师是2002年北京国际数学家大会审核卫星会议委员会的负责人,他建议西北大学届时申报一个数学史的卫星会议。这是我第一次有机会组织一个大型的国际会议,未敢掉以轻心。

早在1998年的时候,京都产业大学的矢野道雄教授就邀请我到他那里访问,我告诉他我已经准备到哈佛大学访问一年。2000年1月,当我结束哈佛大学访问的时候,矢野先生来信告诉我,他为我申请的日本学术振兴会(JSPS)基金已经批准了,我可以随时到他那里访问两年。我回复说,我需要在西北大学待1年,最快在2001年1月到京都访问。因为要筹备2002年8月的数学史卫星会议,我必须提前几个月返回西安,因此,我只能在日本待15个月,他表示同意,并得到JSPS的批准。

2001年初,我在日本京都产业大学正式收到了2002年国际数学家大会程序委员会主席 Yuri Manin 的通知,着手准备国际数学家大会的邀请报告。经过一段时间思考,我决定讲一个数学史研究范式转换的题目。

当我将这个想法向李老师汇报的时候,遭到了他的明确反对。数学家出身的人,通常都会认为方法论是空谈。更何况,从报告的题目“中国数学史研究的第三条道路”(The Third Approach to the History of Mathematics in China),李老师担心我冒犯吴文俊先生。吴先生是李老师的老师,李老师是吴先生在数学史方面最倚重的一个晚辈,他对吴先生的崇敬、尊重、维护都是发自内心的。

我知道李老师是为我好,但是他可能不了解我对这个问题已经思考了很多年。我觉得这是一份责任,必须利用这个机会说出来。因此,心里虽然内疚,但还是没有听从他的意见。20多年来,我和李老师在一起,从来没有谈论过这个问题,他在公开场合,也从未提及我的这个报告。我感觉到,在对待吴先生在数学史研究的贡献这个问题上,我和李老师是有一些不同看法的。

在国际数学家大会报告的前一天,吴先生跟我说,他明天有事,可能不能来听我的报告了。意外的是,第二天我正在准备报告的时候,吴先生匆匆进来,坐到了第一排。

在2002年之前,我虽然跟吴先生有多次的见面,但是,我可以肯定,他对我应该没什么印象。2002年以后,吴先生对我显然是熟悉了。证据表明,他想必听明白了我的报告的意思,并且对我的关于他的看法,是接受的。我的报告,不仅没有冒犯吴先生,而且收获了他的认可。

简单说来,我认为吴先生对中国数学史的最大贡献,是在方法论上提出了一种新的编史学方法。换句话说,他在很大程度上,改变了数学史研究的问题域,将传统的以发现为特征的 what 范式,扩展到了以复原为特征的 how 范式。吴先生的老师陈省身先生曾经说过,什么是伟大的数学家?最高层级的数学家,是很多人的学术生命靠着解决他所开创的问题域的问题而存在的。从这个意义上讲,20 世纪 80 年代以后 20 多年中国数学史界的繁荣,很大程度上受惠于吴先生创立的"古证复原"的研究范式。

从科学的历史长河来看,任何一个学科,都存在着从兴盛到衰亡的过程,自然科学大抵是通过革命的方式,以新的范式(问题域)取代旧的范式,而得到重生。但是,数学与历史学科,则是通过问题域的扩张的方式,将旧的范式转换为新的范式,而再度兴旺。近年来,在欧美的科学史界兴起的数学实操哲学(mathematical practice),类似吴先生在 20 世纪 70 年代倡导的"古证复原"研究范式。这是科学史学科遭遇危机时,科学史家所做出的自救反应。

吴先生在 20 世纪 70 年代,以自己的巨大影响力和高屋建瓴的学术眼光,顺应了那个时代的需求,开创了中国数学史研究的繁荣局面,比欧美发达国家的数学史界早 20 多年,开拓了数学史研究的新道路,这是特别了不起的成就。因此,我认为,从职业数学史家的立场来看,吴先生的这个贡献,比他主张的数学史观更重要。

李老师多年来维护吴先生主张的数学史观,这一点固然是重要的,我也是非常赞同的。吴先生倡导的数学史观在中国数学史界可以说人人皆知,为我们从算法的角度,深刻认识中国传统数学的本质特征,做出了极为深刻的概括。但是,要让这种数学史观扎实落地,为绝大多数接受现代数学教育的数学家所承认,恐怕并不容易。毕竟一种宏大的观点,往往是很难确证的主张。即使从实用主义的角度来看,这种主张在产生历史学的新知上,也是无法跟一种新的、有生命力的古证复原的研究范式相提并论的。这也许是吴先生对我在 2002 年的数学家大会报告不以为忤的理由吧。

西北大学数学史博士点任教的回忆

罗见今

摘　要:我国高校第一个数学史博士点于 1990 年在西北大学建立,李文林教授和笔者 1993 年开始联袂到该点授课、带研究生,以后每年前往,前后持续 20 多年。本文回忆到西北大学数学系兼职的背景和过程,以及在西北大学、西安所经历的人与事。

关键词:西北大学;数学史博士点;传统科学文化

1. 到西北大学去兼职

1990 年,经北京师范大学、杭州大学、西北大学、中国科学院数学研究所与系统科学研究所的诸位数学史学者的艰苦努力,在吴文俊院士的大力支持下,由国务院学位委员会批准,高校第一个自然科学史(数学史)(后称为科学技术史)博士点终于在西北大学建立,李继闵教授成为该学位点首位博士生导师。1991 年曲安京和纪志刚报考,1992 年王荣彬报考,他们成为西北大学最早的三位数学史博士生。

李继闵(1938—1993),江西九江人,读本科时就教于刘书琴先生[1],早年研究几何函数论,成绩不同凡响,曾在《数学学报》上发表有关单叶函数研究的毕业论文,[2] 20 世纪 70 年代转向专治中国数学史,贡献卓著,在 20 世纪 80 年代几次学术会上,吴先生对他的研究给予好评,认为他是"继已故李俨、钱宝琮与严敦杰三老之后最有贡献者之一"。[1]后任西北大学数学系系主任。

20 世纪 80 年代,李继闵与北京师范大学白尚恕、杭州大学(后并入浙大)沈康身、内蒙古师范大学(下文简称内师大)李迪诸先生联合申报国家自然科学基金项目"刘徽与《九章算术》研究",编辑出版《〈九章算术〉与刘徽》[2]《秦九韶与〈数书九章〉》[3]等著作。1990年,继闵本人出版了《东方数学典籍——〈九章算术〉及其刘徽注研究》[4],此书获得陕西省政府科技进步一等奖、首届国家图书奖之提名奖。随后又撰著出版《〈九章算术〉校证》[5]

作者简介:罗见今,1942 年生,内蒙古师范大学教授,西北大学兼职教授。研究方向为数学史、科学史、组合数学。主要研究成果有《科克曼女生问题》《割圆密率捷法译注》《中算家的计数论》等。

①刘书琴(1908—1994),字桐轩,山东寿光(今青州市)人,数学家和数学教育家,我国著名几何函数论专家,西北大学数学系教授,陕西省数学会副理事长兼学术委员会主任。

②李继闵本科毕业论文题为《单位圆中正则函数系数之幅角对函数单叶性的影响》,刘书琴先生推荐给华罗庚先生,刊登在《数学学报》。李继闵.单位圆中正则函数系数之幅角对函数单叶性的影响[J].数学学报,1964,14(3),367-378;俄译本,见 SCIENTIA SINICA,1965,14(5)。

和《〈九章算术〉导读与译注》[6]，完成了他的"九章三部曲"。李继闵临终前被评为全国教育系统劳动模范。

继闵长我4岁，1978年我们相识，能谈得来，亦师亦友，两人关系很好。1992年我还曾带两名硕士生沙娜和徐泽林到西北大学访学拜见。

继闵工作辛苦，积劳成疾，不幸于1993年9月10日去世，年仅55岁。此时西北大学的博硕士生已发展为九人，博士生有待毕业，学科点需要支撑，吴先生和各方面都十分关心，因合适的数学史教师不多，西北大学方面更是着急。

1991年起李文林教授已被聘为西北大学兼职教授，1992年经国务院学位委员会批准为博士生指导教师。继闵去世后，西北大学请他去接手指导三位博士生。那时我在内师大指导硕士生五六年，访苏归来，1992年已晋升教授。继闵卧病时曾表示希望调我过去，学生也发来电信，西北大学人事处杨春德处长（后任副校长）和数学系领导到呼和浩特我家中，要我去教中国数学史。我也感到实在是责无旁贷，义不容辞。

这时，文林教授陪丹麦数学史家安德逊（Kirsti Andersen，系安徒生家族）教授和荷兰数学史家博斯（Henk Bos）教授来到内师大科学史研究所访问，做了报告，李迪先生热情接待。按原定计划，他们下一站到西安访问西北大学数学与科学史研究中心。内蒙古师范大学领导和李迪先生研究后，同意我以"访问学者"身份到西北大学去上课。于是，我跟随文林教授，陪同安德逊和博斯教授来到西安。因文林教授担任中国科学院数学研究所（即后来的中国科学院数学与系统科学研究院数学研究所）的领导，每年到西安工作一段时间，1997年他被西北大学聘为双聘教授。1993年我被西北大学聘为兼职教授。在郝克刚①校长任下，1995年年底由陕西省教委发文，批准我为博士生指导教师，翌年我在西北大学开始招收博士生（内蒙古批准科技史招博是在十年之后）。

李文林（中）、李兆华（右）和罗见今（左）在一起（2004年，湖州飞英公园）

我在西北大学的工作，按照博硕士生的培养方案，每年从事例行的招生考试，教学，答疑，修改、评审论文，开题报告，毕业答辩，等等。

校方在西北大学新村1号楼给我安排一套住房，开始时连续三学期住校，教学之余，

---

① 郝克刚（1936—），陕西长安人，1984年到马里兰大学计算机科学系访问3年。教授。1995年被中科院软件所聘为博导。历任西北大学计算机系主任、副校长、校长（1991.8—1995.12在任）。1992年领取政府特贴。曾兼任国家教委高校计算机科学教学指导委员会委员、中国计算机学会理事等。

还兼管一点学生的事。1994 年曲安京等毕业留校工作,之后姚远教授等被批准为博士生指导教师,1998 年袁敏等陆续毕业留校工作,研究中心的力量逐步强大。

1996 年我接任内蒙古师范大学科学史研究所所长,每年只能到西安工作一段时间。2006 年内蒙古师范大学获得科学技术史专业博士学位授予权,同年李迪先生因病不幸去世,我退休即赴浙江大学的科技与文化研究所和认知研究中心做兼职教授。此前我已主持教育部的一个晚清科技史项目[①],浙大王淼、张立等皆为项目组成员。为项目调研方便,我在那里工作三年,到西北大学的时间就少了。2013 年之后,我已 70 多岁,待我名下最后一位博士生杨睿毕业,西北大学新村住房就退还了。

我在西北大学前后 20 多年,除 2003 年非典、2007—2010 年退休到浙大兼职外,几乎每年都要去一段时间。也许有人会问:怎么会这样长呢,两边兼顾,不会感到劳累吗?

了解情况的同事都明白,这个数学史博士点来之不易,必须保持可持续发展。特别是从一开始就得到吴文俊先生的关心和支持。文林教授来自中国科学院,从他那里了解到学界一些新动态、吴先生关于数学史教学和研究的指示和想法,特别是吴老还亲临西北大学座谈,对于师生们都是难得的指导和鼓励,大家都心存感激且很珍惜。

当时西北大学的情况是这个博士点日常工作繁忙,年轻学者需要到国外去访学、进修;对于聘请的教授,西北大学领导十分关心,多次接见;工作环境宽松,干部师生关系和谐,气氛融洽,持续工作条件不错。

从内蒙古师范大学这方面看,科学史研究所虽为内蒙古自治区重点学科单位,但从1989 年开始准备申报博士学位授权点,一直没有成功。因应学科建设的需要,内蒙古师范大学要求年轻教师攻读博士提升学历,他们一个现实目标就是报考西北大学,我在那里上课,熟悉那里情况,便于内蒙古师范大学的学生报考和学习。十几年过去,内蒙古师范大学科学史研究所的冯立昇、特古斯、邓可卉先后在职在西北大学攻读博士学位,此外内蒙古师范大学数学史专业硕士毕业生纪志刚、王荣彬、徐泽林、燕学敏、刘建军、白欣、潘丽云等也都先后在西北大学获得科技史博士学位。所以我长期在西北大学自然科学史(数学史)博士点兼职,也利于两个数学史学位点的交流与合作。我还介绍外地的考生,如湖南的甘向阳、海拉尔的敖特根等,有的就成为我的博士生,或虽报名时导师是我,后转给更合适的导师,我的原则是:不懂就转请行家带,量力而行,求其自然。

在西北大学工作也是自我学习的过程。我本人文转理,36 岁才进入数学史界,属于半路出家,学识有限,认识的同行不多。跟随文林教授一同参加会议、聚会等,交友多起来,眼界更开阔。文林教授带来了吴先生的、数学所的学术风格、谦虚友善的作风、努力进取的心态,西北大学自然科学史(数学史)博士点形成了开放的环境、平等的工作关系、互相帮助和促进的气氛,成为一个积极向上的教育单位和科研团队,向社会输送众多人才,为我国科技史学科发展做出了很大的贡献。

2. 散忆西北大学的人和事

西北大学始建于 1902 年,在我国西北高校中历史最为悠久[7],现为首批国家"世界一

---

①教育部人文社会科学重点研究基地重大项目《晚清科学技术研究》(项目批准号 05JJD770018)。

流学科建设高校",系教育部与陕西省共建的综合性全国重点大学。西北大学在百余年的校史中涌现出很多著名学者和历史人物,本文回忆仅涉及一个新学科、一段往事,局限于西北大学和内蒙古师范大学的联系,可能是旁观掠影,不准确之处,尚希不吝指正。

西北大学多届校长都重视自然科学史(数学史)博士点的工作。郝克刚校长是计算机科学专家,重视科学技术史学科。继任的地理学家陈宗兴校长也很关心自然科学史(数学史)学科点的工作。陈校长与我年龄相仿,1980年前后读研时我常去北京出差,曾到北师大地理系看望读研的尹怀庭,他是我在内蒙古师范大学的英语专业同学,我俩在杭锦后旗乡下教书同事。陈和尹原来是研究生同班同学,而且同宿舍,那时我和陈就认识了。1993年李继闵去世,陈时任副校长,深感痛惜,为支持这个博士点,一面联络数学所文林教授,一面设法希望调我去西北大学工作。往后,更增加了我俩工作上的联系。

记得是1997年,在内蒙古大学召开某些高校的校长会议,陈校长来到呼和浩特。那时我住在内蒙古师范大学家属10号楼,不知道他们开校长会。我的住处离内蒙古大学不过一个街区,但路不好走。陈校长不愧是学地理的,居然没人带领,走过曲折的近路,找到我家,敲门进来,使我非常吃惊、十分感动。陈校长这样平易近人,我在西大虽是兼职,却没有见外之感,很快融入了西大的生活之中。

刘书琴先生出生于1909年,1928年考入北平师范大学数学系,1935年留学日本东北大学,"卢沟桥事变"后中断学业回国执教北平师范大学,1944年转到大后方任西北大学教授,在数学界属元老级,学生很多,在西北大学口碑很好,1994年去世。

在中国历史、秦汉史、思想史等领域,西北大学学者在国内颇有影响。"文化大革命"之后,张岂之[①]校长带领建设西北大学,初具规模,功莫大焉;学界宿耆,著述等身,长期担任西北大学中国思想文化研究所所长,曾任中国历史学会领导,在校内和社会上声望都很高。1994年,当曲安京、纪志刚、王荣彬博士学位答辩时,张先生亲临,担任答辩委员会主席,对于数学史师生是莫大的鼓舞。

西北大学历史系实力非凡,历史学家、考古学家陈直先生[②]标点《汉书》,既重文献资料,亦重考古资料,提出"使文献和考古合为一家",在史学界尤为著名。他自学成才,在看不到《史记》《汉书》时能靠记忆背写原文,特别令人佩服。2002年在西北大学召开了"纪念陈直先生逝世20周年暨诞辰100周年学术会议",我有幸参加,聆听了张岂之和黄留珠的报告[③]。李学勤先生参加了这个会议,留有全体合影。

西安的博物馆、考古、文物等单位不少专家出自该系。数学与科学史研究中心有的会

---

①张岂之(1927—),江苏南通人,我国著名历史学家、思想史家、教育家。长期从事中国思想史、哲学史和文化素质教育研究,西北大学校长(1985.4—1991.8在任)、西北大学中国思想文化研究所所长。2016年荣获"国学终身成就奖"。

②陈直(1901—1980),祖籍江苏镇江,迁居江苏东台,我国著名历史学家、考古学家。西北大学历史系教授,任考古研究室与秦汉史研究室主任,西安市文物管委会委员,陕西省社联及史学会顾问,中国考古学会理事等。著有《史记新证》《汉书新证》《楚辞大义述》《楚辞拾遗》等。

③张岂之的报告题目为《陈直先生的学术风格》,黄留珠的报告题目为《陈直先生与秦汉史研究》。

议、答辩也常请历史系、思想所的教授参加。张岂之先生的高足方光华同志那时担任思想
史所所长,也有交往,后来他任校长时,还接待过德国数学史家克诺布劳赫(Eberhard
Knobloch)教授①。陈直先生的高足、原历史系黄留珠先生主编的《周秦汉唐文化研究》,
突破史学常规,重视科技的历史作用。我和我的合作者在该刊发表了四篇内含理科的论
文。[8]

西北大学是学习国学的好平台。中国社科院历史研究所的李学勤②先生是西北大学
双聘教授,他在西北大学科学技术史博士点上指导了孙福喜、牛亚华等多位博士生,在数
学与科学史研究中心参加学位答辩。在青铜器、金文和简牍考古领域,李先生著述风靡海
内外,后来负责“夏商周断代工程”,产生了更大的影响。李先生在西北大学所带博士生中
有一位是研究秦汉法律简牍的,我那时正专注秦汉简牍年代学,便让我担任答辩主席。
1983 年,湖北江陵张家山出土汉简《算数书》,其释文学界期待已久,特别是数学史界,尤
为关切。因学勤先生系博士论文审稿人,在答辩后的宴会上文林教授提出,快要开一个数
学史的全国会议了,希望释文能尽快面世。经学勤先生催促,初刊于 2000 年《文物》,在第
一时间送到参加在涞水召开的“纪念祖冲之逝世 1500 周年国际学术研讨会”的代表手中。

2001 年召开长沙三国吴简暨百年来简帛发现与研究国际学术讨论会③,多家主办,李
学勤先生是主持人之一,通知我参加,会上结识了国内外学界多位先进,和河南大学的朱
绍侯先生、郑州大学的高敏先生再次会见。李先生给我介绍北大(后去复旦)裘锡圭先生,
我即请教古文字及学术上的疑惑问题,关于“人定胜天”的讨论有书信往来。我曾经在学
勤先生主编的《简帛研究》和《故宫博物院院刊》等发表论文。当时我已 60 岁,仍然愿意学
习,正是通过西北大学的学术平台,有机会在前辈学者引领下逐步认识简牍界。

经多年交往,又有李迪先生的影响,2002 年我们聘请李学勤先生和吴文俊、徐利治、
席泽宗诸先生担任内蒙古师范大学学术顾问,他们都欣然表示同意。我们和内蒙古师范
大学初志壮副校长等一同去北京李宅和上述几位顾问家中拜访,几次邀请李先生到内蒙
古师范大学参加学术会议、做报告。我和他的学生孙福喜曾商量请李先生伉俪到草原来,
却没能实现。2006 年 8 月,由内蒙古师范大学科学史与科技管理学院、清华大学科学技
术史暨古文献研究所共同组织召开了第四届中国科技典籍暨《崇祯历书》研究国际会议以
及李迪教授从事科技史工作 50 周年纪念会,冯立昇教授邀请李先生伉俪参加会议,终于

---

①Eberhard Knobloch,1943 年出生于德国格尔利茨。曾任柏林工业大学(Technical University of Berlin)教授,
德国柏林勃兰登堡科学院(Berlin-Brandenburg Academy of Sciences and Humanities)院士,国际科学技术史研究院院
长。Eberhard Knobloch 为国际最重要的科学史专家之一,曾任国际数学史学会主席、《数学史》(Historia Mathemati-
ca)杂志主编、欧洲科学技术史学会主席等职。他的主要研究领域为欧洲 17—19 世纪数学史,对于莱布尼茨、欧拉等
的研究尤有建树。

②李学勤(1933—2019),北京人,著名历史学家、古文字学家,清华大学出土文献研究与保护中心主任、教授。在
甲骨学、青铜器、战国文字、简帛学等领域建树卓越。曾任国际欧亚科学院院士,国务院学位委员会历史评议组组长,
夏商周断代工程专家组组长和首席科学家,中国先秦史学会理事长;曾任英美及国内多所名校的客座、兼职教授。多
有著述,获多种成就奖。

③长沙三国吴简暨百年来简帛发现及研究国际学术讨论会,2001 年 8 月,岳麓书院。与会 180 人。

实现这一愿望。李先生在会议上做了主旨报告。

数学系同数学与科学史研究中心是直属关系，几任系主任都对研究中心十分支持。张棣①副校长是一位待人亲切和蔼的老先生，他是研究常微分方程定性理论的数学家，多次参加中心的活动，还邀请我到他家中，说他和李迪先生熟悉，1989年李先生为申请博士点的事到西北大学，他们还见过面。2021年7月16日王戍堂②先生去世，是西北大学和数学界的损失，他以点集拓扑的"王氏定理"著称于世，退休后义务开办数学研讨班，虽无直接联系，我早有耳闻。谢大来③教授和内蒙古师范大学斯力更先生是研究常微分方程稳定性理论的同行。我和谢教授的姐夫在1号楼住对门，他教数论，也是凤翔人，送我西凤酒，有时三人碰到一起，谈谈共同关心的事情。

数学系薛增利书记支持数学史研究生招生工作，1995年我们密切合作，把原报考内蒙古师范大学科学技术史专业上线的硕士考生张利生破例招进西北大学，当时尚无"调剂"一说，很不容易。张利生是大同人，自小父母双亡，跟随爷爷长大。这次招生改变了他的命运。他研究李淳风，资料是我从悉尼华人那里得到的，毕业后到上海教高等数学，两年后他突然请我写介绍信，介绍他去新加坡国立大学商学院读MBA，我立即写好，从呼和浩特快递寄给西北大学数学系薛书记请他盖章（不然无效），在限定时间内寄回新加坡。毕业后他回到上海，从事金融工作。他非常怀念在西北大学的生活，感谢系里各位领导、老师对他的关心和帮助，每次我去上海他都热情接待。我想，社会上对人才有各种需求，关心每个学生，不拘一格培养人才，才是我们的责任。

西北大学数学与科学史研究中心常邀请国内外名家前来做报告、参加博士学位答辩会，如天文学家吴守贤、Eberhard Knobloch教授、中国台湾黄一农等诸位先生，也有远途访学的青年学者，如德国白安雅。来人很多，不能一一记述。

吴守贤④先生担任中国科学院西安分院院长、中国天文学会副理事长，德高望重。因曲安京、纪志刚、王荣彬和后来的唐泉等几位研究数理天文学史，他常被邀请参加数学与科学史研究中心的重要活动，我们几次见面。他是研究时间测量的专家，以现代观点利用中国古代交食纪录，关心简牍年代学。有次他对我说，从秦汉简牍记录中能否找到当时较精确回归年的证据？我便留心此事，引发关于"千闰年"[9]的研究。吴守贤先生不幸于

①张棣（1927—），陕西华县人，数学家。西北大学教授、副校长，从事常微分方程定性理论研究。曾任陕西数学会名誉理事长、省教育发展战略研究会会长、西安科技咨询委员会副主任等，著有《常微分方程定性理论及应用》《空间周期解的理论和应用》等。

②王戍堂（1933—2021），河北河间人，1955年西北大学数学系毕业留校任教，教授，曾任陕西省数学会副理事长、西北大学数学研究所所长。研究点集拓扑学成就突出，1964年提出国际著名的"$\omega\mu$-度量化定理"即"王氏定理"。1979年创立广义数域分析学。获多种奖励和荣誉称号。

③谢大来（1933—），陕西凤翔人。西北大学数学系教授。1957年西北大学数学系毕业，曾到中山大学、中科院应用数学研究所进修。他长期讲授常微分方程、高等数学、工程数学、常微定性稳定性理论、生物数学等课程，硕士研究生导师。《中国现代数学家传》副主编。

④吴守贤（1934—2021），湖北沙市人。1956年南京大学数学天文系毕业。历任中国科学院陕西天文台副台长、西安分院院长、陕西省科学院院长、中国天文学会副理事长。建立与发展我国世界时系统，1982年获国家自然科学二等奖。与苗永瑞建立我国新的授时中心，其精确度世界先进。著有《时间测量》等。

2021 年 5 月 20 日去世,享年 87 岁。后事从简,仅家人告别。我通过次沉教授向吴守贤先生的家属表达我深切的哀悼。

吴守贤先生的弟子刘次沉[①]也在中科院陕西天文台(后改为中国科学院国家授时中心)工作,经常参加西北大学数学与科学史研究中心的学术活动,西北大学延揽他入职数学与科学史研究中心,曾调进西北大学工作一段时间,住进新村 1 号楼,成为我的近邻,他后来成为西北大学的兼职教授和博士生导师。他父亲早年是西北大学的经济学教授、会计系主任,院系调整建立陕西财经学院时随经济系一道任职陕西财院。刘次沉中学时代酷爱天文,自己磨镜片制出反射式望远镜,背上望远镜去陕西天文台拜吴守贤先生为师。吴守贤先生爱重人才,在天体测量与天体力学方面悉心培养,次沉硕士、博士毕业,以访问学者去英国合作研究,成为我国天文学与天文史界后起之秀。在夏商周断代工程中主持和参与"天再旦"、武王伐纣、仲康日食、禹伐三苗和天文数据库等专题研究工作,取得突出成绩,获得多种荣誉,非常杰出,事迹感人。我们曾相约在骊山脚下相会,他开车接我盘山而上,领略山势险峻,见到锦鸡飞翔,参观国家授时中心和已成为教育基地的原天文台,难以忘怀。30 年来我们保持联系,对于天文历法问题,我和我的学生都常请教次沉教授。

著名科学史家、新竹"清华大学"黄一农[②]教授曾来西北大学数学与科学史研究中心访问,他是非常活跃的学者,知识面和学术交际都很广,受到热烈亲切的欢迎。他做报告之后,我们将他请进西北大学新村 1 号楼我的家中,由纪志刚任大厨,做出非常可口的江苏菜,他大为夸奖,留有照片。在后来海峡两岸的学术会议上,多次见到黄教授的身影,他是一位不知疲倦的中华文化传播者。

2000 年前有一年夏天,在复旦大学进修中国数学史的德国访问学者,中文名字叫白安雅(Andrea Breard),大约 30 岁,从上海来西安,那天天气很热。这位女学者背着装书的背包,短衣穿戴,脚蹬凉鞋,长途旅行出远门的装束。没有见过这样开朗、轻松的行者,印象很深,真是千里迢迢,负笈游学。她是一位热爱中国文化的青年学者,锲而不舍、孜孜以求,令人钦佩。大约过了 20 年,2018 年在清华大学召开全国科技史年会上看到白安雅教授,回忆起当年在西大的情景。

需要讲一讲学勤先生在西北大学的博士生孙福喜[③]。他是内蒙古师范大学历史系本科、西北大学历史系硕士毕业,他的博士论文研究《鹖冠子》。1999 年他即将毕业时,由于从历史专业转入科技史专业进行答辩,需要办理学籍与答辩手续,他去数学与科学史研究中心找我,我很快给他办妥,并对他论文提出修改意见,按照科学思想史的要求,论文增强

---

①刘次沉(1948—),四川成都人。陕西省天文学会副理事长,西北大学兼职教授,博士生导师。国际天文学史刊物 JHA 编委。曾任中国天文学会天文史委员会主任。

②黄一农(1956—),祖籍福建安溪。新竹"清华大学"人文社会研究中心主任;2006 年被选为中研院院士。1985 年哥伦比亚大学天体物理学博士毕业,后于马萨诸塞州大学做天文研究,曾在 Nature 和 Science 发文。研究领域:科学史、中西文明交流史、明末清初史、术数史、军事史、海洋探险史等。曾任新竹"清华大学"副教务长、人文社会学院院长,荷兰莱顿大学首届"胡适汉学访问讲座教授"及大陆多所大学任荣誉讲座教授。

③孙福喜(1964—2011),内蒙古乌兰察布市人。1999 年获博士学位,曾任西安市文物局副局长,负责博物馆及遗址公园建设与管理等工作。

了宇宙观、自然观的内容,在科学史中心顺利通过了学位论文答辩。孙福喜毕业后到西安市文物考古所工作,后担任市文物局副局长。曾邀请文林教授、我和西北大学的同志去参观他们单位的珍贵文物。他牵头组织出版多种文物书籍。他们在出土青铜容器中发现了汉代酿造酒,在灞河的沉积沙中发现了汉代灞桥(或码头)遗址,很想在原地建设一个博物馆。2001年我建议他去香港参加第九届国际中国科学史会议,原意争取建馆资助。他后担任大明宫建设办公室主任,办事认真、辛苦,年仅46岁去世。

3. 与西安的学者交往

西安、洛阳、开封都是古都。我是豫籍,汴郑洛多有亲戚同学,一到西安,立即领略到古都才有的风韵,西北重镇,风云际会,物华天宝,人杰地灵,特别感到亲切。我在偏僻的村镇生活工作十多年,加入这里的学术活动,的确有躬逢胜会的感觉,很乐意交友、向学者请教,不断求知,情绪饱满。

陕西师范大学是教育部直属的师范类高校,历史悠久,该校素负盛望的老教育家魏庚人[①]先生,为增强数学史教学,1982年曾委派一位青年教师李文铭报考内蒙古师范大学李迪先生的硕士研究生。我到西北大学时,魏老先生已去世。我当时招进硕士生侯建荣(博士在西工大读小波理论,后赴美),就让他写《魏庚人先生传》作为学位论文。经李文铭介绍,我们认识了陕师大数学系的张友余先生,她长期担任魏先生秘书,保存许多数学史料。我带侯建荣几次去友余先生家专访,她把全部材料交给我们,真是感激不尽!友余先生非常勤奋,编成《中国数学会史料》,纂写清华算学系史,发表《回忆杨武之——陈省身教授访谈录》(《科学》,1997年第1期)。当她接到杨振宁先生的亲笔信,很兴奋地电话我,一同讨论杨武之前辈培养人才、对发展中国数学的重要贡献。

前文所述西北大学郝克刚校长,其父郝耀东先生就是陕师大前身陕师专首任校长。陕师大还有一位校长、著名数学家王国俊(1935—2013)先生,是我国模糊数学专家,在模糊拓扑空间论中卓有贡献。他曾任中学教师20年,却能够抓住1965年崛起的模糊数学进行深入研究,锲而不舍,取得国际学界瞩目的成绩,实属不易!有一年西北工业大学《高等数学研究》庆祝办刊若干周年,编辑部邀请文林、国俊先生和多位西安数学家聚餐,我有机会得见国俊先生。

物理系孙凤林教授是我在开封实验中学初中天天相随到校的学友和形影不离的玩伴,夫人是古筝演奏名师。阔别40多年易地聚会,兴奋莫名,真是人生之幸啊。

再说西北工业大学。西工大是研究三航(航空、航天、航海)工程的全国重点大学,现在国内位列"一流大学建设高校A类",多年来对国防建设贡献巨大。

[①]魏庚人(1901—1991),河北安国人。陕西师大数学系教授、系主任,陕西省数学会理事长、中国教育学会数学教学研究会理事长。数学教育家,专长初等数学和教学法,著有《中国中学数学教育史》《排列与组合》《几何证题集》《数学游戏》等。

张肇炽①教授 1979 年来到西工大数学系，知识渊博，与老辈数学家和高校教师联系广泛，投身数学和数学教育事业，担任《高等数学研究》主编和荣誉主编二十多年，科学传播贡献突出。肇炽教授待人亲切热情，我既是该刊邀约十篇文章的撰稿人，也是他家中常客，成为挚友。我俩一个永远的话题，是包头九中获得国家自然科学一等奖的陆家羲。他初中在上海麦伦中学与陆同窗，我自 1980 年是陆的生前友好和至今的研究者。为此，西工大数学系还邀请我去做"学习陆家羲的科学精神"的报告。肇炽教授前些年跌倒骨折，我利用赴西安的机会去他新居探望，询问他老年的生活起居；至今常有微信往还。

谢大来、周肇锡和李培业几位年龄相仿，都是西北大学数学系 1957 年前后毕业，成为陕西数学和数学教育界的骨干。我向各位学习，以师友相处。

《中国现代数学家传》由北京大学程民德院士（1917—1998）担任主编，陈省身先生为名誉主编，谢大来、肇炽、肇锡诸教授分别担任副主编，在江苏教育出版社接连出了五卷。后来编委叫我这位学数学史的加入其中，有机会参加在北大举行的一次编委会，得见程老，有幸亲聆教诲。该书编委设定科学公正的程序，研判哪些数学家可遴选入传，也向我了解内蒙古的情况，他们选定了陈杰（1924—2005）、李迪（1927—2006）、斯力更（1931—）、曹之江（1934—2020）四位，并让我写斯力更传[10]，第五卷在 2002 年世界数学家大会前出版。

西工大与西北大学相邻，新村走南偏门不过几百米就到西工大东门，我常去找张肇炽、周肇锡诸位教授，在一起讨论对陆家羲的研究、在《高等数学研究》刊物发文和参加《中国现代数学家传》编写等相关问题。多年交流，不能尽述。

陕西财经学院（原财专）李培业②教授 20 世纪六七十年代以来在中国数学史和珠算史的研究中与李迪教授及内蒙古师范大学同仁多有交流。一到西安，我便成为红专路李宅的常客；他的一个儿子家就在西北大学新村北边不远，我们也曾在那里聚会。

培业教授告诉我，父亲李鸿仪先生是文史学者，一辈子搜集西夏史料、碑刻等。去世前 1 个月，才把培业从西安叫回，叫他好好研究这批珍贵史料。后来他在西北大学学报发表了一篇《西夏皇族后裔考》。[11]此后一个阶段，他分出不少精力参加西夏史研究的工作中，按照父亲的遗嘱，将这批史料整理出书，为西夏史补充了新的资料。

1998 年，有一天培业教授到新村 1 号楼我居处，谈珠算学界后继无人，建议招博士，推荐河南财政金融学院教师刘芹英报考，刘芹英精通珠心算，我还到郑州拜访刘芹英的老

---

①张肇炽（1935—），上海人，1957 年华东师大数学系毕业。西工大教授，长期担任十多门本科、研究生课程；曾任《高等数学研究》主编、《中国现代数学家传》副主编，陕西省数学史研究会副理事长、中国高教学会数学教育专业委员会常务理事等。出版《微积分》《线性代数》《抽象代数》《几何基础》等多种教学用书。发表数十篇数学论文，多篇教改、教学法、数学史与数学家的研究论文。

②李培业（1934—2011），青海乐都人，陕西财经学院教授，西北大学数学史专业兼职教授，著名珠算史专家，著名中算史学家、数学教育家。曾任中国珠算协会（中国珠算心算协会）第五届副会长，中国珠算史研究会副会长，马来西亚、日本等国珠算史研究会的名誉学者。

师、创立珠心算"优因教学"的郭启庶先生。刘芹英考上博士后开始研究明代数学机械化即珠算的发展,2003 年毕业,即为财政部录用,任职科研处珠心算协会,在财政部和协会的领导下,为把珠算列入国务院及联合国教科文组织批准(分别在 2008 和 2014 年)的人类非物质文化遗产名录做出努力,作为"中国珠算"传承人,在巴库国际大会上做出保护、发展珠算的庄严承诺。

在培业教授等的引领下,我和董杰等参加了财政部或学会组织的珠算学术或教学活动,如上海、河南、海峡两岸珠心算学术会,我并忝列中国珠算协会常务理事。众所周知,计算机和电子商务的普及使珠算退出商业舞台,财政、珠算、数学史、数学教育各界勠力同心,谋求发展珠心算,不能让珠算在这一代断掉。李迪先生和我商议在内蒙古师范大学建立了算具博物馆,将培业教授据《数术记遗》(公元 190 年)设计的 13 种算具收购展出,日本珠算收藏家大矢甫先生将自己收藏的大批算盘赠送给算具博物馆,也是培业先生居中联络的,不能忘记培业先生对珠算发展的历史贡献。西北大学袁敏博士成为培业教授的合作者[12],当中国珠算博物馆等计划编写中国珠算史时,袁敏等奔走联络,我也应邀赴西安与培业、袁敏及有关方共商方案。后来郭世荣教授参加并主持了这一工作。2011 年 11月 1 日,李培业先生不幸去世,他的儿子在第一时间通知我,我发表了悼念文。[13]

4. 难忘昔日西安的聚会

转眼三十年过去了,往事渐渐消失在记忆的雾霭之中;而当我们定睛回望,有些人和事又变得鲜明生动起来。记得 1978 年刚到内蒙古师院读研一时,在宿舍里很喜欢一边饮酒、一边唱一首英文歌:

> Gone are the days when my heart was young and gay;
> Gone are my friends from the cotton fields away,……
> I'm coming, I'm coming, for my head is bending low;
> I hear their gentle voices calling, "Old Black Joe!"

人们总喜欢回想青春时代健康的身体、亲近的朋友和快乐的时光,年龄增长带来淡淡的忧伤,不禁令人产生身世之感。在西北大学除工作读书之外,也有许多欢乐聚会和难忘的旅行,还是从新村 1 号楼说起吧。

西北大学新村位于太白校区,1 号楼是一幢拐角楼,东邻大街。我的宿舍在三层。1995 年,我从阳台上看到新村大门内布告栏的通知:硕士报名即停止。我想到数学史还无人报名,立即给陕师大李文铭打电话,说明西北大学数学史硕士点很需要人,硕士毕业还可考博。他第二天正巧有两个毕业班的数学史课,便通知上课学生,这次有三四位报考西北大学数学史硕士,结果陕师大数学系毕业生袁敏考取了。

1 号楼是老楼。当年西北联合大学化学系秦禾穗先生就曾住在我楼下一层,她是数学家曾炯夫人,继子曾令林就在这里长大,后任西安高中语文教师。1991—1992 年,李迪先生主编的《数学史研究文集》第二、三辑为纪念曾炯①逝世五十周年,发表了曾令林、曾铎[14]和熊全治、刘方由、陈省身、苏步青、程毓淮诸大师的文章、照片、书信[15]等,由曾令林组稿,我为责编。令林在致谢中写道"原文和有关材料经罗见今副教授改写和扩充"[15],因此我和令林原已有笔墨之交。当我 1993 年住进 1 号楼,邀请他来,第一次见面,他说:"太巧了,居然又回到了我的老家!"我说:"我们真有缘分啊!"

每年夏天当到博硕士毕业的时候,文林教授总在他住的专家公寓里举行宴会,他是烹调高手,大家饮酒唱歌,这成了一个传统。我唱俄苏歌曲,内蒙古师范大学来的蒙古族特古斯同学唱腾格尔的歌,很受欢迎。要说 1 号楼罗宅,那些年实际上也是举行宴会、接待来客、看书下棋的沙龙。我常不在,徐泽林、赵继伟等就前后住进去。宴会聘请的烹调高手先是纪志刚,后是徐泽林。我和赵继伟、陕师大李文铭等都爱好下棋。很怀念那一段无忧无虑的快乐生活。

我在西北大学颇有几位朋友,地理系就有前文所述尹怀庭教授,那是一辈子的同学和好友。再就是李同升,1990 年我到乌克兰敖德萨大学数力系以"高访"进修,两人住对门,他在那里读博士,全校没有几个中国人,关系亲近可想而知。回国后我们常来往,他晋升教授,当了系主任。考古出身研究过地理学史的赵荣教授,也曾任系主任。后来我做"清史·类传"项目和"晚清科学技术研究"项目,都引用过他的文章。于是,我毫不见外,快快乐乐参加了地理系的活动。有一年夏天,地理系组织到中国南北分界的秦岭南麓旅游,举行篝火晚会,尹怀庭、赵荣教授夫妇等都去了,在营地板房过夜,那森林、那山洞、那夜色、那空气,真是终生难忘。

三原在西安北 35 公里,我记得有一具三千年前的阳燧也出土在这个地方,又是辛亥元老于右任故乡,仰慕已久,心向往之。恰有我开封小学、初中同学李士棻,她的丈夫数学家罗石麟教授,在三原的一家军事学院任控制论研究室主任,约我假日前往。罗石麟教授毕业于武汉大学,师从路见可(1922—)和齐民友(1930—2021)先生。他公开的论文在《电子信息对抗技术》《空军工程大学学报》等刊发表,研究的内容如"强干扰条件下单部雷达对目标的定位能力"(2001)和"防空相控阵雷达转角控制策略"(2007),类似的这些内容,使我耳目一新,认识到发展军事数学是强军强国的必要条件。

在此文结束时引用文林教授为拙著《中算家的计数论》所作序言的一段话:

　　笔者与罗见今教授相识已久,首次见面应该是在 1979 年,当时他作为改革开放以后的首批研究生随其导师李迪先生到北京访研。此后我们不时在各种学术活动场合聚首,特别是在西北大学和内蒙古师范大学的学位点共事多年。记得有一次我们从呼和浩特飞往西安,在巴彦淖尔中转候机时,他向我娓娓介绍有"塞上江南"之称的巴彦淖尔的历史与风土人情,当我惊讶于他为什么对这个城市如此熟悉时,他告诉我

①曾炯(曾炯之,1897—1940),江西新建人。近世代数学家,研究函数域上代数获重大成果。曾为煤矿工人。1922 年入武昌高师,师从陈建功。1929 年赴格丁根大学,师从近世代数奠基人 A. E. 诺特(Noether),获博士学位,1935 年返浙大及北洋大学任教,任职于西北联合大学、西北工学院、国立西康技艺专科学校。

他在这里生活、从教了整整十六年！……除了钻研学问，罗君兴趣广达，能歌善饮。每当严肃的学位答辩之后的师生欢聚时刻，他常常会引吭高唱一曲俄罗斯民歌，并博得一片掌声。[16]

在西北大学前后 20 多年的工作和生活已经成为过去。对于一个教过小学、初中、高中、本科、硕士、博士的老教员来说，从一开始就没有想到最终目的是什么，而熟悉不同学校教学的状况、领略在教学过程中的体验、与来自各地具有不同知识基础的青年人交流，的确是一种快乐。在西北大学的经历构成我生活的一部分，每当回忆起往日的时光，就想要喝酒，并会很高兴地唱起歌来。

李文林和罗见今在博士论文答辩会上（2000 年 8 月，西北大学）

西北大学数学与科学史研究中心现在已发展成"西北大学科学史高等研究院"，我很高兴地看到，在曲安京等教授的带领下，在整理发扬传统科学文化、研究西方与现代数学史和科学史方面，在科学史界独树一帜。希望并祝福西北大学科学史高等研究院能够继承前辈的学术传统和科学精神，并不断创新、努力进取，为中华民族伟大复兴做出更大的贡献！

参考文献

[1] 曲安京.中国数学史家李继闵的生平与成就[J].中国科技史料,1997,18(1):71-79.

[2] 吴文俊.《九章算术》与刘徽[M].北京:北京师范大学出版社,1982.

[3] 吴文俊.秦九韶与《数书九章》[M].北京:北京师范大学出版社,1987.

[4] 李继闵.东方数学典籍——《九章算术》及其刘徽注研究[M].西安:陕西人民教育出版社,1990.

[5] 李继闵.《九章算术》校正[M].西安:陕西科学技术出版社,1993.

[6] 李继闵.《九章算术》导读与译注[M].西安:陕西科学技术出版社,1998.

［7］　姚远，董丁诚，等.图说西北大学 110 年历史［M］.西安:西北大学出版社,2012.

［8］　罗见今.中国历法的五个周期性质及其在考古年代学中的应用［M］.黄留珠,
　　　等.周秦汉唐文化研究:第 3 辑.西安:三秦出版社,2004:6-18.

［9］　罗见今.中国历法中的"千闰年"［M］//黄留珠,等.周秦汉唐文化研究:第 4 辑.
　　　西安:三秦出版社,2006:1-5.

［10］　罗见今.斯力更传［M］.//程民德.中国现代数学家传:第 5 卷.南京:江苏教育
　　　出版社,2002:498-505.

［11］　李培业.西夏皇族后裔考［J］.西北大学学报(哲社版),1995(3):46-52.

［12］　李培业,袁敏.益古演段释义［M］.西安:陕西科学技术出版社,2009.

［13］　罗见今.李培业先生二三事［J］.上海珠算心算,2012(3):53-54.

［14］　曾令林,曾铎.中国抽象代数的先驱者——曾炯［M］//李迪.数学史研究文集:
　　　第二辑.呼和浩特:内蒙古大学出版社,1991:142-149.

［15］　刘方由,陈省身,苏步青,等.怀念曾炯之博士［M］//李迪.数学史研究文集:第
　　　三辑.呼和浩特:内蒙古大学出版社,1992:1-5.

［16］　罗见今.中算家的计数论［M］.北京:科学出版社,2022:序言 1.

彰显人类文明亮丽篇章

——李文林《数学史概论》述评

徐传胜，袁 敏

摘 要：作为汉文版最具有影响力的数学通史著作与教材，李文林先生的《数学史概论》自 2000 年至 2021 年已修订付梓四版。该著作主要特色为：选材精粹，准确概括出数学科学的发展脉络；厚今薄古，充分论述了近现代数学的演进和变革；深中肯綮，深刻挖掘了数学大家的思想精髓。文中体现了李文林先生的数学观、数学史观和研究成果，尤其是20 世纪数学的发展概述，受到陈省身先生的赞誉。其史料组织灵活、可读性强，已成为目前国内高校最通用的数学史教材。《数学史概论》彰显了人类数学文明的亮丽篇章，对数学史的普及和传播起到了重要的推动作用。更重要的是，其引领了国内数学史教学与研究方向，极大激励了一批青年学者对数学史的深入研究。

关键词：《数学史概论》；数学史；近现代数学；李文林

作为创造性活动的数学科学对人类文明的发展和进步产生了毋庸置疑的极大推动和深刻影响，成为人类文明史之亮丽篇章。正如数学史家李文林所指出："不了解数学史，就不可能全面了解整个人类文明史"。[1]

我国以现代科学知识为文化背景的数学史研究起步于 20 世纪初，经过几代学者的开拓，中国古代数学史的相关研究取得了丰硕成果。[2] 然而由于各种条件的限制，对于西方乃至世界数学史，尤其是近现代数学史的相关研究则相对薄弱。为了弥补这一缺憾，李文林潜心研究世界数学史四十余年，先后在数学发展的算法倾向、不定分析史、笛卡儿几何学的机械化特征、微积分的制定、希尔伯特数学问题、近现代中国数学史、数学社会史、数学学派等方面取得了一系列研究成果。[3] 从而引领了国内近现代数学史研究，并培养了一批青年才俊走进了数学史研究领域。

1998 年秋季学期伊始，李文林受邀在北京大学讲授数学史，后又在清华大学、西北大学等高校授课。受高等教育出版社和施普林格出版社之邀，在多次修改课程讲稿基础上，他精心编撰了教材《数学史教程》（下简称《教程》）。[4] 自 2000 年 8 月出版后，《教程》受到数学家、高校师生和数学史爱好者的广泛关注和一致好评。出版社不断重印来满足市场

作者简介：徐传胜，1962 年生，临沂大学教授，研究方向为近现代数学史。
袁敏，1972 年生，西北大学副教授，研究方向为数理天文学史。

需求,就足以说明其影响力。2002 年 8 月李文林对《教程》进行了较为全面的修订,并更名为《数学史概论》(下简称《概论》)(第二版),之后又根据专家建议、读者反馈和网友评论等,分别于 2011 年 2 月和 2021 年 7 月对《概论》进行了文字上的一些修订及内容上的增改,出版了第三版和第四版。后两版为"十二五"普通高等教育本科国家级规划教材。目前,《概论》已成为国内许多高校本科生开设数学史课程的首选教材和相关专业研究生主要参考文献。①

表 1   《数学史概论》四个版本基本数据比较

书名	版次	出版社	出版日期	开本	篇幅(页)	定价(元)	书号
数学史教程	一	高等教育出版社 施普林格出版社	2000.08	32	390	19.80	7-04-006961-X
数学史概论	二	高等教育出版社	2002.08	32	426	21.00	7-04-011361-9
数学史概论	三	高等教育出版社	2011.02	32	442	35.10	978-7-04-031206-5
数学史概论	四	高等教育出版社	2021.07	32	450	39.80	978-7-04-056003-9

1. 选材精粹 准确概括出数学科学的发展脉络

数学史知识从古代的埃及、巴比伦、希腊、中国、印度,到中世纪的阿拉伯、北非、意大利,乃至当代数学可谓浩如烟海。在众多经典的数学通史著作中,如 M. 克莱因(Morris Kline,1908—1992)的《古今数学思想》[5]有 120 万字左右,梁宗巨(1924—1995)等所著的《世界数学通史》[6]达 135 万余字。而《数学史概论》凭简练的语言以 40 余万字便把数学历史概括其中,并力求将 20 世纪的数学进展展示给读者,这在国内出版的其他数学史著作中是很少见到的。

李文林认为,数学是一个如此广阔而深刻的知识领域,既准确又生动地反映这门科学的创造活动与历史过程,本身是十分困难的任务,因而需要在内容、结构、篇幅以及叙述方式上寻求一种平衡,这就要求研究者具备深厚的数学功底、渊博的科学知识以及人文素养。

李文林认为数学史研究具有三重目的:一是历史的目的,即恢复历史的本来面目;二是数学的目的,即古为今用,为现实的数学研究与自主创新提供历史借鉴;三是教育的目的,即在数学教学中利用数学史。[7]《概论》即是李文林对数学史研究价值的具体体现。

《概论》摒弃了一般编年体的流水账式方式,按年代顺序划分成几个时期,以各个时期数学家所关注的基本问题为线索,深入剖析数学文化背景,理清数学思想的发展脉络。

李文林在 1986 年发表论文《算法、演绎倾向与数学史的分期》,形成其主要的数学史观。吴文俊(1919—2017)院士曾评价该文"应可视为真正的'世界'数学史的传世经典之作",并希望支持作者进一步工作以"能为今后写成真正够得上'世界'二字的'世

---

①笔者曾抽样调查国内高校数学史课程选用教材,在 216 所高等院校中(含 67 所专科学校和 31 所职业学校),有 199 所学校选用《概论》作为教材或参考书籍。另外,随着数学文化日益深入教学教育,大多中小学教师亦以《概论》作为主要参考书。

图 1 《数学史概论》四个版本封面

界'数学史著作奠定基础。"①《概论》正是以算法、演绎倾向为主要线索,精心选材,恰当评析,将古今中外数学史熔为一炉,展示了一幅不同于其他数学通史著作的数学历史图像。

在《概论》中,古代与中世纪中国数学也正是放在世界数学发展主流中述说的。中国数学家致力于解方程而创造出一系列具有世界意义的算法。李文林认为以创造算法为主要倾向的东方数学在文艺复兴前通过阿拉伯传播到欧洲,与希腊式的数学交汇结合,孕育了近代数学的诞生。

---

①吴文俊先生 1998.2.15 致信李文林。

当然,虽说中国数学是一种"术",而西方数学是一门"学",但在魏晋南北朝时期,中国数学也兴起了论证数学的趋势,许多研究以注释《周髀算经》《九章算术》的形式出现,实质上是寻求这两部著作中的一些重要结论的数学证明,而在这种论证活动中,中国数学家仍然体现出他们的算法精神,《概论》中正是从这样的角度分析了刘徽割圆术及无理数逼近等成果。同时,李文林也深刻认识到中国传统数学的弊端和筹算系统的局限性,如对求解五个以上未知量的高次方程组无能为力。并明确指出,缺乏演绎论证的算法倾向与缺乏算法创造的演绎倾向都难以升华为现代数学。

2. 厚今薄古 充分论述了近现代数学的演进和变革

《数学史概论》的最大亮点就是侧重于近现代世界数学史,全书 15 章中有 9 章是近现代世界数学史的内容。

《论语》云"君子学以治其道"。给历史上的重大数学发现或变革寻找历史根据是数学史研究的基本任务之一。特别是对于近现代数学史的研究,除了采用历史主义的原则,搞清楚历史上的数学是如何做出来的,还需要对当时的数学家为什么要创造那些新的数学、新的方法,进行深入的研究。资料的限制、语言的困难和文化背景的差异往往使研究者望而生畏。李文林通过多年的辛勤研讨和长期的资料积累,在《概论》的编撰中充分跟进了近现代数学史研究的最新成果,同时运用了他本人的相关研究成果,遂使《概论》的近现代部分成为有特色的篇章。

例如关于解析几何的诞生和微积分创立这两项近代数学兴起的标志性事件,《概论》都是根据作者本人的研究进行了独到的阐述与分析,并揭示了二者的算法倾向。这类处理方式已获得一些学者的肯定,例如张奠宙(1933—2018)关于《概论》中对笛卡儿(R. Descartes,1596—1650)解析几何发明过程的介绍所给予的肯定评论。[8]

再以第 9 章"几何学的变革"来说明《概论》对近现代数学演进和变革的论述。该章分成欧几里得平行公设、非欧几何的诞生、非欧几何的发展和确认、射影几何的繁荣和几何学的统一等 5 节。时间跨度大致从 18 世纪中叶至 20 世纪初,而空间跨度则遍及英、法、意、俄、德和瑞士等国。

到 18 世纪,非欧几何的先行者开始用反证法来证明平行公设,得出了一些"不合情理"的推论。在第 2 节中,李文林重点论述了罗巴切夫斯基(N. I. Lobachevsky,1792—1856)几何的技术内容,指出这种新几何在极限情形下就是欧几里得几何。黎曼(G. F. B. Riemann,1826—1866)在 1854 年发展了罗巴切夫斯基等人的思想,建立了一种更广泛的几何——黎曼几何。射影几何的发展又从另一个方向使"神圣"的欧氏几何再度"降格"为其他几何的特例。非欧几何学的创建引起了关于几何观念和空间观念的最深刻革命,至 19 世纪中叶便产生了多种新而又新的几何学。正是 F. 克莱因(F. Klein,1849—1925)用变换群的观点统一了几何学。而对几何学的基础问题的研究,便产生了希尔伯特

(D. Hilbert,1862—1943)的公理化运动。

本章可谓非欧几何的独立专题,从平行公设入手,以几何学思想为主线,从逻辑上层层深入。其中既有丰富翔实的史料,又有画龙点睛的评论;既有深奥的数学原理,又有通俗的数学家简介;既有简洁的数学表达式,又有令人仰慕的数学大师图片;既有"几何原理中的家丑",又有"春天的紫罗兰";……,虽"平行公设"曾引"无数英雄竞折腰",但数学家硬是凭着特有的坚韧步伐逐步拓广了几何学,可谓筚路蓝缕,艰苦卓绝。在李文林的笔下,这一个个里程碑如同英国索尔兹伯里平原上的巨石那样,永远巍然矗立,是人类对未知领域不懈探索的精神见证。

《概论》中关于20世纪数学发展的3章,则更为突出地反映了作者在现代数学史领域的研究积累和观点见解。现代数学尚在发展之中,国内外的数学史著作涉及的不是很多。《概论》不是分门别类铺开讲述20世纪数学的发展,而是抓住现代数学的发展趋势与特点,按纯粹数学的扩张、数学的空前广泛的应用和数学与计算机的相互影响等三大活动方面来描绘,给出了一幅20世纪数学发展的色彩鲜明的印象画,然后又以现代数学成果十例加以工笔特写,对20世纪数学史这样的处理方式,受到了陈省身(1911—2004)先生的赞誉。

3. 深中肯綮 深刻挖掘数学思想的精髓所在

《概论》是教学与科研相结合的产物。科研是新知识和新技术的源泉,是提高教育质量的推进器。而教学又给科研提供了实践基础和理论研究的方向。即教学与科研相辅相成,相得益彰。凭借多年的科研活动和教学实践,李文林在《概论》中关于数学思想在数学历史发展和社会进步过程中的作用,给出了许多真知灼见。

首先是关于"什么是数学"这个长论不休的问题,《概论》前言中给出了自主的回答。从亚里士多德的"关于量的科学",到20世纪部分学者的"模式的科学",《概论》前言追溯了不同时代数学家们对数学的定义,揭示了理解什么是数学的历史途径。

在论述数学与社会进步的关系时,将数学对人类进步的推动作用分为对人类物质文明和精神文明的影响两个方面,并指出,数学对人类物质文明的影响,最突出的反映是它能从根本上改变人类物质生活方式的产业革命的关系上;而数学对人类精神文明的意义,突出地反映在它与历次重大思想革命的关系上。[9]380

对于古代希腊数学的发展,《概论》认为是由于古希腊人海滨移民的两大优势:一是具有典型的开拓精神,对于所接触的事物,不愿因袭传统;二是身处两大河谷毗邻地区,易于汲取那里的文化。正是在古代希腊城邦社会特有的唯理主义气氛中,一些经验的算术与几何被加工升华为具有初步逻辑结构的论证数学体系。[9]33

对于古代印度数学,《概论》认为,它是在浓厚的宗教影响下发展起来的,多民族交互影响,最终形成了东方数学以算法为中心和重实用的特点。[9]115

对于阿拉伯数学,《概论》指出,阿拉伯学者在广泛吸收古希腊、印度与中国的数学成果的基础上,加上他们自己的创造,对文艺复兴以后欧洲数学的进步有深刻影响。[9]116

对于中国现代数学研究,《概论》给予了高度评价。经过老一辈数学家们披荆斩棘的努力,中国现代数学从无到有地发展起来,从 20 世纪 30 年代开始,不仅有了达到一定水平的研究队伍,而且有了全国性的学术性组织和发表成果的杂志,现代数学研究可以说初具规模,并呈现出上升趋势。[9]409

《概论》没有大量数学家的生平介绍,而是以精练的语言概括出其社会背景和文化背景。这就给读者留有思考和查阅参考资料的空间。

对于重大数学思想的精髓,《概论》所采用的科学研究方法主要有:

第一,内史和外史相结合。随着数学的迅猛发展,数学不断社会化,社会也不断数学化。即数学与社会的相互影响、相互渗透越来越明显和重要,二者在互动的关系中协同发展。而数学史不仅要研究过去,更要研究现在,预测未来。因此,内史与外史在数学史这个整体中彼此互补、协同和竞争,进行内部的自组织协调,达到数学发展、社会进步与数学史整体研究的和谐统一。

《概论》开篇即指出数学史的研究对象包括数学概念、数学方法和数学思想的起源与发展,及其与社会政治、经济和一般文化的联系,这一定义即涉及数学史的内史、外史,及二者的关系,表明了内外史相结合的研究方法。

毕达哥拉斯学派在政治上倾向于贵族制,阿基米德的数学应用,阿拉伯人对数学的保存和传播,笛卡儿的“我思故我在”,微积分的严格化,变分法的诞生,从四元数到超复数的发展,非欧几何的诞生,以及中国现代数学的开拓等都是典型的内外史结合的案例。尤其是《概论》还专辟一章“数学与社会”,对数学发展与社会进步的相互关系作了数学社会史意义上的理论概括。

第二,史料和比较结合。李文林从比较数学史和中外科学交流史的视角,对数学家及其学术成就做了深入的比较分析。如对笛卡儿和费马(P. de Fermat,1601—1665)所创立的解析几何、牛顿(I. Newton,1643—1727)和莱布尼茨(G. Leibniz,1646—1716)所制定的微积分、欧几里得(Euclid,约公元前 300)和希尔伯特所创立的公理化体系等均分析了各自的优势和弊端。这种比较的方法更容易让读者理解数学思想发展的继承性和创新性。

在 2007 年数学史国际学术研讨会的闭幕词中,李文林说:如果说欧拉(L. Euler,1707—1783)是近代分析的化身,欧几里得是演绎数学的鼻祖,那么我们可以说秦九韶(1202—1261)是算法数学的大师。而有一项数学成果可以把三位数学大师联系在一起,那就是一次同余式方程组的解法。他进一步说,这一事实提供了一个例子,说明数学是没有国界的,说明近代数学具有多民族、多文化的根源。这段论述也典型地体现了李文林娴熟的比较手法。

第三,注重学科间交叉融合。至 20 世纪中叶,虽学科的分化仍在持续,但科学前沿的重大突破、重大原创性科研成果的产生,大多是多学科交叉融合的结果。李文林充分认识到现代科学技术既高度分化又高度综合的特色,并展示在《概论》中。他论述了哲学和古希腊数学、三角学和天文学、音乐和偏微分方程、绘画和射影几何、数学与经典力学、闵可夫斯基(H. Minkowski,1864—1909)几何与爱因斯坦(Albert Einstein,1879—1955)相对论、数学与生物学、随机分析与经济学、计算机与现代数学等学科的相互渗透和交叉,而使学科间严格有序的边界到处被突破,不断相互融合,边界变得模糊不清。学科的交叉与综合已成为不可阻挡的巨大激流,冲击着传统的科学文化格局。

4. 余 论

《概论》不是数学史资料的简单堆积,而是以时间为纲,以数学发展主流为线的一部内容紧凑、精练的数学史著作,以最大时空跨度勾画出数学科学发展的清晰轮廓。其中体现了作者的数学观、数学史观和研究成果。

李文林不仅是世界近现代数学史的探索者,也是数学史和数学文化的积极传播者。他曾在北京大学、清华大学、中国科学技术大学、中国科学院大学(原中国科学院研究生院)、西北大学、大连理工大学、首都师范大学等分别为研究生和本科大学生讲授数学史概论的选修课程,这又为《概论》再版修订提供了教学实践依据。在研究成果积累和教学实践经验基础上的修订,使得该书内容日臻完善,并更加适合于数学教育的目的。第二版添加了人名、术语索引,为读者选择性阅读提供极大便利。第三版则增加了线性代数发展史,并在 20 世纪数学概观之后增添"未来的展望"一节,并对数学奖励部分进行了更新。第四版增加了一些注解,并添加"中世纪东方数学余韵"一节,以反映中世纪印度数学史和日本和算史研究的一些成果,并借此比前几版更为明确的点出了作者关于数学发展两条主线的数学史观。同时又紧跟时代潮流,充分利用现代网络信息手段,将增添拓展的内容数字化、智能化,其中包括彩色图片、动画演示、相关视频、课后习题及参考答案、国际数学奖励数据更新等内容全部信息化,把数学史课程制作成为线上线下混合课程,这就更加适合新时代的发展要求。

当然,书中有些内容值得商榷。如以无穷小量的思想解释阿基米德求球体积的平衡法,虽从叙述过程中,易让读者将之与积分思想联系在一起,但这是否是阿基米德的本意,尚值得探讨。再者,对于高斯-博内公式(Gauss-Bonnet Formula)、阿蒂亚-辛格指标定理(The Atiyah-Singer Index Theorem)、黎曼猜想(Riemann Hypothesis)等叙述显得有些过于数学抽象化,初学者难以很好把握。

作为教材,《概论》适用于多种数学史的授课方式。课时超过 54 学时,可逐章讲授,课时少于 32 学时,又可采用专题的方式处理。如可选择第 6、7、10 章构成微积分思想专题;选择 4.2.1、5.2.1、8.1、8.2 等节组成代数方程专题,在书中还可容易地选择几何学、数论、概率论、变分法、线性代数、运筹学、控制论等学科发展史为专题。虽其中包含了不少纯数学知识内容,但总的来讲,这部书的可读性很强。因而其读者面不仅限于数学工作者,也适于数学史爱好者,故得到了国内读者的青睐。

表 2　　　　　《数学史概论》36 学时分配参考表

章序	理论课	习题课	研讨课	合计
前 言	2	0	0	2
第 1 章	2	0	0	2
第 2 章	3	0	1	4
第 3 章	3	1	1	5
第 4 章	2	0	0	2
第 5 章	2	0	0	2
第 6 章	3	1	1	5
第 7 章	2	1	0	3
第 8 章	2	0	0	2
第 9 章	2	0	0	2
第 10 章	2	0	0	2
第 11 章	2	0	0	2
第 12 章	2	0	1	3
合 计	29	3	4	36

要而言之,《概论》是一部不可多得的数学通史和优秀的数学史教材,20 余年的国内盛行和流传,诚如吴文俊院士所言,该著作"无疑是一部传世之作,它对数学历史的认识和研究,将起到不可估量的影响。"[9]跋

参考文献

[1]　李文林.数学史概论[M].2 版.北京:高等教育出版社,2002.

[2]　曲安京.再谈中国数学史研究的两次运动[J].自然辩证法通讯,2006,28(5):100-104.

[3]　李文林.数学的进化——东西方数学史比较研究[M].北京:科学出版社,2005.

[4]　李文林.数学史教程[M].北京:高等教育出版社,2000.

[5]　克莱因.古今数学思想[M].张理京,等,译.上海:上海科学技术出版社,2002.

[6]　梁宗巨,等.世界数学通史[M].大连:辽宁教育出版社,2005.

[7]　李文林."三位一体"的科学史[J].中国科技史杂志,2007,28(4):444-448.

[8]　张奠宙,何文忠.交流与合作——数学教育高级研讨班 15 周年[M].南宁:广西教育出版社,2009:187-188.

[9]　李文林.数学史概论[M].4 版.北京:高等教育出版社,2021.

李文林访谈录

贾随军

摘　要:李文林,1942 年 5 月 30 日出生于江苏常州。1965 年毕业于中国科学技术大学数学系;当年 8 月起在中国科学院数学研究所工作,历任助研、副研,1989 年起任研究员;曾任中国科学院数学研究所党委书记、副所长(1985—1995);中国数学会秘书长(1996—1999);《中国科学:数学》常务副主编(2008—2013);两度出任中国数学会数学史分会理事长(1994—1998,2002—2007)。在 2002 国际数学联盟成员国代表大会上当选为国际数学联盟数学史委员会特派委员(Member at Large)。

作为国内近现代数学史研究的主要开拓者,李文林对笛卡儿几何学与牛顿微积分创建的思想根源进行了剖析,揭示了近代数学发端的算法根源,结合他早期对中国古代算法的研究,构建了算法、演绎倾向交替繁荣的数学史观;同时在希尔伯特数学问题、数学社会史与数学学派、东西方数学交流、中国现代数学史等方面进行了深入研究并取得一系列成果。代表作《数学史概论》渗透了其数学史观,融进了其研究成果,特别是采用"勾画基本特征、描述主要趋势、例举典型成果"的独特方式对 20 世纪的数学成果进行了总结。《数学史概论》已四次再版,成为国内最有影响的数学史著作。基于对数学史价值的思考与实践探索,李文林提出了"为数学而历史""为历史而历史""为教育而历史"的三位一体的数学史价值观。实践表明,三位一体的数学史价值观促进了数学史与数学教育的融合。多年来,李文林在数学史人才培养与学位点建设方面倾注了心血,为我国数学史学科的整体发展做出了重要贡献。

李文林 80 华诞之际,中国数学会数学史分会委托贾随军对李文林先生进行专访。但新冠疫情依然此起彼伏,只好采用线上的形式于 2021 年 12 月 8 日、9 日及 15 日分三次对李文林先生进行访谈。

关键词:李文林;访谈;数学史;数学史观

作者简介:贾随军,1974 年生,浙江外国语学院教授。研究方向为近现代数学史、数学课程与教学论等。浙江省中青年学科带头人,美国特拉华大学访问学者。主讲的"小学数学课程标准与教材研究"获浙江省一流本科课程。曾主持国家自然科学基金研究项目"傅立叶分析的历史研究"。在 *ZDM-Mathematics Education*、《自然辩证法研究》《自然辩证法通讯》《课程教材教法》《数学教育学学报》等刊物发表论文 20 多篇。

1. 独木桥与康庄道

贾：您当年毕业于中国科技大学数学系，后来选择了数学史研究方向，能不能谈谈您是如何走上数学史研究这条道路的？

李：我大学读中国科技大学的数学系，学的是偏微分方程专业，1965 年大学毕业后被分配到中国科学院数学研究所。1966 年"文化大革命"开始，所有的研究工作都停下来了。除了极少数人，像陈景润、杨乐、张广厚他们还坚持研究，但也只能是"地下研究"，不能公开。到了 1972 年，科学研究慢慢恢复，我觉得应当考虑自己的研究方向了。我在大学里学偏微分方程，但在"文化大革命"期间有七年多的时间根本就没有接触微分方程，倒是看了一些数学史的书，因为这方面的书不禁止，吴文俊先生也有这样的经历。当时中译本的世界数学史书基本上只有一本，就是斯特洛伊克的《数学简史》，这本书我看了很多遍，还看了钱宝琮的《中国

李文林大学一年级时在
天安门的留影（1960）①

数学史》，这样我对数学史开始发生兴趣，而且也做了一点工作，写过一些体会。所以我就面临着在偏微分方程与数学史两个研究方向之间做出选择的问题。数学史当时在国内基本处于一个很弱势的状态，中国数学史还有一些权威的先辈们像李俨、钱宝琮他们在研究，至于世界数学史，当时国内好像只有辽宁师范大学的梁宗巨在做一点研究，但基本上可以说属于空白领域。在数学所这样的环境，我当然是希望自己研究世界近现代数学史。当时数学所微分方程研究室主任、我国偏微分方程的奠基人吴新谋先生留学法国，师从阿达玛，他原来就有派我们几个年轻研究人员到法国学习的计划，由于"文化大革命"只能搁浅。"文化大革命"结束后，他的这个计划可以实施了。1980 年有一天，吴先生找我说，现在大家都在联系出国，你怎么没有动静啊？这个时候我想必须把我的想法跟他说了，我知道吴先生作为微分方程室的主任，我要提出改行做数学史，首先需要他的首肯。我很犹豫地跟吴先生谈了我的想法。吴先生沉默了好一会，然后说他要考虑考虑。一个礼拜以后吴先生找我，他说你如果能在国外联系到合适的单位跟合作导师的话，我不会反对你去学数学史。对我和吴新谋先生来说，这是一个很重要的决策。时至今天，我仍然感激吴新谋先生的宽大胸怀和体贴包容。

下一步关键就是联系单位和合作导师了。我首先想到的就是鼎鼎大名的科学史家李约瑟，他是英国皇家学会会员。我从来不认识他，也从未谋面。我冒昧给他写了一封信，介绍了我的基本情况，说希望能够到剑桥大学做访问学者进修数学史。其实，我也没抱太大的希望他能回信，但是没想到他很快就回信了，他的回信我现在还保留着。他说很高兴，他很欢迎。但是他说他自己不研究世界数学史，他的研究重点已经放到军事、医学等

---

①文中全部照片由李文林提供。

李文林与吴新谋先生的合影（20 世纪 80 年代摄于吴新谋家中）

李约瑟博士给李文林的回信（1980 年 6 月 17 日）

领域了,不过他表示我可以随意利用他那儿的文献、史料,并可经常与我交谈。他还说剑桥大学有个科学史与科学哲学系,他已把我推荐给了这个系的系主任 Mary Heath,一位非常有名的科学哲学方向的女教授。这位系主任也很欢迎我去访问,不久寄来了邀请信。

我去跟吴先生讲这个事,吴先生听说剑桥大学能邀请我,立刻说这个就很好。但是出国还要参加外语的培训与考试,我在大学里英语是第二外语,只学过一年时间,仅仅知道一点发音和基本语法,所以英语基础很差。我参加北京大学英语培训正值暑假,就在中关村数学所办公室中搁一张木板床,这段时间不回家,就在办公室奋斗了两个月,其间我还专门买了唱机以及"灵格风"(Linguaphone,英国出版的一种采用唱片配合课文进行教学的英语课程名称)唱片自学英语。两个月后进行英语考试,当时我在的那个培训班中 16 个学员,考试结果只有 2 个人及格,我是其中之一。1981 年 3 月 15 号,我登上了去英国的飞机。记得在这之前,我在数学所走廊里碰到了一位很要好的数学所同事,他是华罗庚先生的学生,是国内很著名的代数学家,他说李文林你放着康庄大道不走,偏要去走独木桥。他说的"康庄大道"是指微分方程的研究,"独木桥"就是指数学史研究。因为当时国内好多人对数学史不了解,他觉得你搞数学史研究到底能搞出什么名堂来?将来有什么前途?我知道他是关心我,是善意的提醒。但是我当时已经没有退路,我马上要准备出国上飞机了。我当时的确也是经过慎重考虑的,并不是心血来潮。我觉得我们国家需要这个方向,当时国内世界数学史研究基本上是空白,我跟梁宗巨先生有过交流,他也鼓励我从事世界数学史研究。当时他是国内唯一做世界数学史的前辈,我出国之前,他还到中关村请我跟袁向东吃了一顿饭,特意为我饯行。我分析了自己的状况,自己的数学基础比较好,再加上 1972 年到 1981 年间,我阅读过一些数学史的著作并做了一点研究,我还是有信心做这方面工作,从而去开辟一个新的领域。如果继续从事偏微分方程的研究,我相信我也能做出一些成绩来,但意义是不一样的,从事数学史的研究更具有开拓性。所以我还是义无反顾登上了飞往伦敦的飞机。尽管心里还是有一些迷茫,"独木桥"能否过得去?将来前途如何?都不是十分清楚。但是我认为鲁迅说得对,天下本没有路,走的人多了便有了路,路是人走出来的。所以我毅然决然地走上了"独木桥"。

经过四十年的发展,中国的数学史研究者现在已有一个相当壮大的队伍。我们国家的数学史事业的发展总体情况还是比较好的,现在已有不少学者从事世界数学史的研究,研究成果也越来越丰厚。回顾以往,我想在世界数学史研究这条路上有我自己的脚印,尤其在早期开拓时留下了我的脚印,我还是比较欣慰,觉得"独木桥"没有闯错。

贾:您的数学史研究是如何起步的?在起步阶段都做了哪些工作?取得了什么成果?

李:我的起步情形刚刚说了,就在"文化大革命"当中,我已经开始看了一些数学史的书,包括外国数学史以及中国数学史,而且也悄无声息地做了一些工作。我心中长远的计划是做世界数学史,但当时觉得如果要做世界数学史,必须对中国数学史也要有相当的了解,而不是一般的了解,才能在比较的基础上深入。所以我同时做两方面的事,中国数学史我开始做一些研究,这些研究没有人指导,主要靠自己琢磨。由于当时特别推崇祖冲之,我和我的合作者袁向东决定从研究祖冲之开始。我们首先想研究祖冲之历法中上元积年是如何确定的。当时一般认为上元积年是通过一次同余式确定的。理论上考虑应该是这样,但到底怎么算,必须要还原一个推算的过程,我们觉得这是一个有趣的研究问题。

我当时觉得祖冲之那个历法比较复杂,他那个上元积年可能要十几个同余式才能搞定。我们先从简单的开始,就是三统历、古四分历、四分历中上元积年的计算相对来说需要的同余方程比较少,就看看能否真正用同余方程推算出来。后来我们利用《史记》《汉书》里边的关键天文数据,比较完整地把三统历、古四分历和四分历中的上元积年以统一的同余式算法推算出来了,而且跟实际天象相吻合。我们当然很高兴,所以就写了《论汉历上元积年的计算》,但是当时没有地方发表。中国古代同余式求解后来发展到一般情形就是中国剩余定理。虽然当时对秦九韶的中国剩余定理已经有很多研究了,但是我们觉得值得去进一步探讨,于是我们决定乘胜前进。通过讨论我们首先弄清了秦九韶方法的结构,在《数书九章》中,秦九韶首先介绍的是"大衍总数术",这是他的总方法,"大衍总数术"实际上包括两个部分,其中一个部分是"大衍求一术",也就是我们通常讲的"中国剩余定理",主要解决在模数两两互素的情况下,如何求乘率,以往的研究主要集中在这种情形;另一个部分是处理模数非两两互素的情形,对这一情形以往关注很少。但非互素的情形怎么化约为两两互素的情形,这是非常重要的问题。我们主要在这方面进行了深入的研究,最后也有很好的结果。我们发现秦九韶有一个很好的化非两两互素的模数为两两互素情形的算法,而且相对来讲,除了个别步骤,它是一个机械化的算法,这恰恰体现了中国古代数学的重要特征——算法化倾向。我们的工作是有意义的。我们也写了文章,当时也是没有地方发表的,我们的研究全靠兴趣推动。直到 20 世纪 70 年代后期自然科学史研究所开始不定期编辑出版科技史文集,我们在那个文集上发表了上面说的两篇文章。通过这些研究工作,我觉得我对中国数学史有了比较深入的了解。

世界数学史方面,主要是从阅读翻译外国数学史著作特别是通史著作起步。前面已经提到斯特洛伊克的《数学简史》。另外,还仔细阅读莫里斯·克莱因的《古今数学思想》,这部著作当时还没有翻译过来,吴文俊先生专门送了我一本英文的影印版。我边阅读边翻译,后来北大翻译出版了整部著作。我当时做的大量的工作没有发表,但我并不觉得惋惜,因为这样的翻译是我学习外国数学史的非常必要也是非常重要的步骤。

除了广泛阅读一般的数学通史著作,还需要寻找更深入了解近现代数学史的突破口。当时我们找的一个突破口是希尔伯特与他的学派,因为希尔伯特是 20 世纪最重要的数学家之一,了解了希尔伯特,至少对 20 世纪数学的发展有一个概貌性的理解。康斯坦丝·瑞德写了一本《希尔伯特传》,我跟袁向东分工合作把它翻译出来,并由上海科技出版社于 1982 年出版了这本书。我们再顺藤摸瓜,扩大战果,对希尔伯特 23 个数学问题及解决进展做了一些调研,我想我们可能是国内比较早进行这方面研究的学者,调研的结果就是全译了《数学问题——在 1900 年巴黎国际数学家代表会上的讲演》,并编写了一篇介绍希尔伯特问题解决简况的文章。现在回过头来看,文中对 23 个问题解决进展的描述比较简略,但是在当时来讲颇不容易,因为你需要对每一个领域的问题了解其历史与现状。除了翻译《希尔伯特传》和研究希尔伯特问题,我还和袁向东合写了《格廷根的数学传统》,它实际上是讲格廷根数学学派。《自然科学史研究》创刊后的第 1 卷就发表了这篇文章。当时在国内近现代数学史研究领域,也是比较早发表的一篇文章。就这样,我们通过希尔伯特及格廷根学派这两个抓手,对 20 世纪的数学基本上有了一个概括性的了解。

起步阶段另一项重要的积累是原始文献的收集整理。我有一本 E. 史密斯的《数学原著选》(*A Source Book in Mathematics*),是许以超先生从旧书摊上买来送我的。许以超正是前面说到的在我出国前曾告诫我要考虑"康庄道"还是"独木桥"问题的那位同事,但这并不意味着他不支持我的数学史研究。他不仅送给我这本重要的数学史文献,而且在后来我编辑数学原著选时还亲自执笔翻译了伽罗瓦的那封绝笔书,因为他是代数方面的专家,他能够翻译得很准确。这些经历让我感受到了人和人之间一种真诚的关系,这些经历鼓励我、扶持我在数学史研究这条道路上前进。对于史密斯这本《数学原著选》,我也是边看边翻译了一部分。从那时起我就一直非常重视数学原始文献的积累与整理,同时还请一些朋友帮忙翻译那些我不太熟悉领域的一些原始文献。到了 20 世纪 90 年代,我收集整理翻译的这些原始文献在科学出版社出版了,取名《数学珍宝》,差不多有上千页,很多先生都帮了忙,这本书是合作的产物。原始文献的整理、研读无论对于数学史学者个人,还是对于数学史乃至数学研究群体来说都是非常重要的学术积累,是一项基础性建设。

贾:刚刚您提到了《数学珍宝》,它是国内出版的第一部大型数学原著选,您能谈谈编纂这部著作的初衷与宗旨吗?为什么当时考虑出版这部著作以及这部著作里选择文献的原则是什么?

李:《数学珍宝》实际上就是数学原著选(Source Book),前面我已经谈到,从我数学史研究的起步阶段一直到整个 20 世纪 80 年代,一直有整理数学原著的动机并在进行这方面的积累。我想我们国家也应该有类似于史密斯《数学原著选》的著作。科学出版社的编辑张鸿林先生也有这样的想法,我们一拍即合。

我在《数学珍宝》编写过程当中,参考了国外的各种版本的数学原著选。史密斯的《数学原著选》出版于 20 世纪 20 年代,古代埃及、印度、中国、阿拉伯等地区的数学文献完全没有选收。我还发现了一些比较严重的错误。比如目录中有费马论极大极小值的论文,但是以此为标题的文章的具体内容竟然是"驴头不对马嘴"。我觉得很奇怪,我想全世界各大图书馆都收藏的这样一本经典著作,难道别人就没发现这个错误吗?后来我就去看其他的数学原著选,发现斯特洛伊克编的数学原著选中收录的是真正的费马论极大极小值的论文。我心目中理想的《数学珍宝》,文献的收录首先是要准确,绝对不能出现这类错误。同时在文献的选择上,所有文明要基本覆盖。在时间跨度上,我确定了从古代到 19 世纪。20 世纪的文献我还是没有包含进来,当时觉得选择 20 世纪文献的时机还不够成熟,经过慎重考虑,决定选到希尔伯特《几何基础》为止。当然这个工程还是比较浩大,也比较困难。有一位日本数学史家跟我说过,他说几乎所有的西文数学原著选都不选日本的。我们选了关孝和的著作,所以就当时而言应该说《数学珍宝》是一个比较全面的数学原著选集了。不过《数学珍宝》从出版到现在已经有比较长的时间了,我刚刚说了 20 世纪的数学原著没选进来。另外,19 世纪的伽罗瓦的著述只选了他临去世前夜写给朋友的一封绝笔信,里边虽有群论的基本思想,但没有细节,后来陆续发现了伽罗瓦群论的一些原始文献。我想这些文献在《数学珍宝》再增订时可以再添加进来,这是我以后的计划。

2. 剑桥岁月

贾:前面说到,您曾经到剑桥大学做访问学者,您能谈谈剑桥的经历吗?访学期间,您的数学史研究聚焦于哪些方面?

李:我前面已经说过我是怎么去剑桥的,到了剑桥,当然按照李约瑟的安排,我主要在两个地方学习,一个就是东亚科学史图书馆,即后来的李约瑟研究所。再有一个,就是科学史与科学哲学系,这个系是在一个很古老的、很有历史感的建筑里边。我在那里有个办公室,每周的时间我会分成两段,有两天在李约瑟图书馆,剩下的时段就在科学史与科学哲学系。我一方面广泛听课,听了许多科学史、科学哲学的课。另一方面专注于两项研究。第一个是牛顿研究。剑桥是微积分的发源地,我有机会能够在这里研究牛顿是很幸运的,况且这里还有牛顿研究的权威专家——怀德赛德(Whiteside)教授,他把牛顿的拉丁文数学手稿全部整理出来,并翻译成英文,而且添加了适当的注解,共八大卷,每一卷都很厚。考虑到这些有利条件,我当机立断决定从事牛顿的研究。另一个是格林研究。格林就是数学物理领域中格林公式的发明人,他在数学史上相对牛顿来讲是个小人物,但你不能只选牛顿这样的大人物,你还得选一些进可攻、退可守的课题。我是偏微分方程出身的,数学物理与偏微分方程密不可分,再加上格林的相关材料都是英文,不是拉丁文,我研究起来比较得心应手,所以我还选了格林。后来我发现他应该是剑桥数学物理学派的先驱,还顺带发现了 G. Stokes,还有 W. Thomson(即开尔文勋爵)和一直到后来的 J. C. 麦克斯韦的一些材料,这些材料大部分属"手稿本"(manuscript)或"珍本"(rare book),所以我花了很多时间也从事剑桥数学物理学派的研究。

我再谈谈牛顿的相关研究以及对我的启发。我在剑桥通过调研牛顿阅读过的著作,分析了牛顿微积分的思想来源。他起初并没有重视欧几里得《原本》的学习,他在《原本》的封面上写了一个词"trivial",意思是这本书很平常,没什么大不了的。一般认为近现代科学都是演绎的科学,但是我看了牛顿微积分早期的手稿及他经常阅读的著作就可以断定,牛顿早期的微积分没有几何推理,基本是算法。他的微积分的创建主要是受到了笛卡尔《几何学》和沃利斯《无穷算术》的影响,这在他的笔记里面都记得很清楚。对牛顿手稿及他阅读过的著作的研究使我对牛顿发明微积分的过程有一个非常清晰的了解。牛顿的研究是我数学史研究方面很基本的积累,应该说给了我数学史研究的底气。对牛顿微积分的深入了解,加上之前我们对希尔伯特学派进行过的研究(开启现代公理化的学术传统是这个学派的基本特征。),这两方面的研究工作结合起来,就使我可以在近现代数学史领域比较自由地行走,并逐渐形成了我的数学史观。

贾:据说在剑桥有一块石碑,上面写着徐志摩《再别康桥》的首尾两句,您看到过这块石碑吗?

李:我当年没有看到过这样的石碑,应该是后来立的。但是徐志摩《再别康桥》的那首诗我是能背出来的。他还写了一篇游记《我所知道的康桥》,这是我们去剑桥的中国留学生游历剑桥手中必捧的经典。徐志摩在其中讲,剑桥的灵性全在一条河(剑河),剑河的精华则是在它被称为 backs 的中段,而最令人流连的是克莱尔学院(Clair College)与国王学院(King's College)的毗连处。这一段的确非常漂亮。但我想说,最令人流连的就是王后学院(Queen's College)后面横跨剑河的那座数学桥。

剑河荡舟,背景为著名的数学桥(1982)

我在剑桥住在 Corrie Road 1 号,我们三个中国访问学者合租一座二层小公寓。我在这里请李约瑟和他的夫人、同事吃过饭。在剑桥,我经常有机会和李约瑟聊天,他对中国非常友好,对中国学者很关心。我写的文章他会给我认真修改,甚至加不加冠词的小问题他都要仔细修改。我非常感谢他,想请他吃饭,但中国留学生当时也没有钱请他们到餐馆去吃饭,一顿饭可能就把你一个月的生活费都花掉了。所以我想邀请他到我住的公寓里来,我自己做菜招待他。有一天我就去先跟鲁桂珍商量,我给鲁桂珍讲,我想在我住的地方请她跟李约瑟夫妇吃饭。鲁桂珍是华人,她很高兴。她说她会跟李约瑟讲,正说着李约瑟进来了。李约瑟身材魁梧,但是他岁数大了,稍微有点驼背。鲁桂珍就直接对他讲,李文林想请你吃饭,去不去?李约瑟没有犹豫就说"去"!我一听就很高兴,很快确定了聚会的时间。聚会那天做了一桌子的菜,有糖醋排骨、茄汁大虾,最后一道菜是甜食豆沙苹果球,我没告诉他们这道菜是什么,李约瑟夹起来咬一口,用中文说了两个字"豆沙",大家一片欢笑。当时我的一个中国同事也参加了我们的聚会,还帮我一起准备饭菜,他就是张素诚的学生沈信耀,是从事拓扑学研究的。

在剑桥的两年对我的数学史生涯可以说是有决定性意义的,既艰难又愉快。我 1983 年 3 月回国。徐志摩在《再别康桥》里有两句:"轻轻的我走了,……不带走一片云彩"。我曾经写了一篇文章刊登在中国数学会通讯上,我说我是以"轻轻的我走了,带走了一片云彩"作别剑桥。那么我带走的是一片什么云彩呢?中国古代数学中的杨辉三角出现在杨辉的《详解九章算法》中。杨辉三角的发明人是贾宪,但贾宪没有任何著作流传下来,杨辉的《详解九章算法》收录在《永乐大典》中。公元 1860 年,英法联军侵占北京,《永乐大典》的大部分被西方人劫走了。有杨辉三角的那一卷现在在剑桥大学图书馆,我们叫善本或者珍本,他们叫 rare book。我临回国前去剑桥图书馆看这一卷,我想照一张相,这很难得,世界上只有这一本。但剑桥大学图书馆对 rare book 的阅读有非常严格的规定,不能拍照。我跟图书管理员说,这书本来就是中国的,我现在拍张照都不行?管理员讲这不是

在剑桥住处宴请李约瑟博士(1982)(自左至右:李文林,李约瑟,沈信耀)

她的事儿,但是如果你觉得有用的话,我们可以替你拍,拍完后你买这个底片,4英镑一张。当时我每个月的生活费是160英镑,但我还是花了4英镑买了这个底片并把它带回来了,我觉得这是一片云彩。所以我说"带走了一片云彩"。

3. 数学史观与《数学史概论》

贾:您提出算法、演绎倾向作为数学史分期的主要线索,您的这一数学史观是如何形成的?

李:其实这个问题我前面已经讲过一点,我可以再补充几句,因为这个问题比较重要。我前面讲了数学史研究的起始阶段,跟我在剑桥的研究经历,逐渐地让我形成了数学史观。世界数学发展的主流问题是吴文俊先生首先提出来,他在1975年的《数学学报》上发表了一篇文章,首先提出了以中国为代表的东方数学,以及以希腊为代表的西方数学是数学发展的两条主线,我觉得这是吴先生对数学史研究最重要的贡献。我的工作受吴先生很大的影响,这个我后面还会继续讲。

当然在1976年之前,吴先生那篇文章还没发表。但我的数学史研究已经起步,加上剑桥两年的学习,我逐渐搞清楚作为近代数学开端标志之一的微积分是如何产生的。微积分是算法的产物,剑桥两年的学习使我更加明确这一点。在剑桥还有最后一个插曲,我刚刚没有讲,涉及这个问题。我在剑桥的最后一个月,李约瑟亲自写推荐信,信里边说了很好的话,推荐我到德国慕尼黑大学的科学史系与科学史博物馆(两者是一个单位两块牌子)进行为期一个月的访问。我在慕尼黑接触到了笛卡儿《几何学》最早的版本。虽然在这个时间段我还没来得及做详细的研究,但至少我已初步认识到近代数学兴起的另一标志解析几何的算法特征,这引导了我后来在这方面进行更深入的研究。

算法倾向与演绎倾向,形成数学发展的两大主流,在历史上,它们呈现出交替繁荣的局面。对数学整体而言,二者互补,不可或缺。这就是我通过起始阶段数学史研究和剑桥的学习经历,形成的对数学发展的总体认识,也就是我的数学史观。吴先生在《数学史概论》的读后感里面对我的这种认识进行了概括与评述,并称之为"精辟的历史观"。在后面谈到吴文俊先生对我的影响时,我还会进一步谈到这个话题。

贾:您刚谈到了《数学史概论》,这部著作从首版至今已有 21 年,先后出了四版,您能谈谈这本书的创作与不断修订的过程吗?

李:我从剑桥回来以后,白尚恕先生在北京师范大学举办了一个全国数学史的暑期讲习班,吴先生也去了,白尚恕要我做一个报告,我就整理了一个算法倾向、演绎倾向与数学史分期的报告,后来在《自然辩证法通讯》上发表了。有一天我去数学所图书馆,当时图书馆只有一个馆员,就是吴先生的夫人陈丕和。她跟我讲,李文林,老吴在家里夸你写的文章呢。我说哪一篇文章啊?她说是我在《自然辩证法通讯》上发的文章。这篇文章我还没有送到吴先生手里,却受到了他的关注。一直到 1998 年,吴先生成立了数学机械化中心,他让机械化中心那边给我分期拨 5 万元过来,吴先生在他的拨款"意见书"中说:这项拨款"交与李文林作为世界数学史的研究基金,希望李的研究工作,能为今后写成一部真正够得上'世界'二字的'世界'数学史著作奠定基础。"在这份材料里,吴先生又特别提到说:"他的一篇关于数学史分期的论文,应可视为真正的'世界'数学史的传世经典之作。"当然这是很过奖的话了,但说明了他心中始终念念不忘历史上数学发展的主流问题,并希望我能以此为主要线索编写一本数学通史。我受到了很大的鼓舞,但同时也感到很大的压力。我知道,吴先生给我下达了一项重大的任务。

所以说,是吴先生推动我写一部有明确数学史观的数学通史。说来也巧,北京大学的姜伯驹院士,当时他是北京大学数学学院的院长,他邀请我给北大数学系的学生开一门课,讲讲数学史。1998 年秋天,我给北京大学的学生讲了一个学期的数学史,在课程中我就努力体现我的数学史观,把讲课与落实吴先生的托付结合起来。讲课期间我撰写了讲稿,不久北京大学出版社来约稿了。同时由于北京大学的原数学系主任李忠教授的推荐,高等教育出版社也来约稿,我最终与高等教育出版社签订了出版合同。

我手头只有七八万字的讲稿,所以当时面临着扩充讲稿的事。签了合同以后,我到美国麻省理工学院 Dibner 研究所访问了半年,这期间没有时间对手稿进行扩充。我回国后高等教育出版社的责任编辑赵天夫来催我了,他现在已经是高等教育出版社一个事业部的负责人了。他一定要我在暑假以前把稿子赶出来。他非常的负责任,几乎隔三岔五就跑到数学所的传达室催我交稿。我只好快马加鞭,最后我还请了我当时的博士生徐泽林跟程钊帮忙,徐泽林帮我扩充了印度、阿拉伯数学那一章,程钊帮我扩充了 19 世纪那几章,这样我的书稿就完成了。当然在讲课过程及书稿的写作过程中,都贯穿了一条主线,就是演绎倾向与算法倾向的交替繁荣。至于书名我刚开始起名为《数学史概论》,但是高等教育出版社从他们的角度考虑,改名为《数学史教程》。这本书出版以后,我寄了一本给陈省身先生,陈先生很快给我回了一封信,还给我打了个电话。他就说你这个书叫教程不太妥当,它不光是教程,一般的数学工作者都可以看看,应该改名,所以后来在第二版的时候,书名改回《数学史概论》了。

贾:在《数学史概论》出版之前已经有一些同类著作,但您这本书还是很受欢迎的,好多高校的数学史课程都以这本书作为教材。那您能不能谈一下这本书它能够成功的原因,或者说与其他同类书不一样的特点?

李：关于这本书的特点，吴文俊先生在他后来写的读后感里做了概括，另外徐传胜、袁敏也写过一个书评。我个人在这里想强调两个方面。首先就是这本书里渗透了我的数学史观。所谓数学史观，除了前面一再提到的对数学发展主线的看法，还包括对什么是数学史？数学史的价值、意义何在？以及什么是数学这样一些根本性问题的看法。这些我在这本书中都做了自己独立的论述。如对数学史的定义，我加进了与社会和一般文化联系的内涵；对什么是数学，我提出了"历史的理解"这一途径，等等。我这本书力求有最大的时间与空间跨度，正所谓古今中外。由于对数学史的意义及价值的明确认识，以及贯穿全书的算法与演绎倾向这条主线，这样我在选择数学事件与成果时有纲可依，所以尽管书中内容丰富，但基本上做到了庞而不杂、庞而不乱。第二个方面是书中要揉入自己的研究成果。你不能所有材料都是编的，比方说这本书中介绍笛卡儿、牛顿的部分，肯定与别的书有不一样的地方。书中对笛卡儿发明解析几何过程的处理，张奠宙先生就注意到了，并做过评析。书中还尽量跟进吸纳了国际上世界数学史研究的最新进展，你不能都用老的材料，如果都是老的材料，那这本书是没有价值的。

这本书对我最大的挑战是如何介绍 20 世纪数学，这个我是花了一番功夫的。我想 20 世纪数学的介绍不能罗列人物、罗列数学分支进展，因为一方面 20 世纪的一些数学成果还在发酵、发展中，要下定论很困难。另一方面，20 世纪数学系统庞杂，要全面列举根本不可能。我采取了勾画基本特征、描述主要发展方向的策略，然后再进行举例。我在书中讲 20 世纪成果，我不是说 20 世纪十大成果，我没有这么说，如果这么说的话，会受到很多的非议。我讲的是 20 世纪数学成果举例，当然举例子肯定不是随便举，所举例子当属 20 世纪数学最重大的成果之列并能反映 20 世纪数学最典型的特征。事实证明，20 世纪数学的这种处理是可取的。

近现代数学史的研究确实很有挑战性。你不可能懂数学的每一个领域，我顶多懂微分方程。但是现在数学领域那么多，如果你不进行很深入的了解，你写东西很可能就会出偏差或基本上是一种晦涩的翻译。你要写准很难，你不仅要知道它是什么，更要知道其本质是什么，它与其他数学对象甚至数学分支的关联。我的优势是我与许多造诣很深的数学家有过近距离的接触，同时参与过一些重大的数学活动。"文化大革命"结束后我参与了国家数学发展规划的起草。为了制定这次规划，那时全国数学界最有名的人物都来了，如苏步青、江泽涵、吴文俊等，这些数学家们报告了"文化大革命"10 年间，国际上各个数学分支发生的深刻变化。我一边听，一边做记录，所以我从这时起对 20 世纪数学的发展状况有了基本的积累。

《数学史概论》第一版发行时，序言、题词等都没有，并且里面的错误不少，但第一版很快就印了 5 次。这给了我信心。吴文俊先生并没有给我写序言，他写了一个读后感，后来经他同意在第二版中我把他的读后感放在书首作为代序。请陈省身先生题词的过程我在第三版前言里做过介绍。2001 年 9 月 12 日，我应约去南开大学见陈先生，中午陈先生在住处招待午饭，临走的时候我跟陈先生说，我的《数学史概论》要出第二版了，能不能给我这个书题个词？他一下就答应了。回到北京一段时间后，我就收到陈先生寄来的一封信，里边一式两份题词，并且还问我题词合不合用。之后不久，张奠宙、王善平撰写的《陈省身传》出版了，我收到一本赠书和张奠宙先生寄来的一封信，信中说陈先生请杨振宁、王元、李文林为他的传记写书评。我充满感激又诚惶诚恐地承诺了先生的厚托。我的书评在先生仙逝一周年时发表于《高等数学研究》。

贾：您刚刚谈到在北京大学开设了数学史课程，在北京大学之后，您还在哪些大学开过数学史课程？能谈谈这方面的体会吗？

李：我给北京大学的学生开设数学史课程，开课的时候发现一个阶梯教室坐满了，有300多人，我都没想到学生们对数学史热情如此之高。这是我第一次上讲台，我在数学所从来没有开过课。现在回想起来，刚开始上课还是缺乏经验。不久清华大学数学系主任冯克勤先生也邀请我去给他们的学生讲数学史选修课。我在清华大学讲过三轮，每学期一轮。中国科学院研究生院也邀请我去给他们的研究生开设了数学史课程，中国科学院研究生院后来变为中国科学院大学了。我算了一下，我在研究生院至少讲过 9 轮。中国科技大学数学系主任陈发来教授也邀请我开设过暑期课程，前后有三轮，我每次就在合肥待一个月，每个礼拜安排两次，就这样一个月把这个课程讲完。我给大连理工大学"华罗庚班"也系统讲授过数学史课程。有了在这么多知名高校不断授课的实践，我自感现在的讲课艺术比开始时要提高不少。如何把数学史讲好，讲生动，让学生感兴趣、听得懂，这个是需要功夫的。首先是需要深入浅出，只有深入才能浅出，这是我最深刻的体会。如果你对内容没有深入理解，就只能照本宣科。

通过上课我发现数学史课程还是比较受欢迎的。不管是在北京大学还是清华大学，选修数学史课程的学生来自各个专业，有计算机系、电子系、心理系的学生，还有文科的学生。清华大学电子系有一个学生，我每次上完课后他都要找我谈谈，他说听了我的课之后他觉得自己将来工作要搞得出色，要有所创新的话，必须把数学基础打好。清华大学有个物理专业的学生，他说听了数学史课之后，深刻地认识到数学是"物理学之父"。北京大学有一个心理系的学生还用英语给我写了一封信，他说我的课让他第一次从美学的角度来认识数学。学生的这些反馈充分说明了数学史课程提升了他们的素养，开阔了他们的视野，促进了他们的成长。与学生交流中听到的意见与我在网上看到的一些反馈，又帮助我不断地对《数学史概论》进行修改。

贾：在数学史研究领域，您还做了哪些方面的工作？

李：除了上面所谈到的一些工作，我在数学社会史（social history of mathematics）方面也做了一些工作。数学社会史主要讲数学的发展跟社会发展之间的关系。数学史界曾经有很长时期的内史与外史之争，数学社会史的研究在某种程度上消解了这种争论。我在数学社会史方面的主要工作是研究数学学派。我前面谈到我在剑桥的时候研究了剑桥数学物理学派，后来又做过莫斯科学派的研究，加上早期关于格廷根学派的论述，形成了一个系列。这方面的工作是有反响的，一直到最近，我看到一些数学公众号上还在转载我以前数学社会史方面的文章。

再有一个就是现代数学在中国的发展，这当然是中国数学史的部分，但是隶属于现代部分，这方面的工作我也做了不少。中国近现代数学的发展起初恐怕主要是靠交流，数学交流史是中国现代数学史中的重要一块，这方面我也做了一部分工作，这些工作我想在后面我选择适当的时机再谈一些。最后我还做了大量普及性的工作。即使今年在疫情此起彼伏的情况之下，我还是做了 6 个数学普及方面的报告。数学史普及是数学普及的重要

李文林在中国科学院大学讲数学史课(2013)

方面,对于激发学生的数学兴趣,增强社会公众对数学价值与作用的了解,具有重要意义。所以我大概每年都要花一些精力做一些普及性的工作。

4. 数学史的价值与学位点建设

贾:任何一门学科都会面临其存在的意义或价值追问,对于数学史的价值,您曾经有"为数学而历史""为历史而历史""为教育而历史"的观点,您是在什么背景下提出这一观点的?您觉得您的工作更关注哪些方面的价值?

李:在 2005 年以前,我的工作基本上应该说是为数学历史。2000 年以后,我们国内搞课程改革,特别是高中课标提到要设立数学史的选修课,教育界对数学史比以往更加关注了。记得在 2002 年左右,教育部邀请我和王元去审查高中数学课程标准,从那时开始我就在思考数学史在教育中的作用。经过长时间的思考,我对数学史的价值逐渐有一个全面的认识。我把它叫作三位一体。数学史的价值就体现在三个方面:作为历史的数学史,作为数学的数学史以及作为教育的数学史。数学史研究需要搞清历史本来面貌,这是数学史家的责任与担当,也是最本质、最基础的工作,就是数学史研究要为历史服务。同时我们搞清历史面貌就是要为现实服务,服务于数学研究与数学教育是为现实服务的主渠道。如果我们把数学史的价值扩展到数学教育的话,我们数学史这个圈子就会扩大。同时它能够给数学教育带来一些启发,发挥数学史在数学教育中的作用。反过来它也可以为数学史研究者开拓研究思路,提供新的研究课题。在 2005 年,曲安京对数学教育也很感兴趣,他很想在西北大学召开一次数学史与数学教育的会议,我当时是数学史学会的理事长,我支持他的想法,这样全国数学史学会和西北大学联合举办了第一届数学史与数学教育会议。在开幕式上我就讲了这个观点,为数学而历史,为历史而历史,为教育而历史。我想后来大家觉得还是有道理,特别是张奠宙先生还有西南大学的宋乃庆教授,他们是教育界的重量级人物,他们都比较支持这个事情,后来又变成一个系列会议。现在实践表明,数学史跟数学教育的结合,这是一个双赢的事情。

贾:多年来您为数学史学位点的建设倾注了心血,我想了解一下,您是什么时候成为博士生指导教师的?为什么是在西北大学?

李:这个事情是有一个比较长的过程,我们国家过去没有数学史的博士点,在改革开放以后,首先是有了数学史的硕士点。在 1989 年,我记得那个时候北师大的白尚恕先生提出来,就某一个大学申请一个数学史的博士点,这是不太现实的,因为每个博士点需要几个教授等硬条件,这些硬条件好像没有一个大学能够达到,那么他就提出来,能不能几个单位联合申请一个博士点,教育部允许这样做的。于是由白先生牵头,联合了西北大学李继闵、杭州大学沈康身、系统所吴文俊,以及数学所的我一起联合申报博士点。我当时还不是正研究员。但是因为当时对指导导师好像并没有要求一定是正高,所以他们希望有一个世界数学史的。这样是五个单位联合申请,吴先生当时是学位点评审的数学组组长,但是在申报的过程当中,北京师范大学觉得白尚恕已经超过 70 岁了,他们校内就没有批。大家商量后决定改由西北大学牵头来申请。但是第一次申请送上去评议没有通过。第一次评给刷掉了,一般是没有机会翻盘的。李继闵很着急,他专程跑到北京来了,我们一起去找了吴文俊先生和杨乐院士。吴先生和杨先生对于数学史设博士点都很支持,他们一致认为我们国内没有数学史博士点不利于这个学科的发展。所以他们同意推动这个事情。后来吴先生就把申请重新拿到评议组去复议,这个博士点在复议时竟然被通过了。这样就诞生了中国高校第一个数学史的博士点。1990 年正式批下来的时候,我已经是数学所的研究员了。1991—1992 年,李继闵招了三个学生,分别是纪志刚、曲安京、王荣彬。从 1991 年开始我就是西北大学的兼职教授了。1992 年,我通过数学所申报博士生导师。那个时候的博士生导师是要经过国务院学位办批准的。但是李继闵教授知道后,他提出来希望我从西北大学报,因为西北大学只有他一个博士生导师。我考虑数学所有一级博士点,还是应当支持一下高校的学位点建设,于是就把申请书换了,把新的申请书寄给西北大学去报。1992 年底,国务院学位委员会批准了我的博士生导师资格。但很不幸的是1993 年 9 月李继闵先生因病去世,他招的学生还没有毕业,当然我就要把这个摊子给接过来。后来我负责把三个学生带毕业,当时西北大学还邀请了内蒙古师范大学罗见今教授过去兼职。1997 年西北大学给我颁发了双聘教授的聘书。

我在西北大学从 1994 年开始招收博士生,一直到 2012 年。我同时也开始在中科院数学所招收博士生,因为前面已提到数学所是一级博士点,可以招收数学各个方向的研究生。除了西北大学,我也是内蒙古师范大学、河北师范大学、天津师范大学、山西师范大学等大学的兼职教授。我深深感到学位点对于一个学科的生存与发展的意义。对于各个单位申报与建设学位点(包括博士后流动站)我一向尽自己所能给予支持。现在,国内高校系统至少已有西北大学、内蒙古师范大学、上海交通大学、河北师范大学等 4 个数学史博士生培养基地,我的学生有不少已成为数学史事业的中坚,对比自己当初涉足数学史时的形势,现在的形势大为改观,这是真正令我感慨又无比高兴的事情!

5. 学术成长与助推因素

贾:有哪些重要的人物助推了您的数学史研究?

李文林与西北大学数学史博士点师生合影(约 1998 年)

李： 我大学毕业以后基本上一直在数学所(现在是数学院)工作,所以我接触比较多的人物主要还是在数学院,对我影响最大的人物我主要讲两位。一位是吴文俊吴先生。还有一位是王元院士,我们叫他元老。我在科大的时候吴先生给我们讲微积分、微分几何,一共讲了有差不多三年。后来一直到了"文化大革命"后期,由于对数学史的共同兴趣,我和吴文俊开始有机会密切接触。1979 年,当时我跟袁向东计划到西安、洛阳一带去做关于中国古代数学史的考察,吴先生知道这事后就提出来要和我们一起去参加考察。我们一路到西安、洛阳、安阳。吴先生一直跟我们一起,那时他已经是学部委员(院士),但那个时候条件很差啊。比方我们到了西北大学,就住在西北大学的招待所,是两个人一间房,吴先生也不例外。在洛阳住的是火车站对面一家旅馆的通铺。然后我们乘坐拖拉机从洛阳到登封。这一路是很辛苦的。吴先生在西安的时候做了两场报告,一场是关于几何定理机器证明的,还有一场就是关于中国古代数学的。在回京的火车上,我就问吴先生这两场报告相互之间有什么关系？他就跟我很仔细地讲,我在火车上带着一个笔记本,他就在我的这个笔记本上进行推演、解释,我现在还保存着这个笔记本,红色的都是他写的,他讲了代数几何基本原理、他的机器证明方法,以及中国古代数学特别是朱世杰四元术的影响,那我想我应该是比较早的(如果不是说最早的话)理解他的数学史研究与机器证明之间关系的一个人。从此以后我与吴先生的关系因为这样一种共同的兴趣就比较密切了。对我的成长来说,最重要的是在吴先生的引导与启发下,我形成了自己的数学史观,而且在此过程中受到了他的鼓励。

有一次他特别有兴致地跑到我办公室坐下来,他说你看我找到了范德瓦尔登早年的代数几何的著作,你发现了没？这个早年的代数几何还是构造性的,后来才变成了那种演绎味道比较重的理想论的模式了。这使我理解了他以代数几何零点论为基础建构他的机器证明方法的渊源。我想吴先生把东方数学拿出来跟希腊数学相提并论,这个是深思熟虑的结果,是他多年研究的结果,绝不是就像有些人说的,吴先生的观点仅仅是一种民族主义的冲动。在西方中心论统治影响的学术环境之下,只有吴先生有勇气提出来这个论

数学史考察时，李文林与吴文俊院士（右二）在西安大雁塔前合影（1979）

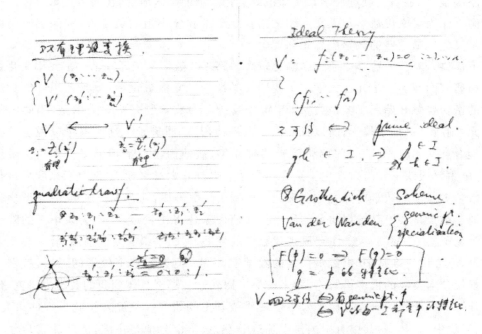

数学史考察回京途中，吴文俊院士解释几何定理机器证明原理的手迹

点。而且吴先生他自己知道他提出来的看法会引来争议，引起批评。我记得他当时关于数学史的第一篇文章，就是关于中国古代数学对世界数学贡献的文章，他当时用的是笔名，叫"顾今用"，就是古为今用的含义。文章发表后，有一天我在数学所走廊上碰到他，我说吴先生这个文章是你写的吧？他没有正面回答我的问题，只是神秘地笑了一下，然后举起手臂，挥了一下说，准备战斗。他从一开始就知道在西方中心论占统治地位的情况之

下,他提出的观点是会受到争议,引起批评的。所以我想吴先生对中国数学史研究的贡献,可能许多人聚焦于他提出的古证复原。但其实吴先生最重要的贡献是他提出来什么是数学发展的主流的观点。这也是他本人最看重和关注的所在,从他第一篇关于中国数学史的论文到他晚年倾力设立数学与天文丝绸之路基金,都清楚地说明了这一点,特别是数学与天文丝绸之路基金。吴先生深知,数学发展主流的观点,涉及数学文化的传播形式和史学评判问题,而在这方面,部分持有西方中心论的学者往往是秉持双重标准。大家知道古代埃及、古代巴比伦的文字直到 19 世纪才被破译,那就意味着在 19 世纪以前,西方人根本不知道埃及数学跟巴比伦数学是何物,更谈不上影响了。至于古代埃及、古代巴比伦数学对希腊的影响,至今并无任何著述与传播途径的实证,基本上是根据地域邻近的推测和传说,但这一切并没有妨碍任何一本西方数学史著作,把埃及数学跟巴比伦数学作为早期数学发展的主流写入其中。又如古希腊的泰勒斯和毕达哥拉斯,都是传说人物,亦无任何著作传世,这也没有妨碍几乎所有的西方数学史著作,毫无置疑地把他们作为演绎数学的鼻祖写入其中。而中国古代数学呢?尽管有一条明明白白的丝绸之路,有中外学者的大量研究(包括吴文俊本人的研究),却始终被部分学界拒之于数学发展主流之外。事实上,文化思想的传播不像一杯水,从 A 点到 B 点。文化的传播是一种扩散,吴先生创立的丝路基金,正是要通过对数学天文知识的文化扩散的深入研究,厘清近代数学的多元文化根源。作为吴文俊数学与天文丝绸之路基金学术领导小组的负责人,我深感丝路课题凝集了吴先生最主要的数学史思想和理念。

下面讲讲对我的数学史研究影响比较大的第二位数学家王元院士。王元因为哥德巴赫猜想研究而闻名。王元在大学教了我们一学期的三角级数论,也就是傅里叶级数。我和他的密切接触开始于 1985 年。1985 年我被任命为数学研究所党委书记,当时的所长是王元,副所长是杨乐院士,所以我们三个人搭档,是一届班子。这一段可以说也是我一生中最有意义的时光之一,跟两位院士共事几年,从他们身上学到了不少东西。限于主题,这里主要谈谈王元与数学史。王元对数学史也是非常有兴趣的,而且后来我发现他也在做数学史。他的数学史研究主要聚焦于中国现代数学史,他花了很多年写《华罗庚传》,另外他总结了哥德巴赫猜想研究的历史。我们两家住得比较近,我们会在小区的院子里边找个凳子坐下一起聊天。主要聊现代数学的发展,什么是最重要的前沿,什么是最重要的成果,还会讨论谁是 20 世纪最伟大的数学家等等。元老对整个数学的看法,特别是对中国现代数学发展的很多见解,对我来说极富启发性。那么具体到我的数学史研究,他引导我开拓了一个新的研究方向——中国现代数学史的研究。他经常拉我做一些事儿,比方说《当代中国》丛书,其中有中国科学院这一卷,数学部分他是主编,他就让我帮他一起来搞。通过这个工作,我积累了许多反映中国现代数学研究进展的人物及成果等珍贵资料。卢嘉锡主编的《中国现代科学家传记》,他负责数学部分。还有钱伟长主编的《20 世纪中国知名科学家学术成就概览》,他是数学卷主编。这两项工作他也都邀请我帮他做,特别是委托我来写一个中国 20 世纪数学发展的概况。所以我想我能在中国现代数学史方面做一些工作,应该是和王元的接触有很密切的关系。

贾：您觉得还有哪些重要的经历或事件推动了您的数学史研究？

李：我有过很多次的出国访问，这些访问都推动了我的数学史研究。早年是英国、德国，后来还有荷兰、法国、瑞士、美国等。我在这里只讲三次访问。

第一次是访问荷兰。荷兰乌德勒支大学的 H. Bos 教授邀请我访问，访问时长为七个月。H. Bos 是笛卡儿研究的专家，笛卡儿在荷兰待了很长时间，荷兰可以算是笛卡儿的第二故乡。荷兰的访问圆了我 20 世纪 80 年代的一个梦想——对解析几何的缘起进行深入研究。在那里我彻底研读了笛卡儿几何学与哲学原著，搞清了笛卡儿几何学思想的方法论根源以及他的解方程算法的机械化特征。

另外我想在这里再强调原著的阅读。笛卡儿《几何学》的篇幅不大，但是我想很多写笛卡儿的人恐怕没有仔细去看他的原作。当然我不是在批评什么人，因为不可能要求写通史的去看所有的原著，但是也因此会产生一些问题，比方说有名的几本数学通史，里边都说笛卡儿发明了坐标，但笛卡儿引进的是斜坐标。我自己早年跟袁向东合作写过的一篇有关笛卡儿的文章，也是这么说。但是我在全面研读了他的原著以后，我发现笛卡儿《几何学》的第三卷里边充满了直角坐标，说他只使用斜坐标这种误传源于没有仔细地阅读原著。

荷兰的访问还引导我进入数学社会史领域，H. Bos 是这个领域的开拓者之一，他与另外几个合作者撰写了一本书，专门讲 19 世纪数学的发展与社会发展之间的关联。我认真地调研了这方面的材料，它在数学社会史领域提到了群体传记，我们也可以把群体传记叫学派研究，我早年就研究过格林及剑桥数学物理学派，正是这次访问，使我对学派研究有了更为深入的认识。从荷兰回来以后，我向国内介绍这方面的工作，希望国内对数学社会史感兴趣的人能从事这方面的研究。

在荷兰期间，我还参加了一个重要的会议，这次会议是在德国风景名胜区黑森林的 Oberwolfach 数学研究所召开的。这个研究所没有固定的研究人员，实际上是一个会议中心，每年除了圣诞左右的一两个礼拜不开会，其他时间每周都举办一个数学方向的会议。这个会议里面有一个专题就是数学史，每年一次。我在荷兰的时候收到了邀请信。这次会议对我来讲也是一个非常重要的经历，我觉得我应该是第一个受邀参加这个会议的中国数学史学者。参会者都是非常有名的数学史家，这次会议让我与国际数学史界建立了广泛而重要的学术联系。我回国后在武汉组织了一次国际数学史会议，E. Knobloch、J. Dauben、H. Bos 跟他的夫人 K. Anderson 都对这次会议提供了支持与帮助。

第二次是受马若安（J.-C. Martzloff）的邀请访问了法国国家科研中心。在法国我和马若安合作开展中法数学交流史研究，我们查了很多档案，包括巴黎大学 Sorban 图书馆里面的档案，我们还专门跑到巴黎高等师范学校去访问、调研。马若安还找到一张中国最早在法国留学学习数学的清朝学生的照片，我们做了很详细的考证。

第三次是访问美国麻省理工学院的 Dibner 研究所。它是一个私人资助的研究所，每年向全世界招聘 20 个左右的高级研究员（senior fellow），以及若干名博士后。我去这里访问是 1999 年。在美国主要是做中美数学交流史，调研了哈佛大学和麻省理工学院这两个大学的档案馆，他们的档案馆做得很好。在麻省理工学院我查阅 N. 维纳的档案，结果

1992 年 Oberwolfach 数学史会议，与会数学史家中有：C. J. Scriba（德）（1 排右 7），J. Dauben（美）（2 排左 2），E. Knobloch（德）（1 排右 4），K. Anderson（丹麦）（2 排左 4）（以上依次为第一、二、三、四届国际数学史委员会主席）；H. Wussing（德）（1 排右 6），I. Grattan-Guinness（英）（2 排右 1），H. Bos（荷）（2 排左 3），U. Bottazzini（意）（2 排左 6），K. Chemla（法）（3 排左 3）等，2 排右 4 为李文林

图书管理员推出来好几车。在 Dibner 研究所的访问，其实就是要你做一件事，就是做一个学术报告，这个报告要在整个波士顿广而告之，到时各个大学有兴趣的学者都来听你的报告。听完了以后要进行两次答辩，第一次是在做完报告以后，大概有半个小时，你要回答来自各个大学学者的提问。第二次是在做完报告的第二天中午，所有研究所内的学者在一起一边吃午饭一边召开会议，会议由所长主持，你作为报告人是坐在主位上，所有的人都要来"围攻"你，就是对你的报告提出问题，他们的问题有的很尖锐，然后你要答辩。我当然开始很担心，对付这么一个答辩对英文的要求是很高的，当然后来还是比较顺利地完成了答辩。

6. 学术担当与社会责任

贾：您刚才提到您曾出任数学研究所党委书记，我知道您还担任过数学所副所长、中国数学会秘书长、国家名词委员会委员、《中国科学·数学》常务副主编等工作，您是怎样做好这些性质不一样的工作的？是不是有些只是挂名呢？

李：我做了很多性质很不一样的工作，你刚刚说的只是一部分，这些工作性质的确都是不一样的，不是我想去做，而是组织的需要，有的是工作的需要，让我来做。我做的这些工作没有挂名的，我基本上不做挂名的事情。比方说数学所党委书记、副所长这不可能是挂名的。我做中国数学会秘书长那个时候，要参与申办和筹办 2002 年国际数学家大会，这项工作很具体，工作量很大，需要全力以赴地去投入。像数学传播委员会主任，我做过两届，还跟南开大学教授史树中合作，组织翻译出版了"通俗数学名著译丛"共 31 册。此外我担任过《中国科学·数学》的常务副主编，这个副主编也不可能挂名，我需要协助主编杨乐先生来贯彻落实办刊方针,这是常务副主编的职责。另外日常稿件的审理,这都是很具体的工作。做好这些工作,基本上我想只有两个字:认真。每一件工作你必须认真地去做,尽管性质不一样,那你在做的当中就要不断地学习摸索。

贾:这些大量的行政与组织工作需要时间,您是怎样处理这些工作与数学史研究关系的?

李:这些行政与组织工作的确要占据很多的时间。但好多工作你推辞不掉,况且也是社会责任。首先这么多工作要做合理的安排。我们当时数学所所长杨乐院士非常重视领导班子成员行政工作与业务研究之间的平衡,强调做好行政管理工作的同时,每个人要尽可能保证一定的研究时间,坚持业务研究,我个人在这种大环境下也是尽量做好统筹安排。正是在这种统筹安排下,在大量的行政工作压力下,一直坚持着数学史研究并有较高的产出。行政工作与业务研究也不是绝对不可调和的矛盾。我在担任数学所的书记跟副所长期间,曾经做过中国科学院数学专家委员会委员兼秘书,负责汇总科学院数学各所的历史状况、研究成果。通过这些汇总工作,我对科学院数学发展的情况基本上是了如指掌。这类工作,还有前面我已经提到的 21 世纪数学展望的起草,以及更早些时候参加过的国家科学发展规划数学部分的起草,这些工作对我的数学史研究是有帮助的,特别是深化了我对 20 世纪数学发展的认识和对当代中国的数学发展的了解。反过来,我的数学史专业研究背景在社会工作中也发挥了作用,典型的例子就是参与筹办 2002 年北京国际数学家大会的工作,具体的细节我会在后面谈到。

有人说时间就像海绵里的水,你觉得这个海绵已经干了,你再挤还会挤出一点水来的。这个话是有一定道理,就是要我们会充分利用碎片化的时间。

最后就是需要有一点吃苦精神。因为工作多了,工作量大了,你不得不吃苦耐劳。有一句话,"小车不倒只管推",这是一种拼命精神,当然我们现在不是战争年代。但是当我们遇到时间紧任务重的情形,我们就需要发扬这种拼搏精神。有的时候我回想起来,连自己都会感到很惊讶,比方说 1998 至 2002 年这四年期间,我在北京大学讲授数学史课程,参与申办、筹办 2002 年北京国际数学家大会,出版了《数学史概论》,还去麻省理工学院访问了半年。回顾这段经历,短短几年内干这么多事情,我自己也感到有些惊奇。

贾:我在 2002 年国际数学家大会(ICM 2002)的会议《文集》卷首名单当中,看到您担任了会议的四个职务。您能介绍一下您参与的这样一个工作情况吗?

李:国际数学家大会,是全球水平最高、规模最大的数学学术会议。我想 2002 年国际数学家大会是历届举办得最圆满成功的会议之一,标志着我们国家进入了世界数学大国的行列,虽然离数学强国还有距离。

这个会议的成功召开,要归功于我们国家国力的提升和政府的支持,归功于全体中国数学界的努力。会议的成功举办,是从杨乐院士担任中国数学会的理事长那一届起,到张恭庆院士和马志明院士担任数学会理事长,前后三届数学会连续努力奋斗的胜利硕果。我作为个人只是做了一点具体工作。当然对个人来讲,有幸能够参与这样一次盛会从申办、筹办,一直到举办的全过程,应该说是人生中的重要机遇和重要事件。我起初作为申办小组成员,负责准备申办材料。1998 年 8 月我跟杨乐、张恭庆、李大潜三位院士到德累斯顿参加国际数学家联盟的成员国代表大会。这个会上通过表决,我们国家以压倒多数赢得了 2002 国际数学家大会的举办权。

第 13 届国际数学联盟会员国代表大会中国北京获 ICM 2002 举办权后中国代表团在会场合影(1998 年 8 月,德累斯顿)(左起张恭庆、杨乐、李大潜、李文林)

申办成功后就是筹办了。刚开始是一个过渡的筹办委员会,后来就变成正式的地方组织委员会。我是组织委员会委员。整个会议有国际学术委员会,我们国家的吴文俊先生是委员。国际学术委员会下面有 19 个学科组(Panel),每个学科组负责一个学科分支。我们国家当年进入学科组的有五个人,我是数学史组的核心成员(Core Memer)之一,数学史学科组领头的是 H. Bos。学科组成员过去是保密的,但是从这一届不知道什么原因就公开了。学科组是负责推荐会议 1 小时报告和遴选 45 分钟邀请报告的,所以它也叫遴选委员会。

对我来讲最繁重的面上工作是组织卫星会议,组委会指定我担任卫星会议委员会的主席。按照惯例,每一次召开国际数学家大会,需要有围绕主会场的一系列分支学科会议,叫卫星会议。我领导的卫星会议委员会通过积极工作,最后在我们国家的内陆各地和港、澳、台以及周边国家俄罗斯、日本、韩国、越南、菲律宾等一共组织了 46 个卫星会议。中国大陆召开的卫星会议中,我特别要提的是拉萨的卫星会议。西藏问题我们在申办的时候就碰到麻烦,在国际数学联盟开成员国代表大会讨论的时候,有几个国家出来反对我们,就拿西藏问题作为借口之一。当然最后我们是以压倒优势赢得了举办权,但是在网上一直有不和谐的声音。在这种情况下,我们在中国的领土西藏召开一次成功的卫星会议就非常重要。当时华东师范大学的王建磐教授跟西藏大学副校长大罗桑朗杰一起申请在西藏召开数学教育的卫星会议,卫星委员会给予了大力支持,最后会议开得非常成功。值得一提的是即将上任的国际数学联盟主席 J. 鲍尔教授,他的夫人是藏族人,他们来参加了这个卫星会议。他们亲眼看到西藏的情况,留下了良好的印象,这次卫星会议产生了很好的国际影响。

这里还有一个插曲。西南师范大学(现西南大学)校长宋乃庆教授,也想在他们学校举办一个数学教育的卫星会议,他的申请报告是在截止时间一两分钟之前通过 email 交上来的。后来西南大学的会议是关于课程建设的,也举办得非常成功。我和宋乃庆教授原来不认识,通过这次会议,我们成了朋友。

当时很多卫星会议都邀请我去参加,像西藏的会议我很想去,西藏我从来没去过。但我没法去,因为 46 个卫星会议,你不可能每个都参加,我最后只是参加了西安召开的数学史卫星会议。46 个卫星会议在 ICM 历史上是数量最多的,成为那一届 ICM 的亮点之一。

会议期间,我还担任了会议《每日新闻》(Daily News)的主编。会议期间,每天出一集英文版的《每日新闻》,这个工作基本每天要熬夜,当时郭世荣是我的博士研究生,他正好在北京,所以我让他来帮忙了。还有一位西北大学的博士生王辉,也把他叫来帮忙。每天晚上我们都在国际会议中心的办公室编第二天要发到会议代表手里的《每日新闻》。当时美国加州大学圣地亚哥分校程贞一教授正在数学所访问,我们请他帮助审查英文。

会议筹备期间我承担的另一项任务是设计 2002 年国际数学家大会的会标。刚开始我们委托中央工艺美术学院的老师来设计,但设计方案被组委会否决了。组委会最后让我负责设计一个候选方案。我只好自己动手,我的基本思路是用赵爽证明勾股定理的弦图为原型,但我不会在计算机上操作图标设计,当时数学所业务处有个名叫刘峰的年轻人,他会计算机操作。我们在计算机上搞了好长时间,最后就设计成一个方案报给组委会候选,我们的方案在组委会投票表决被通过了。

贾:您这个会标设计的灵感从何而来?

李:中国作为国际数学家大会的主办国,我们要彰显自己的数学文化,但我国古代的数学成果能够图像化的并不多,赵爽弦图本身是图像化的,但是你不能原本原样搬。我当时的想法就是把它变化。首先,把赵爽弦图中间的方块放大,这样就不是勾三股四弦五了。事实上,赵爽是用了勾三股四弦五的特殊图形,但证明了一个一般性命题,他的推理是一般性的。颜色的选择还是采用《周髀算经》注中的描述,中间是黄色,那四个三角形是红色。但是通过对红色的调配,使得四个三角形有了立体感,看起来就像北京小孩玩的风车,风车在风中旋转的感觉就油然而生了,这象征着北京欢迎来自世界各地的数学家。以赵爽弦图为原型的这个设计整合了我国古代数学成就、北京传统文化以及欢迎喜庆的元素。在国际数学家大会召开前夕有一个新闻发布会,我受组委会委托对这个设计进行了解读。

在 ICM 2002 会标设计过程中,数学史发挥了作用。这方面我还可以说一个例子,就是 ICM 2002 开幕式五个开幕致辞的起草,这是组织委员会主席马志明交给我的特殊任务。这是很重要也是很艰巨的任务,我没有把握能够做得好,但是我觉得义不容辞。我接受了任务并努力去完成。我先写一个英文版本,再译成中文版。起草的发言稿最后送上去审核。刘淇的那个报告,北京市的秘书部门稍微修改了一下,其他几位的发言稿都没有什么修改,在大会上宣读以后反应比较热烈。开幕式时我是坐在主席台上的,心里比较紧张,开幕式结束,我松了一口气。

ICM 2002 开幕式主席台,正中悬挂大会会标

我在起草这五个不同的致辞的过程中充分发挥了数学史的专长,数学史知识和对数学科学的理解起到了作用,特别如在大会主席吴文俊的致辞中我写上了丝绸之路的内容。所以在 2002 国际数学家大会申办与筹备的整个过程中,我有很深的体会,数学史可以为国家数学的发展服务。这也是"为数学而历史"的一个方面。

贾:ICM 2002 的会议《文集》刊登了国际数学联盟第 13 届会员国代表大会选举结果,其中看到您当选为国际数学史委员会"Member at Large",这是什么职务?

李:国际数学联盟每一届要向国际数学史委员会派两名代表,过去叫 IMU representative(国际数学联盟代表),由国际数学联盟成员国代表大会选举产生,从我们那一届开始国际数学联盟把这个名字改成了 Member at Large,开始不知道怎么确切地翻译这个职务,后来国际工业与应用数学联合会那边也设了这样的职务,国内同事们经过讨论,决定把 Member at Large 翻译成"特派委员"或者"特派代表"。

7. 教育背景与兴趣爱好

贾:能谈谈您的家庭与教育背景吗?

李:我的家庭是一个很普通的职员家庭,可以说没有什么背景。新中国成立前我父亲是在私营企业里做职员,新中国成立后则在国有工厂里做总务主任之类的工作。我母亲是一个普通工人,我父亲没有上过大学,他念过私塾,能写一手漂亮的字。另外他收藏有一些书画,我记得小时候每年过春节的时候,他会把有些字画拿出来挂在客厅里。我印象最深的是有一副清朝末代状元之一张謇写的对联。平时常挂的有用小楷书写的诸葛亮《出师表》,以及李密的《陈情表》。据说李密是我们家族的远祖,他的《陈情表》主要是辞官,说他家里有母亲要照顾,不能出来做官。另外我父亲买回家的书有鲁迅、茅盾、巴金、郭沫若的文集、冰心的《寄小读者》,还有意大利作家写的《爱的教育》等。所以我小时候看了不少的书。我父亲大部分时间都在上海工作,我妈妈在常州工厂做工人,我们小孩都在常州上学。我父亲每年除夕从上海回来那天,我们都要到火车站接他,从火车站到我们家有两条路可以走,一条是有路灯的马路,还有一条是经过一片树林的小路,这片树林在天宁寺后面,天宁寺是全国有名的佛教寺院。这片树林现在已经改造成一个非常漂亮的公园了,但当年这里是很荒僻的,穿过这片树林再顺着河边的一条小路就可以到我们家。我父亲每一次除夕回来过年他都要带我们穿过这片人迹稀少的树林走小路回家,而且一边走一边讲《聊斋》里的故事,在黑夜里我们是既紧张又想听,所以我印象比较深。我父亲有一段时间失业,我母亲一个人挑起了家庭重担,但不管在什么情况下,我父母都不放弃我们的教育。我母亲不但吃苦耐劳,而且心地善良,富有同情心,在街坊邻里当中,她还是很受尊重的。我们小时候夏天晚上乘凉的时候,母亲会带着我们唱《渔光曲》等歌曲。《渔光曲》是 20 世纪 20 年代后期最早在国际上获奖的国产电影,它反映了新中国成立前贫苦渔民的悲惨遭遇,体现了对劳动人民的同情。那凄婉、深沉但又很优美的旋律,可以说萦绕了我的一生。

李文林和夫人与母亲在一起(1993)

虽然我父母没给我们留下什么物质上的财富,但我想他们给了我走路的勇气,也给了我向善的心。

如果没有高考,我想我是不可能从常州这样一个地方走出来。我庆幸的是我从小受到了良好的教育。我高中就读的是江苏省常州高级中学,它是江苏省四大知名高中之一。这所中学成立于 1907 年,它有许多杰出校友,如瞿秋白、张太雷,他们是中国共产党早期的领导人。还有很多很有名的知识界人士,如历史学家钱穆、新文化运动的先驱刘半农,作曲家刘天华、心理学家潘菽、语言学家周有光,从常州高级中学走出来的两院院士就有15 人之多。

我的高中老师的名字我都能说出来。我们班主任是教语文的张一庵老师,数学老师是邓慧芬,物理老师许学钧、俄语老师张湘湘、生物老师陈大猷、化学老师鲁鸿彬……这么多年我能毫不迟疑地叫上老师们的名字,说明他们在学生心中留下的印象有多深、多鲜明。这些老师讲课很有水平,听他们上课是不大容易走神的,而且课外跟学生有很好的交流。我记得我们有时会到他们住的宿舍去聊天。像生物老师陈大猷,他喜欢抽雪茄,房间弥漫着一股雪茄的香味,一直到现在我都忘不掉那种氛围。这些老师对学生非常的关心,他们每年高考前都要做辅导的,辅导课你要是不听的话,损失会很大,他们对高考试题的重点掌握得非常精准。如果按照现在的观点来看的话可能是应试教育,但是我认为绝对不是,他们对所教学科的科学实质有准确的把握,并有各自的教学方法与风格;他们关爱学生,同时又极具责任感。

中国科技大学应用数学系第三届毕业生合影(1965 年 7 月)
2 排中座为时任科大副校长兼数学系主任华罗庚,3 排左 7 为李文林

高中毕业的时候,我们班里我报考中国科技大学并被录取了,科大当时在全国对想搞科学和尖端技术的学生还是很有吸引力的。我是 1960 年进校的。科大提供了一个很好的学习数学的环境,像华罗庚、吴文俊、关肇直这些名家都是我们的老师,他们都亲自上课,而且是上基础课。我们这届的微积分跟微分几何就是由吴文俊亲自给我们上的。华罗庚当时是系主任,他有一套想法,他把微积分、线性代数、微分几何、三角级数、实变函数,复变函数等基础课,还包括理论力学等有机地整合起来,通盘教学,他叫"一条龙教学"。我觉得"一条龙教学"是新中国数学教育的一个创举,有很多东西可以总结的,我曾经写过有关的文章,这里就不展开了。能够在这样一个大师云集的环境下学习,我觉得自己很幸运,大学期间就奠定了很好的数学素养。

贾:听说您现在还在学钢琴,能谈谈您的生活中,除了工作之外的体育锻炼与业余爱好吗?

李:我没有什么体育锻炼,每天坚持走路大概走 7 000 步左右,其他没有什么锻炼。我业余爱好就是音乐,从小喜欢听音乐,参加工作以后,喜欢淘音乐唱片,不同流派的有名的音乐唱片,我家里都有。但是因为小时候家庭条件的限制,没机会学钢琴。现在我家里有一台钢琴是我买了给我女儿学琴用的,后来女儿出国了,这架钢琴就闲置在那里。退休以后,科学院办老年大学,其中就有钢琴班,我想既然家里有钢琴,为什么不利用起来呢?同时我从小喜欢音乐,现在学一学钢琴,自己能弹几首曲子,实现一点梦想,也是挺好的事。教我们的钢琴老师很有水平,她说音乐也是一种语言,还说俗话一心不可二用,但是弹钢琴要一心三用:手弹,脚踩,脑记。所以练钢琴是一个很好的活动,这也是我报名参加钢琴班的动机之一。我报名参加的时候 73 岁了,我对乐理一窍不通,钢琴的学习从认识五线谱开始。当然这么大年龄来学钢琴,你不可能有多大的作为,就是自娱自乐,活动手脚,锻炼思维。当我母亲从小教我们唱的《渔光曲》从我的手指下弹奏出来的时候,我就有一种情感上的满足,也算是实现了一个梦想吧。人的一生其实就是不断地追求并实现梦想的过程,一直到老。

8. 体会与寄语

贾:您从事数学史研究遇到了哪些困难,能谈谈克服这些困难的体会吗?

李:困难肯定是有的,特别是刚开始从事数学史研究时,我觉得我面临的主要问题是专业上的孤独感,尽管我也有合作者,比方说袁向东教授,我们有很长时间的合作。我跟梁宗巨先生也有一些通信。但是总体上来讲,当时能够谈论世界数学史的人还是很少的,所以有一种专业上的孤独感。那时数学界对数学史专业上的认同感也比较低,即使到今天,数学史还是一个小众的学科,对数学史不了解甚至有歧视的现象还是存在的。但是我前面已经说过,路是人走出来的。我只能走自己的路,做好这方面的工作,而且不仅是自己做,还要在国内进一步开拓数学史研究的局面。

还有一个就是语言上的问题。搞世界数学史,应该懂英文、法文、德文、俄文等国语言,最好还要懂一点拉丁文。当然首先要懂英文,毕竟英文是通用语言。按照国内的标准看,我的语言学得一直都是很不错的,俄语我学了 8 年,俄语成绩一直都在班级前列。英语主要靠自学,在国内的考试成绩还是相当不错的。可是我第一次出国到了英国,有一次我听他们在议论,他们认为我的英语几乎等于零。等于零什么意思?就是说你跟人家基本无法交流。但是他们又觉得我的信写得很好,这是我们中国人的特点,我们中国人擅长书写、阅读,但是我们当时在国内的听力训练是不足以应付出国留学的。当时李约瑟研究所的每一个人对我都很友好。他们多数能说中文,这样我们可以用中英对照来交流。其中有一位 G. Blue 先生还提出来,请我每周到他家去一两次,我们就一起交谈,有一个时段是用英文谈,另一个时段用中文,这样我们两个人都可以提高口语水平。我的英语就是在这样的情况下磨出来的。当然近现代数学史的研究对语言的要求非常高,只懂英语是不够的,法语、德语、俄语都需要掌握。俄语的掌握情况我前面已经谈过了。至于法语,我们数学所的吴新谋先生是法国回来的,"文化大革命"刚结束,他叫我们方程室的人都跟着他学法语,他亲自教,所以我也跟着学了法语的基本发音、基本语法,这样就能够进行一般法文的阅读。然后就是德语,德语我是自学的,我买了书、买了磁带自学了一点,应该说也能阅读。所以语言方面需要你花功夫,自己去提高。如果你语言不过关的话,我觉得研究外国数学史恐怕是不可能的事情。

最后还有原始文献理解等方方面面的问题。比方说你研究原著的时候,像牛顿他用的数学术语、数学概念与现在数学教科书中使用的差别很大,你只有不断地比对,不断地思考,你才有可能理解牛顿的原著。总之,近现代数学史的研究面临各种各样的挑战与困难,每个人的情况会不一样。但是我想我们在做这些事情的时候,毅力是很重要的。这里我想起了一段往事。1985 年我出任数学所党委书记,数学所是院士、名人荟萃之地,而我那时候才是一个助理研究员,所以我当时面临的挑战是很大的。当时方程室的副主任张素诚先生,他是从英国牛津大学读完博士回来的,他听说我要当党委书记了,他找我,他说李文林你现在前面是一条山阴道,两边是高山,随时会有石头掉下来,你怎么办? 你只有扬鞭策马向前冲,你冲不过去甩下来你活该! 这是很有哲理的一段话,是老科学家对我的鞭策与关心,我也是一直记住这段话,当我们碰到困难的时候,我们要扬鞭策马向前冲。

贾:有不少的硕博士或青年学者从事近现代数学史的研究,能不能请您对这些年轻的研究者提一些建议?

李:这是一个比较难回答的问题,我想简单地说几句寄语吧。

首先我觉得要有专业自信。数学史在国际上也是一个小众学科,要充分认识数学史的价值,在任何处境下有坚定的信心,自己做出成绩来,同时还要胸怀整个数学史的事业。第二,要扎实打好基础。这个基础包括数学与历史两个方面。第三,在打好基础的情况下,我觉得要选好研究课题,尤其是博士论文的选题。在做博士论文期间,你会花三年或三年以上的时间全身心地去考虑一个专题,这在一个人的一生中是很难得的,以后基本不可能再有这样的机会。所以,要选大的、有重要意义的课题,你将终身受益。

在吴文俊诞辰百年纪念会议上做报告(2019.5)

最后我希望大家要继承发扬吴文俊院士的数学史遗产,我前面已经说过了,吴先生给我们指明了无论是中国数学史研究,还是世界近现代数学史研究进一步发展与突破的方向,我们有这么样一个宝贵的遗产,我们要高举这面大旗,去开拓数学史研究的全新局面。

附　录

李文林学术成果目录

一、论 文

[1] 李文林,袁向东.中国剩余定理.自然科学史研究所.中国古代科技成就.北京:中国青年出版社,1978.

[2] 戴曙明[笔名].电脑的起源(上).自然辩证法通讯,1979(2):40-52.

[3] 戴曙明[笔名].电脑的起源(下).自然辩证法通讯,1979(3):42-52.

[4] 李文林,袁向东.论汉历上元积年的计算.科技史文集.上海:上海科学技术出版社,1980(3):70-76.

[5] 袁向东,李文林.笛卡儿的《几何》与解析几何的诞生(I).数学的实践与认识,1980(2):77-79.

[6] 袁向东,李文林.笛卡儿的《几何》与解析几何的诞生(II).数学的实践与认识,1980(4):77-79.

[7] 李文林,袁向东.希尔伯特数学问题及其解决简况.数学的实践与认识,1981(3):56-62.

[8] 李文林,袁向东.中国古代不定分析若干问题探讨.科技史文集,1982(8):106-122.

[9] Li Wenlin, Yuan Xiangdong. The Chinese Remainder Theorem. *Ancient China's Technology and Science*. Foreign Languages Press,1983:99-110.

[10] 袁向东,李文林.格廷根的数学传统.自然科学史研究,1982,1(4):339-348.

[11] 李文林.剑桥分析学派.科学、技术与辩证法,1985(1):34-46.

[12] 李文林.西方数学社会史述评.自然辩证法通讯,1985(3):49-54.

[13] 李文林.法国大革命与数学.科学、技术与辩证法,1986(2):1-5.

[14] 李文林.算法、演绎倾向与数学史的分期.自然辩证法通讯,1986(2):46-50.

[15] 李文林.希尔伯特与统一场论.自然科学史研究,1986(52):171-178.

[16] 李文林.李善兰的尖锥求积术.吴文俊.中国数学史论文集(二).济南:山东教育出版社,1986:99-106.

[17] 袁向东、李文林.《数书九章》中的大衍类问题及大衍总数术.吴文俊.秦九韶与《数书九章》.北京:北京师范大学出版社,1987.

[18] 李文林.数学与产业革命.林自新.科技史的启示.呼和浩特:内蒙古人民出版社,1987:170-174.

[19] 李文林.莫斯科数学学派.吴文俊.中国数学史论文集(三).济南:山东教育出

版社,1987:129-144.

[20] 李文林.牛顿的数学成就及其影响.戴念祖,周嘉华.原理——时代的巨著(纪念牛顿《原理》出版三百周年文集).成都:西南交通大学出版社,1988:58-69.

[21] 李文林.关于牛顿制定微积分若干史实的注记.自然科学史研究,1989,8(2):138-146.

[22] 李文林.关于华罗庚的第一篇数学论文.中国科技史料,1989,10(3):83-85.

[23] 李文林.希尔伯特.世界著名科学家传记数学家I.北京:科学出版社,1990:39-62.

[24] 李文林,陆柱家.纪念数学家吴新谋教授.数学进展,1990,19(4):493-497.

[25] 李文林,许忠勤.新中国数学事业取得显著进步.国家科技奖励-国家科技奖励大会特辑.北京:科学技术文献出版社,1990.

[26] 李文林.论古代与中世纪的中国算法.李迪.数学史研究文集(第二辑).九章出版社与内蒙古大学出版社,1992(2):1-5.

[27] 李文林.中西数学科学范式的比较——李约瑟博士对中国数学史的贡献.时代与思潮——文化传统辩证.上海:学林出版社,1991(5):80-88.

[28] 李文林,冯雷,1949—1990中国学者在国外出版的数学著作.中国科技史料,1991,12(2):91-95.

[29] 李文林.王元.中国现代科学家传记(第一集).北京:科学出版社,1991:81-88.

[30] 李文林,郭梅尼.杨乐.中国现代科学家传记(第三集).北京:科学出版社,1992:67-73.

[31] 李文林.牛顿.吴文俊.世界著名科学家传记(数学家III).北京:科学出版社,1992:228-269.

[32] 李文林.范·斯霍腾.吴文俊.世界著名科学家传记(数学家IV).北京:科学出版社,1992:228-269.

[33] 李文林.德·维特.吴文俊.世界著名科学家传记(数学家IV).北京:科学出版社,1992:2-269.

[34] 李文林.胡德.吴文俊.世界著名科学家传记(数学家IV).北京:科学出版社,1992:2-269.

[42] 李文林.范·许雷德,吴文俊.世界著名科学家传记(数学家IV).北京:科学出版社,1992:2-269.

[35] 李文林.格林.吴文俊.世界著名科学家传记(数学家IV).北京:科学出版社,1992:218-225.

[36] 李文林,陆柱家.吴新谋.《科学家传记大辞典》组.中国现代科学家传记第四集.北京:科学出版社,1993:20-26.

[37] 李文林.笛卡儿《几何学》的机械化特征.自然科学史研究,1993,12(3):225-234.

[38] 李文林.自然科学与高技术概论(数学).王志勤.自然科学与高技术概论.北京:中共中央党校出版社,1993.

[39] 李文林,王元.当代中国(中国科学院(数学)),"当代中国"丛书《中国科学院》[中].北京:科学出版社,1994:3-28.

[40] 李文林.杨乐与函数值分布论.卢嘉锡.中国当代科技精华(数学与信息科学卷).黑龙江教育出版社,1994:18-25.

[41] 杨乐,张恭庆,李文林等.数学科学.21世纪科学发展趋势课题组.21世纪的科学发展趋势.北京:科学出版社,1996:18-25.

[42] 李文林.数学史研究在中国.杨乐,李忠.中国数学会60年.长沙:湖南教育出版社,1996:18-25.

[43] Li Wenlin. The Chinese Indigenous Tradition of Mathematics and the Conceptual Foundation to Adopt Modern Mathematics in the 19th Century. 吴文俊.中国数学史论文集(四).济南:山东教育出版社,1996:146-156.

[44] 李文林.哥廷根数学的世界影响.李迪.数学史研究文集(第六辑).九章出版社与内蒙古大学出版社,1998(6):117-123.

[45] 高嵘,李文林.历史上的数学学派——理论初析.自然科学史研究,1998,17(3):207-218.

[46] Li Wenlin, Jean-Claude Martzloff. Aperçu sur les échanges mathématiques entre la Chine etla France(1880—1949). *Archive for History of Exact Sciences*,1998,(3/4):181-200.

[47] Li Wenlin, Xu Zelin and Feng Lisheng. Mathematical Exchanges Between China and Korea. Historia Scientiarum. *The History of Science Society of Japan*,1999,9(1).

[48] 李文林,程钊.数学科学.周光召,李喜先.现代科学技术基础.北京:群众出版社,1999:1-17.

[49] 李文林.N.维纳与华罗庚通信七则.王元.华罗庚的数学生涯.北京:科学出版社,2000:320-326.

[50] 李文林.古为今用的典范——吴文俊教授的数学史研究.林东岱,李文林,虞言林.数学与数学机械化.济南:山东教育出版社,2001:49-60.

[51] 李文林,马若安.中国与法国数学交流概况(1880—1949).法国汉学.中华书局,2002:320-326.

[52] 李文林.数学史与数学教育.汉字文化圈数学传统与数学教育——第五届汉字文化圈及临近地区数学史与数学教育国际学术研讨会论文集.科学出版社,2004:178-191.

[53] 李文林.中国古代数学的发展及其影响.中国科学院院刊,2005,20(1):31-36.

[54] 李文林.读《陈省身传》有感——纪念陈省身先生逝世一周年.高等数学研究,2006,9(1):63-65.

[55] 冯晓华,李文林.公理化的历史发展.太原理工大学学报(社科版),2006,24(2):34-38.

[56] 李文林.数学与思维机械化之路.太原理工大学学报(社科版),2006,24(3):

1-6.

[57] W. Li. On the Algorithmic Spirit of Ancient Chinese and Indian Mathematics. *Ganita Bharati*. MD Publications pvt. Ltd. New Delhi,2006,28（1/2）:39-49.

[58] 李文林.稳步前进,构建具有中国特色、和谐有度的现代数学教育体系.数学通报,2007,46（5）:12-16.

[59] 张广祥,李文林.形式符号运算的认识论价值.数学教育学,2007,16(4):5-8.

[60] 李文林."三位一体"的科学史.中国科技史杂志,2007,28（4）:444-448.

[61] 李文林.数学课程改革中的传统性与时代性——在第四届世界华人数学家大会中学数学教育论坛上的发言.数学通报,2008,47（1）:7,10.

[62] 李文林.艺术发展的文化激素——数学与艺术刍议.中国艺术教育,2008(2):110-112.

[63] 李文林.让学生树立正确的数学观.小学数学,2009(1):1.

[64] 李文林.学一点数学史——谈谈中学数学教师的数学史修养.张奠宙,何文忠.交流与合作——数学教育高级研讨班15年.南宁:广西教育出版社,2009:250-271.（数学通报,2011,50（4）:1-5;2011,50(5):1-7,20.）

[65] 李文林.中国数学会第一次名词审定.中国科技术语,2009,12（1）:61.

[66] 李文林.吴龙.史济怀.中国科学技术大学数学五十年.合肥:中国科学技术大学出版社,2009:173-179.

[67] 李文林.古为今用、自主创新的典范——吴文俊院士的数学史研究.内蒙古师范大学学报(自然科学汉文版),2009,38（5）:477-482.

[68] 李文林.希尔伯特几何基础导读.希尔伯特几何基础.北京:北京大学出版社,2009:3-16.

[69] 李文林,邵欣.中国科学院教育发展史·数学与系统科学研究院.中国科学院教育发展史.北京:科学出版社,2009:171-183.

[70] 李文林.古为今用、自主创新的典范——吴文俊院士的数学史研究.姜伯驹,李邦河,高小山,李文林.吴文俊与中国数学.八方文化创作室,2010:27-44.

[71] 李文林,王慧娟.中国科学院院数学与系统科学研究院.中国科学院院属单位简史(第一卷·上册).北京:科学出版社,2010:75-111.

[72] 黄勇,李文林.贝尔特拉米微分参数的历史作用.数学的实践与认识,2010,40(6):234-238.

[73] 李文林.忆吴龙.数学通报,2010,49(7):1-4.（李文林.忆吴龙.姜伯驹,李邦河,高小山,李文林.吴文俊与中国数学.八方文化创作室,2010:329-338.）

[74] 李文林,陆柱家.新中国偏微分方程事业的奠基人——纪念吴新谋教授诞生100周年.数学物理学报A辑,2010,30（5）:1190-1193.（英文版:Li Wenlin and Lu Zhujia. Wu Xinmou(Ou Sing-mo):In Commemoration of The 100th anniversary of His Birth. *Acta Mathematica Scientia*. Series B,2010,30（6）:1845-1850.）

[75] DuanYao-Yong, Li Wenlin. The Influence of Indian Trigonometry on Chinese Canlendar-Calculations in the Tang Dynasty, in B. S. Yadav (eds.): *Ancient Indian Leaps into Mathematics*, Birkhauser, 2011:45-54.

[76] Li Wenlin. Jacques Hadamard and Tsinghua, in B. Gu, S. -T. Yau (eds.): *Frontiers of Mathematical Sciences-The Inauguration of Mathematical Sciences Center of Tsinghua University and the Tsinghua-Sanya International Mathematics Forum*. The International Press, Massachusetts, U. S. A, 2011:145-150. (中文版:李文林. 阿达玛与清华. 顾炳林,丘成桐. 数学科学前沿-清华数学科学中心及清华三亚国际数学论坛. 波士顿国际出版社,2011:117-123.)

[77] 李文林. 20 世纪的中国数学. 王元. 20 世纪中国知名科学家学术成就概览·数学卷. 北京:科学出版社,2011:1-13.

[78] Li Wenlin. Some Reflections on Main Lines of Mathematical Development, in E. Knobloch, H. Komatsu, ets. (eds.): Seki: *Founder of Modern Mathematics in Japan*, *A Commemoration on His Tercentenary*. Springer, 2013:21-30.

[79] 李文林. 历史与未来——关于基础教育数学课程改革若干问题浅议. 数学教学,2013(11):1-4.

[80] 李文林. 中国科学院数学研究所筹备二三事. 丘成桐,杨乐,季理真. 数学与人文. 北京:高等教育出版社,2014(12):91-100.

[81] 郭金海,李文林. 伯克霍夫与奥斯古德访问北京大学始末. 丘成桐,杨乐,季理真. 数学与人文. 北京:高等教育出版社,2014(12):63-83.

[82] Li Wenlin. Jacques Hadamard and China, *Notices of the ICCM*. 2015, 2(2):69-74.

[83] Li Wenlin. On the Algorithmic Tradition in the History of Mathematics, in D. E. Rowe and W. -S. Horng(eds.): A *Delicate Balance*: *Global Perspectives on Innovation and Tradition in the History of Mathematics*. Birkhauser, 2015:321-341.

[84] Li Wenlin. Some Aspects of the Mathematical Exchanges between China and Japan in Modern Times, in T. Ogawa and M. Morimoto(eds.): *Mathematics of Takebe Katahiro and History of Mathematics in East Asia* (*Advanced Studies in Pure Mathematics* 79), A Delicate Balance: Global Perspectives on Innovation and Tradition in the History of Mathematical Society of Japan, Tokyo, 2018:273-294.

[85] 李文林. 吴文俊院士的数学史遗产. 上海交通大学学报(哲学社会科学版),2019,27(1):63-70.

[86] 李文林. 悼吴师. 纪志刚,徐泽林. 论吴文俊的数学史业绩. 上海:上海交通大学出版社,2019:305-308.

[87] 李文林.从蓝图到宏业——华罗庚的所长就职报告与中国科学院的数学事业.中国科学院院刊,2019,34(9):847-854.

[88] 李文林.我的回忆——写在数学史学会 40 年.徐泽林.与改革开放同行——中国数学事业 40 年.上海:东华大学出版社,2021:381-395.

[89] 李文林.华夏数学文化的明珠——中国古代算法体系与珠算.珠算与珠心算,2021(5):3-5.

[90] 李文林,杨静.关于王元院士生平的若干史实.中国科技史杂志,2022,43(1):144-150.

二、著　作

[1] 李文林.数学珍宝——历史文献精选.北京:科学出版社,1998.台湾:九章出版社(繁体字本),2000.

[2] 李文林.王元论哥德巴赫猜想.济南:山东教育出版社,1999.

[3] 李文林.数学史教程.北京:高等教育出版社 & 斯普林格出版社,2000.

[4] 林东岱,李文林,虞言林.数学与数学机械化.济南:山东教育出版社,2001.

[5] 李文林.数学史概论.北京:高等教育出版社,2002.

[6] 李文林.数学史概论.台湾:九章出版社(繁体字本),2003(第 2 版).

[7] 李文林.文明之光——图说数学史.济南:山东教育出版社,2005.

[8] 李文林.数学的进化.北京:科学出版社,2005.

[9] 姜伯驹,李邦河,高小山,李文林.吴文俊与中国数学.八方文化创室,2010.

[10] 李文林.数学史概论.北京:高等教育出版社,2011(第 3 版).

[11] 华罗庚,李文林.创造自主的数学研究.大连:大连理工大学出版社,2019.

[12] 吴文俊,李文林.吴文俊全集·数学史卷.北京:科学出版社,2019.

[13] 吴文俊,李文林.吴文俊全集·数学思想卷.北京:科学出版社,2019.

[14] 吴文俊,李文林.吴文俊全集·博弈论、代数几何卷.北京:科学出版社,2019.

[15] 王元,李文林,杨静.我的数学生活——王元访谈录.北京:科学出版社,2020.

[16] 李文林.数学史概论.北京:高等教育出版社,2021(第 4 版).

三、丛　书

[1] 史树中,李文林.通俗数学名著译丛.上海:上海教育出版社,1997—2008.

[2] 李文林.科学精神丛书.北京:科学出版社,2000.

[3] 李文林.丝绸之路数学经典译丛.北京:科学出版社,2008.

[4] 李文林.比较数学史丛书.济南:山东教育出版社,2009.

[5] 李文林.数学家思想文库(第一辑).大连:大连理工大学出版社,2009.

[6] 李文林.数学家思想文库(第二辑).大连:大连理工大学出版社,2019.

四、译 著

[1] 袁向东,李文林,译.希尔伯特,上海:上海科学技术出版社,1982(第 1 版),2001
(第 2 版),2018(第 3 版).

[2] 李文林,高嵘等,编译.一个数学家的辩白.江苏:江苏教育出版社,1996.(重版:
大连:大连理工大学出版社,2009,2014,2019.)

[3] 李文林,袁向东,译.数学:新的黄金时代.上海:上海教育出版社,1997.

[4] 王元,李文林,译.我的大脑敞开了——天才数学家保罗爱多士传奇.上海:上海
译文出版社,2002.

[5] 李文林,胥鸣伟等,译.数学史通论.北京:高等教育出版社,2004.

[6] 李文林,王丽霞,译.数学史通论(双语版).北京:高等教育出版社,2008.

[7] 李文林,袁向东,译.数学问题(希尔伯特).大连:大连理工大学出版社,2009,
2014.

[8] 李文林,余德浩等,译.数学指南——实用数学手册(E.蔡德勒等).北京:科学
出版社,2012.

[9] 李文林等,译.数学世界(Ⅱ).北京:高等教育出版社,2016.

[10] 王耀东,李文林,袁向东等,译.数学世界(Ⅲ).北京:高等教育出版社,2015.

[11] 霍金,编.评.李文林等,译.上帝创造整数(上)、(下).湖南:湖南科学技术出版
社,2019.

[12] 李文林,朱尧辰等,译.数学手册.北京:科学出版社,2020.

五、科 普

[1] 舒群[笔名].杰出的科学家——祖冲之.科学实验,1975(1).

[2] 舒群[笔名].从化圆为方到超越数论.天津日报社.科学园地,1979(28).

[3] 李文林.地图四色问题.天津日报社.科学园地,1979(31,32,33,34,35).

[4] 李文林.一首伟大的数学诗——福里叶和他的科学发现.现代化,1981(9).

[5] 李文林,袁向东.三个女数学家.四川:四川少年儿童出版社,1981.

[6] 李文林.现代数学的黎明——十九世纪数学发展概要.中国科学院自然科学史
研究所近现代科学史研究室.科学技术的发展.北京:科学普及出版社,1982.

[7] 李文林.希尔伯特的风格.科学家,1986(6).

[8] 李文林.费马大定理被宣布获证.中学数学教学参考,1993(12).

[9] 李文林.走向无穷维——希尔伯特空间理论.陈建礼.科学的丰碑——20 世纪
重大科技成就纵览.山东:山东科学技术出版社,1998:254-257.

[10] 李文林.抽象拓扑与物理世界——米尔诺怪球与其他.陈建礼.科学的丰
碑——20 世纪重大科技成就纵览.山东:山东科学技术出版社,1998:269-
271.

[11] 李文林.电脑攻破百年谜——四色定理的证明.陈建礼.科学的丰碑——20世纪重大科技成就纵览.山东:山东科学技术出版社,1998:280-283.

[12] 李文林.数学老树的繁茂新花(上)、(下).中国教育报,2002(245,246).

[13] 李文林.20世纪数学的发展趋势.中央电视台《百家讲坛》栏目组.相识数学,2006:35-47.

[14] 李文林,任辛喜.数学的力量——漫谈数学的价值.北京:科学出版社,2007.

[15] 李文林.从赵爽弦图谈起.北京:高等教育出版社,2008.

[16] 李文林.圆与球:跨时代、跨文化的数学故事.科学世界,2010(2):1.

[17] 李文林.球体积传奇.丘成桐,杨乐,季理真.数学与人文.北京:高等教育出版社,2010:65-72.

[18] 李文林.从梦想到现实——维尔斯与费马大定理.中学生数理化,2010(7-8):6-7.

[19] 李文林.数学"麦加"格廷根巡礼.丘成桐,杨乐,季理真.数学与人文.北京:高等教育出版社,2011:65-72.

[20] 李文林.笛卡儿之梦.北京:高等教育出版社,2011.

[21] 李文林,李铁安.从笛卡儿之梦谈起——漫话解析几何的创立、发展及意义.北京:科学出版社,2011.

[22] 李文林.笛卡儿之梦——从笛卡儿几何学到数学机械化.王绶琯.科学名家讲座.浙江:浙江教育出版社,2018(19):71-92.

六、序　言

[1] 曲安京、纪志刚、王荣彬《中国古代数理天文学探析》序,西安:西北大学出版社(1994).

[2] 骆祖英《数学史教学导论》序,杭州:浙江教育出版社(1996).

[3] 《通俗数学名著译丛》序言,上海:上海教育出版社(1997).

[4] 《王元论哥德巴赫猜想》序,济南:山东教育出版社(1999).

[5] 《科学精神丛书》总序,北京:科学出版社(2000).

[6] 《数学与数学机械化》序,济南:山东教育出版社(2001).

[7] 王维平《实验数学导引》序,北京:中国科学技术出版社(2004).

[8] 辛克坚《数学文化与基础教育课程改革》序,重庆:西南师范大学出版社(2006).

[9] 王幼军《拉普拉斯概率理论的历史研究》序,上海:上海交通大学出版社(2007).

[10] 丝路精神,光耀千秋,《丝绸之路数学经典译丛》总序,北京:科学出版社(2008).

[11] 读读大师,走近数学,《数学家思想文库》总序,大连:大连理工大学出版社(2009).

[12] 纯粹数学的旗手,《一个数学家的辩白》导言,大连:大连理工大学出版社(2009).

[12]　《比较数学史丛书》总序,济南:山东教育出版社(2009).

[13]　金成梁《小学数学疑难问题研究》序,南京:江苏教育出版社(2010).

[14]　吴正宪《翻开数学的画卷》序,北京:北京师范大学出版社(2010).

[15]　徐泽林《和算中源》序,上海:上海交通大学出版社(2012).

[16]　陈克胜《民国时期中国拓扑学史稿》序,北京:科学出版社(2014).

[17]　特古斯《清代三角学的数理化历程》序,科学出版社(2014).

[18]　张友余《二十世纪中国数学史料研究》(第一辑)序,哈尔滨:哈尔滨工业大学出版社(2016).

[19]　V.卡兹等编,纪志刚等译《东方数学选粹》序,上海:上海交通大学出版社(2016).

[20]　郭园园《阿尔·卡西代数学研究》序,上海:上海交通大学出版社(2017).

[21]　D.J.斯特罗伊克《数学简史》(第四版)(胡滨译)序,北京:高等教育出版社(2018).

[22]　聂淑媛《时间序列分析发展简史》序,北京:科学出版社(2019).

[23]　王淑红《环论源流》序,北京:科学出版社(2020).

[24]　刘鹏飞《怀尔德的数学文化研究》序,北京:清华大学出版社(2021).

[25]　罗见今《中算家的计数论》序,北京:科学出版社(2022).

七、国际会议学术报告、邀请讲演

[1]　*Some Aspects of the Mathematical Exchanges between China and the United States in Modern Times*, The 6th International Symposium on Ancient Chinese Books & Records of Science & Technology, Borough of Mahattan Community College, The City University of New York, Oct. 4, 2014.

[2]　*Some Aspects of the Mathematical Exchanges between China and Japan in Modern Times*, The Takebe Conference 2014, International Conference on Traditional of East Asia Mathematics and Related Topics (A Satellite Conference of ICM 2014, Seoul), Ochanomizu University, Tokyo, Aug. 26, 2014.

[3]　中美数学交流若干史实,International Congress of Chinese Mathematicians,台北,July 14-19, 2013.

[4]　*Chinese Mathematics Grown up from the Early 20th Century*, Mathematical Sciences & Philosophy in the Mediterranean & the East: A Symposium in Honor of Prof. Chikara Sasaki, Organized by The Hellenic Open University(希腊开放大学),Kamena Vourla, Greece, August 4-8, 2009.

[5]　*Some Reflections on Main Lines of Mathematical Development*, International Conference on History of Mathematics in Memory of Seki Takakazu, Tokyo University of Science(东京理科大学),Japan, August 25-31, 2008.

[6]　*In the Spirit of Silk Road*, University of Kyoto(京都大学),Japan, March 7, 2005.

[7]   History of Mathematics in the School Curriculum Reformation in the P. R. C. ,University of Tokyo(东京大学),Japan,August 7,2005.

[8]   *On the Algorithmic Spirit of Ancient Chinese and Indian Mathematics—With Some Reflections on "Main Lines of Mathematical Development"*, First Kishorilal Lecture,Holkar Science College,Indore,India(印多尔,印度), December 16,2004.

[9]   *Descartes' Dream*,Stephen College,University of Delhi,India(德里大学), December 11,2004.

[10] *Chinese Mathematics Advanced amidst Turbulence*, Indira Gandhi National Open University(英迪拉甘地开放大学),Delhi,India,December 9,2004.

[11] *Some Reflections on Chinese Classic Mathematics and The Main Line of Mathematical Development：A Case Study：Wu Wen-Tsun's Research on the History of Mathematics in China and His Contribution Towards Mathematics Mechanization*,The Ninth International Conference on the History of Science in China, 香港城市大学,Hong Kong,October,2001.

[12] *Some Aspects of the Mathematical Exchanges between China and the United States in Modern Times*, Dibner Institute,MIT(麻省理工学院 Dibner 研究所), November 2,1999.

[13] *Cavalieri Principle in China and Korea*, Seoul National University(汉城大学),October 27,1998.

[14] *Some Chinese Mathematical Classics in Korea*, Yonsei University(延世大学),October 27,1998.

[15] *The Algorithmic and Deductive Trend in the Development of Algebra*,*Public Conference* " Metodo generale Gioacchino Giovarosi",Terni,Italy(特尔尼,意大利),March,1996.

[16] *Göttingen's Influence on the Development of Mathematics in East Asia*,*the conference* "mathematische Schulen",Oberwolfach,Germany(Oberwolfach 数学研究所,德国),May,1992.

[17] *The Algorithmic Character of Chinese Mathematics in Ancient and Medieval Times*,University of Utrecht,The Netherlands(乌德勒支大学,荷兰), January,1992.

[18] *The Chinese Indigenous Tradition of Mathematics Prior to the Introduction of Modern Mathematics in the 19th Century*, Annual meeting of the British Society for the History of Mathematics,University of Cambridge(剑桥大学),England,September,1982.

[19] *On Chinese Algorithms in Ancient and Medieval Times*,the First International Congress of the History of Chinese Science,University of Leuven,Belgium(鲁汶大学,比利时),August,1982.